面向 21 世纪课程教材
Textbook Series for 21st Century

药用植物栽培学

第二版

杨继祥　田义新　主编

中国农业出版社

内 容 简 介

　　本教材分上下两篇，共 12 章，上篇 7 章为总论部分，着重阐述了药用植物栽培的基本理论，包括生长发育规律，播种育苗、田间管理、采收技术和产品初级加工等技术的原理，而第七章特别介绍了现代中药材栽培的发展方向，如药用植物细胞的工厂化生产及药用植物的快繁、脱毒等新技术。下篇各论（第八至十二章）则较详细地介绍 35 种地道的、珍贵的、栽培较广泛的、栽培技术有代表性的或有特殊特点的药用植物的栽培技术。

　　本教材既可作为高等院校药用植物专业本科生阅读，也可供药用植物种植者和研究人员参考。

第二版编写人员

主　编　杨继祥（吉林农业大学）
　　　　田义新（吉林农业大学）
副主编　王康才（南京农业大学）
参　编　袁继超（四川农业大学）
　　　　张恩和（甘肃农业大学）
　　　　尹春梅（吉林农业大学）
　　　　杨世海（吉林农业大学）
　　　　王秀全（吉林农业大学）
　　　　李寿乔（中国农业大学）
　　　　齐桂元（吉林农业大学）
审稿人　刘铁城（中国医学科学院
　　　　　　　　药用植物研究所）

第一版编写人员

主　编　杨继祥（吉林农业大学）
副主编　李寿乔（北京农业大学）
编　者　杨继祥（吉林农业大学）
　　　　李寿乔（北京农业大学）
　　　　齐桂元（吉林农业大学）
　　　　杨世海（吉林农业大学）
　　　　田义新（吉林农业大学）
　　　　尹春梅（吉林农业大学）
审稿人　张亨元（吉林农业大学）
　　　　刘铁城（中国医学科学院药用
　　　　　　　　植物资源开发研究所）

第二版前言

药用植物栽培学是研究植物类中药材生产的科学，为中医中药提供必要的物质基础。随着世界各国对中医药认识水平的提高及研究的深入，中药材的需求量日益增加。虽然我国的药用植物无论是品种、数量或是种植规模均处于世界领先地位，但由于不合理地开发利用，野生资源消耗过快，如常用中药材野山参、肉苁蓉、锁阳、远志、冬虫夏草等均濒临绝种的危险，亟须引为家种，药用植物栽培因此成为保护、扩大、再生产中药材资源的有效手段。药用植物栽培学的研究内容还包括研究和推广规范化的栽培技术，这有助于保证中药材入药的安全性和有效性，也为世界人民采用天然植物防病治病提供了物质保障。

目前，我国可供药用的植物已鉴定的有上万种，其中常用的400多种，主要依靠栽培的200多种，年产量约2.5亿kg，占中药材收购量的30%左右。栽培、生产优质中药材是保证中药质量的第一关，是实现中药现代化的第一步，在中药材生产中应当严格按照《中药材生产质量管理规范》（GAP）的要求进行。

我国为继承和发扬中药事业，科学开发资源宝库，于新中国成立初期在高等农业、医药院校创立了药用植物专业，近年许多学校相继设置了此类专业。为适应我国高等农业院校对药用植物栽培学教学的需要，我们组织了5所农业大学编写了《药用植物栽培学》。本书是在1993年出版的"全国高等农业院校教材"《药用植物栽培学》的基础上编写的，增加了有关中药现代化生产的内容，各论中的品种也从原来的26种扩大到35种，使本书的适应性得到了更大的提高。

全书共分12章，前7章为总论部分，着重阐述了药用植物栽培的基本理论，包括生长发育规律、播种育苗、田间管理、采收技术和产品初级加工等技术的原理，在第七章介绍了现代中药材栽培的发展方向，如药用植物细胞的工厂化生产及药用植物的快繁、脱毒等新技术。由于我国中药材种类多，本教材字数有限，第八至十二章所介绍的35种药材均属于地道的、珍贵的、栽培较为广泛的、栽培技术有代表性的或有特殊特点的药用植物（包括根及根茎类、花类、果实种子类、皮类、全草类）。我国各地自然条件复杂，主栽种类不同，在采用本教材时，可根据各地区的条件和生产特点有所侧重。

本书一至七章总论由杨继祥、田义新编写，八至十二章各论由杨继祥、田义新、王康才、袁继超、张恩和、杨世海、尹春梅、王秀全、李寿乔、齐桂元分别执笔,最后由杨继祥、田义新、王康才统稿定稿。在编写过程中,四川农业大学范巧佳老师也参与了部分内容的写作,在此表示感谢。定稿后,中国医学科学院药用植物研究所的刘铁城教授进行了细致的审阅,在此表示衷心感谢。

由于编者水平和时间关系,本教材尚存在缺点和错误,敬请各方面人士不吝赐教,以便及时修订补充。

编 者

2004年5月

第一版前言

中药是人类防病治病的物质基础之一,在"生物保健"方面发挥着多方面的作用。为继承和发扬我国中药事业,科学开发资源宝库,于建国初期在高等农业、医药院校创立了药用植物专业,近年许多学校相继成立了此专业。为适应我国高等农业院校对药用植物栽培学教学的需要,在农业部组织下,根据高等农业院校教材编写工作的有关规定及药用植物专业教学计划,由吉林农业大学、北京农业大学编写了《药用植物栽培学》。本书吸取了70年代以来出版的全国高等农业院校统编教材的经验,搜集整理了建国以来国内外科研生产成就,力求达到应有的水平。

全书共分6章,前5章着重阐述了药用植物栽培的基本理论,它包括生长发育规律,播种育苗、田间管理、产品初级加工等技术的原理。由于药材种类多,本教材字数有限,"各论"只介绍了26种地道的、珍贵的、栽培较为广泛的、栽培技术有代表性或有特殊特点的药用植物(包括根及根茎类、全草类、花类、果实种子类等)的栽培技术。

我国各地自然条件复杂,主栽种类不同,在采用本教材时,可根据各地区的条件和生产特点,有所侧重。

本书第一章至第五章由吉林农业大学杨继祥编写,第六章各论由杨继祥、李寿乔、齐桂元、杨世海、田义新、尹春梅分别执笔,最后由杨继祥、李寿乔统稿定稿。

由于编者水平和时间关系,本教材尚存在缺点和错误,敬请各方面人士在使用过程中,不吝赐教,以便及时修订补充。

编　者

1991年6月

目 录

第二版前言
第一版前言

上篇 总 论

第一章 绪论 3
一、药用植物栽培学的内涵 3
二、药用植物栽培在国民经济中的意义 3
三、我国药用植物栽培概况 4
四、药用植物栽培的特点 6
五、发展药材生产的方向 8
六、我国药用植物栽培种类与地理分布 9

第二章 药用植物的生长发育 18
第一节 药用植物的生长与发育 18
一、生长和发育的概念 18
二、药用植物各器官的生长发育 19
三、药用植物生育进程和生长相关 26
四、药用植物的生长发育过程 27

第二节 生长发育与环境条件 31
一、环境条件及其相互作用 31
二、温度与药用植物生长发育 31
三、光照对生长发育的影响 35
四、药用植物与水 38
五、土壤与药用植物生长发育的关系 40
六、药用植物的相互影响——对等效应 41

第三节 药材的产量与品质 43
一、产量的含义 43
二、产量的构成因素 43
三、提高药材产量的途径 44
四、药材的品质 48

第三章　药用植物栽培制度与耕作 …… 54
第一节　栽培制度 …… 54
一、栽培制度的内涵 …… 54
二、栽培植物的布局 …… 54
三、复种 …… 55
四、单作与间、混、套作 …… 57
五、轮作与连作 …… 58
第二节　土壤耕作 …… 60
一、药用植物对土壤的要求 …… 60
二、土壤耕作的基本任务 …… 61
三、耕作的时间与方法 …… 61

第四章　药用植物繁殖与播种技术 …… 64
第一节　播种材料和繁殖 …… 64
一、播种材料 …… 64
二、播种材料的特点与繁殖方式 …… 65
第二节　播种 …… 76
一、种子准备及播种量 …… 76
二、种子清选和处理 …… 77
三、播种时期 …… 79
四、播种方式 …… 80
第三节　育苗 …… 81
一、保护地育苗 …… 82
二、露地育苗 …… 87
三、无土育苗 …… 87
第四节　移栽 …… 89
一、栽植前的准备 …… 89
二、栽植时期和方法 …… 89
三、栽植密度 …… 90
四、栽后保苗措施 …… 90

第五章　田间管理 …… 92
第一节　常规田间管理 …… 92
一、间苗与补苗 …… 92
二、中耕培土和除草 …… 92
三、施肥 …… 94
四、灌溉与排水 …… 96
第二节　植株调整及植物生长调节剂的应用 …… 98
一、草本药用植物的植株调整 …… 98

二、木本药用植物的植株调整 ………………………………………………… 100
　　三、生长调节剂的应用 …………………………………………………………… 104
第三节　其他田间管理 ………………………………………………………………… 105
　　一、搭架 …………………………………………………………………………… 105
　　二、遮荫 …………………………………………………………………………… 105
　　三、防寒越冬 ……………………………………………………………………… 107
第四节　病虫害防治 …………………………………………………………………… 108
　　一、植物检疫 ……………………………………………………………………… 108
　　二、农业防治 ……………………………………………………………………… 108
　　三、生物防治 ……………………………………………………………………… 109
　　四、理化防治 ……………………………………………………………………… 109

第六章　药用植物的采收与产地加工 …………………………………………… 112
第一节　采收 …………………………………………………………………………… 112
　　一、采收时期 ……………………………………………………………………… 112
　　二、采收方法 ……………………………………………………………………… 116
第二节　药用植物的产地加工 ………………………………………………………… 116
　　一、加工的目的和意义 …………………………………………………………… 116
　　二、加工方法 ……………………………………………………………………… 117

第七章　药用植物生产技术的现代化 …………………………………………… 120
第一节　植物细胞的工业化生产 ……………………………………………………… 121
　　一、植物细胞培养与工业化生产 ………………………………………………… 121
　　二、药用植物细胞工业化生产的流程与工艺要求 ……………………………… 123
　　三、提高药用植物细胞培养生产效率的技术 …………………………………… 127
第二节　药用植物的离体快繁与脱毒技术 …………………………………………… 130
　　一、药用植物离体快繁与脱毒技术的意义 ……………………………………… 130
　　二、药用植物离体快繁的发展 …………………………………………………… 131
　　三、药用植物离体快繁的方法 …………………………………………………… 131
　　四、药用植物脱毒技术 …………………………………………………………… 134

下篇　各　论

第八章　根及根茎类药材 …………………………………………………………… 141
第一节　人参 …………………………………………………………………………… 141
　　一、概述 …………………………………………………………………………… 141
　　二、植物学特征 …………………………………………………………………… 142
　　三、生物学特性 …………………………………………………………………… 142
　　四、栽培技术 ……………………………………………………………………… 161

五、收获 …………………………………………………………………………………… 182
　　六、加工技术 ………………………………………………………………………………… 183
第二节　西洋参 …………………………………………………………………………………… 191
　　一、概述 …………………………………………………………………………………… 191
　　二、植物学特征 ……………………………………………………………………………… 191
　　三、生物学特性 ……………………………………………………………………………… 191
　　四、栽培技术 ………………………………………………………………………………… 196
　　五、收获与加工 ……………………………………………………………………………… 201
第三节　三七 ……………………………………………………………………………………… 203
　　一、概述 …………………………………………………………………………………… 203
　　二、植物学特征 ……………………………………………………………………………… 203
　　三、生物学特性 ……………………………………………………………………………… 203
　　四、栽培技术 ………………………………………………………………………………… 206
　　五、采收与加工 ……………………………………………………………………………… 209
第四节　黄连 ……………………………………………………………………………………… 210
　　一、概述 …………………………………………………………………………………… 210
　　二、植物学特征 ……………………………………………………………………………… 211
　　三、生物学特性 ……………………………………………………………………………… 211
　　四、栽培技术 ………………………………………………………………………………… 214
　　五、采收与加工 ……………………………………………………………………………… 219
第五节　白芷 ……………………………………………………………………………………… 219
　　一、概述 …………………………………………………………………………………… 219
　　二、植物学特征 ……………………………………………………………………………… 219
　　三、生物学特性 ……………………………………………………………………………… 220
　　四、栽培技术 ………………………………………………………………………………… 221
　　五、采收与加工 ……………………………………………………………………………… 224
第六节　当归 ……………………………………………………………………………………… 224
　　一、概述 …………………………………………………………………………………… 224
　　二、植物学特征 ……………………………………………………………………………… 225
　　三、生物学特性 ……………………………………………………………………………… 225
　　四、栽培技术 ………………………………………………………………………………… 228
　　五、采收与加工 ……………………………………………………………………………… 231
第七节　乌头 ……………………………………………………………………………………… 232
　　一、概述 …………………………………………………………………………………… 232
　　二、植物学特征 ……………………………………………………………………………… 233
　　三、生物学特性 ……………………………………………………………………………… 233
　　四、栽培技术 ………………………………………………………………………………… 234

五、采收与加工 ………………………………………………………………… 237
第八节　龙胆 ……………………………………………………………………… 239
　　一、概述 …………………………………………………………………………… 239
　　二、植物学特征 …………………………………………………………………… 239
　　三、生物学特性 …………………………………………………………………… 240
　　四、栽培技术 ……………………………………………………………………… 242
　　五、采收与加工 …………………………………………………………………… 243
第九节　黄芪 ……………………………………………………………………… 244
　　一、概述 …………………………………………………………………………… 244
　　二、植物学特征 …………………………………………………………………… 244
　　三、生物学特性 …………………………………………………………………… 245
　　四、栽培技术 ……………………………………………………………………… 246
　　五、采收与加工 …………………………………………………………………… 248
第十节　甘草 ……………………………………………………………………… 249
　　一、概述 …………………………………………………………………………… 249
　　二、植物学特征 …………………………………………………………………… 249
　　三、生物学特性 …………………………………………………………………… 250
　　四、栽培技术 ……………………………………………………………………… 251
　　五、采收与加工 …………………………………………………………………… 252
第十一节　山药 …………………………………………………………………… 253
　　一、概述 …………………………………………………………………………… 253
　　二、植物学特征 …………………………………………………………………… 254
　　三、生物学特性 …………………………………………………………………… 254
　　四、栽培技术 ……………………………………………………………………… 255
　　五、采收与加工 …………………………………………………………………… 258
第十二节　大黄 …………………………………………………………………… 259
　　一、概述 …………………………………………………………………………… 259
　　二、植物学特征 …………………………………………………………………… 259
　　三、生物学特性 …………………………………………………………………… 260
　　四、栽培技术 ……………………………………………………………………… 261
　　五、采收与加工 …………………………………………………………………… 262
第十三节　天麻 …………………………………………………………………… 263
　　一、概述 …………………………………………………………………………… 263
　　二、植物学特征 …………………………………………………………………… 263
　　三、生物学特性 …………………………………………………………………… 264
　　四、栽培技术 ……………………………………………………………………… 267
　　五、天麻的采收、贮藏与加工 …………………………………………………… 272

第十四节 地黄 273
一、概述 273
二、植物学特征 273
三、生物学特性 273
四、栽培技术 274
五、采收与加工 276

第十五节 党参 277
一、概述 277
二、植物学特征 277
三、生物学特性 278
四、栽培技术 278
五、采收与产地加工 280

第十六节 丹参 280
一、概述 280
二、植物学特征 281
三、生物学特性 281
四、栽培技术 282
五、采收与加工 284

第十七节 太子参 284
一、概述 284
二、植物学特征 284
三、生物学特性 285
四、栽培技术 286
五、采收与加工 288

第十八节 柴胡 288
一、概述 288
二、植物学特征 289
三、生物学特性 289
四、栽培技术 290
五、采收与加工 291

第十九节 川芎 291
一、概述 291
二、植物学特征 292
三、生物学特性 292
四、栽培技术 293
五、采收与加工 295

第二十节 延胡索 295

一、概述 295
　　二、植物学特征 296
　　三、生物学特性 296
　　四、栽培技术 298
　　五、采收与加工 300
　第二十一节　贝母 301
　　一、概述 301
　　二、植物学特征 302
　　三、生物学特性 304
　　四、栽培技术 305
　　五、采收与加工 310

第九章　花类药材 312

　第二十二节　西红花 312
　　一、概述 312
　　二、植物学特征 312
　　三、生物学特性 313
　　四、栽培技术 315
　　五、采收与加工 317
　第二十三节　红花 317
　　一、概述 317
　　二、植物学特征 317
　　三、生物学特性 318
　　四、栽培技术 320
　　五、采收与加工 323
　第二十四节　菊花 324
　　一、概述 324
　　二、植物学特征 324
　　三、生物学特性 325
　　四、栽培技术 326
　　五、采收与加工 328
　第二十五节　金银花 330
　　一、概述 330
　　二、植物学特征 330
　　三、生物学特性 330
　　四、栽培技术 331
　　五、采收与加工 335

第十章　果实种子类药材 336

第二十六节 薏苡 ………………………………………………………… 336
一、概述 …………………………………………………………………… 336
二、植物学特征 …………………………………………………………… 336
三、生物学特性 …………………………………………………………… 337
四、栽培技术 ……………………………………………………………… 340
五、采收与加工 …………………………………………………………… 342

第二十七节 罗汉果 ……………………………………………………… 342
一、概述 …………………………………………………………………… 342
二、植物学特征 …………………………………………………………… 342
三、生物学特性 …………………………………………………………… 343
四、栽培技术 ……………………………………………………………… 346
五、采收与加工 …………………………………………………………… 350

第二十八节 砂仁 ………………………………………………………… 350
一、概述 …………………………………………………………………… 350
二、植物学特征 …………………………………………………………… 350
三、生物学特性 …………………………………………………………… 351
四、栽培技术 ……………………………………………………………… 353
五、采收与加工 …………………………………………………………… 355

第二十九节 山茱萸 ……………………………………………………… 355
一、概述 …………………………………………………………………… 355
二、植物学特征 …………………………………………………………… 355
三、生物学特性 …………………………………………………………… 356
四、栽培技术 ……………………………………………………………… 358
五、采收与加工 …………………………………………………………… 360

第三十节 枸杞 …………………………………………………………… 361
一、概述 …………………………………………………………………… 361
二、植物学特征 …………………………………………………………… 361
三、生物学特性 …………………………………………………………… 361
四、栽培技术 ……………………………………………………………… 364
五、采收与加工 …………………………………………………………… 367

第十一章 皮类药材 ……………………………………………………… 368

第三十一节 杜仲 ………………………………………………………… 368
一、概述 …………………………………………………………………… 368
二、植物学特征 …………………………………………………………… 368
三、生物学特性 …………………………………………………………… 369
四、栽培技术 ……………………………………………………………… 369
五、采收与加工 …………………………………………………………… 372

第三十二节　肉桂 ··· 373
　　一、概述 ··· 373
　　二、植物学特征 ·· 374
　　三、生物学特性 ·· 374
　　四、栽培技术 ··· 374
　　五、采收与加工 ·· 376

第十二章　全草类药材 ·· 378

第三十三节　细辛 ··· 378
　　一、概述 ··· 378
　　二、植物学特征 ·· 378
　　三、生物学特性 ·· 379
　　四、栽培技术 ··· 381
　　五、采收与加工 ·· 384

第三十四节　薄荷 ··· 385
　　一、概述 ··· 385
　　二、植物学特征 ·· 385
　　三、生物学特性 ·· 386
　　四、栽培技术 ··· 388
　　五、采收与加工 ·· 396

第三十五节　鱼腥草 ·· 398
　　一、概述 ··· 398
　　二、植物学特征 ·· 399
　　三、生物学特性 ·· 399
　　四、栽培技术 ··· 400
　　五、采收与加工 ·· 401

主要参考文献 ·· 402

上篇 总 论

上 論 文

第一章 绪 论

一、药用植物栽培学的内涵

中药（Traditional Chinese Medicines，简称 TCM）是我国劳动人民自古以来向疾病做斗争的有力武器，是保证人民健康的物质基础。我国人民习惯把以传统中医药理论和实践为指导的，用以防病治病的药物统称为中药；而把民间流传的用以防病治病的药物统称为草药（Herbal Medicines）。由于中药以植物药居多（约占全部中药的 90%），有"诸药以草为本"的说法，故把中药又称为本草。许多草药在长期实践中证明疗效显著，被中医应用，并收载在"本草"之中，所以，就有了中草药之称。在商品经营和流通中，把化学合成药物及其制品称作西药，把来自天然的植物药、动物药、矿物药及其制品统称中药或中药材，简称药材。可见，中药、草药、中草药、本草或中药材、药材没有质的区别，在实际应用上，一般都笼统称为中药。在医药教育和科研机构中，药材又被称作生药。还有一类药物是民族药（Ethnic Medicines），是指我国少数民族使用的、以本民族传统医药理论和实践为指导的用以防治疾病的药物，具有很强的民族医药学特色和较强地域性特征，如藏药、蒙药、傣药等，广而言之，民族药也是中药的一个重要组成部分。

由于中药材大部分是植物药，为保证中药原料的供应，自然资源的可持续利用，药用植物栽培就显得尤为重要。简单地说，药用植物栽培学（Medicinal Herbs Cultivation）就是研究药用植物栽培的科学，它是为中医中药服务的一门综合性应用学科。其内容包括从种植环境选择开始，到播种（育苗、移栽）、田间管理、采收、产地加工等整个生产过程。其任务是，研究药用植物生长发育、药用部位的品质、产量形成的规律及其与环境条件之间的关系，探讨中药材实现优质、高产、稳产、高效的规范化栽培技术理论和措施，以促进我国药材产业的发展，满足人民医疗保健对药材的需求，为实现我国中药材生产的规范化、现代化、国际化做出贡献。

二、药用植物栽培在国民经济中的意义

1. 扩大药材来源，保护人民身体健康

中药材绝大部分属于植物类，来源丰富，价格便宜，使用简单，不仅对预防和治疗疾病有特殊的疗效，而且还有补益身体的功能。随着社会的发展，人民生活水平的不断提高，人民对预防和治疗疾病的要求更加迫切，药材的需要量也大大增加。因此，许多药材品种单靠野生资源将无法满足人民用药之需。而药用植物栽培则是通过野生变家植，建立和扩大药用植物栽培生产基地，采用优质高产栽培技术措施，在不破坏自然资源的前提下，不断扩大药材的来源，改变供不

应求的局面，特别是对保证珍贵的、常用的、需要量较大的以及濒临灭绝的药材供应，具有重要的意义。另外，扩大药材来源，保证用药的需求，这不仅有利于医疗事业的发展，而且对预防和减少疾病的发生，对提高中华民族乃至世界人民的身体健康水平具有重要的作用。

2．合理利用土地，增加农业收入

药材生产是整个农业生产的组成部分，早在《全国农业发展纲要》中就明确规定，"在优先发展粮食生产的条件下，各地应当发展多种经济，保证完成国家所规定的……、药材等项农作物的计划指标"。药材生产属多种经营范畴，由于品种繁多，生物学特性各异，容易搭配进行间、混、套种，合理利用土地。如药用植物有深根系与浅根系的，喜肥的和耐瘠薄的，喜温的与耐寒的，喜湿和耐旱的，喜阴和喜阳的，以及早、中、晚熟的种类，这不仅便于因地、因时搭配种植，合理利用地力、空间和时间，而且还能调节农业结构，提高单位面积产出，解决"三农"（农业、农村和农民）问题。

发展药材生产，除通过提高单位土地面积产量、增加农业收入外，还因许多药材产值高，因而又增加了农业收入，提高了农民的生活和生产水平。如从多年的统计数据来看，人参、西洋参、三七、黄连、天麻、枸杞、砂仁等药材的产值都很高，可达到一般农作物的2～3倍，甚至10余倍。如以产边条参著称的吉林省集安市，20世纪80年代末经营人参的劳动力只占农业生产总劳动力的10%，而产值却占农业总产值的70%。素有"人参之乡"之称的吉林省抚松县，其人参产值也占农业总产值的60%。

3．满足国外用药需求，增加外汇收入

中药是我国传统的出口商品。中药不仅是我国人民医疗保健事业不可缺少的，也是世界人民，特别是旅居海外的侨胞，防病治病所必需的。

现代疾病对人类的威胁正在改变着疾病谱，医疗模式已由单纯的疾病治疗转变为预防、保健、治疗、康复相结合的模式，现代医学和传统医学正发挥着越来越大的作用。由于从化学合成物中发现新药的难度大、成本高、周期长，且毒副作用明显，使得国际市场对天然药物的需求日益扩大。英国和法国自1987年以来植物药的购买量分别上升了70%和50%；而美国市场每年亦以高于20%的速度增长；日本的汉方制剂从20世纪90年代开始，每年都以15%以上的速度增长。进入21世纪以来，国际植物药市场份额每年已达270亿美元，预测近10年内将达400亿美元。

总之，世界各国政府越来越重视植物药，如欧共体、加拿大和澳大利亚等国正在考虑将草药地位合法化，美国政府也已起草了植物药管理办法，开始接受天然药物的复方混合制剂作为治疗药。随着社会的发展，中药的出口量将会日益增多，因此，大力发展我国中药材生产，供应出口，不仅能为世界人民的健康生活做出贡献，而且还可换取外汇收入。如1974年前，我国人参平均年出口量为27t；1980年达402t，换取外汇2 200万美元；1990年达1 000t，换取外汇3 000万美元。

三、我国药用植物栽培概况

1．药用植物栽培的悠久历史

我国古代人民,在与自然作斗争中,在发现和应用药用植物治疗疾病的过程中,对药用植物的栽培也积累了极其丰富的经验。我国古籍中有关药用植物栽培的记载,可追溯到 2 600 多年以前,如《诗经》(公元前 11—6 世纪中叶)中不仅记述蒿、芩、葛、芍药等药用植物,也记述了枣、桃、梅等当时已有栽培,既供果用,又资入药。汉代张骞(公元前 123 年前后)出使西域,引种栽培了红花、安石榴、胡桃、胡麻、大蒜等许多药用植物。《千金翼方》(公元 581—682 年)中记述的百合栽培法已很详细,"上好肥地加粪熟讫,春中取根大者,擘取瓣于畦中种,如蒜法,五寸一瓣种之,直作行;又加粪灌水,苗出,即锄四边,绝令无草,春后看稀稠所得,稠处更别移亦得,畦中干,即灌水,三年后其大小如芋……又取子种亦得,一年以后二年以来始生,甚小,不如种瓣"。北魏贾思勰著《齐民要术》(公元 533—544 年)中,记述了地黄、红花、吴茱萸、竹、姜、栀、桑、胡麻、蒜等 20 余种药用植物栽培法。隋代(6 世纪末至 7 世纪初)朝廷在太医署下专设了"主药"、"药园师"等职,掌管药用植物栽培,并设立了药用植物引种园,"以时种莳,采收诸药"。《隋书》中也有种药方法的记述。唐、宋时代(公元 7—13 世纪)医学、本草学均有长足的进步,如苏敬等编著的唐《新修本草》(公元 657—659 年)全书载药 850 种,为我国历史上第一部药典,也是世界上最早的一部药典。唐《新修本草》比世界上有名的欧洲纽伦堡药典要早 800 余年,对我国药学的发展起到很大推动作用,流传达 300 年之久,直到宋代刘翰、马志等编著的《开宝本草》(公元 973—974)问世以后才代替它在医药界的位置。南宋时代韩彦直《橘录》(1178 年)等书中记述了橘类、枇杷、通脱木、黄精等 10 种药用植物栽培方法。明、清时代(14—19 世纪)有关本草学和农学名著更多,如明代王象晋的《群芳谱》(1621 年)、徐光启的《农政全书》(1639 年),清代吴其浚的《植物名实图考》(1848 年)等都对多种药用植物栽培法作了详细论述。特别是明代李时珍(1518—1593 年)在《本草纲目》(1590 年)这部医药巨著中,就记述了麦冬、荆芥等 62 种药用植物的人工栽培。

总之,在我国中药的长期生产实践中,对药用植物的分类、品种鉴定、选育繁殖、栽培管理、采收加工等都积累了丰富的经验。其品种数量之多,记述之早和技术的完整性等都是前所未有的。这些宝贵的经验不仅在当时对药用植物栽培起了很大的作用,而且对我们今天发展药材生产也具有现实意义。所以,我们应当努力继承,并使之不断完善提高,更好地为我国和世界人民的医疗保健事业服务。

2. 建国后药材生产的发展

中华人民共和国成立后,随着医药卫生事业的发展,药材生产也得到了迅速的恢复和发展。药用植物栽培业的发展十分突出。

为了保证药材生产的计划发展,国家首先颁布了一系列的方针政策,并建立了相应的组织机构,统管药材生产事宜。全国药材生产部门在各级政府的带领下,认真贯彻执行国家各项方针政策,使药材生产的面积、单产、总产、质量都得到了提高。近年,药材生产的总面积又进一步扩大,2002 年的统计数字显示,全国药材种植面积已超过 40 万 hm^2,大规模的药材生产基地达到 600 多个。栽培药材不仅面积扩大,而且药材的产量和质量都有大幅度的提高,如人参单产已由过去的每平方米鲜重不足 0.5kg 提高到 2～2.5kg,高产者超过 5kg。2003 年末,一些药材基地(人参、西洋参、三七、丹参、山茱萸、板蓝根、西红花、鱼腥草)已通过了国家食品药品监督管理局的 GAP 检查认证,说明我国的药材生产又上了一个新的台阶。

栽培药材的种类也逐年增加，许多野生药材家植成功并大规模生产，如细辛、天麻、甘草、茯苓、五味子、龙胆等。从国外引种成功并规模生产的有西洋参、番红花等，其中西洋参已开始售往国外。药材生产的发展还表现在原有栽培品种的生产区域扩大，如地黄过去只产于河南，现在湖南、湖北、江苏、福建、广东、四川、河北、安徽、辽宁、吉林等地都有栽培；川芎从四川扩展到陕西、青海、河南、山西、湖北等地；人参从吉林、辽宁、黑龙江扩展到山东、山西、北京、陕西、湖北、四川、云南等地。

在中药材经营环境上也得到极大改善，到目前为止，已建立起了17个专业的中药材市场，包括：广西玉林、河北省安国、安徽省亳州、湖北省蕲州、江西省樟树、湖南省邵东县廉桥、广州市清平、成都市荷花池、河南省禹州、重庆市解放路、哈尔滨市三棵树、西安市万寿路、广东省普宁、湖南省岳阳市花板桥、昆明市菊花园、山东省鄄城县舜王城、兰州市黄河中药材专业市场。此外，回归后的香港，其国际化的中药材市场为中国的中药材进入世界各国提供了更多的方便。

在中药信息化服务方面，近年来也取得了长足的进步。一些较好的中药信息网站为中药生产和研究工作提供了极大的方便，这里简单列出几个供参考：中国食品药品监督管理局 http://www.sda.gov.cn/webportal/portal.po，中国中药材信息网 http://www.herbstimes.com，中国中药材网 http://www.gmzy.net.cn，中国药材 GAP 网 http://www.tcmgap.com，中国天然药物信息网 http://www.yczx.gov.cn，亚太中医药网 http://istcm.aptcm.com。

总之，药材生产与其他事业一样，在新的时代和新的历史条件下，被赋予了新的意义，提出了更高的目标，并获得了空前的发展。

四、药用植物栽培的特点

1. 栽培种类多，学科范围宽

我国幅员辽阔，自然条件优越，蕴藏着极其丰富的天然药物资源，其种类之多是一大特点。1979年版的《中药大辞典》收载的中药就有 5 767 味，其中包括植物药 4 773 味，动物药 740 味，矿物药 82 味，以及传统作为单味药使用的加工制成品（如升药、神曲）等 172 味，其中植物药约占 83%。如果拓宽到天然药物，现有的中药资源种类已达 12 807 种，其中药用植物 11 146种，占 87%。

在栽培的药材中，一些栽培技术分别与粮食、油料、蔬菜、果树、花卉、林木等多学科相近，涉及学科范围宽，如薏苡、黑豆、补骨脂、望江南、红花等与粮食、油料作物相近；当归、白芷、桔梗、地黄、丝瓜、栝楼、芡实、泽泻等与蔬菜作物相近；枸杞、五味子、诃子、栀子、忍冬等与果树相近；芍药、牡丹、菊花、除虫菊、曼陀罗等与花卉相近；黄柏、杜仲、厚朴、喜树、安息香等与林木相似。除了上述情况外，还有诸多种类的栽培技术是超出上述学科涉及的范畴，如天麻、麦角是菌类与植物共生或寄生关系；虫草、白僵蚕是菌类寄生于昆虫幼虫的产物；猪苓是菌类之间的共生生长；槲寄生、菟丝子、列当等是寄生植物；人参、西洋参、三七、黄连等均需遮荫栽培……在栽培过程中要涉及有关植物学、植物生理学、遗传学、土壤肥料学、植物病理学、农业气象学、生态学等多学科的知识。

2. 多数药材的生产、研究处于开发利用的初级阶段

我国药用植物栽培历史悠久，开发利用之早，品种之多，是世人所公认的。但是由于药用植物主要用于防病治病，栽培面积较小，无法与粮食、蔬菜相比，因此，多数中药材的生产、研究水平处于只知怎么种的初级阶段。有些具有特殊生物学性状或适应范围较窄的品种，其生产水平提高的步伐更慢。中华人民共和国成立后，这种局面日趋改变，如人参通过改进了栽培技术，单产得到了大幅度的提高。但必须清醒地认识到药材生产的落后局面，这包括药材育种工作的严重滞后问题；药材生产规范化问题；田间管理中的机械化程度低的问题；开展药材栽培及研究人才少、素质低的问题。这些问题都应在今后工作中加以解决。

3. 药材生产对产品质量性状要求严格

药材生产对产品质量性状的要求较为严格，它不仅要求产品的外观性状好，更要求产品的内在质量，因此，对栽培技术、采收期、加工工艺等方面要求很严。如照山白，其叶除了含总黄酮治病外，还含有毒性成分——梫木毒素Ⅰ，虽然6、7、8月产量最高，但因总黄酮含量低，且含较高的梫木毒素Ⅰ，所以6、7、8月不能采收。又如生附子，因其有毒不能直接入药，必须经胆巴（主含氯化镁）浸泡、漂洗后，使其毒性成分转化或被漂洗掉，才能入药。近年来，国内外对药材内在质量提出了更加严格的要求，尤其是对重金属、农药残留量及生物污染等也提出了严格的限量标准。

4. 药材生产的地道性强

在众多的药材品种中，有部分药材地道性很强，传统也称为道地性。所谓地道药材就是传统中药材中具有特定的种质、特定的产区或特定的生产技术和加工方法所生产的中药材，如东北的人参、北五味子，甘肃的当归，四川的黄连，云南的三七，宁夏的枸杞等。药材的地道性受气候、土质等多种因素影响，这种气候、土质的影响不单单是限定于生长发育，更重要的是限定了次生代谢产物及有益元素的种类和存在状态，这是引种后不能入药或药效不佳的主要原因。但药材的地道性并非所有品种都很强，有的品种是由于过去受技术、交通等原因限制形成的，这类地道药材引种后生长发育、内外在质量与原产地一致，均可以入药，如山药、地黄、芍药、忍冬等。

5. 药材生产计划的特殊性

药材生产计划强调品种全，品种、面积比例适当。药材是防病治病的物质，中药制剂又是多味配伍入药，各品种功效不同，品种间不能相互替代。而常用中药又不下400种（栽培的约占50%），这些常用药材都必须有一定规模的生产面积，保证供应。但是生产面积又不能一次性安排过多，面积过大，这不仅影响其他作物的生产，而且还易造成损失和浪费。例如，许多药材不能久贮，久贮后易降低药效甚至失效，特别是像当归、白芷、肉桂、细辛、荆芥、罗勒、杏仁、桃仁、洋地黄、麦角等主含挥发性、脂肪性、易变质性成分的药材，久贮后就会失去药用价值。

一般适用于人类多发病、用量大的品种，种植面积应适当增加，这样就可以保证常年供应。但是这种平衡常被突发性的流行性疾病所破坏，这种现象也是药材生产的风险与利益均沾的集中体现。所以药材生产计划还要随时调整品种和面积的比例，以求建立新的平衡关系。

五、发展药材生产的方向

祖国中医、中药学是中华民族的瑰宝，理论和实践均居世界传统医药领先地位，但如何保持这一优势，并在今后能够进一步发扬光大，并与世界接轨仍是一个严峻的现实问题。在 21 世纪生命科学的发展和回归自然的世界潮流中，中国传统医药学的突破，有可能成为中华民族对整个人类的新的重大贡献之一。尤其是我国加入 WTO 后，中医、中药学是最有希望率先走向世界，占领国际市场，成为中华民族的值得骄傲和自豪的产业。因此，大力弘扬祖国中医、中药学是中华民族的神圣使命，势在必行。

多年来，党和政府为了保证人民的健康，发扬祖国医药遗产，制定并颁布了发展药材生产的一系列方针政策，使药材生产健康蓬勃发展有了可靠保证。1950 年召开的全国第一次卫生会议就提出"团结中西医，发扬祖国医药遗产"的方针。1955 年全国药材会议提出，对野生药材除采取保护外，进行部分试种，逐步转为人工栽培的要求。随后，《全国农业发展纲要》第十七条又规定，"发展药材生产，注意保护野生药材，并且根据可能条件逐步进行部分人工栽培"。从此，在我国历史上，开始把药材生产列入了农业生产规划。1958 年 10 月，国务院又颁布了"关于发展药材生产问题的指示"，指示中明确指出，"实行就地生产，就地供应"、"积极地有步骤地变野生动植物药材为家养家种"、"在安排药材生产的同时，各级人民政府必须加强对中药材经营工作的领导"。这是发展药材生产，解决中药供应的三个根本性的方针。1978 年又提出"以粮为纲，全面发展"的方针，要求各地统筹安排，合理布局，宜粮则粮，宜林则林，宜药则药，或者以其中一项为主，搞好多种经营，有计划地建设药材生产基地。在安排药材生产时，尽可能实行农药、林药间作、套作和轮作，或利用房前屋后宅基地和其他闲散地种植。在品种搭配上，要兼顾当年生和多年生，大宗药材和小药材，地道药材和一般药材，既要完成产量计划，又要保证品种齐全。在栽培好药材的同时，还要切实保护好野生药材资源。在开发野生药材资源时，必须坚持开发与保护并重的原则，一定要搞好野生药材的繁殖和人工管理，要坚持挖大留小，边采边种，这样才能保证丰富药材资源久丰不衰，永为中华民族乃至世界人民造福。

近年来我国根据国际形势提出了中药现代化与产业化项目，要求在继承和发扬中医药优势和特色的基础上，充分利用现代科学技术的方法和手段，按照国际认可的医药标准规范，研究开发能够正式进入国际医药市场的中药产品，建立我国中药研究开发和生产的标准规范体系，使其成为我国新的经济增长点，进而推动中国医药产业向支柱性产业方向发展。为此，国家有关部门出台了一系列的中药质量管理规范，主要包括六个部分：

1. 中药材生产质量管理规范——GAP（Good Agricultural Practice for Chinese Crude Drugs）
2. 中药提取生产质量管理规范——GEP（Good Extracting Practice）
3. 药品生产质量管理规范——GMP（Good Practice in the Manufacturing and Quality Control of Drugs，简称 Good Manufacturing Practice）
4. 药品临床试验管理规范——GCP（Good Clinical Practice）
5. 药品非临床研究质量管理规范——GLP（Good Laboratory Practice for Non-clinical Laboratory Studies 或 Non-clinical Good Laboratory Practice）

6. 药品经营质量管理规范——GSP（Good Supply Practice for Pharmaceutical Products）

这些法令法规为我国今后中药生产的发展指出了明确的方向，并为我国中药实现现代化提供了可靠的保障。其中与药用植物栽培直接相关的《中药材生产质量管理规范（试行）》已经以国家药品监督管理局令（第32号）的方式发布，从2002年6月1日起施行。中药材生产要达到GAP的要求，就要根据中药材的种类、生产环境、技术水平、经济实力和科研条件等，对生产的全过程进行规范管理，各个环节都要制定出切实可行的方法和措施，即标准操作规程（Standard Operating Procedure，简称SOP），最终要通过国家认证。2003年国家药品监督管理局改为国家食品药品监督管理局（SFDA）后，已下发了《中药材生产质量管理规范认证管理办法（试行）》和《中药材GAP生产认证检查评定标准（试行）》的通知，编号为国食药监安[2003]251号，并从2003年11月1日开始受理认证申请，限于篇幅，详细内容请参见网站http://www.sda.gov.cn。

六、我国药用植物栽培种类与地理分布

（一）主要栽培药用植物的种类

我国可供药用的植物种类（注：包括菌类）很多，是种质资源的重要财富。在众多的种类中，约有2 000多种进行过野生家种，家种成功的约1 000余种，大面积栽培生产的有200余种。这里列出栽培（培养）过的300余种，供生产时参考。

1. 菌类

灰色链霉菌（*Streptomyces griseus*），金色放线菌（*S. aureofaciens*），龟裂放线菌（*S. rimosus*），氯霉素放线菌（*S. venezuelae*），黄青霉（*Penicillium chrysogenum* Thom.），点青霉（*P. notatum* Westling），麦角菌[*Claviceps purpurea* (Fr.) Tul.]，冬虫夏草菌[*Cordyceps sinensis* (Berk.) Sacc.]，银耳（白木耳）（*Tremella fuciformis* Berk.），黑木耳[*Auricularia duricula* (L. ex Hook.) Underw.]，猴头菌[*Hericium erinaceus* (Bull. ex Fr.) Pers.]，茯苓[*Poria cocos* (Schw.) Wolf.]，灵芝[*Ganoderma lucidum* (Leyss. ex Fr.) Karst.]、紫芝[*G. japonicum* (Fr.) Lloyd.]，猪苓[*Polyporus umbellatus* (Pers.) Fr. (*Girifola umbellate* Pilat)]，球孢白僵菌[*Beauveria bassiana* (Bals.) Vuill.]等。

2. 裸子植物

苏铁科（Cycadaceae）的苏铁（铁树）（*Cycas revoluta* Thunb.）；银杏科（Ginkgoaceae）的银杏（白果、公孙树）（*Ginkgo biloba* L.）；松科（Pinaceae）的马尾松（*Pinus massoniana* Lamb.）、油松（*P. tabulaeformis* Carr.）、红松（*P. Koraiensis* Sieb. et Zucc.）、云南松（*P. yunnanensis* Franch.）、黑松（日本黑松）（*P. thunbergii* Parl.），杉科（Taxodiaceae）的杉木（杉）[*Cunninghamia lanceolata* (Lamb.) Hook]、水杉（*Metasequoia glyptostroboides* Hu et Cheng）；柏科（Cupressaceae）的侧柏[*Biota orientalis* (L.) Endl.]、柏木（柏、柏树）（*Cupressus funebris* Endl.）、圆柏（桧、桧柏）[*Sabina chienesis* (L.) Antoine]；麻黄科（Ephedraceae）的草麻黄（麻黄）（*Ephedra sinica* Stapf）。

3. 被子植物

胡椒科（Piperaceae）的胡椒（*Piper nigrum* L.）、蒌叶（蒌子）（*P. betle* L.）；金粟兰科（Chloranthaceae）的金粟兰（珠兰）[*Chloranthus spicatus*（Thunb.）Makino]；杨柳科（Salicaceae）的垂柳（*Salix babylonica* L.）；杨梅科（Myricaceae）的杨梅（珠红）[*Myrica rubra*（Lour.）Sieb. et Zucc.]；胡桃科（Juglandaceae）的胡桃（核桃）（*Juglans regia* L.）；壳斗科（Fagaceae）的板栗（*Castanea mollissima* Bl.）；桑科（Moraeeae）的桑（*Morus alba* L.）、无花果（*Ficus carica* L.）、啤酒花（忽布）（*Humulus lupulus* L.）、大麻（*Cannabis sativa* L.）；荨麻科（Urticaceae）的苎麻[*Boehmeria nivea*（L.）Gaud.]；马兜铃科（Aristolochiaceae）的北细辛[*Asarum heterotropoides* Fr. Schmidt var. *mandshuricum*（Maxim.）Kitagawa]、马兜铃（*Aristolochia debilis* Sieb. et Zucc.）；蓼科（Polygonaceae）的蓼蓝（*Polygonum tincotorium* Ait.）、何首乌（*P. multiflorum* Thunb.）、掌叶大黄（*Rheum palmatum* L.）、恭菜（甜菜）（*Beta vulgaris* L.）、土荆芥（*Chenopodium ambrosioides* L.）；苋科（Amaranthaceae）的鸡冠花（*Celosia cristata* L.）、苋（雁来红）（*Amaranthus tricolor* L.）、牛膝（*Achyranthes bidentata* Bl.）、川牛膝[*Cyathula officinalis* Kuan（Roth）Moq.]；石竹科（Caryophyllaceae）的王不留行[*Vaccaria segetalis*（Neck.）Garcke]、孩儿参（太子参、异叶假繁缕）[*Pseudostellaria heterophylla*（Miq.）Pax]；睡莲科（Nymphaeaceae）的莲（荷花）（*Nellumbo nucifera* Gaertn.）；毛茛科（Ranunculaceae）的牡丹（*Paeonia suffruticosa* Andr.）、芍药（*P. lactiflora* Pall.）、黄连（*Coptis chinensis* Franch.）和三角叶黄连（*C. deltoidea* C. Y. Cheng et Hsiao）、乌头（*Aconitum carmichaeli* Debx.）；小檗科（Berberidaceae）的南天竹（*Nandina domestica* Thunb.）、阔叶十大功劳（土黄柏）[*Mahonia bealei*（Fort.）Carr.]；木兰科（Magnoliaceae）的玉兰（木兰）（*Magnolia denudata* Desr.）的厚朴（*M. officinalis* Rehd. et Wils.）、辛夷（紫玉兰）（*M. liliflora* Desr.）、荷花玉兰（洋玉兰）（*M. grandiflora* L.）、白兰花（*Michelis alba* DC.）、含笑花[*M. figo*（Lour.）Spreng.]、北五味子[*Schisandra chinessis*（Turcz.）Baill.]、蜡梅科（Calycanthaceae）的蜡梅[*Chimonanthus praecox*（L.）Link]；番荔枝科（Annonaceae）的番荔枝（*Annona squamosa* L.）；樟科（Lauraceae）的肉桂（玉桂、牡桂）（*Cinnamomum cassia* Pres l）、锡兰肉桂（*C. zeylanicum* Bl.）、月桂（*Laurus noblis* L.）、鳄梨（*Persea americana* Mill.）；罂粟科（Papaveraceae）的虞美人（*Papaver rhoeas* L.）、罂粟（*P. somiferum* L.）、延胡索（元胡）（*Corydalis yanhusuo* W. T. Wang）；十字花科（Cruciferae）的油菜（*Brassica campestris* L.）、芥菜[*B. juncea*（L.）Czern. et Coss.]、萝卜（莱菔）（*Raphanus sativus* L.）、菘蓝（板蓝根）（*Isatis tinctoria* L.）；景天科（Crassulaceae）的高山红景天[*Rhodiola elongata*（Ledeb）Fisch. et Mey.]；虎耳草科（Saxifragaceae）的绣球（八仙花）[*Hydrangea macrophylla*（Thunb.）Seringe]；杜仲科（Eucommiaceae）的杜仲（*Eucommia ulmoidea* Oliver）；蔷薇科（Rosaceae）的珍珠绣线菊（*Spiraea thumbergii* Sieb. ex Bl.）、山楂（*Crataegus pinnatifida* Bunge var. *major* N. E. Br.）、枇杷[*Eriobotrya japonica*（Thunb.）Lind l.]、榅桲（木梨）（*Cydonia oblonga* Mill.）、木瓜[*Chaenomeles sinensis*（Touin）Koehne、玫瑰（*Rosa rugosa* Thunb.）、月季（*R.. chinensis* Jacq.）、桃（毛桃）[*Prunus persica*（L.）Batsch]、梅（酸梅）[*P. mume*（Sieb.）Sieb. et Zucc.]、杏（*P. armeniaca* L.）、郁李（*P. japonica* Thunb.）、樱桃（*P. pseudocerasus* Lindl.）；豆科（Leguminosae）的合欢（*Albizzia julibrissin* Durazz.）、阔荚合

欢〔*A. lebbeck*（L.）Benth.〕、紫荆（*Cercis chinensis* Bunge）、紫羊蹄甲（*Bauhinia purpurea* L.）、羊蹄甲（*B. variegata* L.）、望江南（*Cassia occidentalis* L.）、决明子（*C. tora* L.）、皂荚（皂角）（*Gleditsia sinensis* Lam.）、槐树（*Sophora japonica* L.）、胡卢巴（*Trigonella foenum-graecum* L.）、白车轴草（*Trifolium repens* L.）、补骨脂（*Psoralea corylifolia* L.）、膜荚黄芪〔*Astragalus membranaceus*（Fisch.）Bunge〕、蒙古黄芪（*A. mongolicus* Bunge）、甘草（*Glycyrrhiza uralensis* Fisch.）、蚕豆（*Vicia faba* L.）、豌豆（*Pisum sativum* L.）、大豆〔*Glycine max*（L.）Merr.〕、刀豆〔*Canavalia gladiata*（Jacq.）DC.〕、木豆〔*Cajanus cajan*（L.）Millsp.〕、绿豆（*Phaseolus radiatus* L.）、赤豆（赤小豆）（*P. angularis* Wight）、豇豆〔*Vigna sinensis*（L.）Savi〕；酢浆草科（Oxalidaceae）的阳桃（*Averrhoa carambola* L.）；亚麻科（Linaceae）的亚麻（*Linum usitatissim* L.）；芸香科（Rutaceae）的花椒（*Zanthoxylum bungeanum* Maxim.）、吴茱萸〔*Euodia rutaecarpa*（Juss.）Benth.〕、芸香（*Ruta graveolens* L.）、佛手〔*Citus medica* L.var.*sarcodacityilis*（Noot.）Swingle〕、酸橙（*C. aurantium* L.）、橙〔*C. sinensis*（L.）Osbeck〕、柚〔*C. geandis*（L.）Osbeck〕、橘（*C. reticulata* Blanco）；苦木科（Simaroubaceae）的臭椿〔*Ailanthus altissima*（Mill.）Swingle〕；楝科（Meliaccae）的香椿〔*Toona sinensis*（A.Juss.）Roem.〕、楝树（*Melia azedarach* L.）；大戟科（Euphordiaceae）的巴豆（*Croton tiglium* L.）、油桐（*Aleurites fordii* Hemsl.）、蓖麻（*Ricinus communis* L.）、续随子（千金子）（*Euphorbia lathyria* L.）；无患子科（Sapindaceae）的龙眼〔*Euphoria longan*（Lour.）Steud.〕、荔枝（*Litchi chinensis* Sonn.）；凤仙花科（Balsaminaceae）的凤仙花（急性子）（*Impatiens balsamina* L.）；鼠李科（Rhamnaceae）的枣〔*Ziziphus jujuba* Mill.var.*inermis*（Bunge）Rehd.〕；葡萄科（Vitaceae）的葡萄（*Vitis vinifera* L.）、山葡萄（*V. amurensis* Rupr.）；锦葵科（Malvceae）的蜀葵〔*Althaea rosea*（L.）Cavan.〕、药蜀葵（*A. officinalis* L.）、锦葵（*Malva sinenesis* Cavan.）、木芙蓉（*Hibiscus mutabilis* L.）、木槿（*H. syriacus* L.）；梧桐科（Sterculiaceae）可可树（*Theobroma cacao* L.）；猕猴桃科（Actinidiaceae）的猕猴桃（*Actinidia chinensis* Planch.）；山茶科（Theaceae）的茶（*Camellia sinensis* O.Ktze.）；柽柳科（Tamaricaceae）的柽柳（*Tamarix chinensis* Lour.）、桧柽柳（*T. juniperina* Bunge）；仙人掌科（Cactaceae）的仙人掌〔*Opuntia dillenii*（Ker-Gawl.）Haw.〕、千屈菜科（Lythraceae）、紫薇（*Lagerstroemia indica* L.）、千屈菜（*Lythrum salicaria* L.）；石榴科（Punicaceae）的石榴（*Punica granatum* L.）、使君子科（Combretaceae）、诃子（*Terminalia chebula* Retz.）；桃金娘科（Myrtaceae）的桉（大叶桉）（*Eucalyptus robusta* Smith）、柠檬桉（*Eucalyptus citriodora* Hook.f.）、蓝桉（*E. globulus* Labill.）；五加科（Araliaceae）的三七〔*Panax notoginseng*（Burk.）F.H.Chen〕、人参（*P. ginseng* C.A.Mey.）、西洋参（*P. quinqueforlium* L.）；伞形科（Umbelliferae）的防风〔*Saposhnikovia divaricata*（Turcz.）Schischk.〕、茴香（*Foeniculum vulgare* Mill.）、莳萝（*Anethum graveolens* L.）、川芎（*Ligusticum wallichii* Franch.）、川白芷（*Angelica anomala* Lallem.）、杭白芷（*A. formosana* Boiss.）、当归〔*A. sinensis*（Oliv.）Diels〕、珊瑚菜（*Glehnia littoralis* Fr.Schmidt ex Miq.）；山茱萸科（Cornaceae）的山茱萸（*Cornus officinalis* Sieb.et Zucc.）；山榄科（Sapotaceae）的柿（*Diospyros kaki* L.f.）；木樨科（Oleaceae）的梣（白蜡树）（*Fraxinus chinensis* Roxb.）、连翘〔*Forsythia suspensa*（Thunb.）

Vahl]、女贞（*Ligustrum lucidum* Ait.）、茉莉花 [*Jasminum sambac* (L.) Aiton]；马钱科（Loganiaceae）的长籽马钱（*Strychnos wallichiana* Steud. ex DC.）；龙胆科（Gentianaceae）的龙胆（*Gentiana scabra* Bunge）；夹竹桃科（Apocynaceae）的黄花夹竹桃 [*Thevetia peruviana* (Pers.) K. Schum.]、催吐萝芙木（*Rauvolfia vomitoria* Afzel. ex Spreng.）、蛇根木 [*Rauvolfia serpentina* (L.) Benth. ex Kurz]、萝芙木 [*R. verticillata* (Lour.) Baill.]、海南萝芙木 [*R.. verticillata* (Lour.) Baill. var. *hainanensis* Tsiang]、鸡蛋花（*Plumeria rubra* L. cv. Acutifolia）、长春花 [*Catharanthus roseus* (L.) G. Don]、狗牙花 [*Ervatamia divaricata* (L.) Burk. cv. Gouyahua]；萝藦科（Asclepiadaceae）的马利筋（*Asclepias curassavica* L.）、钉头果 [*Gomphocarpus fruticosus* (L.) R. Br.]；旋花科（Convolvulaceae）的裂叶牵牛 [*Pharbitis nil* (L.) Choisy]、圆叶牵牛 [*P. purpurea* (L.) Voigt]；唇形科（Labiatae）的藿香 [*Agastache rugosa* (Fisch. et Meyer) O. Ktze.]、荆芥 [*Schizonepeta tenuifolia* (Benth.) Briq.]、丹参（*Salvia miltiorrhiza* Bunge）、紫苏 [*Perilla frutescens* (L.) Britton]、薄荷（*Mentha haplocalyx* Briq.）、广藿香 [*Pogostemon cablin* (Blanco) Benth.]、罗勒 [*Ocimum basilicum* L. var. *pilosum* (Willd.) Benth.]、毛叶丁香罗勒 [*O. gratissimum* L. var. *suave* (Willd.) Hook. f.]、假酸浆 [*Nicandra physaloudes* (L.) Gaertn.]；茄科（Solanaceae）的枸杞（*Lycium chinense* Mill.）、宁夏枸杞（*L. barbarum* L.）、颠茄（*Atropa belladonna* L.）、莨菪（*Hyoscyamus niger* L.）、曼陀罗（*Datura innoxia* Mill.）、白花曼陀罗（*D. metel* L.）；玄参科（Scrophulariaceae）的玄参（*Scrophularia ningopensis* Hemsl.）、地黄（*Rehmannia glutinosa* Libosch.）、毛地黄（*Digitalis purpurea* L.）；紫葳科（Bignoniaceae）的凌霄花（紫葳）[*Campsis grandiflora* (Thunb.) Loisel.]；胡麻科（Pedaliaceae）的芝麻（脂麻、胡麻）（*Sesamum indicum* L.）；爵床科（Acanthaceae）的马蓝 [*Strobilanthes cusia* (Nees) O. kuntze]、穿心莲 [*Andrographis paniculata* (Burm. f.) Nees]、小驳骨（驳骨草）（*Gendarussa vulgaris* Nees）；茜草科（Rubiaceae）的金鸡纳树（*Cinchona ledgeriana* Moens）、栀子（*Gardenia jasminoides* Ellis）、巴戟（巴戟天）（*Morinda officinalis* How）；忍冬科（Caprifoliaceae）的忍冬（*Lonicera japonica* Thunb.）；葫芦科（Cucurbitaceae）的罗锅底（雪胆）（*Hemsleya macrosperma* C. Y. Wu）、绞股蓝 [*Gynostemma pentaphyllum* (Thunb.) Makino]、苦瓜（*Momordica charantia* L.）、丝瓜 [*Luffa cylindrica* (L.) Roem.]、西瓜 [*Citrullus lanatus* (Thunb.) Mansfeld]、香瓜（*Cucumis melo* L.）、冬瓜 [*Benincasa hispida* (Thunb.) Cogn.]、葫芦 [*Lagenaria sicerasia* (Molina) Stand1.]、小葫芦 [*Lagenaria sicerasia* (Molina) Stand1. var. *mivrocarpa* (Naud.) Hara.]、栝楼（瓜楼）（*Trichosanthes kirilowii* Maxim.）、南瓜 [*Cucurbita moschata* (Duch.) Poiret]、罗汉果（*Momordica grosvenori* Swingle）；桔梗科（Campanulaceae）的桔梗 [*Platycodon grandiflorus* (Jacq.) A. DC.]、川党参（*Codonopsis tangshen* Oliv.）、党参 [*C. pilosula* (Franch.) Nannf.]、轮叶党参（羊乳）（*C. lanceolata* Benth. et Hook. f.）；菊科（Compositae）的泽兰（*Eupatorium japonicum* Thunb.）、紫苑（*Aster tataricus* L. f.）、土木香（*Inula helenium* L.）、白术（*Atractylodes macrocephala* Koidz.）、牛蒡（*Arctium lappa* L.）、云木香（*Aucklandia lappa* Decne.）、红花（*Carthamus tinctorius* L.）、莴苣（*Lactuca sativa* L.）、菊花 [*Dendranthema morifolium* (Ramat.) Tzvel.]、水飞蓟（*Silybum marianum* L.）；泽泻科（Alimataceae）的泽泻 [*Alisma orientale (Sam.) Juzepcz.]、慈姑 (*Sagittaria sagittifolia* L.);禾本科 (Gramineae) 的淡竹 [*Phylloistachysi nigra* (Lodd.) Munro var. *henonis* (Mitf.) Stapf ex Rendle]、大麦 (*Hordeum vulgare* L.)、薏苡 (*Coix lacryma-jobi* L.);棕榈科 (Palmae) 的蒲葵 [*Livistona chinensis* (Jacq.) R.Br.]、棕榈 [*Trachycarpus fortunei* (Hook.f.) H.Wend 1.]、槟榔 (*Areca cathechu* L.);天南星科 (Araceae) 的芋头 [*Colocasia esculenta* (L.) Schott]、魔芋 (*Amorphophallus rivieri* Durieu)、独角莲 (*Typhonium giganteum* Eng1.)、半夏 [*Pinellia ternata* (Thunb.) Breitenbach]、天南星（东北天南星）(*Arisaema amurense* Maxim.);百部科 (Sternonaceae) 的直立百部 [*Stemona sessilifolia* (Miq.) Miq];百合科 (Liliaceae) 的知母 (*Anemarrhena asphodeloides* Bunge)、萱草 (*Hemerocallis fulva* L.)、玉簪 [*Hosta plantaginea* (Lam.) Ascherson]、芦荟 [*Aloe vera* L. var. *chinesis* (Haw.) Berger.]、百合 (*Lilium brownii* F.E.Brown var. *viridulum* Baker)、伊贝母 (*Fritillaria pallidiflora* Schrenk)、浙贝母 (*F. thunbergii* Miq.)、平贝母 (*F. ussuriensis* Maxim.)、川贝母 (*F. cirrhosa* Don)、葱 (*Allium fistulosum* L.)、洋葱 (*A. cepa* L.)、蒜 (*A. sativum* L.)、韭菜 (*A. tuberosum* Rottler ex Sprengel)、玉竹 [*Polygonatum odoratum* (Mill.) Druce]、天门冬（天冬）[*Asparagus cochinchinensis* (Lour.) Merr.]、石刁柏 (*A. officinalis* L.)、麦冬 [*Ophiopon japonicus* (L.f.) Ker-Gawl.];薯蓣科 (Dioscoreaceae) 的穿龙薯蓣 (*Dioscorea nipponica* Makino)、薯蓣（山药）(*D. opposita* Thunb.);鸢尾科 (Iridaceae) 的射干 [*Belamcanda chinensis* (L.) DC.]、番红花 (*Crocus sativus* L.);姜科 (Zingiberaceae) 的莪术 [*Curcuma zedoaria* (Berg.) Rosc.]、姜黄 (*C. domestica* Valet.)、郁金 (*C. aromatica* Salisb.)、姜 (*Zingiber officinale* Roscoe.)、砂仁 (*Amomum villosum* Lour.)、草果 (*A. tsao-ko* Crevost et Lemaire)、高良姜 (*Alpinia officinarum* Hance)、益智 (*Alpinia oxyphylla* Miq.);兰科 (Orchidaceae) 的白及 [*Bletilla striata* (Thunb.) Reichb.f.]、天麻 (*Gastodia elata* Bl.)、石斛 (*Dendrobium nobile* Lindl.)。

（二）我国常用中药资源的地理分布概况

我国地理环境极为复杂，地区差异大，地表起伏突出，复杂的自然环境为我国不同的中药材提供了适宜的生活环境，造就了我国极其丰富的中药材资源。通过调查发现，各种中药材的自然分布具有一定的规律性，对生态环境条件要求相近的基本上集中分布在某一气候区内，明显表现出中药材与环境条件的统一，即地道性。根据中药材自然分布与自然环境的一致性规律，各地的自然环境条件（主要是气温、降水、海拔等），中药材生产经营的实况及参考过去的中药材分区方法，可以将我国中药材划分为9个中药区：(1) 东北区；(2) 华北区；(3) 华东区；(4) 西南区；(5) 华南区；(6) 内蒙古区；(7) 西北区；(8) 青藏区；(9) 海洋区。划分中药区对理解中药材的地道性，制定生产计划，建立生产基地，制定优质高产技术措施以及引种和育种均十分有益。当然，自然环境和中药材本身都很复杂，且在不断地变化，因此这种划分，正如前面介绍的中药材地道性一样，不能理解为不可逾越的固定界线。

1. 东北区

位于东经 119°56′～135°05′，北纬 40°43′～53°31′，涉及东北三省大部及内蒙古自治区的东部地区。该区地貌构成主要有大、小兴安岭、长白山地及三江平原。地势以第三阶梯为主，一般海拔高度 600～1 500m。土壤类型主要是棕色针叶林土和暗棕色森林土，暗棕色森林土是本区东部和北部山区面积最大的土壤类型，此外，还有草甸土、沼泽土。本区植物区系主要由东西北利亚植物区系和长白山植物区系构成，含有少量的蒙古植物区系、南鄂次克植物区系和极地植物区系成分。森林植被类型较为复杂，地被性植被是以兴安落叶松为主的寒温性针叶林和以红松为主的温性针阔叶混交林，森林覆盖率达60%～80%。该区以中温带气候为主，冬季长而寒冷，夏季短而凉，全年≥10℃积温1 400～3 500℃，年均温3～8℃，极端最低温度达-52.3℃，年降水量500～800mm，无霜期100～170d。

本区中药资源有2 000多种，其中植物药1 600多种，动物药300多种，矿物药50多种。主产药材有人参、西洋参、桔梗、牛蒡子、泽兰、刺五加、黄芪、百合、关苍术、关龙胆、辽细辛、关防风、关木通、北五味子、北柴胡、平贝母、关黄柏、淫羊藿、满山红、蛤蟆油、鹿茸、熊胆、长白蝮蛇等。其他如高山红景天、东北刺人参、长白楤木、东北雷公藤等也具有很高的开发价值。

2. 华北区

位于东经101°34′～124°8′，北纬32°26′～41°45′；包括辽宁南部、北京、天津、山西及河北省的中部和南部、山东省全部，以及陕西、河南、宁夏、甘肃、青海、安徽、江苏等省（自治区）部分地区。本区地势为第二、三阶梯，西北高、东南低，北部为冀北山地，西部为秦岭高地，中部为山西高原，一般海拔为1 000～1 500m。丘陵主要分布在辽东半岛和山东半岛，黄淮海平原和辽河平原占据着本区的东半部。东部丘陵山地的土壤为微酸性棕壤，中部丘陵山地为褐色土，黄土高原以黑垆土为主，东部平原主要有潮土、盐渍土及水稻土。森林植被以油松、侧柏、赤松为主的针叶林和栎树为主的阔叶林。该区位于中国暖温带，夏热冬冷，水热同季。东部的辽河平原和黄淮海平原受海洋暖湿气流影响，年降雨量在600mm以上，西部黄土高原降雨量常低于500mm。全年≥10℃积温为2 500～4 600℃，年均温度8～14℃，无霜期120～250d。

本区中药资源近1 800种，其中植物类有1 500多种，动物类250种，矿物类30余种。大宗家种药材的产量占全国50%以上的有地黄、板蓝根、紫菀、白附子、酸枣仁、白芍、牛膝、党参、北沙参、枸杞子、栝楼、金银花、丹参等。本区家种药材历史悠久，生产水平较高，在长期的生产实践中，形成了诸如"四大怀药"（怀地黄、怀山药、怀牛膝、怀菊花）、"山西潞党"、"西宁大黄"、"山东金银花"、"安徽亳菊"等道地药材。野生药材亦较丰富，蕴藏量占全国50%以上的品种有酸枣仁、款冬花、柏子仁、远志、苍术、银柴胡及全蝎等。

3. 华东区

位于东经110°55′～122°26′，北纬23°22′～34°15′，包括浙江、江西、上海、江苏和安徽中部和南部、湖北、湖南中部和南部、福建中部和北部，河南南部、广东北部。该区地貌类型复杂多样，主要由秦巴山系熊平山、伏牛山及淮阴山地、长江沿江丘陵平原、江南丘陵和平原等构成，其中丘陵山地占全区的3/4，平原占1/4。地势属我国第二个阶梯东部，海拔1 000m以下。该区北部多为北亚热带地带性黄棕壤，南部多为黄壤和红壤土。区内的北亚热带植被类型为常绿、落叶阔叶混交林，中亚热带地带性植被为常绿阔叶林。该区气候温和，雨量充沛，全年≥10℃积温为4 500～7 000℃，年均温14～21℃，年降水量1 000mm左右，无霜期210～230d。

本区中药资源3 000多种，其中植物药2 500种，动物药300多种，矿物药近50种。家野兼有，门类齐全。本区生态环境适宜，生产水平较高，形成了很多著名的道地药材。如"浙八味"

(浙贝母、麦冬、玄参、白术、白芍、菊花、延胡索、温郁金),"四大皖药"(亳菊、亳白芍、皖西茯苓、滁菊)以及霍山石斛、宣木瓜、苏薄荷、建泽泻、茅苍术、"江西泰和乌鸡"、湖北蜈蚣、鳖甲、龟甲、江西蟾酥等均闻名中外。其他还有太子参、牡丹皮、夏天无、山茱萸、穿心莲、枳壳、玉竹、珍珠、西红花、厚朴、辛夷、莲子、猫爪草、金钱白花蛇等。

4. 西南区

位于东经91°27′～112°21′,北纬22°45′～35°22′,包括贵州、四川、云南大部,湖北、湖南西部、甘肃东南部、陕西南部、广西北部、西藏东部。本区地势西高东低,高差很大,河流广布,山地、丘陵、高原占全区总面积的95%以上,平原、盆地较少,主要由秦巴山地、四川盆地、云贵高原山地构成,一般海拔为1 000～2 000m。该区为森林土壤类型,由北向南依次出现黄褐土、黄棕壤、黄壤、红壤、石灰土等。该区是中国亚热带最大的常绿落叶阔叶林区,地带性植被为落叶阔叶混交林与常绿阔叶混交林。该区由于地形复杂,形成了许多"小气候区",植被的垂直分布明显。本区跨越北、中亚热带两个气候带,属东亚热带季风气候,全年≥10℃积温4 500～7 500℃,年均温14～21℃,无霜期250～350d,年降雨量一般为800～1 500mm。

本区中药资源最为丰富,全区约有5 000多种,其中植物药4 500多种,动物药300多种、矿物药200多种。秦巴山地植物兼有亚热带成分和暖温带成分,形成了中国南北植物交汇的过渡地带。该区中药资源应用历史悠久,药材质量好,有"川、广、云、贵"地道药材的称誉。主产的药材有川牛膝、何首乌、续断、当归、附子、川芎、川贝母、川麦冬、川黄柏、川泽泻、川白芍、黄连、红花、石斛、郁金、白姜、三七、云木香、茯苓、天麻、杜仲、吴茱萸、半夏、党参(西党、纹党)、独活、厚朴、款冬花、木蝴蝶、白芷、枳壳、龙胆、大黄、羌活、重楼、冬虫夏草、麝香、朱砂、穿山甲等。此外,民族医药丰富,如藏药、彝药、傣药、苗药、土家族药等别具特色的民族医药,其开发利用前景广阔。

5. 华南区

位于东经97°24′～122°20′,北纬3°51′～26°30′,包括福建东南部、广东、广西东南沿海、云南西南部、海南、台湾岛及其周围全部岛屿。该区是我国热带、亚热带经济作物及南药主产区。地貌以山地丘陵为主,间有盆地、台地及平原,一般海拔300～800m。大部分丘陵、山地为赤红壤、砖红壤,盆地及滨海平原大多以水稻土为主。地带性植被为南亚热带常绿阔叶林、热带季雨林、雨林和赤道热带珊瑚岛植被。属南亚热带、热带季风气候,高温多雨,冬暖夏凉,干湿季节较分明,全年≥10℃积温5 500～9 000℃。年均温20～24℃,无霜期300～365d,年降雨量1 500～2 000mm。

本区中药资源以南亚热带、热带为主,其品种众多,独具特色。中药资源约有4 500多种,其中植物药4 000多种,动物药200多种,矿物药30种左右。主产广藿香、广豆根、广地龙、檀香、益智、佛手、香橼、茯苓、天花粉、泽泻、穿山甲、阳春砂仁、橘红、陈皮、巴戟天、安息香、槟榔、高良姜、白豆蔻、樟脑、苏木、儿茶、千年健、龙血树、诃子、荜茇、石斛、芦荟、萝芙木、竹节参、珠子参、血竭、蛤蚧、穿山甲、象皮、熊胆、鹿茸、灵猫香、蟒蛇等。其中一些药材是从国外引种成功的,包括豆蔻、丁香、檀香等30多种中药材。

6. 内蒙古区

位于东经107°02′～128°11′,北纬38°17′～51°23′,包括黑龙江中南部、内蒙古东部与中部及吉林西部、辽宁西北部、河北北部、山西北部。该区草地面积较多，占51.6%，地貌较复杂，东部有大兴安岭，中部有阴山山脉，南部为太行山脉、燕山山脉（北端）等。海拔最高2 450m，最低处为海拔130m。该区东部平原为黑土、草甸土、风沙土，内蒙古高原为黑钙土，大兴安岭山脉自上而下为黑钙土、棕色森林土。北部、西部地区植被构成以蒙古植物区系为主，东部和南部有华北和长白植物区系成分。该区基本占据了我国中温带中部和东北部，属半湿润、半干旱大陆性季节风气候区，冬季寒冷干燥，夏季凉爽，全年≥10℃积温2 000～3 000℃，年均温4～9℃，无霜期100～180d，降水量200～750mm。

本区中药资源有1 300余种，其中植物药近1 000种，动物药240多种，矿物药约30种。野生药材为主。主产药材有甘草、黄芪、赤芍、升麻、苦参、萹蓄、苍耳子、透骨草、艾叶、草乌、地榆、地肤子、防风、狼毒、白头翁、桔梗、麻黄、龙胆、远志、苍术、知母、郁李仁、柴胡，以及动物药牛黄、鹿角（马鹿）、乌鸡，矿物药麦饭石等。其中极具北药特色的药材有山西沂州"北黄芪"、内蒙古"多伦赤芍"、河北坝上高原"热河黄芩"、内蒙古"敖汉甘草"等，其品种虽不多，但却具有蕴藏量大的特点。此外民族医药——蒙药也富有特色。

7. 西北区

位于东经73°32′～109°40′，北纬35°25′～49°31′，包括新疆、青海北部、宁夏北部、内蒙古西部、甘肃西部和北部。该区地形特点是高山、高原、盆地相间分布，沙漠与戈壁面积大，分布广。高大山体有阿尔泰山、天山等，较高山峰有现代冰川和永久积雪，有我国最大的三大内陆盆地（塔里木盆地、准噶尔盆地及吐鲁番盆地），内陆湖泊（青海湖等）及大沙漠（古尔班通古特沙漠等）。地带性土壤有属于荒漠土壤的灰棕漠土、灰漠土、绿洲土和属于半荒漠土壤的棕钙土、灰钙土，非地带性土壤有风沙土、草甸土、沼泽土和盐土等。该区植被以亚洲荒漠植物区系成分占优势，山地森林植物区系以西北利亚落叶松、雪岭云杉等为主体，林下和山地草原以北温带广布种或欧亚草原广布种为主。区内植被稀疏，以大面积裸露的地面为显著特征。该区从北到南地跨干旱中温带、干旱南温带和高原温带三个气候带，全年≥10℃积温为3 100～3 600℃，年均温0～9℃，无霜期100～223d，降水量20～200mm，山区为200～700mm，但年蒸发量高，一般为1 500～3 000mm，大于降水量的5～10倍，全年湿润度很低，一般低于0.2，不利生物生长发育。

本区中药资源有2 100多种，其中植物药近2 000种，动物药160种左右，矿物药40多种，与其广阔地域相比，中药资源相对较少。著名的道地特有药材如甘草、麻黄、伊贝母等却相对较多，甘草蕴藏量达14亿kg以上，占全国的94%，年收购量达3 000万kg，占全国的90%；麻黄蕴藏量7.8亿kg，可利用量2亿kg，年收购量1 500万～2 500万kg，居全国第二位。主产的药材有新疆藁本、新疆党参、新疆阿魏、红花、枸杞子、秦艽、肉苁蓉、锁阳、紫草、赤芍、雪莲花、甘草、罗布麻、黄精、羌活、甘松、龙胆、独活、冬虫夏草、麝香、马鹿、熊胆、刺猬皮等，矿物药石膏、芒硝、龙骨、龙齿等。本区是多民族聚居区，民族民间医药极为丰富，如维药等。

8. 青藏区

位于东经78°10′～104°10′，北纬27°30′～36°15′；包括西藏大部、青海南部、四川西北部及甘肃西南部。本区地形复杂，山脉纵横，山势峭峻，喜马拉雅山脉、冈底斯—念青唐古拉山脉、喀喇昆仑—唐古拉山脉、可可西里—巴颜喀拉山和昆仑山脉等巨大山脉，平均海拔都在 5 500～6 000m 以上，他念他翁山、伯舒拉岭、横断山脉及邛崃山、岷山、大雪山，平均海拔也达 4 000～5 000m。土壤种类有莎嘎土、草毡土和寒漠土。全区分布着高寒灌丛、高寒草甸、高寒荒漠草原植被以及湿性草原和温性干旱落叶灌丛植被。该区处在地球中纬度强烈隆升的最高最大的高原地带，气候为明显而独特的高寒类型，气候特点是日照强烈，辐射量大。≥0℃活动积温一般在 1 000℃左右，年均温多在 -6～3℃，绝对无霜期极短，湿度状况差异悬殊（如羌塘高原年降水量仅 18～60mm，而青海南部年降水量最高可达 800mm）。

本区中药资源近 1 500 多种，其中植物药 1 200 多种，动物药 200 多种，矿物药 40 多种。以野生药材为主，蕴藏量大，如甘松约 800 万 kg，占全国的 98%；麝香约 5 000kg，占全国的 65%；冬虫夏草约 35 万 kg，占全国的 85%。主产药材有川贝母、大黄、天麻、胡黄连、秦艽、羌活、山莨菪、珠子参、雪莲花、川木通、西藏鬼臼、红景天、藏紫菀、茯苓、灵芝、狭叶柴胡、乌奴龙胆、天南星、山岭麻黄、锁阳等。动物药有鹿茸、熊胆、牛黄、豹骨、藏羚羊等。矿物药有硼砂、大青盐、芒硝等。另外，此区的藏医药历史悠久，值得深入开发。

9. 海洋区

位于东经 108°7′～132°，北纬 3°51′～41°0′，整个海域包括渤海、黄海、东海和南海，气候条件与相邻大陆相似，从北至南分别具暖温带、亚热带、热带气候。海洋动物品种繁多，资源十分丰富。

据调查，我国海洋药用生物资源有 628 种，其中海藻类 6 门 35 科 92 种，动物类 191 科 536 种。主产药材有珍珠、珍珠母、海藻、海马、海龙、海螺壳、石决明、昆布、瓦楞子、海参、海盘车、牡蛎、扇贝、浮海石、贝齿、玳瑁、海蛇、珊瑚、海龟、海胆等。其中如广西合浦等地所产珍珠，为著名道地药材，享"南珠"誉称；主产于广东海丰、电白、湛江、宝安、琼山、惠阳等地的海马，以个大、头尾齐全、色泽灰褐、质量优良而著名，现已人工养殖成功。

第二章 药用植物的生长发育

第一节 药用植物的生长与发育

植物总是由生到死的不断演化，从生命中的某一个阶段（孢子、合子、种子）开始，经过一些发展阶段，再出现当初这个阶段的整个过程，其中包括生长和发育上的各个方面的发展和变化，叫做个体发育。药用植物种类很多，概括起来有孢子植物和种子植物两大类。由于种类不同，其生长发育模式与过程也是不同的，各种植物的生长发育是按照自身固有的遗传特性和顺序进行的。就药用种子植物来说，它的个体发育是从种子萌发开始，经过幼苗、成长植株，一直到开花结籽的整个过程。所以，种子是种子植物个体发育的开始，也是个体发育的终结。了解药用植物生长发育的机理和特点，我们可以采取科学的栽培技术和措施，定向地改造其特性，以达到优质高产的目的。

一、生长和发育的概念

生长（Growth）是植物（包括各种作物）体积和重量的量变过程。它是通过细胞分裂、细胞伸长，以及原生质体、细胞壁的增长而引起的，这种体积和重量的增长是不可逆的。植物的生长可分为营养体生长和生殖体生长两部分，体现在整个生命活动的过程中。

发育（Development）是植物一生中形态、结构、机能的质变过程。从种子萌发开始，按照物种特有的规律，有顺序地由营养体向生殖体的转变，直到死亡的全部过程。它是通过细胞、组织、器官的分化来体现的。

植物的生长是从受精卵分裂开始，受精卵连续分裂形成遗传上同质的细胞，进而出现形态、机能及化学构成上异质的细胞。这种由受精卵或遗传上同质的细胞，转变出形态、机能及化学构成上异质细胞的现象称为细胞分化。分化也是质的变化，从植物器官水平上讲，分化是新器官的出现。细胞的分裂，分化多在茎（或枝）端、根端的分生组织内进行，特别是茎端分生组织，它要进行叶芽和花芽的分化，由叶芽发展为茎叶，由花芽发展为花或花序。细胞分裂、分化除了顶端分生组织外，在器官发生过程中形成的侧生、居间分生组织细胞也能分裂和分化。所以，由于分生组织细胞的不断分裂和分化，它使植物能够不断地生长和加粗。此外，植物的薄壁组织，在一定条件下也可以恢复分生能力，例如离体器官（根、茎、叶）在适宜环境下能形成一个新的植株。生产上的菊花、薄荷、枸杞、马兜铃、金银花、巴戟天、地黄等的扦插繁殖、分割繁殖就是利用此种分生能力。

纵观药用植物的个体发育，从形态和生理上可分为三个阶段：即胚胎发生、营养器官发生和生殖器官发生。胚胎的发生是随着种子形成过程在母体上发育的。营养器官发生阶段主要是种子萌发后根、茎、叶等营养器官的生长，其分化比较简单，分化后生长占优势。生殖器官发生阶段，主要是以生殖器官的分化占优势，此阶段的分化较前阶段分化复杂。但生殖器官发生阶段，也伴有营养器官的生长，只是不占优势。由营养器官发生阶段转到生殖器官发生阶段，各种药用植物都要满足其特定的光、温等环境条件。以花、果实或种子为主要产品的药用植物，这一转变能否顺利进行，直接关系到产品的数量和质量。

生长是量的增加，发育是质的变化。生长是发育的基础，没有相伴的生长，发育就不能继续正常进行。许多事例表明，花芽多少与营养器官生长量紧密相关，所以，植物的生长与发育是相互依存不可分割的，总是密切联系在一起的。

药用植物的生长与发育之间，并非始终是相互协调的。在生长发育过程中，千变万化的环境条件，难免不出现只利于某一方面而不利于另一方面的情况，一旦此种情况出现，势必导致生长与发育的不协调，最终造成减产或品质低劣。药用植物栽培管理，就是通过人为措施调节相互关系，使之符合人们栽培的要求。

二、药用植物各器官的生长发育

（一）根的生长

根（root）是植物体生长在土壤中的营养器官，没有节和节间的区分，具有向地性、向湿性和背光性。根主要有吸收、输导、固着、支持、贮藏及繁殖等功能。根系吸收植物生长发育需要的水分、无机养分和少量的有机营养，合成生长调节物质。根系能贮藏一部分养分，并将无机养分合成为有机物质。根系还能把土壤中的 CO_2 和碳酸盐与叶片光合作用的产物结合形成各种有机酸，再返回地上部参与光合作用过程。根系在代谢中产生的酸性物质，能够溶解土壤中的养分使其转变为易于溶解的化合物被植物吸收利用。有的植物如兰花、柑橘等植物的根系和微生物菌丝共生形成菌根，菌根增强了根系的吸水、吸肥能力。许多药用植物的根或根皮是重要的中药材，如人参、西洋参、三七、党参、黄芪、龙胆、玄参、何首乌、牡丹等。

根有定根（normal root）、不定根（adventitious root）之分。定根是直接或间接起源于胚根的根，不定根是由胚轴、茎、叶或老根上发生的根。我们把一个植物体所有的根称作根系，植物根系按其形态不同分为直根系和须根系。

1. 直根系（tap root system）

主根发达、较粗大，垂直向下生长。其中侧根小或少的药用植物有人参、西洋参、党参、桔梗、当归、白芷、黄芪等；主根发达较粗，但侧根也发达的药用植物有牛膝、紫菀、黄芩等。一般绝大多数双子叶植物的根均属直根系。

直根系药用植物种子萌发后，主根生长较快，入土较深。进入生长中、后期，根粗膨大较快。地上部枝叶临近枯萎时，根的生长减缓下来，物质积累加快。

2. 须根系（fibrous root system）

主根不发达或早期死亡，从茎的基部节上生出许多大小、长短相仿的不定根，簇生呈胡须状，没有主次之分。单子叶植物的根属于须根系，某些多年生双子叶植物的根——细辛、龙胆等也是须根系。禾本科药用植物的须根系由种子根（初生根）和节根（次生根）组成。种子萌发时，先长出初生胚根，接着从下胚轴上生出数条次生胚根，这些统称种子根。节根是须根系构成的主要部分，它是从基部茎节长出的不定根，节根长出的顺序是从下位节移向上位节，数目不等。薏苡等禾谷类药用植物近地面的茎节，常生长一轮或几轮较粗的节根（又叫支持根），入土后对抗倒伏和吸收都有一定的作用。

禾本科药用植物须根的数量和重量随分蘖节的发生而不断增加，分蘖盛期时，须根数量最多，抽穗前后，根的重量最高。而其他科属的药用植物，如细辛、龙胆等植物须根的数量则是随年生的增长而增加，每年9月间须根重量最大。

3. 根的变态与根系在土壤中的分布

植物根在长期的历史发展过程中，由于适应生活环境条件，其形态、构造和生理功能上产生了许多异常的变化。常见的变态根如下：

（1）贮藏根（storage root） 根的一部或全部肥大肉质，其内贮藏营养物质。依形态不同分为：圆锥根，如白芷、桔梗；圆柱根，如丹参、菘蓝；块根，如麦冬、何首乌、乌头等。

（2）气生根（aerial root） 生长在空气中的根，如吊兰、石斛等。

（3）支持根（prop root） 自茎上产生一些不定根深入土中，增强支持作用，如薏苡等。

（4）寄生根（parasitic root） 插入寄生体内，吸收营养物质，如菟丝子、列当、桑寄生、槲寄生等。

（5）攀缘根（climbing root） 又叫附着根，具有攀附作用，如常春藤、薜荔、凌霄等。

（6）水生根（water root） 水生植物飘浮在水中的根，如浮萍。

根系在土壤中的分布因植物种类不同而不同，一般分为深根系和浅根系两类。像甘草、黄芪、红花等为深根系植物，其根入土深度超过200cm；像贝母、半夏、天南星、延胡索、川芎、白芷、当归、白术、番红花、砂仁、山药、百合等为浅根系植物，其中平贝母、半夏、天南星、延胡索、川芎等根系入土最浅。浅根系药用植物的根绝大部分都分布在耕层中，就深根系植物来讲，在田间生长条件下，其根系的80%左右也主要集中在耕层之内。

4. 根系生长特性

根的生长部位有顶端分生组织，也有顶端优势，主根的生长抑制侧根的生长，育苗移栽时切除主根可促进侧根的生长。

植物根系生长有趋肥性，即根系生长多偏向肥料集中的地方，耕层根系分布较多与趋肥特性有关。施磷肥有促进根系生长的作用，适当增施钾肥利于根中干物质积累。

植物根系生长有向水性，一般旱地植物根系入土较深，湿地或水中生长的植物，根系入土较浅。如水蓼在湿地或浅水中生长时，根系多分布在20cm表层内，在旱地生长时，根系多分布在10~35cm层内。又如黄芪生长在砂土、砂质壤土中，主根粗长，侧根少，入土深度超过200cm，粗大根体长达70~90cm（俗称鞭杆芪），如果生长在黏壤或土层较浅的地方，主根入土深70~110cm，主体短粗（30cm左右）、侧根多而粗大（商品称鸡爪芪）。土壤肥水状况对苗期根系生长影响极大，人工控制苗期肥水供应，对定植成活和后期健壮生长发育具有重要作用。

植物根系生长有向氧性、趋温性。土壤通气良好，是根系生长的必要条件。如人参须根的向氧性、趋温性较为明显，生长在林下的人参须根，多生长在温暖通气良好的表层（俗称返须），人工栽培条件下，参须也伸展在表层土壤中；薏苡能够生长在低湿的地块，是因为它的根系中有比较发达的通气组织。土壤中 CO_2 浓度低时，对根系生长有利，CO_2 浓度高时，有害于根系生长。疏松土壤通气良好，CO_2 浓度低，地温适宜，所以根系生长良好。

(二) 茎的生长

茎（stem）是植物体的营养器官，是绝大多数植物体地上部分的躯干。其上有芽、节和节间，并着生叶、花、果实和种子；具有背地性；有输导、支持、贮藏和繁殖的功能。许多药用植物的茎或茎皮都是常用的药材，如麻黄、荆芥、延胡索、天麻、半夏、杜仲、肉桂、黄柏等。

茎是由芽（bud）发育而来的，一个植物体最初的茎是由种子胚芽发育而成的。主茎是地上部分的躯干，茎上的分枝是由腋芽发育而成。生长在茎顶或枝端的芽称为顶芽（terminal bud），生长在叶腋中的称作腋芽或侧芽（axillary bud），顶芽、腋芽均属定芽（normal bud）；在老茎、根、叶上产生的芽，因没有固定位置，称作不定芽（adventitious bud）。芽以其生理活动状态分为活动芽（active bud）、休眠芽或潜伏芽（dormant bud）两种。通常条件下，正在生长的芽为活动芽，植物茎顶、枝端的顶芽和上部的腋芽常是活动芽，枝干下部的腋芽往往是休眠芽。活动芽和休眠芽也受条件影响，在特定条件下，两者可以互相转变。温带地区冬季寒冷，越冬芽也是休眠芽。自然条件不能满足通过休眠的条件，它就不萌发生长。如人参、西洋参、细辛、平贝母等。

植物茎有地上地下之分。地下茎是茎的变态，在长期历史发展过程中，由于适应环境的变化，形态构造和生理功能上产生了许多变化。药用植物地下茎常见的变态有根茎、块茎、球茎、鳞茎等。

(1) 根茎（rhizome） 又叫根状茎，有明显的节和节间，节上的叶已退化成鳞片状，或全部退化。节上有胚芽，有的还有顶芽。根茎多延长横生（又叫横卧茎），其上生有不定根。根茎的形态及节间的长短因植物种类而异，有的细长，如五味子、枸杞、芦苇、款冬、薄荷等，其中五味子、芦苇的根茎特别发达；有的根茎短粗或肉质，如姜、郁金、知母、射干、藕等；有些学者把短缩的地中茎（茎很短，节密集的）也列为根茎之中，如人参、西洋参、三七、龙胆、细辛等。

(2) 块茎（tuber） 是膨大成不规则的块状的地下茎，肉质，节间很短，叶退化成小鳞片或枯萎脱落，如天麻、土贝母、独角莲、半夏、天南星、延胡索等。

(3) 球茎（corm） 是一种膨大呈球形或扁球形的地下茎，肉质，有明显的节和短缩的节间，节上有较大的膜质鳞片，顶芽发达，靠近顶芽的腋芽常生长发育，基部着生不定根，如番红花、荸荠、慈姑等。

(4) 鳞茎（bulb） 是一种茎、叶变态呈球形或扁球形的地下茎，其茎高度短缩，茎节密集成圆盘状（鳞茎盘），盘上着生许多肉质肥厚的鳞片状的变态叶。顶芽位于（或者称为包被在）鳞片之中央，鳞片腋间生有腋芽，鳞茎盘基部生不定根，如百合、贝母（平贝、浙贝、伊贝、川贝）、洋葱等。

地下茎主要具有贮藏、繁殖的功能。了解地下茎生长发育特点，便于改进栽培措施，促进生长发育，这对扩大繁殖、提高产量，具有重要意义。有些根茎虽然不入药，但对产品器官的形成和产量有影响，如款冬是未开放的花蕾入药，其花着生在根茎上，根茎生长得好坏，与花蕾的形成和产量的多少影响很大。又如番红花是柱头入药，不开花就没有产量，试验表明，球茎达到一定重量后才开花，在此重量以上，球茎越大开花越多，若使球茎长得大，就要施肥灌水，还必须适当疏去腋芽。

地上茎的变态也很多，如叶状茎或叶状枝（仙人掌、天门冬）、刺状茎（山楂、酸橙、皂荚）、茎卷须（栝楼、丝瓜、南瓜、罗汉果、木鳖），以及大蒜、卷丹等的珠芽等。地上茎变态部分入药不多，但对栽培管理、产量有一定影响。

药用植物茎的生长，从其生长习性看，有直立生长（乔木类——松、杉、女贞、杜仲、川楝、黄柏；灌木类——栀子、枳壳、枸杞；草本——牛膝、白术、缬草、甘草、黄芪、独活、玄参、芍药）、缠绕生长（五味子、马兜铃、何首乌、扁豆）、攀援生长（栝楼、丝瓜、山葡萄）、匍匐生长（垂盆草、蛇莓）。植物生长习性是确定某些栽培管理措施的依据。

茎的分枝是由腋芽发育而成的，由于顶芽和腋芽存在着一定的生长相关性，这种相关性受着遗传特性和外界条件的影响，因此，每种植物都有一定的分枝方式。植物的分枝方式有单轴分枝和合轴分枝两种。单轴分枝又叫总状分枝，即主茎的顶芽活动从出苗起不断生长，始终占据优势，最终形成一个直立的主轴（其侧枝的生长始终处于弱势状态）。以茎皮、树干为收获目的的药用植物，在栽培时，注意保持顶端生长优势，是培植优质产品的重要措施之一。合轴分枝的特点是顶芽活动到一定时间后死亡，或是分化为花芽，由靠近顶芽的腋芽迅速发育成新枝，代替主茎的位置，生长不久后，新枝的顶芽又同样停止生长、再由侧边腋芽代替生长的一种分枝方式。有的药用植物自身两种分枝方式都有，如枸杞、山茱萸等结果类药用植物的结果枝为合轴分枝，徒长枝为单轴分枝。

禾本科地下茎节（分蘖节）可以产生分蘖。天南星科、鸢尾科、兰科中的部分药用植物的块茎、球茎上可以产生新的小块茎、小球茎，是良好的繁殖材料。

植物分枝（分蘖）的发生是有一定顺序的，从主茎上发生的分枝（分蘖）为第一级分枝（分蘖），从第一级分枝（分蘖）上产生的分枝（分蘖）为二级分枝（分蘖），依此类推。由于田间栽培时，有些第二级分枝或分蘖对产量无价值，反而消耗了植物体的营养，因此，从事生产时，必须掌握好播种密度，或通过植株调整技术（摘心、打杈、修剪等）控制无效分枝（分蘖），使田间有个合理的密度和良好的株型。

茎秆的健壮生长是确保正常生长发育，获得高产的基础。栽培药用植物生长的好坏，不能只看高度一项指标，一般土壤肥力过高，或肥料比例失调（特别是氮肥过多），种植密度过大，光照不足，培土过浅，多雨或刮风等都会引起植物倒伏。植物倒伏后，地上植株不能正常伸展生长，枝、叶间相互遮挡，光合积累受到严重影响，轻者减收，重者植物体死亡，使生产濒临绝收境地。

（三）叶的生长
1. 叶的主要生理功能及其形态变化

叶（leaf）是植物的重要的营养器官，一般为绿色的扁平体，具有向光性。植物的叶有规律地生于茎（枝）上，担负着光合作用、气体交换和蒸腾作用。光合作用是极其复杂的生理生化过程，概括地说，是植物体中的叶绿体利用太阳光能，把吸收来的二氧化碳和水合成为碳水化合物，并释放出氧气的过程。光合作用所产生的葡萄糖是植物生长发育所必需的有机物质，也是植物进一步合成淀粉、蛋白质、纤维素和其他有机物的重要原料。一句话，植物的机体及其内含物，无一不是光合作用的直接或间接的产物。因此，叶的生长发育程度和叶的总面积大小，对植物生长发育和产量影响极大。

植物叶表面上有很多气孔，是植物光合作用和呼吸作用中气体交换的主要通道。叶是植物蒸腾作用的重要器官，根部吸收的水分，绝大部分以水汽形式从叶面扩散到体外，从而调节植物体内温度变化，促进水和无机盐的吸收。

有些植物的叶除上述主要功能外，还有贮藏作用，如贝母、百合、洋葱的肉质鳞片叶，还有少数植物的叶有繁殖作用，如落地生根、秋海棠等。

叶与人类生活关系密切，除供食用外，有许多植物的叶可供药用，如大青叶、枇杷叶、桑叶、艾叶、细辛叶、苏叶等。

植物的叶是由叶片（blade）、叶柄（petiole）和托叶（stipules）三部分组成。三部分具全者称为完全叶（complete leaf），如桑、桃、甘草、黄芪、棉花等；缺少任何一部分或两部分的叶，称作不完全叶（incomplete leaf），如女贞、芥菜、油菜、龙胆、莴苣、石竹、连翘等。植物叶片、叶端、叶基、叶缘的形状，叶脉的类型，叶片的质地，叶面的附属物等的不同，是区别植物种类、品种、生药的种类等的标志之一。应当指出，药用植物中，具有异形叶性的（即同一植株上具有不同形状的叶子）植物种类很多，如蓝桉幼枝上的叶是对生无柄的椭圆形叶，而老枝上的叶是互生有柄的镰形叶；益母草基生叶略呈圆形，中部叶椭圆形，掌状分裂，顶生叶不分裂，呈线形近于无柄；水毛茛在水中的叶细裂如丝状，而在水面上的叶是掌状深裂；又如慈姑水中叶呈线形，浮在水面的叶是肾形，露出水面的呈箭形等。

植物的叶分单叶（single leaf）和复叶（compouud leaf）。复叶中又分单身复叶（橙、柚）、三出复叶（赤小豆、绿豆、半夏、酢浆草）、掌状复叶（人参、大麻等）、羽状复叶（有奇数羽状复叶——苦参、刺槐、盐肤木；偶数羽状复叶——皂角、决明；二回羽状复叶——合欢、云实；三回羽状复叶——南天竹、苦楝等）。叶在枝上的排列顺序叫叶序，植物的叶序一般分为互生、对生、轮生、簇生几种。植物的叶也有变态现象，常见的变态类型有苞叶、鳞叶、刺状叶、叶卷须、叶刺等。

2. 叶的分化与生长

叶的形成是从生长锥细胞的分化开始，先分化形成叶原基，叶原基进一步分化形成雏叶，条件适宜时，雏叶便长成幼叶。在寒冷地区，多年生植物于秋季形成越冬芽，越冬芽分化完毕后不萌动，直接进入休眠阶段，翌春条件适宜时，越冬芽中的雏叶伸出芽鳞，叶片、叶柄便快速生长。雏叶叶片各部位通常是平均生长的，植物叶片生长的大小取决于植物种类和品种，同时也受温、光、水、肥等外界条件的影响。例如马牙型人参的叶片大，叶基夹角大，而长脖型人参的叶片略狭，叶基夹角也小。红花叶片以植株中部稍偏上（株高 1/2 至 2/3）处为最大，枝顶处叶片最小。通常情况下，气温偏高时，叶片长度生长快，气温偏低时，叶片宽度、厚度生长快；适当增施氮肥能促进叶面积增大；生育前期适当增施磷肥，也有促进叶面积增大的作用，生育后期施磷肥，会加速叶片的老化；钾肥有延缓叶片衰老的作用。

多数药用植物的叶片是随着植株的生长而陆续生长增多。但是，像人参、西洋参等少数药用植物，全株叶片总数少，这些叶片为一次性长出，一旦受损伤后，当年不再长茎叶。至于叶片功能期的长短，因植物而异。人参、西洋参叶片一次长出，枯萎时死亡，功能期最长（110～150d）。红花同一植株上中部叶片功能期最长。

3. 与叶片有关的几个生理指标

（1）**叶面积指数**（Leaf Area Index，*LAI*） 叶面积指数是指群体的总绿色叶面积与该群体所占的土地面积的比值。即：

$$叶面积指数(LAI) = \frac{总叶面积}{土地面积}$$

叶面积指数是用来表示绿叶面积大小，在田间直接测定叶面积指数是比较困难的，通常采用取样的方法间接测定。其做法：在药用植物群体中间，取一定土地面积为样方，先计算样方内所有植株的总叶重（W），然后用总叶重乘以单位叶面积与叶重之比（L/W），求得总叶面积（L），最后用总叶面积除以样方面积，就得叶面积指数。高棵药用植物，也可取有代表性的植株数株，求其叶面积，而后按种植密度换算出叶面积指数。

药用植物群体的叶面积指数随生长时间而变化，一般出苗时叶面积指数最小，随着植株生长发育，叶面积指数增大，植物群体最繁茂的时候（禾谷类齐穗期，其他单子叶植物和双子叶植物盛花至结果期）叶面积指数值最大，此期过后，部分叶片老化变黄脱落，叶面积指数变小。当多数叶片处于光饱和点的光强之下，最底层叶片又能获得大约二倍于光补偿点的光强时，植物群体的物质生产可达到最大值，此时的叶面积指数称作最适叶面积指数。最适叶面积指数的大小因生产水平、药用植物种类和品种而异。经验认为，叶片上冲（斜向向上伸展），株型紧凑的药用植物或品种，最适叶面积指数较大；凡叶片平展披伏、株型松散的药用植物或品种，最适叶面积指数较小。应当指出，有些药用植物（忍冬、党参、五味子等）叶面积指数过大，会导致相互遮蔽，减低透光强度，易引起倒伏或落花（蕾）、落果（荚）。

（2）**净同化率**（Net Assimilation Rate，*NAR*） 所谓净同化率是指单位叶面积在单位时间内所积累的干物质的数量，是测定群体条件下药用植物叶片光合生产率的指标。假设某植物在$t_2 - t_1$时间内，平均有$1/2(I_1 + I_2)$的叶面积进行光合生产，净积累干物质重量为$W_2 - W_1$，其净同化率应为：

$$NAR = \frac{W_1 - W_2}{1/2(I_1 + I_2) \times (t_1 - t_2)}$$

净同化率是以$g/(m^2 \cdot d)$来表示的，净同化率因药用植物种类和栽培条件的不同而有差异，通常变化在$2 \sim 12 g/(m^2 \cdot d)$范围内。

请注意，药用植物与作物一样，净同化率与产量不存在恒定的相关性（А.А.Ничипорович，1979），且不可误解净同化率高，产量就高。

（四）生殖器官的分化发育

花（flower）是种子植物所特有的繁殖器官，通过传粉、受精作用，产生果实和种子，使物种或品种得以延续。开花是种子植物特有的特征，所以又被称为显花植物。显花植物中，被子植物的花器比裸子植物复杂得多，这里主要介绍前者。

花的形态构造随植物种类而异，就同一物种来说，花的形态构造特征，较其他器官稳定，变异较小，植物在进化中会发生变化，这种变化也往往反映到花的构造方面。因此，掌握花的特征,对研究植物分类、药材原植物的鉴别及花类药材的鉴定等均具有重要意义。

许多植物的花可供药用,如金银花(又叫双花)、红花、菊花、款冬花、洋金花、旋复花、番红花、槐花、除虫菊、辛夷等。

1. 花的分化发育

典型被子植物的花一般由花梗(pedicel)、花托(receptacle)、花萼(calyx)、花冠(corolla)、雄蕊群(androecium)和雌蕊群(stamen)等部分组成,其中雄蕊和雌蕊是花中最重要的生殖部分,花萼、花冠(合称花被)有保护花和引诱昆虫传粉的作用。一朵花凡具有花萼、花冠、雄蕊和雌蕊四部分的称为完全花,缺少其中一部分或几部分的称为不完全花。一朵花中具有雄蕊和雌蕊的称为两性花,只具有雄蕊或雌蕊的叫单性花。单性花中,雄花和雌花同生于一个植株上的称为雌雄同株,如蓖麻、丝瓜、冬瓜、五味子、胡桃;雌花和雄花分别生于不同植株上的称雌雄异株,如罗汉果、桑、柳、银杏等。花在花枝或花轴上排列的方式或开放的次序称为花序,花序分无限花序(indefinite inflorescence)如地黄、芥菜、远志、南天竹、牛膝、知母、小茴香、白芷等;有限花序(definite inflorescence)如鸢尾、姜、紫草、附地菜、石竹、卫矛、大戟、甘遂、夏枯草、益母草、薄荷等。

花是由花芽发育而成的。花是一种适应繁殖的,节间极度缩短的,没有顶芽和腋芽的枝条。双子叶植物花芽分化发育过程大致分为花萼形成,花冠和雄、雌蕊形成,花粉母细胞和胚囊母细胞形成,胚囊母细胞和花粉母细胞减数分裂形成四分体,胚囊和花粉成熟等阶段,各期的先后因植物而异。有人把禾谷类作物穗的分化发育分为生长锥伸长,穗轴节片或枝梗分化,颖花分化,雌雄蕊分化,生殖细胞减数分裂四分体形成,花粉粒充实完成几个阶段。

2. 开花和传粉

植物种类不同,开花的龄期、开花的季节、花期的长短都不完全相同。1～2年生草本植物一生中只开一次花;多年生植物(不论草本、木本)生长到一定时期才能开花,少数植物开花后死亡,多数植物一旦开花,以后可以年年开花,直到枯萎死亡为止。进入开花年龄的多年生植物,由于条件不适宜,也有时不开花。多年生植物中,竹类一生只开一次花。具有分枝(蘖)习性的药用植物通常主茎先开花,然后第一、第二级分枝(蘖)渐次开放。同一花序上的小花开放的顺序也因植物而异,有些植物小花由下向上逐渐开放,如芥菜、荠菜、远志、地黄、牛膝、车前、知母;有的由外向内开放,如当归、白芷等;有的上部小花先开,然后渐次向下开放,如鸢尾、姜、紫草、石竹等。

植物的花开放后,花粉粒成熟,通过自花传粉和异花传粉方式,将花粉传到雌蕊柱头上。自花授粉的药用植物有甘草、黄芪、望江南、黑豆等;异花传粉植物有薏苡、芥菜、益母草、丝瓜、罗汉果等,自然界异花授粉植物极普遍,这是进化过程中自然选择的结果。

3. 果实和种子的生长发育

果实(fruit)是由受精后的子房或连同花的其他部分发育而成,内含种子(seed)。种子是由胚珠受精后发育而成。果实是由果皮(pericarp)和种子组成的。药用植物果实的构造变化较大,如桃、毛曼陀罗外果皮上有毛茸;曼陀罗外果皮上有刺;厚朴外果皮上有蜡被;荔枝有瘤突;五味子果皮表皮细胞间嵌有油细胞;人参、西洋参、三七、枸杞、桃、李、杏的中果皮肉质多汁等。许多植物的果实和种子都是药材,如枸杞子、五味子、芥子、葶苈子、莱菔子、薏苡仁、芦巴子、杏仁、扁豆、绿豆等。

多数药用植物的果实和种子的生长,时间较短,速度较快,此时营养不足或环境条件不适宜,都会影响其正常生长和发育。靠种子繁殖的植物必须保证采种田果实和种子的正常发育。

应当指出,许多药用植物的种子,其生长和发育要求的条件复杂,在年生育期间内自然气候条件很难满足多变的要求,或因种子含有发芽抑制物质,所以,种子自然成熟时,其胚尚未生长发育成熟,即种子有后熟特性,生产中应给予重视。如人参、西洋参、吴茱萸、细辛、贝母、黄连、芍药、牡丹等。

三、药用植物生育进程和生长相关

(一) S形生长进程

许多观测结果表明:同时同田的不同药用植物,同一药用植物的不同单株,同株的不同器官,甚至同一器官的不同部位,其生长速度不同。换句话说,药用植物的生长并非均一的。纵观药用植物(不论是细胞、组织、器官、全株、群体)一生的生长过程,其生长速度是不均衡的。一般初期较慢,以后逐渐加快,高峰期后又日渐减慢,直至停止生长,简述为慢—快—慢的过程。如在药用植物一生中,每隔一段时间测量一次株高、茎粗、叶面积、干重或鲜重,最后将其生长量随时间的变化绘成一条坐标线,则近似于S形(图2-1),所以,又叫S曲线。S形生长曲线表明,药用植物生长过程一般可分为三个时期:

(1) 前期 生长率不断提高,又称作指数(对数)增长期,生长过程可用下式表示:

$$W = W_0 e^{K_m(t-t_0)} \text{ 或 } \ln\frac{W}{W_0} = K_m(t-t_0)$$

式中 W 和 W_0 分别为 t 和 t_0 时测定项目(长度或干重等)之量,K_m 为 t_0 至 t 期间的增长系数,e 为自然对数的底。

(2) 中期 增长最显著,生长率保持稳定势态,生长曲线接近直线,称为直线增长期。可用下式表示。

$$W_2 = W_1 + P(t_2 - t_1)$$

式中 W_1 和 W_2 分别为该期内 t_1 和 t_2 时测定之量,P 为增长速度。

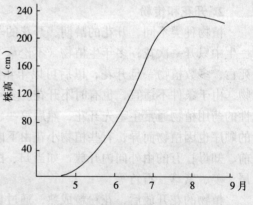

图 2-1 植物的生长曲线

(3) 后期 由于逐渐衰老,生长率日益下降,最后降到零,称为生长减缓停滞期。其生长过程可用下式表示。

$$W_2 = W_1 e^{-K_m(t_2 - t_1)}$$

(二) 植物生长的相关

植物的细胞、组织、器官之间,有密切的协调,又有明确的分工;有相互促进的方面,又有彼此抑制的一面,这种现象被称为生长相关性。例如人们悉知的顶芽对腋芽的抑制作用。

药用植物地上部分与地下部分存在密切的关系。正常生长发育需要的根系与树冠,经常保持一定的比例（即根冠比），这个比值可以反映出植物生长状况。温度、光照、水分等生态条件常可影响根冠比值。通常情况下，光照强度增加，促进叶子光合作用，增加光合积累，有利于根与冠的生长，但光照过强，对地上部分会有抑制作用，从而增大根冠；土温适宜，昼夜气温温差大时，利于根及根茎类药材的生长；氮肥过多能降低根冠比，适当增施磷肥，利于根系发育。在生产上，控制与调整根和地下茎类药用植物的根冠比，是提高产量和品质的重要措施之一。一般在生长前期，以茎叶生长为主（根冠比低），生长中期逐步提高根冠比，在生长后期，应以地下部增大为主，根冠比达最高值。

营养生长主要指根、茎、叶等营养器官的生长。花、果实、种子等生殖器官的生长称为生殖生长。药用植物同其他植物一样，生殖生长前均需进行一定的营养生长，营养生长是生殖生长的必要准备。营养生长与生殖生长两者难以截然分开，一般药用植物在生育中期，有一个相当长的时期，营养生长尚在继续，而生殖生长与之相并进行。此期间植物的光合产物既要供给生长中的营养器官，又要输送给发育中的生殖器官。由于花和幼果此时常成为植物体营养分配中心，营养优先供给花与果，这样势必影响营养器官的生长。特别是以根、根茎入药的药用植物，花果多，花果期长，就会影响其产量和品质。例如人参，在五年生留种 1 次，参根减产 14%，六年生留种 1 次，减产 19%，在五、六年生连续留种（2 次），其参根减产 27%，若在四、五、六年生连续 3 次留种，参根减产 44%，平贝母、地黄等也有类似现象。一、二年生植物，一旦开花结实，其营养体就渐次衰退，果实成熟，营养体趋于消亡。多数药用植物的营养生长与生殖生长所要求的环境条件不尽相同，以碳氮比而论，适宜生殖生长的碳氮比，比营养生长低。如果生长中氮肥过多，光照不足，其碳氮比偏低，利于营养生长，甚至引起倒伏或生殖生长受阻。

植物各器官的分化和形成是有一定程序的，各器官的建成有一定的相应关系，如禾谷类作物叶片出生与穗分化之间存在着相关性。了解药用植物器官相关的外在表相，对于判断各部位的生育进程，对于指导生产过程中的技术实施，具有重要意义。

药用植物有以花、果实及种子为产品的，也有以营养贮藏器官为产品的（如花、花穗、块茎、块根、肉质根、球茎、鳞茎等），这些器官中除含水、糖、淀粉外，还含有药用活性成分和少量其他有机物。这些器官的形成，一方面受同一个体的不同器官生长的影响，另一方面又有其各自对外界环境的特殊要求。了解掌握各个药用植物相应器官生长相关性及其所需的特殊条件，是搞好生产的必要基础。例如红花莲座叶丛期需要一定的低温短日照条件促进其营养生长；平贝母在低温短日照条件下鳞茎生长快，番红花球茎的形成（大小）也有类似情况，而洋葱、大蒜鳞茎的形成则要求较长的日照（13h）和较高的温度（15~20℃），非此条件很难获得优质高产。

药用植物和作物一样，个体间的发育及其对外界环境条件的要求也不尽一致，通过选择培育或遗传工程，可以培育出性状不同的品种。

四、药用植物的生长发育过程

（一）植物发育的理论

药用植物从种子到种子不管要通过一年或二年，都有其前后的连续与相关性。任何一个生长发育时期，都和前一个时期有密切的关联。没有良好的营养生长就没有良好的生殖生长。在栽培上，不论是叶入药类、根入药类或果实、种子入药类，要获得优质高产，总是从种子发芽或育苗开始，要有一个良好的基础。

关于植物发育的理论，有各种不同的学说：

早期的植物生理学者如 Sach 就提出过植物的开花受"开花素"的控制，目前虽然有许多间接的试验，证明植物的开花发育，受一种激素物质（称为"开花素"）的控制，但具体的"开花素"还未分析出来。

许多越冬药用植物（也包括作物等），通过低温处理，可以促进抽穗（薹）开花，这点早被人们认识，《齐民要术》中已有记载，其他各国也有类似的认识。

碳氮比率（C/N）学说认为，植物由营养生长过渡到生殖生长，是受植物体中碳水化合物与氮化合物的比例（C/N）的控制。当 C/N 比率小时，趋向于营养生长，C/N 比率大时，趋向于生殖生长。

1920 年 Garner 和 Allard 光周期的发现，使人们认识到，植物的开花不仅受温度影响，同时也受日照长短的影响。

阶段发育学说指出，植物的生长与发育不是一回事。一、二年生植物的整个发育过程具有不同的阶段，每一阶段对环境有不同的要求，而且阶段总是一个接着一个地进行。目前明确了两个阶段，即春化阶段和光照阶段。

药用植物种类繁多，它们对发育条件的要求也不相同，甚至同一种类的不同品种，对发育的要求也可以不同。阶段发育的理论可以说明许多二年生药用植物的发育现象，但不能用来说明一年生和木本药用植物的发育现象。

各种药用植物通过生长发育的途径与其物种的地理起源有关。起源于热带的种类，大多是在温度高而日照短的环境下生长发育，所以它们的发育也都是在此种环境下通过的，在这些地区原产的瓜类、茄果类及豆类等，都不要求经过低温，而是在较短的日照下，通过光照阶段。起源于亚热带及温带的种类，是在一年中的温度及日照长度有明显差别的条件下通过发育的，一般都要求在低温条件下通过春化阶段，而后在长日照条件下抽薹开花。

植物的发育阶段是有其顺序性和局限性的，所谓"顺序性"是指前一阶段完成以后，后一阶段才能出现，后阶段不能超越，即没有通过春化阶段的，就不能通过光照阶段，也不能先通过光照阶段而后通过春化阶段。所谓"局限性"是指春化阶段的通过，局限在植株的生长点上，是由细胞分裂的方式来传递的，而且不同的生长部位，可以有不同的阶段性。任何植物体顶端的芽，在生长年龄上是较幼的，但在阶段性上又是较老的。菠菜、芹菜都要求低温通过春化，但都局限在生长点上，只要其胚（种子春化）或顶芽（绿体春化）经过一段时间的低温处理（不需整株冷冻），就会抽薹开花。必须指出，春化阶段的通过，虽然只限于在生长点上，但与茎叶生长状态有密切的关系或者说受营养条件的影响。

（二）药用植物的生长发育过程

由于药用植物的种类繁多，由种子到种子的生长发育过程所经过的时间长短不一，按周期长短分有一年生、二年生、多年生。其中绝大多数是用种子繁殖，但也有相当多的药用植物用营养繁殖或两者兼而有之。

(1) 一年生药用植物（annual herb） 在播种当年能开花结实，果实或种子成熟后即枯萎死亡（图2-2）。如部分禾谷类、茄果类、瓜类及喜温的豆类（薏苡、曼陀罗、丝瓜、赤豆、绿豆、王不留行、颠茄、红花、苋菜、续随子、补骨脂、扁豆等）。

(2) 二年生药用植物（biennial herb） 在播种的当年为营养生长，经过一个冬季，到第二年才抽薹开花、结实，也是在果实或种子成熟后枯萎死亡。如当归、白芷、独活、牛蒡、水飞蓟、菘蓝等（图2-3）。

(3) 多年生药用植物（perennial herb） 在一次播种或栽植以后，可以连续生长发育二年以上，到一定的年龄后就可连年开花结实，结实后的植株一般不会死亡。每年植株都是以宿根越冬（草本）或全株越冬（木本），次年可重新萌芽生长。这类植物在药用植物中所占的比例较大，其中草本有人参、细辛、党参、大黄、百合、贝母、芍药、沿阶草等，木本则分为乔木、灌木和藤本，乔木有杜仲、桉树、厚朴、胡桃、水曲柳、黄柏、松等；灌木有夹竹桃、刺五加、紫薇、连翘、六月雪、小檗等，藤本有鸡血藤、木通、五味子、葡萄等。

木本植物中，其叶在冬季或旱季脱落的分别称落叶乔木、落叶灌木、落叶藤本；反之冬季或旱季不落叶的分别称常绿乔木、常绿灌木、常绿藤本。

采用无性繁殖的药用植物，它们的生长过程是从营养器官（块茎、球茎、根茎、鳞茎、块根、茎、叶等）到产品器官（块茎、球茎、根茎、鳞茎、根、茎、叶、花、果实、种子）形成并收获。全生育过程所经过的时间也有长有短，也可分为一年生、二年生及多年生。以营养器官做播种材料，生长发育起来的植物体仍能开花结实。这类药用植物在生产中多不用种子繁殖，只是在品种复壮或用作育种亲本时，采用种子繁殖。由于有些药用植物的营养器官具有休眠特性，利用此类营养器官进行繁殖时，必须注意调整播期，或采用相应的技术措施，使之顺利地通过休眠阶段，这样才能保证播种后该植物的正常生长发育。

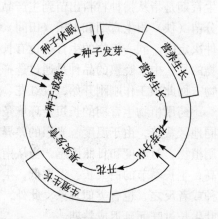

图2-2 一年生药用植物的生长周期图解

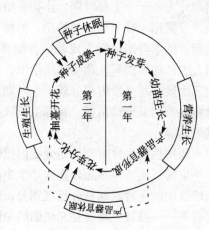

图2-3 二年生药用植物的生长周期图解

应当说明，一年生和二年生之间，或二年生与多年生之间，有时是不容易截然分别的。如红花、月见草，秋播当年形成叶丛，而后越冬，第二年春天抽薹开花，表现为典型的二年生药用植物。但是若将这些二年生药用植物于春季气温尚冷时播种，则当年也可抽薹开花。

(三) 药用植物的生育期和生育时期

药用植物的生育期和生育时期是两个概念,要注意区分。生育期是指从出苗到成熟之间的总天数,即药用植物的一生,亦称全生育期;而某一生育时期则是指药用植物一生中,其外部形态上呈现显著变化的某一时期。以籽实为播种材料又以籽实为收获产品的药用植物,其全生育期是指从籽实出苗到新籽实成熟所持续的总天数。以营养体或花、花蕾为收获对象的药用植物,其全生育期是指从播种材料出苗到主产品适期收获的总天数。实行育苗移栽制的药用植物的全生育期分苗(秧)田生育期和本田(田间)生育期。植物全生育期的长短主要受遗传性和所处的环境条件决定的。同一植物的生育期也有长短之分,一般按成熟先后分早熟、中熟、晚熟三种。一个作物的早、中、晚熟的品种是通过选择培育而成的,在作物、蔬菜种类中选育出的较多,在药用植物方面此项工作刚刚开始,仅红花、地黄、罗汉果等少数种类中有品种之别。

药用植物生育期的长短受环境条件(特别是光照、温度)的影响很大。同一种药用植物在不同地区栽培,由于温度、光照的差异,生育期也发生变化。以紫苏为例,紫苏是喜温的短日照药用植物,对温度和日照敏感,当从南方向北方引种(从低纬度向高纬度引种)时,由于纬度增高,生长季节的白天长,温度低,生育延长,反之生育期缩短。同一品种从低海拔向高海拔引种或者反之,也有类似现象。此外,土壤肥沃或施氮肥较多时,由于土壤中碳氮比低,常常因茎叶生长过旺而延迟成熟期。

在药用植物的一生中,其外部形态特征总是呈现若干次显著的变化,依据其变化可将全生育期划分为若干个生育时期。作物栽培学中是按作物分别划分出若干个时期,如:禾谷类分出苗期、分蘖期、拔节期、孕穗期、抽穗期、开花期、成熟期;豆类分出苗期、开花期、结荚期、成熟期;油菜分出苗期、现蕾期、抽薹期、开花期、成熟期;甘蔗分发芽期、分蘖期、蔗茎伸长期、工艺成熟期等。蔬菜栽培学中,是把植物的一生分为种子时期、营养生长时期、生殖生长时期三大段,每一段内再分若干个时期。例如种子时期又分胚胎发育期、种子休眠期和发芽期,而营养生长期又分幼苗期、营养生长旺盛期、营养休眠期;生殖生长时期分花芽分化期、开花期、结果期等。

药用植物生育时期的划分要因植物而异。像薏苡等一年生的禾谷类或绿豆、望江南、补骨脂一年生的豆类,可参照作物栽培学中的生育时期划分标准进行划分;像当归、白芷等可参照蔬菜栽培学中的生育时期划分标准划分;像枸杞、山茱萸等可参照果树栽培学中的时期与标准划分,这些不一一叙述。需要补充说明的是许多多年生草本药用植物生育时期的划分,像细辛、贝母、延胡索、人参之类的药用植物生育时期,既有从种子播种到新种子形成的全生育期中各生育时期的划分,又有每年内从出苗生长,到开花结实枯萎休眠中的各生育时期的划分。这类药用植物在开花前,每年只有出苗期、展叶期、产品器官形成期、营养体休眠期;进入生殖生长期后,每年都要增加现蕾期、开花期、结实期等。

借用作物、蔬菜、果树等作物划分生育时期与标准时,必须使划分的时期符合药用植物生长发育特点,防止不考虑药用植物生育特点,全盘搬用其他作物的生育时期。有些药用植物的某个或某几个时期还可细分的,就进一步细分。

关于生育时期的含义解释,当前有两种,其一认为,生育时期是指符合该生育时期的植株达到规定百分率的日期。其二认为,生育时期是指从始期到终止的总天数。实际多用的是前者,即指进入该生育时期的日期。通常以达到 10% 为始期,大于 50% 为盛期。

第二节 生长发育与环境条件

一、环境条件及其相互作用

药用植物生活在田间，周围环境中的各种因子都与其发生直接或间接的关系，其作用可能是有利的，也可能是不利的，环境中的各种因子就是药用植物的生态因子。

生态因子可划分为气候因子、土壤因子、地形因子和生物因子。气候因子包括光照强弱、日照长短、光谱成分，温度高低、温度变化，水的形态、数量、持续时间、蒸发量，空气、风速、雷电等。土壤因子包括土壤结构、有机质、地温、土壤水分、养分、土壤空气、酸碱度等。地形因子包括海拔高度、地形起伏、坡向、坡度等。生物因子通常指动物因子、植物因子、微生物因子，如药用植物的间种、混种、套种中搭配的作物，田间杂草，有益有害的昆虫、哺乳动物、病原菌、土壤微生物及其他生物等。

上述诸多生态因子对药用植物生长发育的作用程度并不是等同的。其中日光、热量、水分、养分、空气等是药用植物生命活动不可缺少的，缺少其中任何一个，药用植物就无法生存，这些不可缺少的因子又称为药用植物的生活因子或基本条件。生活因子以外的其他因子对药用植物也有一定的影响作用，这些作用有的（如杂草、病虫害等）直接影响植物本身，有的（如有机质、地形、土壤质地）通过生活因子而影响药用植物生长发育。

药用植物的诸多生态因子，都不是孤立存在，而是相互联系，相互影响，彼此制约的，一个因子的变化，也会影响其他因子的变化。对药用植物生长发育的影响，往往是综合作用的结果。如阳光充足，温度就随着上升，温度升高，土壤水分蒸发和植物的蒸腾就会增加，土壤微生物活动旺盛等，从而加快药用植物的生长。植物生长繁茂后，又会遮盖土壤表面，减少土壤水分的蒸发，与此同时，增加地表层空气温度，土壤湿度也相应提高，这不仅影响地温变化，也影响土壤微生物的活动和根对土壤水分、养分的吸收与运输。

各种栽培措施、田间管理等也是一种因子，它属于人为因子。人为因子的影响，远远超过其他所有自然因子。因为人为的活动，往往是有目的、有意识的。像整枝、打杈、摘心、摘蕾等措施直接作用于药用植物，而适时播种、施肥灌水、合理密植、中耕除草、防病等措施，则是改善生活因子或生态因子，促进正常生长发育。我们栽培药用植物，进行药材生产，面对的是各种各样的药用植物种类，具有不同习性的各个品种，遇到的是千变万化的错综复杂的环境条件，只有采取科学的"应变"措施，处理好药用植物与环境的相互关系，既要让植物适应当地的环境条件，又要使环境条件满足作物的要求，才能夺取优质高产。

二、温度与药用植物生长发育

每一种药用植物的生长发育都只能在一定的温度区间进行，都有温度"三基点"——最低温度、最适温度、最高温度。超过这个温度区间范围（即超出最低、最高温度），生理活动就会停止，甚至全株死亡。在此温度区间内，植物处在最适温度条件下的时间越长，对其生长发育和代谢最为有益。了解每种药用植物对温度适应范围及其与生长发育的关系,是确定生产分布范围和安排生产季节,夺取优质高产的重要依据。

(一)药用植物对温度的要求

药用植物种类很多,对温度的要求也各不一样,通常人们都以其对寒温热反应划分类别。

1. 耐寒的药用植物

不论是一年生、二年生还是多年生的药用植物,只要能耐 $-1 \sim -2$℃ 的低温,短期内可以忍耐 $-5 \sim -10$℃ 低温,同化作用最旺盛的温度为 15~20℃,或到了冬季地上部分枯死,地下部分越冬能耐 0℃ 以下,甚至到 -10℃ 低温的药用植物均属此类。如人参、细辛、百合、平贝母、五味子、薤白、石刁柏、刺五加等。

2. 半耐寒的药用植物

能耐短时间 $-1 \sim -2$℃ 的低温,在长江以南可以露地越冬,在华南各地冬季可以露地生长的,最适同化作用温度为 17~23℃ 的药用植物。如萝卜、菘蓝等。

3. 喜温的药用植物

种子萌发、幼苗生长,开花结果都要求较高的温度,同化作用最适温度为 20~30℃,花期气温低于 10~15℃ 则授粉不良或落花落果。如曼陀罗、颠茄等。

4. 耐热的药用植物

生长发育要求温度较高,它们的同化作用温度多在 30℃ 左右,个别药用植物可在 40℃ 下正常生长。如丝瓜、罗汉果、刀豆、冬瓜、南瓜等。

药用植物生长发育对温度的要求不仅因品种而异,就同一品种来讲,生育时期不同,对温度的要求也有区别。一般种子萌发时期、幼苗时期要求温度略低,营养生长期温度渐渐增高,生殖生长期要求温度较高,产品器官形成期——花果类要高,根及根茎类要求昼夜温差大些。应当指出,植物生长发育的各个时期对温度要求都有三基点,各时期的三基点也不相同,植物发育过程中,花期对温度变化最敏感。了解掌握药用植物各生育时期对温度要求的特性,是合理安排播期和科学管理的依据。

温度对植物的影响主要是气温和地温两方面。通常情况下,地温变化较小,距地面愈深温度变化愈小,根在土壤中与地温差异不大。一般气温变化较大,特别是近于地面处的气温变幅大,每日 13 时左右温度最高,而夜间(1~3 时)温度最低。植物出现日灼多与气温短时间急剧增高有关。

药用植物根及地下茎类的生长,受温度影响很大,一般植物的根系在 20℃ 左右条件下,生长较快,地温低于 15℃ 虽然根仍能生长,但生长速度减慢。有些药用植物的根,在昼夜温差大的时候,生长速度快。一般低温下生长的根多呈白色,粗大多汁,支根少。植物根对温度的抵抗能力比地上部分差。了解掌握根及地下茎类药材伸长加粗的最适温度环境,是调节播期,改进栽培措施的基础工作。在最适温度范围内,根及地下茎类生长量的大小、生长率的高低与温度高低成正相关。

温度不仅影响生长,也影响物质积累和转化。药用植物干物质的积累与光合作用和呼吸作用有很大关系。耐寒植物光合作用冷限与细胞组织结冰的温度相近。而起源于热带的药用植物,温度降至 5~10℃ 时,光合功能即受到破坏。一般植物在自然条件下(光饱和点以上的光强,CO_2

浓度0.03%），在最适光合作用温度下，光合积累较多。在栽培上，要注重提高光合作用的总积累。总积累增加了，产量也就提高了。从物质代谢的生化反应看，在一定温度范围内，温度每增高10℃，生化反应的速率按一定的比率增长。

积温是表示某地区热量资源的方法，或是表示某一种药用植物对热量需求的指标。例如，哈尔滨≥10℃的积温是3 000℃，北京是4 200℃，济南5 000℃，武汉5 300℃，广州8 100℃。知道各地热量资源，便于合理安排药用植物的布局（例如哈尔滨地处北纬45°45′，年平均温度3.5℃，伦敦地处北纬51°11′，年平均温度比哈尔滨高6℃以上，但哈尔滨≥10℃的积温比伦敦多500℃，因此，哈尔滨地区可以种水稻，而伦敦附近只能种马铃薯、甜菜等）。用积温表示药用植物对热量要求指标时，该指标可以是某一生育时期，也可是全生育期要求的温度总和。有了这些参数，可以根据当地气温情况，确定安全播种期；也可根据植株的长势和气温预报资料，估计药用植物生育速度和各生育时期到来的时间；还可以根据某一植物所需的积温和当地的长期（年的）气温预报资料，对当年该种植物的产量进行预测（属于丰年、平年还是歉年）。

（二）高温和低温的障碍

自然气候的变化总体上有一定的规律，但是超出规律的变化，如温度过高或过低，也时有发生。温度过高或过低，都会给植物造成障碍，使生产受到损失。

在温度过低的环境中，植物的生理活动停止，甚至死亡。低温对药用植物的伤害主要是冷害和霜冻。冷害主要是指生长季节内0℃以上的低温对药用植物的伤害。低温则可使叶绿体超微结构受到损伤，或引起气孔关闭失调，或使酶钝化，最终破坏了光合能力。低温还影响根系对矿质养分的吸收，影响植物体内物质运转，影响授粉受精。霜冻则是在春秋季节里，由于气温急剧下降到0℃以下（或降至临界温度以下），使茎叶等器官受到的伤害。

高温的障碍是与强烈的阳光及急剧的蒸腾作用相结合而引起的。高温使植物体非正常失水，进而产生原生质的脱水和原生质中蛋白质的凝固。高温不仅降低生长速度，妨碍花粉的正常发育，还会损伤茎叶功能，引起落花落果等。我国南方的夏天，北方的温室或大棚内容易发生高温障碍。

（三）温周期和春化作用

温度的周期性变化是指温度的季节变化和昼夜变化。在一天中白天温度高些，晚上温度低些。植物的生活也适应了这种昼热夜凉的环境，尤其是大陆性气候区（如西北各地及内蒙古），昼夜温差更大，药用植物白天接受阳光，进行旺盛的光合作用，夜间光合作用停止，低温可以减弱呼吸作用降低能量的消耗。因此，有周期性的昼夜温度变化，对药用植物生长发育是有利的，许多药用植物都要求有这样的温度变化环境，才能正常生长。如豌豆生长在日温20℃、夜温14℃的植株，比生长在20℃恒温下的高，而且健壮得多。又如，小麦籽粒中蛋白质含量与昼夜温差成正相关，相关系数达0.85。药用植物生长发育与温度变化的这种同步现象称为温周期。

一般来讲，适宜于光合作用的温度比适宜于生长的温度要高些，在自然条件下，植物夜间及早晨往往生长得较快。适于热带植物的昼夜温差应在3～6℃，温带植物为5～7℃，沙漠植物相差10℃或更多。昼夜温差必须是在适宜的温度范围之内，如果日温过高，而夜温过低，植物也生长不好。

温度季节变化也是一个规律性变化，我国大部分地区有明显的一年四季之分。春季温暖，植物萌芽生长，随着温度渐渐升高，植物繁茂起来，夏季生长旺盛，鲜花盛开，秋季果实累累，进入冬季便枯萎死亡或休眠越冬，许多植物就是这样年复一年地生活着。有些植物则适应旱季、雨季交替的周期性变化。植物生长发育与气候季节变化相适应，也是一种温周期，这种周期变化规律是我们安排每年农事，不违农时的重要依据之一。我们的祖先，依据气候的年变化，总结出了二十四节七十二候，并在《吕氏春秋》审时篇中有"凡农之道，候之为宝"的记载，这又是我们的祖先运用自然规律指导农事生产的一个例证。

春化作用是指由低温诱导性的影响而促进植物发育的现象。需要春化的植物有冬性的一年生植物（冬性谷类作物）、大多数二年生植物（当归、白芷、牛蒡、芹菜）和有些多年生植物（菊花）。这些植物通过低温春化之后，要在较高的温度下，并且多数还要求在长日照条件下才能开花。所以，春化过程只是对开花起诱导作用。

春化作用是温带地区植物发育过程表现出来的特征。在温带地区，一年之中由于太阳到达地面的入射角变化很大，引起四季温度的变化十分明显，温带植物在长期适应温度的季节性变化过程中，其发育过程中表现出要求低温的特性。但不同植物种类或品种对低温的要求有差别，如芥菜0～8℃、萝卜5℃。对大多数要求低温的植物来说，1～2℃是最有效的春化温度，要是有足够的时间，-1～9℃范围内都同样有效。植物对低温的要求大致表现为两种类型：一类是相对低温型，即植物开花对低温的要求是相对的，低温处理可促进这类植物开花，一般冬性一年生植物属于此种类型，这类植物在种子吸涨以后，就可感受低温，如芥菜、大叶藜、萝卜等；另一类是绝对低温型，即植物开花对低温的要求是绝对的，若不经低温处理，这类植物绝对不能开花，一般二年生和多年生植物属于此类，这类植物通常要在营养体达到一定大小时才能感受低温，如当归、白芷、牛蒡、洋葱、大蒜、芹菜、菊花等。萌动种子春化处理掌握好萌动期是关键，控制水分是控制萌动状态的一个有效方法。春化处理的时间因植物种类（或品种）而异，芥菜20d，萝卜3d，通常是10～30d。营养体春化处理必须是在植株或处理器官长到一定大小时进行。没有一定的生长量，即使遇到低温，也没有春化反应。例如当归幼苗根重小于0.2g对春化无反应，大于2g的根春化后百分之百抽薹开花，根重在0.2～2g间，抽薹开花率与根重、春化温度和时间有关。这个所谓一定大小的植物标志，可以用日龄、生理年龄、茎的直径、叶片数目或面积来表示。营养体春化部位主要是生长点，有些药用植物（芥菜、萝卜等）是在种子萌动时期通过春化阶段，大多数药用植物是在幼苗期或植株更大时，通过发育的低温阶段。

蔬菜学中介绍，许多二年生蔬菜通过春化阶段后，即生物化学上经过春化以后，生长点的染色特性发生变化，用5%氯化铁及5%亚铁氰化钾处理，完成春化的生长点为深蓝色，未完成春化的生长点不染色，或呈黄色或呈绿色。

许多要求低温春化的植物是属于长日照植物（菊花例外，是春化短日植物），这些植物感受低温之后，必须在长日照下才能开花。而这些植物的春化与光周期的效应有时可以互相代替或互相影响，如甜菜是长日植物，如果春化期限延长，就能在短日照下开花。大蒜鳞茎形成也有光周期现象，即鳞茎形成要求长日照条件，但用低温处理后，在短日照下也可形成鳞茎。低温长日照植物用一定浓度赤霉素处理后，不经过春化及长日照条件也能开花。

三、光照对生长发育的影响

阳光是植物进行光合作用的能量来源，光照强度、日照长短及光的组成（光谱成分）都与药用植物的生长发育有密切的关系，并对药材的产量和品质产生影响。

(一) 光照强度对药用植物生长发育的影响

栽培的药用植物，不论是阴生植物（人参、细辛）还是阳生植物，充足的阳光是正常生长发育的必要条件之一。假如植株种植过密，株间光照就不足，由于顶端的趋光性，植株会过度伸长，最终只有株顶少数叶片进行光合作用，光合积累供不上生长发育要求，分枝少、叶片少、花芽少，已分化的器官也不能正常生长，甚至早期死亡。药用植物对光照强度的要求可用"光补偿点"和"光饱和点"表示，把植物的光合积累与呼吸消耗相等时（即表观光合强度等于零时）的受光强度叫"光补偿点"；把植物的光合强度处于最大值时的植物受光强度叫"光饱和点"。药用植物生长发育中，在自然条件下，接受光饱和点（或略高于光饱和点）左右的光照愈多，时间愈长，光合积累也愈多，生长发育也最好。一般光强低于光饱和点，就算光照不足，光强略高于补偿点时，植物虽能生长发育，但产量低下，品质不佳。我国各地自然光照强度因地理位置、地势高低、云量、雨量等而有所差异。一年中以夏季的光照较强，冬季较弱。我国长江中、下游及东南沿海一带，由于云量、雨量多，太阳光照强度都没有东北、华北、西北省、自治区的强。我国东北、西北各省、自治区的日照最充足，可达100～200klx，甚至更高。

一株良好的药用植物都有一定的枝叶，并占据一定的空间，在自然界中其各部位受光强度是不一致的，通常植物体外围茎叶受光强度大（特别是上部和向光方面），植体内部茎叶受光强度小。田间栽培的药用植物，是群体结构状态，群体上层接受的光照强度与自然光强基本一致（遮阳栽培或保护地栽培时，群体上层接受的光照强度也最高），而群体的株高2/3到距地面1/3处，这一层次接受的光照强度则逐渐减弱，一般群体下1/3以下的部位，受光强度均低于光补偿点。群体条件下受光强度问题比较复杂，在同一田间内，植物群体光照强度的变化随种植密度、行的方向、植株调整及套种、间种等而不同。光照强度的不同，可直接影响到光合作用的强度，也影响叶片的大小、多少、厚薄，茎的节间长短、粗细等，这些因素都关系到植株的生长及产量的形成，因此，群体条件下，种植密度必须适宜。但某些茎皮类入药的药材（含作物中的麻类植物），种植时可稍密些，使株间枝叶相互遮蔽，就可减少分枝，使茎秆挺直粗大，从而获得产量高、质量好的茎皮。了解掌握药用植物需光强度等特性和群体条件下光强分布特点，是确定种植密度和搭配间混套种植物的科学依据。

药用植物种类不同，对光照强度的要求也不同，通常分为阳生、阴生和中间型植物。

(1) **阳生植物** 又称喜阳植物，此类药用植物要求有充足的直射阳光，光饱和点在全光照的40%～50%以上（40～50klx或更高），光补偿点为全光照的3%～5%，阳光不足则生育不良或死亡。如丝瓜、栝楼等瓜类，颠茄、曼陀罗、龙葵、酸浆、枸杞等茄果类，穿龙薯蓣、山药、芋等薯芋类，以及红花、薏苡、地黄、薄荷、蛔蒿、知母等。

(2) **阴生植物** 又称喜荫植物，此类药用植物适宜生长在荫蔽的环境中，光饱和点在全光照的50%以下，一般为全光照的10%～30%间，光补偿点为全光照的1%左右（多数不足1%），这类植物在全光照下会被晒伤或晒死（日灼）。如人参、西洋参、三七、黄连、细辛、天南星、淫羊藿、白芨、石斛、刺五加等。

许多阳生植物的苗期也需要一定的荫蔽环境，在全光照下生育不良。如五味子、龙胆等。

（3）中间型植物 又称耐阴植物，此类植物在全光照或稍荫蔽的环境下均能正常生长发育，一般以阳光充足条件下生长健壮，产量高。如麦冬（沿阶草）、连钱草、款冬、紫花地丁、柴胡、莴苣、豆蔻、芹菜等。

不论是阳生、阴生、中间型植物，给予光饱和点或高于光饱和点的光照强度，植物光合积累多，生长发育健壮。光照强度低于光饱和点，光照越弱，光合作用越低，光合积累越少，这是一般的原则。因此，栽培管理中，保证各类植物都有适宜的光照条件，是基本的要求。

光照的强弱必须与温度的高低相互配合，这样才能有利于植物的生长及器官的形成，有利于植物代谢的平衡和光合积累。例如进行保护地栽培时，阴天或下雪时，室内温度必须适当降低，室温不降低，呼吸作用增强，能量消耗多，不利于开花结实。人参在透光棚下栽培时，给予25klx光照强度，在20～25℃时光合效率最高。

（二）光质对药用植物生长发育的影响

光质（或称光的组成）对药用植物的生长发育都有一定的作用。据测定，太阳光中可见光部分约占全部辐射光的52%，不可见的红外光（含远红外）约占43%，不可见的紫外光约占5%左右。太阳光中被叶绿素吸收最多的是红光，红光对植物的作用也最大，黄光次之，蓝紫光的同化作用效率仅为红光的14%。在太阳的散射光中，红光和黄光占50%～60%；在太阳的直射光中，红光和黄光最多只有37%。一年四季中，太阳光的组成成分比例是有明显变化的，通常春季阳光中的紫外线成分比秋季少，夏季中午阳光中的紫外光的成分增加，与冬季各月相比，多达20倍之多，夏季蓝紫光比冬季各月多4倍。

红光能加速长日照植物的生长发育，而延长短日照植物的生长发育；蓝紫光能加速短日照植物的生长发育，而延迟长日照植物的生长发育。有些产品器官的形成也与光质有关，荷兰一个研究植物辐射的委员会（1951）把太阳辐射对植物的效应，按波长划分为8个光谱带，各光谱带对植物的影响归纳如表2-1。

表2-1 植物对不同波长辐射的反应

波长范围（μm）	植物的反应
>1.0	对植物无效
1.0～0.72	引起植物的伸长效应，有光周期反应
0.72～0.61	为叶绿素所吸收，具有光周期反应
0.61～0.51	植物无什么特别意义的响应
0.51～0.40	为叶绿素吸收带
0.40～0.31	具有矮化植物和增厚叶子的作用
0.31～0.28	对植物有损毁作用
<0.28	辐射对植物具有致死作用

表中的波长范围，>0.72μm的大致相当于远红光，0.72～0.61μm为红、橙光，0.61～0.51μm为绿光，0.51～0.40μm为蓝、紫光。现已证明，红光利于碳水化合物的合成，蓝光对蛋白质合成有利，紫外线照射对果实成熟起良好作用，并能增加果实的含糖量。许多水溶性的色

素（如花青素）要求有强的红光，维生素 C 要求紫外光等。通常在长波长光照下生长的药用植物，节间较长，而茎较细；在短波长光照下栽培的植物，节间短而粗，后者利于培育壮苗。

光的组成也受海拔高低的影响，高海拔的地方（高原、高山）青、蓝、紫等短波光和紫外光较多，所以植株矮小，茎叶中富含花青素，色泽较深。

目前农业生产中，对于一些阴生植物要使用农用塑料薄膜，农用塑料薄膜的成分和色泽与透过光的种类和多少有关，使用时要慎重选择。在人参、西洋参栽培上认为，各种色膜均是色淡者为好，色深者光强不足，生育不良，以淡黄膜、淡绿膜为最佳。

药用植物总是以群体栽培，阳光照射在群体上，经过上层叶片的选择吸收，透射到下部的辐射光，是以远红外光和绿光偏多。因此，在高矮秆药用植物间作的复合群体中，矮秆作物所接受的光线的光谱与高秆作物接受光线的光谱是不完全相同的。如果作物密度适中，各层叶片间接受的光质就比较相近。

（三）光周期的作用

植物的光周期现象是指植物的花芽分化、开花、结实、分枝习性、某些地下器官（块茎、块根、球茎、鳞茎、块茎等）的形成受光周期（即每天日照长短）的影响而言。

所谓光周期是指一天中，日出至日落的理论日照时数，而不是实际有阳光的时数。理论日照时数与该地的纬度有关，实际日照时数还受降雨频率及云雾多少的影响。在北半球，纬度越高，夏季日照越长，而冬季日照越短。因此，我国北方各地一年中的日照时数在季节间相差较大，在南方各地相差较小。如哈尔滨冬季每天日照只有 8~9h，夏季可达 15.6h，相差 6.6~7.6h。而广州冬季的日照时数 10~11h，夏季为 13.3h，相差 2.3~3.3h。各地生长季节特别是由营养生长向生殖生长转移之前，日照时数长短对各类药用植物的发育是重要的因素。

植物对光周期的反应通常分为长日照植物、短日照植物、中间型日照植物三类。长日照植物日照长度必须大于某一临界日长（一般为 12~14h 以上）才能形成花芽，否则，植株就停留在营养生长阶段。属于这类的药用植物有红花、当归、茛菪、大葱、大蒜、芥菜、萝卜等。

短日照植物日照长度只有短于其所要求的临界日长（一般在 12~14h 以下）才能开花。如果处于长日照条件下，则只能进行营养生长而不能开花。属于这类的药用植物有紫苏、菊花、苍耳、大麻、龙胆、扁豆、牵牛花等。

中间型植物这类植物的花芽分化受日照长度的影响较小，只要其他条件适宜，一年四季都能开花。属于这类的药用植物有荞麦、丝瓜、曼陀罗、颠茄等。

此外，还有所谓"限光性植物"，这种植物要在一定的光照长度范围内才能开花结实。而日照长些或短些都不能开花。如野生菜豆只能在每天 12~16h 的光照条件下才能开花。又如甘蔗的某些品种，它们只能在日照 12h 45min 条件下才能开花。

应当指出，植物对日照长度的反应是由营养生长向生殖生长转化的必要条件，是要在其自身发育到一定的生理年龄时才能开始，并非植物的一生都要求这样的日照长度，而绝大多数药用植物也绝不是只有一、二次的光周期处理就能引起花芽原基的分化，一般要有十几次或更多的光周期处理才能引起开花的。

临界日长是区别长日照或短日照的日照长度的标准，是指每天 24h 内光照时间的多少而言，一般为 12~14h。短日照植物要求的日照时数必须短于临界日长，长日照植物要求的日照时数必须大于临界日长，否则就不能形成花芽或开花。

植物的光周期反应要在有一定的温度、植株的生长状态和营养条件下才能起作用。在影响光周期效应中，温度是个重要因素。例如，萝卜、芥菜等长日照植物，将其播种在高温长日照环境中，它们仍不能开花，这是因为高温足以抑制长日照对发育的影响。因此从事生产时，必须把光周期与温度结合起来。同理，还要与植株生长状态、营养条件等因素结合起来。

我国南北各地由于纬度相差很大，同一生育季节里的温度、湿度、每天的日照时数等也不尽相同，因此同一药用植物的生长发育进程也不一致，也就是说，同一药用植物在各地进入光周期的早晚或通过光周期时间长短也不相同。一般短日照植物在低纬度时进入光周期早，通过的时间也稍短；而长日照植物在高纬度下，进入光周期早，通过时间也快。另外，短日照植物，从北向南引种时，营养生长期缩短，开花结实提前。

我们的祖先在栽培中，很早就懂得通过改变播期，调整植物生长发育时期的日照条件和温度条件，达到抑制或促进生长发育的目的。如春播萝卜可收中药莱菔子，秋播萝卜则只能收肉质根。

光周期不仅影响药用植物花芽的分化与开花，同时也影响药用植物营养器官的形成。如慈姑、荸荠球茎的形成，都要求较短的日照条件；而洋葱、大蒜鳞茎的形成要求有较长的光照条件。另外，像豇豆、赤豆的分枝、结果习性也受光周期的影响等。

四、药用植物与水

水是农业的命脉，有收无收在于水。水是药用植物的主要组成成分，其含量约占组织鲜重的70%～90%，正在生长的幼叶，水分含量高达90%左右。植物体内含水量多少与其生命活动强弱有直接关系，在一定范围内，组织的代谢强度与其含水量成正相关。

植物必须不断地从土壤中吸收水分，用以补充植物蒸腾作用散失的水分，植物体内水分总是处于动态的平衡，植物的正常生理活动就是在不断吸水、传导、利用与散失中进行的。

水又是连接土壤—药用植物—大气这一系统的介质，植物通过对水的吸收、输导和蒸腾的过程，把土壤、药用植物、大气联系在一起。栽培中的许许多多措施，都是为了良好地保持药用植物对水的收支平衡，这是创造优质高产的前提条件之一。

（一）药用植物对水的适应性

1. 药用植物对水的适应能力和适应方式

（1）旱生植物　此类药用植物具有高度的抗旱能力，能生存在水分比较缺乏的地方，能适应气候和土壤干燥的环境。旱生植物中又分成多浆液植物（仙人掌、芦荟、某些大戟科、景天科的植物等）和少浆液植物（麻黄、骆驼刺等）和深根性（红花等）植物。

（2）湿生植物　生长在沼泽、河滩、山谷等潮湿地区的植物。此类药用植物蒸腾强度大，抗旱能力差，水分不足就会影响生长发育，以致萎蔫，如水菖蒲、水蜈蚣、毛茛、半边莲、秋海棠科和蕨类的一些植物。

（3）中生植物　此类植物对水的适应性介于旱生植物与湿生植物之间，绝大多数陆生的药用植物均属此类。中生植物的根系、输导系统、机械组织和节制蒸腾作用等各种结构都比湿生植物发达，但不如旱生植物。

（4）水生植物　此类药用植物根系不发达，根的吸收能力很弱，输导组织简单，但通气组织发达。水生植物中又分挺水植物、浮水植物、沉水植物等。挺水植物的根生长在水下土壤中，茎、叶露出水面（如泽泻、莲、芡实等）；漂浮植物的根生长在水中或土中，叶漂浮水面（如浮萍、眼子菜、满江红等）；沉水植物的根、茎、叶都在水下或水中（如金鱼藻）。

上述各类中，目前栽培最多的都是中生性药用植物。

2. 药用植物对水的反应

栽培的药用植物绝大多数都是靠根从土壤中吸收水分。在土壤处在正常含水量的条件下，根系入土较深；在潮湿的土壤中，药用植物根系不发达，多分布于浅层土壤中，而且生长缓慢。在干旱条件下，药用植物根系下扎，入土较深。

药用植物对土壤含水量要求有高低不同，一般豆类最适土壤含水量相当于田间持水量的70%～80%，禾谷类为60%～70%。土壤含水量低于最适值时，光合作用降低。空气湿度的大小，不仅直接影响蒸腾速率和受光强度，而且也影响物质积累的数量和质量。

应当指出，有关药用植物需水特性的研究目前很少，需要尽快填补这一空白领域。

（二）药用植物的需水量和需水临界期

1. 需水量

药用植物的需水量也是以蒸腾系数来表示。蒸腾系数是指每形成1g干物质所消耗的水分的克数。药用植物种类不同，需水量也不一样，如人参的蒸腾系数在150～200g之间，牛皮菜在400～600g间，蚕豆为400～800g，荞麦、蚕豆为500～600g，亚麻为800～900g。

药用植物需水量的多少受很多因素影响，其中影响最大的应是气候条件和土壤条件。高温、干燥、风速大，作物蒸腾作用强，需水量就多，反之需水量就少。土壤肥力状况和温度状况都影响根系对水分的吸收，在作物的研究报道中指出，土壤中缺乏任何一种元素都会使需水量增加，尤以缺磷和缺氮时，需水最多，缺钾、硫、镁次之，缺钙影响最小。

2. 需水临界期

药用植物在一生中（一、二年生植物）或年生育期内（多年生植物），对水分最敏感的时期，称需水临界期。

一般药用植物在生育前期和后期需水较少，生育中期因生长旺盛，需水较多，其需水临界期多在开花前后阶段，例如瓜类在开花至成熟期，荞麦、芥菜在开花期，薏苡在拔节至抽穗期，烟草、黄芪、龙胆在幼苗期。

（三）旱涝对药用植物的危害

缺水是常见的自然现象，对药用植物来讲，严重缺水叫干旱。干旱分大气干旱和土壤干旱两种，通常土壤干旱是伴随大气干旱而来。干旱易引起植物萎蔫，落花落果，停止生长，甚至死亡。

植物对干旱有一定的适应能力，人们把这种适应能力叫抗旱性。药用植物中比较抗旱的有知母、甘草、红花、黄芪、绿豆、骆驼刺等。这些抗旱植物在一定的干旱条件下，仍有一定产量，如果在雨量充沛年份或灌溉条件下，其产量可以大幅度地增长。

涝害是指长期持续阴雨，致使地表水泛滥淹没农田，或田间积水，或水分过多缺乏氧气，根系呼吸减弱，最终窒息死亡。根及根茎类药用植物最怕田间积水或土壤水分过多。红花、芝麻等也不耐涝，地面过湿便易死亡。

五、土壤与药用植物生长发育的关系

土壤是药用植物栽培的基础，是药用植物生长发育所必需的水、肥、气、热的供给者。除了少数寄生和漂浮的水生药用植物外，绝大多数药用植物都生长在土壤里。因此，创造良好的土壤结构，改良土壤性状，不断提高土壤肥力，提供适合药用植物生长发育的土壤条件，是搞好药用植物栽培的基础。

（一）土壤肥力

从栽培角度讲，土壤最基本的特性是具有肥力。所谓肥力是指土壤供给植物正常生长发育所需水、肥、气、热的能力，水肥气热相互联系、互相制约。衡量土壤肥力高低，不仅要看每个肥力因素的绝对贮备量，还要看各个肥力因素间搭配的是否适当。

土壤肥力因素按其来源不同分为自然肥力与人为肥力两种，自然土壤原有的肥力称为自然肥力，它是在生物、气候、母质和地形等外界因素综合作用下，发生发展起来的，这种肥力只有在未开垦的处女地上才能找到。人为肥力是农业土壤所具有的一种肥力，它是在自然土壤的基础上，通过耕作、施肥、种植植物、兴修水利和改良土壤等措施，用劳动创造出来的肥力。自然肥力和人为肥力在栽培植物当季产量上的综合表现，叫做土壤有效肥力。药用植物产量的高低，是土壤有效肥力高低的标志。

我国各地土壤由于质地、结构、组成、反应、所处气候条件等因素不同，加上种植植物种类、密度、管理措施的差异，其土壤肥力差异很大，自然条件下，土壤肥力完全符合药用植物生长发育的极少。自然土壤或农业土壤种植药用植物后，土壤肥力会逐年下降，不保持或提高土壤肥力，就没有稳定的农业生产。如何根据药用植物的特点和土壤肥力状况科学地搭配好药用植物与地块的关系，并通过相应耕作改土、施肥灌水、种植方式等措施来达到既获得优质高产，又能对土壤肥力做到用养结合，这是科学栽培的重要任务之一。

（二）土壤酸碱度

各种药用植物对土壤酸碱度（pH）都有一定的要求（表 2-2）。

表 2-2　几种药用植物适宜生长的土壤 pH 范围

药用植物	pH 范围	药用植物	pH 范围
黄连	5.5~6.0	天麻	5.0~6.0
人参	5.5~7.0	八角茴香	4.5~5.0
三七	6.0~7.0	五味子	5.5~7.0
川芎	6.5~7.5	罗汉果	5.0~6.0
云木香	6.5~7.0	大枫艾	5.0~6.5
当归	5.5~6.5	肉桂	4.5~5.5
贝母	5.5~6.5	白木香	4.5~6.5
萝芙木	4.5~6.0		

多数药用植物适于在微酸性或中性土壤上生长。但有些药用植物（荞麦、肉桂、白木香、萝

芙木等）比较耐酸，有些药用植物（枸杞、土荆芥、藜、红花、甘草等）比较耐盐碱。

各地各类的土壤都有一定的pH，一般土壤pH变化在5.5~7.5之间，土壤pH小于5或大于9的是极少数。土壤pH可以改变土壤原有养分状态，并影响植物对养分的吸收。土壤pH在5.5~7.0之间时，植物吸收氮、磷、钾最容易；土壤pH偏高时，会减弱植物对铁、钾、钙的吸收量，也会减少土壤中可给态铁的数量；在强酸（pH<5）或强碱（pH≥9）条件下，土壤中铝的溶解度增大，易引起植物中毒，也不利于土壤中有益微生物的活动。此外，土壤pH的变化与病害发生也有关，一般酸性土壤中立枯病较重。总之，选择或创造适宜于药用植物生长发育的土壤pH，也是创优质高产不可缺少的条件。

土壤pH也受种植植物（特别是多年生的药用植物）、灌溉、施肥等栽培措施的影响。如人参种在pH为6的腐殖土上，种植三年收获后，土壤pH降为5.5左右。种植落叶松的土壤，几年后，pH就可降至4~5之间。某种药用植物在一地连续种植多年引起土壤pH变酸，这也是许多多年生药用植物不能连作的原因之一。

（三）药用植物与土壤养分

药用植物生长和形成产量需要有营养保证。药用植物生长发育所需的营养元素有C、H、O、N、P、K、Ca、Mg、S、Fe、Cl、Mn、Zn、Cu、Mo、B等16种元素。这些营养元素除了空气中能供给一部分C、H、O外，其他元素均是土壤提供的。其中N、P、K的需要量大，土壤又不足，必须通过施肥补足。药用植物种类不同，吸收营养的种类、数量、相互间比例等也不同。从其吸肥量的多少看，药用植物有吸肥量大的（如地黄、薏苡、大黄、玄参、枸杞等）；吸肥量中等的（酸浆、曼陀罗、补骨脂、贝母、当归等）；吸肥量小的（莴苣、小茴香、芹菜、柴胡、王不留行等）；吸肥量很小的（马齿苋、地丁、高山红景天、石斛、夏枯草等）。从其需要N、P、K的多少上看，有喜氮的药用植物（芝麻、薄荷、紫苏、云木香、地黄、薏苡等），喜磷的药用植物（荞麦、蚕豆、补骨脂、望江南等），喜钾的药用植物（人参、麦冬、山药、芝麻等），其他像莴苣、芹菜需钙较多。同样，药用植物所需微量元素的多少也不一样。此外，各种药用植物吸收氮、磷、钾的比例也不同，人参所需N:P:K=2:0.5:3，芝麻所需N:P:K=2:0.5:2。

药用植物各生育时期所需营养元素的种类、数量和比例也不一样。一般根茎类入药药材的幼苗期需氮多，到了根茎器官形成期则需钾、磷多。以花果入药的药用植物，幼苗期需氮较多，进入生殖生长期后，吸收磷的量剧增，如果后期仍供给多量氮，则茎叶徒长，影响开花结果时期和数量。

通常情况下，土壤中的微量元素不会出现缺乏现象，一般常规施肥就可同时满足需要。科学的施肥方法应当依据药用植物需肥特性和土壤供肥状况进行配方施肥。

六、药用植物的相互影响——对等效应

（一）植物分泌物的生物学作用

植物群落中（自然植物群落和人工栽培植物群落）的种间相互关系，不但表现在对阳光、空气、水分、养分的竞争或互补上，而且也表现在通过地上和根系分泌物所产生的互斥或互利影响上。植物间的这种现象，在20世纪20年代起就引起了人们的注意。1937年奥地利学者

M. Molisch 在他的专著《一种植物对另一种植物的影响——对等效应》中,列举了大量事实说明许多植物的花、果、枝条所分泌的气态分泌物对另一种植物芽、叶、根的生长和花粉的萌发起到刺激或抑制作用。人们把植物之间通过生物化学物质所产生的相互影响叫做对等效应(也有的译为"异株克生")。

自然界或田间的植物都能向周围环境分泌一些物质,这些物质有气态的(大麻、艾蒿、薄荷、小茴香、黄花蒿、藿香等),也有液态的(谷类作物幼苗叶子尖端或边缘的水滴)。

植物分泌物是植物生命活动的产物,每种植物或同种植物的不同器官(根、茎、叶、花、果、种子)所分泌的物质的化学成分也不尽相同。分析结果表明,植物分泌的是多种多样有机物的混合物,其中有碳水化合物、醇类、酚类、酸类、酯类、有机酸、氨基酸等等。如大蒜分泌蒜素,苦艾分泌苦艾苷,高粱根分泌物中有木糖、酒石酸、草酸。植物分泌能力是惊人的。有关资料证明,每公顷柏树每天能分泌 30kg 挥发油,有一种白藓(*Dictamnus fraxinella*)所分泌的挥发性物质用火柴可以点燃。作物幼苗根系所分泌的物质占其自身重量的 10%,而成株根分泌到体外的物质也占总光合产物的百分之几。

(二) 植物分泌物的作用

一种植物向周围环境分泌出具有一定化学成分的物质,不可避免地将被附近生长的另一种植物所吸收、同化并产生一定的作用。

药用植物的分泌物多种多样,其气味作用各异,如大蒜分泌物能够杀死许多细菌,细辛分泌物能驱虫,桉树分泌物能驱蚊蝇,微生物分泌出来的赤霉素有促进植物生长的作用。德国学者 G. Grummer 在他的专著《高等植物的相互影响——对等效应》中指出,作物群落中高等植物(作物、杂草)、微生物之间通过分泌物而产生的相互关系是极其复杂的。由高等植物分泌出来,对其他高等植物的生长发育起抑制作用的物质称抑制素,起刺激作用的称刺激素。由微生物分泌出来的,对另一种微生物起抑制作用的物质称抗生素,起促进作用的物质称促生素。由高等植物分泌出来,对微生物有毒害作用的物质称杀菌素,起有利作用的称生长素。由微生物分泌出来,对高等植物起有害作用的物质叫凋萎素或毒素,起有利作用的称生长素。

(三) 药用植物群落中的对等效应

我国部分农民常在棉田、油菜田中种大蒜,它有预防棉蚜和油菜菌核病之作用;利用胡麻、麻籽抑制害虫传播;大麻对大豆生长有抑制作用;荞麦对玉米有抑制作用;鹰嘴豆对蓖麻、玉米、马铃薯有抑制作用;小麦对藜根系有抑制作用;急性子(凤仙花)有预防西瓜、香瓜霜霉病作用。

应当指出,一种药用植物的分泌物除了直接对另一种植物发生作用外,还可能通过抑制或刺激某些细菌、昆虫对另外一种植物进行间接影响,也可遗留在土壤中对后作产生这样或那样的影响。

植物分泌物在种间关系中起着一定的作用,是药用植物环境中生物因子中的一个方面。了解药用植物的对等效应,便于我们利用有益的对等效应,克服不利的对等效应。这对我们正确选择或搭配间作、混作、套作植物或安排衔接复种、轮作的前后茬植物都是科学的依据之一。

第三节 药材的产量与品质

一、产量的含义

药用植物栽培的目的是获得较多的有经济价值的药材。人们常说的产量是指有经济价值的药材的总量。实际栽培药用植物的产量包含两部分——生物产量和经济产量。

生物产量是指药用植物通过光合作用形成的净的干物质重量,即药用植物根、茎、叶、花和果实等的干物质重量。药用植物生物产量中,90%~95%为有机物,其余为矿物质。就此意义上讲,光合作用形成的有机物质的净积累过程就是产量形成的过程,光合作用制造的有机物是产量形成的物质基础。

经济产量是指栽培目的所要求的有经济价值的主产品的数量或重量,由于栽培目的所要求的主产品不同,各种药用植物提供的产品器官也不相同。例如,根及根茎类药材提供产品的器官是根、根茎、块茎、球茎、鳞茎等;种子果实类药材提供的产品是果实、种子;花类药材提供产品的器官是花蕾、花冠、柱头;皮类药材提供的产品是茎皮、根皮;木类药材提供产品的器官是木质部;叶类药材用叶;全草类药材提供的产品是全株。药用植物种类不同,入药部位也不相同,例如黄柏、肉桂只用茎皮;党参、桔梗、当归、白芷、玄参只用根;而菘蓝用叶(大青叶)和根(板蓝根)入药;人参叶和根都可入药;枸杞果实(枸杞子)、嫩叶(天精草)、根皮(地骨皮)都可入药,幼嫩茎叶还可食用。随着产品综合利用和新药源的开发,原来没有入药的器官,也可能被开发利用,成为主要产品器官,如用黄连茎叶提取黄连素。

应当指出,生物产量与经济产量之间有一定的比例关系,人们把经济产量与生物产量的比例叫经济系数(K),又有叫相对生产率或收获指数。如果以 Y_b 代表生物产量,Y_x 代表经济产量,则 $Y_x = Y_b \cdot K$。通常情况下生物产量高,经济产量也高,所以,要想使根及根茎类药材产量高,就必须使其地上茎叶繁茂,增加光合积累;同理,果实种子类药材,要获得高产,也必须有繁茂的茎叶器官作保证。植物只有徒长时,即根冠比例失调或营养生长与生殖生长失调时,主产品器官的产量才低,因为徒长植株的经济系数小。植物种类不同,可利用的主产品器官不同,他们的经济系数也不一样,作物栽培学中报道:小麦、水稻的经济系数为 0.35~0.50;薯类为 0.7~0.8;甜菜为 0.60;油菜为 0.28;大豆为 0.25~0.35;烟草为 0.6~0.9;叶菜类接近 1.0。

二、产量的构成因素

药材生产和农业生产一样,产量的计量是按单位土地面积上有经济价值的产品数量来计量的。药用植物产量构成因种类不同而异:

对于果类每 667m^2 产量 = 每 667m^2 株数×单株平均果数×单果平均重

根类药材产量 = 有效根数×单根重

块茎、球茎、鳞茎药材产量 = 株数×每株块(球、鳞)茎个数×每个块(球、鳞)茎重

果实种子类药材中:

豆类产量＝株数×每株有效分枝数×每个分枝上荚数×每荚粒数×粒重

禾谷类产量＝穗数×单穗粒数×粒重

芥子、牛蒡、小茴香类药材产量＝株数×每株有效分枝数×每个分枝上的果（果穗）数×每个果（果穗）的粒数×粒重

叶类药材产量＝株数×每株叶数×叶重

全草类药材产量＝株数×单株重

花类药材产量＝株数×有效分枝数×每个分枝上花（花头、花冠、柱头）数×单花（花头、花冠、柱头）重

皮类药材产量＝株数×单株皮重

上述各类药材，只要构成产量的各个因素的数值愈大，则产量愈高。实际上这些因素很难同步增长，因为它们之间有一定的相互制约的关系。如红花是花冠入药，花头多，花冠大而长，产量高，而花头多少除与品种遗传性状有关外，还与密度有关，分枝多少与密度成负相关，花头多少即分枝多少与花头大小成负相关，花头大小一定时，花冠大小与小花数目多少成负相关。要想获得高产就必须适当密植，即增加播种量。而播种量的增加，在一定范围内，单位面积上株数随之增加，超过规定范围后，单位面积株数也不再增加。这是因为药用植物群体发展过程中，超过一定密度后，就有自然稀疏现象。自然稀疏程度的大小与播种密度有关，播种愈密，稀疏程度愈大，经验认为，以能保持上部 6 个分枝正常发育的密度为最好。

三、提高药材产量的途径

（一）药用植物生育模式和生长分析

1. 生育模式

药用植物的产量形成过程，是其植物体在生长期中，利用光合器官将太阳能转化为化学能，将无机物转化为有机物，最后转化为有经济价值的产品数量的过程。药用植物要想完成此过程，必须先形成光合器官和吸收器官，继之形成产量的容器，最后是产量内容的形成、运输和积累。这是药用植物生育模式的骨架。

药用植物的个体和群体的生长和繁殖过程均按罗辑斯蒂曲线的生长模式进行。一般干物质积累过程经历缓慢增长期、指数增长期、直线增长期和减缓停滞期几个阶段。一般生长初期株体幼小，叶片和分枝（蘖）不断发生，并进行再生产，干物质积累与叶面积成正比。株体干物量的增长决定于初始干物重、相对生长率（干重增长系数）和生长时间的长短，这种关系可用指数方程表示：

$$W = W_0 e^{Rt}$$

（W 为株体干重；W_0 为初始干重；R 为生长率；t 为时间；e 为自然对数的底）。生长率 R 是随株体大小、环境条件的变化而变化。随着株体的生长，叶面积增加，叶片相互荫蔽，单位叶面积的净光合率则随叶面积的增加而下降，但是，由于此期单位土地面积上叶面积总量大，因此群体干物重的积累几乎近于直线增长。此后，随着叶片衰老，功能减退，同化物分配中心调整（转向生殖生长），群体干物积累速度减慢。当植株进入成熟期时，干物质积累因生长停止而停止。植株进入衰老期时，干物质有减少的趋势（图 2-4）。

应当指出，药用植物种类或品种不同，环境或栽培条件不同，它们的干物积累速度、各阶段经历的时间和干物积累总量也不同。因此，选择适合当地环境条件的优良品种、创造最佳的栽培条件（提高干物积累速度，延长直线增长时间）是高产生育模式不可忽视的因素。

2. 生长分析

栽培状态下的生产，从来都是群体结构状态，所以栽培条件下的产量是单位面积上群体的有经济价值的产品器官的数量或重量的总和。由于群体是许多个体组成的，因此了解、研究单位面积上个体和整个群体的生物产量的增长、增长速度、单位光合器官生产干物质的能力，以及它们之间的相互关系，是我们研究提高药用植物产量的基础工作。

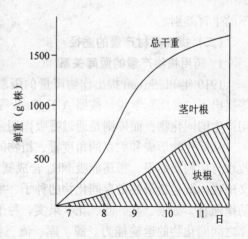

图 2-4 甘薯的生育和干物质变化
（据泽野，1965）

药用植物的相对生长率（Relative Growth Rate，RGR）是以完整个体为对象来阐述其生长的增长率。产量是表示干物质积累的一种方式。干物质积累是以光合作用为基础，其整株干物质积累与净同化率，和整株叶片状况有关。净同化率（NAR）是表示单位叶面积在单位时间内的干物质增长量。这里说的叶片状况是指叶面积比率（LAR）和比叶面积（SLA），LAR 为叶面积对植株干物重之比（L/W），即单位干物重的叶面积，SLA 为叶面积与叶重之比，用以表示叶厚。相对生长率与净同化率和叶片状况的关系可用下式表达。

$$RGR = NAR \times SLA \times \frac{L/W}{W}$$

关系式表明，相对生长率受净同化率、比叶面积、叶重与株重之比的影响。依据此式我们可以探讨支配相对生长率的主要因素，也可以比较各环境因子对生长率的影响状况。

药用植物生长率（CGR）又叫群体生长率。是表示单位时间、单位土地面积上药用植物群体增加的干物重量。以下式表示：

$$CGR = \left(\frac{1}{F} \cdot \frac{dW}{dt}\right) \cdot F = NAR \times LAI \quad （F 为叶面积指数即 F = LAI）$$

上式表明，产量增长速度与 NAR 和 LAI 有关。式中的 NAR 对于某一药用植物（特别是它的某个时期）来讲，变化幅度很小，可视为常数。所以，某一药用植物的生长率随叶面积指数变化而变化，又因 LAI 随生长进程不断变化，对药用植物有直接意义的是整个生育期间的平均值或积分值。在上式中，如令 NAR 一定，把 LAI 用 LAI 对时间（t）积分代之，则得下式：

$$CGR = \left(\frac{1}{F} \cdot \frac{dW}{dt}\right) \cdot \int F(dt) = NAR \cdot LAD$$

式中 $\int F(dt)$ 称为叶面积持续期（即 LAD）。式中 NAR 对某一药用植物大致为一常数，所以，群体生长率值的大小取决于叶面积持续期长短。即较长时间保持较大的叶面积是获得高额产量的必要条件之一。依据上述分析式我们可以用来比较不同药用植物或同种植物不同栽培条件下的生育差别。

(二) 提高药材产量的途径

1. 药用植物产量的源库关系

1919年Blackman提出作物产量的限制因子后,许多学者从事有关研究,到1928年Mason等提出了"源库"学说。按照A.R.Rees等(1972)的说法,源是通过光合作用或贮藏物质再利用产生的同化物;而库则是通过呼吸作用或生长消耗利用同化物。

从同化物形成和贮存的角度看,植物同化物的源应当包括制造光合产物的器官——叶片和吸收水与矿物质的根,根还能吸NH_4合成氨基酸、吸收CO_2形成苹果酸等。植物同化物的库,广义地说,既包括最终贮存同化物的种子、果实、块根、块茎等,又包括正在生长的需要同化物的幼嫩器官,如根、茎、叶、花、果实、种子等。狭义的库,专指的是收获对象。所谓流是指源与库之间同化物的运输能力。源、库、流三类器官的功能并不是截然分开的,有时也可以互相代替。从生产上考虑,首先必须有大的源以供应大的库;其次,库之间的物质分配问题也很重要,这种分配既有竞争关系,也受外界环境及物种的遗传性所限制。

2. 提高药材产量的途径

(1) 提高源的供给能力 增加药材产量最根本的因素是提高源的供给能力,即多提供光合产物。多提供光合产物的途径有:增加光合作用的器官、提高光合效率和增加净同化率。具体措施为:

第一,增加光合作用的器官 目前丰产田的光能利用率不超过光合有效辐射能的2%~3%,一般只有1%。叶子是利用光能进行光合作用的主要器官,一个植株或一个群体的叶面积大,接受光能就多,物质生产的容量大,反之,物质生产的容量小。所以增加叶面积是提高源的供给能力的最基本的保证。增加叶面积即提高叶面积指数,对一个群体来说,就要增加栽培密度。种植密度加大,叶面积增加快,达到LAI最大值的时间较早。增加栽培密度不是越密越好,因为在一定的范围内,叶面积与产量成正相关关系,超出此范围后,植株过密,叶层(或称冠层)互相遮荫,底层叶片光照强度低,光合生产率下降,有时会饥饿死亡,反而降低叶面积指数。一般茄科、豆科植物LAI大都在3~4之间为最佳,蔓性瓜类爬地栽培LAI只有1.5,很少超过2,而搭架栽培可达4~5以上。

第二,延长叶子寿命 一个植株叶片寿命的长短与光、温、水、肥等因素有关,一般光照强、肥水充足,叶色浓绿,叶子寿命就长,光合强度也高,特别是延长最佳叶龄期的时间,光合积累率高。

第三,增加群体的光照强度 光是植物光合作用的能源,在饱和光照强度内,光照愈强,光合积累愈多,对于阴性植物即遮荫栽培植物,或保护地栽培时,都要保证供给的光照强度不低于光饱和点或接近于光饱和点的光照强度,对于露地栽培的药用植物,要保证群体中各叶层接受光照强度总和为最高值。光强在一个群体的不同叶层的垂直分布,与叶面积指数的关系,服从于"比尔—兰伯特"定律。即:

$$I_F = I_0 e^{-kf} \quad 即 \ln \frac{I_F}{I_0} = -KF$$

(F为叶面积指数;K为消光系数;I_0为群体的入射光强;I_F为任一叶层的光强。)

群体中各叶层接受光照强度的大小，除与种植密度有关外，还与种植方式和管理措施（如行距、行向、间作、混作、修剪、搭架等）有关。

药用植物种类很多，需光特点各异，它们的光合强度，光饱和点和补偿点都不同（表2-3），光饱和点低的药用植物，是一种能充分利用弱光的特性，可与需光较强的植物搭配种植，这样不仅提高了叶面积指数，而且也提高了喜光植物群体中各叶层的接光强度，而光饱和点低的植物受光又适宜。

表 2-3 几种药用植物光合作用的补偿点、饱和点与光合强度

植 物 名 称	光补偿点（klx）	光饱和点（klx）	光合强度 [$CO_2 mg/(100cm^2 \cdot h)$]
款冬	2.0	20	2.2
莴苣	1.5~2.0	25	5.7
芹菜	2.0	45	13.0
豌豆	2.0	40	12.8
芋	4.0	80	16.0
甜瓜	4.0	55	17.1
西瓜	4.0	80	21.0
南瓜	1.5	45	17.1
人参	0.25~0.4	25	4.8~14

第四，创造适宜药用植物生长发育的温、水、肥条件 有了充足适宜的光照条件，没有水、肥基础，光合强度也不会提高。因此，适时适量的灌水、追肥也是不可少的措施。

第五，提高净同化率 净同化率也称"净同化生产率"，是指单位叶面积，在一定时期内，由光合作用所形成的干物质重量。这个重量是除去呼吸作用所消耗的量之后的净重。

在一定时期内的干物产量（dW/dt）是叶面积（L）与净同化率（NAR）的乘积。净同化率提高，干物质增多，产量也随之增加。提高净同化率不外乎提高光合强度，延长光合作用时间和降低呼吸消耗。降低呼吸消耗的有效措施是增加昼夜温差，温差大时，白天光合积累多，而夜间呼吸消耗少。增加昼夜温差对于保护地栽培较为容易，对于露地栽培，应从选地、播期、增设保温棚等措施入手。

净同化率的增加幅度，没有增加叶面积效率大，但是，到了生长发育后期，尤其是产品器官的形成期，叶面积的增加已达到一定限度。这个时候，维持一定强度的同化率使净同化率不下降，就成为影响产量的主要因素。

(2) 提高库的贮积能力

第一，满足库生长发育的条件 药用植物贮积能力决定于单位面积上产量容器的大小。药用植物不同，贮积的容器也不同。例如，根及根茎类药材产量的容积取决于单位土地面积上根及根茎类的数量和大小的上限值；花类药材产量容器的容积决定于单位土地面积上分枝数目、分枝上花（花头、花序）的数目和小花大小的上限值；种子果实入药药材产量容器的容积决定于单位土地面积上的穗数、每穗颖花数和籽粒大小的上限值。这些容器的数目决定于分化期，而容器容积的大小决定于坐长、膨大、灌浆期持续的长短和生长、膨大、灌浆的速度。

在自然情况下，植物的源与库的大小和强度是协调的，源大的时候，必然建立相应的库。人为的能动作用在于促进其生长，保证满足植物分化期、生长期、膨大期、灌浆期的温、光、水、

肥、气的条件。

第二，调节同化物的分配去向　植物体内同化物分配总的规律是由源到库。但是，由于植物体存在着许多的源库单位，各个源库对同化物的运输分配都有分工，各个源的光合产物主要供应各自的库。对于生产来讲，有些库并非有经济价值，对于这些没有经济价值的库，就应通过栽培措施除掉，使其光合产物集中供应给有经济价值的库。例如，根及根茎类药材，种子库没有用（繁殖用除外）应当摘蕾，以减少营养损耗。例如，人参摘蕾后，参根产量可增加长14%～44%；有些植物有无效分枝（蘖），也应及时摘除。调节同化物分配去向，除摘蕾、打顶、修剪外，还可采用代谢调节（提高或降低叶内K/Na比例）、激素调节和环境调节（防止缺水、光暗处理、增加昼夜温差、氮肥调节）等。

(3) 缩短流的途径　植物同化物由源到库是由流完成的。植物光合产物很多，如果运输分配不利，经济产量也不会高。同化物运输的途径是韧皮部，据报道，小麦穗部同化物的输入量与韧皮部横切面积成正比，可见韧皮部输导组织的发达程度是制约同化物运输的一个重要因素。适宜的温度、光照强度，充足的肥料（尤其是磷的供应）都可促进光合产物的合成和运输，从而提高贮积能力。库与源相对位置的远近也影响运输效率和同化物的分配。通常情况下，库与源相对位置较近，能分配到的同化物就多。因此，很多育种工作者都致力于矮化株型的研究。现代矮化的新良种收获指数已由原来的30%左右提高到50%～55%。这与矮化品种同化物分配输送途径短，穗轴横切面韧皮所占面积扩大有关。

四、药材的品质

（一）药材品质的内涵

药材的品质包括内在质量和外观性状两部分。内在质量主要指药用成分或有效成分的多少、有无农药残留等；外观性状是指药材的色泽（整体外观与断面）、质地、大小和形状等。其中以内在质量最为重要，是中药材质量的基本要求。因此，生产出的药材在进入市场流通领域之前应当进行如下内容的检验，至少包括药材性状与鉴别、杂质、水分、灰分与酸不溶灰分、浸出物、指标性成分或有效成分含量。农药残留量、重金属及微生物限度均应符合国家标准和有关规定。但应该注意的是，对药材的有效成分不清楚的可选择其他成分作为指标性成分进行定量分析。

1. 药用成分

药材的功效是由所含的有效成分或叫活性成分所起的作用，没有药用成分也称不上药材。目前已明确的药用成分种类有：糖类、苷类、木脂素类、萜类、挥发油、鞣质类、生物碱类、氨基酸、多肽、蛋白质和酶、脂类、有机酸类、树脂类、植物色素类、无机成分等。

糖类包括单糖、低聚糖和多糖。其中特殊的单糖、低聚糖和许多多糖具有药理活性。如具免疫促进作用和抗癌作用，有些已做成成药。

苷类是由糖或糖的衍生物与非糖化合物以苷键方式结合而成的一类化合物。在植物体内广泛分布。含此类成分的药材，很多都是具有一定活性的常用药物（苦杏仁、大黄、黄芩、甘草、洋地黄等）。

木脂素又称木脂体，是一类天然的二聚化合物，具有抑制肿瘤作用，也有杀虫增效作用。如五味子素、鬼臼毒素、厚朴酚等。

萜类化合物数量很多，已知单萜约450种，倍半萜约1 200种，二萜约1 000种，具有降压、镇静、抗炎、作用祛痰、抗菌、抗肿瘤等多种活性。

挥发油又称精油，主要分布在松科、柏科、木兰科、伞形科、唇形科、菊科、姜科等十几个科的植物中。具有发汗解表、理气镇痛、芳香开窍、抑菌、镇咳祛痰、矫味等活性。

鞣质又称鞣酸或单宁，是一类结构复杂的酚类化合物，在植物中广泛分布，尤以树皮为多。具有收敛、止血、抗菌作用。

生物碱是一类含氮的碱性化合物，大多数有复杂的环状结构，氮原子多含在环内。生物碱有显著的生物活性，是药材中的重要有效成分之一。如抗菌消炎的小檗碱，平喘的麻黄碱，降压的利血平，抗肿瘤的喜树碱，抗白血病的长春新碱等，目前分离出3 000多种。分布在100多科植物中。生物碱的含量一般都较低，大多低于1%（长春花新碱只有百万分之一），金鸡纳生物碱含量高达10%～15%。生物碱在植物体内常与有机酸（草酸、枸橼酸、鞣酸）结合成盐类状态存在，有的与糖结合成苷。

多肽、蛋白质等类成分中近年发现了有不少具有生物活性的，如肽、引产蛋白。酶是具有催化作用的蛋白质，已发现的约有300种，有助消化、化痰、杀虫、抗炎等功效。

脂类在机体代谢中有重要意义，医药上多作为赋形剂，有些油脂还具特殊生物活性。

有机酸虽然广泛分布在植物体中，但含有机酸类生药（药材）多具有抗菌、利胆、提高白血球含量等作用。

供药用的树脂类不多，如乳香、没药、血竭、安息香等，是活血、散瘀、止痛、芳香、开窍的药物。

药材中所含的药效成分因种类而异，有的含2～3种，有的含多种。有些成分含量虽微，但生物活性很强。含有多种药效成分的药材，其中必有一种起主导作用，其他是辅助作用。

每种药材所含成分的种类及其比例是该种药材特有药理作用的基础，单看药效成分种类不看比例是不行的。因为许多同科同属不同种的药材，它们所含的成分种类一样或相近，只是各类成分比例不同而已。

药材的药效成分种类、比例、含量等都受环境条件的影响，也可说是在特定的气候、土质、生态等环境条件下的代谢（含次生代谢）产物。有些药材的生境独特，我国虽然幅员广大，但完全相同的生境不多，这可能就是药材地道性的成因之一。

在栽培药用植物时，特别是引种栽培时，必须检查分析成品药材与常用药材或地道药材在成分种类上，各类成分含量比例上有无差异。完全吻合才算栽培或引种成功。尚有部分不吻合时，还要进一步改进栽培管理措施，直至吻合为止。

2．重金属、农药残留

栽培药材有时使用农药，一些农药虽然对病虫害等有很好的防治效果，但可能有农药残留，可对人体产生直接的或潜在的危害，因此农药残留超过规定者禁止作药材。药材中重金属含量也要低于国家有关标准。

3．色泽

色泽是药材的外观性状之一，每种药材都有自己的色泽特征。许多药材本身含有天然色素成分（如五味子、枸杞子、黄柏、紫草、红花、藏红花等），有些药效成分本身带有一定的色泽特征（如小檗碱、蒽苷、黄酮式、花色苷、某些挥发油等）。从此种意义上说，色泽是某些药效成分的外在表现形式或特征。

药材是将栽培或野生药用植物的入药部位加工（干燥）后的产品。不同质量的药材采用同种工艺加工或相同质量的药材，采用不同工艺加工，加工后的色泽，不论是整体药材外观色泽，还是断面色泽，都有一定的区别。所以，色泽又是区别药材质量好坏、加工工艺优劣的性状之一。

4．质地、大小与形状

药材的质地既包括质地构成，如肉质、木质、纤维质、革质、油质等，又包括药材的硬韧度，如体轻、质实、质坚、质硬、质韧、质柔韧（润）、质脆等。其中坚韧程度、粉质状况如何，是区别等级的高低的特征性状。

药材的大小，通常用直径、长度等表示，绝大多数药材都是个大者为最佳，小者等级低下。个别药材则不同，如平贝母超过规定的被列为二等，分析测定结果表明，超过规定大小的平贝母，其生物碱含量也偏低。

药材的形状是传统用药习惯遗留下来的商品性状，如整体的外观形状——块状、球形、纺锤形、心形、肾形、椭圆形、圆柱形、圆锥状等，纹理，有无抽沟、弯曲或卷曲、突起或凹陷等。

用药材大小和形状进行分等，是传统遗留下来的方法。随着药材活性成分的被揭示，测试手段的改进，将药效成分与外观性状结合起来分等分级才更为科学。

（二）影响药材品质的因素

影响药材品质的因素很多，情况也是错综复杂的，这里只谈几个主要的影响因素。

1．药材的种与品种问题

种与品种问题，说到底是遗传因素的问题。

现阶段我国栽培的药材品种约千种，大面积生产的有200余种，其中半数左右是近几十年野生变家种的药用植物。传统栽培的药用植物选育出一些优良品种、品系或类型，如红花、枸杞、地黄、薄荷等。可是由于各地选育工作进度不一，尚有一些地方和单位仍沿用传统品种栽培。享有盛名的宁夏枸杞，以从大麻叶品种选育出的宁杞1号、2号等品质最佳，果大、肉厚、汁多、味甜，而其他品种远不及这些优良品种。可是现阶段宁夏栽培的枸杞中，仍有许多地区不是用的这类优良品种。类似情况在红花、当归、地黄、菊花、人参等药材中都存在，导致这些地区或单位的这类药材品质仍停留在原有的水平上。

有些药材（如黄芪、白头翁、王不留行、独活等）由于产区广泛，地区用语及使用习惯的不同，把同科属不同种植物的入药部位当作一种药材使用，临床应用久远，功效相似，药典已收载准用，但近年分析比较，它们的质地、含量、产量等性状也有优劣之差。所以，药材的商品质量差异较大。这些性状的差异，许多都是遗传基因所致。如蒙古黄芪的茎直立性差，根部粉性大，质量优；而膜荚黄芪茎挺直，根部粉性小，质量稍差。值得注意的是白头翁、独活、王不留行、贯众、石斛等药材，查其全国各地的植物来源，都在10种以上，贯众多达30余种，有的甚至是不同科的植物，严重到以假乱真的地步。

这里说明一点，从植物化学分类角度看，同科不同属植物，特别是同科属不同种植物，虽然形态上有差异，但化学成分及其含量相同或相近的植物是有的，这些植物只要临床应用功效一样或相似，即不影响药材品质，应作特例处理。

再者药材的经济性状在遗传上都是数量性状，容易受环境条件的影响。当环境条件发生改变时，就有可能引起一定性状的分离，甚至引起基因突变，不同程度地出现品质变劣的情况也是常有的。

2. 气候生态因素以及产地环境条件的影响

药材生产应按产地适宜性优化原则，因地制宜，合理布局。如是在当地有一定种植历史的药材，可通过对限制因子的定性和定量分析，确定最适宜的种植区域；而对于引种外地种类，应考察原产地的环境条件，遵循自然规律，应用气候相似论原理选择种植区域，尽量满足物种固有习性的要求。中药材产地的环境应符合国家相应标准，因为药用植物药效成分的积累、产品的整体形状、色泽等受地理、季节、温光等因素的影响，出现的差异很大。生产环境质量的好坏，与药材农药残留、重金属含量等有直接关系。

山莨菪中的山莨菪碱的含量，在一定海拔高度内，有随生长地海拔高度升高而增加的趋势。据报道：在海拔 2 400m 时含量为 0.109%，海拔 2 800m 时为 0.196%。从纬度看，我国药用植物中挥发油含量，越向南越高，而生物碱、蛋白质越向北含量越高。由于我国各地的经纬度不同，海拔高度不同，地形等的差异。省内地区间气候差异也较大，所以，省内不同地区间药材有效成分含量也会有差异。如同一时期采收的兴安杜鹃，黑龙江五常县的挥发油含量为 2.1%，穆林县的为 0.3%；就所含的杜鹃素而言，产于乌敏河的为 6.0%，产于牡丹江的为 2.88%。

光照充足可使某些药材药效成分含量增加。如薄荷中挥发油含量及油中薄荷脑含量均随光照强度增强而提高，晴天比阴天含量高；人参中皂苷含量也随光照强度提高而增加；芸香愈伤组织中，甲基正庚基甲酮类成分和甲基正壬基甲酮类成分含量，有光培养物高于无光培养物。

至于生长季节不同，引起含量差异的事例更多。如灰色糖芥的强心苷含量：莲座叶丛期为 1.17%，孕蕾期 1.82%，初花期 2.15%，盛花期 2.31%，种子形成期为 1.99%；细辛活性成分花期最高；金银花蕾期最高；人参待枯萎期皂苷含量最高；蛔蒿中山道年含量，是以花蕾变黄时最高等。

根及根茎类药材的形状，受土壤深层地温的影响，砂性土壤深层地温高，表层干燥，所以黄芪根入土深，表层支根少而细，其产品多为鞭杆芪；而黏壤通透性差，深层地温低，黄芪根入土浅，支根多而粗，产品称鸡爪芪。人参根也有类似情况，砂性床土或深翻地高做床的条件下，床土底层温度高，长出的参根主体长而粗，支根少而细，适合加工优质参。

3. 栽培与加工技术的影响

栽培与加工技术的优劣对药材质量影响很大。

（1）栽培技术的影响　选地整地是否符合药用植物生长发育或代谢要求，直接关系到生长与代谢，不仅影响产量，也影响有效成分含量与产品形状；立地环境条件是否符合规范化种植标准，则对生产出的药材有无农药残留有很大影响。具体有关大气、水质、土壤条件要求可参考国家绿色食品产地环境条件要求。播期的早晚也关系到各生育时期出现的早晚和时间的长短，特别是产品形成期的气候因子适宜与否对产品的产量、形状、质地、有效成分含量的影响很大。当然，施肥、灌水、生长调节等措施影响的大小也是因品种而异的。但在施肥时一定要注意，应当尽量使用农家肥料，并要充分腐熟；避免使用城市生活垃圾；禁止使用医院垃圾；限量使用化肥。在病虫草害等的防治时，要特别注意使用的农药种类，这对药材品质的影响很大。目前尚没有专门的生产中药材禁止使用农药的标准，一般都是参考生产绿色食品禁止使用农药的标准执行，参见第五章。栽培措施中，收获期的早晚对产品品质的影响更直接，更明显（特别是花类药材）。如红花以花冠入药，商品上以花色鲜红、有油性为佳品，采收偏早，花色干后黄而不鲜红，降低品质，采收偏晚，阴干后紫红或暗红色，且无油性。番红花柱头入药，采收早了柱头呈黄白色，采收晚了柱头上粘满花粉，干后色泽发黄，另外，采回后的花朵不及时摘下柱头，其产品发暗且无油性。而金银花只有在花蕾膨大呈现青白或白色时，其质量最佳，花蕾刚开放时采收，不仅药效成分含量降低，而且折干率也显著下降。目前各种药材的采收期多凭经验来判断，有些并不很科学，今后要加强研究。

（2）加工技术的影响 加工技术的优劣直接关系到产品的内在质量与外在质量。例如，含挥发性成分药材，采收后不能在强光下晒干，必须阴干。当归晒干、阴干的产品色泽、气味、油性等性状均不如熏干的好。玄参烘干过程中必须保持一定的湿度，并要取下堆放发汗，使根内部变黑，待内部水分渗透出来后，才能再烘干，否则商品断面不是黑色。烘烤温度对产品药效的影响很大，烘烤红参以55~75℃为好，温度过高，虽然干燥速度快，但挥发油含量降低，产品油性小，折干率也低。蒸参、烘参温度超过110℃，皂苷含量也低。而且干燥的人参易出空心或被烤焦。贝母、元胡、枸杞子烘干温度高易出现柔粒，贝母的色泽发黄等。总之，加工工艺的优劣，直接关系到药材商品的质量好坏，不可粗心大意。另外，加工场所及有关人员也要严格按照国家有关要求来作，才能保证药材入药的安全性。

（三）提高药材品质的途径

1. 重视药材品种的选育工作

提高药材品质的根本办法是进行品种选育，特别是品质育种。在作物、蔬菜、果树等方面的品质育种工作已取得了很大的成效，这些经验很值得我们学习。

药材品种的选育工作，要因品种而异。对栽培历史较久、用量较大、品种资源丰富的那些药材，应把品种选育和良种推广工作结合起来，品种选育应侧重品质育种。据报告，许多药用植物个体间成分含量差异较大，如一年生毛花洋地黄中，毛花洋地黄苷丙的含量高低相差10倍（由0.03%到0.3%）。又如蛔蒿中山道年的含量，株间个体变幅在2.7%到4.7%间，其品质选育的潜力很大。品质选育工作，除了采用常规手段外，还应借助组织培养手段，培育有效成分高含量的药材品种。目前报道组织培养物药效成分含量高的药用植物有人参、三七、长春花、海巴戟等，人参、天然参根含皂苷为3%~6%，培养物含皂苷高达21.1%；天然三七根中人参皂苷含量为6%左右，其培养物含量可达10%以上；天然长春花含阿马碱为0.3%，培养物达1.0%；天然海巴戟中的蒽酮含量为2.2%，培养物中的含量达18.0%；紫草培养物中的紫草宁含量则比天然紫草高7倍。

有些药用植物，特别是许多多年生药用植物，应把良种提纯复壮与新品种选育结合起来，当前应适当侧重良种的提纯复壮。

许多野生变家种的药用植物，应广泛收集品种资源，从中选优繁育推广，或为进一步纯化引变育种创造条件。

2. 完善栽培技术措施

(1) 采用合理的种植方式　建立合理的轮作、套种、间种等种植方式，可以消除土壤中有毒物质和病虫杂草的危害，改善土壤结构，提高土地肥力和光能利用率，达到优质高产的目的。

药用植物种类很多，不同植物因产品器官及其内含物的化学成分组成的不同，从土壤中吸收的营养元素也有很大差异。有些植物则因根系入土深度不同，它们从土壤不同层次吸取营养。如豆科植物对 Ca、P 需要量大，而根及根茎类药材吸收 K 较多。叶类药材、全草入药的药材需 N 素较多。贝母只能吸收土壤表层营养，而红花、黄芪等则可吸收深层营养元素。把它们搭配起来，合理地轮作、套种或间作，既可合理利用土地，又能达到优质高产的目的。

药用植物中有许多是早春植物，生育期很短，还有些是喜阴植物或耐阴植物，在荫蔽环境中生长良好，这些药用植物还可以与作物、果树等间种、套种，并可收到同样的效果。

(2) 采用合理的栽培技术　在植物生长发育过程中，采用合理的栽培措施都能提高药用植物的产量和品质，要求从选地整地开始，对播期、种植密度、施肥、灌水、病虫害防治及采收加工等各个环节严格控制。

如红花对播期敏感，春播地方应尽力早播，早播红花生长发育健壮，病害少，花、籽产量均高，质量较好。秋播地区则应适时晚播，否则提早出苗影响安全越冬。薏苡播种早了容易出现粉种现象，同时黑粉病也易发生。当归播种早了则抽薹率高。天麻、贝母、细辛种子不及时播种，种子就失去生命力。平贝母适当密植产量高。当归育苗以均匀地撒播最好。多数药材密植后，因通风透光不良易感染病害；人参、黄芪密度过大易贪秧，参根生长慢。增施氮肥能提高生物碱类药材的成分含量。根及根茎类药材适当增施 P、K 肥，不仅产量高，而且内含物中的淀粉和糖类的含量增加。采收期必须适时，要因地区、品种、气候而异。采收后应及时加工，晚了会造成内容物的分解，降低品质和商品价值。

对于野生变家种的药材，要逐步完善栽培技术。

总之，药材的优质高产，不是单一措施所能奏效的，是综合运用各项农业技术措施的结果。尤其是要参考国家《中药材生产质量管理规范（试行）》有关规定进行生产。

3. 改进与完善加工工艺和技术

目前多数药材的加工尚停留在传统加工工艺和手段上，传统加工工艺绝大多数是科学的，在当时也是先进的。随着科学的发展，技术的进步，需要我们进一步完善加工工艺，在保证加工质量的基础上，不断提高药材加工的规范化、机械化、自动化的能力，以加工出质量更好的药材。

第三章 药用植物栽培制度与耕作

专业教学计划没有耕作学的讲述此章。

第一节 栽培制度

一、栽培制度的内涵

栽培制度是各种栽培植物在农田上的部署和相互结合方式的总称。它是某单位或某地区的所有栽培植物在该地空间上和时间上的配置（布局），以及配置这些植物所采用的单作或间作、套作、轮作、再生作、复种等种植方式所组成的一套种植体系。

由于我国幅员辽阔，气候、土壤、生态条件等都很复杂，加上栽培植物种类、品种繁多，各地的栽培制度差异很大。

栽培制度是发展农业生产带有全局性的措施，它受当地自然条件的限制，又受社会经济条件和科学技术水平的制约，并随其发展而相应地变化。合理的栽培制度既能充分利用自然资源和社会资源，又能保护资源，保持农业生态系统平衡，达到全面持续增产，提高劳动生产率和经济效益，并促进农、林、牧、副、渔各业全面发展。

二、栽培植物的布局

栽培植物布局指的是一个单位或地区种植植物的种类、面积及其配置。合理的布局必须遵循以下原则：

第一，正确贯彻"决不放松粮食生产，积极发展多种经营"的方针 任何单位或地区都必须根据国家计划，结合当地的具体条件，确定种植植物的面积比例。处理好粮食生产与多种经营的关系，既要使粮食生产得到切实保证，又要发展经济植物，发展林、牧、副、渔业，做到统筹兼顾，密切配合，全面发展。

第二，根据栽培植物的特性，因地因时种植，发挥自然优势 各种植物在系统发育过程中，都形成了对一定的自然生态条件的适应性。在其适应的生态条件范围内，才能生存或良好发育。由于我国各地热量条件、生育期等的差异，自然植物（包括栽培植物）的分布，从纬度、经度、海拔高度上都有一定的规律。因此，一个单位栽培的植物种类，都必须具有适应该区自然生态条件的特性，在此基础上，再根据植物对温、光、水、肥等的要求和不同地段特点，把各种植物种在最适宜的自然环境中，发挥自然优势，获得优质高产的效果。

第三，种植的种类、品种，熟制和面积等都必须适应当地生产条件。一个单位或地区的财力、劳力、畜力、动力、水力、肥力等因素都是有限度的。在此限度范围内，通过合理安排和品种的巧搭配，可以错开季节，调节忙闲，合理利用人、财、物力，不违农时，保证达到优质高产。

第四，坚持开发与保护相结合，保持农业生态平衡。农田的用地必须考虑土壤养分的收入和支出，建立相应措施力求达到平衡，水源的积蓄与利用要统一，农田的开发与生态保护要并重。只有建立并保持良好的农业生态条件，才能保证全面持续的增产，达到农、林、牧、副、渔各业全面发展。

三、复　种

(一) 复种的概念和意义

复种是指在一年内，在同一土地上种收两季或多季植物的种植方式。

复种的类型因分法不同而异。按年和收获次数分有：一年一熟、一年二熟、一年三熟、一年四熟、二年三熟、二年五熟或七熟；按植物类别和水旱方式分有：水田复种、旱地复种、粮食复种、粮肥复种、粮药复种等；按复种方式分有接作复种、套作复种、间、套作复种等。

复种是我国精耕细作集约栽培的传统经验。我国是个人多地少的国家，人们生活和社会发展需要数量大和种类多的种植业产品，复种能使我们在有限的土地上，充分利用自然资源，生产品种多、数量大的农产品，是解决粮食作物和其他作物争地矛盾的有效措施。复种延长了地面覆盖的时间，从而降低了地面的径流量，有利于水土保持。此外，复种还能恢复和提高地力，提高单位面积的产量。所以，新中国成立以来全国开展了以扩大复种面积为中心的种植制度的改革。各地都总结出多种植物搭配形式，多次复种，多种类型复种的经验。

衡量大面积复种程度高低，通常采用复种指数表示。复种指数是以全年播种总面积占耕地总面积的百分数来表示。

$$复种指数（\%）=\frac{全年播种面积}{耕地总面积}\times100\%$$

目前全国复种指数由 1952 年的 13.09% 上升到 1978 年的 151%。其中长江以南多数省份复种指数为 230% 左右，西南地区及长江以北，淮河秦岭白龙江以南均在 150%～170% 之间，长城以南淮河秦岭白龙江以北的华北各省（除山西省外）多数也在 140% 以上。

(二) 复种的条件

一个地区能否复种和复种程度的大小，是有条件的。超越条件的复种不但不能增产，相反还会减产。影响复种的自然条件主要是热量和降水量，生产条件主要是水利、肥料和人畜动力等。

1. 热量条件

热量资源是确定能否复种和复种程度大小的基本条件之一。热量资源一般以积温表示，积温有 $\geqslant 0℃$ 以上的积温，有 $\geqslant 10℃$ 以上的积温（夏收作物为 $\geqslant 0℃$ 以上的积温，秋收作物为 $\geqslant 10℃$ 以上的积温）。安排复种时，既要掌握当地气温变化和全年 $\geqslant 0℃$、$\geqslant 10℃$ 以上的积温状况，又要了解各种植物对平均温度和积温的要求。各种植物所要求的积温有很大差别，按 $\geqslant 10℃$ 以上活动积温分，可分为三类：喜凉植物要求 1 000~2 000℃，如胡麻、荞麦、蚕豆、燕麦、油菜等；中温作物要求 2 000~3 000℃，如早芝麻、黑豆、甜菜、高粱等；喜温作物要求 3 000℃以上，如芝麻、丝瓜、南瓜、郁金等。一般情况下，各地的积温变化较小，≥10℃以上的积温小于 3 500℃的地方，基本上为一年一熟；3 500~5 000℃的地方，一年可两熟；5 000~6 000℃的地方，一年可三熟；>6 500℃的地方，一年可三至四熟。

有人以≥10℃的生长期天数长短分，100~160d 生长期的地方，是典型的一年一熟地区；生长期 160~220d，是二年三熟及一年两熟地区；生长期 220~240d，普遍为一年二熟区；生长期 240~300d，则是一年二熟到三熟区；生长期 300~360d，为一年三熟；生育期为 350~365d，为一年三至四熟区。

2. 水分条件

在热量允许的前提下，水分资源状况也是影响复种的因素之一。水分条件包括降水、灌溉和地下水。年降水量在我国是划分农牧区的标准，年降水量小于 400mm 的地方为牧区，大于 400mm 的地区为主农区。降水量不仅要看年降水总量，而且还要看月分布量是否合理，如过分集中，必然出现季节性干旱，复种就要受到限制，特别是复种水生植物。如双季稻需水 750~900m^3/667m^2，在秋旱较为严重的地方，不能种植双季稻，只能改为稻麦两熟，或旱作植物套种三熟。此类地区如地下水丰富，搞好水利灌溉，还可种双季稻。

3. 肥料与复种

肥料是限制复种指数和复种方式的条件之一。在田间栽培植物时，绝大多数植物都消耗地力。为保证复种有良好收成，或保持地力平衡，除安排必要的养地作物外，还必须扩大肥源，增施肥料，否则会造成土壤肥力降低，多种不多收。

4. 劳力、畜力、机械与复种

发展多熟复种，还必须与当地生产条件、社会经济条件相适应。复种是人们充分利用自然资源提高单位面积上的产量，增加收入的种植方式，特别是在一年一熟至两熟或两熟至三熟交错地带，时间衔接较紧。每次工作必须及时完成，特别是"抢收""抢种"，有无充足劳力、畜力和机械化条件，也是事关成败的重要因素。所以，自然条件相同时，当地的生产条件，社会经济条件的承受力则是决定复种的重要依据。

5. 技术条件

除了上述自然、经济条件外，还必须有一套相适应的耕作栽培技术，以克服季节与劳力的矛盾，平衡各作物间热能、水分、肥料等的关系，如植物品种的组合，前后茬的搭配，种植方式（套种、育苗移栽），促进早熟措施（免耕播栽、地膜覆盖、密植打顶、使用催熟剂）等。

（三）复种的主要方式

单独药用植物复种的方式少见，一般都结合粮食作物、蔬菜等复种进行，把待种药用植物作为一种作物搭配在复种组合之内。现将作物的复种方式简单列出供参考，各地可酌情研究采用。

一年两熟制：①冬小麦—早熟玉米—冬小麦，如果种中熟玉米，可在前作小麦收获前 1 个月套种；②冬小麦—中稻—冬小麦等。

两年三熟制：①冬小麦—夏玉米→冬小麦—夏闲→冬小麦；②春玉米→冬小麦—大豆—冬闲→春作物（注："—"表示年内复种，"→"表示年间轮作）。

四、单作与间、混、套作

(一) 概念

(1) 单作　在一块田地上,一个完整的生育期间只种一种植物,称为单作,也称"净种"或"清种"。人参、西洋参、牛膝、当归、郁金、云木香、水稻、小麦、油菜等单作居多。

(2) 间作　是指在同一块土地上,同时或同季节成行或成带状(若干行)间隔地种植两种或两种以上的生育季节相近的植物。通常把多行成带状间隔种植的称为带状间作。带状间作利于田间作业,提高劳动生产率,同时也便于发挥不同植物各自的增产效能和分带轮作。

(3) 混作　是指在同一块田地上,同时或同季节将两种或两种以上生育季节相近的植物,按一定比例混合撒播或同行混播种植的方式。混作与间作都是由两种或两种以上生育季节相近的植物在田间构成复合群体,提高田间密度,充分利用空间,增加光能和土地利用率。两者只是配置形式不同,间作利用行间,混作利用株间。在生产上有时把间作和混作结合起来。如玉米间大豆,玉米混小豆,玉米混大豆(小豆),玉米或大豆与贝母间种,果树间小葱,果树混福寿草(或漏斗菜),山茱萸间豌豆(蚕豆),山茱萸混黄芩等。

(4) 套作　是指在同一块田地上,不同季节播种或移栽两种或两种以上生育季节不同的植物。也可说是在前茬植物生育后期,在其行间播种或移栽后作植物的种植方式。它是把两种生育季节不同的植物一前一后结合起来,充分利用时间和空间,使田间在全部生长季节内,始终保持一定的叶面积指数,充分利用植物生育前期和后期的光能,提高土地利用率的一种有效的种植方式,它是一种充分利用季节进行复种的形式。

(二) 间、混、套作的技术原理

间、混、套作是在人为调节下,充分利用不同植物间某些互利关系,减少竞争,组成合理的复合群体结构,使复合群体既有较大的叶面积,延长光能利用时间或提高群体的光合效率,又有良好的通风透光条件和多种抗逆性,以便更好地适应不良的环境条件,充分利用光能和地力,保证稳产增收。如果选择植物种类不当,套作时间过长,几种植物搭配比例和行株距不适宜,即不合理的间、混、套作,都会增加植物间的竞争而导致减产。间、混、套作的技术原理归纳如下。

1. 选择适宜的植物种类和品种搭配

药用植物、蔬菜、作物等都具有不同形态特征,生态生理特性,将它们间、混、套作在一起构成复合群体时,使它们各自互利,减少竞争,就必须选择适宜的植物种类和品种搭配。考虑品种搭配时,在株型方面要选择高秆与矮秆,垂直叶与水平叶,圆叶与尖叶,深根与浅根植物搭配。在适应性方面,要选择喜光与耐阴,喜温与喜凉,耗氮与固氮等植物搭配。根系分泌物要互利无害。注意相关效应或异株克生现象。在品种熟期上,间、套作中的主作物生育期可长些,副作物生育期要短些;在混作中生育期要求要一致。总之,注意选择具有互相促进而较少抑制的植物或品种搭配,这是间、混、套作成败的关键之一。

2. 建立合理的密度和田间结构

密度和田间结构是解决间、混、套作中植物间一系列矛盾,使复合群体发挥增产潜力的关键措施。间、混、套作时,其植物要有主副之分,既要处理好同一植物个体间的矛盾,又要处理好各间混套作植物间的矛盾，以减少植物间、个体间的竞争。就其密度而言，通常情况下主要植物应占较大的比例，其密度可接近单作时密度，副作物占较小比例，密度小于单作，总的密度要适当，既要通风透光良好，又要尽可能提高叶面积指数。副作植物为套作前作时，一般要为后播主作植物留好空行，共生期愈长，空行愈多，土地利用率控制在单作的 70% 以下；后播主作植物单独生长盛期的土地利用率应与单作相近。在间作中，主作植物应占有较大的播种面积和更大的利用空间，在早熟的副作植物收获后，也可占有全田空间。高矮秆植物间作时，注意调整好两种植物的高度差与行比。调整的原则是高要窄，矮要宽，即高秆植物行数少，矮秆植物行数要多一些，要使矮秆植物行的总宽度大致等于高秆植物的株高为宜。间、套作行向，对矮秆植物来说，东西行向比南北行向接受日光的时间要多得多。

3. 采用相应的栽培管理措施

在间、混、套作情况下，虽然合理安排了田间结构，但仍有争光、争肥、争水的矛盾。为确保丰收，必须提供充足的水分和养分，使间、混、套作植物平衡生长。通常情况下，必须实行精耕细作，因植物、地块增施肥料和合理灌水；因作物品种特性和种植方式调整好播期，搞好间苗定苗，中耕除草等共生期的管理。更要区别植物的不同要求，分别进行追肥与田间管理，这样才能保证间、混、套作植物都丰收。

（三）间混套作类型

1. 间混作类型

间、混作是我国精耕细作的组成部分，早在 2000 多年前就有瓜与韭或小豆间作、桑与黍混作的记载。如今全国各地都有本地的间、混、套作经验。间、混作类型很多，除常规的作物、蔬菜间、混作类型外，还有粮药、菜药、果药、林药间、混作类型。

粮药、菜药间、混作中，一类是在作物、蔬菜间、混作中引入药用植物，如玉米 + 麦冬（芝麻、桔梗、山药、细辛、贝母、川乌、川芎）；一类是在药用植物的间、混作中引入作物和蔬菜，如芍药（牡丹、山茱萸、枸杞）+ 豌豆（大豆、小豆、大蒜、菠菜、莴苣、芝麻），川乌 + 菠菜，杜仲（黄柏、厚朴、诃子、喜树、檀香、儿茶、安息香）+ 大豆（马铃薯、甘薯），巴戟天 + 山芋（山姜、花生、木薯）等。

果药间作，幼龄果树行间可间种红花、王不留行、菘蓝、地黄、防风、苍术、穿心莲、知母、百合、长春花等；成龄果树内可间种喜阴矮秆药用植物，如细辛、福寿草、漏斗菜等。

林药间作，人工营造林幼树阶段可间、混种龙胆、桔梗、柴胡、防风、穿心莲、苍术、补骨脂、地黄、当归、北沙参、藿香等；人工营造林成树阶段（天然次生林），可间、混种人参、西洋参、黄连、三七、细辛、天南星、淫羊藿、刺五加、石斛、砂仁、草果、豆蔻、天麻等。

2. 套作类型

以棉为主的套作区，可用红花、芥子、王不留行、荩苊等代替小麦进行套作。以玉米为主的套作，有玉米套郁金，川乌套种玉米。

五、轮作与连作

（一）概念

轮作是指在同一块田地上，按照一定的植物或不同复种方式的顺序，轮换种植植物的栽培方式。前者称植物轮作，后者又叫复种轮作。

我国目前各地区种植种类和面积相对稳定。要确保植物种类和面积的稳定，就必须有计划地进行轮作，即在时间上（年份上）和空间上（田地上）安排好各种植物的轮换。单一植物轮作容易安排；复种轮作时，要按复种中的植物种类和轮作周期的年数划分好地块。通常轮作区数（各区面积大小相近）与轮作周期年数相等，这样才能逐年换地，循环更替，周而复始地正常轮作。

连作是指在同一块田地上重复种植同种植物或同一复种方式连年种植的栽培方式。前者又叫植物连作或单一连作，后者又叫复种连作。复种连作与单一连作也有不同。复种连作在一年之内的不同季节仍有不同植物进行轮换，只是不同年份同一季节栽培植物年年相同，而且它的前后作植物及栽培耕作等也相同。

（二）轮作增产与连作减产的原因

许多药用植物，特别是多年生药用植物连作时，生长发育不良，产量大幅度下降，品质也低下。如红花、薏苡、玄参、北沙参、川乌、白术、天麻、当归、大黄、黄连、三七、人参等。连作生育不良，产量下降的主要原因：第一，植物生长发育全程或某个生育时期所需的养分不足或肥料元素的比例不适宜。由于每个田块都有一定的肥力基础，栽培某种植物后，原有的肥力数量减少，各营养元素之间的比例也发生改变，特别是该植物所需的营养元素种类和数量大幅度减少。在此种情况下，连续种植该植物时，地块中的营养供不应求，其结果势必限制生长发育，引起产量大幅度下降。第二，病菌害虫侵染源增多，发病率、受害率加重。一地种植某种植物，被病菌害虫侵染后，植物残体和土壤中存留了许多病菌害虫侵染源，连作时，这些病菌害虫又遇到适宜寄主，容易连续侵染危害，故发病率高。又因连作时植物抗病力差，所以受害率高。第三，土壤中该种植物自身代谢产物增多，土壤pH等理化性状变差，施肥效果降低。第四，伴生杂草增多。总之，连作弊病较多，所以，生产上都采用轮作制。

轮作增产是世界各国的共同经验。其增产原因之一是能充分利用土壤营养元素，提高肥效。一个田块栽培某种植物后，其营养元素总量及其比例必然发生改变，依据改变后地块肥力状况，搭配相适应植物，就可少施肥、少投入，使其良好生育。如豆类对钙、磷和氮吸收较多，且能增加土壤中氮素含量。而根及根茎类入药的药用植物，需钾较多。叶及全草入药的药用植物，需氮、磷较多。豆类、十字花科植物及荞麦等利用土壤中难溶性磷的能力较强。黄芪、甘草、红花、薏苡、山茱萸、枸杞等药用植物根系入土较深；而贝母、半夏、延胡索、孩儿参、漏斗菜等入土较浅，将这些不同植物搭配轮作，容易维持土壤肥力均衡，做到用养结合，充分发挥土壤潜力。增产原因之二是减少病虫害，克服自身排泄物的不利影响。如人参黑斑病、菌核病，薏苡黑粉病，红花炭疽病，黄芪食心虫，大黄根腐病，罗汉果根节线虫等，对寄主都有一定的选择性，它们在土壤中存活都有一定年限。有些专食性或寡食性害虫，在轮作年限长的情况下，很难大量滋生危害。因此，用抗病植物和非寄主植物与容易感染这些病虫害的植物实行定期轮作，就可收到消灭或减少这些病虫害发生危害的效果。药用植物中，类似大蒜、洋葱、黄连等根系分泌物有一定抑菌作用；诸如细辛、续随子、桉树等有驱虫作用，把它们放在易感病、易遭虫害的药用植物的前作，就可收到避免病虫发生危害的效果。轮作增产原因之三是改变田间生态条件，减少杂草危害。

这里需要说明一点，有少数作物和药用植物是耐连作的，如水稻、莲、洋葱、大麻、平贝母等。

（三）药用植物轮作应注意的问题

作物、蔬菜轮作在全国各地都有成功的经验，这里不一一介绍。这里提几点安排药用植物轮作应注意的问题。

(1) 叶类、全草类药用植物，如菘蓝、毛花洋地黄、穿心莲、薄荷、细辛、长春花、颠茄、荆芥、紫苏、泽兰等，要求土壤肥沃，需氮肥较多，应选豆科或蔬菜作前作。

(2) 小粒种子进行繁殖的药用植物，如桔梗、柴胡、党参、香薷、藿香、穿心莲、芝麻、紫苏、牛膝、白术等，播种覆土浅，易受草荒危害，应选豆茬或收获期较早的中耕作物作前茬。

(3) 有些药用植物与作物、蔬菜等都属于某些病害的寄主范围或是某些害虫的同类取食植物，安排轮作时，必须错开此类茬口。如地黄与大豆、花生有相同的胞囊线虫，枸杞与马铃薯有相同的疫病，红花、菊花、水飞蓟、牛蒡、金银花等易受蚜虫危害，安排茬口时要特别注意。

(4) 有些药用植物生长年限长，轮作周期长，可单独安排它的轮作顺序：如人参需轮作 10 年左右，黄连需轮作 7 年，大黄需轮作 5 年。

第二节 土壤耕作

一、药用植物对土壤的要求

药用植物所需的水分、养料、空气、温度等因素，有的直接靠土壤供给，有的受土壤所制约，两者关系十分复杂而密切。药用植物对土壤总的要求是：要具有适宜的土壤肥力，经常不断地提供足够的水分、养料、空气和适宜的温度，并能满足药用植物在不同生长发育阶段对土壤的要求。栽培药用植物理想的土壤应当是：第一，有一个深厚的土层和耕层，整个土层最好深达 1m 以上，耕层至少在 25cm 以上，使肥、水、气、热等因素有一个保蓄的地下空间，使药用植物根系有适当伸展和活动的场所。第二，耕作土壤松紧适宜，并相对稳定，保证水、肥、气、热等肥力因素能同时存在，并源源不断供给植物吸收利用。第三，土壤质地砂黏适中，含有较多的有机质，具有良好的团粒结构或团聚体。第四，土壤的 pH 适度，地下水位适宜，土壤中不含有过量的重金属和其他有毒物质。

土壤是药用植物生长发育的场所，研究土壤在生产中的变化，如何采用耕作措施调节其变化，使之符合植物生长发育要求，是种植业的重要生产环节之一。

已经耕作的土壤，既是历史自然体，又是人类劳动的产物。在栽培生产过程中，太阳辐射、自然降水、风、温等气候条件，经常对土壤发生影响，人类的农业生产活动对土壤的影响更起到决定性作用。

通常情况下，栽培植物和杂草总是要从土壤中吸收大量水分和养料，根系深入土层会对土壤发生理化、生物等作用，病虫杂草不断感染耕层，人类的施肥、耕作、灌溉、排水等作业本身，既有调节、补充土壤中水、肥、气、热因素的一面，又有破坏表土结构、压实耕层的一面。所有这些影响都在年复一年地演变着，纵观演变的结果——经过一季或一年生产活动之后，耕层土壤总是由松变紧，有机质减少，孔隙度越来越小。基于上述原因，在药用植物生产过程中，根据不同植物特点，当地气候、土壤的实际情况，进行正确的土壤耕作，就成为必不可少的生产环节。

二、土壤耕作的基本任务

土壤耕作是在种植业的生产过程中，通过农具的物理机械作用，改善土壤耕层构造和地面状况，协调土壤中水、肥、气、热等因素，为栽培植物播种出苗、根系生育、丰产丰收所采取的多种改善土壤环境的技术措施。它包括耕翻、耙地、耢地、镇压、起垄、作畦、中耕等。

土壤耕作的任务可归纳为以下几点：

(1) 适当加深耕层，改变耕层土壤的固相、液相、气相比例，调节土壤中水、肥、气、热等因素存在状况 上面提到过，耕地经过一季或一年生产活动后，耕层土壤总是由松变紧，有机质减少，孔隙度变小，进而影响后作植物的生长与产量。耕作的任务之一就是使这些业已紧实的耕层疏松，增加土壤总孔隙和毛管孔隙，从而增加土壤的透水性、通气性和容水量，提高土壤温度，促进微生物活动，加速有机质分解，增加土壤中有效养分含量，为药用植物种子萌发、秧苗移植和植株生育创造适宜的耕层状态。

(2) 保持耕层的团粒结构 在药用植物生产过程中，由于自然降水、灌水、有机质的分解，人、畜、机械力等因素的影响，耕层上层0~10cm的土壤结构受到破坏，逐渐变为紧实无结构状态。但是由于根系活动和微生物作用，结构性能逐渐恢复，土壤下层受破坏轻，结构性能恢复好。通过耕翻等措施，调换上下层位置，可使受到破坏的土壤结构得以恢复。

(3) 创造肥土相融的耕层 土壤栽培药用植物之后，地力会逐渐下降。为防止地力下降，人们常常往田内补施各种肥料。而增施的肥料是靠正确的耕作措施翻压、混拌于耕层之中，促进分解，减少损失，使土肥相融，增进肥效。

(4) 粉碎、清除或混拌根茬和杂草残体 掩埋带菌体及害虫，减轻病虫危害。

(5) 创立适合药用植物生长发育的地表状态 如平作，起垄，畦作等。上述土壤耕作任务的完成，必须有相应的农具作保证，通过农具对耕层和地面的翻、松、碎、混、压、平等措施的实施来完成。

三、耕作的时间与方法

药材用地耕作的时间与方法要依据各地的气候和栽培植物特性来确定。

(一) 翻地

1. 深耕

药材用地总的说来都要求深耕，许多丰产经验表明深耕与丰产有密切关系。我国农民对加深耕层一向极为重视，并积累了丰富的经验，如"深耕细耙，旱涝不怕"，"耕地深一寸，强如施遍粪"等农谚，都反映了农民群众对深耕增产作用早有深刻的认识。

深耕增产并不是越深越好，实践证明在0~50cm范围内，作物产量随深度的增加而有不同程度的提高。超过这一范围，增产、平产、减产均有，而动力或劳力消耗则成几倍地增加。就一般药用植物根系的分布来说，50%的根量集中在0~20cm范围内，80%的根量都集中在0~

50cm范围内。这种现象可能与土壤空气中氧的含量由上而下逐渐减少，生育季节深层地温偏低有关。因为达到一定深度后，氧的含量少，温度低，有效养分缺乏，不利于根系的生长。深耕的深度因植物而异，如黄芪、甘草、牛膝、山药应超过一般耕翻深度，而平贝母、川贝母、半夏、漏斗菜、黄连等应低于一般深度。其他药用植物与一般作物耕地相近。

采用一般农具耕翻地，深度多在16～22cm，用机引有壁犁翻地，深度可达20～25cm，用松土铲进行深松土，深度可达30～35cm。

深耕时应注意以下几点：

第一，不要一次把大量生土翻上来。因为底层生土有机质缺乏，养分少，物理性状差，有的还含有亚氧化物，翻上来对植物生长不利。一般要求熟土在上，不乱土层。机耕应逐年加深耕层，每年加深2～3cm为宜。有的地方是头年先深松，次年再深翻。

第二，深耕应与施肥和土壤改良结合起来。为了药材的优质高产和稳产，人们常常向田地补施各种肥料，为提高肥效，使肥土相融，最好把施肥与深翻结合起来。另外翻沙压淤或翻淤压沙及黏土掺沙等改良土壤措施和深翻结合进行，省工省力，效果较好。

第三，要注意耕性，不能湿耕，也不能干耕。要适合墒情耕作，尽量减少机车作业次数。

第四，利于水土保持工作。药材用地多为坡地、荒地，坡地应横坡耕作，这样可以减缓径流速度，防止水土流失。

应当指出，深耕的良好作用不仅是当年有效，通常还可延续1年，深度达20～30cm，并结合施入基肥的地块，后效有2～3年。因此，深耕并不需要逐地逐年进行。深耕应视茬口情况而定，一般高粱、薏苡、麦田、黍、稷等茬口应深耕。

2．翻地时期

全田耕翻要在前作收获后才能进行，其时间因地而异。我国东北、华北、西北等地，冬季寒冷，翻耕土地多在春、秋两季进行，即春耕或秋耕；长江以南各地，冬季温暖，许多药材长年均可栽培，一般是随收随耕，多数进行冬耕。

秋耕可使土壤经过冬季冰冻，质地疏松，既能增加土壤的吸水力，又能消灭土壤中的病源和虫源，还能提高春季土壤温度。北方秋耕多在植物收获后，土壤结冻前进行。各地经验认为，植物收获后尽快翻地利于积蓄秋墒，防止春旱。华北有个谚语，"白露耕地一碗油，秋分耕地半碗油，寒露耕地自打牛"。这说明秋耕时间早晚的效果差别很大。

北方的春耕是给已秋耕的地块耙地、镇压保墒和给未秋耕的地块补耕，为春播和秧苗定植做好准备。三北（东北、华北、西北）地区十年九春旱，为防止跑墒，上年秋翻的地块，多在土壤解冻5cm左右时，开始耙地。对于那些因前作收获太晚或因其他原因（畜力、动力不足、土地低洼积水、不宜秋耕等）没能秋耕的地块，第二年必须抓住时机适时早耕翻，早耕温度低，湿度大，易于保墒。适当浅耕（16～20cm），力争随耕随耙，必要时再进行耙耱和镇压作业，以减少对春播植物的影响。

南方冬耕也要求前作收获后及时耕翻，翻埋稻茬（桩），浸泡半月至一月，临冬前再犁耙一次，耙后直接越冬或蓄水越冬。

（二）表土耕作

表土耕作包括耙地、耱地、镇压、起垄、开沟，作畦等作业。通常人们把翻地称为基本耕作，表土耕作看做是配合基本耕作的辅助性措施。表土耕作主要是改善耕翻后土壤 0～10cm 耕层范围内的地面状况，使之符合播种或移栽的要求。

1. 耙地

通常采用圆盘耙、丁齿耙、弹簧耙等破碎土垡，平整地面，混拌肥料，耙碎根茬杂草，达到减少蒸发，抗旱保墒的目的。有些只需灭茬，不必耕翻的地块，采用耙地就可收到较好效果。

2. 耢地

耢地又称糖地，其工具是由荆条等编制而成。耙后耢地可把耙沟耢平，兼有平土、碎土和轻压的作用，在地表构成厚 2cm 左右的疏松层，下面形成较紧实的耕层，这是北方干旱地区或轻质土壤常用的保墒措施。耢地常和耙地采用联合作业方式进行。

3. 镇压

镇压是常用的表土耕作措施，它可使过松的耕层适当紧实，减少水分损失；还可使播后的种子与土壤密接，有利于种子吸收水分，促进发芽和扎根；镇压可以消除耕层的大土块（特别是表层土块）和土壤悬浮，保证播种质量，使之出苗整齐健壮。另外，镇压对防止作物徒长和弥合田间裂隙，也有一定的作用。

4. 作畦

作畦栽培是农业生产常见的形式。作畦目的主要是控制土壤中的含水量，便于灌溉和排水，改善土壤温度和通气条件。常见的有平畦、低畦、高畦三种。平畦畦面与地表相平，地面整平后不再筑成畦沟畦面，这样节省了畦沟用地，提高土地利用率，增加了单位面积的产量。平畦一般在雨量均匀、不需经常灌溉的地区，或雨量均匀、排渗水良好的地块上采用，而在多雨的地区或地下水位较高、排水不良的地方不宜采用。低畦是畦间走道比畦面高，畦面低于地面，便于蓄水灌溉，在雨量较少或种植需要经常灌溉植物时，多采用低畦。高畦是在降雨多、地下水位高或排水不良的地方，多采用的畦作方式。高畦畦面凸起，暴露在空气中的土壤面积大，水分蒸发量大，使耕层土壤中含水量适宜，地温较高，适合种植喜温的瓜类、茄果类和豆类（黄芪、甘草除外）药材。在土层较浅的地方种植人参、西洋参、三七、细辛等也采用高畦增加耕层厚度。在冷凉地方栽培根及根茎类药材时，最好也采用高畦，这样既提高了床温，又增长了主根长度。

通常畦宽：北方 100～150cm，南方 130～200cm。畦高多为 15～22cm。

有关畦向问题，各地也不尽一致，多数人认为畦的方向不同，可使药用植物受到不同强度的日光、风和热量，同时也影响水分条件。坡地上畦向有减缓径流水速，防止冲刷的作用。在多风地区，畦向与风向平行，有利于行间通风可减轻风害。我国地处北半球，冬季日光入射角较大（杭州冬至日光入射为 53.5°），当畦栽植物行向与床向平行时，畦向以东西为好。夏季则以南北畦向为佳（因为入射角变小，如杭州夏至为 6.5°）。

5. 垄作

垄作栽培是我国劳动人民创造的，它是在耕层筑起垄台和垄沟，垄高 20～30cm，垄距 30～70cm，植物种在垄台上。垄作栽培在全国各地均有应用，在东北、内蒙古较为普遍。垄作栽培的地面呈波浪形起伏状，地表面积比平作增加 25%～30%，增大了接纳太阳辐射量。白天垄温比平作高 2～3℃，夜间温度比平作低，所以，垄作土温的日较差大，有利于药用植物生育。垄作便于排水防涝，利于给植物基部培土，促进根系生长，提高抗倒伏能力，还可改善低洼地农田生态条件。

第四章 药用植物繁殖与播种技术

第一节 播种材料和繁殖

农业生产中的种植业生产都离不开种子。药材生产中所说的种子是指能供繁殖后代和扩大再生产的播种材料。从上述定义看出，种植业即栽培上所说的种子涵义比较广。

一、播种材料

自然界中的每种生物都有自己繁衍后代的方式，生物繁衍后代的方式是其自身在长期历史进化中对自然的一种适应。药用植物种类很多，目前全国可供防治疾病的中草药已达 5 000 种以上。综合归纳药用植物的繁殖有如下几种类型。

第一，靠真正种子——仅由胚珠形成的播种材料繁殖 如丝瓜、栝楼（瓜楼）等瓜类种子；黄芪、补骨脂、望江南、芦巴子等豆类种子；还有茄果类种子、十字花科和苋科的种子。

第二，靠果实——由胚珠和子房形成的播种材料繁殖 如菊科、伞形科、藜科等药用植物均属此类。果实类型很多，有瘦果、聚合瘦果，如红花、牛蒡、水飞蓟、何首乌、虎杖、毛茛、白头翁、萎陵菜等；有坚果和聚合坚果，如益母草、紫苏、板栗、莲等；其他还有颖果（薏苡等禾本科药材种子）、胞果（藜、青葙）、双悬果（当归、白芷、小茴香、柴胡、防风、野胡萝卜、前胡等）、聚合果（八角茴香、芍药、厚朴、绣线菊等）。

第三，靠营养器官进行繁殖 这类药用植物数量很多，有靠叶繁殖的，如落地生根、吐根等；有靠茎繁殖的，如忍冬、连翘、杠柳、肉桂、萝芙木、栀子、肾茶、菊花、薄荷、巴戟天等；靠根繁殖的又分为根繁殖（如山药、玄参、川乌、芍药、牡丹、菊花、丁香、大枣、大戟等）、根茎繁殖（如知母、细辛、龙胆、款冬、薄荷、姜、玉竹、藕、枸杞、北五味子等）、鳞茎繁殖（如贝母、百合、洋葱、大蒜、山丹等）、块茎繁殖（如地黄、延胡索、半夏、天麻、独角莲、土贝母等）、球茎繁殖（如番红花、唐菖蒲、荸荠、慈姑等）。

第四，靠孢子繁殖 如石松、卷柏、木贼、问荆等。

孢子繁殖是藻类植物、菌类植物、地衣、苔藓植物、蕨类植物等的主要繁殖方式。目前开展引种栽培的有木贼、紫萁、海金沙、金毛狗、贯众等，正研究人工扩繁技术。菌类植物人工栽培较多，如木耳、银耳、茯苓、猪苓、冬虫夏草、灵芝等。菌类除采用孢子繁殖外，还可用菌丝体繁殖，如菌木生产、培养料堆积生产、发酵罐培养等生产形式。

种子繁殖、果实繁殖都是通过性发育阶段，胚珠受精后形成种子，子房形成果实。所以人们把种子、果实繁殖称作有性繁殖，靠营养器官繁殖的统称为营养繁殖。

药用植物在自然条件下，有的只能进行有性繁殖，如人参、西洋参、当归、桔梗、芥子、小茴香、党参、决明子、曼陀罗、牛蒡、黄柏、巴豆、印度马钱等；有的只能进行营养繁殖，如番红花、川芎、姜等；有许多植物既能进行有性繁殖，又能进行营养繁殖，如地黄、天麻、玄参、山药、芍药、牡丹、连翘、枸杞、砂仁、诃子、五味子、细辛、龙胆、知母、百合、贝母等。

随着科学的发展、技术的进步，采用组织培养方法，在人为努力下，每种药用植物的两种繁殖形式都将成为可能。例如，人参、西洋参离体营养繁殖业已成功。

二、播种材料的特点与繁殖方式

药用植物生产中经常采用的繁殖方式是营养繁殖和有性繁殖两种，现分述如下。

(一) 营养繁殖

营养繁殖（vegetative propagation）是由营养器官直接产生新个体（或子代）的一种生殖方式。其子代的变异较小，能保持亲本的优良性状和特性，并能提早开花结实。自然条件下的营养繁殖系数小，利用组织培养技术进行营养繁殖，其繁殖系数可超过或远远超过有性繁殖。

营养繁殖的生物学基础是：第一，利用植物器官的再生能力，使营养体发根或生芽变成独立个体。生产上的扦插、压条、分割繁殖均属此类，其技术关键在于促其迅速再生与分化。第二，是利用植物器官受损伤后，损伤部位可以愈合的性能，把一个个体上的枝或芽移到其他个体上，形成新的个体。生产上嫁接技术的关键在于保证尽快愈合。第三，利用生物体细胞在生理上具有潜在全能性的特性，使其药用植物的器官、组织或细胞变成新的独立个体。其技术关键是使潜在全能性再现。

常用的营养繁殖方法简介如下：

1. 分割繁殖

分割繁殖又叫分离繁殖或分株繁殖（separate propagation），是用人工方法从母体上把具有根、芽的部分分割下来，变成新的独立的个体。

大蒜、平贝母、浙贝母、百合等鳞茎类药材，可将子鳞茎分离或原鳞茎分瓣；番红花、唐菖蒲、慈姑等球茎类药材，可分离子球茎繁殖；地黄、土贝母、延胡索等块茎类药材，可将块茎分离或分割繁殖；知母、射干、款冬、薄荷、细辛、龙胆、五味子、枸杞等的根茎可分段繁殖；玄参、川乌、山药、芍药、牡丹、孩儿参、栝楼可分根繁殖；百合、山药的珠芽也可采用分割繁殖方法，取其珠芽或腋芽进行繁殖。

分割繁殖多在每年春季萌动前进行，将具有根芽或能很快长出根芽的部分从母体上分离下来。有的分离后还可分段，分段时，每段上要有2~3个节，节上有能萌动的芽。山药之类分根最好纵向分割。玄参之类分离繁殖，采用块根上端子芽作为繁殖材料，萌芽、生根快，成株率高。

2. 压条繁殖

压条繁殖（layering propagation）是把植物的枝条压入或包埋于土中，使其生根，然后与母体分离形成独立新个体。枝条柔软扦插困难，或扦插生根困难时，可采取压条繁殖方式。压条的时期应视药用植物种类和当地气候条件而定。通常多在生长旺盛季节压条，此时生根快、成活率高。药用植物多选取1~3年生枝条进行压条，这样的枝条营养物质丰富，生根快，生根后移植成活率高，并能提早开花结实。生根困难的材料，可用刀将压入土中的茎皮划破，促其愈伤分化生根。

植物株体低矮，枝条柔软的可将枝条弯曲（也可连续弯曲），并部分埋入土中，促其生根，生根后从母体上分离栽植。枝条较硬，埋入土中不牢的，可用叉棍插土固定，埋土茎段的皮层可用刀割伤，利于生根。露出地面的枝条可竖起固定在支棍上，如南蛇藤、连翘、使君子、忍冬、桎等。

有些药用植物基部生有许多分枝，枝条较硬脆，不易弯曲，扦插生根困难，可采取堆土压条方法。即在植物进入旺盛生长期之前，将枝条基部皮层环割，然后取土把环割部分埋入土中，促其生根。生根后与母体分离栽植。如丁香、郁李、辛夷等。

对于树身高大，枝条短而硬或弯曲不能触地，扦插生根困难的药用植物，如枳壳、肉桂、含笑等可采用空中压条，即在母株适当位置选取适宜枝条（直径1~2cm），用刀将皮层环割，并用对开竹筒或花盆盛土套缚在环割之处，浇好水分促其生根，亦可用塑料布包裹苔藓与土包缚环割之处，塑料布下端扎紧，上端松扎，扎后调好湿度促进生根，生根后分离。生根期间注意保持竹筒、花盆、塑料袋内的土壤湿度，严防过干或过湿。

3. 扦插繁殖

扦插繁殖（cutting propagation）是指利用植物的根、茎（枝条）、叶、芽等器官或其一部分作插穗，插在一定的基质（土、砂、草炭、蛭石等）中，使其生根、生芽形成独立个体的繁殖方法。扦插繁殖是生产中常用的繁殖方法，依据扦插材料的不同分为：根插（使君子、山楂、大枣、吐根、吴茱萸等）、叶插（落地生根、吐根、秋海棠）、芽插（芦荟）、枝插（菊花、肾茶、丹参、薄荷、茉莉、忍冬、枸杞、肉桂、萝芙木、大枫子等）。其中根插、枝插应用较多。枝插中，依据枝条的成熟度分硬枝扦插和软枝（又叫绿枝）扦插两种。通常用木本植物枝条（未木质化的除外）扦插叫硬枝扦插，用未木质化的木本植物枝条和草本植物茎作插材的扦插叫绿枝扦插。

扦插时，先将采集的插条剪成10~20cm的小段，每段3~5个芽，插条上端剪口截面与枝条垂直，与芽的间距为1~2cm，插条下端从芽下3~5cm处斜向剪截，剪口为斜面，形似马耳状。绿枝扦插插条可短些，除顶留1~2个叶片（大叶只留半个叶片）外，其余叶片从叶柄基部剪掉。剪后的插条插在插床或田间，行距15~20cm，先开个浅沟，把插条摆插于沟内，插条上端露出地面（床面）2~4cm。插后浇水、保温保湿，并搞好苗床管理。

插条生根成活率的高低因植物种类和枝龄而异。例如，菊花、连翘、忍冬、杠柳等易于生根，成活率高，而杜仲、黄柏、水曲柳很难生根，五味子生根较慢，成活率也低。就枝龄来说，多数植物以1~3年生枝条为好，过嫩或过老成活率低。枝龄大小也因植物而异，枸杞、使君子、云南萝芙木等，1~2年生枝条为好，巴戟天、栀子等2~3年生枝条为好。山楂、大枣、吐根、吴茱萸等根插比枝插成活率高。枝条营养状况也影响扦插成活率。如用印度萝芙木2年生枝条试验，枝条上段插条成活率为8.9%，中段为42.2%，基段为20.0%；海南萝芙木半老枝条和老枝条成活率为80.8%，嫩枝条为14%。另外，插床的温度、水分状况也影响扦插成活率。插床湿度必须适宜，偏湿偏干均会降低成活率。自然插床温度一般以15~20℃为宜，人工插床多控制在20℃左右。有时插床温度也要因植物而异，如山葡萄扦插以25~30℃为宜，五味子则以28~32℃为好。

用激素浸处插条，浓度适宜可提高扦插成活率。使用激素种类与浓度要因植物而异，枳壳用1 000mg/L 2,4-D浸蘸插条切口，成活率可达100%，中华猕猴桃以300mg/L NAA为好。

4．嫁接繁殖

嫁接繁殖（grafting propagation）是指把一种植物的枝条或芽接到其他带根系的植物体上，使其愈合生长成新的独立个体的繁殖方法。人们把嫁接用的枝条或芽叫接穗（scion）；承接的带根系的植物叫砧木（stock）。

药用植物中采用嫁接繁殖的有诃子、金鸡纳、长籽马钱、木瓜、芍药、牡丹、山楂等。各地多采用芽接。枝接法又分劈接、切接、舌接、靠接等。

嫁接苗既可利用砧木的矮化、乔化、抗寒、抗旱、耐涝、耐盐碱、抗病虫等性状来增强栽培品种的抗性或适应性，便于扩大栽培范围，又能保持接穗的优良种性。既生长快，又结果早，在花果类入药的木本药用植物上应用较多。

芽接是应用最广泛的嫁接方法。利用接穗最经济，愈合容易，接合牢固，成活率高，操作简便易掌握，工作效率高，可接的时期长。芽接方法无论在南方北方，无论春夏秋，凡皮层容易剥离，砧木已达到要求粗度，接芽已发育充实，都可进行芽接。东北、西北、华北地区一般在7月上旬至9月上旬，华东、华中地区一般在7月中旬至9月中旬，华南、西南落叶树在8~9月，常绿树6~10月为最好。

图4-1　丁字形芽接
1．削取芽片　2．取下的芽片　3．插入芽片　4．绑缚
（引自《果树栽培学总论》，2000）

丁字形芽接（盾状芽接）：芽片长1.5~2.5cm，宽0.6cm左右，通常削取时不带木质部，取芽时不要撕去芽片内侧的维管束。砧木在离地面3~5cm处开丁字形切口，长宽比芽片稍大一些，剥开后插入接芽，使芽片上端与砧木横切口紧密相接，然后加以绑缚（图4-1）。对于枝梢具有棱角或沟纹的树种（枣）或接穗、砧木不易剥离皮部的树种（柑橘）可采用带木质部嵌芽接法，即先从芽的上方0.8~1.0cm处向下斜削一刀，长约1.5cm，然后在芽的下方0.5~0.8cm处，也向下斜切至第一刀刀口底部，使两刀斜切面夹角呈30°，取下芽片插入砧木的切口处。砧木切口比芽片稍长，芽片插入后，其上端必须露出一线砧木皮层，最后绑紧（图4-2）。

枝接分劈接、切接、舌接、靠接等形式，最常用的

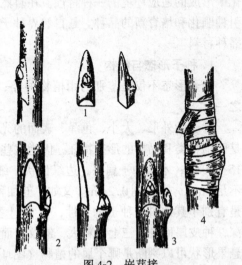

图4-2　嵌芽接
1．削接芽　2．削砧木接口　3．插入接芽　4．绑缚
（引自《果树栽培学总论》，2000）

是劈接、切接。切接多在早春树木开始萌动而尚未发芽前进行。砧木横径 2～3cm 为宜，在离地面 2～3cm 处横截断，选皮厚纹理顺的部位垂直劈下，劈深 3cm 左右，取长 5～6cm 带 2～3 个芽的接穗削成两个切面。长面在顶芽同侧约 3cm，在长面对侧削一短面，长 1cm，削后插入砧木切口，使形成层对齐，将砧木切口的皮层包于接穗外面并绑紧，然后埋土（图 4-3）。

嫁接成活率的高低受很多因素的影响，其中砧木和接穗的亲和力是主要因素，一般规律是亲缘越近，亲和力越强。另外，嫁接时期的温度是否适宜，砧木和接穗质量、嫁接技术等也影响嫁接成活率的高低。

5．离体组织培养繁殖

离体组织培养繁殖是近代新发展起来

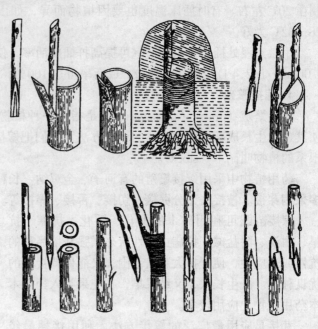

图 4-3　枝接的各种方式图示
（引自《药用植物栽培学》，1980）

的无性繁殖新技术。目前，通过组织培养技术已获得试管苗的药用植物达百种以上，具体作法可参考第五章内容。

（二）有性繁殖

有性繁殖又叫种子繁殖，它是由胚珠或胚珠和子房形成的播种材料。它是植物在长期发展进化中形成的适应环境的一种特性。在自然条件下，种子繁殖方法简便而经济，繁殖系数大，利于引种驯化和培育新的品种。是自然界种子植物繁衍后代的主要方式。栽培药用植物也多用种子作播种材料。

1．种子形态与结构

种子形态不仅是鉴别药用植物种类、判断种子品质的重要依据，也是确定播种技术的依据之一。

种子的外形、大小、色泽、表面的光洁度、沟、棱、毛刺、网纹、蜡质、突起及附属物等都是区别种类和品质的形态特征，因为这些性状也是由遗传因素决定的。如椰子种子球形，直径为 15～20cm；木鳖种子扁平，边缘齿状；细辛种子卵状圆锥形，有种阜；天麻种子呈纺锤形，长不足 1mm，宽不到 0.2mm。又如，五加科的人参、西洋参、三七的种子，外观形状和色泽相近，是有别于其他科属种子的共性，但它们之间又有大小、皱纹深浅之别。人参种粒小，皱纹细而深，种皮厚而硬，三七种粒大，皱纹粗而浅，种皮最薄，西洋参介于两者之间。伞形科植物从双悬果形状可以判断是哪个属的植物（图 4-4）。水飞蓟种子色深发黑者，有效成分含量高，色浅发灰者含量低。新种子色泽鲜艳或洁白，陈种子色泽灰暗或发黄。

种子都有种皮和胚这两部分，有胚乳的种子还含有胚乳。种皮是保护种子内部组织的部分，

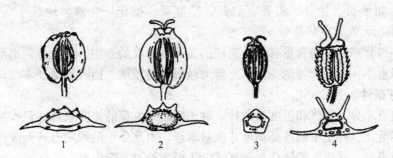

图 4-4 伞形科几属植物果实横切面
1. 当归属 2. 藁本属 3. 柴胡属 4. 胡萝卜属
(引自《药用植物栽培学》,1979)

真正的种皮是由珠被形成的,属于果实类的种子,常说的"种皮"是由子房形成的果皮,真正的种皮成为薄膜状,或贴于胚外,或贴于果皮内壁形成一体。种皮上有与胎座相联结的珠柄的断痕,称为种脐,种脐的一端有个小孔,称为珠孔,种子发芽时,胚根从珠孔伸出。

药用植物种子种皮构造比较复杂,如黄芪、甘草、皂角等豆科种子种皮致密,阻碍吸水;桃、杏、郁李、胡桃、诃子等果核木质坚硬,阻碍种子萌发;草果、杜仲种皮表面或种皮含胶质,影响吸水速度;厚朴、辛夷种皮外有蜡质层,妨碍吸水;五味子、荜拨的种皮或种皮表面有油层,也阻碍吸水。上述各类种皮均阻碍正常吸水,影响萌发出苗,给生产带来不便。此外,有的种皮保护性能差,在常规存放条件下,易失水,易霉烂变质等。此类种子采收后应及时播种或拌湿沙(土)暂存。再者,还有少数种子种皮含发芽抑制物质,阻碍发芽。除了上述情况外,多数药用植物种皮与作物、蔬菜种子相近。

胚是构成种子的最主要部分,是新生植物的雏体,是由胚根、胚芽、胚轴和子叶四部分组成,有胚乳种子(人参、西洋参、三七、细辛、五味子、黄连、芹菜、韭菜、葱、蓖麻、烟草、桑、薏苡、番木瓜等)的胚埋藏在胚乳之中。在种子发芽过程中,胚利用子叶和胚乳提供的营养物质生长。通常情况下,种子内的胚乳或子叶的营养物质足以满足种胚萌发出土长成小苗,如果胚乳、子叶受损,种胚生长发育就受影响,直至丧失发芽能力。健康种子胚乳、子叶鲜洁,胚乳色白,腐坏后色暗且易崩毁粉碎。在药用植物种子中,有部分种子种胚形态发育不健全(人参、西洋参、黄连、三七、五味子、细辛、山茱萸、银杏、贝母等),有的种胚形态虽然发育健全,但需要生理休眠或种皮、胚乳存在阻碍发芽因素,这类种子都不能正常发芽出苗,此类种子一般播种前要进行种子处理。

有些药用植物(人参、苍耳、橡胶草、牛皮菜等)的果实、种皮(种壳)、胚乳、子叶或胚中,所含的挥发油、生物碱、脱落酸、有机酸、酚类、醛类等物质对种子萌发有抑制作用。这类种子播种前,也要进行种子处理。

药用植物种子大小相差悬殊,大粒种子千粒重在100g,1 000g以上,甚至几万克,如古柯、印度马钱、拉果、山核桃、龙眼、山杏、椰子等。千粒重为30~100g的如红花、印度萝芙木、催吐萝芙木、薏苡、三七、北五味子等。千粒重为10~30g的如白豆蔻、番木瓜、安息香、人参、决明子、望江南、黄柏、曼陀罗等。千粒重1~10g的,如檀香、土沉香、大枫子、细辛、土木香、菘蓝、紫苑、紫苏、杭白芷、地榆、牛膝、黄连、知母、黄芩、当归、穿心莲等。千粒重 0.1~1g 的，如地黄、茛菪、藿香、荆芥、旱莲草、枸杞、党参、地肤子等。千粒重小于 0.1g 的，如龙胆、天麻、草苁蓉等。

种子的大小与营养物质的含量有关，对胚的发育有重要的作用，还关系到出苗的难易和幼苗生长速度。种子愈小，种胚营养越少，出土能力越弱，对整地、播种质量要求也高。

2. 种子发芽条件

种子发芽需要水分、氧气和温度等条件。种子吸水是发芽的先决条件，只有吸水后，种子内的各种酶类才能活化，种子中的各类物质才能被水解，由高分子的贮藏态转变成低分子的可利用状态。种子不断吸水，物质不断转化，种胚才能不断生长，直至出苗。

种子吸水可分为两个阶段，开始时，依靠种皮、珠孔等构造的机械吸水膨胀力，吸收的水分主要到达胚及其周围组织，吸水量可达发芽需水量的一半。当种胚吸水萌动后，种子吸水便进入第二阶段，即生理吸水，此期种子吸水受胚的生理活动支配。

种子吸水速度受环境温度的影响，在最适温度范围内，吸水速度随温度升高而加快，超过最适温度后，吸水速度减缓，超过发芽最高温度，种子生理活动受阻，生理吸水也随之受影响。

种子吸水速度和数量也受种皮构造、胚及胚乳的营养成分的影响。种皮致密（有硬实现象）的、种皮木质而坚硬的、种皮表面有蜡质、油层、黏液质的、种皮构造内含有油细胞、胶质等的药用植物种子，吸水困难，吸水速度也慢。其他类药用植物种子虽然吸水也有难易、快慢之分，但与上述类型相比，都算吸水容易，吸水速度较快的种子。含蛋白质多的种子，吸水多，吸水快；含脂肪、淀粉多（为主）的种子，吸水少，吸水速度也慢。

生产中对于吸水速度慢或吸水量大的种子，多采用播前浸种、闷种措施，先满足其萌发吸水；对那些种皮有阻碍吸水构造的种子，应进行层积处理、机械处理或酸碱处理等。进行播前浸种处理时，浸种时间应根据种皮透水难易及吸水量而定，通常浸种时间以不超过种子吸胀时间为好，否则浸种时间过长，种内营养成分外渗。

种子发芽过程中，营养物质的分解、转化是靠旺盛的酶促活动。这一活动需要有充足的氧气和能量作保证。发芽环境中氧气含量在 20% 以内时，种子呼吸强度与氧气含量呈直线关系。氧气含量超过 20% 时，呼吸强度与氧气含量关系不明显。种子发芽时，胚部位的呼吸强度最高，为通常时胚乳部位的 3~12 倍。所以种子催芽中都非常强调要有良好的通气条件。

种子萌发需要一定的温度条件，一般分为最低、最适、最高三基点。多数药用植物种子萌发所需的最低温度为 0~8℃，低于此温度条件种子不萌发，原产热带、亚热带的药用植物种子发芽的最低温度为 8~10℃；多数药用植物种子发芽的最适温度为 20~30℃，发芽的最高温度为 35~40℃。部分药用植物种子发芽所需温度归纳于表 4-1。应当指出，有的药用植物种子萌发时，变温条件比恒温条件下发芽快，如白芷在 10~30℃ 的变温条件下比 18℃ 恒温条件下发芽快。

表 4-1 部分药用植物发芽温度条件

植物名称	最适温度 (℃)	发芽温度范围 (℃)	植物名称	最适温度 (℃)	发芽温度范围 (℃)
红花	25	4~35	黄芪	14~15	5~35
白术	2 528	15~35	射干	10~14	10~35
水飞蓟	18~25		党参	18~20	

(续)

植物名称	最适温度（℃）	发芽温度范围（℃）	植物名称	最适温度（℃）	发芽温度范围（℃）
莴苣	22		丹参	18~22	
丝瓜	30		龙胆	20	5~30
南瓜	30		牛膝	25	10~35
伊贝	5~10	0~20	曼陀罗	30	
平贝	5~10	0~20	印度萝芙木	30	
浙贝	5~12	0~20	缬草	25~28	5~35
葱	24		穿心莲	28	10~35
韭	24		防风	17~20	
油菜	10~20		芹菜	20	
菘蓝	16~21		薏苡	25~30	10~40
萝卜	25		金莲花	20	10~30
大黄	18~21	0~25			

药用植物种子萌发过程中除了要求水分、氧气、温度外，有些药用植物种子发芽还要求有光照条件，特别是红光，如龙胆、莴苣、芹菜等，这些种子播种要浅，即覆土要薄。又如天麻种子萌发后必须与蜜环菌结合，才能继续发育，否则就不能形成块茎。

3. 发芽年限

药用植物种子的发芽年限即种子的寿命，是指种子保持发芽能力的年限。药用植物种类不同，种子发芽年限的长短也不一样，长的可达百年以上，短的仅能存活几周。种子发芽年限的长短受其自身遗传性状影响，还与种子自身状况（组成成分、成熟度等）和贮藏条件有关。多数药用植物种子发芽年限为2~3年，如牛蒡、薏苡、龙胆、水飞蓟、小茴香、曼陀罗、桔梗、青葙、尾穗苋、玄参、菘蓝、红花、枸杞等；像大黄、丝瓜、南瓜以及桃、杏、核桃、黄柏、郁李等木本药用植物种子和黄芪、甘草、皂角等具有硬实特性的种子其发芽年限为5~10年；党参、人参、当归、紫苏、白芷等小粒种子和含油脂高的种子，发芽年限多为1年或1~2年。

值得提出的是，有部分药用植物种子发芽年限均不足1年或半年，如天麻种子散在自然条件下3d就失去活力，在果实内存放只有15d；肾茶种子发芽年限也只有十几天；细辛种子为30~50d；平贝母60~90d；金莲花、草果为3~4个月；儿茶、金鸡纳、檀香4~7个月；北五味子种子（不带果肉）为6个月。

药用植物的种子，绝大多数种类都是自然干燥后采收的种子，发芽年限长。但肾茶、细辛、马兜铃等少数药用植物只要成熟就得采收，如果等其自然干燥，发芽率就降低。又如草果自然成熟后，不等自然干燥就霉烂失去活性，只有及时采收除去果壳并用草木灰除去表面胶层方可晾干保存60d（自然成熟时只能存活15d左右）。

贮藏条件影响种子寿命的长短。通常情况下，低温干燥环境中贮藏的种子寿命长，如细辛种子自然成熟后，在室内存放30d发芽率均由98%降到30%以下，50d后发芽率只有2%，而放在密闭干燥容器内，于4℃条件下存放的种子，300d后发芽率仍在70%以上。又如葱、韭种子，一般室内干存时，寿命只保持1年左右，若改用封严的罐器存放，10年以后种子活力仍很好。这主要是低温、干燥的环境既不便吸湿提高酶的活性，又因低温低湿降低了呼吸消耗的缘故。

应当指出的是少数药用植物的种子低温下仍能很快吸水,因此在贮存时,环境的温度湿度必须严格管理好。如洋葱种子在10℃时,吸湿很快,红花种子4℃就能吸水萌动,此类种子贮存温度要求更低。另外,像银杏、龙眼、枇杷、杧果、肾茶、细辛、马兜铃、白豆蔻等种子,不宜干贮,干贮就失去活力,生产上都是年年留种,采后趁鲜播种,不能及时播种时,要拌3倍湿砂保存。再者,药用植物种子贮藏时,必须注意种子的组成成分,特别是含脂肪性成分多的种子,尤其是含挥发性成分的种子,除了低温存放外,还要限气保存,防止氧化变质。如白豆蔻种子在45℃条件下存放,种子内的脂肪油就会液化,使种仁变质失去活力。我国农民采用陶制坛罐与石灰存放种子,既降低了湿度,又限定了器皿内的氧气含量,所以种子寿命长。这也是莲子深埋古墓中,埋藏千年之久,仍能萌发成苗的原因所在。

4. 繁殖体的休眠与打破休眠技术

我们把有生命力的繁殖体在适宜萌发条件下,不能正常萌发出苗或推迟萌发出苗的现象叫休眠。休眠种子在一定环境条件下,通过种子内部生理变化,达到能够发芽的过程,在栽培上称为后熟。

药用植物繁殖体具有休眠特性的很多。有性繁殖材料中,具有休眠特性的有:人参、西洋参、三七、黄连、细辛、贝母、五味子、牡丹、芍药、北沙参、紫草、延胡索、苍耳、水红籽、天冬、金莲花、大枫子、酸枣、银杏、山茱萸、诃子、催吐萝芙木、黄柏、厚朴、核桃、杏、穿山龙、荜拨、使君子、草果、益智等等。此外,营养繁殖材料中,也有具有休眠特性的,如人参根、西洋参根的芽胞,细辛根茎上的越冬芽,贝母(平贝、浙贝、伊贝)鳞茎,延胡索、地黄的块茎,番红花、唐菖蒲的球茎,以及许多木本植物的越冬芽等。对于有性繁殖体的休眠,一般休眠原因比较简单,只是生理性的,可参考有性繁殖材料的分析。植物的休眠特性是适应不良环境条件的一种反应。是经过长期系统发育而形成的。从生产角度讲,休眠对种子贮藏是有利的,但对育苗、播种发芽带来了一些困难。

(1) 种子休眠的原因 种子休眠是由自身原因引起的称为自发休眠或深休眠,若是因外界条件不适宜(如低温、寒冷或高温、干旱)引起的称为强迫休眠。

深休眠的原因很多,就有性繁殖材料来说,第一是由于种皮或果皮结构的障碍,如坚硬、致密、蜡质或革质,具不易透水透气特性或不易吸水膨胀开裂特性;第二是种胚形态发育不健全,自然成熟时,种胚只有正常胚的几分之一或几百分之一,这类种子的胚需要吸收胚乳营养继续生长发育;第三是种胚生理发育未完成,此类种子种胚形态发育健全,种皮无障碍,只是种胚需要一段低温发育时期,没有低温便不萌发;第四是种皮或果皮、胚乳、子叶或胚中含有发芽抑制物质,只要除掉发芽抑制物质或使其降解、分解,种子就能正常出苗。就营养繁殖材料来讲,休眠的主要原因是生理发育未完成,需要一段低温或高温条件。

在休眠的种子中,有的种子是由一种原因引起休眠,如紫草、水红籽因生理低温;银杏因种胚形态发育不健全;黄芪、甘草、厚朴、莲子等因种皮障碍;甜菜、橡胶草因有发芽抑制物质存在等。有的种子是由两种或两种以上原因引起休眠,如人参、杏、细辛、贝母等。

(2) 打破休眠的方法 休眠的种子播于田间,在自然条件下可以通过后熟使其萌发出苗。不过,由于药用植物种类不同,休眠类型不同,自然后熟时间的长短也不一样,短的几天、十几天,长的1~3个月或5~6个月以上,人参、西洋参、山茱萸长达1年以上。在生育期长的地方，晚出苗十几天对其生育影响不大，在生育期短的地方，晚出苗则会影响生育和产量。播于田间后3~5个月才能出苗者，不仅白白浪费了一季的生产管理，而且还减少了一季乃至一年的收入。因此生产中都采取先打破种子休眠，然后适时播种。打破种子休眠的方法很多，如浸种处理、机械损伤种皮、药剂处理、激素处理、层积处理等。

浸种处理：冷水、温水或冷热水交替浸种，不仅可使阻碍透水的种皮软化，增强透性，促进萌发，还可使种皮内所含发芽抑制物质被浸出，促进种子萌发。有些种子还可用80~90℃热水浸烫，边浸烫边搅动，待水冷却后停止搅动。浸烫不仅利于软化种皮、利于除掉种皮外的蜡质层，还可加快种皮内发芽抑制物质的渗出。不过浸烫时间不能过久，在生产上桑、鼠李种子用45℃水浸种24h，吐根用常温水浸种48h。穿心莲种子用40~80℃水先烫种，边烫边搅动，使水尽快冷却，然后浸种24h。使君子种子用40~50℃水浸种24~36h等。

机械损伤种皮：豆科、藜科、锦葵科等药用植物种子种皮具不透水性，可将种子放入电动磨米机内，将种皮划破或在种子内加入粗砂、碎玻璃等物，使其与种皮摩擦，划破种皮，使其具有正常吸水能力。在生产上，硬实的黄芪、甘草种子用电动磨米机划破种皮；鸡骨草种子用砂石摩擦处理；杜仲剪破种皮，使其可以尽快吸水萌发等。

药剂处理：有些药用植物种子表面有油质、蜡质、胶质、黏液等，有的种皮内含某些发芽抑制物质，采用药剂处理便于除掉这些物质，促进萌发。如生产上用30%草木灰搓草果种子，以除去表面胶质层；荜拨种子用30~40℃的草木灰水浸种2h，就可除掉种子表面的油质；用30%草木灰水洗去益智果肉，除掉黏质类物质；厚朴种子用浓茶水浸种1~2d，然后揉搓除去蜡质；有的核果类种子或硬实种子可用一定浓度硫酸液浸种，腐蚀种皮，增加透性，腐蚀后用流水洗至无酸为止，然后播种。

激素处理：需要生理后熟的种子，特别是需要低温后熟的种子，播前用一定浓度的激素处理（特别是赤霉素处理），不经低温就可正常萌发出苗。如人参和西洋参的越冬芽，用40~100mg/L的GA_3浸种24h，不经低温就可出苗；细辛潜伏芽、越冬芽用40mg/L GA_3棉球处理就可打破上胚轴休眠；人参、西洋参种子用50~100mg/L GA_3或50mg/L BA（6-苄基嘌呤）或Kt（激动素）浸种24h，可加速形态后熟，完成形态后熟的人参种子再用40mg/L GA_3处理24h，不经低温就可发芽出苗；金莲花用500mg/L GA_3浸种12h，可代替低温砂藏处理；用硫脲（0.1%）处理芹菜、菠菜、莴苣等要求低温催芽的种子，有代替低温的作用。

层积处理：层积处理是打破种子休眠常用的方法，对于具有形态后熟、生理后熟时间较长、坚硬的核果类种子或多因素引起休眠的种子——后熟较长的种子此法最为适宜，如人参、西洋参、刺五加、黄连、牡丹、芍药、北五味子、黄柏、扁桃、山楂、核桃、枣、酸枣、杏、郁李、八角茴香等。层积处理常用洁净河沙作层积基质（也可用沙3份加细土1份），基质用量，中小粒种子一般为种子容积的3~5倍，大粒种子为5~10倍。基质的湿度以手握成团而不滴水为度。处理时，先用水浸泡种子，使种皮吸水膨胀，然后与调好湿度的基质按比例混拌层积处理。也可将吸胀的种子与调好湿度的基质分层堆放处理，中、小粒种子每层厚3~4cm，大粒种子每层厚5~8cm。层积处理时，容器底部和四周要用基质垫隔好，顶部再用基质盖好。处理温度因植物而异，如人参层积处理种子裂口前温度控制在18~20℃，种子裂口后16~18℃；萝芙木是在23~28℃下处理。一般需生理低温的种子，处理温度多控制在2~7℃。处理时间因植物而异，如山杏45～100d，扁桃45d，枣、酸枣为60～100d，杏100d，山楂200～300d，人参150～180d，山葡萄90d等。有些坚硬的核果类种子——杏、桃、核桃等最好进行一段冷冻（使种皮开裂）后再层积处理。

层积处理的早晚也因植物和播期而异，后熟期长的种子（人参、西洋参、山茱萸、黄连、山楂等）早处理，后熟期短的种子（萝芙木、紫草、水红籽、北沙参等）可晚处理。通常以保证种子顺利通过后熟，不误播期，种子不提早发芽为最好。

5. 种子质量

药用植物种子的质量优劣，反映在生产上是播种后的出苗速度、整齐度、秧苗的纯度和健壮程度等。这些种子的质量标准应在调种或播种前确定，以便做到播种、育苗准确可靠。

种子质量一般用物理、化学和生物学方法测定，主要检测内容有纯度、饱满度、发芽率、发芽势及种子生活力的有无。

纯度，种子纯度又称种子净度或种子纯洁度。是指在供试样品中，除去杂质后剩余的纯属该样品好种子重量所占的百分数。即：

$$种子纯度（\%）=\frac{供试样品重量-杂质重量}{供试样品重量}\times 100\%$$

式中所说的杂质包括该品种中的伤残、霉变、瘪粒等废种子和其他种类或品种的好坏种子，以及泥沙、枝叶花残体等。药用植物纯度检查中，值得注意的问题是真伪问题。由于历史的缘故，中药同物异名、同名异物的原植物来源至今在个别地方尚未彻底纠正，如王不留行有12种同名异物的原植物，独活有15种同名异物的原植物。所以检查中，首先强调认真区别真伪。供试样品量因药用植物种子大小而异，大粒种子量多些、小粒种子可酌情减量。

药用植物种子的净度标准：生产通用品种要求达到95%；类似荆芥之类的小种子，因花梗、细茎残体与种子大小、比重相近，很难分开，所以要求达到70%左右；刚开始野生家种品种，要求达到50%左右。

饱满度：种子饱满程度通常用千粒重表示，即1 000粒种子的克数。同一种或品种的种子千粒重越大，种子越充实饱满，质量也越好。千粒重也是估算播种量的一个重要参数。部分药用植物种子的千粒重归纳于表4-2。

表4-2　部分药用植物种子千粒重

植物名称	千粒重（g）	植物名称	千粒重（g）	植物名称	千粒重（g）
人参	23～35	杭白芷	3.1～3.2	藿香	0.42
西洋参	28～38	紫苏	2.0～2.1	欧当归	2.8～2.9
黄连	1.0	牛膝	2.4～2.5	番木瓜	20
桔梗	0.97～1.4	地榆	3.4～3.5	安息香	15
决明	28～29	仙鹤草	11.8～12.0	檀香	150～160
望江南	19～20	旱莲草	0.38～0.40	古柯	110～125
党参	0.35～0.43	菘蓝	8.0～8.2	山杏	714～1 250
红花	26～40	薏苡	77～80	土沉香	1 110～1 120
紫苑	2～2.2	穿心莲	1.2～1.3	大枫子	1 800～1 900

(续)

植物名称	千粒重 (g)	植物名称	千粒重 (g)	植物名称	千粒重 (g)
土木香	1.0~1.1	细辛（鲜）	14~20	枇杷	1 850~2 000
枸杞	0.8~1.0	地黄	0.14~0.16	核桃	1 100~1 430
曼陀罗	10~11	南天仙子	0.34~0.36	杧果	20 000
紫花曼陀罗	6.8~7.0	白豆蔻	15~16	荔枝	3 100~3 130
知母	8~8.4	五味子	30	山楂	76~80
黄芩	1.3~1.5	印度萝芙木	35	枣	380~500
黄柏	16~17	催吐萝芙木	40~41	酸枣	198~250
龙眼	1 667~2 000	印度马钱	1 700~1 800	山葡萄	33~39
韭菜	2.8~3.9	丝瓜	100	莴苣	0.8~1.2
小茴香	5.2	豇豆	81~122	大葱	3~3.5
萝卜	7~8	苋菜	0.73	南瓜	140~350

发芽率：是指种子在适宜条件下，发芽种子数与供试种子数的百分比。即：

$$种子发芽率（\%）=\frac{发芽种子数}{供试验种子粒数}\times 100\%$$

测定发芽率可在垫纸的培养皿中进行，也可在沙盘或苗钵中进行，使发芽更接近大田条件，而具有代表性。实验室发芽率不是田间出苗率可靠的指标，两者比值（田间出苗率/实验室出苗率）多在 0.2~0.9 之间。

多数药用植物种子发芽率与作物、蔬菜相近，也可分甲、乙二级，甲级种子要求发芽率达到 90%~98%；乙级种子要求达到 85% 左右。但是，有少数药用植物由于下述原因：第一，部分伞形科双悬果种子，两粒中常有一粒因授粉不良等原因，发育不佳；第二，有些无限花序药用植物，未经摘心打顶，其花序上种子发育不一致，有的未成熟，有的过熟失水而丧失活力；第三，有的药用植物种子具有发芽参差不齐特性等，因此，发芽率只有 65% 左右。此外，有少数药用植物种子外观看是一粒种子，实际属聚合果、聚花果，因此发芽率高出 100%，如甜菜种子生产上要求发芽率高达 165% 以上。

发芽势：是指在适宜条件下，在规定时间内发芽种子数与供试种子数的百分比。即：

$$种子发芽势（\%）=\frac{规定天数内发芽种子数}{供试种子粒数}\times 100\%$$

发芽势是表示种子发芽速度和发芽整齐度，即种子生活力强弱程度的参数。像红花、芥子、莴苣、瓜类、豆类等规定的天数为 3~4d；薏苡、葱、韭、芹菜和茄科种子为 6~7d；有些药用植物种子可延至 10d 左右。

种子是否有生活力，也可以用化学试剂染色的方法来测定。如胭脂红水溶液测定、2,3,5-氯化三苯基四氮唑（TTC）溶液测定以及溴代麝香草酚蓝溶液测定。

用化学试剂染色法测定种子活力的速度快，其结果与发芽测试一致，是快速测定具有休眠特性或发芽缓慢种子活力的好方法。

第二节 播 种

一、种子准备及播种量

1. 种子准备

药材生产在种植业中所占的比例较小，各品种的种植面积更小，分布区域又不广泛，所以，种子准备工作不如农作物、蔬菜、果树等那么方便。因此，列入生产计划的药材种子，必须提早做好准备。由于药材生产、经营部门对部分种子特性不十分熟悉，在贮存保管中，难免使种子活力受到影响，因此，购买或调入种子时，必须进行必要的检验，按其检验的种子纯度、发芽率即种子用价和播种面积，换算购入足量的种子，以免误了农时。

2. 播种量

播种量是指单位面积上所播的种子重量。群体生产力受单位面积上的株数和单株生产力两个因子影响。播种量小时，单株生产力高，但单位面积上株数少，群体总产低。如果播种量大，虽然群体的总株数增多，但因单株产量（生产力）低下，群体总产量也低。只有密度适宜，单株和群体生产力都得到发挥，单位面积产量才高。在确定单位面积播种量时，必须考虑气候条件、土地肥力、品种类型和种子质量，以及田间出苗率等因素的影响。部分药用植物的播种量归纳于表4-3。

表 4-3 部分药用植物播种量

植物名	播种量 (kg/667m^2)	植物名	播种量 (kg/667m^2)	植物名	播种量 (kg/667m^2)
龙胆（育苗）	0.2~0.3	白芷	1~2	苍术	4~5
田基黄	0.2~0.3	独活	1~2	酸枣	5~6
车前子	0.4~0.6	芡实	1~2	射干（育苗）	7~10
牛膝	0.4~0.6	栀子	1~2	草果（育苗）	7~10
南天仙子（水蓑衣）	0.4~0.6	木瓜（育苗）	1.5~2.5	天冬	7~10
莨菪	0.5~1	百部	1.5~2.5	巴豆	7~10
山莨菪	0.5~1	山葡萄	1.5~2.5	伊贝母（育苗）	15~30
枸杞	0.5~1	甘草	1.5~2.5	山杏（育苗）	15~30
黄芩	0.5~1	黄芪	1.5~2.5	枳壳（育苗）	40~100
防风	0.5~1	商陆（育苗）	1.5~2.5	枇杷（育苗）	40~100
党参	0.5~1	黄连（育苗）	1.5~2.5	龙眼（育苗）	40~100
青葙子	0.5~1	薏苡	2~3.5	杧果（育苗）	370~400
缬草	0.5~1	红花	2~3.5	太子参（块根）	20~50
益智	0.5~1	续断	2~3.5	地黄（根茎）	20~50
峨参	0.5~1	砂仁（育苗）	2~3.5	天南星（块茎）	20~50
知母	0.5~1	木瓜（育苗）	2~3.5	半夏（块茎）	20~50
白花蛇舌草	0.5~1	催吐萝芙木（育苗）	2~3.5	紫菀（根茎）	10~15
紫菀	1~2	当归（育苗）	4~5（7）	延胡索（块茎）	60~80

(续)

植物名	播种量(kg/667m²)	植物名	播种量(kg/667m²)	植物名	播种量(kg/667m²)
柴胡	1~2	五味子（育苗）	4~5	白姜（根茎）	100
牛蒡	1~2	细辛（育苗）	4~5	郁金（根茎）	150~250
水飞蓟	1~2	黄柏（育苗）	4~5	川芎（苓子）	150~250
仙鹤草	1~2	人参	15~20g/m²	川贝（鳞茎）	150~250
土木香	1~2	西洋参	10~20g/m²	平贝（鳞茎）	150~400
补骨脂	1~2	八角茴香（育苗）	5~6	浙贝（鳞茎）	400~600
小茴香	1~2	北沙参	4~5	附子（块根）	400~600
大黄	1~2	伊贝母	4~5	麦冬（根）	700
菘蓝	1~2	穿心莲	0.4~0.5		
豇豆	1~2	白术	4~5		

就气候条件而论，一个地区的光照、温度、雨量、生长季节等气候条件，对药用植物生长发育有很大影响。一般温度高、雨量充沛、相对湿度较大、生长季节长的地区，植物体较高大，分枝多，密度可小些；反之，密度宜大些。在地区、肥力、品种相同的情况下，晚播的要比适期播种的适当增加播种量。土壤肥力水平不同，对植物生育影响很大，通常情况下，瘠薄土地或施肥量少的条件下，植株生长较差，应适当提高密度，反之，密度要小些。药用植物种类不同，植株大小也不一样，大的要稀些，小的要密些。同一种植物中，分枝多的，分枝与主茎间夹角大的（即水平伸展幅度大的）要稀播。另外，种子粒小的、播后需要间苗的，苗期生长缓慢的，抗御自然灾害能力弱的品种，都应适当增加播种量。

在生产实际中，播种量是以理论播量为基础，视地块土壤质地松黏、气候冷暖、雨量多少、种子大小及质量、直播或育苗、耕作水平，播种方式（点播、条播、穴播）等情况，适当增加播种量。理论上的播种量公式如下：

$$播种量（g/667m^2）= \frac{(667m^2/行距×株距)×每穴粒数}{每克种子粒数×纯度（\%）×发芽率（\%）}$$

二、种子清选和处理

1. 种子的清选

作为播种材料的种子，必须在纯度、净度、发芽率等方面符合种子质量的要求。一般种子纯度应不低于95%，发芽率不低于90%。对于那些纯度不符合要求的种子，在播种前要进行清选，清除空瘪、病虫及其他伤残种子，清除杂草及其他品种的种子，清除秸秆碎片及泥沙等杂物，保证种子纯净饱满，生活力强，为培育壮苗提供优良种子。常用的种子清选方法简介如下：

（1）筛选 筛选是常用的选种方法，方法简便，效率高。筛选是根据种子形状、大小、长短及厚度，选择筛孔相适合的一个或几个筛子，进行种子分级，筛除杂物（特别是细小瘪粒），选取充实饱满的种子，提高种子质量。

（2）风选 风选是利用种子的乘风率分选，乘风率是种子对气流的阻力和种子在风流压力下飞越一定距离的能力。乘风率用种子的横断面积与种子重量之比表示。

$$K = C/B$$

[式中 K 为乘风率，C 为种子横断面积（cm^2），B 为种子重量（g）]

乘风率大的为空瘪种子，乘风率小的是充实饱满的种子，风车选种就是利用这一原理进行清选分级。在一定风力作用下，不同乘风率的种子依次分别降落在相应部位，充实饱满种子重量最重，乘风率最小，就近降落；空粒、瘪粒、轻的杂物在较远的地方降落。从中选取充实饱满洁净的部分作为种子。

(3) 液体比重选 此法是根据饱满程度不同的种子比重不同的原理，借助一定的溶液将轻重不同的种子分开。通常轻种子上浮液面，充实饱满种子下沉底部，中等重量种子悬浮在液体中部。常用的液体有清水、泥水、盐水和硫酸铵水等。采用液体比重选种时，应根据药用植物种子种类或品种，配制适宜浓度的溶液，以便准确区分开不同成熟饱满度的种子。如用盐水选：海南萝芙木用 4%～6% 食盐溶液，催吐萝芙木为 8%，印度萝芙木为 15%～17%，油菜为 8%～10%，诃子为 27.5%。人参、西洋参、五味子、大枫子等都可用清水选。

2．播前种子处理

(1) 晒种 种子是有生命的活体，贮藏期间生理代谢活动微弱，处于休眠状态。播种前翻晒 1～2d，使种子干燥均匀一致，增加种子透性，保证浸种吸水均匀，并有促进种子酶的活性，提高生活力的作用。此外，晒种也有一定的杀菌作用。

(2) 消毒 种子消毒处理是预防药用植物病虫害的重要环节之一。因为许多药用植物病害是由种子传播的。如红花炭疽病、人参锈腐病、薏苡黑粉病、贝母菌核病、罗汉果根结线虫、枸杞炭疽病（黑果病）。经过消毒处理即可把病虫消灭在播种之前。常用消毒方法有：

第一，温汤浸种 是先使黏附在种子表面的病原孢子迅速萌发，然后在较低温下将其烫死，种子不受损伤。如薏苡温汤浸种：先把种子放在 10～12℃ 水中浸 10h，捞出后放 52℃ 水中 2min，接着转入 57～60℃ 恒温水中浸烫 8min，浸烫后立即放入冷水中冷却，冷却后稍晾干即可播种或拌药播种。红花温汤浸种：种子在 10～12℃ 水中浸 10～12h，捞出后放入 48℃ 水中 2min，接着转入 53～54℃ 水中浸烫 10min，浸后冷却并稍晾干播种或拌药播种。

第二，烫种 把待要消毒的干种子装入铁筛网中（厚 3～5cm），放入沸水中浸烫几十秒钟，迅速取出冷却，稍晾干就可播种。烫种只适于类似薏苡样带硬壳的种子，小粒种子，不带硬壳的种子多不采用此法。

第三，药剂浸种或拌种 药剂浸种、拌种不仅可以杀死种子表面、种皮带菌，还可抑制或杀死种子周围土壤中的病菌。药剂处理分浸种、拌种和闷种三种方式，通常多用浸种与拌种，拌种要求药剂要均匀附着在种子表面。浸种、闷种后要及时播种，否则易生芽或腐坏。

常用浸种药剂及处理方法有：0.1%～0.2% 的高锰酸钾浸种 1～2h（肉豆蔻、安息香）；1%～5% 的石灰水浸种 24～48h（薏苡）；100～200mg/L 农用链霉素浸种 24h；1:1:100 的波尔多液浸种等。对于根及根茎类等播种材料，可用 400～500 倍 65% 代森锌浸蘸根体表面（形成药剂保护膜），也可用 1:1:120～140 的波尔多液浸蘸根体表面（形成药膜）。

拌种药剂目前常用的有 50% 的多菌灵，用量为种子重量的 0.2%～1%（以下括号内的百分数均同样含义）、70% 代森锰锌（0.2%～0.3%）、50% 瑞毒霉（0.3%）、90% 敌百虫（0.2%～0.3%）等。

(3) 浸种催芽 种子发芽除种子本身需要具有发芽力外，还需要一定的温度、水分和空气，这些条件得到满足后，种子很快发芽。种子播于田间后，自然的温、水、气条件不能同时适宜，更不能保持不变，常因一次不适宜延缓萌发出苗，影响药用植物生长发育（特别是发芽期长、需水多、要求温度稍高的品种）。浸种催芽就是发挥生产者的主观能动作用，创造适宜发芽的条件，促进种子萌动发芽，以便播后迅速扎根出苗，达到安全早播的效用。

浸种催芽的时间和温度因植物种类和季节而异。通常低温季节浸种时间长，高温季节浸种时间短。小粒种子，种皮薄的，种翅纸质或膜质，喜低温的药用植物种子，如党参、桔梗、莴苣、白芷、大黄、北沙参、马钱子、丝瓜、冬瓜等，一般用20℃左右洁净清水浸泡，时间因品种变化在6~12h间。种皮坚硬、致密或光滑，吸水速度较慢，种皮内含有遇热易变性或易于分解之类的发芽抑制物质的种子，如甘草、苏木、皂角、颠茄、使君子、安息香、穿心莲等，可先用50~70℃（或更高）的热水浸烫，浸烫时用水量约为种子的5倍，边浸烫边搅动，使水温在8~10min内降至25~30℃，然后浸泡，时间10~48h不等（颠茄、安息香、苏木、穿心莲为12h左右，使君子、决明、枸杞、甘草、皂角等24~48h），浸种过程中，每5~6h换水一次。浸种时间视种皮吸水状况而定，一般种子膨胀，即表明吸足了水，应及时捞出。浸种后的种子要及时播种，如遇天气有变，不能播种时，应将种子摊晾开来，待天气转好及时播种。需要催芽的种子，浸后及时催芽。

催芽是在种子吸足水分后，促进种子内养分迅速分解转化，供给胚生长的重要措施。催芽过程中的技术关键是，保持适宜的温度、氧气和饱和空气相对湿度。保水可采用多层潮湿纱布、麻袋布、毛巾等物包裹种子。包裹种子时，先要除掉种子表面的附着水，并尽可能使种子保持松散状态。催芽过程中每4~5h松动包内种子一次，这样可保证氧气供给。催芽温度多控制在最适温度区间。当种子待要露出胚根，就可取出及时播种。温室等保护地育苗用种，可待75%种子破嘴或露出胚根时，立即播种。

为提高浸种催芽效果，常常在浸种时用生长调节物质、微量元素或其他化学药剂的水溶液浸种。微量元素用于浸种者有硼酸、钼酸铵、硫酸铜、高锰酸钾、磷酸氢二钾等，单用或混合使用，其浓度为0.02%~0.1%。常用的促进发芽效果较好的药剂有硫脲、赤霉素等。硫脲浓度为0.1%，GA_3浓度变化在5~100mg/L之间（因品种而异）。有的直接浸种，有的在烫种后浸种，浸种时间同前述一致。

此外，还有用磁化水或在超声波条件下浸种等方法，近年应用静电处理效果也很好。用这些方法处理种子，不仅发芽出苗快，而且植株生长发育良好，并有提高产量的(5%~50%不等)效果。

三、播种时期

播种期的正确与否关系到产量高低、品质的优劣和病虫灾害的轻重。适期播种不仅能保证发芽所需的各种条件，而且还能满足植物各个生育时期处于最佳的生育环境，避开低温、阴雨、高温、干旱、霜冻和病虫等不利因素，使之生育良好，获得优质高产。适期早播还能延长生长期，增加光合产物，提高产量；并为后作适时播种创造有利条件，达到季季高产，全年丰收。确定播期的原则，一般依据气候条件，栽培制度，品种特性，种植方式和病虫害发生情况综合考虑。其中气候因素最为重要。

1. 气候条件

药用植物的生物学特性，即生长期的长短，对温度、光照的要求，特别是产品器官形成期对温度、光照的要求，以及对不良条件的忍受能力，是相对稳定的。根据各地气候变化规律，早春气温回升的早迟，灾害性天气出现时期等特点，使栽培品种从萌发出苗到产品器官形成期都处在最佳环境条件下。在气候条件中，气温或地温是影响播期的主要因素。通常春季播种过早，易遭受低温或晚霜危害，不易全苗；播种过迟，植物处于高温环境条件下，生长发育加速，营养体生长不足或延误最佳生长季节，遭受伏旱或秋雨，霜冻或病虫危害，都不能获得高产。一般以当地气温或地温能满足植物发芽要求时，作为最早播种期。如在东北、华北、西北地区，红花在地温稳定在4℃时就可播种，而薏苡、曼陀罗必须在地温稳定在10℃以上播种。在确定具体播期时，还应充分考虑该种植物主要生育期、产品器官形成期对温度、光照的要求。像油菜、红花越冬期苗龄太小，耐寒力弱，不利于次春早发。相反，苗龄太大甚至快要抽薹，冬季会被冻死。在干旱地方，土壤水分也是影响播期的重要因素（尤其是北方干旱地区），为保证种子正常出苗与保全苗，必须保证播种和苗期的墒情。

2. 栽培制度

间套作栽培和复种对栽培植物播期都有一定要求，特别是多熟制中，收种时间紧，季节性强，应以茬口衔接、适宜苗龄和移栽期为依据，全面安排，统筹兼顾。利用药用植物和作物、蔬菜搭配种植（两熟或三熟）时，必须保证播期、苗龄、栽期三对口。一般根据前作收获期决定后作移栽期，按照后作移栽期和苗龄的要求，确定好后作播种育苗期。间套作栽培应根据适宜共生期长短确定播期。一般清作播期较早，间套作播期较迟，育苗移栽的播期要早，直播的要晚。

3. 品种特性

品种类型不同，生育特性有较大的差异，播期也不一样。通常情况下，绝大多数的一年生药用植物为春播，如红花、决明、荆芥、紫苏、薏苡、续随子等；核果类、坚果类药用植物种子多秋播或冬播；多年生草本药用植物有的春播如黄芪、甘草、党参、桔梗、砂仁等；有的夏播如天麻、细辛、平贝母的种子；有的秋播，如番红花、紫草等；有的品种春播、秋播或春、夏、秋播均可以。有的药用植物，为着达到优质高产的目的而人为改变播期，如当归，当年春播秋收，根体小，商品等级低，这样的根体不采收，次年继续生长就抽薹开花，不能入药。产区改春播为夏播，变直播为育苗移栽后，夏播时间，以当年长出的根体次年移栽后不抽薹为最佳。这样就使当归的产品器官（根体）的形成期由不足一个生长季节现延长到一个半生长季节，根体长得很大。

四、播种方式

药用植物的播种方式有撒播、条播、穴（点）播三种。

1. 撒播

撒播是农业生产中最早采用的播种方式，至今也是常用的播种方法。一般多用在生长期短的（贝母、亚麻、夏枯草、尖萼漏斗菜等）、营养面积小的（平贝母、石竹、亚麻、荆芥、柴胡等）药用植物的播种上，有些药用植物的育苗（当归、细辛、颠茄、龙胆、党参等）也多用撒播方式。这种方式可以经济利用土地，省工并能抢时播种，但不利于机械化的耕作管理。撒播对土壤的质地、整地作业、撒种技术、覆土厚度等都要求比较严格。如果整地不精细，深浅不一，撒种不均匀，则会导致出苗率低，幼苗生长不整齐。一般播前用耙齿拉沟，沟深1～3cm，撒种后耧平床面即可。有时要适当镇压。

2. 条播

这是广泛采用的播种方式，一般用于生长期较长或营养面积较大的药材的播种。需要中耕培土药材的播种，也多用条播。条播的优点是，覆土深度一致，出苗整齐，植株分布均匀，通风透光条件较好，既便于间作、套作，又便于经济施肥和田间管理。条播可分窄行条播、宽行条播、宽幅条播、宽窄行条播等。窄行条播行距为15～20cm，亚麻、红花、浙贝多用此法。植株高大，要求营养面积大的药用植物，或是长期需要中耕除草的药用植物，如薏苡、蓖麻、商陆、白芷、牛膝、望江南、水飞蓟等宜采用宽行条播，行距为45～80cm，有的甚至100cm。宽幅条播有利于增加密度，适用于植株分枝少或不分枝、株体又高的药用植物，如桔梗、百合、续随子等，播幅12～20cm，幅距20～30cm。宽窄行条播又称大小行种植，适宜用于间、套作，窄行可增加种植密度，宽行通风透光，便于中耕管理。一般播种时，按规定开沟，沟深2～5cm不等，沿沟播籽，然后将沟覆平。

3. 穴播

穴播也称点播，一般用于生长期较长的药用植物，如木本类药用植物，植株高大的多年生药用植物，或者需要丛植栽培的药用植物，如景天、黄芩、绿豆、赤豆等。它的优点是，植株分布均匀，便于在局部造成适于萌发的水、温、气条件，利于在不良条件下播种保证苗全苗旺。穴播用种量最省，也便于机械化的耕作管理。珍贵、珍稀的药用植物，多采用精量播种，即按一定的行株距和播种深度单粒播种，如人参、西洋参等。精量播种要求精细整地，精选种子，还要有性能良好的播种机，这是未来精耕细作的发展方向。

药用植物种子播前进行浸种和催芽的较多，此类种子需播于湿润的土壤中，墒情不够时，应事先浇水或灌溉。在天气炎热干旱的季节播种，最好采用湿播方法，即在播种前先把畦地浇透水，然后撒种覆土，覆土厚度0.5～2cm（视种粒大小而定）。炎热天气播种后床面要盖草，小粒种子覆土薄，播后也要盖碎草或草栅子来遮荫防热和保墒，当幼芽顶土时，揭去碎草或草栅子。

第三节 育 苗

药用植物生产有育苗移栽和直播栽培两种方式。人参、细辛、颠茄、黄柏、龙胆、黄连、诃子、山茱萸等许多药用植物都以育苗移栽为主。有些在北方属直播栽培的药用植物，在复种地区（特别是复种指数高的地方），为了解决前后作季节矛盾，充分利用土地、光、温等自然资源，也采用育苗移栽方式。育苗是争取农时，增多茬口，发挥地力，提早成熟，增加产量，避免病虫和自然灾害的一项重要措施。其优点是便于精细管理，有利于培育壮苗；能实行集约经营，节省种子、肥料、农药等生产投资；育苗可按计划规格移栽，保证单位面积上的合理密度和苗全苗壮。但育苗移栽根系易受损伤，入土浅，不利于粗大直根的形成，对深层养分利用差，移栽时费工多。

育苗的方式主要有保护地育苗（保温育苗）、露地育苗和无土育苗三类。现将生产上的主要做法简述如下：

一、保护地育苗

保护地育苗是温室、温床、冷床（阳畦）和塑料薄膜拱棚育苗的总称。生产上应用最广泛的有冷床、温床、塑料薄膜拱形棚。

1. 育苗设备

（1）冷床 冷床又叫阳畦，是由床框、透明覆盖物（盖窗或塑料薄膜构成）、不透明覆盖物（草栅、苇绒栅或蒲草栅等）和风障构成。透明覆盖物是用来吸收太阳辐射把苗床加热，床土贮藏热量；草栅等不透明覆盖物和床框则用来保温（特别是夜间）。冷床有单斜面、双斜面和拱形三类，其规格如图4-5，4-6。苗床位置应选择地势高燥，避风向阳，排水良好，靠近水源的地块。单斜式都坐北朝南，也有朝东南或西南（在15°以内）；双斜式或拱形多南北走向。

床框用于架设盖窗和草栅等覆盖物，并起稳定气流和保温作用。用土、砖、木材、草等材料做成。床框有地上式（基线在地面或地面以上）、地下式（南框上沿与地面平或略高出5~10cm）、半地下式（介于两者之间）。床框厚度因气候条件而异，一般为20~50cm。单斜式冷床床框南低北高，南床框高15~20cm，北床框比南床框加高10~30cm，使南北框斜面与地平面成5~15°倾斜角。双斜式床框等高，高度为15~20cm，拱形多不设床框，支架用木（竹）竿，用竹匹铁筋做棚架。

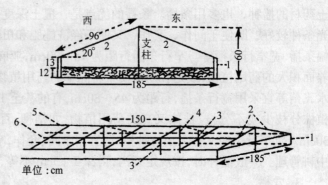

图4-5 双斜面玻璃苗床（上海）
上：横切面 下：外形
1. 床框 2. 玻璃窗倾斜面 3. 中腰支柱
4. 脊顶支柱 5. 脊顶横梁 6. 中腰横梁
（引自《蔬菜栽培学总论》，2000）

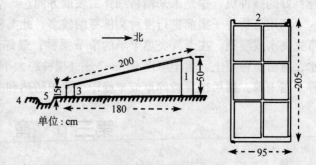

图4-6 单斜面玻璃苗床横切面（上海）
1. 后墙 2. 玻璃窗 3. 前窗 4. 地平线 5. 排水沟
（引自《蔬菜栽培学总论》，2000）

透明覆盖物：一般严冬栽培则采用玻璃盖窗或双层薄膜，早春晚秋（或临冬）栽培则采用单层薄膜。盖窗长130~195cm，宽度有50~56cm或95~105cm两种。使用的塑料薄膜是聚乙烯或聚氯乙烯薄膜，厚度0.07mm，宽度140~220cm。

不透明覆盖物：冷床夜间没有热量吸收和补给，只有散热过程，为保证冷床内植物生长的温度，防止热量散失过多、过快，各地都因地制宜地取材，用不透明覆盖物防寒保温。常用的材料有稻草、麦秸、蒲草、山草、芦苇花穗等，都是编织成帘或栅使用，帘、栅经常保持干燥状态，不仅保温效果好,而且使用寿命也长。

风障:风障是用来阻挡寒风和防止穿流风的,对提高覆盖物保温效果有一定作用。可用高粱秸、玉米秸、芦苇或细竹加草帘构成。设于苗床北面,高2m左右,向南倾10°左右。风障稳定气流的距离约等于障高的5倍,所以,每10m左右设一道风障。有的地方把风障延伸成围障,围障的东西两侧距床2m左右,高度可适当降低,南侧围障以不遮挡就近苗床阳光为度。

苗床大小:苗床大小因地而异,一般单斜床宽1~1.8m,双斜冷床宽1.8~2m,长20~40m。拱形冷床小者高50cm,宽1m,长20~30m;大者高1~1.5m,宽3~5m以上。

(2) 温床 温床依据加热方式分为酿热、火热、水热和电热四种。其中酿热温床是就地取用农村的农副业废弃物和城市的垃圾等作酿热物,无需什么设备,简便易行,所以,生产上应用较多。电热温床是未来发展方向。下面就简介此两种温床。

酿热温床:酿热温床的结构是在冷床的基础上,在苗床底部挖出一个填充酿热材料的床坑即成(图4-7)。为使苗床底部温度均匀,坑底挖成南边较深、中间凸起、北边较浅的弧形。

酿热加温是利用微生物(包括细菌、真菌、放线菌等)分解有机物质所产生的热量来加温。用作酿热的材料有畜禽粪、垃圾、藁秆、树叶、杂草、纺织废屑等,有关酿热物的C,N含量参见表4-4。酿热物发热多少、

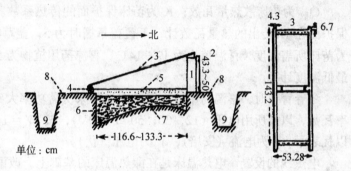

图4-7 酿热温床横结构(杭州)
1.后墙 2.草辫 3.窗盖 4.草垄 5.床土
6.酿热物 7.床孔底 8.地平线 9.排水沟
(引自《蔬菜栽培学总论》,2000)

快慢取决于好气性细菌繁殖速率高低。通常好气性细菌活动的强度与酿热物的C/N比和氧气、水分状况有关。C/N比为20~30,含水量70%的酿热物,在10℃条件下,氧气适量时,好气性细菌活动较正常而持久;C/N<20则酿热温度高,但持续时间短;C/N>30时,发热温度低而持久。所以,填加酿热物时,要有适宜的配比,酿热物的含水量和松紧度也要适当。酿热温床的温度,要做到适宜、持久、变动较小。我国南方填加酿热物厚度多为15~25cm,北方多为20~50cm。

表4-4 各种酿热材料碳、氮含量和C/N

(引自《蔬菜栽培学总论》,2000)

酿热材料	全C%	全N%	C/N	酿热材料	全C%	全N%	C/N
稻草	42.0	0.60	70	大豆饼	50.0	9.00	5.5
大麦秸	47.0	0.60	78	棉籽饼	16.0	5.00	3.2
小麦秸	46.5	0.65	72	落叶松叶	42.0	1.42	29.5
玉米秸	43.3	1.67	26	栎树叶	49.0	2.00	24.5
厩肥	25.0	2.80	8.9	马粪(干)	35.0	2.80	13.0
米糠	37.0	1.70	22	猪厩肥	26.0	0.45	57.0
纺织屑	59.0	2.32	25	牛厩肥	21.5	0.45	47.7

注:表中碳、氮指全量。

酿热物在填床前要充分拌匀，用水充分湿透，最好是加尿水，使含水量达 75% 左右。填床时，注意分布均匀，最好是分层填充，分层踏实。填床后盖窗加热，使酿热物受热发酵，当酿热物几天后升温至 50~60℃ 时，就可在其上铺培养土。铺土前酿热物水分不足时，要及时补加，补加后铺培养土。

电热温床：电热温床是利用电热——电流通过阻力大的导体，把电能转变成为热能进行土壤加温。1kW·h 电能约产生 3600J 的热量。电热有加温快、便于人工调节或自动控制、受气候影响小等优点。

电热线是根据苗床所需功率和电热线型号来计算其长度。求苗床所需的功率，应按下列公式计算苗床的散热量，以瓦数表示。

$$Q_{散} = K \cdot S(t_{内} - t_{外})$$

$Q_{散}$ 为苗床散热量瓦数；K 为苗床保护面的传热系数。一般按床内外温度相差 1℃ 时，1m² 保护面在 1h 传出的热量瓦数计，不覆盖草栅时为 5，盖草栅时为 3；S 为苗床保护面面积；$t_{内}$ 为苗床所需温度，喜温植物为 12~14℃，喜凉药用植物为 5~8℃；$t_{外}$ 为苗床外温度，按育苗期最低温度计算。

冬春育苗时，喜温药用植物每平方米苗床所需功率大致在 100~140W。有了苗床所需总功率瓦数，以及所用电压（12，30，50 或 220V），按 $W = I \cdot V$ 计算所需电流（A）。W 为功率，以瓦表示，I 为电流（安培），V 为电压（伏）。

电热线的设置，电热温床是在酿热温床的基础上，改酿热为电热。铺设时，先将床底整平，并铺一层隔热材料（稻草、麦穰等），厚度约 10cm，其上再铺 3cm 左右的干土或炉渣，搂平踏实后铺设电热线。电热线回纹形状铺设，两端固定在木板上，线间距离为 10~15cm，线上再铺 3cm 厚的干沙（或炉渣）和 3cm 碎草，用以防止漏水和调节床温受热均匀。最后铺 8~10cm 培养土。近年许多地方（北京、沈阳等地）不设隔热层，直接将电热温床设在塑料大棚（或中棚）内，先挖个浅槽，搂平后就铺电热线，线上铺 2cm 土搂平踏实，然后铺 8~10cm 厚培养土或者在 2cm 踏实土上放育苗箱或码育苗钵。为保持床土温度稳定，各地都在线路中设控温仪。负载电流小于 10A 时，采用单线接法，大于 10A 时，采用多线接法，两种接线方法如图 4-8 所示。

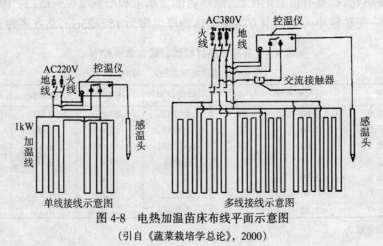

图 4-8 电热加温苗床布线平面示意图

（引自《蔬菜栽培学总论》，2000）

有些药用植物（颠茄、龙胆等）把育苗的苗床分为播种床和分苗床，播种床与分苗床的比例大致是 1:10 或 1:20。播种床的温度和光照条件要好，培养土的质量要好于分苗床。

2. 培养土及其调制

培养土是培育壮苗的营养基础，植物秧苗生长发育所需的养分、水分和空气主要取自床土。理想的床土即培养土应当是有机质丰富，吸肥、保水力强，透气性好，土面干时不裂纹，浇水后不板结。土坨不易松散，营养元素齐备，符合幼苗生长要求，pH 应为中性或微酸性。

育苗使用的床土——培养土最好是专门调制而成。调配培养土以园土或塘泥、充分腐熟厩肥、草炭土或腐殖土为主体，配合腐熟的禽粪、草木灰、石灰、过磷酸钙、尿素等。园土或塘泥黏重的可掺沙子或锯木屑，土质轻松的可掺黏土，使调制培养土松紧黏度适宜。一般腐殖质与土壤的比例（按体积计）可从 30% 增加到 50%。常用的播种床土是：用园土 6 份加腐熟有机肥 4 份；分苗床土两者比例则是 7:3。上述床土每 1m² 中还可酌情添加腐熟禽粪 25kg、硫酸铵 0.5～1kg、草木灰 15kg、硫酸钾 0.25kg、石灰 0.5～1kg。

苗床中培养土铺垫厚度，播种床 5～8cm，分苗床 10～12cm。

由于秧苗在苗床生长期间，根系的吸收表面积大，叶子的蒸发同化表面积小（约为根系吸收表面积的 1/10），而起苗移栽时，可使秧苗根系吸收表面积的 90% 受损失，致使根系表面积与叶表面积比例锐减，造成秧苗水分供应失调，一般要经 7～15d 之久才能恢复供需协调。

为减少移栽对根系的损失，群众总结出采用营养土块、纸杯、草钵等保护根系的措施。

营养土块育苗省工省料，方法简便易行。其做法是将培养土铺垫耧平后，浇透水，待水渗完时用薄板刀按 8～12cm 方格切割床土，并在每块培养土中央扎个穴眼，穴深因种子而异，通常为 0.5～1.5cm。近年用机动压块机压制营养土块，每小时可压制 1 800～3 900 个营养土块。

纸杯是用旧报纸（每张裁成 8～12 张）折叠成高 8～10cm 直径 7～9cm 的纸杯，杯内装满土后放置在苗床上，杯的高矮要一致，杯间空隙用土填满。播种或分苗前先浇透水，播种或分苗后覆土时，盖土要严密，不要让纸杯边缘暴露出来。此法取苗、运输时，不会损伤根系，但制作较费工。

此外，还有草钵、塑料钵、育苗纸育苗。

3. 育苗时期

育苗时期一般比定植期早 30～70d，如豆类比定植期早 30d 左右（苗龄 20d 锻炼 5～8d，机动 3～5d），颠茄比定植早 80d 左右（苗龄 60d，分苗 5～10d，锻炼 5～8d，机动 3～5d）。秧苗播期过晚，到移栽时，秧苗偏小、细弱、抗性、适应性差、缓苗慢、成活率低；秧苗播种过早，壮苗时未到移栽期，长期抑制秧苗生长，形成"僵巴苗"，影响后期生长发育和产量。如不抑制生长，秧苗过大，受光弱还会徒长，形成"晃秆"，也降低成活率或影响后期生长发育。

4. 苗床播种

（1）播种量和苗床面积

$$实际播种量（g）= \frac{单位面积需苗数 \times 栽培总面积}{每克种子粒数 \times 种子纯度（\%）\times 发芽率（\%）} \times 安全系数（2.5～5）$$

$$播种种床面（m^2）= \frac{实际需种量 \times 每克种子的粒数 \times 每粒种子所占面积（cm^2）}{10\ 000}$$

注：通常每 1cm² 苗床面积播 3~4 粒种子。

$$\text{分苗床面积 (m}^2\text{)} = \frac{\text{分苗总数} \times \text{秧苗营养面积 (cm}^2\text{)}}{10\,000}$$

注：一般按 8~10cm×8~12cm 的株行距，分 1~3 株。

(2) 播种技术 一般选天气晴稳时播种（播后有 4~6 个晴天），播后床内温度应保持 25~30℃，这样才能出苗齐，苗旺。一般要求播前浇足底水（尤其是保温苗床），这一底水应保证秧苗生长到分苗（2~3 片叶左右），一般中途不浇水。这是秧苗能否正常出土和健壮生长的关键。打足底水后，床面薄薄盖一层细土，并借此把水凹处填平，然后播种。

为防止立枯菌、镰刀菌、腐霉菌引起苗期病害，可在播种前后各撒一薄层药土。常用农药有多菌灵、敌菌灵等。一般是把农药与细土（1:100）拌成药土撒施。

撒播种子要均匀，小粒种子可拌细土撒播，撒后覆盖 0.5cm 厚的床土即可。在育苗中，撒种后还有覆盖提温保墒的做法，但要注意应在幼芽顶土时，及时将覆盖物去掉。

5. 苗床管理

苗床管理是培育壮苗过程中最重要的环节。因为培育秧苗都是先于正常播种（或移栽）期开始的，此期自然环境变化剧烈，风、霜、雨、雪、冰冻、晴、阴天气不时发生变化，只有根据苗情和天气变化采取相适应的技术措施，精细管理，才能培育出壮苗。管理秧苗总的原则是，让秧苗在有促有控、促控结合的管理过程中苗壮生长。苗床管理可分为发芽期管理、幼苗期管理和移栽前锻炼三个阶段。

(1) 发芽期管理 是指从播种到出苗，此时管理工作的关键是，从播种到出苗前必须保证床土有充足水分、良好通气条件和稍高的温度环境（喜温植物为 30℃ 左右，喜凉植物为 20℃ 左右）。另外还要及时向床面撒盖湿润细土，既可防止床面裂缝（或填平裂缝），又能保证种子脱壳而出。子叶出土后要控水降温（喜温植物昼/夜温度为 15~20℃/12~16℃，喜凉植物昼/夜温度为 8~12℃/5~6℃）。此阶段，要防止胚轴徒长，光照多控制在 10klx 以上。

(2) 幼苗期管理 是指从幼苗破心开始到壮苗初步建成期的管理。此期是生长点大量分化叶原基或由营养生长向生殖生长转变的过渡阶段，其生长中心在根、茎、叶。既要保证根、茎、叶的分化与生长，又要促进花芽分化。此期苗床光照强度应提高，夜间床温不能低于 10℃，白天控制在 18~25℃ 间。

分苗的药用植物，多在幼苗破心前后进行分苗。此时苗小、根小、叶面积不大，移苗不易伤根，蒸腾强度小，成活快，并能促进侧根大量发生。

随着幼苗的生长，苗株间通风透光条件变差，秧苗间竞先争长趋势逐渐增强，为防止幼苗徒长，此期不仅要控制供水，而且还要通过调节夜晚温度高低和白天的通风措施，来控制秧苗的生长速度和健壮程度。苗床通风不能过猛，否则会使秧苗因湿度、温度骤然变化，出现萎蔫、叶缘干枯、叶片变白或干裂（俗称闪苗）。

(3) 移栽前的锻炼 为使秧苗定植到大田后能适应露地环境条件，缩短还苗时间，必须在移栽前锻炼秧苗。锻炼的措施就是通风降温和减少土壤湿度。使秧苗生长速度减慢，根、茎、叶内大量积累光合产物；使茎叶表皮增厚、纤维组织增加；细胞液亲水胶体增加，自由水相对减少，细胞浓度提高，结冰点降低。锻炼秧苗根系恢复生长较快，利于加速还苗。锻炼秧苗作用虽好，但不能过度，否则影响还苗速度和还苗后的生长发育。一般锻炼过程5～7d。

秧苗定植前1～2d浇透水，以利起苗带土。同时喷一次农药防病。起苗时注意检查有无病兆，见有病害侵染，应坚决予以淘汰。

二、露地育苗

一些药用植物，如种子种粒小（龙胆、党参等），田间直播出苗保苗率极低；也有的苗期需要遮荫（当归、五味子、细辛、龙胆、党参）、防涝、防高温；还有的需要拌菌栽培（天麻）；有的苗期占地时间较长（人参、细辛、贝母、黄连及黄柏等木本药用植物），为便于集中管理，节约占地时间，合理利用土地，大都采用露地育苗。

露地育苗技术措施与保护地育苗相近，这里只介绍它们之间的相异要点。

1. 露地育苗的设施

露地育苗畦床与露地栽培畦床一样，只是要求精耕细作，适当增施苗田用肥，即可实现出苗和保苗。在高温多雨季节播种可采用高畦，注意排水。早春露地培养喜温药苗时，为增高气温、土温和稳定气流，应设临时防风障，或在出苗前铺盖薄膜，夜间加盖草栅。必要时架设防雨棚、遮荫棚等。为便于灌水，可增设喷、灌设施等。

2. 播种技术

小粒种子要求精细整地，做到保墒播种，覆土要薄，播后可适当覆草保湿。喜光发芽的龙胆、莴苣、芹菜等，切忌覆土过厚。

苗期占地时间较长的种类，苗田要施足有机肥，播种密度要小于保护地育苗，必须保证苗期（1～2季或年）的营养面积。

露地育苗多选晴天播种，忌在大雨将要来临时播种。播期多在当地正常播种季节进行。

3. 苗期管理

苗期要适时匀苗，保证秧苗有充足的光照，注意经常浇水保持湿润，及时中耕除草、喷药，需要遮光挡雨的要及时架棚等。

三、无土育苗

无土育苗是近年来发展的一种育苗技术，具有出苗快而齐、秧苗长势强、生长速度快等特点。可以人工调节或自动控制秧苗所需水、肥、温、光、气等条件，便于实现机械化育苗。

1. 育苗设备

无土育苗是利用营养液直接育苗，或利用营养液浇河沙、蛭石、炉灰渣等培养基质来育苗。所以应有特制的不渗水的育苗槽（或盆），制槽材料因地而异。槽深可根据秧苗需要培育的大小而定（10～20cm不等）。由于营养液温度以10℃左右为宜，因此冬季、早春育苗需特设温室。

2. 培养基质与营养液

培养基质是用来固定根系，支持秧苗生长的。常用的材料有河沙、蛭石、火山土、炉渣、小砾石、稻谷壳、锯木屑等。使用炉渣需用硫酸或盐酸浸洗，除去有害物质，然后用清水洗净酸液再使用。

营养液配方有许多，这里简介几种配方：

怀特营养液：硝酸钾 80（mg/L，以下单位相同）、硫酸镁（$MgSO_4 \cdot 7H_2O$）720、氯化钾 65、磷酸二氢钠 16.5、硫酸钠 200、硝酸钙 [$Ca(NO_3)_2 \cdot 4H_2O$] 300、硫酸锰（$MnSO_4 \cdot 4H_2O$）7、碘化钾 0.75、硫酸锌（$ZnSO_4 \cdot 7H_2O$）3、硼酸 1.5、硫酸铁 2.5。

斯泰纳营养液：磷酸二氢钾 134、硫酸钾 154、硫酸镁（$MgSO_4 \cdot 7H_2O$）437、硝酸钙 [$Ca(NO_3)_2 \cdot 4H_2O$] 882、硝酸钾 444、5mol 硫酸 125ml、乙二胺四乙酸铁钾钠溶液（每毫升含 5mg 铁）400ml、硼酸 2.7、硫酸锌（$ZnSO_4 \cdot 7H_2O$）0.5、硫酸铜（$CuSO_4 \cdot 5H_2O$）0.08、钼酸铵（$Na_2MoO_4 \cdot 2H_2O$）0.13。

古明斯卡营养液：硝酸钾 700、硝酸钙 [$Ca(NO_3)_2$] 700、过磷酸钙（20% P_2O_5）800、硫酸镁（$MgSO_4 \cdot 7H_2O$）280、硫酸铁 [$Fe_2(SO_4)_3 \cdot 7H_2O$] 120、硼酸 0.6、硫酸锰（$MnSO_4 \cdot 4H_2O$）0.6、硫酸锌（$ZnSO_4 \cdot 7H_2O$）0.6、硫酸铜（$CuSO_4 \cdot 5H_2O$）0.6、钼酸铵 [$(NH_4)_2MoO_4 \cdot 4H_2O$] 0.6。

植物不同，对营养液 pH 反应也不一样，在 pH 为 5.0 营养液中，生长最好的植物有悬钩子、栀子、乌饭树、山茶花、马蹄莲、秋海棠、蕨类等；喜欢在 pH 为 6.5～7 的营养液中生长的植物有菊花、石刁柏、桂花、牡丹、月季等。不同植物对 pH 适应的范围如表 4-5。通常用营养液 pH 为 6.5。

表 4-5 部分植物对 pH 适应范围

pH 4.8～5.2	pH 5.8～6.2		pH 6.3～6.7	
杜鹃花	黛豆	萝卜	石刁柏	胡萝卜
悬钩子	桃	豇豆	菠菜	猫尾草
乌饭树	变色鸢尾	花生	白三叶草	红三叶草
地毯草	欧洲防风	大豆	玉兰	桂花
假俭草	芥菜	南瓜	牡丹	月季
马铃薯	胡枝子	烟草	水仙	文竹
西瓜	大多数禾本科植物	黄瓜	苜蓿	甘蓝
山茶花	甘薯	番茄	莴苣	豌豆
栀子	苏丹草	绛三叶草	风信子	晚香玉
	羽叶甘蓝			

近年报道西洋参以蛭石混砂（1:1 或 1:2）作培养基质物；床面覆盖稻草进行无土培养，营养液的氮源用硝态氮和铵态氮等比（1:1）为佳，培养二年最大根重为 6.5。

采用无土培养育苗时，营养液的水分每天能减少 1/3 左右，所以要经常补充水分，并用电导计测定溶液浓度后补加原液使浓度与培养时一致。电导率 EC 以 0.6～0.9 为适宜。为省去测定浓度的手续，近年多采用稻谷壳、锯木屑作培养基质物。培养育苗前先用营养液浸湿而不积水。培养育苗期间，只要轻浇勤浇，保持基质物湿润而不积水就可以了。

采用无土育苗时，要注意经常补给氧气，无土育苗的播种方法与保护地育苗一样。其管理上除勤浇轻浇营养液,注意不断补给氧气外,其他管理如温度、光照等同前述育苗一样,这里不一一叙述。

第四节 移 栽

一、栽植前的准备

1. 土地准备

药用植物移栽前的整地作畦已于第三章第二节详述,这里说的土地准备是指多年生的定点挖穴。像枸杞、山茱萸、八角茴香、肉桂等木本药材,需要像果园建园那样搞好规划,规划出平地、坡地、防风林带、灌溉渠道等的位置。然后按规划的行株距挖穴,穴内施入有机肥,混拌均匀后等待栽植。有些多年生草本植物,为使定植植物秧苗及早恢复生长,也要结合移栽施入有机肥,这些肥料也要在移栽前一并备好。

2. 苗木准备

不论自育或购入苗木,都应在栽前进行品种核对,发现差错及时纠正。此外,苗木要进行质量分级,特别是木本药用植物,要求根系完整、健壮,枝粗节短,芽子饱满,无检疫对象。草本药用植物的秧苗,移栽前要进行蹲苗,这样可以提高秧苗定植后的成活率和缩短还苗时间。

二、栽植时期和方法

1. 草本植物

我国幅员广大,药用植物种类繁多,各地应根据气候、土壤条件,药用植物特性,确定播种和移栽时期。一般喜冷凉的药用植物,在10cm土壤温度为5~10℃时,就可以定植,喜温药用植物当10cm处土壤温度不低于10~15℃时就可以定植。

穴栽时,按规定行株距开穴,把秧苗栽于穴的中间,覆土并适当压紧,浇水。待水渗下去之后,再取细土覆于定植穴表面。这样既能保湿,防止地表裂缝,又易于吸收太阳热量,增加地温,促进还苗。也可开沟引水灌溉,等水下渗一半时,按规定株距栽苗(俗称坐水栽),栽后分两次覆土。坐水栽一般根系垂直摆放,不易窝根,栽苗速度快。秧苗栽植深度要适宜,过深过浅不仅影响成活率,而且也影响还苗速度和以后的生育与产量。通常培土到子叶下为宜。一般潮湿地区、地温偏低时,不宜定植过深,否则影响生根;干旱地区则可适当加深。带营养土块的秧苗,营养土块上表应稍低于地表,以便浇水后土块上稍覆一薄层细土,严禁浇水后使土块露出地表。有些地方栽苗后结合浇水追肥,俗称催苗肥,一般催苗肥可按 $N:P:K=0.1\%:0.2\%:1\%$ 配成,每株秧苗浇量约为300ml。多年生草本植物多在进入休眠期或春季萌动前移栽,栽后不浇水。

2. 木本植物

木本植物移栽时期也应根据不同植物的特点和地区气候特点来确定。一般落叶药用植物多在落叶后和春季萌动前进行。因为此期苗木处于休眠状态,体内贮藏营养丰富,水分蒸腾较小,根系易于恢复，移栽成活率高。对于常绿的木本药用植物多在秋季移栽，或者在新梢停止生长期进行移栽。部分木本药用植物也有春季萌芽前移栽更为适宜的。

木本药用植物移栽时，先将树穴表土混好肥料，取其一半填入坑内，培成丘状，然后按品种栽植计划将苗木放入坑内，使根系均匀分布在坑底的土丘上，并使苗木干部与左右、前后对直。校正苗木位置后，将另一半掺肥的土分层填入坑内，每填一层都要踏实。踏前应将苗木稍稍上下提动一下，使根系舒展，根颈与地面一齐，然后踏实，使根系与土壤密接，接着将余土填入树穴内，直到与地面一平为止，最后在苗木四周筑起灌水盘，灌水盘直径1m左右。栽后立即灌水，要灌足灌透。水渗后封土保墒，封土堆成丘状。

三、栽植密度

合理密植是增产的重要措施之一。合理密植后，叶面积增加，为充分利用光能创造了有利条件。密植后植株根系的吸收面积扩大，并有促进根系向纵深伸展作用，从而提高了植物吸水吸肥能力和吸收区域。此外，还有保墒、抑制杂草生长、改变田间小气候、减轻风霜危害等作用。栽植密度要依据药用植物种类、生长习性、当地气候、土壤肥力和管理水平而定。良好的群体结构是消光系数（K）要小，叶面积指数（LAI或F）要大。

就药用植物种类和生长习性来说，党参、马兜铃、丝瓜、栝楼、金银花、罗汉果、五味子等蔓生或藤本类植物，搭架栽培可适当密些，不搭架栽培，稀植产量也低。因为搭架可提高其叶面积指数（3～8倍），减少消光系数。像曼陀罗、商陆、牛膝、红花、芥子、紫苏、赤豆、黑豆、玄参等茎秆直立的药用植物，茎叶伸展幅度大的应比茎叶伸展幅度小的要稀些。像地黄、菘蓝、大黄、白芷、当归、木香、北沙参、萝卜、毛花洋地黄等丛生叶状态的根类药材可适当密植。像南瓜、冬瓜、甜瓜、西瓜等蔓性而塌地生长的药用植物，消光系数大，可适当稀植。

从其气候土壤条件来说，生育期长的地区可适当稀些，生育期短的地方，可适当密些。土壤肥沃地块可稀些，土壤瘠薄的地块要适当密些。

能够精细田间管理（如及时整枝摘叶、压蔓、搭架等）的地方，可适当密些，反之，要稀植。为适应机械化生产的要求，亦可适当扩大行距，而缩小株距。这样既能保证田间密度，又利于通风透光和机械操作。

木本类药用植物移栽的密度主要因种类和栽培目的而异。以花果入药的木本药材，要像建果园一样规划密度。如枸杞多为2m×4m的株行距，枣是2～4m×6～8m的株行距，核桃是5m×6m或6m×8m的株行距等。以茎皮、茎秆入药的种类可带状栽植或加密种植，伴随药材的生长加粗逐年间伐或间移。

四、栽后保苗措施

秧苗移植总要损伤根部，妨碍水分和养分的吸收，致使秧苗有一段时间停止生长，待新根发生后才恢复生长，人们把这一过程称为"还苗"。还苗时间越短越好，这是争取早熟、丰产的一个重要环节。为此，近年各地多推行营养钵（杯、袋）育苗，特别是根系恢复生长慢的植物（瓜类）以塑料杯、纸袋、营养块育苗移栽为最佳。采用其他方式育苗的可带土移栽（尽量多带土）。栽后太阳光过强时，应进行适当遮荫，偶尔遇霜可用覆土防寒，或熏烟、灌水防霜冻，还苗前应注意浇水，促进成活，再者要及时查苗补苗。木本类苗木怕冻的应包被防寒，为防止因抽干死苗，可结合修剪定型适当短截。此外，还要及时除草、防病防虫、追肥、灌水等。

第五章　田间管理

田间管理是获得优质高产的重要环节之一。常言道"三分种，七分管，十分收成才保险"。田间管理就是充分利用各种有利因素，克服不利因素，做到及时而又充分地满足植物生长发育对光照、水分、温度、养分及其他因素的要求，使药用植物的生长发育朝着人民需要的方向发展。

田间管理包括常规管理，植株调整，其他管理技术，以及病虫害防治等。

第一节　常规田间管理

包括间苗、补苗（含定苗）、中耕除草与培土、施肥、灌水与排水等所有药用植物栽培都要进行的田间管理。

一、间苗与补苗

正如第四章所述，药用植物种子较为特殊，有些药用植物成熟度不一致，为保证苗齐苗壮，常加大播种量。另外，由于播种方式的差别，如采用撒播或条播，出苗后田间密度较大或不均匀，必须及时间苗和补苗，除去过密、瘦弱和有病虫的幼苗，把缺苗、死苗和过稀的地方补栽齐全。一般间苗工作分两次进行，第一次间苗，是疏去过密和弱小的秧苗，株距为定苗距离的1/2左右；第二次间苗又称定苗，株行距与正常生长要求的一样。通常间苗宜早不宜迟，间苗较晚，幼苗生长过密，植株细弱，有时还会因过密通风不良遭致病虫危害。补苗工作可结合间苗同时进行。

二、中耕培土和除草

药用植物生长过程中，由于田间作业人畜践踏，机械压力，降雨等作用使土壤逐渐变紧，孔隙度降低，表层土壤板结，所以，必须松土。通常借助畜力、机械力松土，故又称中耕。结合中耕把土壅到植株基部，俗称培土。许多药用植物整个生育期中需要进行多次中耕培土，如薏苡、黑豆、桔梗、紫苏、甜菜、白芷、玄参、地黄等。中耕可以疏松土壤，消灭杂草，减少地力消耗，增加土壤通透性，促进微生物对有机质的分解，提高土壤养分，抑制盐分上升。培土可以保护芽头（玄参），增加地温，提高抗倒伏能力，利于块根、块茎等的膨大（玄参、半夏）或根茎的形成（黄连、玉竹），在雨水多的地方，还有利于排水防涝。

中耕培土的时间、次数、深度（或培土高度）要因植物种类、环境条件、田间杂草和耕作精细程度而定。一般植物中耕2~3次，以保持田间表土疏松、无杂草。中耕深度，在北方第一次多采用耪子松土，深8~10cm，通常第一次中耕是松土而不培土，耪地时耪起的土壅到苗根部。第二次中耕采用小铧子，耕深7~8cm，培土1~2cm。第三次中耕采用大铧子犁地，深度10~12cm，苗株基部培土2~3cm。中耕培土以不伤根、不压苗、不伤苗为原则。一般三次中耕培土管理要在茎秆快速伸长前完成。多年生植物结合防冻在入冬前要培土一次。

田间杂草是影响药材产量的灾害之一。防除杂草是一项艰巨的田间管理工作。因为杂草的种类繁多，各地不论什么生育季节，不论旱地或水田都有多种杂草生长。常见的有田旋花、苣荬菜、小蓟、野苋菜、灰菜、鬼针草、香附子、马唐、鸭舌草、稗草、香薷、看麦娘、婆婆纳、野燕麦、小根蒜、繁缕等几十种。这些杂草生长快、生活方式复杂，开花成熟不整齐，种子入土后耐寒耐旱力强，种子发芽参差不齐，部分种子有休眠期，可以保持多年不丧失发芽力，而且繁殖方式多种多样，再生力强。所以，一次、两次很难除净，必须坚持经常除草。

杂草的生长总是与药用植物争光、争水、争肥、争空间，降低田间养分和土壤温度。由于杂草顽强，生活力强，常抑制药用植物生长（特别是苗期），直接影响药材产量。再者有些杂草是病虫的中间寄主或越冬场所，杂草的丛生将增加病虫传播和危害的严重程度，这样不仅降低产量，也降低了品质。另外有些杂草对人畜有直接毒害作用或影响机械作业的准确性和工作效率。所以，栽培管理中都强调杂草的防除工作。

防除杂草的方法很多，如精选种子、轮作换茬、水旱轮作、合理耕作、人工直接锄草、机械中耕除草、化学除草等。化学除草——使用化学除草剂除草是农业现代化的一项重要措施，具有省工、高效、增产的优点。但应该注意的是，近年世界各国对除草剂的应用有很大争议，尤其是在中药材规范化生产中不提倡使用除草剂。但作为一项生产技术，本书仍列出一些除草剂的应用方法，供参考。

除草剂的种类很多，按除草剂对药用植物与杂草的作用可分为：选择性除草剂和灭生性除草剂。选择性除草剂利用其对不同植物的选择性，能有效地防除杂草，而对药用植物无害，如敌稗、灭草灵、2,4-D、二甲四氯、杀草丹等；灭生性除草剂对植物缺乏选择性，草苗不分，不能直接喷到药用植物生育期的田间，多用于休闲地、田边、池埂、工厂、仓库或公路、铁路路边。如百草枯、草甘膦、五氯酚钠、氯酸钠等。

化学除草多采用土壤处理法，即将药剂施入土壤表层防除杂草，茎叶处理方法少用。土壤处理要求在施药之前，先浇一次水，使土壤表面紧实而湿润，既给杂草种子创造萌发条件，又能使药剂形成较好的处理层。一般施药后一个月内不进行中耕。土壤处理的关键是施药时期，农作物、蔬菜上应用经验认为，种子繁殖的植物应在播后出苗前（简称播后苗前）杂草正在萌动时施药效果最好。通常播种后两、三天内施药效果最佳。育苗移栽田块多在还苗后杂草萌动时施药，未还苗施药容易引起药害。不论播种田还是移栽田都不能施药太晚，施药太晚杂草逐渐长大，降低防除效果，有时栽培植物种子萌发还会引起药害。

施用方法：常见的是喷雾（洒）法、毒土法。喷雾法在药用植物生产中应用较广泛，也是防治效果较好的一种方法。一般是按药剂规定的每667m^2使用量称好药品，先加入少量水调和均匀后再加水至所需要的量（一般每667m^2加水75~150kg），用喷雾器喷雾处理土壤或茎叶。在土壤干旱时，可使水量增至500~1 000kg，用喷壶喷洒土壤表面。毒土法是将每667m^2药剂

（规定量）用量与50kg细湿土混合均匀，然后撒于地表。此法适合施于潮湿地块，或生育期进行化学除草。

应当指出，当前的化学除草剂多数是以防除农作物、蔬菜、果树的田间杂草为主的，专门防除药用植物田间杂草的极少，加之许多药用植物的幼苗生活力弱，对除草剂较为敏感，所以，药用植物化学除草对除草剂种类、施用量、施用时期都要进行试验研究。选择的种类不仅能对本茬药用植物田间杂草有较好的防除效果，而且对下茬种植植物无害。另外，同一除草剂的不同类型或不同产地，或同一产地不同生产时期，其药效也会因原料组成、工艺流程的差异而不同。还有施用时的气温、地温、湿度等也影响效果的好与坏。一般晴天、气温高、湿度适宜药效高，而阴天、多雨、气温低时，药效低。因此，使用除草剂时，要严格掌握施药量、施用时期，并要做到因地、因药、因环境条件而异，保证达到安全和有效的目的。

三、施 肥

（一）药用植物对肥力的要求

药用植物对肥力要求本书第二章第二节曾作了概要介绍。这里补充几点。第一，许多根（根茎）入药的药用植物，如大黄、甜菜、地黄、玄参等，其根（或根茎）肥大肉质，根毛发达，与土壤的接触面大，能吸收多量的营养元素；贝母、补骨脂、黄芩等的吸肥力中等，马齿苋、地丁等吸肥很少，但这些不能作为土壤追施肥料的标准。第二，药用植物耐肥性能不一样，如许多茄科植物和多年生药用植物耐肥性强，生长旺盛期比幼苗期耐肥性强等。耐肥性的强弱与施肥量的多少有关，也直接影响施肥效果。第三，土壤中pH高低影响药用植物对营养元素的吸收。大多数药用植物最适于中性和弱酸性的土壤溶液环境。一般pH在5.5~7之间，植物吸收三要素最容易，土壤偏酸时，会减弱植物对Fe，K，Ca的吸收量；pH为5或9时，土壤中Al的溶解度随之增大，容易引起植物中毒。第四，药用植物吸收的营养元素（不论是大量的还是微量的）多以离子状态，通过根、叶进入植物体内，植物所需要的碳素营养主要来自空气中的二氧化碳，氢、氧来自水的分解。碳、氢、氧三种营养元素可从空气和水中得到充足的供应，其他元素多来自土壤中。第五，植物生长发育时期不同，种类不同，所要求的营养元素种类、数量、比例也不相同，而土壤自然肥力只能部分种类、部分时期满足药用植物生长发育的要求。施肥是通过人为措施，调节土壤营养元素的种类、数量和比例关系，使之适合药用植物生长发育的需要，达到优质高产的目的。

（二）施肥技术

1. 肥料的种类

肥料的种类很多，按其来源可分为农家肥料和商品肥料；按肥料物理形态分为固态肥料、液态肥料和气态肥料；按其化学组成分为有机肥料和无机肥料；按酸碱反应分为酸性肥料、中性肥料和碱性肥料等。通常人们分为有机肥料、无机肥料和微生物肥料三类。

（1）有机肥料 又称农家肥料，如厩肥、堆肥、沤肥、各种饼肥、绿肥、塘泥、各种农家废弃物等。其特点：一是种类多，来源广，成本低，便于就地取材；二是养分含量全面，肥效稳长，能改良土壤理化性状，提高土壤肥力；三是多用作基肥使用，腐熟后可作种肥。在选用有机肥料时应当注意，近年在绿色食品生产和中药材的GAP生产中，要求有机肥料都要经充分腐熟达到无害化卫生标准后才可施用，同时严格禁止施用城市生活垃圾、工业垃圾及医院垃圾和粪便。

（2）无机肥料 又称化学肥料。无机肥料种类很多，一般依据肥料中所含的主要成分分为氮肥、磷肥、钾肥、石灰与石膏、微量元素肥料（简称微肥）和复合肥料等。其特点是易溶于水，肥分高，肥效快，可直接被植物吸收。但种类间差异较大，种类不同，性质作用也各异。如碳酸氢铵（简称碳铵）含氮17.5%，在20℃以上时，就会分解成氨和二氧化碳，在32℃下撒于地表，当天挥发2.6%，3d挥发10%以上，6d挥发20%以上。氨水则是液态氮肥，含氮15%～17%，是碱性肥料，极不稳定，很易挥发。

（3）微生物肥料 又称菌肥，常用的有根瘤菌、固氮菌、磷细菌和钾细菌等。多配合有机、无机肥料施用。

2. 施用技术

施肥总的原则是，要根据药用植物的营养特点及土壤的供肥能力，确定施肥种类、时间和数量。施用肥料的种类应以有机肥为主，根据不同药用植物物种生长发育的需要有限度地使用化学肥料。栽培药用植物的施肥，有基肥和追肥之分。不论是基肥或追肥都是为了增加产品产量，改善产品品质和提高土壤肥力。施肥要讲究效果，其效果受多种条件的影响，主要是受气候、土壤条件和植物营养特性的影响。

气候条件中温度、雨量、光照影响较大。通常在一定温度范围内，温度升高，植物吸收养分增加；低温条件下影响植物对氮的吸收，对磷钾吸收影响较小。低温条件下多施磷钾肥，可以增加植物的抗逆性。温度过高，易造成土壤干旱，植物吸肥速度减缓，严重干旱时，会引起萎蔫或死亡。雨水多会加速养分淋失，降低肥效，所以，雨天不施肥。施肥量也要因土壤湿度而变化，土壤湿时可多施，土壤干旱时应少施。光照充足，吸收养分多，光照不足，吸收养分少。

土壤是药用植物养分、水分的供给者，土壤原有养分状况、酸碱反应、理化性状都影响肥料在土壤中的变化及施肥效果。土壤肥沃，结构良好，少施肥就可收到良好的效果，反之效果也差。土壤酸碱反应，也影响施肥效果，一般中性或弱酸性土壤施肥效果显著，偏酸或偏碱土壤，施肥的肥效低。另外，土壤供肥、保肥性能直接影响肥效的发挥。

总之，影响药用植物施肥效果的因素是多方面的，一般凡能影响植物生长发育和土壤肥力的因素都能直接或间接影响施肥效果。所以施肥是一项复杂的农业技术，经济有效的施肥必须考虑很多相关因子和各因子的相互关系，综合多种因子影响和以往各地经验，一致认为：必须根据植物营养特性，土壤肥力特征，气候条件，肥料种类和特性，确定各种肥料的搭配、施肥量、时间、次数、方法等，才能达到经济合理施肥。

一般基肥多结合整地或移栽施入田间，施肥多以基肥为主，追肥为辅。基肥又多以有机肥为主，无机肥料为辅。施用基肥最好是分层施肥。需肥多的和生物产量高的药用植物，其大部分肥料要以基肥施入田间，追肥只是少量的。追肥是基肥的补充，用以满足各个生育时期对养分种类和数量的需求。施用基肥应避免与种子（包括无性繁殖材料）直接接触，以免产生肥害。追肥多用速效性肥料，特别是无机肥料，但多年生药用植物追肥应以腐熟的有机肥为主。追肥有根外追肥、根侧追肥两种形式。根外追肥多用低浓度的无机肥料直接喷雾于茎叶表面。根侧追肥又分条施、环施、穴施三种，施肥量一次不能过大，也不能与根体直接接触。施肥要保证做到肥种间要隔离。科学施肥不仅能提高产量还可提高药材有效成分含量，如增施氮肥可以提高贝母、古诃的生物碱含量。

施肥必须有量的标准，计算施肥量公式如下：

$$施肥量（kg/667m^2）= \frac{单株施肥量 \times 667m^2 株数}{肥料利用率} - 土壤供肥量$$

土壤供肥量一般氮按吸收量的1/3计算，磷、钾约为吸收量的1/2计算。肥料利用率氮50%计，磷为30%，钾为40%。

四、灌溉与排水

（一）药用植物对水分的要求

水是绿色植物进行光合作用的主要原料，也是植物对物质的吸收和输送的溶剂，只有良好的水分状况才能保证光合作用、呼吸作用、植物体内物质合成和分解等过程的正常进行。药用植物从播种到收获的吸水趋势都是由少到多再到少。因为苗期蒸腾面积、蒸腾强度低，所以需水很少；随着幼苗的生长，叶面积不断扩大，蒸腾强度不断提高，需水量逐渐加大，直到进入产品器官生长期，需水量达到高峰；到了生长后期，随着生长速度减缓，需水量也逐渐减小。药用植物全生育期的耗水量因品种而有较大的差异，像芥菜、穿心莲、薄荷等叶面积较大或蒸腾强度大，所以消耗水分很多，但根的吸水力弱，所以要求有较高的土壤湿度和空气湿度。栽培时，要选择保水力强的土壤，并要经常灌水。

药用植物只能在一定的水分范围内正常生长发育，超出这一范围就不能正常生长发育，植物因缺水而受害称为旱害，因水分过多或植株的一部分被水淹，影响正常的代谢活动，被称为涝害。药用植物幼苗根系很小，吸水量少，最易受旱害。根及根茎类药用植物最易受涝害，栽培时要搞好灌排水管理。

（二）灌溉技术

灌溉是农业生产的重要措施之一。无论所在地区的雨量分布如何，年年基本吻合植物生长发育需要的情况是极少见的，所以，都必须有灌溉设施，用以满足在自然缺水时的补充灌水。因此，搞好以农田水利为中心的基本建设，山、田、水、林、路、沟渠综合治理，是建设高产、稳产农田的重要措施。搞好以农田水利为中心的基本建设，灌溉技术的实施才有保证。目前我国的灌溉方法概括为地面灌溉和地下灌溉两大类，其要点分述如下。

1. 地面灌溉

我国传统灌溉——沟灌、畦灌、淹灌均系地面灌溉。它是使灌溉水在田面流动或蓄存，借助重力、渗透或毛管作用湿润土壤的灌溉方法。此法技术简单，所需设备少，投资省，是我国目前应用最广泛，最主要的一种传统灌溉方法。

（1）沟灌　沟灌是行间开沟灌水，水在流动过程中借助渗透和毛管作用、重力作用向沟的两侧和沟底浸润土壤。沟灌要求土地平整或有一定的坡度，如果地块高低不平，则难以实行自流灌溉，传统沟灌的输水渠道多为地上式，按现代化的要求应改为地下埋设水泥输水管，这样不但可以避免水分在途中因渗漏而损失，同时也不影响地面的土壤耕作。许多宽行中耕药用植物和窄高畦栽培的药用植物都可采用沟灌技术进行灌水。

（2）畦灌　畦灌是平畦、低畦栽培时常用的灌溉方法。要求畦面平坦或稍有一定坡度，水是从输水沟或毛渠进入畦中，以浅水层沿畦面坡度流动，逐渐润湿土壤。

（3）淹灌　淹灌是水生药用植物（芡实、慈姑、睡莲、泽泻等）的灌水方法，畦面上保持一定深度的水层，此法类似水稻田一样灌水。

（4）喷灌　喷灌是利用水泵和管道系统，在一定压力下把水喷到空中，散为细小水滴，如同降雨一样湿润土壤的灌水方法。喷灌可以灵活掌握洒水量，可以根据药用植物的需要及时适量地灌水。喷灌要控制喷灌强度，使地面上基本不发生径流，不致破坏土壤结构。喷灌既能调节土壤水、肥、气、热状况，改善田间小气候，又能冲掉植物茎叶上的尘土，有利于植物的呼吸和光合作用。喷灌有节水增产的效果，与沟灌、畦灌相比，一般可省水 20%～30%，增产 10%～20%。喷灌在起伏不平的地块也能灌溉均匀，适宜对山丘和其他土地不平地区的灌溉。它的缺点是需要消耗动力，灌水质量受风力影响。

（5）滴灌　滴灌是利用低压管道系统把水或溶有无机肥料的水溶液，通过滴头以成滴方式均匀缓慢地滴到根部土壤上，使植物主要根系分布区的土壤含水量经常保持在最优状态的一种先进灌水技术。滴灌具有省水、省工、增产的效果。我国从 1974 年引进，在果树、蔬菜、粮食作物上试验表明，滴灌可以消除渠道渗漏和蒸发损失，在灌溉面积相等情况下，滴灌的水源工程蓄水量只有沟灌、畦灌的 1/8 至 1/6，且能适应各种地形，不需要开渠、平整土地和作畦筑埂，便于实行自动控制。

2. 地下灌溉

地下灌溉又称地下渗灌，是利用埋设在地下的管道，将灌溉水引入田间植物根系吸水层，借助毛细管的吸水作用，自下而上地湿润土壤的灌水方法。此法土壤湿润均匀，湿度适宜，能较好地保持土壤结构，为植物创造良好的土壤环境，还有减少蒸发、节约用水、灌水效率高、灌水不影响其他田间作业等优点。

不管采用哪种灌溉方法，灌溉时都必须依据气候、土壤、药用植物生长状况确定适宜的灌水量和灌水技术。在盐碱地区注意洗盐并要防止返碱，在漏水地区要注意保水，以施肥保水为佳。药用植物生育期间灌水要注意水温、地温、植物体体温、气温尽可能达到一致。根及根茎类药材，严禁一次灌水过多或大水漫灌。

（三）排水

旱与涝、灌与排对植物的正常生长发育来说，都是同等重要的。在低洼地和降水量多的地方，必须注意排水问题。有些地方年总降水量虽然不大，但因雨季、旱季分明，降水时期比较集中，也必须处理好排水问题。总之，现代农业生产，灌、排水必须同时考虑，综合治理才能奏效。

国内外传统的排水方法都是采用明沟。明沟排水占地多，易倒塌淤塞和滋生杂草，同时必须年年维修养护，否则排水不畅，降低排水效果。近代国内外试行管排、井排。近年来管排在北欧国家已推广。为适应区域性开发和治理的要求，区域性井灌、井排相应发展起来。明沟除涝、暗管排土壤水，井排调节区域地下水位，成为全面排水的发展方向。

我国目前排水仍以地面明沟为多，暗管排水和井排技术正在发展和兴起之中。明沟排水要规划好排水沟，农田栽培药用植物可利用原有排水设施，在山坡地栽培时，尽可能利用自然水沟作主排渠道。在山坡中、下部栽培时，地块上端应挖好拦水沟，防止山坡上段径流水流经田块；田块内部和下端的排水沟应顺其地形地势特点，把水沟规划在最低处。山坡长的地方，特别是坡陡时，顺坡水沟不能太长，即中间应设横沟截断。横沟与坡向夹角也不宜过大，否则径流水量大，流速快，不利水土保持。地段下端的泄水沟要宽大些。

第二节 植株调整及植物生长调节剂的应用

栽培的药用植物（全草入药类除外）并不是整株都能作为药材使用，能作为药材使用的即产品器官只是很少的一部分。有些药用植物任其自然生长发育，植物体自身器官间的生长不平衡，有的枝叶繁茂，不仅影响通风透光，降低光合效率，而且还降低花、果、种子入药的产量和品质；有些花果不入药，花果生长白白耗掉了光合积累产物，反而降低了根、茎、叶的产量；有些木本药用植物树体结构不良，不仅产量低下不稳定，其产品质量也不佳。为使栽培药用植物能达到高产稳产和优质，就必须在其生长发育过程中，人为地调整某些植物的生长与发育的速度，修整个体的株体结构，使之利于药用器官的形成。

每一个植株都是一个完整的统一的生物体，植株上任何器官的消长都会影响到其他器官的消长，摘去了一片叶子、一朵花乃至整个花序或者摘除顶芽、修剪除去部分枝条，对整个植株来讲，并不是单纯地少了一片叶子或一朵花的问题，而是影响到整株的生长发育——花和其他器官的形成、生长、发育，株体结构等。植物生长的相关性，营养生长与生殖生长的关系，同化器官和贮藏器官的关系，都与植物体内营养物质的运输与转化分不开，这是正确进行植株调整工作的生理学依据。前面谈过的生长发育、生长相关等都是植株调整的生理学基础。

由于草本植物和木本植物的生长发育特性不同，植株调整的内容和技术存在差异，故将其调整技术分别阐述如下：

一、草本药用植物的植株调整

草本植物植株调整的主要内容有摘心、打杈、摘蕾、摘叶、整枝压蔓、疏花疏果、修根等。进行植株调整的好处是：①平衡营养器官和果实的生长；②抑制非产品器官的生长，增大产品器官的个体并提高品质；③调节植物体自身结构，使之通风透光，提高光能利用率；④可适当增加单位面积内的株数，提高单位面积产量；⑤减少病虫和机械损伤。

1. 摘心、打杈

在栽培管理上把摘除顶芽叫摘心，亦称打顶、摘顶，把摘除腋芽叫打杈。打顶可以抑制主茎生长，促进枝叶生长，像以花头入药的菊花，其花头着生于枝顶，摘心后可使主茎粗壮，减少倒伏，并使分枝增多，增加花头数目，一般生育前期摘心1~3次。狭叶番泻叶摘心后，枝叶繁茂，提高了叶的产量。摘心、打杈可以抑制地上部分的生长，促进地下器官的生长与膨大（如乌头、泽泻）。又如丝瓜、栝（瓜）楼等药用植物原产于热带，在温带栽培后，生长期受到霜期限制，任其顶芽、侧芽自然生长，后期生长的枝叶由于临近霜期，不能开花结果。这些不能开花结果的枝叶生长所消耗的营养物质，纯属白白消耗。如果将这些营养用于有限的花果生长上，还可使部分花果长大成熟。类似此种情况的药用植物还有荜拨、巴戟天、何首乌、望江南等。所以，这类药用植物栽培管理上，到生育中期后要摘心、打杈，保证部分枝干花果正常成熟。再者类似番红花等药用植物，球茎上腋芽易萌动生长成小球茎，与主球茎争夺养分，致使主球茎变小，不能开花或很少开花，既影响产量，又影响品质，栽培时，要疏去腋芽，只保留主芽和1~2个较大的腋芽。西瓜、甜瓜的栽培管理中，也有摘心管理，摘心早晚、好坏直接影响到产品成熟期和产量。

2. 摘蕾摘叶

根及地下茎类入药的药用植物，如人参、西洋参、三七、黄连、贝母、知母、射干、半夏、北沙参、泽泻、芍药、乌头、玄参、黄芩等，进入开花结果年龄后，年年开花结实。花果消耗掉大量营养物质，严重影响根及地下茎的产量。在栽培管理上，除了留种田外，其余田块上的花蕾都要及时摘除，这样既可提高产量，又能提高产品质量。如人参，在五年生留种一次，参根减产14%；在五、六两年连续留种，参根减产29%；在四、五、六三年连续留种，参根减产44%。平贝母摘蕾鳞茎产量提高10%~15%，生物碱含量提高1.6%~3%。

像何首乌、丝瓜等药用植物，茎基部的老叶，到生育后期同化作用微弱，甚至同化作用积累的有机物少于自身呼吸作用的消耗，这样叶子的存在既不利于光合积累，又影响通风透光。在栽培上，常在叶子光合积累小于呼吸消耗时，及时摘除老叶，以保证整体光合积累都贮于产品器官之中，保证稳产高产。

3. 整枝压蔓

南瓜、冬瓜的果实、种子、叶、皮、藤均属中药，其原植物是爬地生长。经压蔓后，不仅植株排列整齐，受光良好，管理方便，而且还可促进发生不定根，增加根吸收营养和水分的能力，从而促进果实发育，增进品质。此类植物腋芽常发育成分枝，特别是坐果部位前面茎节上的分枝，与果实竞争养分，严重影响果实的产量和品质，所以结合压蔓管理，要除去分枝和腋芽，保证1~2个主干上的果实健康发育。

4. 疏花疏果

以果实、种子入药的药用植物（薏苡、枸杞、山茱萸等）或靠果实、种子繁殖的药用植物，种子、果实生长的好坏直接关系到药材的产量和品质，直接影响播种、出苗质量。从目前商品和种子质量要求上看，果大籽大质量最佳。生产上采用的疏花疏果技术就是培育大果大籽的重要措施之一。疏花疏果培育大果技术在果树、蔬菜上早已广为应用。在药用植物中需要进行疏果的植物有栝楼、罗汉果、南瓜、冬瓜和一些果药兼用的果树。人参靠种子繁殖，任其自然开花结实，每株可结百余粒种子，千粒重在20~26g之间。采用疏花疏果，每株保留25~30粒，千粒重为26~31g，大籽千粒重为35~40g，且比自然结籽早熟7~10d。我国人参单产提高与提高种子千粒重也是分不开的。目前从国外引进的西洋参籽由于未实施疏花疏果，种子千粒重小，而且成熟度不一致，因此催芽的裂口率、出苗率不高，今后应引以为戒。有些为无限花序的药用植物，为了提高种子饱满度和千粒重，应视其生长、气候等情况适时适当摘去顶部或中部以上的花序，使光合积累的营养集中到中下部或下部果实和种子之中，达到提高种子产量和质量的目的。

5. 修根

少数药用植物（乌头、芍药等）在栽培上需要通过修根来提高药材的产量和品质。例如乌头生长发育过程中，块根周围生有许多小块根。如不修除任其自然生长，形成的块根数量多，个头小，产品商品等级低，不适合加工附片，虽然产量高些，但产值低。如果进行修根，去掉多数小块根，只留 1~2 个大的块根，使营养集中供给 1~2 个块根生长，其结果是块根个头大，质量好，虽然产量不及不修根者，但产值高，销售快。又如浙江栽培芍药要修去侧根，保证主根肥大。

二、木本药用植物的植株调整

木本药用植物种类很多，药用部位也不尽一致，如根入药的——印度萝芙木、海南萝芙木、密蒙花、深山含笑；茎入药的——接骨木、钩藤；叶入药的——番泻叶、古诃、红花天料木、柳叶润南；花入药的——丁香、金银花、玉兰花、茉莉、辛夷；果实种子入药的——枸杞子、五味子、山茱萸、八角茴香、使君子、马钱子、栀子、诃子、枳壳、大枣；茎皮、根皮入药的——杜仲、黄柏、肉桂、麻楝、南洋蒲桃；树脂入药的——土沉香、安息香、儿茶、阿拉伯胶等。其中花、果实、种子入药的很多。除上面列举之外，还有许多是果、药兼用的树木。如枇杷、桃、杏、核（胡）桃、猕猴桃、银杏、荔枝、龙眼、石榴、杨桃、可可、山葡萄、郁李、扁桃、山楂、木瓜、桑、杨梅、毛栗、酸枣、佛手、橄榄、杧果、柿等。以花、果实、种子入药的木本药用植物，栽培中的整形修剪是一个十分重要的技术措施。

合理修剪可使花果（含种子，下同）入药的药用植物提早开花结果，延长经济采花采果的年限，不仅能够提高产量，而且还可以克服大小年现象。此外，合理修剪还可以改善树木和田间通风透光条件，减少病虫危害，增强抗灾能力，降低生产消耗。

花果类入药的药用植物，其修剪工作必须根据树木的生长、开花结果特性、自然条件、栽培措施和经济条件而定。如常绿树终年有叶，宜轻剪，保持其接近天然树形；树性直立的应开张主枝角度，树性开张和下垂的应注意抬高枝头；成枝力强的要以疏剪为主，短截为辅，减少长枝数目；对于生长旺盛、以短枝开花结果为主的树木也应以疏剪为主，促其形成短枝；相反情况时，要多短剪，促其长结果枝；幼树应注意整形，多采用轻剪缓放，甚至不剪办法；而老树应采取回缩更新复壮技术；盛果期树木应适当短剪，促进生长，控制花芽，调节叶、花芽比例。一年中，休眠期可全面细致修剪，落花落果期要多用控梢保果措施，夏秋停梢期树冠过密时，要疏枝等。同一果树，不同地区自然条件下，修剪方法、时期也不同。总之，修剪必须根据树种、自然条件和生产要求，统筹兼顾，从解决主要矛盾出发，制定丰产优质低消耗的修剪指标，决定具体措施，保证药用植物达到早花早果、丰产、稳产、优质、低耗的目标。

1. 整形

（1）树体结构　树体地上部分包括主干和树冠两部分。树冠由中心干、主枝（又称母枝、骨干枝）、副主枝（侧枝）和枝组构成。其中中心干、主枝和副主枝构成树冠的骨架，统称骨干枝（图 5-1）。

树体的大小、形状、结构、间隔等影响群体光能利用和劳动生产率。树体高大可充分利用空间，立体结果，但株距加大，枝干增多，树形建成慢，早期光能利用差，后期单位面积上有效叶面积减少。树冠形状以其外形大体分为自然形、扁形（篱架形、树篱形）和水平形（棚架、盘状形、匍匐形）三类。在解决密植与光能利用、密植与操作的矛盾中，以扁形最好，群体有效体积、树冠表面积均以扁形最多，自然形次之，水平形最少，扁形产量高，品质好，是现代果园的主要树形。树干的高低与产量、管理有关，干矮则树冠与根系间养分运输距离近，物质运转快，树干养分消耗少，有利于生长。树势较强，发枝向上，有利于树冠管理，但不利于地面管理；利于防风、保湿保温，但通风透光差，因此目前多用矮干。干高要灵活掌握：树形直立，干可矮些；树形开张，枝条较软者，干可高些；灌木或半灌木类，干宜矮；行株距大的干要高，矮化密植干要矮……现代树冠结构趋向于简单化，这样简化了修剪，提高了劳动效率。矮化密植时，多采用相当于自然大树上一个骨干枝（包括其上枝组）的圆锥形、纺锤形或三角形。骨干枝数目，原则上在能布满足够空间的前提下，骨干枝愈少愈有利。生产上是：树形大骨干枝多，反之则少；发枝力弱的骨干枝要多，反之要少；幼树、边行树坡地栽培、光照条件好的，可多些。同一层内骨干枝数不宜超过四个，骨干枝在主干上距离应大些。分枝角度：主枝基角（主枝基部与中心干的夹角）宜在30°～45°范围内，主枝腰角（主枝与中部中心干的夹角）一般以60°～80°

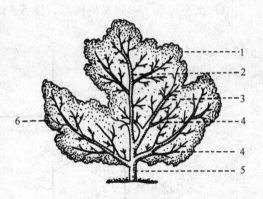

图 5-1　树体结构
1. 树冠　2. 中心干　3. 主枝
4. 侧枝（副主枝）　5. 主干　6. 枝组
（引自《果树栽培学总论》，2000）

图 5-2　主枝分枝角
1. 基角　2. 腰角　3. 梢角
（引自《果树栽培学总论》，2000）

为宜，梢角要小些（图5-2）。各级干枝从属要分明。枝组又叫枝群或结果枝组，亦称单位枝（南方叫侧枝），他着生在骨干枝上，是着生叶片和开花结果的主要部分，整形时要尽量多留，为增加叶面积、提高产量创造条件。辅养枝是整形过程中留下的临时性枝，幼树时要多留，以缓和树势、提早结果和辅养树体促进生长，注意随着植株生长，光照条件变化及时将它修剪或改为枝组。

（2）园内群体结构　园内树木群体是由个体组成。个体构成群体的方式有均匀栽植（长方形栽植、正方形栽植、三角形栽植）、宽行密植（带状栽植）和等高栽植三种。坡地等高栽植比平地遮荫小，坡度愈大株间遮荫愈少，个体可适当多留枝。平地果园面积越大，园内光照、通风条件越差，个体应适当少留枝。群体中的个体伴随年生增长，树体不断扩大，必须调整个体结构，使之适应群体的变化，否则群体内通风透光条件变劣，势必影响产量和品质（树冠内部枝叶逐渐枯死，最后群体叶幕形成天棚形）。园内群体结构受密度影响，栽植愈密，封行愈早，封行后通风透光条件变差，必须通过修剪控制生长，延缓封行。近于封行时，应减少骨干枝数或缩短间栽树的枝长，直至伐掉间栽树木。

（3）主要树形 参照果树树形（图5-3）。

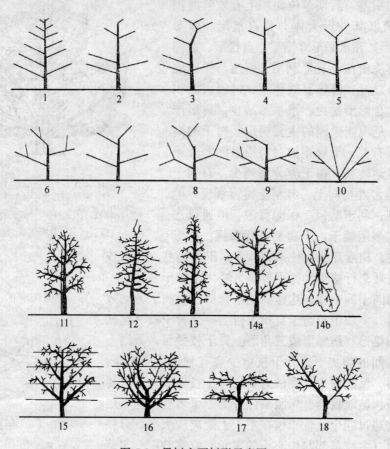

图5-3 果树主要树形示意图

1.主干形 2.疏散分层形 3.基部三主枝小弯曲半圆形 4.十字形 5.自然圆头形 6.主枝开心圆头形 7.多主枝自然形 8.自然杯状形 9.自然开心形 10.丛枝形 11.纺锤形 12.细纺锤形 13.圆柱形 14.自然扇形 a.侧视图 b.顶视图 15.斜脉形 16.棕榈叶形 17.双层栅篱形 18.Y形

（引自《果树栽培学总论》，2000）

2. 修剪技术

（1）修剪方法

短截：又称短剪，即剪去枝梢的一部分。它的作用是增加分枝，促进生长和更新，改变不同枝梢间的顶端地位和控制树冠与树梢。一般在枝梢密度增大，树冠内部（又称树膛）光线变弱时采用短截，增加膛内光照强度；在主枝出现生长不均衡时，为改变顶端优势部位，平衡主枝生长，也要采用短截，不过此时短截是强枝短留，弱枝长留的短截。有时为了控制树冠和枝梢的生长，也必须短截。生长期短截对控制树冠和枝梢生长效果最好。

缩剪：又称回缩，也是一种短截技术，它是在多年生枝上短截。一般短截较长，所以称之缩剪，它有更新复壮的作用。如为缩短枝轴，使留下部位靠近根系或想从阶段性较低部位抽生新梢时，多采用缩剪；有时想更新枝组、骨干枝（主枝）或控制树冠、辅养枝时，也采用缩剪。缩剪作用的大小与缩剪程度、留枝强弱、伤口大小有关。

疏剪：又称疏删，它是将枝梢（枝条）从基部剪除。疏剪可减少枝条数目，削弱整体或骨干枝势力，控制旺长，促进结果。通常在想增多增强树冠内光线，尤其是短波光时，要采用疏剪。有时为了控制旺长，促进结果多用疏剪方法，有时为了调节树冠局部或整体长势时，也采用疏剪方法，疏剪愈多，伤口间愈近，作用越明显。

长放（甩放）：对营养枝不剪称为长放。长放可使幼旺树、旺枝提早结果。为了促进幼树（或旺枝）早抽短结果枝时，要采用长放。由于枝条长放后，留芽多，抽叶多，生长的枝条多，营养过于分散，因此利于短枝的形成；有时为增粗营养枝，也采用长放方法。长放多用于长势中等的枝条，长放强旺枝时，应配合弯枝、扭伤等措施，以削弱长势。

除萌和疏梢：抹除或削去嫩芽称为除萌或抹芽，疏除过密的新梢称为疏梢。常用于枳壳、葡萄栽培，以及嫁接后除砧蘖和老树更新后的除蘖抹芽。

摘心和剪梢：摘心可削弱顶端生长，促进分枝。一般为促使二次梢生长，达到快速整形，加快枝组形成或增加分枝时采用摘心，特别是想提高分枝级数，提早结果时采用摘心剪梢。为使枝芽充实和形成花芽，或提高着果率，也采用摘心和疏梢。摘心必须在枝梢有了足够叶面积的保证之后进行，否则影响生长、花芽分化和着果率。

弯枝：弯枝就是改变枝梢方向，合理利用空间，改变生长势，利于树体生长和结果。通常树冠直立的品种，为了开张主枝角度或者为了促进近基枝更新复壮，防止下部光秃时，采用弯枝技术。

环剥：是将枝干的韧皮部剥去一环。环割、大扒皮都属同一类。目的是抑制营养生长，促进生殖生长。多在春季新梢叶片大量形成后，防止落花落果、促进果实膨大时采用。再生能力差的树木多用环割或大扒皮，再生能力强的采用环剥。采用环剥时，环剥过宽、过窄都达不到预定目的，过深、过浅也不适宜。此外，还有扭梢、刻伤、去叶、断根、去芽、击伤芽、折枝等修剪技术，应视情况采用。

(2) 修剪的时期　修剪时期一般分为休眠期（冬季）修剪和生长期（夏季）修剪。药用果树和果树一样，休眠期贮藏的养分较充足，修剪后地上枝芽减少，营养集中在有限枝芽上，所以，新梢生长加强。夏季修剪，由于树体贮藏养分不及休眠期多，同样的修剪量，一般对树体的抑制作用较大，因此，夏剪剪枝量要从轻。有的地方秋季还进行修剪，目的是为了紧凑树体，改善光照，充实枝芽，复壮内膛。有的地方生育期进行两次修剪，第一次在6月完成，第二次在8~9月完成。生育期修剪不单限于上述时期，如除萌和疏梢可随萌芽状况随时进行。摘心目的不同，其时期也不同，缩剪、疏剪也要视树体整体和局部状况，按照人们修剪目的灵活掌握修剪时期。

落叶药用果树休眠期修剪多在严寒来临之后和春季树液流动之前为宜。具体修剪的时期，要视植株体内养分含量多少、对芽分化和枝条充实的影响、植株的越冬性、树种特性和生长势以及劳动效率等而定。常绿果树休眠期或缓长期修剪多在春梢抽生前，老叶最多，其中许多老叶将要脱落时进行。广东、广西、台湾等省（自治区）的药用果树都在休眠后春梢抽生前进行修剪。

(3) 修剪程度　修剪程度主要是指修量，即剪去器官的多少，同时也包含每种修剪方法所施行的强度。修剪的程度必须适度，过轻达不到修剪要求的目的，修剪过重反会抑制生长，只有适度修剪才能既促进枝梢生长，又能及时停止生长。像环剥的宽度和深度，如宽度不够，剥后很快愈合，达不到环剥目的，环剥过宽，长期不能愈合，会使枝梢死亡。同样弯枝的角度大小也必须适合修剪的目的要求。一般旺树、幼树、强枝要轻剪缓放，弱树、老树、弱枝要重剪，使其都能生长适度，有利于结果。田间肥水充足时，要轻剪密留，肥水不足则要加重修剪。修剪的程度也与修剪时期、方法、树种、树势有关，必须综合分析，灵活掌握。

三、生长调节剂的应用

植物生长发育受自身体内生长调节剂的控制，现代农业生产已经逐步进入应用生长调节剂促控植物生长发育的时期。采用生长调节剂促控生产，在粮食、蔬菜、果树等方面进展较快，在药用植物栽培上的应用正在兴起。但也要注意，开展中药材规范化生产中，一般不允许使用有机合成的植物生长调节剂。

1. 抑制地上器官生长，促进地下器官生长

人参、三七、西洋参等根入药的药用植物，为了提高根的产量，应用生长抑制剂或生长延缓剂控制茎叶生长，促进根的生长。如在人参生长初期（展叶后），试验向茎叶上喷施 B_9（1 000～4 000mg/L），可使种子千粒重增加 3g 左右，根茎上双芽胞率由 1%～2% 提高到 2%～7%，参根产量增加 10%～20%。但由于近年国内外曾有报道 B_9 有致癌毒性，现已停止试验。

2. 打破休眠

许多药用植物的种子具有休眠特性，而且生长缓慢。生产上应用生长调节剂浸泡种子，不仅打破了休眠，而且加快了胚的后熟。例如人参种子具有综合休眠特性，给予适宜的生长发育条件，尚需 6 个月的后熟期。在自然条件下，从种子成熟到完成后熟出苗依据无霜期长短需要 9～22 个月。近年研究应用 40～100mg/L 的 GA，浸泡种子 18～24h，可使种子形态后熟期由 100～120d 缩减为 70d 左右。用 40mg/L GA 处理裂口种子，可使其生理后熟由 60d 减为十几天。这样加快了种子后熟进度，争得了时间，使当年采收的参籽处理后，当年冬前就能播种（迟者翌春播种），第二年春就出苗。西洋参种子用 GA 处理，也可使当年采收的种子于翌春正常出苗。人参、西洋参种子还可以用 BA、Kt 浸泡种子，也能加快种子后熟速度。此外，像紫草、北沙参、水红籽的种子都可用 GA 处理，由秋播改为春播。

3. 调控芽的生长

用高浓度的 NAA 涂布大锯口，可以抑制石榴、无花果、核桃、橄榄的萌蘖发生。在葡萄、山核桃上应用 B_9 有抑制新梢保果作用，还可防止徒长控制树形。在柑橘抽梢时，用调节磷（氨基乙基甲酸磷酸酯铵盐）500～750 mg/L 或矮壮素（CCC）2 000～4 000 mg/L 喷布（或 1 000 mg/L 浇施）对抑制新梢有效（有代替抹芽和控梢的部分作用）。有的报道指出，PP_{528}［乙基 5-(4 氯苯)-2 氢-4 唑-2-醋酸盐］、三碘苯甲酸（TIBA）、化学摘心剂、细胞分裂素、多效唑（PP_{333}）可以抑制枝梢顶芽生长，促进侧芽生长，开张枝梢角度。CEPA 可以使枝顶脱落，枝条变粗。

在大蒜上调控芽的生长是在收获前两周，用 2 500mg/L 青鲜素（MH）喷雾处理，可以有效地防止贮藏期中的萌芽现象。

4. 调控花芽分化、生长及性别，促进果实早熟

在果树上施用GA可以促进生长，减少花芽分化；用4 000~8 000mg/L的CCC和B_9喷施莴苣，可明显抑制抽薹。GA有代替低温和长日照的作用，对一些二年生植物（胡萝卜、芹菜等）越冬前用20~40mg/L GA滴生长点，可使其在越冬前抽茎开花；低浓度的乙烯利（100~200mg/L）水溶液喷在南瓜等幼苗叶子上，可以促进雌花发生。相反地喷施50~100mg/L GA，则雌花减少，雄花大大增多。在黄瓜雌性系上用GA处理，可使变成雌雄同株。有的报道指出，喷施一定浓度的2, 4-D可以防止落花落果，或疏除花果。对果实喷施一定浓度的乙烯利可以促进早熟（使用300~500mg/L乙烯利喷施西瓜可早熟5~7d）。

5. 其他药剂和效用

除生长调节剂外，还有用碘化钾、尿素、TTP、UC-TTP等落叶促进剂代替人工去叶，在药用植物中报道的是番石榴用25%尿素作脱叶剂。有的应用生长调节剂类物质，进行产品保鲜。

第三节 其他田间管理

药用植物中蔓生、攀缘、缠绕生长的种类很多，阴生植物也不少，这些植物在栽培管理上需要设支架或荫棚；有些植物栽培中，还需进行抗寒防冻、预防高温等管理，现将这些管理技术简介如下。

一、搭 架

攀缘、缠绕、藤本和蔓生的药用植物很多，如天门冬、党参、丝瓜、山药、马兜铃、何首乌、雪胆、牵牛、荜拨、穿山龙、轮叶党参、南瓜、冬瓜、忍冬、罗汉果、栝楼、五味子、木鳖子、马钱子、山葡萄、钩藤、六方藤等。这些植物爬地栽培时，叶面积指数（LAI）很小，例如南瓜、冬瓜只有1.5，很少超过2。由于在一定范围内，叶面积指数与产量成正相关。爬地栽培时，叶层相互遮荫，群体下层光照弱，叶面积指数愈大，遮荫程度也愈大，单位叶面积的平均光合生产率反而下降，净光合积累减少。再加上通风不良，湿度过大，易感染病害，而搭架栽培，株体攀缘、缠绕于架上生长，相对提高了冠层的高度，扩大了株间的距离，增加了受光面积，大大降低了遮荫程度，其产量随叶面积指数而增加。像南瓜、冬瓜等搭架栽培后，叶面积指数就由1.5提高到4~5以上，产量也随之大幅度提高。所以这些植物栽培管理中，搭架是不可少的措施。

党参、山药、白扁豆、马兜铃、何首乌、牵牛、雪胆、荜拨等株型较小的药用植物可在株体旁立竿作支柱。为使支架牢固、抗风，也可将3~6个立竿（通常四个一起）绑固在一起，也可将立竿编架在一起。像忍冬、罗汉果、栝楼、钩藤等株型较大，立竿作支架太小，应搭棚架或牢固的立架，使株体在架上生长。搭架必须适时，当株高不能直立时就及时搭架为宜。

二、遮 荫

人参、西洋参、三七、黄连、细辛、吐根、砂仁、草果、天南星等阴性植物，自然分布于林

中，规模化生产以后，逐渐发展到林间空地或林缘荒山坡地。像砂仁、草果、细辛、吐根等多栽培在疏林林下，利用林木遮荫栽培。像人参、西洋参、三七、黄连等名贵药材则采用荫棚下栽培。人们采用不同棚式控制棚内的透光透雨程度，创造适合阴性植物生长的最佳环境条件，使之达到优质高产的目的。

阴性植物怕强光直射，需要遮荫栽培，但绝不是什么样的荫棚都行。就植物自身来说，每种植物都有自己的光补偿点和光饱和点，又都有自己不能承受的最大光照强度，都需在一定的温、湿度环境下良好发育。所以，良好的荫棚应当是保证不受强光危害，提供的光照充足适宜，温湿度环境也很理想。就荫棚来说，结构合理，便于架设，成本低廉。所谓结构合理是指棚下受光均匀适度（冠层光照强度接近于光饱和点），温湿度也较均衡。

当前人参、西洋参所用荫棚有全荫棚（不透光不透雨棚）、单透光棚（透光不透雨棚）、双透棚（透光透雨棚）三类。棚式有平棚、一面坡棚、脊棚、拱型棚、弓形棚。黄连、三七、细辛多为双透平棚。在雨量较大的地区（特指在生育期间）以拱形、弓形透光不透雨棚为好；在雨量较少或土壤透水较好的地方，以拱形、弓形透光透雨棚为好。

平棚、一面坡棚、脊棚、拱形棚、弓形棚中，在棚帘密度一样的情况下，以拱形棚、弓形棚为最好，一面坡棚、平棚最差。

平棚：搭棚方便，效率高，但棚下受光状况仍不均衡，平棚与一面坡棚相比棚前棚后受光均衡（南北走向），但棚前棚后与棚内仍有较大差异，特别是宽平棚。一天之内有效光的总受光量最少。

一面坡棚：棚下受光不均衡，前、中、后三部分受光差异较大，约1/3床面宽受光较为适宜，2/3受光不适宜。另外水分状况也不均衡，一日之内有效光总受光量少。把棚变窄些后受光状况有所改进，但土地利用率低，单位面积上架棚费用增多。

拱形棚：拱形棚是近年推广开的一种棚式，棚下前中后受光均匀，水分状况比上两种棚式好，缓解了平棚一日内只有中午短暂时间光照适宜、其他时间光照均弱的状况，从而提高了一日内有效光的总受光量。另外，拱形塑料棚还有一定的塑料大棚效应，能适当延长生育期，惟独棚的纵向受光还不均衡（平棚、一面坡棚也如此）。

弓形棚：弓形棚是在拱形棚基础上改进而成的，棚下状况与拱形棚相近似，比拱形棚改进的是棚下纵向受光也均衡，

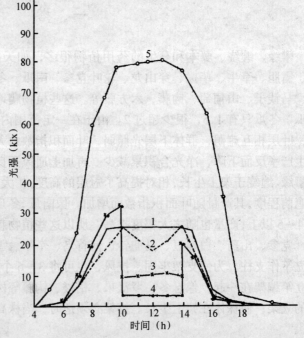

图 5-4 不同棚式受光比较
1.拱形棚 2.脊形棚 3.一面坡透光棚
4.一面坡全荫棚 5.自然光

因为去掉了横梁、拉杆顺杆等，改用竹匹子作弓，所以架棚省料、省工，架设也较为简便，是目前较为理想的棚式。

目前阴性植物生产中，前面叙述的几种棚式都有，有关棚式的研究在人参上较多。几种棚式下的受光状况——日光照强度变化，参见图5-4。

植物吸收太阳光中的红光最多，红光光合效率最大；黄光次之；蓝紫光的同化作用效率仅为红光的14%。由于太阳光的直射光中红、黄光最多只占37%，而散射光中红光、黄光占50%～60%，所以，阴性植物在强散射光下生长良好。

又因人参、西洋参栽培采用拱形、弓形薄膜棚最多，薄膜影响透过光的光质，所以，选膜以透过红、黄光多者为最好。

应当指出，如果条件允许，荫棚的高度应随年生变化而相应地加高，或一年变化一次，或2～3年变化一次。再者，一年四季中，光的组成和强度总在不断变化，所以，荫棚透光的多少即透过光照的强度也应随季节变化而相应变化。在东北参区，一般夏季透过光量为自然光量的20%～24%，春秋时节透光量以自然光量的35%～40%为宜。透光的多少还要视参苗大小（几年生）、自然温度高低而变化，一年生、二年生小苗透光量应少些，高温干旱时节透光量也应少些。目前东北参区采用拱形或弓形调光棚（随季节变化改变透光度）是比较科学的，其设计原理适用于其他阴性植物的荫棚设计。

有些药用植物的育苗期或1～3年生幼苗阶段怕强光直射，所以，人工栽培时，要架设临时性荫棚或与其他高秆植物间种，利用高秆植物创造的荫蔽环境，满足幼苗生长之需，如龙胆草、五味子、当归、肉桂、白豆蔻、八角茴香等。此外，天麻采种时要设荫棚，平贝母移到北京栽培，也需架设荫棚。

三、防寒越冬

我国幅员辽阔，自然条件复杂，栽培的药用植物常因种种原因也出现霜冻和冻害。有的年份个别种类冻害严重，给生产带来损失。多数情况是部分器官受害，或生长停滞，有的导致病害发生，造成损失。所以栽培管理中，要注意防寒越冬管理。

霜冻、冻害各地都有。广东、广西、海南、台湾等省、自治区低温冷害较多。宿根性草本植物和喜温的药用植物易发生冻害，栽培管理时应予特殊注意。

冻害的发生与品种、长势、树龄、枝条的成熟度、地形地势、地理位置、气象和栽培管理条件等有关。通常情况下，春季热量光照不足，养分积累少，枝条未成熟，或氮肥偏多延迟生长，易发生冻害；寒潮侵袭时间早、强度大，持续时间长，易发生冻害，程度较重。一冻一化的剧烈变温是宿根性草本植物发生冻害的主要原因。东北、华北、西北地区容易发生。山的南麓比北麓明显。同一地段（或坡向）中，低洼地重，砂性大的地块冻害重。

预防措施：对一、二年生药用植物，采取调节播种期（提前或推后）、加强管理等措施，使生育期间错开低温冷害或霜冻害时期，并促进植株健康生长。在霜冻来临时采取熏烟、灌溉、覆盖等措施预防。易发生冻害的植物和地区，应适时培土或地面覆盖，或包扎防寒等。

药用植物遭受霜冻害后，应及时采取措施加以补救，力争减少损失。如扶苗、补苗、补种和改种,加强田间管理等。

第四节 病虫害防治

药用植物栽培过程中病虫危害严重时可没有任何收成,一般情况下也要降低产量和品质,所以,药用植物栽培过程中,病虫害的防治也是获得优质高产不可缺少的重要措施之一。病虫害的防治应贯彻"预防为主、综合防治"的方针,应采用各种方法,把病虫害限制在造成损失的最低限度。

一、植物检疫

许多病虫害的传播是随种子、种苗、包装物等远距离传播的。调运种子、种苗不经检疫,将病虫带入新区,遇到适宜条件侵染危害,必将造成损失。所以,从国外或外地调运种子、种苗时,必须经过检疫,确认无检疫对象和主要病虫害后,方可调运。

二、农业防治

1. 合理轮作与间作

药用植物在一地种植后,田间就存有病菌和害虫的侵染源。连作会给病虫害的侵染源提供寄主和食物,导致病虫害的大发生。而合理的轮作与间作,会使病菌、害虫在能存活的期限内因得不到寄主而死亡。如白术的根腐病和白绢病病菌能存活3~4年,要能与禾本科植物轮作4年以上,就会使其死亡。如果轮作作物或邻作、间作植物选择不当,就收不到预定的效果。又如地黄有线虫病,不能与大豆等有同类线虫病的植物轮作或邻作,否则线虫病危害就加重。如果间套作植物或相邻植物搭配不合理——把同病寄主或中间寄主,同一害虫危害的植物搭配在一起或相邻种植,病虫害也重。例如把颠茄和马铃薯间套或相邻种在一起,二十八星瓢虫和疫病的危害就加重。

2. 深耕细作,清洁田园

深耕细作不仅能直接杀灭病虫,而且还促进根系发育,使植物生长健壮,增强抗病能力。清洁田园是预防病虫危害的重要措施之一,它包括清除病株病叶(病部)、田间杂草及植物残体,并把清除物深埋或烧掉。这样可以减少来年侵染危害的来源,从而大大降低病虫发生危害程度。如枸杞黑果病(马铃薯晚疫病),在秋季收果后,彻底清除树上黑果和剪除病枝,并将地上枯枝落叶及黑果全部除掉深埋。第二年7月中旬调查,彻底清园者发病率为2.1%,清园不彻底者发病率为22.4%,未清园者发病率为50.8%。

3. 科学栽培管理

选育抗病抗虫品种,在相同栽培管理水平下就可以获得较高的产量。如有刺红花比无刺红花抗炭疽病和红花蝇;矮秆阔叶型白术有一定的抗术籽虫危害能力等。

调节播期使植株错过病虫侵染危害期,如在东北早播红花可避免炭疽病危害。

适时间苗，合理施肥可使穿心莲烂根病的发病率大大降低，反之发病严重；适当增施钾肥有提高蝈蒿抗烂根病的作用；采用拱形调光棚，适当提高棚下光照强度，可以大大降低人参黑斑病的发病率。

总之，农业防治措施在防治病虫害中占有重要地位。

三、生物防治

生物防治是利用自然界有益的生物来消灭或控制病虫危害的一种方法，使用灵活、经济，对人畜和天敌安全、无残毒、不污染环境、效果持久，是未来的一个发展方向。

生物防治中有以虫（捕食性益虫、寄生性益虫）治虫，如瓢虫食蚜虫，赤眼蜂寄生玉米螟，绒茧蜂寄生地黄拟豹纹蛱蝶幼虫等；以菌（杀螟杆菌、苏云金杆菌、白僵菌等）治虫，如上海应用桑毛虫核多角体病毒防治桑毛虫；有益动物的保护与利用；农用抗生菌的应用，如春雷霉素、多抗霉素、769等防治多种病害。

四、理化防治

物理防治就是利用光线、温度、风力、电流、射线等物理因素和器械设备等物理机械作用来防治病虫危害，如种子清选、温汤浸种、人工器械捕杀、诱杀等。化学防治就是利用化学农药来防治病虫害的一种方法。化学防治的方法目前应用最普遍，见效快，效果显著，使用方便，适用于大面积防治，是综合防治中的一项重要措施，但也是开展规范化种植时应多加注意的方法，要避免使用高毒、高残留、"三致"（致癌、致畸、致突变）农药。

总之，在病虫害防治中，应采取综合防治策略（IPM, integrated pest management），要把各种防治措施结合起来，灵活运用。如必须施用农药时，应按照《中华人民共和国农药管理条例》的规定，采用最小有效剂量并选用高效、低毒、低残留农药，以降低农药残留，保证药材入药安全，保护生态环境。现参考有关中华人民共和国农业部无公害农产品生产推荐使用农药品种的文件（2002年7月1日），和中国农业行业标准——绿色食品农药使用原则（NY/T393-2000），将优质中药材生产中推荐和应禁止使用的农药简介如下，供参考（注：名单中带*号者茶叶上不能使用，因此这样的农药在茎叶入药的药材中也应禁用）。

（一）推荐使用的农药

1. 杀虫、杀螨剂

（1）生物制剂和天然物质　苏云金杆菌、甜菜夜蛾核多角体病毒、银纹夜蛾核多角体病毒、小菜蛾颗粒体病毒、茶尺蠖核多角体病毒、棉铃虫核多角体病毒、苦参碱、印楝素、烟碱、鱼藤酮、苦皮藤素、阿维菌素、多杀霉素、浏阳霉素、白僵菌、除虫菊素、硫磺。

（2）合成制剂

菊酯类：溴氰菊酯、氟氯氰菊酯、氯氟氰菊酯、氯氰菊酯、联苯菊酯、氰戊菊酯*、甲氰菊酯*、氟丙菊酯。

氨基甲酸酯类：硫双威、丁硫克百威、抗蚜威、异丙威、速灭威。

有机磷类：辛硫磷类、毒死蜱、敌百虫、乙酰甲胺磷*、乐果、三唑磷、杀螟硫磷、倍硫磷、丙溴磷、二嗪磷、亚胺硫磷。

昆虫生长调节剂：灭幼脲、氟啶脲、氟铃脲、氟虫脲、除虫脲、噻嗪酮*、抑食肼、虫酰肼。

专用杀螨剂：哒螨灵*、四螨嗪、唑螨酯、三唑锡、炔螨特、噻螨酮、苯丁锡、单甲脒、双甲脒。

其他：杀虫单、杀虫双、杀螟丹、甲胺基阿维菌素、啶虫脒、吡虫啉、灭蝇胺、氟虫腈、溴虫腈、丁醚脲。

2. 杀菌剂

（1）无机杀菌剂　碱式硫酸铜、王铜、氢氧化铜、氧化亚铜、石硫合剂。

（2）合成杀菌剂　代森锌、代森锰锌、福美双、乙磷铝、多菌灵、甲基硫菌灵、噻菌灵、百菌清、三唑酮、三唑醇、烯唑醇、戊唑醇、己唑醇、腈菌唑、乙霉威·硫菌灵、腐霉利、异菌脲、霜霉威、烯酰吗啉·锰锌、霜脲氰·锰锌、邻烯丙基苯酚、嘧霉胺、氟吗啉、盐酸吗啉胍、恶霉灵、噻菌铜、咪鲜胺、咪鲜胺锰盐、抑霉唑、氨基寡糖素、甲霜灵·锰锌、亚胺唑、春·王铜、恶唑烷酮·锰锌、脂肪酸铜、松脂酸铜、腈嘧菌酯。

（3）生物制剂　井冈霉素、农抗120、菇类蛋白多糖、春雷霉素、多抗霉素、宁南霉素、农用链霉素。

（二）应禁止使用的农药

参见表5-1。

表5-1　生产A级绿色食品禁止使用的农药
[参考任德权、周荣汉《中药材生产质量管理规范（GAP）实施指南》，2003]

种　类	农　药　名　称	禁用作物	禁用原因
有机氯杀虫剂	滴滴涕、六六六、林丹、艾氏剂、狄氏剂	所有作物	高残毒
有机氯杀螨剂	三氯杀螨醇	蔬菜、果树、茶叶	工业品中含有一定数量的滴滴涕
有机磷杀虫剂	甲拌磷、乙拌磷、久效磷、对硫磷、甲基对硫磷、甲胺磷、甲基异柳磷、治螟磷、氧化乐果、磷胺、地虫硫磷、灭克磷、水胺硫磷、氯唑磷、甲基硫环磷	所有作物	剧毒、高毒
氨基甲酸酯杀虫剂	克百威（呋喃丹）、涕灭威（铁灭克）、灭多威	所有作物	高毒、剧毒或代谢物高毒
二甲基甲脒类杀虫杀螨剂	杀虫脒	所有作物	慢性毒性、致癌
拟除虫菊酯类杀虫剂	所有拟除虫菊酯类杀虫剂	水稻及其他水生作物	对水生生物毒性大
卤代烷类熏蒸杀虫剂	二溴乙烷、二溴氯丙烷、环氧乙烷、溴甲烷	所有作物	致癌、致畸、高毒
克螨特		蔬菜、果树	慢性毒性
有机砷杀菌剂	甲基胂酸锌、甲基胂酸铁铵（田安）、福美甲胂、福美胂		高残毒
有机锡杀菌剂	薯瘟锡（三苯基醋酸锡）、三苯基氯化锡和毒菌锡	所有作物	高残留、慢性毒性

(续)

种 类	农 药 名 称	禁 用 作 物	禁 用 原 因
有机汞杀菌剂	氯化乙基汞（西力生）、醋酸苯汞（赛力散）	所有作物	剧毒、高残毒
有机磷杀菌剂	稻瘟净、异稻瘟净	水稻	异嗅
取代苯类杀菌剂	五氯硝基苯、稻瘟醇（五氯苯甲醇）	所有作物	致癌、高残留
2,4-D类化合物	除草剂或植物生长调节剂	所有作物	杂质致癌
二苯醚类除草剂	除草醚、草枯醚	所有作物	慢性毒性
植物生长调节剂	有机合成植物生长调节剂	所有作物	
除草剂	各类除草剂		

注：以上所列是目前禁止或限用的农药品种，将随国家新出台的规定而修订。

第六章 药用植物的采收与产地加工

第一节 采 收

一、采收时期

药材的采收期直接影响药材的产量、品质和收获效率。适期收获的药材产量高、品质好、收获效率也高。只有客观掌握不同药用植物品种，不同生长区域气候、水分等因子对药材形成的影响、不同药用部位生长发育规律等要素，才能做到适时采收。

（一）采收期与产量

采收期对产量影响很大。如灰色糖芥地上部分产量：孕蕾期为 $55.66kg/667m^2$，初花期为 $65.6kg/667m^2$，盛花期为 $72kg/667m^2$，花凋谢种子形成期为 $97.5kg/667m^2$，种子近于成熟期为 $76.89kg/667m^2$，以花凋谢种子形成期为最高。又如四川栽培的黄芪，8月花期采收，7kg鲜根出1kg干根，即鲜干比为7:1；9月初采收鲜干比为5～6:1；接近枯萎期（10月）采收，鲜干比为3～4:1，11月（完全枯萎后）采收，鲜干比为2～3:1。按各期鲜根产量相等计算，以完全枯萎的11月份采收为最好，实际上鲜根产量也是11月份最高。采收期与产量的关系不单单是年内各时期、各月份的差异，像芍药、人参、西洋参、黄连等多年生宿根性药用植物，还有个适宜采收年限问题，采收年限不同，产量也不相同。如芍药栽培3年采收，其单产为300～400kg/$667m^2$；如果4年采收（增加生长的1年中，生产上投入不大），则单产为400～500kg/$667m^2$。又如人参，6年生采收比5年生采收，产量高20%～30%；7年生采收产量比6年生又高10%左右。但由于人参田间管理比较繁琐，延长生长年限，成本显著提高，因此目前生产中除了培养大支头人参的需要，一般普通园参加工生晒参，4年生就可收获，加工红参则在5、6年生时收获。

（二）采收期与质量

药材是防病治病的物质基础，其质量优劣与药用（有效）成分含量高低成正相关。药效成分含量高，治病效果较好，没有药效成分就不能防病治病。古代本草曾记有"药物采收不知时节，不知阴干曝干，虽有药名，终无药实，不以时采收，与朽木无殊"，这表明我们的祖先早已懂得采收期与质量的关系。华北地区药农讲"三月茵陈，四月蒿，五月茵陈当柴烧"的谚语，是说明茵陈只有三月苗期采收才能做药材。药用植物生育时期不同，药效成分含量（各器官也如此）也不一样，这种趋势在许许多多的药用植物中都能看到。如灰色糖芥地上部分强心苷含量：孕蕾期为1.82%，初花期为2.15%，盛花期为2.31%，花凋谢种子形成期为1.99%，种子近于成熟期为1.39%。所以，就强心苷含量而言，以盛花期收获为佳。再如细辛，它是全草入药，挥发油为主要活性成分，有人测试出苗期（4月）、开花期（5月）、果期（6月）、果后营养生长期（7~8月）、枯萎期（9月）的醚溶性浸出物含量，依次分别为4.52%、5.78%、3.21%、3.45%、3.41%，其中以开花期含量为最高。我国东北传统的采挖期也是5月间。人参、西洋参、三七、大黄、细辛、黄连等多年生宿根性药材，年生不同药效成分含量也不同，一般地讲，年生愈大含量愈高。但要注意的是，如人参在6年生以前，含量增长速度较快，6~7年以后含量增长速度与重量一样，开始降了下来，因此从生产者和药用价值的角度来考虑，栽培的人参生长4~7年就可收获。又如3、4年生大黄根中的大黄苷是在其种子成熟前含量最高，种子成熟后，苷的含量显著下降，因此从有效成分含量的角度来看，目前传统的大黄采收期有问题。为更清楚地了解生长年限对药材有效成分含量的影响，现以三种五加科贵重药材——人参、西洋参、三七为例，将产区按传统采收的药材测定的人参总皂苷含量的年生间变化情况归纳于表6-1。从表中看出，按传统采收方法采收的这三种药材根中的总皂苷含量都是很高的。

表6-1 不同年生人参、西洋参、三七根中皂苷含量（%）

年 限	1	2	3	4	5	6
人 参	1.51	2.22	2.78	3.46	4.02	4.85
西洋参	3.32	3.69	5.28	5.63	6.5	
三 七		8.0	9.5	11.0	14.5	

药材质量问题，除了药效成分含量外，还有色泽、饱满度、油性等多方面衡量指标。采收期不同，这些指标的优劣也不尽一致。如番红花适期采收干后产品色泽鲜红，有油性；采收偏晚柱头黏上花粉粒呈黄色；采收偏早干后呈浅红色，质脆油性小。又如人参，适期采收浆足质实，加工出的红参、生晒参色正，无抽沟，红参断面呈角质样。如果提早或延后起收，加工出的产品有抽沟。天麻提早或延后采收，加工后的块茎抽瘪严重。贝母提早采收加工出的产品质轻，过晚起收加工出的产品色发黄等。

（三）采收期与收获效率

许多果实或种子入药的药材（薏苡、紫苏、芝麻、芥子等），必须适时采收，如果采收过晚，果实易脱落或果实开裂种子散出，这样不仅减少了产量，而且还浪费了人力。像枸杞、五味子等浆果类药材，采收过早果实没红，果肉少而硬，影响药材质量和产量，如果采收过晚，果实多汁，采收易脱落或弄破果实，也影响产量和质量，要保证质量就得小心采摘，降低收获效率。又如厚朴、杜仲、肉桂等皮类药材，多在树液流动时采收，剥皮容易，劳动效率高，过早或过晚采收，不仅剥皮费工，而且也保证不了质量。东北、华北、西北地区以及南方的高寒山区，根类药材收获过晚（土表结冻后），不仅影响收获效率，而且易使根部折断，降低药材质量。南方郁金收获过迟，块根水分过多，挖时易折断、费工，加工易起泡，干燥时间长。

（四）种子质量与收获期

收获期不仅影响药材的产量与品质，也影响种子、种栽的产量和质量。如细辛种子采收不及时，果实成熟后会自然开裂，种子散落在地，散出的种子不是被蚂蚁搬食，就是因干热丧失发芽能力。人参种子采收过晚成熟者会落地；红花种子不及时采收，一旦遇雨会自然萌发；平贝母鳞茎采收过晚（8月后）会生根，严重影响种用鳞茎质量；人参、西洋参种栽起收过晚，易遭缓阳冻等。种子采收过早则未成熟，难以保证种子质量。

总之，不论是收获药材还是收获种子，都必须适时采收，过早过晚采收，不仅降低产量和品质，而且还降低收获效率。

（五）采收期的确定

确定药材的采收期必须把有效成分的积累动态与产品器官的生长动态结合起来考虑，同时也应当注意药材的商品性状。由于药材种类多，入药部位不同，其采收期的确定也要区别对待。

第一，有效成分含量高峰期与产品器官产量高峰期一致时，可以根据生产需要，在采收商品价值最高时采收。这有两种情况：①有效成分含量有显著高峰期，而产品器官产量变化不显著的，则以含量高峰期为最佳采收期。属于这类的药材有蛔蒿、细辛、红花等。据报道沈阳地区栽培的蛔蒿，其山道年的含量有两个高峰期，一个高峰期正值营养生长期，叶中山道年含量可达 2.4%；另一个高峰期在 8

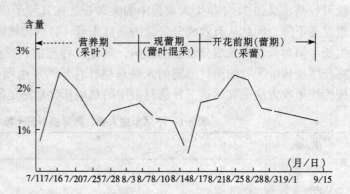

图 6-1　沈阳地区栽培的蛔蒿中各时期山道年含量曲线图

月下旬，正值开花前期，花蕾中山道年含量也是 2.4%，而两个时期蛔蒿产量变化不大，因此均可作适宜采收期（图 6-1）。②有效成分含量变化不显著，而产量有显著高峰期者，则以产量高峰期为最佳采收期。一般果实种子入药的药材都属这一类，均以果实种子充分成熟时采收为宜。

第二，有效成分含量高峰期与产品器官产量高峰期不一致时，则应以有效成分含量与产量之乘积最大时，为最适采收期。如薄荷、灰色糖芥等。有人报道灰色糖芥强心苷含量以开花初期和开花盛期为最高，而地上部产量则以花凋谢种子形成期为最高，几个时期强心苷总含量分别计算如下：

$$开花初期总苷含量（kg/667m^2）= 65.6 \times 2.15\% = 1.41$$

$$开花盛期总苷含量（kg/667m^2）= 70.0 \times 2.31\% = 1.66$$

$$花凋谢种子形成期总苷含量（kg/667m^2）= 97.5 \times 1.99\% = 1.94$$

$$种子近成熟期总苷含量（kg/667m^2）= 76.89 \times 1.39\% = 1.07$$

计算结果表明，花凋谢种子形成期总苷含量最高，此时为最佳采收期。

又如，薄荷叶在花蕾期有效成分——薄荷油含量为其高峰期，可达 3%，而在开花期油含量降为 1.5%；与之相反，薄荷叶在花蕾期的产量只有 1 000 kg/667m²，到了开花期叶的产量可增加到 5 000 kg/667m²。确定其最佳采收期则要以两者的乘积（有效成分含量×产品器官产量）达到最大值的时期为宜。

此外，采收期的确定除了看产量、有效成分含量外，还要看其他干扰成分（特别是毒性成分）含量变化。如治疗慢性气管炎的照山白（*Rhododendron micranthum* Turcz.），叶中含总黄酮和梫木毒素Ⅰ（grayanotoxin Ⅰ）。总黄酮为有效成分，梫木毒素为毒性成分，两种成分生育期间的变化归纳于表 6-2。

表 6-2　照山白化学成分的季节变化

生育期（月份）	1	2	3	4	5	6	7	8	9	10	11	12
总黄酮（%）	2.52	2.69	2.75	2.26	2.51	2.02	2.00	1.72	2.08	2.21	2.24	2.72
梫木毒素I（%）	0.03	0.03	0.03	0.03	0.02	0.06	0.06	0.06	0.03	0.03	0.02	0.03

从表中看出，总黄酮含量以12，1，2，3月四个月份最多，6~8月三个月最低。梫木毒素I的含量以6~8月三个月最多。就产量来说，6~8月生长最旺盛，叶的产量最高，而12，1，2，3月四个月产量最低。从叶的产量、有效成分和毒素成分含量三个因素的综合水平看，采收期以5月、11月为最佳。

应当指出，有些药用植物有效成分含量变化期很窄，如曼陀罗花（洋金花）中总生物碱含量以花凋谢期为最高，花蕾期次之，盛开期最少。薄荷叶中挥发油的含量以植株处于待开花期最高，盛花期次之，花后变少，晴天多，阴天少。有的受纬度、海拔、产地等因素影响，确定采收期时也应注意。

药材采收期因植物种类、药用部位、地区、气候条件等因素而异。现将各类药材传统的采收经验简介如下：

1. 根和根茎类

当年播种收获的药用植物有牛膝、玄参、半夏、天麻（白麻作种）、地黄、北沙参、浙贝母、菘蓝、天南星等。栽培2~3年收获的品种有乌头（附子）、柴胡、黄芪、当归、白芷、防风、黄芩、白术、云木香、土木香、党参、桔梗、前胡、知母、独活、缬草、商陆、射干、百合、丹参、平贝母、峨参、何首乌等。栽后3~5年收获的品种有细辛、大黄、芍药、三七、甘草、百部、天门冬、远志、穿山龙等。栽培5~8年收获的品种有人参、黄连、巴戟天等。

对于这些药材，在其收获年份里，绝大多数都是在植株生长停止，待要进入或进入休眠期的秋季采收，或者在春季萌芽前采收。传统经验认为，柴胡、明党参以春季采收最好。而平贝母、延胡索则在小满至芒种期间采收。太子参在夏至前后采收。

2. 皮类（树皮、根皮）

皮类药材栽培年限较长，除牡丹皮需3~4年外，杜仲、厚朴、黄柏需10年以上，肉桂需15~20年。一般是春末夏初植物生长旺盛，皮部养分和树液增多时采收。

3. 叶类

多数叶类药材为当年采收，有的为2年采收，有的可连采。采叶宜在植物生长最旺时期，如花未开放，或果实未成熟前。此时叶内营养充足，有效成分含量最高。但桑叶须在秋霜后采收。

4. 花类

忍冬、丁香、款冬、槐花、番红花、洋金花等多在花蕾膨大、尚未开放时采收。辛夷在花蕾微开时采收，红花、菊花、凌霄花宜在盛花期采收，除虫菊在花头半开时采收。

5. 果实和种子类

果实多在自然成熟或将要成熟时采收，如栀子、山楂、栝楼、枸杞、薏苡等；枳壳、梅等宜在未成熟时采收；川楝、山茱萸着霜后采收为佳；种子类药材多在自然成熟时采收。成熟期不一致的果实或种子，应随熟随采，如木瓜、凤仙花、补骨脂、水飞蓟、续随子等。

6. 全草类

全草类药材多在进入生长最旺盛时期，如蕾期或花期采收，如细辛、藿香、荆芥、穿心莲、马鞭草等少数种是在开花后采收。

7. 树脂及其他

树脂、藤木类药材栽培年限较长，苏木、阿拉伯胶需5～6年，安息香需7～9年，儿茶、沉香需10年以上，檀香要30年才能采收。

二、采收方法

采收方法因植物、入药部位而定，目前主要的方法有如下几种：

（一）摘取法

花类药材如丁香、忍冬、款冬、红花、菊花、番红花等，果实类药材如栝楼、栀子、山楂、枳壳、梅、木瓜、枸杞、川楝、山茱萸等（薏苡除外），都采用摘取法。在进入采收期后，边成熟边采摘。花期长的，开放不整齐的应分批采摘，摘后及时阴干或晒干（或烘干）。果实成熟不一致的也要分批摘取。采摘多汁果实时，应避免挤压，并要及时干燥，减少翻动次数，以免碰伤。叶类药材也要采用摘取法，摘后及时阴干或晾晒。部分种子类药材也可采用摘取法。有些皮类、根类药材的种子采收，也采用摘取法。

（二）刈割法

果实类药材中的薏苡和大多数种子类药材（补骨脂、芥子、牛蒡、水飞蓟等）的采收都采用刈割法。大部分全草类药材，如荆芥、薄荷、藿香、穿心莲等用刈割法采收，可一次割取或分批割取。

（三）掘取法

根及根茎类药材都采用掘取法采收，部分全草类药材（细辛等）的采收，也采用掘取法。根及根茎类药材的采收，一般先将地上部植物体用镰刀割去，然后用相应的农具采收，采收时应避免损伤药用部位。

（四）剥取法

皮类药材都采用剥取法。一般在茎的基部先环割一刀，接着在其上相应距离的高度处再环割一刀，然后在两环割处中间纵向割一刀。纵向割完后，就可沿纵向刀割处环剥，直至茎皮、根皮全部被剥离下为止。此段剥离后将树锯倒继续剥皮。近年试行活树剥取法，采用环剥或半环剥方法，控制环剥面积，这样可以不用锯倒树木。

第二节　药用植物的产地加工

一、加工的目的和意义

栽培的中药产品除少数品种（鲜生地、鲜石斛、鲜芦根等）鲜用外，都是加工成干品应用。加工的目的和意义是：纯净药材，防止霉烂变质；保持药效，便于应用；利于贮运，保证供应。

(一) 纯净药材，防止霉烂变质

采收的药材多是鲜品，含水量很高。由于药材中都含有丰富的营养物质，湿度又大，微生物极易萌生繁衍，并从其伤口、皮孔、气孔等处侵入内部，致使药材霉烂。部分药材虽然没有被霉烂，但在其他药材霉烂、生热、腐败过程中也发生变质，失去药用价值。所以，采收的药材要及时加工，清除或杀灭微生物，降低体内水含量，防止霉烂变质。

根及根茎类药材采收后，体表黏附很多泥土和土壤微生物，有的还带有茎叶残体及须根，这些都是非药用部位，应当清除。地上部分入药的药材也是这样，如红花摘取花冠时，常常把部分苞片摘下；还有的药材摘果带入果柄；摘蕾带入叶片；摘取番红花柱头带入药冠等等。只有把这些带入部分全部清除，才能保证药材的纯净。所有这些杂物的清除是伴随加工工艺，在加工前、加工中或加工后一并进行的。

(二) 保持药效，便于利用

植物通过自养或异养获得营养物质，并能利用此类产物再生成次生代谢产物，这一过程可概括为合成代谢。植物在生长发育过程中，又不断利用这些合成产物构成机体或作为能源被消耗掉，这一过程是通过降解代谢来实现的。生物体有合成就必然有降解，合成和降解构成了生物的代谢过程。药材中的药效成分，就是生物代谢过程中的初生代谢产物、中间代谢产物或最终代谢产物，而生物机体内代谢产物的合成与降解是由酶来调节的。采收后的鲜药材中含有多种酶类，这些酶在没有受到破坏前都具有活性，它们都能在各自适宜的条件下，使相应的产物转变成另外的成分。有些药用成分被降解后，就降低了药效或失去药效，进而失去药用价值。如苷类酶解后会变成糖和苷元，而苷元的活性与苷不同。

药材的产地加工可以杀死酶类，防止降解，从而保证了药效。

有些药材通过一定的加工工艺可使某些活性成分增加（如人参皂苷 Rg_3、Rh_2）。加工还可洗除或转化某些毒性成分，如生附子的乌头碱、次乌头碱等通过胆巴水浸泡和漂水而降低含量或被转化。

有些药材质地坚硬，或者个体粗大，鲜时不切片，干燥后是很难弄碎称取。采用整个药材入药煎熬也不方便，且难保证处方的功效。此外，还有些药材需要去皮或抽心，只有趁鲜加工才能保证药材质量，又省去用药者用前的加工。

(三) 利于贮运，保证供应

鲜药材水分含量高，容易霉烂变质，这不仅给贮存保管或运输带来了极大的困难，而且还容易造成损失。针对不同药材特点，采用相应工艺加工后，不仅保持了药效，而且降低了水分含量，使药材中的含水量降低到任何微生物都不能萌发和生长的限度，这样就不能霉烂，可以安全贮藏和运输。有了安全贮运条件，就可按计划规模生产，保证供应，满足医疗用药需要。

此外，通过加工手段可按药材和用药的需要，进行分级和其他技术处理，有利于药材的炮制、用药和深加工。

二、加工方法

药材加工方法必须严格按 GAP 标准进行。药材采收后，不论哪类药材，产地加工均需干燥工艺。干燥方法有阴干、晒干和烘干三种。干燥中必须注意温度变化，只有温度适宜，才能保证药材的色泽、形状和内在质量。一般烘干温度为50℃左右，低温烘干多不超过40℃，浆果类药材以70~80℃为宜。烘干温度也要因药材所含成分而变化，一般含挥发油类的药材，烘干温度以30℃左右为宜；含苷和生物碱类药材（西洋参除外），可在50~60℃下烘干；含维生素类的药材，可在70~90℃下烘干。

洗刷是清除泥土和杂物的好方法，但不是所有的药材都能水洗。能够水洗的药材，洗刷过程中，也要严禁长时间水泡，否则也会损失有效成分。

（一）根和地下茎类

1. 直接分级干燥，除杂入药

这类药材不经洗刷，直接晒干、阴干或分级烘干。有些药材体粗大，不易干透时，应边干边闷，反复闷晒（烘），直至达8~9成干时，除去杂物，最后干至合乎商品规定标准为止，如平贝母、川芎、三七、牛膝、大黄、防风、柴胡、前胡、甘草、黄芪、白术、地黄、板蓝根、独活、丹参、黄连、续断、缬草、紫菀、何首乌、云南萝芙木等，干后再按商品等级分级包装。

2. 洗刷后干燥

像人参、西洋参、伊贝母、虎杖、射干等药材采收后，要用清水将根体洗净，然后晒干或烘干，最后按商品规格分级包装。

3. 浸漂后干燥

平贝母加工时，先水洗，然后用石灰水浸12h，浸后拌石灰干燥。盐附子加工时，是把附子浸在一定浓度的胆巴和盐的水溶液中（俗称泡胆），浸泡3~4d后，浸控、浸晒（晒短水、晒半水、晒长水）2周，最后用高浓度的煮沸的盐胆水浸泡24~42h，浸后控干即成盐附子。

4. 刮皮干燥

有些药材加工中有刮皮工艺，刮皮后干燥成成品，如北沙参、桔梗、山药、穿山龙、半夏、浙贝、大黄、明党参、芍药、光知母等。其中北沙参、芍药、明党参是先用沸水浸烫，冷却后去皮；其余的趁鲜刮去粗皮（大黄也可削去粗皮），然后晒干或烘干。雪胆的去皮较特殊，它是将块根放入柴火中烧熟（严禁把皮烧焦），然后剥去表面粗皮干燥。

5. 切片（段）干燥

根体较粗或质地坚硬的药材需趁鲜切片（段）或剖开，然后晒干或烘干。采用此种工艺加工的药材有：天花粉（栝楼根）、商陆、地榆、苦参、乌药、土木香、云木香、吐根、穿山龙、大黄、附片（白附片、黑附片、顺片）、催吐萝芙木、巴戟天（晒6~7成干切段）等。

6. 熏干或熏后干燥

当归加工是把根扎成小把，再把小把纵横堆放在架上（高30~50cm），用湿柴或秸秆燃烟熏干，熏至表皮呈赤红或金黄色时，再用煤熏烤至干。

7. 烫或蒸制后干燥

有些药材洗刷后需要沸水浸烫或热锅蒸制，然后烘干。这样加工出的药材质地致密，吸湿慢，耐贮性能好，但药性与直接晒干或烘干者略有不同。如大力参（又称烫通参）、红参。采用烫后干燥的药材还有天冬（天门冬）、百部、百合、白芨、延胡索、石斛、太子参、峨参等。采用蒸后干燥加工的药材还有郁金、黄精、大个的白芷等。

8. 其他

远志加工时，趁水分没干，用木棒敲打，使其松软，抽去木心，晒干后成为远志肉，不抽心直接晒干则为远志棍。

玄参晒干过程中要经常把根体堆放在一起，并盖上麻袋等物闷捂（晒 1~2d 捂 2~3d），使其根体内部变黑，闷捂变黑的化学反应或药效成分变化，虽然尚不清楚，但商品规格规定断面全黑者为佳。

（二）皮类

多数皮类药材采收后可直接晒干，但杜仲、厚朴要先刮去粗皮（厚朴趁鲜刮粗皮，色显黄色为度），刮后趁鲜或半干时，将皮展平，相互重叠用重物压平后再晒干。杜仲剥下的树皮还要用沸水烫、泡后展平，并用稻草垫、盖，使之"发汗"，当内皮呈紫褐色时再取出晒干。桂皮也有卷筒干燥者，牡丹皮有刮皮和不刮皮两种。对皮类药材的加工，在加工中都要严禁着露触水，否则会发红变质。

（三）叶和全草类

叶类、全草类药材多含挥发性成分，最好是放在通风处阴干或低温下烘干。通常阴干前或阴干中扎成小把（捆），然后再阴至或晒至全干。如紫苏、芥穗、薄荷、细辛等。但穿心莲、大青叶、毛花洋地黄、莨菪可直接晒干。含水多的叶类药材（垂盆草、马齿苋等），需用沸水轻轻烫一下，然后晒干。

（四）花类

一般花类药材采收后晒干或烘干（红花忌烈日下晒干），随采随晒，干得愈快愈好。

（五）种子和果实类

决明子、续随子、芦巴子、牛蒡子、水飞蓟、急性子、薏苡等可直接晒干，干后清除杂物。薏苡干后还要去皮，取种仁入药。砂仁连果皮一起干燥。李、郁李等应打碎果核，取内部种仁晒干入药。五味子、枸杞子可直接晒干或烘干。枳壳、佛手可割开干燥。栝楼割开后晒干或去掉内瓤和种子，然后晒干（烘干）入药。豆蔻是带果实干燥贮存，用时取其种子入药，这样干燥保存有效成分散失少。

第七章 药用植物生产技术的现代化

前面几章已对药用植物的栽培技术作了较为详尽的阐述，但应当清醒地认识到，这种传统的中药材生产方法存在着许多自身难以克服的弊病。显而易见，传统的药材栽培摆脱不了田间各种环境条件、气候条件、生产技术措施等因素的制约，药材栽培地的土壤、环境、气温、降水情况、田间管理等均会影响药材的质量。其次是，一些难以繁殖或繁殖系数低的药材、一些生长年限长（周期长）的药材、一些对环境条件要求苛刻（道地性强）的珍稀药材，以及一些对人类突发疾病有防治效果的药材，常常难以做到保证供应。对于这些问题，现代科学技术的发展为这些问题的解决带来了曙光。

一种可能的方法是参照在花卉、蔬菜生产上应用较多的无土栽培（soiless culture）技术，建立起"植物工厂"来进行中药材的生产。植物工厂是继温室栽培之后发展的一种高度专业化、现代化的设施农业。它可以完全摆脱大田生产中自然条件和气候的制约，应用现代化先进技术设备，完全由人工控制环境条件，生产周期短，全年可均衡保证供应产品。目前，世界上已有100多个国家在这方面取得了长足的进步，高效益的植物工厂在一些发达国家发展迅速，已经实现了工厂化生产蔬菜、食用菌和名贵花木等。

传统的栽培方式是用天然土壤来支撑、固定植物，并提供植物生长发育所需的养分和水分；无土栽培则是用岩棉、蛭石、珍珠岩、锯末，甚至水等非天然土壤物质来支撑、固定植物，用营养液提供植物生长发育所需的养分和水分。采用无土栽培可摆脱传统农业生产中关键的制约因素，如中耕除草、土壤连作障碍等，并有省水、省肥的特点。因为在土壤栽培中，灌溉的水大部分由于蒸发、流失、渗漏而被损失；肥料则由于被固定、淋洗、挥发而造成不同营养元素的损失。据统计，采用无土栽培可节省用水50%～70%，节省肥料50%以上。

概括地讲，无土栽培的优点有：第一，完全摆脱了土壤条件的限制，实现工厂化生产；第二，减少污染，没有草害，病虫危害轻，清洁卫生；第三，缩短了作物的生产周期，产品产量高、质量好；第四，节省人力、物力。

总之，"植物工厂"采用工业化和自动化的方式生产农作物。它是工业和农业的有机融合物，代表了21世纪农业的一个发展方向。当然，无土栽培也存在一定的局限性：①无土栽培必须在特殊设备下进行，初期投资费用高；②营养液有时会遭到病原菌感染使植物迅速受害；③耗电多（占生产成本的一半以上）。因此，现阶段无土栽培主要用于生活周期短的珍稀蔬菜或花卉的生产中，在药用植物生产上的应用则很少，只有在人参、西洋参等少数药用植物育苗中被试验采用过。关于这一技术的基本方法已在本书第四章第三节作了讲解，限于篇幅，这里就不作深入讲解了。

另一种是已被证明极有发展前途的方法——植物组织培养（plant tissue culture）技术。这一技术在生物技术学科中又被称为植物细胞工程，受到世界植物研究有关学者的广泛关注，目前已取得了大量的成果，将这一技术应用于药用植物方面已成为极有开发前途的研究领域。目前与药用植物生产直接相关的两个研究热点是：第一，通过愈伤组织或悬浮细胞的大量培养，从细胞或培养基直接提取有效成分，或通过生物转化、酶促反应生产有效成分；第二，利用脱毒和试管微繁技术生产大量种苗以满足药用植物栽培的需要。

为此，我们将药用植物组织和细胞培养作为药用植物生产的一种现代新技术，列为一章讲述，以便适应未来药用植物生产发展的需要。

第一节　植物细胞的工业化生产

一、植物细胞培养与工业化生产

1. 植物细胞培养的发展

自18世纪细胞学说诞生之日起，世界上许多生物科学工作者都在探讨细胞培养技术。植物组织和细胞培养就是在这个发展过程中，于20世纪初新兴起的生物技术。目前，植物组织和细胞培养已发展成为一种常规的研究方法，在理论上深入探讨细胞生长、分化的机理及有关细胞生理、遗传学等问题。它的一些技术——胚胎培养、茎尖培养、花药培养单倍体、无性快速繁殖等已被生产所应用；细胞融合技术克服了常规育种的局限性，扩大植物的变异范围和创造新种、增加新品种的选择效果；植物细胞工业化生产也正步入生产之中。

2. 植物细胞培养的原理

细胞全能性学说是植物细胞培养的根本原理。细胞悬浮培养是以游离的植物细胞为个体使之悬浮在营养液中进行培养。它可以在较大的容器中培养，其细胞仍能正常生长和增殖。条件适宜，增殖的细胞仍是单一的或是较小的细胞团。在此种条件下，细胞增殖速度比愈伤组织快。在培养过程中，细胞的数量及总量在不断增加，经过一定时间后，细胞产量达到了最高点，就可收获这些培养物加以利用。与此同时，取部分培养物稀释后继续进行继代培养，使细胞增殖的速率几乎与上次相同，经过同样的时间后，再收获再继代，如此循环下去，就实现了植物细胞的工业化生产。

但是，应当注意，细胞培养过程中，由于细胞受形态全能性的影响，总具有集聚在一起的特性，一旦培养细胞出现分化，这种循环就被终止，因此培养过程中总是要高度保持细胞的游离性。游离细胞的多与少与培养植物种类、基质组成（含激素种类与比例）和培养条件有关。每种植物总可以寻找出游离状态最多、生长最佳的基质与环境条件。

细胞培养过程中，细胞株（即单个细胞）是个体，同一种植物的细胞，绝大多数性状一致，少数细胞与之有差异，这种差异与自然界植物体一样，有多种多样，这就为我们按其所需进行选择培养提供了条件。细胞培养过程中，有时也会出现变异和突变，这种变异和突变也并不是都完全有益，这点是继代培养中值得注意的问题。

3. 药用植物细胞培养中的次生代谢产物

细胞培养过程中，细胞内也可形成初生和次生代谢产物，如碳水化合物、蛋白质、糖、氨基酸、有机酸、酶、生物碱、抗生素、生长素、黄酮类、糖苷、酚类、色素、皂苷、甾体类、萜类、单宁等。这些产物的多少与培养的药用植物种类、培养物的生理状态、培养基质中的化学组成（特别是激素）、培养条件等有关，此类问题尚在深入研究之中。

药用植物细胞培养表明，在适宜的培养条件下，培养细胞内可含有与天然药用植物相同种类的药用成分，如糖类、苷类、萜类、生物碱、挥发油、有机酸、氨基酸、多肽、蛋白质和酶类、植物色素等。有时药效成分的含量是天然药用植物体含量的几倍到几十倍，这为药用植物细胞的工业化生产提供了基本的技术基础。

4. 药用植物细胞的工业化生产

药用植物细胞的工业化生产，是指使药用植物细胞像微生物那样，在大容积的发酵罐中发酵培养，并获得大量药用植物细胞的生产方式。因为这种生产不是在大田，而是在工厂的发酵罐之中，因此又称为药用植物发酵培养的工业化。

药用植物细胞的工业化生产是1968年首先在日本获得成功的。1968年，日本明治制药公司在古谷等人的指导下，用$130m^3$的培养罐进行了人参培养细胞的工业化生产。到目前为止，已有一些药用植物种类被认为在今后有希望用于工业化生产，如用苦瓜培养细胞生产类胰岛素；用莨菪培养细胞生产天仙子胺、L-莨菪碱、红古豆碱；用十蕊商陆培养细胞生产植物病毒抑制剂与抗菌素；用烟草B-Y细胞株生产辅酶Q_{10}；用薯蓣、苦瓜培养细胞生产薯蓣皂苷元；用筛选的洋地黄培养细胞进行强心苷的转化等。

在药用植物细胞的工业化生产已较为完善的有：1980年，Ibaraki的人参细胞的工业化发酵培养，反应器的规模达到20 000kg；1985年，Tabata在紫草（*Lithospermum erythrorhizon* Sieb. et Zucc.）细胞工业化培养生产紫草素（shikonin）上的成功，在药用植物发酵培养历史上具有里程碑的意义，目前工业上用的紫草素，主要来自于发酵培养；高丽参的器官培养也实现了工业化，反应器的规模已经达到10 000kg。

药用植物细胞工业化生产的优点是：第一，生产的环境条件容易控制，不受季节、区域的限制。这对药材生产实现无公害、规范化十分有利。同时，也使那些生长条件要求严格、生长缓慢、产量小、价值贵重而稀少的药用植物的大量生产成为可能。第二，工业化生产用地少，不与粮食、蔬菜等作物争地。在我国人口多，耕地少，粮、药都需按比例、按计划生产的情况下，这种生产方法更具有特殊的意义。第三，可以提高经济产量。在自然条件下，人工栽培的药用植物，只是植物体的部分器官入药，入药部位与整个生物体相比，所占比例较小即经济产量低。而采用工业化生产后，培养的细胞都含有药效成分，非药用部位不进行培养，也不生长，这与人工栽培相比，经济产量可以大大提高，有的药用植物的经济产量近乎百分之百。另外，工业化生产出的细胞药效成分含量高，是自然栽培药用植物含量的几倍至几十倍，从这个意义上讲，与栽培药用植物相比，经济产量超过百分之百。第四，便于采用先进技术，实现现代化、自动化。第五，生产周期短，速度快，利于计划生产。大田栽培的药用植物生产周期长，在一个生产周期内，其产量有一定限度，并受到自然条件的制约。而工业化生产中，由于大多数细胞都能进行分裂增殖，再加上为培养细胞提供最佳环境条件组合，细胞生长良好，生长速度快，生产周期短，只需4~6周，便于根据用药的数量和轻重缓急，分期分批地安排生产，保证用药之需。

正是由于细胞工业化生产有上述优点，才引起国内外众多科学工作者的关注与重视，并都在致力于基础研究，不断完善其技术。应当指出：第一，药用植物细胞的工业化生产目前尚未像其他生产技术那样成熟，尚需进一步完善；第二，实现药用植物细胞的工业化生产，需要有一定的设备为生产基础，生产投资较大；第三，其培养生产技术要求严格，需要有一定的技术基础才能进行生产。

二、药用植物细胞工业化生产的流程与工艺要求

（一）生产流程

药用植物细胞工业化生产流程概括如下：

待培养药用植物愈伤组织的诱导和培养→单细胞分离→优良细胞株的建立→扩大培养→大罐发酵

（二）工艺要求

1. 愈伤组织的诱导和培养

待培养药用植物愈伤组织的诱导和培养是药用植物细胞培养的基础工作之一。它的步骤和要求是：

（1）选择药用植物材料　目前已成功地从许多药用植物诱导出愈伤组织，其中双子叶药用植物最多。药用植物的器官和组织都可作为诱导愈伤组织的材料，我们把这些由活药用植物体上切取下来进行培养的那部分组织或器官叫做外植体。应当选择健康无病的幼嫩材料作外植体，具有诱导快、诱导率高的特点。对于多年生木本药用植物，应从生长发育年幼的枝条上取材。

（2）材料的消毒　按选材的要求取材后，应适当除掉非接种部位或阻碍彻底消毒的部位，然后将待要消毒、分割接种的材料放入表面消毒的容器内，振摇消毒。

常用的消毒剂有 2%～3% 的次氯酸钠或 9%～10% 的次氯酸钙。

消毒时间与药用植物种类、被消毒材料的幼嫩程度、消毒剂的种类和浓度、消毒方式等有关。消毒材料幼嫩的，消毒剂浓度高的，直接消毒接种部位的，消毒时间应短些，反之则要长些。用次氯酸钠、次氯酸钙直接消毒幼嫩茎、叶、花、果材料时，一般消毒时间为 10～15min，间接消毒为 15～20min。用 0.1% 升汞消毒，直接消毒被接种材料用 7～10min，间接消毒为 10～15min。消毒后用无菌水冲洗 3 次，然后分割接种。

（3）培养基的选择与配制　用于诱导愈伤组织的培养基种类很多。药用植物种类不同要求的（或适应的）培养基也不一样，也就是说，一种药用植物材料接种在不同培养基上，其愈伤组织诱导的快慢和生长的状况也不一致。所以，诱导愈伤组织时，应对各种培养基进行选择，特别是使用的生长调节物质（生长素类、细胞分裂素类等）的种类与浓度，培养基的渗透压、pH 等都应符合被培养药用植物的生长习性和要求。一般培养基配方的组成应与被培养药用植物的营养需求相符合或相近，必要时，配方组成可进行部分调整。初次诱导多采用固体培养基。

培养基是现用现配，配制后根据需要分装在相应的培养容器中，并及时进行灭菌。湿热灭菌的压力为 $1～1.2kg/cm^2$，时间为 15～20min 左右。若时间过短，则灭菌效果达不到要求，易引起污染；时间过长会引起培养基有机成分分解失效。不能湿热灭菌的应进行过滤灭菌。

培养基的种类很多，这里不能逐一介绍，仅介绍几种常用培养基的组成，见表 7-1、表 7-2。

表 7-1 常用培养基的矿质营养成分 (mg/L)

组　成	MS (1962)	White (1963)	Nitsch (1956)	Blaydes (1966)	Gamborg (B_5) (1968)	N_6 (1975)
KCl		65	1 500	65		
$MgSO_4 \cdot 7H_2O$	370	720	250	35	500	185
$NaH_2PO_4 \cdot H_2O$		16.5	250		150	
$CaCl_2 \cdot 2H_2O$	440				150	166
KNO_3	1 900	80	2 000	1 000	3 000	2 830
$CaCl_2$			25			
Na_2SO_4		200				
$(NH_4)_2SO_4$					134	463
NH_4NO_3	1 650			1 000		
KH_2PO_4	170			300		400
$Ca(NO_3)_2 \cdot 4H_2O$		300		347		
$FeSO_4 \cdot 7H_2O$	27.8			27.8	27.8	27.8
Na_2-EDTA	37.3			37.3	37.3	37.3
$MnSO_4 \cdot 4H_2O$	22.3	7	3	4.4	10	4.4
KI	0.83	0.75		0.8	0.75	0.8
$CoCl_2 \cdot 6H_2O$	0.025				0.025	
$ZnSO_4 \cdot 7H_2O$	8.6	3	0.5	1.5	2	1.5
$CuSO_4 \cdot 5H_2O$	0.025		0.025		0.025	
H_3BO_3	6.2	1.5	0.5	1.6	3	1.6
$Na_2MoO_4 \cdot 2H_2O$	0.25		0.025		0.25	
$Fe_2(SO_4)_3$		2.5				

表 7-2 常用培养基中的有机成分 (mg/L)

组　成	MS (1962)	White (1963)	Nitsch (1956)	Blaydes (1966)	Gamborg (B_5) (1968)	N_6 (1975)
肌醇	100				100	
甘氨酸	2	3		2		2
烟酸	0.5	0.5		0.5	1	0.5
维生素 B_1	0.1	0.1		0.1	10	0.5
维生素 B_6	0.5	0.1		0.1	1	1
D-泛酸钙		1				
半胱氨酸		1				
蔗糖	30 000	20 000	34 000	30 000	20 000	50 000

常用的生长调节物质有 Kt(激动素)、BA(6-苄基嘌呤)、IAA(吲哚乙酸)、NAA(萘乙酸)、IBA(吲哚丁酸)、2,4-D(2,4-二氯苯氧乙酸)、GA(赤霉素)等。常用浓度范围：Kt，BA 为 0.01~10mg/L；IAA，BA，NAA 为 0.1~25mg/L；2,4-D 为 0.01~2mg/L。

(4) 接种与培养　在无菌条件下将消毒后的被接种材料分割成一定大小(叶片：3~5mm×3~5mm；茎、根：ϕ3~5mm，长 5~8mm)，然后分别接种在不同种类的固体培养基上，使接种材料紧贴于培养基表面，而又不使培养基表面破陷。接种后放置在 25±2℃或因药用植物种类而异的温度条件下，进行暗培养或弱光下培养。

诱导出愈伤组织后，在 20d 内再将最佳培养基上的愈伤组织分割成 7~9mm³ 的小块，转接在相同的培养基上,在相同培养条件下使其进一步生长。

在此基础上,再用这些愈伤组织进行基质渗透压、pH、生长调节物质的种类与浓度、培养的温度条件、光暗培养等的试验研究,以便从中寻找出最佳的培养基组成(pH、渗透压、激素的种类与浓度),最佳的培养条件,为进一步继代培养和工业化生产奠定技术基础。

(5) 继代培养 将诱导的愈伤组织接种在最佳的培养基上,在最佳的培养环境下继代培养,每隔4～6周继代1次。

2. 单细胞的分离

(1) 机械分离 取一定量的继代培养的愈伤组织进行液体振荡培养,采用旋转式摇床,转速110～120r/min,冲程范围应在3～4cm。培养条件与继代培养条件相同,一次性分离不开的,可进行2次、3次振荡分离培养。分离成单细胞后,用尼龙网或不锈钢网过滤,去掉组织块或团聚体。过滤后取滤液离心(500～1 500r/min),3～5min后,弃去上清液,收集沉淀细胞培养。也可将悬浮培养液静止一定时间,取单细胞层培养。

(2) 酶解法分离 在无菌条件下,取1～2g愈伤组织,加入10～20倍的酶液,在适宜温度下振荡酶解。为加快酶解进程,加入酶液后,可抽气减压2～3min,抽气后振荡酶解。酶解过程中15～30min更换一次酶液,待大部细胞解离后进行过滤、离心分离(条件同机械法一样)。离心后取沉淀细胞,加入培养液振摇以洗除细胞表面上的酶液。振摇2～3min后再离心,离心后弃去培养液,如此重复3～4次,最后进行单细胞培养。酶解的酶液多为0.5%～2%的果胶酶,用0.4～0.7mol/L的甘露醇调节渗透压,pH为5～6。

3. 优良细胞株的建立

将愈伤组织分离成单细胞后,进行平板培养。即待固体培养基冷却到35℃左右时,将培养细胞倒入培养基中并振摇均匀,立即均匀倒入磨口平皿内,厚度为1～5mm,盖好密封,在继代培养条件下培养。接种密度为10^3～10^5个/ml。培养中随时检查,并将最早形成细胞群落的细胞取出进行单胞培养,使每个单细胞都形成较大的细胞株系,以便比较各个细胞株系的生长速度、有效成分含量,从中选出优良株系进行工业化生产。有效成分含量比较,除采用常规的分离测定法外,也可利用生物测定法筛选。生长速度通过植板效率(每个平板上形成的细胞团数/每个平板上接种的细胞总数×100%)检查筛选。优良单株的选择标准是分裂周期短,生长速度快,有效成分含量高,分散度好(团聚力差的)的细胞。筛选出的细胞单株还应进行驯化培养和提高有效成分含量的代谢调节。

(1) 驯化培养 所谓驯化培养就是将在外源激素作用下,快速生长的细胞群落,转变成在不加或少加外源激素的情况下,仍能快速生长的培养过程。如前所述,愈伤组织的诱导、继代、单细胞株的建立等一系列过程,都是在添加外源激素的基质上进行的,但要注意的是,这些激素一般认为对人体有不良影响,尤其是2,4-D在许多国家被列为食品检验对象。驯化培养的目的主要是使培养细胞在去除基质中的Kt,BA,2,4-D之后,仍能快速生长,保持较高的药效成分含量。丁家宜等人在人参组织培养的系列研究中,通过继代培养和选育,培养出可在不含2,4-D的复合生长素的培养液中快速生长,其生长率和皂苷含量均比2,4-D基质上好。

(2) 代谢调节 指提高有效成分含量的代谢调节,包括化学调节、物理调节。化学调节中,有效成分前体饲喂法、激素调节法效果较为明显。所谓有效成分前体饲喂法是在液体培养过程中，把能够合成有效成分的物质（称作有效成分的前体）加入到培养基质中，通过一段培养后，培养物中的有效成分含量得到提高。如长春花培养物在基质中加入 L-色氨酸（500mg/ml）可使长春花生物碱含量提高 2.84 倍；白花曼陀罗培养物中，添加 0.1% 酪氨酸，阿托品产量可提高 7 倍；芸香组织培养时，添加 4-羟基-2-喹啉酚，可促进白藓碱的合成和积累；烟草愈伤组织培养中，添加苯丙氨酸、桂皮酸都可提高莨菪碱的含量。总之，以培养细胞或愈伤组织为材料，通过饲喂前体成分，来提高有效成分含量的做法，是提高工业化生产产物生物合成作用的有效措施之一。

关于激素调节问题，情况比较复杂。在人参组织培养中，多数报道认为添加 2,4-D 后皂苷含量显著提高，但在毛花洋地黄组织培养中，认为添加 2,4-D 后，其蒽醌色素含量远不如添加 IAA 好。在紫草培养中，添加 2,4-D 抑制紫草素的形成；在三尖杉培养中，于生长后期添加 Kt（1mg/L），可使东莨菪碱含量达 0.49%，比自然植物茎的含量（0.016%）高约 30 倍；巴戟天培养物只有在含 NAA 培养基上才合成蒽醌类成分；烟草细胞只有在含 IAA 的基质中，才生成烟碱、新烟碱、毒藜碱等。

物理因素调节中，光的作用对某些药用植物明显，如芸香愈伤组织在光下培养时，愈伤组织中的甲基-正庚基-甲酮、甲基-正壬基-甲醇、甲基-正壬基-甲酮、甲基-正壬基-乙酰化物的含量均提高了 0.4~3.6 倍。

通过代谢调节，一些药用植物的组织培养物的有效成分含量接近或超过了原植物含量，这里列举部分药用植物材料供参考（表 7-3）。

表 7-3 部分药用植物培养物有效成分与原植物比较

药用植物名称	化合物	含量 % 干重	
		组织培养物	原植物
人参	人参皂苷	21.1	3~6
三七	人参皂苷元	10.26	6.06
三角叶薯蓣	薯蓣皂苷元	2.6	2.0
欧柴胡	柴胡皂苷	19.4（再生根）	18.4
光叶黄柏	小檗碱	0.023~0.044	0.023~1.0
烟锅草	小檗碱	0.25~0.67	0.0019
日本黄连	小檗碱	0.0375~10.0	2~4
长春花	蛇根碱	0.8	0.5
	阿吗碱	1.0	0.3
小果博落回	普托品	0.4	0.32
咖啡	咖啡碱	1.6	1.6
三尖杉	东莨菪碱	0.495	0.016（茎）
麻黄	甾醇	32.2	31.4
决明	蒽醌	6.0	0.6（种子）
海巴戟	蒽醌	18.0	2.2
紫草	紫草宁	12.0	1.5
油麻藤	L-多巴	1.0（w/v）	
苦瓜	胰岛素	1.9（鲜重）	1.0（鲜果）
莨菪	蛋白酶抑制剂	4.1	1.3~3.7
烟草	辅酶 Q_{10}	0.2~0.52	0.003

4. 扩大培养

进行药用植物细胞大罐发酵时,需要有较大量的培养细胞作为接种材料。从选择的优良的细胞株系逐级扩大培养,直至达到够大罐发酵接种量时为止。在工业化生产中,分别有不同规格的小发酵罐,连续逐级培养,每个小罐的最终培养物的量,恰好是下级发酵罐培养时的接种量。各级培养时的基质种类、浓度、激素种类与比例、pH等都是最佳条件。一般每代5周。

5. 大罐发酵

根据工厂设备能力和生产需要,选择相应规格的发酵罐作为工业化生产的规模,然后确立逐级扩大培养的规模。最终发酵罐不宜太大,以其投入产出比最佳为宜。将扩大培养的细胞作为接种材料接入罐中,进行最终培养,一般5周就可取培养细胞进行药效成分提取或加工入药。

扩大培养和发酵培养中,接种前的灭菌与无菌环境下接种,必须严格控制,杜绝任何污染的可能,才能保证培养的成功。培养中的补气、补液、调节pH等都应是密闭自调(图7-1)。此外,为缩短每代培养的周期,可适当加大接种密度。为提高有效成分含量,基质中应适当加入前体成分等。

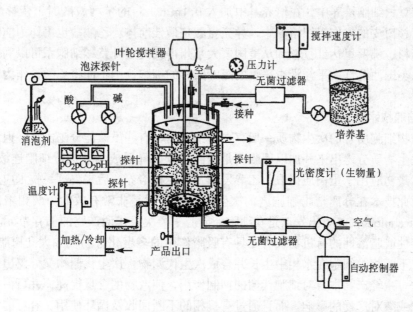

图7-1 植物细胞培养生物反应器的设计图
(引自《生物技术制药》,2002)

三、提高药用植物细胞培养生产效率的技术

进入20世纪90年代以来,药用植物细胞培养及其次级代谢产物的研究进入了新的发展时期,尤其是诱导子、前体饲喂、两相法培养、质体转化、毛状根和冠瘿瘤组织培养等提高培养细胞生产效率的新技术和新方法的发现和发展,为药用植物细胞培养的工业化提供了更加广阔的发展前景。

1. 诱导子

研究发现，在药用植物细胞培养中加入诱导子可以提高次级代谢产物的产量，并可促进产物分泌到培养基中。诱导子的作用随诱导子种类的不同而异，如在紫杉醇的细胞工程研究中，向培养基中加入高压灭活的壳囊孢菌菌丝体和青霉菌的孢子，或加入硫酸矾和3,4-二氯苯氧基三乙基胺等，可以促进短叶红豆杉的悬浮细胞生长，并分泌更多的紫杉醇。加入葡聚糖谷氨酸除对细胞的生长有利外，还可特异性地诱导紫杉醇及其他紫杉类烷化合物的生物合成，其胞内紫杉烷类成分的分泌量也由72%上升至85%。此外，研究尚显示，诱导子的最佳加入时间为细胞对数生长期。

2. 前体饲喂

前文已提到，通过前体饲喂的方法可有效地增加次级代谢产物产率。生物合成研究结果表明，次级代谢物的形成，依赖于3种主要原材料的供应，即：①莽草酸：属芳香化合物，是芳香氨基酸、肉桂酸和某些多酚化合物的前体；②氨基酸：形成生物碱及肽类抗生素类，包括青霉素类和头孢菌素类；③乙酸：是聚乙炔类、前列腺素类、大环抗生素类、多酚类、类异戊二烯等的前体。东北红豆杉细胞培养中，在培养基中加入0.1mmol/L的苯丙氨酸时，紫杉醇产量增加一倍。在短叶紫杉树皮的愈伤组织培养中，异亮氨酸是最佳前体。乙酸盐也可作为前体加入，但只有加拿大红豆杉、佛罗里达红豆杉和从美国蒙大拿州得到的短叶紫杉细胞系可以利用乙酸盐合成紫杉醇；而从美国西北部太平洋沿岸采集的短叶紫杉的细胞，则不能将乙酸盐作为紫杉醇合成的前体。

3. 两相培养技术

培养的植物细胞所含的次生物质一般存在于细胞内，有些虽然能分泌出来，但量很少。如何使细胞内的次生物质分泌出来并加以回收，是提高含量、降低成本及进行细胞连续培养的关键。两相培养技术最初应用于蛋白质提取、乙醇发酵及微生物培养，后来将这一技术应用于植物细胞培养，并发现此技术在分离植物细胞内的次生代谢物方面是非常有效的。两相培养技术（two-phase culture technique）基本出发点是在细胞外创造一个次级代谢产物的储存单元。是在培养体系中加入水溶性或脂溶性的有机物或者是具有吸附作用的多聚化合物（如大孔树脂等），使培养体系形成上、下两相，细胞在水相中生长并合成次生代谢物，次生代谢物又分泌出来并转移到有机相中。该法可减轻产物本身对细胞代谢的抑制作用，使产物的含量提高，并可保护产物免受培养基中催化酶或酸对产物的影响。而且通过有机相的不断回收及循环使用，有可能实现植物细胞的连续培养，使培养成本下降。Sim等在摇瓶及鼓泡塔反应器中研究了紫草毛状根培养生产紫草素的两相培养，以十六烷为吸附剂，浓度以30ml/L时效果最佳。此外，在两相培养系统中，加入吸附剂的时间也很重要，如在紫草悬浮细胞第二步培养时，在第15d前加入十六烷，有利于紫草素的产生和累积，而在第15d后加入该成分则强烈抑制紫草素的合成。

两相培养系统须满足如下条件：①添加的固相（如树脂）或液相对细胞无毒害作用，不影响其细胞生长和产物合成；②产物易被固相吸附或被有机相溶解；③两相易分离；④如为固相，不可吸附培养基中的添加成分，如植物生长调节剂、有机成分等。

此外，药用植物细胞培养技术和方法的综合应用对提高其次级代谢产物的产量是非常明显的。如长春花培养细胞，在吸附柱、固定化及诱导子的联合作用下，悬浮培养23d，阿吗碱生产能力由 2mg/L 增加到 90mg/L。

4. 毛状根和冠瘿瘤培养

20 世纪 80 年代初，随着植物基因工程研究的发展，其研究成果也渗透到细胞工程中来，引起了细胞培养研究的新突破，尤以双子叶植物病原菌——根瘤农杆菌（Agrobacterium tumefaciens）和发根农杆菌（Agobacterium rhizogenes）的发病机制研究最为突出。在上述两种农杆菌的原生质体中，分别含有 Ti 质粒和 Ri 质粒，大小约 200kb。植物遭受感染后，农杆菌能将质粒中的一段转移 DNA（Transferred-DNA，T-DNA）片段整合到植物细胞核的 DNA 基因编码上，作为表现型，从被感染处长出冠瘿瘤或毛状根（Hairy-Root）。将冠瘿瘤或毛状根作为培养系统，可进行有用化合物的生产。

(1) 毛状根培养　利用发根农杆菌 LBA9402、15834 和 A4 菌株的转化作用进行次级代谢产物的生产，是一种极具发展前途的方法。尽管诱导产生的毛状根的形状是无序的，但其快速生长和次级代谢物高含量却是愈伤组织或悬浮细胞培养所不可比拟的。发根农杆菌中 Ri 质粒中的 T-DNA 上含有根诱导基因（Rol C，Rol B），该基因能编码特异性的 β-葡萄苷酶类（β-glucosidases），这些酶能催化细胞生长素和细胞分裂素从其相应的 N-葡萄苷上释放出来。因此，毛状根诱导对次级代谢产物与根分化相关的药用植物尤为重要。该法特别适用于从木本药用植物和难于培养的药用植物中得到较高含量的次级代谢产物。

毛状根具有如下特点：①激素自养：在毛状根培养过程中，不必像愈伤组织或悬浮细胞培养时加入外源激素。此外，某些药用植物如曼陀罗的毛状根培养，除在其生长过程中产生次级代谢物外，还在根停止生长后继续产生次级代谢产物；②次级代谢产物含量高且稳定：毛状根中次级代谢产物的含量与天然生长的药用植物根相同，而愈伤组织或悬浮培养细胞中次级代谢产物的含量一般均大大低于天然药用植物；③增殖速度快：有些药用植物的毛状根在一个生长周期中可增殖千倍以上，这也是其他培养方法所不能比拟的。

(2) 冠瘿组织培养　有些药用植物的活性成分仅在叶片和茎轴中合成，利用组织培养或毛状根培养不易获得这些活性成分，但利用冠瘿组织（tumor tissue）培养的方法可达到此目的。

冠瘿组织是由根瘤农杆菌感染植物，Ti 质粒转化后获得冠瘿瘤，经过除菌后，从冠瘿瘤培养获得的。冠瘿组织培养，与毛状根培养一样，也具有激素自养、增殖速度快等特点，也可以进行液体培养。近年来，利用冠瘿组织培养生产活性物质的研究报道较多。如用根瘤农杆菌感染留兰香（Mentha citrata）获得冠瘿瘤，用冠瘿组织进行离体培养时产生的芳香油总产量虽然低于原植物的叶片，但主要活性成分芳樟醇（linolool）和乙酸芳樟酯（linalyl acetate）的含量却占总含量的 94%。冠瘿组织生长迅速，在扫描电镜下可观测到许多产生芳香油的腺体，这是能产生芳香油活性成分的主要因素。张荫麟等利用丹参冠瘿组织生产丹参酮，经冠瘿瘤选择得到了红色冠瘿组织，丹参酮含量达到原植物根的水平。不产生红色素的组织在采取了调控措施后也能产生丹参酮，并且可使红色素大量分泌到培养基中。

(3) 转基因植物和活性成分生产　由于分子生物学领域的进展，如今已有可能人工设计新的植物性状用于改良作物的品质和抗性。该技术的关键在于用什么方法将外源基因导入植物的基因组，并能得到高效表达。目前已有各种各样的方法，这些方法各有所长，其中用农杆菌做载体将外源基因导入植物基因组的方法比较成熟。

用转基因植物生产医药生物技术产品的研究已有相当成功的例子。Hiatt 等用土壤农杆菌质粒做载体将老鼠杂交瘤 mRNA 衍生的 cDNA 导入烟草植物中，使 χ 和 κ 免疫球蛋白在后代植物中得到表达，有活性的抗体占植物总蛋白的 1.3%。估计每 $667m^2$ 烟草可收获 45kg 抗体。如果按每个患者年平均治疗量需 1kg 计算，则可供 45 位癌症患者用一年。目前一些贵重的生物技术产品如胰岛素、干扰素、单克隆抗体及人血清蛋白等都能在转基因植物中表达。

如上所述，应用植物细胞培养工程生产天然药物或其他化学产品在植物生物工程中是进展迅速且已开始工业化的一个重要领域，也是植物基因工程易于入手和见效快的领域之一。相信伴随着生物技术研究的不断深入，利用植物细胞培养工程生产的天然药物将为人类的健康做出愈来愈大的贡献。

第二节 药用植物的离体快繁与脱毒技术

一、药用植物离体快繁与脱毒技术的意义

近代，随着天然药物认知度的提高，世界上对植物药（中药）的需求量愈来愈大。由于一些药用植物繁殖系数低，耗种量大，严重影响了发展速度并增加了生产成本，导致了供不应求。特别是有一些价格昂贵的药用植物资源极少，生长缓慢，如黑节草（*Dendrobium candicum*）、中国红豆杉 [*Taxus chinensis* (Piger) Rehd.]（我国 6 个种的 1 种）等；一些进口南药因种苗奇缺而影响扩大生产，如乳香（*Boswellia carteri*）等。于是，利用组织培养手段快速繁殖药用植物种苗，得到了快速的发展。如广西药物所的罗汉果快速繁殖，是我国在药用植物离体快繁的一个标志性成果。我国台湾地区则成功地实现了全株可入药，有降血糖、镇痛、保肝、利尿、降血压等作用的金线莲（*Anoectochilus formosanus*）的试管繁殖，繁殖了大量种苗，目前市值很高。

药用植物的离体快繁又叫微型繁殖（Micropropagation）（简称微繁）或试管繁殖，它是把药用植物材料放在微型容器内，给予人工培养基和合适培养条件，达到离体高速增殖。它的特点是快速繁殖系数大，每年以千百万倍的速度繁殖其后代。离体快繁技术对新育成的、新引进的、新发现的稀缺良种和自然界濒危植物的快繁；对脱毒良种苗和无病毒苗的大量快繁；对特殊育种材料、基因工程植株、自然和人工诱变有用突变体的快繁等具有重要意义。

此外，在雌雄异株植物中，一般种子繁殖后代植株的雄株和雌株各占 50%。在生产上因收获目的的不同，有时希望只种植其中一个性别的植株，因此营养繁殖就极为重要。例如在石刁柏生产中，雄株比雌株产量约高 20%~30%，但现在还不能通过茎插条进行无性繁殖，因此快速克隆雄株的离体培养方法就显得尤其重要。木瓜、罗汉果则是雌株价值高的植物，靠种子进行繁殖雄株占较大比例，而且雄株在早期又不易识别，后期淘汰时，给生产造成的损失很大，若对雌株进行离体微繁，就可以避免这种损失。

关于药用植物脱毒技术，一般植物，特别是采用无性繁殖的植物，都易受到一种或几种以上病原菌的侵染。病原菌的侵染不一定都会造成植物的死亡，很多病毒甚至可能不表现任何可见症状，然而，在植物中病毒的存在会降低植物的产量和（或）品质。例如，地黄、罗汉果、太子参等由于病毒危害而退化，严重影响产量和品质。山东菏泽地区则通过应用茎尖脱毒和微繁技术，

解决了地黄病毒的危害，实现了地黄的大幅度增产，取得了显著的经济和社会效益。

对一些植物的脱毒研究显示，当以特定的无毒植株取代了被病毒侵染的母株之后，产量最多可增加300%（平均为30%）。因此，掌握植物脱毒技术对生产优质药材具有重要意义。

二、药用植物离体快繁的发展

药用植物离体快繁是与药用植物离体培养的研究发展分不开的。药用植物离体培养是在20世纪70年代以后迅猛地发展起来的，在此之前研究报道较少。据郑光植（1988）统计，1951—1960年的10年间所发表的有关药用植物组织培养的论文仅有数篇；1961—1970年的10年间也只有数10篇，而1971—1980年的10年间就有数百篇之多。特别是1975年以后发展更快，1976—1980年的5年间所发展的论文比前25年（1951—1975年）的总和还要多，仅日本的专利就有近100个。1996年的统计显示，经离体培养获得试管植株的药用植物已有100余种（刘国民，1996），这些成果的大多数都是我国学者完成的，这可能与中药在我国应用广泛有关。

三、药用植物离体快繁的方法

离体无性繁殖是一个复杂的过程，一般商业上进行无性繁殖的整个过程分为5个不同的阶段。①植株准备阶段，这一步无须无菌条件，主要是对供培养用植株的预处理，其操作比较简单，要在开始离体快繁前较长一段时间（至少3个月前），把供体植株在仔细监控的环境条件下（如在温室中）栽种，并且要采取措施减少供体植物的表面污染（如采用防蚜网）和内生菌污染；②无菌培养物的建立阶段；③茎芽增殖阶段；④离体形成枝条的生根阶段；⑤植株的移栽阶段。其中后4个步骤是在无菌条件下完成的，是本节重点介绍的内容。

（一）无菌培养物的建立

1. 外植体

在一定程度上，用于微繁的外植体的性质，是由所要采用的茎芽繁殖方法决定的。例如，为了增加腋生枝的数目，就应当使用带有营养芽的外植体。为了由受感染的个体生产脱毒植株，就必须使用不足1mm长的茎尖做外植体。

应从生长季开始时的活跃生长的枝条上切取外植体。对于需要低温、高温或特殊的光周期才能打破休眠的鳞茎、球茎、块茎和其他器官，应当在取芽之前进行必要的处理，如采用4℃低温处理一段时间（2~60d不等）。

2. 消毒

见本章第一节的消毒方法。

3. 培养基

建立无菌材料通常可以用简单培养基（MS），并附加低浓度的生长素或细胞分裂素，诱导无菌材料建立繁殖系，初步继代培养，扩大繁殖材料。

（二）茎芽增殖

茎芽增殖是微繁的关键时期，微繁的失败多数都是在这个时期发生的。概括地说，茎芽的离体增殖，一般有以下途径：

1. 通过愈伤组织

利用植物细胞在培养中无限增殖的可能性以及它们的全能性，可以诱导离体组织或器官产生愈伤组织，愈伤组织可通过器官发生或体细胞胚胎发生方式产生再生植株，其中后者可进行所谓的"人工种子"的生产。但要注意的是，用愈伤组织培养进行植物繁殖时，细胞在遗传上可能不稳定，例如，当通过细胞和愈伤组织培养繁殖石刁柏时，所得到的植株表现多倍性而非整倍性；另一个缺点是，随着继代保存时间的增加，愈伤组织最初表现的植株再生能力可能逐渐下降，最后甚至完全丧失。因此，通过愈伤组织进行快繁的方式应用不普遍。

2. 不定芽形成

在植物学上，凡是在叶腋或茎尖以外任何其他地方所形成的芽统称为不定芽。按这一定义来看，由离体培养形成的茎芽也应当视为不定芽。研究表明，一些植物可把剪下的1mm长的茎尖（带有2~3个叶原基）切成若干段，置于培养基上培养，每段都能形成很多新茎芽（不定芽）。把这些芽丛从基部分割开来再培养，又可产生更多的新芽。这个过程每10~14d可以重复一次，这样在3~4个月内，由一个茎尖开始即可产生8 000个植株，这一繁殖速度是传统营养繁殖所远远不能比拟的。而且，由茎芽培养所得到的植株都是正常的二倍体。

某些蕨类植物在离体条件下产生不定芽的能力十分惊人，如把骨碎补（*Davallia*）和鹿角蕨（*Platycerium*）放在无菌搅拌器中粉碎之后，由它们的组织碎片能够产生大量的不定芽。

3. 影响茎芽增殖的因素

（1）培养基　多数植物应用最多的是MS培养基，不过经常要减少培养基中的盐浓度。

对生长激素的要求因茎芽增殖的体系和类型而异，有2种茎芽增殖培养基（培养基A和培养基B）可供选择，二者只是在生长激素含量上彼此不同。培养基A适用于促进腋芽生枝，其中含有30mg/L 2ip（异戊腺嘌呤），和0.3mg/L IAA；培养基B适用于诱导形成不定芽，其中所含的生长激素为IAA和激动素各2 mg/L，这2种培养基能适用于很多物种。

在一种新的植物类型中，为了取得最高但又安全的茎芽繁殖率，需要通过一系列的实验确定其对细胞分裂素和生长素在种类和数量上的要求。细胞分裂素多用BA，使用的浓度范围是0.5~30mg/L，适当的浓度是1~2mg/L。生长素中多使用合成生长素如NAA或IBA，使用的浓度范围是0.1~1mg/L。

由于半固体培养基容易使用和保存，微繁所用的培养基通常都加0.6%~0.8%的琼脂。

（2）光照和温度　在离体条件下生长的幼枝尽管是绿色的，但它们并不靠光合作用制造养分。它们是异养型的，所有的有机营养和无机营养皆来自培养基，光的作用只是满足某些形态发生过程的需要，因此1 000~5 000lx的光强即已足够。光周期按照每天16h光照/8h黑暗交替照明，即可产生令人满意的效果。培养室的温度一般恒定在25℃左右。

（三）离体苗的生根诱导

除了体细胞胚带有原先形成的胚根，可以直接发育成小植株外，在有细胞分裂素存在的情况下，由不定芽和腋芽长成的枝条一般都没有根，因此要进行生根诱导，当然也可采用无根苗嫁接的方法进入生产中。

1. 试管内生根

把大约 1cm 长的小枝条逐个剪下，转插到生根培养基中。如果茎芽增殖是在全 MS 培养基上进行的，生根 MS 培养基中盐的浓度应减少到 1/2 或 1/4。此外，对于大多数物种来说，诱导生根需要有适当的生长素，其中最常用的是 NAA 和 IBA，浓度一般为 0.1～10.0 mg/L。

如果有些植物的无根茎段在上述生根培养基中仍不能生根，则可尝试把它们的下端浸在高浓度生长素溶液中若干时间（由几秒到几小时）之后，再插于无激素培养基中。例如朱登云等（1997）把杜仲无根胚乳苗切口一端在 300mg/L 的 ABT 生根粉溶液中浸泡 3～5s 后，再插入 1/4 强度无激素 MS 培养基中，生根效果很好。

离体培养中的生根期也是前移栽期。因此，在这个时期必须使植物做好顺利通过移栽关的各种准备。在生根培养基中减少蔗糖浓度（如减到大约 1%）和增加光照强度（如增至 3 000～10 000lx），能刺激小植株使之产生通过光合作用制造食物的能力，以便由异养型过渡到自养型。较强的光照也能促进根的发育，并使植株变得坚韧，从而对干燥和病害有较强的忍耐力。虽然在高光强下植株生长迟缓并轻微退绿，但当移入土中之后，这样的植株比在低光强下形成的又高又绿的植株容易成活。

枝条在离体条件下生根所需的时间由 10d 到 15d 不等。经验表明，根长 5mm 左右时移栽最为方便，更长的根在移栽时易断，因此会降低植株的成活率。

2. 试管外生根

在有些植物中，可以把在离体条件下形成的枝条当作微插条处理，使它们在土中生根，如枇杷离体苗。在这种情况下，一般要把插条的基部切口先用标准的生根粉或混在滑石粉中的 IBA 处理，然后再把它们种在花盆中。在另外一些植物中，则可先在试管内诱导枝条形成根原基，然后再移栽土中，遮荫保湿，待其生根。在可能的情况下，试管外生根由于减少了一个无菌操作步骤，因而可降低成本。

3. 无根苗的嫁接

当试管内难于诱导枝条生根，嫁接就成了完成离体快繁最后一步的必然选择。嫁接又可分为试管内嫁接和试管外嫁接两种情况：

(1) 试管内嫁接 又叫微体嫁接，即以试管苗的 0.1～0.2mm 长的茎尖为接穗，以在试管内预先培养出来的带根无菌苗为砧木，在无菌条件下借助显微镜进行嫁接，之后继续在试管内培养，愈合后成为完整植株再移入土中。这种嫁接方法技术难度高，不太容易掌握。

(2) 试管外嫁接 可选取苗高 2cm，茎粗 0.1～0.2cm 的试管苗为接穗，在室温下锻炼 1～2d 后，然后参照一般田间嫁接方法进行。

（四）壮苗、炼苗和移栽

移栽是离体快繁全过程中的最后一个环节，看似简单，实则充满风险，因此对这项工作的艰巨性绝不能掉以轻心。为了保证万无一失，我们首先需要对试管苗的特点有所了解。试管苗生长在恒温、高湿、弱光、无菌和有完全营养供应的特殊条件下，虽有叶绿素，但营异养生活，因此在形态解剖和生理特性上都有很大脆弱性，例如水分输导系统存在障碍，叶面无角质层或蜡质层，气孔开张过大且不具备关闭功能等。这样的试管苗若未经充分锻炼，一旦被移出试管，到一个变温、低湿、强光、有菌和缺少完全营养供应的条件下，很易失水萎蔫，最后死亡。因此，为了确保移栽成功,在移栽之前必须先要培育壮苗和开瓶炼苗。

壮苗是移栽成活的首要条件,在培养基中加入一定数量的生长延缓剂如多效唑（PP_{333}）、B_9 或矮壮素（CCC）等,在很多种植物中都是培育壮苗的一项有效措施。地黄、山药等在培养基中加入 2~4mg/L PP_{333} 后,试管苗茎高降低,茎粗加大,根数增多,叶色浓绿,移栽后成活率比对照大幅度提高。壮苗之后则需开瓶炼苗降低瓶中湿度,增强光照强度,以便促使叶表面逐渐形成角质,促使气孔逐渐建立开闭机制,促使叶片逐渐启动光合功能等。炼苗的具体措施则因苗的种类不同而异,有些单子叶草本植物,只要苗壮,炼苗方法十分简单：拿掉封口塑料膜,在培养基表面加上薄薄一层自来水,置于散射光下 3~5d 即可。有些植物如刺槐试管苗极易萎蔫,封口膜在炼苗开始时只能半开,且要求炼苗环境有较高的相对湿度。喜光植物如枣和刺槐等可在全光下炼苗,耐阴植物如玉簪和白鹤芋等则须在较荫蔽的地方炼苗,萱草、月季、福禄考、油茶等可在 50%~70% 的遮荫网下炼苗。

移栽时先要轻轻地但彻底地除掉可洗掉沾在根上的琼脂培养基,以免栽后发霉。要选用排水性和透气性良好的移栽介质,例如蛭石、河沙、珍珠岩、草炭和腐殖土等,栽苗之前须用 0.3%~0.5% 高锰酸钾消毒。移栽后,最初 10~15d 要通过喷雾或罩上透明塑料以保持很高的湿度（90%~100%）,这对移栽的成功是非常重要的。在塑料罩上可打些小孔,以利气体交换,在移栽时把小植株的一部分叶片剪掉也可能是有益的。在保湿数天之后,可把植株搬入温室,但仍须遮荫数日。

总之,移栽苗成活的必要条件是：空气湿度高,土壤通气好,太阳光勿直射。移栽后要完成上述各个步骤可能须花费 4~6 周的时间,此后即可让这些植物在正常的温室或田间条件下生长。对于能形成休眠器官的植物,应使其在培养中形成休眠器官。

四、药用植物脱毒技术

(一) 通过茎尖培养消除病毒

实践证明,传统生产靠通过热处理消除病毒的方法收效甚微,目前成功的方法是通过茎尖培养或与热处理相结合来消除病毒。其无菌操作可参考前面内容,这里只介绍特殊点。

1. 外植体

在应用组织培养方法以获得无病原菌植物时,所用的外植体可以是茎尖,也可以是茎的顶端分生组织。在这里,顶端分生组织是指茎的最幼龄叶原基上方的一部分,最大直径约为 $100\mu m$,最大长度约为 $250\mu m$。茎尖则是由顶端分生组织及其下方的 1~3 个幼叶原基一起构成的。虽然通过顶端分生组织培养消除病毒的机会较高,但在大多数已发表的工作中,无病毒植物都是通过培养 100~1 000μm 长的外植体得到的,即通过茎尖培养得到的。

2. 方法

进行脱毒时,通常是使用解剖工具借助解剖镜在超净台内完成的。为避免茎尖受光热损伤,使用冷源灯（荧光灯）或玻璃纤维灯则更为理想。若在一个衬有无菌湿滤纸的培养皿内进行解剖,也有助于防止这类小外植体变干。

和其他类型的组织培养一样,在进行茎尖培养时,首要一步是获得表面不带病原菌的外植体。一般来说，茎尖分生组织由于有彼此重叠的叶原基的严密保护，只要仔细解剖，无须表面消毒就应当能得到无菌的外植体，消毒处理有时反会增加培养物的污染率。如果可能，应把供试植株种在无菌的盆土中，并放在温室中进行栽培。在浇水时，水要直接浇在土壤上，而不要浇在叶片上。另外，最好还要给植株定期喷施内吸杀菌剂，这对于田间种植的材料是格外重要的。对于某些田间种植的材料来说，切取插条后，可以先在实验室中插入 Knop 溶液中令其生长，由这些插条的腋芽长成的枝条，要比由田间植株上直接取来的枝条污染问题小得多。

尽管茎尖区域是高度无菌的，在切取外植体之前一般仍须对茎芽进行表面消毒。一般对叶片包被严紧的芽，如菊花、姜等，只需在 75% 酒精中浸蘸一下，而叶片包被松散的芽，如蒜、麝香石竹等，则要用 0.1% 次氯酸钠溶液表面消毒 10min。对于这些消毒方法，在工作中应灵活运用，以便适应具体的实验体系。如在进行蒜茎尖培养时，可先把小鳞茎在 95% 酒精中浸蘸一下，再烧掉酒精，然后解剖出无菌茎芽即可。

在剖取茎尖时，要把茎芽置于解剖镜下，一手用一把细镊子将其按住，另一手用解剖针将叶片和叶原基剥掉，解剖针要常常蘸上 90% 酒精，并用火焰灼烧以进行消毒。当形似一个闪亮半圆球的顶端分生组织充分暴露出来之后，用一个锋利的长柄刀片将分生组织切下来，上面可以带有叶原基，也可不带，然后再用同一工具将其接种到培养基上。重要的是必须确保所切下来的茎尖外植体一定不要与芽的较老部分或解剖镜台或持芽的镊子接触，尤其是当芽未曾进行过表面消毒时更须如此。茎尖在培养基上的方向关系不大。

由茎尖长出的新茎，常常会在原来的培养基上生根，但若不能生根，则须另外采取措施。如把脱毒的茎嫁接到健康的砧木上，从而得到完整的无毒植株。

3. 在茎尖培养中影响脱毒效果的因素

培养基、外植体大小和培养条件等因子，不但会影响离体茎尖再生植株的能力，而且也会显著影响这一方法的脱毒效果。此外，在培养前或培养期间进行的热处理，也会显著影响这一方法的效率。外植体的生理发育时期也与茎尖培养的脱毒效果有关。

（1）培养基　通过正确选择培养基，可以显著提高获得完整植株的成功率。所应考虑的培养基的主要性质是它的营养成分、生长调节物质和物理状态。目前，茎尖培养应用较多的是 MS 培养基。碳源一般是用蔗糖或葡萄糖，浓度范围为 2%～4%。

虽然较大的茎尖外植体（500μm 或更长）在不含生长调节物质的培养基中也能产生一些完整的植株，但一般最好添加少量（0.1～0.5mg/L）的生长素或细胞分裂素或二者兼有。在被子植物中，茎尖分生区不是生长素的来源，不能自我提供所需的生长素，因此在培养基中要加入生长素。如在洋紫苏等植物中，要能成功地培养不带任何叶原基的分生组织外植体，外源激素的存在是必不可少的。在各种不同的生长素中，应当避免使用 2, 4-D，因为它通常能诱导外植体形成愈伤组织，广泛使用的生长素是 NAA。

（2）外植体大小　在最适培养条件下，外植体的大小可以决定茎尖的存活率，外植体越大，产生再生植株的机会也就越多，小外植体则不利于茎的生根。然而，不应当离开脱毒效率（它与外植体的大小呈负相关）单独看待外植体的存活率，因此，外植体应小到足以能根除病毒，大到足以能发育成一个完整的植株。

除了外植体的大小之外，叶原基的存在与否也影响分生组织形成植株的能力，如大黄离体顶端分生组织必须带有 2~3 个叶原基才能形成植株。

(3) **培养条件** 在茎尖培养中，照光培养的效果通常都比暗培养好。但在进行天竺葵茎尖培养的时候，需要有一个完全黑暗的时期，这可能有助于充分减少多酚物质的抑制作用。

离体茎尖培养中温度一般为 25℃±2℃。

(4) **外植体的生理状态** 茎尖最好要由活跃生长的芽上切取，一般取顶芽茎尖和腋芽茎尖均可。

取芽的时间也是个重要因素，这对表现周期性生长习性的树木来说更是如此。在温带树种中，植株的生长只限于短暂的春季，此后很长时间茎尖处于休眠状态，直到低温或光打破休眠为止。在这种情况下，茎尖培养应在春季进行，而若要在休眠期进行，则必须采用某种适当的处理。如在李属植物中，取芽之前必须把茎保存在 4℃ 下近 6 个月之久。

(5) **热疗法** 尽管顶端分生组织常常不带病毒，但不能把它看做一种普遍现象。某些病毒实际上也能侵染正在生长中的茎尖分生区域。在这种情况下，则要把茎尖培养与热疗法结合起来，才可能获得脱毒植株。热处理可在切取茎尖之前在母株上进行，也可在茎尖培养期间进行。方法是采用热空气处理，即把旺盛生长的植物移入到一个热疗室中，在 35~40℃ 下处理一定时间即可。处理时间的长短，可由几分钟至数周不等。

对于热处理时间的长短应当慎重决定。高温处理时间太长，可能对植物组织造成不良影响。如在菊花中，热处理时间由 10d 增加到 30d，可使无毒植株百分数由 9% 增加到 90%。处理 40d 或更长并不能再增加无毒植株的百分数，却会显著减少能形成植株的茎尖的总数。

(6) **化学疗法** 如采用前面的办法还不能得到脱毒植株，可尝试采用化学疗法，如在在培养基中加入 100μg 2-硫尿嘧啶、放线菌酮或放线菌素-D 等。

(二) 脱毒效果的检验

应当认识到，尽管我们在切取茎尖时十分小心，并且对它们进行了各种有利于消除病毒的处理，也只有一部分培养物能够产生无病毒植株。因此，对于每一个由茎尖或愈伤组织产生的植株，在把它们用作母株以生产无病毒原种之前，必须针对特定的病毒进行检验。在通过培养产生的植物中，很多病毒具有一个延迟的复苏期。因此在头 18 个月必须对植株进行若干次检验。只有那些始终表现负结果的个体，才能说是已经通过了对某种或某些特定病毒的检验，可以在生产上推广使用。由于经过病毒检验的植株仍有可能重新感染，因而在繁殖过程的各个阶段还须进行重复的检验。

确定在植物组织中是否有病毒存在的最简单的方法，是检验叶和茎是否有该种病毒所特有的可见症状。不过，由于可见症状可能要经过相当长的时间才能在寄主植物上表现出来，因此需要有更敏感的检验方法。病毒的汁液感染法是一般用于检验病毒的所有方法中最为敏感的方法，只要有一名精通症状鉴别的工作人员，这种方法就不难在生产的规模上加以应用。这名负责病毒检验的人员还应能在使其不受重新感染的情况下繁殖指示植物（如进行马铃薯脱毒效果检验时常用的指示植物有千日红、苋色藜、野生马铃薯、曼陀罗、辣椒、酸浆、心叶烟、黄花烟、豇豆、黄苗榆和莨菪等）。现将进行病毒检验的接种方法介绍如下：由受检植株上取下叶片，置于等容积 (W/V) 的缓冲液 (0.1mol/L 磷酸钠) 中，用研钵和研杵将叶片研碎。在指示植物（对某种或某些特定病毒非常敏感的植物）的叶片上撒上少许 600 号金刚砂，然后用受检植物的叶汁轻轻涂于其上。适当用力摩擦，以使指示植物叶表面细胞受到侵染，但又不要损伤叶片。大约 5min 后，用水轻轻洗去接种叶片上的残余汁液。把接过种的指示植物放在温室或防蚜罩内，株间以及与其他植物间都要隔开一定距离。取决于病毒的性质和汁液中病毒的数量，大概需要 6～8d 或是几周，指示植物即可表现症状。不过，有些植物病毒不是通过汁液传染的，而是通过某种蚜虫传播的，在这种情况下，则须将脱毒培养后的芽嫁接到指示植物上，根据指示植物的症状表现，判断是否脱除了病毒。

检验植物中是否存在病毒的其他方法，还有血清测验法和电镜观察法。例如以抗 X 病毒血清检测马铃薯 X 病毒，若出现沉淀，则为阳性反应，应将病株立即拔除。利用电镜能直接观察脱毒培养后的植物材料，确定其中是否存在病毒颗粒，以及它们的大小、形状和结构。不过，应用这两种方法虽能很快获得结果，但需要专门的技术和在一般苗圃中不易得到的设备。另外，血清法和电镜法通常都要与汁液感染法同时并用，而不是完全取代汁液感染法。但对不表现可见症状的潜伏病毒来说，血清法和电镜法则是惟一可行的鉴定方法。

（三）无毒原种的保存

如前所述，无毒植株并不具有额外的抗病性，它们有可能很快又被重新感染。为了解决这个问题，应将无毒原种种在温室或防虫罩内灭过菌的土壤中。在大规模繁殖这些植物的时候，应把它们种在田间的隔离区内，其中应很少有或完全没有重新感染的机会。另外一种更容易也是更便宜的方法，是把由茎尖得到的并已经过脱毒检验的植物通过离体培养进行繁殖和保存。

虽然由茎尖培养得到的植株一般很少或没有遗传变异，但最好还是要检查一下这些脱毒植株是否仍保持了原来的种性。据报道，在大黄等植物中，经过脱毒之后曾出现了轻微的生理变异。

（四）通过茎尖培养消除病毒的注意事项

要想得到和繁殖一个品种的脱毒植株，首先必须了解有关该种植物的一些背景知识，特别是可能周身侵染该种植物的病原菌以及这种植物的繁殖方法等。然后应当检查实验植物是否携带所疑有的病原菌，并确定茎尖外植体的适当大小，能导致生长最快和最有可能消除病毒的培养条件。最后要反复检查茎尖产生的植株是否还带着疑有的病原菌，并在能杜绝任何再侵染可能性的条件下，繁殖那些确已脱毒的植株。

总之，植物组织离体培养，特别是茎尖培养，已成为一种公认的有效技术，运用这种技术，就有可能消除存在于植物组织内的病原菌，从而获得不带病原菌的植株。这项技术所能带来的好处已日益受到重视。一方面它可导致植物产量的增加和品质的改善；另一方面，它能促进植物活体材料的进口和出口。随着越来越多的国家规定只能进口经过检验证明的无病植物，这后一种应用途径将会变得日益重要。

虽然通过茎尖培养消除病原菌看来只是一项简单的技术，但它的全部操作涉及无病原菌植物的生产、繁殖和保存，因此除了组织培养技术之外，还要对植物病理学、温室栽培学等具有良好的知识。

此外，脱毒带来的好处可能被寄主植物对于致病性更强的病毒或真菌感病性的增加部分地抵消。病毒交叉保护现象（一种病毒的存在可使寄主植物有能力抵抗另一种病毒）现在已受到广泛的注意，有研究者发现，不含 PVX 的马铃薯块茎在地上部分收割之后，若留在土中 2～3 周，对镰孢菌干腐病的敏感性比相应的受 PVX 侵染的块茎更强。

下篇 各 论

下篇 音韵

第八章 根及根茎类药材

在众多的药用植物中，以地下根及根茎部分入药的种类占有相当大的比例，目前市场流通的这类药材有数百种以上。本章介绍的21种根及根茎类药材是从地道性、生产量、栽培规模、栽培技术的代表性和有特殊特点来考虑选择的。其中作为药材之首的珍贵地道药材——人参一节介绍较详尽，因为其栽培技术研究较深入，可作为其他药材栽培技术研究的范例，各院校可酌情选取重点内容讲授。

一般来说，根及根茎类药材均是植物体的贮藏器官，其生产管理有很大的相似性，如需要土壤疏松肥沃、排水良好；N肥施入量不宜过多，以免地上茎叶徒长，影响贮藏器官增重；适当增施P、K肥，以利营养成分从"源"向"库"的转运等。入药部分除包括根及根茎外，一些变态根（如乌头、山药的块根）、变态茎（如天麻的块茎、贝母的鳞茎）等也归入此类。现将常用的根及根茎类药材列出，以供种植或引种时参考。

人参，西洋参，三七，党参，丹参，太子参，紫参，元参，苦参，佛手参，北沙参，白芷，白术，白芍，白芨，白前，白药子，当归，甘草，黄连，黄芪，黄芩，地黄，大黄，胡黄连，黄药子，牛膝，常山，紫菀，紫草，附子，川乌，慈姑，苍术，川贝，伊贝，平贝，浙贝，土贝，龙胆草，芦根，麦冬，花粉，漏芦，知母，干姜，高良姜，射干，独活，藕节，石菖蒲，羌活，九节菖蒲，山柰，黑三棱，羌活，防风，猫爪草，两头尖，巴戟天，荜拨，姜黄，桔梗，乌药，百部，半夏，天葵子，千年健，泽泻，贯众，甘松，骨碎补，葛根，金果榄，柴胡，银柴胡，川芎，板蓝根，仙茅，黄精，威灵仙，云木香，山豆根，天麻，莪术，防己，商陆，藁本，麦冬，白头翁，续断，升麻，土木香，荆三棱，地榆，何首乌，郁金，土茯苓，白薇，赤芍，秦艽，元胡，薤白，茜草，重楼，远志，穿山龙，玉竹，天南星，天冬，前胡，狗脊，白毛根，山药，虎杖，百合等。

第一节 人 参

一、概 述

人参为五加科植物，干燥的根供药用。生药称人参（Radix Ginseng）。栽培者为园参，野生者为山参。园参经晒干或烘干称生晒参（Radix Ginseng cruda）；蒸制后干燥称红参（Radix Ginseng rubra）；山参经晒干称生晒山参（Radix Ginseng silvestris）。含有皂苷、挥发油、酚类、肽类、多糖、单糖、氨基酸、有机酸、维生素、脂肪、甾醇、胆碱、微量元素等多种成分。有大补元气、固脱、生津、安神和益智的功效。是一种名贵的滋补强壮药物。《神农本草经》记载有

"补五脏，安精神，定魂魄，止惊悸，除邪气，明目开心益智，久服轻身延年"。现代医学证明，人参及其制品能加强新陈代谢，调节生理机能，在恢复体质及保持身体健康上有明显的作用，对治疗心血管疾病、胃和肝脏疾病、糖尿病、不同类型的神经衰弱症等均有较好疗效。有耐低温、耐高温、耐缺氧、抗疲劳、抗衰老等作用。近年报道还有抗辐射损伤和抑制肿瘤生长等作用，有提高生物机体免疫力的能力。

我国人参栽培历史悠久，据现存史料记载有 1700 年的栽培历史，规模化生产有 400 余年的历史。人参是东北区的地道药材，吉林人参产量高，质量好，畅销国内外。近年山东、山西、北京、河北、湖北、云南、甘肃、新疆等地已引种成功，多在引种区自产自销。2003 年末，吉林省一个人参种植基地已通过了国家 GAP 认证。

二、植物学特征

人参（棒槌）(*Panax ginseng* C. A. Mey.) 多年生草本，高 30~60cm。主根肥大，肉质，黄白色，圆柱形或纺锤形，下面稍有分枝。根状茎短（芦头），直立。茎圆柱形，直立，不分枝。掌状复叶，3~6 枚着生于茎顶；小叶片 3~5，中央一片最大，椭圆形至长椭圆形，长 4~15cm，宽 2~6cm。先端长渐尖，基部楔形，边缘有细锯齿，叶上面脉上散生少量刚毛，下面无毛，有小叶柄；最外一对侧生小叶较小，无柄。伞形花序单个顶生，总花梗长达 30cm，含 4 至多花，小花梗长约 5mm；苞片小，条状披针形；萼钟状，5 裂，绿色，花瓣 5，卵形，淡黄绿色；雄蕊 5，花丝短；子房下位，2 室，花柱 2，下部合生。果肾形或扁球形，成熟时鲜红色；种子 2 枚（图 8-1）。花期 6 月，果期 7~8 月。

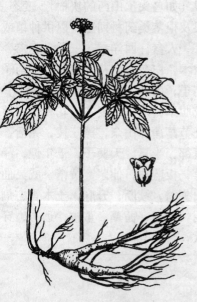

图 8-1 人 参

三、生物学特性

（一）人参的生长发育

1. 人参的生育期

栽培人参从播种出苗到开花结实需要 3 年时间，3 年以后年年开花结实。在生长发育过程中，特别是 1~9 年低龄阶段，地上植株形态随年龄的增长变化较大。7 年以后，茎叶形态相对稳定，9 年以后，植株高度、花果数目和大小也相对稳定。据观测，一年生人参地上只有一枚由三小叶组成的复叶，没有茎，平均株高 7.2cm，俗称"三花"；二年生植株，绝大部分是一枚掌状复叶，生于茎顶，平均株高 9.6cm，俗称"巴掌"；三年生植株，多数为二枚掌状复叶，都生于茎顶，开始现蕾开花结实，但开花结实比例不大，平均株高 32.3cm，俗称"二甲子"；四年生人参，茎顶生有三枚掌状复叶和一个伞形花序，俗称"灯薹子"，平均株高 46.71cm；五年生植株，茎顶多生有四枚掌状复叶和一个伞形花序，俗称"四批叶"，平均株高

52.9cm；六年生人参，茎顶除伞形花序外，还有四枚或五枚掌状复叶，由于五枚掌状复叶居多，俗称"五批叶"，平均株高57.1cm；七年生以上的人参，茎顶多生有五枚或六枚掌状复叶，亦是六枚复叶居多，所以，称为"六批叶"，伞形花序上的小花数目较多，平均株高64.4cm。应当指出，人参地上植株的这种形态变化趋势，是受外界生长条件和自身生长发育状况的影响。外界环境条件差，自身生育不良等，这种形态变化趋势滞后，相反，变化趋势提前。

2. 年生长发育

人参每年从出苗到枯萎可以划分为出苗期、展叶期、开花期、结果期、果后参根生长期、枯萎休眠期六个阶段，全生育期120~180d。

(1) 出苗期　通过后熟的种子与越冬芽，遇到适宜萌发条件就开始萌动出苗。一般地温稳定在5℃时，开始萌动，地温8℃左右时，开始出苗，地温稳定在10~15℃时，出苗最快。气温过高过低出苗速度都显著减缓。据观测，气温低于10℃，不仅出苗缓慢，已出土的参苗，也迟迟不展叶。如果出苗期气温高于30℃，则出苗也慢，出苗率低。出苗期的参苗较为耐寒，一般-4℃低温也不出现冻害，但叶片缩成球状，低温过后，叶片仍能正常生长展平。

人参苗是曲茎出土，茎不断伸长，把叶片和花序带出地面，当叶片离开地表时，茎开始直立生长，使叶片伸向上方。一般土壤板结、大的树根和石块都会造成憋芽现象。所以，栽参的地块必须细致整地。

人参出苗是靠胚乳和贮藏根供给营养，由于营养充足，只要温湿度合适，便迅速生长。一般从萌动到长出地面约需5~7d，出苗后10~15d便可长到正常植株高度的2/3。人参出苗初期，即展叶前，光合作用微弱，展叶后光合作用逐渐加强。5年生人参此期光合速率（以CO_2计）为2.30mg/(dm^2·h)。

人参出苗期花序轴生长不明显，参根开始萌发须根，越冬芽原基无变化。

(2) 展叶期　人参叶片从卷曲褶皱状态，逐渐展开呈平展状态的过程叫展叶。东北产区5月中旬为展叶期。人参茎出土后逐渐开始伸直，同时叶片也开始舒展。先是皱缩叶片呈条状伸开，4~7d后，叶片展平，直至叶面上皱纹消失，最后由深绿色有光泽转变成黄绿色无光泽。每年人参的叶片都是一次性长出，出土的叶片是边展边长，茎秆也同时生长。开始展叶时，平均气温为12℃，在14~18℃条件下，相对湿度为80%~90%时，展叶可持续10~15d。展叶初期花序轴生长缓慢，展叶后期花序轴生长加快，此期越冬芽原基仍无变化，须根逐渐伸长。展叶期是人参地上植物体生长最快的时期，光照充足（20~35klx）时，植株健壮，茎短粗，叶片稍小而厚，叶呈金绿色。此期若遇强光高温（30℃以上），植株矮小，叶片小而黄，有时会出现光害，即叶片局部失绿变白。此期若是光照不足（6klx以下），人参茎叶徒长，一般表现叶片大而薄，植株偏高，复叶近于平展，伸展幅度大，有时植株向光强处倾斜生长。展叶期水分养分充足，人参生长良好。据测算，人参从出苗至展叶结束的需水量，占年生育期总需量的20.25%，如遇干旱，茎叶矮小。展叶初期遇大风，易损伤人参叶片。吉林省、辽宁省许多栽参的地区，春旱较重，及时灌水是保证优质高产的重要措施之一。

进入展叶中期，人参的花序轴渐渐伸长，大小孢子开始发育，此期大孢子囊内已形成孢原细胞，小孢子囊内的花粉母细胞进入减数分裂期或进入二分体时期。展叶后期，即开花前12d时，花序长到正常大小，大孢子母细胞已进入减数分裂中期。到开花前3d，子房内已具有8核的胚囊,雄蕊的花粉粒已成熟。

(3) 开花期 人参花萼、花瓣由闭合状态渐渐开放,露出花药即为开花。人参的花芽是在上一年分化形成的,上年枯萎时,花序雏形已在越冬芽内形成,每年春季出苗展叶后,发育成完整的花序。在东北参区,6月上旬开花,6月中下旬结束,花期15~20d。

人参开花时,气温多在13~24℃间,在此温度范围内,开花数目约占总数的86.83%,其中以15~22℃间开花最多,约占总数的63.35%。温度低于12℃或高于27℃,人参不开花。开花期空气相对湿度多在35%~99%之间,其中47%~79%时,开花数目约占总数的81.16%,空气相对湿度低于35%,则不开花。一般晴天气温高时,小花开得快,数目多,阴雨天,气温低时,开得慢而少。

进入开花期后,茎、叶生长近于停止状态,但茎叶光合作用强度提高,根的吸收能力渐渐增强。据测定,五年生人参此期光合速率(以CO_2计)为$7.09mg/(dm^2·h)$。随着光合作用强度的提高,制造积累的营养物质还能供根生长之需。此时季节性吸收根生长速度最快,越冬芽原基开始分化。人参进入开花期后,所需营养水分数量增多,有人测定,花期5d(5月31日至6月4日)需水量约占全生育期需水量的10%还强。

(4) 结果期 人参小花开放后3~4d凋萎,凋萎时花瓣、花萼脱落,子房已明显膨大。结果初期果实生长较快,10~15d就可长到接近成熟时2/3大小。随着果实的膨大,胚乳也渐渐充满种壳。胚乳充满种壳后,胚开始生长发育,内果皮逐渐木质化。人参是浆果状核果,成熟前为绿色,近于成熟时紫色,成熟时为绛红色,果期50~60d。结果期平均气温多在20~25℃间,空气相对湿度80%~90%。此期如温度低、湿度大、光照不足,人参易感病。如果温度高(35℃以上)、光照强、湿度小,则果实灌浆不佳,子实不饱满,成熟期滞后。强光也可使果实、果柄日灼,形成"吊干籽"。

人参进入结果期后,参根不断伸长增粗。与此同时,越冬芽原基进一步分化,分化出茎、叶、花、序原基,并开始长大。结果期人参的光合能力很强,绿果期五年生人参的光合速率为$7.21mgCO_2/(dm^2·h)$,红果期五年生人参的光合速率为$5.58mgCO_2/(dm^2·h)$。结果期是人参所需营养和水分最多的时期,此期需水量占全生育期需水量的42.73%。如果营养水分不足,势必影响人参根、果实的产量和越冬芽的正常发育。人参结果期土壤湿度过大或积水会造成大面积烂根。

人参果实是由伞形花序外围渐次向内成熟,红熟的果实会自然落地,生产上应适时采收。

(5) 果后参根生长期 人参果实于7月下至8月上旬成熟,果实成熟前,茎叶制造的有机物质优先供给果实的生长,致使参根和芽胞生长速度不快。果实成熟后,茎叶制造的有机物主要运送到地下贮藏器官。所以,果后根体生长期便成了人参等多年生宿根性草本物特有的发育阶段。此期从果实红熟后算起,到枯萎前结束,东北产区多在8月上旬开始,到9月下旬为止,持续40~50d。人参刚进入此期时,平均气温为20~22℃,以后逐渐降低,当平均气温降到8℃以下时,人参便进入枯萎期。果后参根生长期是人参根增重的主要时期,此时期营养、水分充足与否,对参根产量影响很大,此阶段人参吸水量约占全生育期需水量的26.46%。营养、水分充足,参根生长快。据测定7月15日(近于红果期)参根增重率为49.1%,8月1日(红果期)增重率为67.3%,8月15日(进入果后参根生长期)参根增重率为114.3%,9月15日为

156.4%，即此期参根增重率是果期的 2~3 倍。参根生长期遇到干旱，则会导致参根增重率降低，不仅参根小，而且质地也不坚实。

此生育期芽胞生长也很快，分化后的芽胞各个部位都伴随参根的生长迅速长大，接近枯萎时，芽胞已长到正常大小。此期后阶段即接近枯萎时，参根停止生长，但体内物质转化积累速度加快，此时收获参根产量高质量好。

(6) 枯萎休眠期　秋末气温逐渐降低，当平均气温降到 10℃ 以下后，人参光合作用微弱，气温再冷就出现早霜，人参便停止光合作用。此时地上茎叶中的物质继续转送给地下器官，直至枯黄为止。参根进入枯萎期后，季节性吸收根开始脱落，根内积累的淀粉等物质开始转化为糖类，准备越冬。枯萎时间越久，转化的糖类越多，此时起收加工，出货率低，且易出现抽沟现象。当参根冻结后，人参便进入冬眠阶段。

参根上的芽胞，在低温下逐渐完成生理后熟，通常情况下，进入冬眠前，即完成或接近完成生理后熟。此期芽胞和萌动前一样，怕一冻一化，一冻一化易使人参遭受缓阳冻。人参进入枯萎期后，如果土壤湿度过大，也易遭受冻害。

(二) 种子的形成与休眠

1. 种子的形成

人参授粉后约 5h，花粉萌发，花粉管进入柱头，约 10h 进入胚囊，授粉后 18h 融合核受精，授粉后 25h 卵细胞才受精。受精卵受精后并不马上分裂，约在受精后 20h 即授粉后 45h，进行第一次分裂。人参的子房壁发育较快，授粉后 10~15d 果实就长到接近正常果实的 2/3。种胚发育缓慢，授粉后 9d，胚乳核只有 40 个左右；授粉后 12d，胚乳核才充满胚囊，此时胚体只有 2~4 个细胞；授粉后 17d，胚的直径为 48~50μm，约 10 个细胞，属球形胚阶段；授粉后 21d，胚长 81μm（肉眼可以辨认出）；30~40d，胚长为 220~230μm，已分化出子叶原基，子叶原基长 70μm，两子叶原基间有明显可见的生长锥突起；授粉后 50~60d 即采种时，胚长为 320~430μm，与胚乳长相比，胚率为 6.7%~8.2%，与发芽种子胚长相比，自然成熟时种子的胚只有发芽种子胚长的 1/10。

2. 种子的休眠

自然成熟的人参种子具有休眠特性。像吉林省抚松、靖宇、长白等寒冷地区，每年 8 月上旬采种，采收后立即播种，由于温度低，大部分种子要在第三年春天（经过 21~22 个月）才能发芽出苗。像吉林省集安、辽宁省桓仁和河北、山东等引种区，每年 7 月下旬采种，采收后立即播种，由于播后气温高，胚后熟期长，第二年春季能发芽出苗。这与人参种子具有形态后熟和生理后熟有关。

(1) 种胚形态后熟　种胚形态后熟又叫形态休眠或胚后熟。自然成熟的人参种子，其胚长约为能发芽种子最小胚长的 1/10，胚的纵切面约为胚乳纵切面的 1/300。

剥开能发芽种子的种壳和胚乳，其胚长为 3.48~4.53mm，基本上都达到或超过了胚乳长的 2/3。胚的各部分形态（胚根、胚芽、胚轴、子叶）明显可见，子叶长 2.4~3.5mm，胚根长 1~1.5mm，两子叶间具有三小叶状的胚芽，芽长 2~3mm，胚芽基部有一越冬芽原基。而自然成熟的种子同样纵切取胚观测，其胚总长为 0.3~0.4mm，只有子叶和胚根原基，生长锥原基很小，看不清楚。要使形态未成熟的种子达到成熟的起码条件，需要在适宜温、湿度下，度过3~4个月时间。有的研究报告指出，人参种胚形态后熟阶段，开始是子叶、胚根原基继续生长期，此期需60d左右，胚长可达0.80~1.00mm；接着进入胚芽原基的分化与形成期，此期约需25d，胚长可达1.60~2.34mm；最后是三出复叶形成期，需30~40d，最终胚长达3.86~5.60mm（图8-2）。

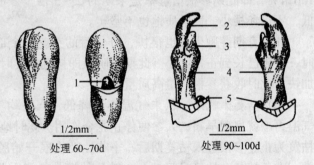

图8-2 人参种胚形态发育
1.胚芽原形 2.中小叶原基 3.侧小叶原基
4.上胚轴原基 5.更新芽原形

各地经验认为，人参种胚形态后熟的适宜温度范围为15~20℃，低于15℃或超过25℃，种胚生长发育缓慢，处理时裂口率低（表8-1、图8-3）。

种胚形态后熟前期的温度通常采用18~21℃，后期为15~18℃，积温达970~980℃，种胚在床温低于10℃时停止发育，超过30℃则易烂种。种胚后熟期间，最好把种子混拌在湿润的河沙或腐殖土中，种子与土（沙）体积之比以1:3为宜，这样可预防种子霉烂或伤热。混拌河沙的含水量为10%~15%（前期15%，后期10%），混拌腐殖土的含水量为35%~40%（前期40%，后期35%）。一般土壤的含水量为20%~30%。

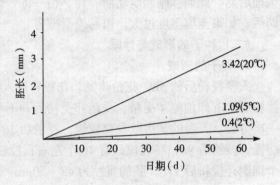

图8-3 催芽温度与胚长的关系

表8-1 催芽温度与裂口关系

催芽温度（℃）	<20	20	25	30
裂口率（%）	83.2	80.8	25.6	28.0

人参种子种胚形态后熟的快慢与种子状况和后熟条件有关。就种子状况而言，年生高的和成熟饱满的种子，特别是疏花疏果后的种子，种胚大（胚长>1/2胚腔），形态后熟快，裂口率高。成熟饱满、种胚大的种子，80~90d就能完成形态后熟。据测定，在相同处理条件下，青熟种子裂口率为3.8%，红熟初期种子裂口率为54.3%，红熟后期种子裂口率为96.2%。3~9年生种子的裂口率依次为90.2%，95.3%，95.9%，97.2%，97.2%，96.5%，96.1%。就后熟条件来讲，温度、湿度、生长调节剂等都是主要影响因子。用适当浓度的生长调节物质进行浸种后催芽，都收到了一定的效果。其中赤霉素（GA_3）、6-呋喃腺嘌呤（6-BA或BA）效果较好，两种生长调节剂中，GA_3最廉价。用GA_3浸种催芽，以催芽前浸种处理最好，GA_3浓度有40、50、100mg/L三种，通常用50~100mg/L GA_3浸种24~36h。相同处理环境下，40d检查，100mg/L处理种子裂口率为77.3%，50mg/L处理组为72.3%，对照组0%。处理组胚的长度与对照组相比，胚长大一倍左右。新采种子，用GA处理，17d后个别种子开始裂口，其裂口率100mg/L组>50mg/L组。据检查，GA_3处理组（50或100mg/L）种胚生长速度快，57d时胚长为

2.05mm，而对照组只有1.19mm。目前，在无霜期短的地方，处理当年新籽时，多采用50～100mg/L GA$_3$浸种24h，然后拌土催芽，70d左右，种胚就可完全通过形态后熟，不误当年播种的农时。

(2) 种子生理后熟　人参种胚形态成熟后，给予适合种子萌发的温湿度条件，仍不能萌动出苗，即使胚率达100%，也不能出苗，这是由于人参种子生理后熟未完成的缘故。

低温是人参种子生理后熟的必要条件，在自然条件下，完成形态后熟的人参种子，在0～10℃条件下，60～70d才能通过生理后熟。由于各地低温期的条件不一，人参种子生理后熟期的长短也不一样。一般种子结冻前温度低的地方生理后熟时间短，反之则长。在自然条件下，当自然低温不能满足人参种子生理后熟条件时，播于田间的种子就不能出苗。

应当指出，人参种子生理后熟必须在种胚完成形态后熟后开始，在种子种胚形态完成后熟以前，任何低温只能是抑制种胚的生长，而对生理后熟无作用。目前生产中，有的单位对人参种子种胚完成形态后熟标准不明确，误认为种子裂口了，种胚就完成了形态后熟，常常把裂口50%～60%的种子秋季直接播于田间，结果出苗不整齐，播后第一年出苗率低。据测定，裂口50%～60%的种子，至少有30%的种子，其种胚胚长尚未达到胚乳长的2/3。这30%的种子，在低温来临后只能抑制种胚形态后熟继续进行，而对生理后熟无作用，所以，这些种子要到第三年春季出苗。

(3) 种胚发育缓慢的原因　人参种子的休眠期比一般的种子长，人工处理种子一般也需要5～6个月时间才能打破休眠，在自然条件下，则需要10～22个月的时间。研究显示人参种胚发育缓慢的主要是由于：第一，人参种子的休眠属于综合休眠。后熟过程中，不仅需要其不健全的胚生长发育——形态后熟，而且还要满足发芽前的生理准备——生理后熟。其形态后熟要求较温暖的温度条件，生理后熟则要求在0℃以上的低温条件。第二，胚在生长发育过程中，酶化系统活性弱。有的学者指出，种胚在形态后熟过程中，吸水前未检出过氧化物酶；吸水后，种胚周围有少量过氧化物酶，伴随种胚的进一步分化和生长，过氧化物酶活性增强，整个后熟过程中酶的活性也较一般植物种子弱。第三，含有抑制种胚发育的物质。一些研究证实，抑制种胚生长发育的物质存在于果肉、内果皮和胚乳之中。

崔京求等人用带果肉和除掉果肉的种子分别催芽，去掉果肉的种子处理两个月后，能看出分化明显的心形胚，两个月后胚长1.27～1.64mm，胚率为25%～28%，此时，开始裂口；处理5个月后，胚长(3.76±1.03)mm，胚率为70%。而带果肉的种子处理两个月后调查，胚基本没有生长，胚率只有9.5%～9.7%；处理5个月后，胚长也只有0.81～0.88mm，胚率为16%～17%。因此证明，果肉中确实含有生长抑制物质。

中国学者崔淑玉等人（1996年）研究也证实，在人参果肉及胚乳中含有发芽抑制物，其果肉和胚乳的甲醇提取物及果肉的乙醚提取物均对白菜种子具有较强的抑制作用。果肉和胚乳的甲醇提取物起抑制作用的物质R_f值为0，0.1，0.2，0.3，0.4，0.5及0.9 [硅胶HF$_{254}$，氯仿-甲醇-水 (26:14:3) 为展开剂]；果肉的乙醚提取物起抑制作用的物质R_f值为0.1，0.3，0.5，0.6 [硅胶HF$_{254}$，氯仿-甲醇 (8:2) 为展开剂]。

3. 种子的寿命

人参种子在常规贮存条件下，贮存1年生活力降低10%左右，贮存2年生活力只有不到

5%,贮存3年完全丧失生活力(表8-2)。种子寿命的长短与种子成熟度和贮存条件有关,成熟饱满的种子比不饱满种子生活力强,阴干种子生活力高于晒干种子,伤热种子生活力低。在高温、多湿条件下贮存种子,寿命偏短。

表8-2 种子贮存时间与生活力关系

贮存月数	0	5	11	17	23	29	35	41
有活力种子(%)	100	100	93~95	86	5	5	0	0
无活力种子(%)	0	0	5~7	14	95	95	100	100

人参种子是生产中的繁殖材料,种子好坏直接影响播种质量,所以,识别或检查种子好坏,是生产者必须掌握的基本技术。一般新采收的种子,种壳白色,胚乳色白新鲜;贮存1年的种子,种壳略显黄色,近种胚一端的胚乳色黄,似油浸状;贮存2年的种子,种壳黄色,胚乳大部分似油浸状,色黄。人参种子具有休眠特性,休眠期较长,检查种子活力大小,多采用种子活力快速测定法,常用的是TTC法。

(三)越冬芽的生长发育

1. 越冬芽的形成

在种子形态后熟初期,生长锥分化成两个锥状体,其中一个锥状体是休眠的越冬芽原基,另一个锥状体分化成三花小叶的叶原基,种子形态后熟完成时,叶原基发育成三花小叶雏体。种子生理后熟后,三花小叶雏体出土长成地上小苗。产区进入6月上旬后,越冬芽原基先分化鳞片原基,接着又分化成两个锥状体。其中一个锥状体(即越冬芽原基)休眠,另一个锥状体(即生长锥)分化出茎原基、叶原基,伴随鳞片原基的生长,茎、叶原基渐渐发育成茎叶雏体。地上枯萎后,越冬芽形态建成,翌春越冬芽出苗后,越冬芽内的茎叶雏体长成小苗。进入6月上旬后,越冬芽原基进行鳞片原基分化,相继又形成两个锥状体,还是其中一个锥状体(越冬芽原基)休眠,另一个分化出茎、叶、花原基,茎、叶、花原基伴随鳞片原基长大而发育成茎、叶、花序雏体,直到地上枯萎时,越冬芽形态健全。人参越冬芽分化通常7月底结束,果实成熟后生长速度加快,9月底形态建成。

2. 越冬芽的休眠特性

人参越冬芽到9月底形态基本建成,到10月中下旬也不再生长。这时把参挖回,栽于室内,给予常规的萌发条件,仍不能萌发出苗,这是因为人参越冬芽具有休眠特性的缘故。打破越冬芽休眠需要低温条件,在0~10℃条件下,60d后就能通过休眠。产区自然气候条件下,完全可以满足越冬芽的低温休眠条件,所以,年复一年的正常生长发育。我国广西南宁市附近引种人参,由于自然气候条件不能满足人参越冬芽对低温的需求,因此枯萎休眠后不能再萌发出苗。这一休眠特性,用50~100mg/L的GA_3浸芽胞4h即可打破。

3. 潜伏芽的生长发育

人参根茎的节上都有潜伏芽,通常情况下,由于顶端芽胞具有生长优势,这些潜伏芽不生长发育。某些发育良好的植株,由于顶端芽胞受损伤,可使1~3个具有一定生长优势的潜伏芽分化发育,形成新的越冬芽,因而使参具有2~3个越冬芽,翌年使人参具有双茎或多茎。有的生产单位利用人参的此特性于6月上旬人为地破损顶端越冬芽原基,促使潜伏芽发育,诱导多茎参,现有技术水平的诱导率为50%左右。

试验证明，用细胞激动素、生长素等处理人参，可诱导出多茎参，诱导率高达70%左右，但诱导出的越冬芽多数不同步，要使其应用于生产，尚需进一步完善其技术措施。

综上所述，人参的茎叶花出自越冬芽，人参的越冬芽形成期较长，由越冬芽原基建成到形成越冬芽为16个月，从茎叶花原基建成到形成越冬芽为3个月，形态健全的越冬芽需要经过低温生理休眠才能出苗。所以，没有越冬芽或越冬芽未通过生理后熟的人参都不能出苗。因此，在人参栽培管理中，必须注重保护越冬芽不受损伤。

（四）参根的生长发育

1. 一至六年生参根的生长

播种后的人参种子于5月萌动出苗，5~7月间胚根不断伸长，发育成主根，此期根长生长速度最快，增粗速度较慢；8~9月下旬，根粗增加较快，长度生长不如5~7月快；9~10月，参根干物质重量增加较明显。一般一年生参根根长10~20cm，根重0.4~0.8g，须根数量不多，也不太长。二年生参根，5~7月长度生长较快，8~9月粗度生长快，干物质积累也较多，根长多在15~20cm间，根重3~5g，须根数量增多，是移栽的较好时期。三年生参根的生长趋势与一至二年生基本一致，不过由于床土厚度的限制，根部伸长生长不明显，主根失去顶端生长优势，所以须根多，须根长度相近，根茎上开始长不定根（即艼）。四年生参根是在移栽条件下生长，主根生长长度不明显，主根粗度逐渐增加，须根多，艼垂直地面生长，生长速度较快。五年生、六年生参根生长趋势与四年生相似，艼长得较大。为培育主根长、须根少（2~3条）而粗的优质参形，集安等参区采取移栽两次，栽培8~9年采收加工，移栽时对参根进行整形下须，一般育苗二年进行第一次移栽，移栽时把主根上2/3的须根掐掉，下部须根只留2~3条较大的，粗细相近的支根，生长2~3年后再移栽，移栽时再整形，此次修根要去掉艼和主体上2/3部分及粗大支根基部的须根，栽后3年起收加工。这样培育出的参根主体粗大，支根少而大，参形美观。

参根的生长速度是随年生的增加而逐渐减缓，通常一至六年生生长速度较快，10年以上的人参根，生长速度较慢，所以我国栽培人参多在6年左右收获。在传统栽参条件下，一年生参根平均根重0.3~0.6g，两年生为3~5g，三年生参根平均根重为10~25g，四年生平均根重20~50g，五年生为50~70g，六年生参根平均根重60~100g。七至九年生参根的增重速度没有六年生以下的高。近年我国参业生产技术进步较大，提高了人参的产量和质量，参根增重速度进一步加快。如1986年，吉林省长白县65万m^2人参平均每平方米产鲜参2.25kg。1988年，$9.8 \times 10^4 m^2$人参平均每平方米产鲜参3.76kg，六年生参根平均单株重70~150g。

山参生境光照弱，营养不足，生长缓慢（表8-3）。

表8-3 山参年龄与单根鲜重

年生（年）	平均年龄	调查株数	单株根重（g）
10~19	16	30	25
20~39	27	40	39
40~59	41	10	52
60~79	73	3	89
80~100	90	2	96

人参根茎正常生长发育时，为单一生长且不分枝。当出现多芽胞后开始产生分枝，伴随芽胞

形成和萌发，根茎伸长，伴随茎的生长而不断增粗，茎死亡脱落后的茎痕称为芦碗，根据芦碗数目可以判断参根年龄。山参年龄较长的出现二节芦，即马芽芦、堆花芦，山参年生久远的根茎有三节芦，即同时有马芽芦、堆花芦、圆芦。人参根茎上能长不定根，产区把不定根叫"艼"。三年生和三年以上的人参开始长不定根，年生大的人参不定根的数目多而且大，一般每个根有2~7条不等。移栽人参不定根多而大，直播人参不定根细小而少。

2. 年内生长变化动态

每年出苗后参根略有减重，人参展叶后，光合积累增加，逐渐开始增重，其中8月下旬至9月下旬增重较大，10月后参根开始减重（表8-4，8-5）。每年进入8月下旬后，根内干物质积累加快，9月中旬前为高峰期，是收获加工的好时期。

表8-4　四年生参根年增重状况表

测定日期		栽时根重 (g)	起收根重 (g)	增重 (g)
月	日			
5	15	5.46	5.56	0.10
	30	5.48	4.96	-0.52
6	15	5.5	5.80	0.30
	30	5.4	7.00	1.60
7	15	5.5	8.20	2.70
	30	5.5	9.20	3.70
8	15	5.6	11.90	6.40
	30	5.4	12.90	7.30
9	15	5.5	14.10	8.60
	30	5.43	13.60	8.20
10	15	5.71	13.10	7.30
	30	5.53	13.10	7.60

表8-5　不同年生参根干鲜比年变化表

年生	7月15日	7月25日	8月15日	8月31日	9月15日
三	1:4.12	1:3.93	1:3.96	1:3.53	1:3.50
四	1:4.73	1:4.20	1:3.92	1:3.49	1:3.51
五		1:3.70	1:3.66	1:3.34	1:3.31

3. "反须"、"皱纹"、"珍珠点"

人参根喜欢生长在疏松、肥沃和温暖的土层中。野生于林间或栽培在全荫棚下的人参，种子萌发后，胚根向下生长，发育成主根。可是由于林间或全荫参棚下，表土层很薄（林间10cm左右、棚下25cm左右），底土冷凉，不适合于人参生长，参根便产生侧根。侧根逐年向疏松、肥沃、温暖的表层生长，年长日久，须根多分布在表层，产区把此种现象叫"反须"。如果把参床加厚到35cm，或选用底土疏松、肥沃、热潮的地块种参，则无此种现象。

"皱纹"又叫纹，是指参根主体上的横纹而言。一般1~2年生参根主体上无皱纹，3~4年以后，参根主体上都有皱纹。皱纹有无和粗细是鉴别参龄大小、区别山参和园参的特征之一。山参"皱纹"多而密，浅而细，而且近似于环状，位于肩部之上；园参"皱纹"稀少，纹粗，断断续续不呈环状，年生久的纹多而明显。"皱纹"是参根伸长受阻，最后弯曲生长而形成的。山参生长缓慢,细胞细小,弯曲程度低,所以,纹细;而园参由于营养充足,细胞大,生长快,弯曲程度大,因此皱纹大而稀少。

"珍珠点"是细小须根脱落后留在支根或须根上的根痕,脱落次数多的根痕大而明显。山参生长年限长,须根细长,脱落次数多,所以根痕明显,故有珍珠点点缀须下之说。

(五) 人参茎叶的生长

人参茎叶数目有限,一年生地上无茎,只有复叶柄,二年生以上都有茎,通常为单茎,少数为双茎或多茎。年生高生长好的人参,每株最多为六枚掌状复叶。这有限的茎叶每年都是在越冬芽形成时建立起雏形,伴随萌发一次性出土。出土后的茎叶一旦受损害(不论是病虫鼠害或是机械损伤),当年内不能萌发出新的茎叶,所以,从事各项人参田间管理时,必须注重保护好茎叶。否则,人参地上无茎叶,地下器官无营养来源,容易感病烂掉。人参生育后期茎叶受损害,其根虽然不烂,但浆气不足,不仅出货率低,而且质量差,等级低。

人参小叶片小,复叶数少。据测定,二年生人参叶面积为 $0.59dm^2$,叶面积指数为 0.231;三年生叶面积为 $2.62dm^2$,叶面积指数为 0.811;四年生人参叶面积为 $5.48dm^2$,叶面积指数为 1.090;五年生、六年生叶面积分别为 $8.94dm^2$、$13.64dm^2$,叶面积指数为 1.272 和 1.531。

人参属阴性植物,上表皮无气孔,上表皮下无栅栏组织或栅栏组织不健全,海绵组织细胞大。在东北产区,展叶期和9月后的参叶能耐58klx自然光,炎热夏季(7~8月中旬)能耐棚下25klx光强,在春夏和夏秋之间,能耐35klx光强。空气湿度大时,抗光力强。

(六) 人参的开花结果习性

一般人参三年开始开花(极少数植株二年开花),三年以后年年开花结实。人参的花芽是在上一年夏季越冬芽分化时形成的,伴随越冬芽生长发育,花芽发育成花序雏形。越冬芽萌发出苗、展叶时,花序显露并渐渐长大。人参出苗后15~25d开始开花,田间花期15~20d。人参见花后,逐日开花频率如表8-6。人参是伞形花序,小花从伞形花序外缘开始开放,渐次向中央开放。序花期(株花期)7~15d,其中8~10d期间开放数量最多,约占总开放数的70%。人参小花从第一个花瓣开启到第一个花瓣脱落需23~120h,即朵花期1~5d,朵花期以1~2d者为最多(约占50%多)。天气晴朗朵花期短,阴雨天朵花期长。人参小花在一天之中都可以开放,每天以6~14时开花最多,占全天开花数的90%~95%。人参小花第一个花瓣开放后,花丝快速伸长,1~2h可伸长1倍,花瓣全部开放后(开花后1~3h),花药开裂,花粉散出,全部散粉约10h左右。花瓣开始脱落时,花丝花药干秕。花粉粒侧面观为圆形,极面观为近三角状圆形,平均直径 $34.5\mu m$($27\sim42\mu m$),成熟花粉生命力可保持3d。花粉粒染色体数为24,杨涤清报道为22。

表8-6 人参开花后逐日开花频率调查表

见花后天 数	1	2	3	4	5	6	7	8	9	10	11	12	13	14	15	16
开花频率(%)	5.81	6.60	5.62	5.07	7.04	11.45	10.39	11.02	10.01	8.64	5.45	4.45	3.43	3.37	0.92	0.81

人参是常异花授粉植物,自然异交率较高(朝鲜书籍记述为11%~27%,中国农业科学院特产研究所报道为41.82%)。人工杂交时,去雄日期以开花前1~3d较合适,上午8~11时采粉为好,采后立即授粉。一次人工授粉,结实率在20%以上,高者可达83.3%。

人参开花后 2~31d 子房明显膨大,生长速度加快,结果顺序与开花顺序相同。结果 15d 后,果实可长到正常果实 2/3 大小,此后胚乳生长速度加快。当胚乳充满种壳后,即果实大小停止生长时,胚开始生长发育,随着果实由绿变紫、红、鲜红等不同特征,胚的形态由球形到心形,最后呈棱形,整个果期 55~65d。人参果实成熟后,极易脱落,采种田应适时采种。人参年生不同,结果数量也不同,三年生果实小、种子也小,果实及种子数量都少;五、六年生人参结果数目多,果大种子也大。同年生同等生育条件下,结果数目少的果大籽大,同一花序外缘果实比中央的大而饱满。

(七) 有效成分的分布及积累动态

1. 人参的化学成分

人参一直被中国和世界誉为滋补强壮良药,深受广大医药工作者的重视。自 1890 年以来,日本、德国、苏联、朝鲜、中国等药学工作者开始了人参成分的研究。特别是近 20 年来,对人参化学成分的研究取得了迅速发展,从人参根、茎、叶、花和果肉中分离得到各种皂苷类物质,近藤、田中等曾将人参顺序用乙醚、甲醇与水提取,得乙醚浸物 0.683%,甲醇提取物 25.663%,水提取物为 47.662%,提取总物达 74% 之多。

人参的化学成分比较复杂,除含有各种皂苷成分外,还含有挥发油 (约 0.05%)、人参酸 (软脂酸、硬脂酸、油酸、亚油酸等混合物) 0.35%~0.45%,植物甾醇和胆碱为 0.1%~0.2%,黄酮成分、各种氨基酸、肽类、葡萄糖、麦芽糖、蔗糖、果胶、维生素、微量元素等。

(1) 人参皂苷类成分 到目前为止,已从红参、生晒参或白参中分得 40 多种人参皂苷,分别命名为人参皂苷-Ro, -Ra$_1$, -Ra$_2$, -Ra$_3$, -Rb$_1$, -Rb$_2$, -Rb$_3$, -Rc, -Rd, -Re, -Rf, 20-glu-Rf, -Rg$_1$, -Rg$_2$, 20 (R)-人参皂苷-Rg$_2$, -Rg$_3$, 20 (R)-人参皂苷-Rg$_3$, -Rg$_5$, -Rh$_1$, 20 (R)-人参皂苷-Rh$_1$, -Rh$_2$, 20 (R)-人参皂苷-Rh$_2$, -Rh$_4$, -Ri, -Rs$_1$, -Rs$_2$, 4 种丙二酸单酰基人参皂苷-Rb$_1$, -Rb$_2$, -Rc, -Rd (鲜人参根中含量较高),三七人参皂苷-R$_1$,西洋参皂苷-R$_1$, 20 (R)-人参皂苷-La, F$_4$, 25-羟基-人参皂苷-Rg$_2$, Ia, Ib, koryoginsenoside-R$_1$ 和 R$_2$ 等。其中,20 (R)-人参皂苷-Rh$_1$, -Rh$_2$, 20 (R)-人参皂苷-Rg$_2$, 20 (S)-人参皂苷-Rg$_3$, -Rs$_1$, -Rs$_2$,三七人参皂苷-R$_1$ 是红参所特有。

从人参叶中提取分离出人参皂苷有:人参皂苷-Ro, -Rb$_1$, -Rb$_2$, -Rc, -Rd, -Re, -Rg$_1$, -Rg$_2$, 20 (R)-人参皂苷-Rg$_2$, -Rh$_1$, -Rh$_2$, 20 (R)-人参皂苷-Rh$_2$, -Rh$_3$, -La, F$_4$, 25-羟基-人参皂苷-Rg$_2$, 25-羟基-人参皂苷-Rh$_1$, Ia, Ib, koryoginsenoside-R$_1$ 和 R$_2$。从人参果中分离出人参皂苷-Rb$_1$, -Rb$_2$, -Rc, -Rd, -Re, -Rg$_1$, -Rg$_2$, 20 (R)-人参皂苷-Rg$_2$, -Rh$_1$。从人参芦头中分得人参皂苷-Rd, -Re, -Rg$_1$, -Rg$_2$。

人参皂苷按其皂苷元的基本骨架可分为五环三萜 (即齐墩果酸型皂苷)、四环三萜 (即达玛烷型皂苷) 两大类。按皂苷元则可分为三类:第一类为齐墩果酸类,如人参皂苷 Ro 的苷元是齐墩果酸 (Oleanolic acid);第二类为 20S-原人参二醇类,人参皂苷-Rb$_1$, -Rb$_2$, -Rb$_3$, -Rc, -Rd 等的苷元都是 20S-原人参二醇类;第三类为 20S-原人参三醇类,人参皂苷-Re, -Rf, -Rg$_1$, -Rg$_2$, -Rh 等的苷元都是 20S-原人参三醇类。20S-原人参二醇和 20S-原人参三醇都是达玛烷型的人参皂苷。应当指出的是,白参和红参在二醇类和三醇类皂苷成分上有差别,红参中二醇类皂苷占的比例较大,有数据显示,白参和红参中的二醇与三醇皂苷的比率分别是 0.401 和 0.561。

人参皂苷多数为白色无定形粉末或针状结晶,味甘苦,易溶于水、甲醇和乙醇,可溶于正丁醇、醋酸和乙酸乙酯，不溶于乙醚、丙酮和苯中。人参皂苷具有光学活性，在甲醇中多呈现右旋性。人参皂苷水溶液经振荡可产生持久性泡沫。人参皂苷中，人参皂苷 Rg, Rf, Rh 有溶血活性，而人参皂苷 Rb_2, Rc, Re 具有抗溶血作用，所以，人参总皂苷不显溶血活性。人参皂苷一般对酸不稳定，在酸性条件下常水解生成糖和皂苷元。皂苷元不是 20S 型，而是 20R-原人参二醇和 20R-原人参三醇。用 Smith 法和 Demays 法水解可得 20S 型人参皂苷元。目前报道人参中有 40 余种皂苷，随着研究的深入，新人参皂苷的发现，其种类还会不断增加。

（2）人参脂溶性成分　人参挥发油是脂溶性成分之一，目前从鲜参根中检出 60 余种化合物，在红参中检出 40 余种化合物，含量为 0.05%～0.12%，是人参特有香气的主要成分。人参挥发油，特别是其中的倍半萜类，是具有药理活性物质。人参脂溶性成分中还有脂肪油类（含量为 0.4% 左右）、甾醇类（含量为 0.025%）等。

（3）人参中的糖类　人参根中含有多种糖类，单糖中有葡萄糖、果糖、阿拉伯糖和木糖；二糖中有蔗糖、麦芽糖；三糖中有人参三糖 A, B, C, D 四种；多糖中主要有淀粉和黏胶质。人参根含水溶性多糖 38.7%，碱溶性多糖 7.8%～10.0%。多糖经酸水解可检出半乳糖醛酸、葡萄糖、阿拉伯糖、半乳糖、鼠李糖和木糖。人参的可溶性多糖也含淀粉和果胶，果胶中以半乳糖醛酸、D-半乳糖和阿拉伯糖为主。

（4）人参中的氨基酸和肽类　人参及其制品中含有多种含氮化合物，从根中分离鉴定的有吡咯烷酮、胆碱、天冬氨酸、苏氨酸、丝氨酸、谷氨酸、甘氨酸、丙氨酸、胱氨酸、缬氨酸、蛋氨酸、组氨酸、亮氨酸、异亮氨酸、酪氨酸、苯丙氨酸、赖氨酸、精氨酸、脯氨酸、γ-氨基丁酸、三七素、多肽等。人参根中含氮有机物约占总重的 12%～15%。

人参中含有较多的人体必需氨基酸，所以，对人体有较高的营养作用，γ-氨基丁酸、三七素是具有药理活性物质。

Gstirsner 和 Vogt 从参根中分离出四种多肽类物质，其中三种多肽的氨基酸组成及排列次序已明确：其一为苏氨酸—脯氨酸—亮氨酸—异亮氨酸—赖氨酸—组氨酸；其二为苏氨酸—缬氨酸—β-氨基异丁酸—赖氨酸—组氨酸—羟脯氨酸；其三为苏氨酸—脯氨酸—蛋氨酸—亮氨酸—异亮氨酸—苯丙氨酸—β-氨基丁酸—酪氨酸—赖氨酸。

（5）维生素类成分　人参中含有维生素 B_1、B_2、C 和烟酸、泛酸等多种维生素类成分，根中含维生素 B_1，维生素 B_2 比地上部分多；花中含量多于种子，干燥或贮藏后仅剩 50%。

（6）无机元素　人参根共检出钠、镁、铝、硅、磷、硫、钾、钙、钪、钒、锗、锰、铁、钴、铜、锌、银、钡、镧、镉等 24 种无机元素。其中绝大多数不仅对人参的生长发育有益，而且也是人体健康发育不可缺少的物质。另外，锗等元素还有药理活性。

（7）其他成分　有的学者从人参叶和花蕾中提得黄酮类物质，经鉴定确认为山茶酚、三叶豆苷、人参黄酮苷等。

2. 药效成分的含量、分布及积累动态

人参所含的药效成分种类多，了解其分布与积累动态，对科学种植和利用人参具有重要的意义。可是由于人类对人参药效成分的深入开发较晚，多种药效成分的分布、积累动态尚不清楚，这里仅就近年研究报道作简略的介绍：

（1）人参皂苷　人参属（*Panax*）植物都含有皂苷，以四环三萜类达玛烷型皂苷为主。人参的根、茎、叶、花、果实、种子都含有人参皂苷，其中花蕾含量最高（表8-7）。

表8-7 不同器官皂苷含量（%）

测定部位	根				茎	叶	花蕾	果肉	种子
	主根	须根	不定根	根茎					
总皂苷含量	3.40	10.00	4.90	6.40	2.10	10.20	15.00	8.90	0.70

皂苷是人参的重要活性成分之一，我国传统医药学以根入药为主，茎、叶、花、果尚未开发利用。就皂苷而言，人参花蕾、果肉及叶的含量均高于根。按1983年吉林省种植$2\times10^4 m^2$计算，若茎叶产量为$85g/m^2$（干品），全省年产1 700t，这1 700t只利用60%，按茎叶比例和皂苷含量推算，每年可产皂苷57t，相当于每年生产参根皂苷含量的2倍。因此，深入开发利用人参茎、叶、花、果皂苷资源是非常必要的。但应当指出，人参地上部分皂苷含量是以三醇型皂苷为主，而地下的主根、须根、根茎等部分，所含皂苷是以二醇型为主。

另外，参根中的皂苷主要分布于形成层外侧组织中，集中于树脂道及其周围的细胞中。据测定，周皮重量占主根总重的6.9%，而皂苷含量为2.6%，占主根总皂苷含量（5.95%）的43.70%，韧皮部占主根重量的46.6%，皂苷含量为3.04%，占主根总皂苷含量的51.09%，木质部重量占主根重的46.5%，而皂苷含量为0.31%，占主根总皂苷含量的5.21%。所以，选种应选韧皮部厚的参根。

参根中的皂苷含量高低受品种、地区、土壤、栽培方式和年限、加工方法等因素的影响。据报道：长脖人参总皂苷含量最高，为6.15%±0.53%，黄果种为5.89%±0.184%，圆膀圆芦5.50%±0.173%，大马牙5.06%~5.78%，二马牙为4.99%~5.56%，竹节芦为4.82%±0.153%。栽培年限长的含量高，年生短的含量低。光照适宜的含量高，摘蕾、科学施肥的含量也高。参根加工成产品后，参须皂苷含量最高。生晒参含量高于红参，红参高于糖参（表8-8）。

关于人参皂苷的积累动态问题，许多研究报告都指出，人参皂苷积累是随栽培年限增长而逐渐增加（表8-9）。

前苏联学者报告了1~6年生人参的药理作用。其结果也是活性随年生的增长而增强（表8-10）。

参根皂苷含量，在每年内也随着生长发育变化而波动（表8-11）。

表8-8 不同产地人参皂苷比较（%）

产地	生晒参	红参	糖参	参须
中国	5.22	4.26	2.81	11.50
朝鲜	—	3.80	2.10	—
日本（长野）	2.50	3.90	3.10	14.00
日本（福岛）	—	4.90	1.50	6.50

表8-9 不同栽培年限参根皂苷含量（%）

年限	1	2	3	4	5	6
正丁醇浸膏	4.08	4.82	5.64	6.18	6.26	6.40
人参总皂苷	1.51	2.22	2.78	3.16	4.02	4.85

表 8-10　栽培年限与药理作用关系

栽培年限	药理作用（垂体后叶激素作用单位）
2	740
3	900
4	1 060
5	1 580
6	1 720

表 8-11　年生育期间皂苷含量变化（%）

日　期 \ 年　限	2	3	4	5	6
4月28日	1.71	2.56	3.13	4.06	4.44
6月22日	2.40	2.83	3.92	4.37	5.16
8月9日	2.22	2.77	3.28	3.82	4.74
8月25日	—	—	—	4.14	4.65
9月1日	1.83	2.68	3.46	—	—
9月10日	—	—	—	4.10	4.36
10月4日	—	—	—	4.08	4.35

（2）挥发油　人参根中挥发油以倍半萜类成分为主，具有香气和生物活性，多数成分具有消炎、调味和抗癌等效用。鲜参中含量最高（0.141%～0.165%），生晒参次之（0.056%），红参含量为0.023%～0.051%。成品参挥发油含量高低与加工工艺有关。人参根和茎中都含有脂肪，茎在生育后期含量高，枯萎时却不含脂肪；根中含量以花期最多，休眠期较低。

（3）氨基酸　人参中已检出的普通氨基酸有16种，精氨酸含量最高，谷氨酸次之。氨基酸总量为6.149%～10.087%，其中人体必需氨基酸为2.10%～2.35%。人参中还含有三七素、γ-氨基丁酸等活性成分。鲜参中的氨基酸在加工中（特别是加工红参）的损失率为24.6%左右。

（4）人参糖类　人参糖类约占干参根重的60%～80%，可以说是参根的主要成分。它包括多糖、三糖、双糖和单糖。许多报告指出，人参多糖是有药理活性的物质，它有抑制小鼠Ehrlich腹水癌细胞增殖作用，对小白鼠S180的抑癌率高达55%～60%，对慢性肝炎、血糖等症具有一定疗效。目前从人参根中鉴定出21种人参多糖，淀粉、果胶是多糖的主要成分，淀粉约占多糖的80%。淀粉虽不是活性成分，但对参根加工质量影响极大。淀粉含量高的鲜参，加工后的干品质量好。

淀粉等糖类成分的季节性变化更为明显，萌发初期，淀粉含量降低，5月达最低极限。当叶片光合积累物质满足建造机体有余时，开始在根内积累，随之逐渐增加，7月中至8月末积累达高峰。9月中旬后，部分淀粉开始转化为糖，以适应越冬的需求。栽培在不同条件下的不同年生的参根，根中有效物质积累过程基本相似。其趋势为：早春萌动前淀粉等糖类成分含量最高，出苗展叶期含量显著下降，开花后增加加快，到生长末期达最大含量。

鲜参糖类成分含量较高，加工成商品后，糖类成分含量有所降低，其中红参类下降较多。

人参药效成分含量高低的变化除与品种、年生、产地、加工工艺等因素有关外，还与栽培管理有关。如摘蕾管理，减少了人参生殖生长对养分的消耗，把生殖生长的营养物质转入营养生长，不仅提高产量10%以上，而且还提高药效成分的含量。又如参棚透光状况管理，从传统的固定式一面坡全荫棚，改革成拱形调光棚，又配合以科学施肥和灌水，不仅产量翻了一番，而且皂苷、氨基酸、多糖等药效成分也得到了提高。

（八）人参生长发育的环境条件

1. 野生人参的生境

人参多生于以红松为主的针阔混交林或杂木林中，我国野生人参主要分布在长白山、小兴安岭的东南部，即北纬40°~48°，东经117°~137°的区域内。此区域内的长白山森林地带，年平均气温4.2℃，1月平均气温-18℃，7~8月平均气温20~21℃，年降水量800~1 000mm（7~8月降水量为400mm），无霜期100~140d。在长白山一块海拔800m的人参样地上调查，乔木层为红松（Pinus koraiensis）、风桦（Betula costata）、色木槭（Acer mono）、裂叶榆（Ulmus laciniata）等，灌木层为堇叶山梅花（Philadelphus tenuifolia）、东北山梅花（Philadelphus schrenkii）、刺五加（Eleutherococcus senticosus）、忍冬属数种，伴生的草本植物有（1m^{2}样方内）东北香根芹（Osmorhiza aristata）、假茴芹（Spuripiminella brachycarpa）、白石芥花（Dentaria sp.）、无毛山尖子（Caxalia hastate f. glabra）、美汉草（Meehania urticifolia）、苔草（Carex sp.）、山茄子（Brachybotrys paridiformis）等。

有经验的采参人介绍，柳树林、杨桦林、落叶松以及生有木贼、和尚菜和苔草植物的湿润林下，一般不生人参。在稍湿、生有粗茎鳞毛蕨、猴腿蹄盖蕨群落的林下，偶尔也有山参生长。土壤为棕色森林土（又叫山地灰化土、灰棕壤、暗棕壤），pH6.0左右，小地形大都是微坡或斜坡，坡度30°左右，林间郁闭度为0.5~0.8的林地常生有野山参。在山参生长地，人参常有数株、十数株乃至数十株，散生或丛生。

2. 园参产区的环境概况

我国参区把栽培人参通称园参，园参栽培是按野生人参的生境选地栽培的，所以，园参的生态环境大体上与野生人参的生境一致。不过，由于栽培面积的扩大和伐林栽参方式的普及，园参产区的空气湿度和气温、土温等条件都与林间条件不同。加上栽培技术的发展和引种栽培的出现，使人参的栽培区域迅速扩大，致使目前世界各地参区的气候条件，特别是各项目年均条件差异较大。但限于人参生物学特性的基本条件，世界各参区人参生育期间（5~8月）的气候条件基本相近，如表8-12。

我国园参生产区的土壤剖面见表8-13，土壤机械组成见表8-14。

土壤比重、容重、总孔隙度见表8-15，土壤的化学性状见表8-16。

3. 人参生长发育与温、光、水、肥

（1）温度 据报道，地温稳定在4~5℃时，人参开始萌动，地温10℃左右开始出苗。展叶期气温变化在12~20℃间，开花期气温处于13~24℃间，以15~22℃最为适宜，结果期温度处于16~28℃间，红果期气温多在20~28℃之间，气温低于8℃便停止生长。生育期间最适温度范围15~25℃，生育期间大于10℃的积温：抚松东岗为2 163~2 223℃、集安为2 949~3 468℃。

表 8-12 部分人参产地气象条件

产地	年平均温度（℃）	8月平均温度（℃）	1月平均温度（℃）	降水量（mm）	蒸发量（mm）	生育期（5~8月）			海拔（m）
						气温（℃）	降水量（mm）	蒸发量（mm）	
中国集安	6.5	23.2	-14.5	947	1 124	20.2	659	658	400~600
中国通化	4.8	21.7	-17.8	899		19.4	649		400~600
中国抚松	4.3	21.9	-16.5	763		18.6	535	655	400~800
中国靖宇	2.5	20.6	-18.7	767		17.2	525	640	400~900
朝鲜开城	10.8	29.5	-11.4	1 289	1 104	21.4	906	570	100~380
朝鲜锦山	11.9	30.5	-8.8	1 205		22.6	759		100~500
日本长野	10.9	30.9	-6.0	998	1 167	21.5	422	623	400~800
日本岛根	13.9	31.5	-0.8	2 033	1 106	22.3	652	587	20~40
日本北海道	7.3	27.4	-16.7	1 084	803	18.9	449	461	

表 8-13 吉林省抚松东岗、集安花甸子附近参园子土壤剖面概况

抚松县东岗		集安市花甸子	
厚度（cm）	土壤性状	厚度（cm）	土壤性状
0~6	深灰棕色或黑色，植物根很多黏壤土，pH6.8	0~10	黏壤土，湿时黑色，粒状结构，pH7.0
6~25	灰白色粉砂壤土，结构不明正显，pH5.8	10~15	颜色比上层浅，粒状结构不明显，pH6.5
25~40	土壤黏性极大，且少量棕色旋纹，pH5.8	15~40	深灰棕色，夹有石砾，pH6.3
40~90	蓝灰及红棕交杂黏土	40~90	棕色黏壤，石砾增多，pH6.5

表 8-14 参地土壤（10cm）机械组成

地点	质地（国际法）	各级颗粒含量（%）								备注
		1~0.25	0.25~0.05	0.05~0.01	0.01~0.005	0.005~0.001	<0.001	>0.01	<0.01	
抚松一参场	粉砂壤土	12.71	33.24	34.91	12.00	4.91	2.18	80.91	19.09	四年生
	壤土	10.18	35.18	33.56	11.37	7.58	2.13	78.92	21.08	五年生
	粉砂壤土	6.36	23.64	33.12	21.21	9.55	2.12	67.12	32.88	六年生
安集一参场	壤土	19.69	36.14	26.61	6.92	7.45	3.19	82.44	17.56	五年生
	粉砂壤土	17.65	22.82	36.24	10.35	10.87	2.07	76.71	23.29	六年生

人参出苗、展叶期间，气温15℃左右为宜，气温超过30℃（塑料小棚或地膜）出苗缓慢，出苗率很低；气温低于8℃，出苗展叶缓慢，甚至停止生长，遇到-2~4℃低温，虽不能冻死参苗，但会出现茎弯叶卷现象，参苗卷缩成球状。如果气温降低到-4℃以下，则会发生冻害。人参生育期间，一般气温在20~25℃下光合速率较高。在25klx光照下，气温高于25℃，光合速率下降，高于34℃，光合速率很低，参叶易被晒焦。参根在萌动时或地上枯萎后至结冻前，最怕一冻一化。一旦出现一冻一化，参根就出现冻害——缓阳冻。进入冬眠后，耐低温能力增强，产区自然低温条件下可以安全冬眠。

表8-15 参地土壤（10cm）比重、容重、总孔隙度

地点	比重 (g/cm³)	容重 (g/cm³)	总孔隙度 (%)	含水量 (%)	三相容积比（%）		
					固	液	气
抚松一参场	2.58	0.65	74.61	39.59	25.39	25.73	48.88
集安一参场	2.57	0.71	72.38	33.12	27.62	23.52	48.86

表8-16 参地土壤（10cm）的化学性状

地点	pH	mmol/kg 土			盐基饱和度(%)	有机质(%)	mg/kg 土			全氮(%)	全磷(%)	C/N	硼(μg/g)	铜(μg/g)	锌(μg/g)	铁(μg/g)	锰(μg/g)
		代换量	代换性盐基	代换性氢			水解性N	P_2O_5	K_2O								
抚松一场	5.7	305.1	225.4	79.7	73.86	9.30	143.4	27.1	177.6	0.50	0.95	10.3	0.41	2.60	8.60	538	440
集安一场	5.5	238.4	209.8	29.6	87.64	4.70	132.4	28.7	187.7	0.41	0.52	11.5	0.17	1.10	2.40	130	78.5

人参种子种胚形态后熟时，前期最适温度为18～21℃，后期最适温度为15～18℃；低于15℃后熟时间延长，此期气温过高，水分偏多，烂籽数量增多。种胚生理后熟温度为0～10℃，以0～5℃最为适宜。越冬芽生理后熟温度为0～10℃，也以0～5℃为最佳。人参种子和越冬芽的生理休眠，在0～10℃条件下要持续50～60d才能通过。否则，人参种子和越冬芽就不能正常萌动出苗。

（2）光照 人参是阴性植物，怕强光直接照射，所以，栽培人参需要遮荫管理。如果遮荫过大，光照过弱，人参生育不良。

人参的光合作用补偿点为250～400 lx，光饱和点为15～35klx。通常温度高时，光补偿点和饱和点低，相反则高。在20～25klx条件下，20～25℃时，光合速率值高。二至五年生人参光合速率日动态呈单峰曲线，较高值出现在9～15时，此时光强和气温分别达到一天中的极值（图8-4）。六年生人参光合速率日动态呈双峰曲线，中午稍有下降，后又回升，类似小麦的午休现象。二至六年生人参的最大真光合速率（以CO_2计）为10.81mg/（dm²·h）出现在六年生的开花期。人参生育期间光合速率的日变化是随温度和光强的变化而变化。在气温30℃，光强22klx之内，日光合速率与温度、光照强度成正相关（图8-5）。

光合速率的年动态以五年生人参各生育期日均光合速率（以CO_2计）表示时，展叶期为2.30mg/（dm²·h）、开花期为7.09mg/（dm²·h）、绿果期为7.21mg/（dm²·h）、红果期为5.58mg/（dm²·h）、枯萎期为0.64mg/（dm²·h）。其中以开花期和绿果期为最高。二至六年生人

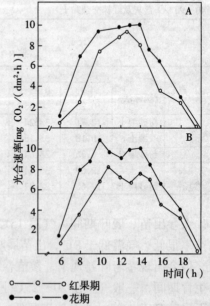

图8-4 四年生（A）和六年生（B）人参不同生育期光合速率日动态

参 $\delta^{13}C$ 值依次为 $-26.75‰$，$-28.30‰$，$-24.91‰$，$-26.64‰$，$-27.43‰$，各年生之间无明显差异。二至六年生人参 PEPCase 活性分别为 14.61U/(mg prot·min)，14.27 U/(mg prot·min)，14.93 U/(mg prot·min)，13.98 U/(mg prot·min)，13.86 U/(mg prot·min)。二至六年生人参的 CO_2 补偿点相近，变化范围在 $80\sim102\mu l/L$ 间，各年生人参从开花到红果期的 CO_2 补偿点变化是略有增加的趋势（$80\sim102\mu l/L$）。基于人参 $\delta^{13}C$ 值为 $-26.81‰$，在划分 C_3 植物 $\delta^{13}C$ 值（$-20‰\sim-40‰$）范围内，而 CO_2 补偿点又和 C_3 植物菠菜（$88\sim108\mu l/L$）相近，故按此划分标准把人参划为 C_3 植物类。

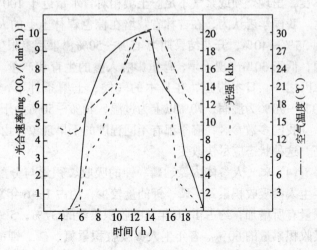

图 8-5 人参日光合速率和光强及气温的关系

用不同色膜（制作透光棚）栽参试验，其结果表明，淡绿色膜、淡黄色膜（透过红光多）比无色膜栽参产量提高 39%，红膜增产 11%。深色膜（红、绿、蓝、紫、黄）尤其是深绿色膜影响人参的正常生长发育（叶片、根长显著偏小），产量均低于无色膜。紫色膜、黄色膜能使参根皂苷含量提高 10%~12%，深蓝色膜却降低了参根中的皂苷含量。

我国参区，每年人参出苗、展叶时，气温偏低，人参的光饱和点高（约 35klx）。要想使人参生长快，生长好，供给光照强度应不低于 35klx。随着季节变化，气温渐渐升高，光饱和点降低，供给光照强度也应逐渐降低。每年 7 月上旬至 8 月中旬期间，是气温最高时期，人参光饱和点低，供给光照强度应控制在 15~22klx 间（气温在 25℃ 以下地区供给 22klx 的光照强度）。8 月中旬以后，气温逐渐降低，供给光强度应相应增强。进入 9 月份以后，其光照强度又与出苗展叶时相同。就一天来说，早晚温度低，供给人参的光照强度可适当高些，而中午温度较高，供给光的光强应低些，但不能低于光饱和点光强。

有关不同年生人参的需光强度，目前未见详细测试报道，生产单位摸索的经验参数是：一年生小苗，每年 7~8 月控制在 10 klx 或 10 klx 之内，二年生控制在 15klx 下，三、四年生人参供给 18~20klx 光照，五、六年生人参以 20~25klx 为宜。

（3）水分　水是植物生命活动的必需物质，水的代谢涉及植物生理活动的各个方面，掌握人参的生理生态需水规律，满足其生长发育周期中水分代谢的供需平衡，是获得人参优质高产的先决条件之一。

人参在单透（只透光）大棚内，全生育期土壤相对含水量为 60% 的条件下，蒸腾强度为 $6.25g/(m^2·h)$，蒸腾系数为 167.95g，蒸腾效率为 6g。全生育期总需水量为 $135kg/m^2$（26 株），其中出苗期（12d）需水量占 2.8%，展叶期（10d）需水量占 17.2%，开花期（5d）需水量占 10.7%，结果期（69d）需水量占 41%，果后参根生长期（33d）需水量占 28.3%。有的报告认为，人参生育期间，土壤相对含水量以 80% 为适宜。土壤相对含水量在 60% 时，人参生不良，出现烧须或浆气不足。土壤相对含水量近于100%时，人参易感病死亡。

我国学者认为，在吉林省栽培在棕色森林土上的人参，出苗期土壤含水量为40%，展叶期为35%～40%，开花结果期为45%～50%，果后参根生长期为40%～50%为宜。高于60%易烂根，低于30%出现干旱，严重影响人参的生育和产量。旱涝不均或骤然变化是引起烂参的重要原因之一。日本报道，在日本的气候、土壤条件下，参地适宜的含水量为50%～60%为好，60%～70%为湿润，70%以上为过湿，40%～50%为干燥，40%以下为过干。

我国多数参区，春季都有不同程度的干旱现象。由于灌溉条件限制，人参生育不良，产量不高，这种状态应尽快改变。

(4) 肥　人参体内氮、磷、钾的吸收、积累与分配数量因参龄不同而有规律的变化。1～2年生人参吸收积累氮、磷、钾的量较少，约占1～6年总吸收积累量的3.5%；3～4年生吸收积累量有所增加，约占1～6年总吸收积累量的37%；5～6年生吸收积累量较大，约占1～6年总吸收积累量的60%。各年生人参吸收积累氮、磷、钾的趋势相近，以钾为最多，其次是氮、磷的吸收积累量较少（表8-17）。每年内以开花期、果实成熟期吸收氮、磷、钾的量最多。日本报道：每公顷人参需氮28.5kg，需磷6.7kg，需钾31.5kg，这与表8-18的结果相近。

表8-17　1～6年生参所需氮、磷、钾（mg/株）

年　生	氮	磷	钾
1	8.4	2.9	11.6
2	27.3	5.5	34.4
3	91.1	16.7	126.3
4	285.7	74.2	444.6
5	302.2	68.8	579.7
6	359.1	75.6	854.9

表8-18　形成1kg人参所需氮、磷、钾的量（g）

年　生	N	P_2O	K_2O
4	22.10	5.30	26.03
5	28.45	6.40	34.32
6	32.53	7.07	38.94

人参吸收氮肥总量的60%用于根的生长和物质积累，40%用于茎叶生长。一般7月中旬前，即茎、叶、花果生长期需氮较多，7月以后，根中含氮量增加。硝态氮对人参生长有促进作用，铵态氮不利于人参生长。氮肥过多，人参抗病力降低，出苗缓慢（铵态氮过多影响出苗更明显）。氮肥不足，人参生长不佳，茎矮小而细，叶片也很小。应用^{15}N测定表明，氮素分布于人参的叶和根中的量最多，茎的含量较少。人参中氮素营养来自土壤的占90%左右，而来自肥料的约占10%。此种结果表明，选好地、改好土是人参增产的重要措施。

人参吸收磷的数量比氮、钾都少，约为氮的1/4，钾的1/6。人参在展叶期、开花期、结果期需磷较多，在开花至绿果期吸收磷的速度较快，24h能把吸收的磷分布到各个器官中，开花至绿果期叶面喷磷，种子产量增加10%。磷能增强人参的抗旱、抗病能力，促进种子发育。缺少磷时，生长受抑制，根系发育不良，叶片卷缩，边缘出现紫红斑块，种子数量少且不饱满。磷肥过多，易引起烂根，影响保苗。

人参需钾量较多，钾除了促进人参根、茎、叶的生长和抗病、抗倒伏外，还能促进人参中淀粉和糖的积累。

钙、镁、铁、硼、锰、锌、铜等都是人参生长发育中的必需营养元素，它们对人参的生长、代谢都有促进作用。据报道，1~5年各年生每株人参需钙量分别为 0.15，0.64，2.9，8.2，14.5mg；每株需镁量分别为 0.15，1.5，5.1，10.3，20.1mg；需铁量分别为 0.01，0.09，0.18，0.27，0.27mg。人参吸收硼的数量较多，据测定，每克新林土含硼 0.17~0.67μg，人参生长3年后，土壤中硼的含量只是原有含量的 3.8%。其他元素也在栽培人参后有不同程度的消耗，如新林土每克中含锌量为 2.4~8.6μg、含锰量为 78.5~440μg、含铜量为 2.6~3.8μg，栽参3年后，锌的含量减少 69%、锰的含量减少 66.6%、铜的含量减少 25%。人参各器官中，含硼量最多的是花，缺硼时，花粉发育不良，花药花丝萎缩，花期喷施 0.05%的硼酸，可提高人参小花的受精率近 10%，种子千粒重提高 3.5g。用 0.05%的硫酸锌和高锰酸钾浸种 30min，播种后2年比较参根产量，锌处理增产 10%，锰处理增产 18%。用 0.2%的硫酸锌浸种 30min 后播种，3年后比较参根产量，增产 24%。用 0.3%的硫酸锌浸种 15min，3年后参根增产 62%。近年许多参区采用根侧或根外追施微量元素肥，都获得了一定的增产效果。

四、栽培技术

（一）选地

选地是栽参的重要环节之一。栽参用地选择不当，会严重影响人参的生长发育，不仅形体小，产量低，而且病害多，质量差。目前高产地块每平方米产鲜参可达 5kg，而低产地块不足 1kg，所以，栽培人参必须重视选地。

林地栽培人参应选择以柞（*Quercus* sp.）、椴（*Tilia* sp.）为主的阔叶混交林或针阔混交林，林下间生榛（*Corylus* sp.）、杏条等小灌木，不间生龙芽楤木（*Aralia madshurica*）、空心柳（*Salix* sp.）、三棱草（*Carex* sp.）、塔头草的为最好。林地土壤肥沃，有机质丰富，活黄土层厚的腐殖土、油沙土均可。生有杨树、桦树、柳树为主的针阔混交林不宜选用，特别是此类林下又间生空心柳、龙芽楤木、三棱草、塔头草等的地块，不适合栽培人参，否则人参病害多，产量低，经济效益极差。

适宜栽参的林地土壤，其容重为 0.6~0.8，孔隙度为 70%~80%，腐殖质含量为 3.5%~11.5%，碳氮比为 10~13，pH 为 6.0~6.5，每百克土中含水溶性氮 125~145mg，五氧化二磷 1.5~3mg，氧化钾 15~18mg。

朝鲜栽参使用的耕地，pH 多为 5.4~5.5，必须加石灰、石灰氮调节。一般每 1 000m² 加 112kg 石灰和 56kg 石灰氮，个别地块石灰用量多达 400~974kg，石灰氮多达 140~400kg。日本提出 pH6.5 以上会引起人参生理障碍问题，可能与该地在此种 pH 下有缺素现象有关。

至于地势状况可因地而异，林间的岗平地、坡地均可栽参，在寒冷的地区栽参（吉林、黑龙江两省）由于温度低，应选用南坡。在干旱的地区利用山间谷地最好。坡地栽参的坡度在 15°内为宜。

为保护森林资源，可试行林下栽参或农田栽参。林下栽参又称育林养参或林参间种，林下栽参的选地同前述的选地一样。林下栽参可因地制宜开展生产，因此用地灵活性大；因不伐林，故利于水土保持。为加快人参生长速度，林地栽参应选择林相郁闭度在 0.6 左右的为好。利用农田栽培人参，多选择土质疏松肥沃，排水良好的砂质壤土或壤土，前作以玉米、谷子、草木樨、紫穗槐、大豆、苏子、葱、蒜等为好，不用烟地、麻地、蔬菜地，土壤黏重地块、房基地、路基地等不宜栽参。

关于用地面积问题，可按下列公式计算：

每年移栽面积＝年总产量/平均单产

每年育苗面积＝每年移栽面积×倒栽率

每年整地面积＝每年育苗面积＋每年移栽面积

定型面积：

二三制（育苗 2 年移栽 3 年）＝每年育苗面积×2＋每年移栽面积×3

二四制（育苗 2 年移栽 4 年）＝每年育苗面积×2＋每年移栽面积×4

三三制（育苗 3 年移栽 3 年）＝（每年育苗面积＋每年移栽面积）×3

倒栽率是指 $1m^2$ 苗田与移栽面积之比。一般为 1/4～1/3。土地利用率是指栽参面积与占地面积的百分比。近年土地利用率由原来的 33% 提高到 40%～50%。

我国统计人参面积以亩为单位是指占地面积，以 m^2 为单位是指绿色面积。帘和丈也是统计绿色面积单位，1 帘为 $10m^2$，1 丈为 $4 m^2$（近年由于床宽加大，这一换算已不够准确）。

（二）整地

人参是一种宿根性药用植物，播种或移栽后，要在同一地块生长 2～4 年（朝鲜一地生长 5 年），而土壤环境的好坏与根形好坏关系很大。要获得优质高产参根，就必须改良土壤，创造适合人参生长发育的土壤条件。自然界的土壤条件，多数不符合，至少是不完全符合人参生长发育的要求，而整地就是通过人为因素，把预定栽参地块的土壤改造成基本适合人参生长发育要求的条件。因此，整地是栽参的一项基础工作，是获得优质高产人参的重要技术环节之一。

1. 伐林栽参的整地管理

为保证人参的天然优良品质，我国多数参区都是选择适宜山参生长的天然林地，砍伐树木后整地栽培，所以，人们又叫伐林栽参。

伐林栽参的整地管理，要在栽参前 1～2 年，即提前 1～2 年进行。各地经验认为提前二年整地效果最好，参区把此种整地叫使用隔年土。它的做法是上年冬季伐树，今春刨地熟化，明秋栽参。如果是上年冬季伐树，今春刨土，秋季栽参，参区称之为当年土。使用隔年土，是让林地土壤，特别是有机质在田间熟化两年，这样可以使有机质充分分解，增加土壤的有效养分。这对改良土壤理化性状，协调土壤固、液、气三相比例，消灭病原和害虫，促进人参生长，十分有益。

（1）清理场地　伐树、割除林间小灌木（林区又叫底柴）是林地栽参清理场地的主要作业。一般伐树前先把林间小灌木割倒运出，能作棚材的小灌木要单独留出，堆放在场地四周备用。割完底柴后伐树，伐树不能全部伐光，平坦开阔的林地，要留 2～3m 宽的林带作防风林，风口处林带可适当加宽。山坡林地要留预防水土流失的保护林带，最好山顶、山腰、山脚都有保护林带。伐树要贴近地面锯倒，短截后，堆放在场地之外。短截后的枝干，适合作棚材的一并留出备足，堆放好备用。

烧场子是伐树后的作业，一般是先把林地上 1~2 年内不能腐熟的有机物挑起摊匀并晾干，然后按林业部门有关规定，选择无风天点燃烧掉，烧后再搂走石块及杂物。有的单位是先拔出树根，然后烧场子。

(2) 场地的区划（产区叫定蹬） 清后的场地应根据有利于人参生长，既能防止水土流失，又要利于灌排水，还要最大限度地合理利用土地的原则，进行区划。

①划分区段 根据整个场地的地形、地势先规划出整个地块的排水沟，如四周排水沟和纵向排水沟，场地内的横沟视区段大小、水势而定，水沟要规划在稍低的地方。两条纵向排水沟之间，按 40m 左右长为一区段，划分成若干个区段（大区），区段和区段之间留 2~3m 间距。间距内的林地不刨翻，中间 1m 内的树根也不刨。区段内刨起的树根、石块等杂物，堆砌在区段间间距的中央，筑成坝状，便于截水和排水。一般横坡做坝，略有斜度，即坝的走向与横山方向成 2°~3°角。这样可以减缓流水速度，减轻水土流失，又能顺利排水。参区把这个小坝叫"蹬"，所以，参区参农把划分区段作业叫"定蹬"。

为管理和运料等作业的方便，在蹬的两边各留 1m 宽的通道。

②确定参床（哇床）的走向和各参床的位置（产区又叫调阳定位或调阳挂串） 人参生长发育过程中需要的光照是有一定强度范围的，低于一定强度，人参生长发育不良，甚至死亡。相反，超过一定强度，人参叶片被强光灼烧，也会死亡。人工栽培人参是通过调节参床走向（即方向）、参床宽窄、参床间距离大小、参棚结构（高度、宽窄、棚架结构、遮荫材料）等方面来调节棚下光照强度。就一定的参区来讲，参床和作业道的宽窄是固定的，参棚宽窄和高度也是固定的，因此，调整棚下光照强度只能靠改变参床的走向。特别是国内外的传统栽参方法，采用一面坡全阴棚，调阳好坏，对人参生育和产量影响极大。但近年来，各参区广泛应用拱形棚和弓形棚，调阳工作已显得不是很重要了。

日本、朝鲜学者认为，使用一面坡荫棚以张口向北者的光照强度最适宜人参生长（表8-19）。东北参区把参床走向和指南指北针重合者，即参床走向正南正北者叫正东阳，也叫子午阳。参床走向是南北方向，但与指南指北针间有一定夹角，夹角位于指南指北针南端东侧的，称东北阳；夹角位于指南指北针南端西侧的称为东南阳。

划分小区又叫挂串或定位，一个参床和一个作业道的占地面积是一个小区。划分小区就是按确定的参床方向和小区的宽度，把整个场地的参床位置和面积划分开。

表 8-19 不同床向一面坡全荫棚棚下光照变化（klx）

床　向	早 (6~9 时)	午 (10~14 时)	晚 (15~18 时)
东	9.87	6.40	1.00
南	2.28	16.90	1.40
西	1.70	8.91	3.90
北	3.06	2.28	1.23
自然全光量	22.08	59.76	13.99

注：光强超过 6klx 人参就受害。

划分小区首先要用罗盘或经纬仪，在场地的适当位置，按确定的参床方向作一条直线做基准线，在基准线两端再作两条与基准线垂直的端线，然后用小区的宽度，从每条端线的同一侧端点开始，依次把端线分割，直至分割到端线的末端。每个分割点插上标桩，连接两端线上同一对应位置的标桩线，就成了小区的分界线。最后沿各条线撒上石灰，整个场地的区划也就全部完成。

小区的宽度因地区和参棚种类等有所不同，集安一带参区为2.4~2.9m，抚松、靖宇、敦化等参区为3.0~4.0m。

(3) 翻刨地　翻刨地作业一般是在播种移栽的上一年春季进行，其深度15~20cm，尽可能将黑土层下的活黄土（即熟化的黄土）刨翻起来。播种育苗的地块，要多刨翻些活黄土，深者可达6cm左右。在劳力安排不开或土地没倒出来的地方，亦可夏秋两季进行。翻刨地（特别是人工刨地）时，要深浅一致，树根坑要用黄土垫平，严禁把未熟化的黄土掺入腐殖质层内。在生育期短的地方或山间甸子地，刨起的伐片要放成土垄，伐片堆好堆严，最后把细土压盖在伐片上，这样地温高，腐熟快。土垄都堆放在小区中间，左右对称。

机翻地一般当年春翻，第二年春粗地后划分小区，最后用分土器起土垄。机械翻地耙地，不仅质量好，而且节省人力、降低整地成本，今后应逐渐推广。

瘠薄的林地、荒地，结合翻地施入适量的基肥，如猪粪、鹿粪、厩肥、半腐熟的枯枝落叶等，一般5~10kg/m²。

(4) 碎土（产区叫打土、倒土）　在土垄有机质熟化后，即播种或移栽前进行，时间多在春夏干旱季节。结合碎土拣出树根、枯枝和石块，并施入适量的过磷酸钙和微肥，碎土后重堆成土垄备用。近年吉林参区多采用悬耕犁碎土，然后筛出没腐熟树根、树枝和大土块。

2. 农田栽参的整地

农田土壤的有机质少、肥力低、理化性状差（表8-20），对温度和水分的缓冲能力也低，因此，选用农田栽参，必须进行施肥改土，以适应人参生长发育的需求。为减少施肥改土工作量，应尽可能选用土质疏松肥沃、有机质含量较高的地块。前作以玉米、谷子、豆类为好。

表8-20　农田土与林地土性状比较

土 类	土壤容重 (g/cm³)	土壤比重 (g/cm³)	总孔度 (%)	含水量 (%)	三相容积比			有机质 (%)
					水	空气	固	
农田	1.09	2.67	41.0	32.2	35.10	5.90	59.00	3.0
林地（抚松）	0.65	2.58	74.61	39.59	25.39	25.73	48.80	11~14
林地（集安）	0.71	2.57	72.38	33.12	27.62	23.52	48.86	11~14
林地（左家）	0.83	2.65	68.68	23.05	31.32	19.18	49.55	9~13

增施肥料，改良土壤是农田栽参整地的关键措施之一。增施肥料的种类有猪粪、鹿粪、马粪、绿肥、禽粪、腐熟落叶、豆饼、苏子、过磷酸钙、磷二胺、三料、骨粉、微肥等。最好施用混合肥，混合肥用量为15~30kg/m²。土壤透性稍差的农田土最好是施入适量（1/5~1/3）河沙或细炉灰（锯木屑也可以）。

朝鲜、日本利用农田土栽参，是施肥后多次耕翻，进行黑色休闲。我国部分地方农田栽参途径与此大同小异。近年，许多地方取消黑色休闲，把应施入的肥料混均腐熟好，待农田收获后，细致整地，施入腐熟肥料和炉灰，混匀后栽参或播种，效果很好，这种做法适合我国国情，应当推广。

朝鲜农田栽参使用大量腐熟的落叶，并加入饼肥、过磷酸钙、炕土等制成混合肥料。其配制比例为每公顷参地用72t树叶、6t饼肥、4.5t炕洞土、0.3t过磷酸钙，堆积腐熟后掺入床土中，掺入量为床土的 1/10，混匀后栽参。

3. 林下栽参的整地

林下栽参最好选阳光充足、土质肥沃的林地，原则上不伐树。在林间树木空闲地方刨土整地做床，床的大小、方向不限，只要利于人参生长，不造成水土流失就可。坡大的斜山做床，参床不宜过长。一般是边刨土边碎土，然后堆成土垄等待播种移栽。

（三）做床

参床亦称参畦、畦串。一般在整地后播种或移栽前做床，参床规格主要受地区、土壤种类、参棚规格、播种或移栽等因素的影响。近年为了提高土地利用率，对传统参床规格进行了必要改进。普遍采用的规格归纳如表 8-21、表 8-22。

播种参床因参根垂直地面生长，如果底土冷凉，床土又薄，参苗主体短，须根多而细，影响产品质量，所以，播种参床床土厚度不能低于规格要求，底土冷凉的地方，应将床底底土刨翻起来（深度 15～20cm），然后做床。底土冷凉的地方，移栽参床的厚度也不能低于规定要求，不然参根生育不良，产量低。坡地土壤沙量多，底土渗水力强时，床高可适当降低，地势低洼的参床，应适当高做床，防止雨季积水烂参。

表 8-21 不同地区一棚一畦参床规格（cm）

地 区	棚 别	播 种 床				移 栽 床			
		床宽	床高	作业道宽	床长	床宽	床高	作业道宽	床长
抚松、靖宇等参区	一面坡棚	130～140	30	300	酌定	130～140	20～25	300	酌定
	大拱棚	130～140	25～30	270	酌定	130～140	25	270	酌定
集安通化等参区	小拱棚	110～120	20	120～130	酌定	110～120	17	120～130	酌定
左家等参区	小拱棚	120	25～30	180	酌定	120	25	180	酌定
长白等参区	大拱棚	165～170	28～32	120～140	酌定	170～175	25～30	120～140	酌定

表 8-22 一棚多畦参床规格（cm）

类 型	床 宽	床 高	畦间距离	作业道宽
双畦	130	20～27	50	150
四畦	100	20～27	50	180

做床前还要检查一下参床方向是否符合规定要求，以确保床向无误。东北参区要求，做床后上午 10 时直射阳光必须退出床面，下午 2 时许直射光进入床面。床向查定后，用固定尺码杆量出床宽，作业道宽，并立好标桩。做床时，把线挂在桩上，作为床的前后边线，把土垄的土搂平，作业道上的暄土也收到床上。近年许多参区为了提高肥效，在做床前把豆饼、苏子、芝麻等有机肥施于床底，然后做床。高产区苗床的施肥量：每平方米内施用豆饼 125g，脱胶骨粉 125g，苏子 75g，油底子 25g，微肥 25g。

由于地形复杂，做床时常常出现局部地方作业道内的水排不出去或排水不通畅的现象，出现此种情况时，应在最低处把参床截断，做排水沟（又称腰沟），一定要使田间的水顺利排出为止。

（四）播种育苗

1. 选育良种和选用大籽

人参是种子繁殖植物，种子质量好坏对生产影响很大，生产实践证明培育大苗是夺取优质高产的重要措施之一，而选育良种和选用大籽又是培育大苗的必要条件（表8-23，8-24）。

表8-23 不同类型人参参根比较

品种类型	平均根重(g)	主根均长(cm)	主根均粗(cm)	平均芦长(cm)	平均芦粗(cm)
大马牙	21.20	5.24	2.00	1.04	1.10
二马牙	8.28	7.36	1.14	0.87	0.48
长脖	3.27	8.20	0.83	1.20	0.41

注：四年生参苗。

从表8-23看出，马牙类型人参，特别是大马牙，生长快，平均根重是长脖类型的6倍多。目前生产斗中使用的种子比较混杂，在三个地区六个参场调查中，可分辨出大马芽、二马牙、长脖、圆膀园芦、竹节芦、线芦六个类型。按其各类型的支数计算，大马牙占29.2%，二马牙占44.3%，长脖占19.6%，另三种类型占6.9%。所以，纯化生产用种，选择优良类型作为生产当家品种，实是当前生产中必须着重解决的问题。在当前生产中出现的诸多品种类型中，以马牙类型为最好，特别是大马牙，具有生长快，产量高，单支重，根中皂苷含量高，种子大，植株健壮等优点。在六个参场调查中，大马牙支数虽然只占29.2%，但产量却占总产的44.46%，是当前生产中高产的品种类型。栽培大马牙类型，只要技术得当，不仅主根粗大，而且根茎短粗，是加工优质红参、生晒参、冻干参的好原料。

表8-24 种子大小与参苗的关系

每升粒数	单根重（g）	优质苗率（%）
7 778	0.90	45.3
8 333	0.84	31.7
10 000	0.79	43.9
11 111	0.75	29.0
12 222	0.56	21.5

注：一年生苗。

种子纯化工作，应从当前优良生产群体中只选留马牙类型留种，其他类型株体上的花蕾全部摘除，或单独选择马牙型参根单独隔离栽种，作采种田。

三年以上的人参年年开花结籽，其籽粒大小以六、七年生为最大，种子裂口率高（表8-25），是理想的采种年龄。

表8-25 不同年生人参种子比较

年生	长(mm)	宽(mm)	厚(mm)	千粒重(g)	1升粒数	裂口率(%)
3	5.48	4.55	2.94	43.2	11 410	90.2
4	5.64	4.81	2.98	45.6	10 810	95.3
5	5.90	4.95	3.03	48.3	10 230	95.9
6	5.93	4.98	3.04	49.1	9 980	97.2
7	5.87	5.00	3.02	49.0	9 970	97.2
8	5.80	4.87	3.01	48.5	10 190	96.5
9	5.83	4.92	3.00	47.9	10 260	96.1
平均	5.77	4.87	3.00	47.4	10 407	95.48

注：表内数字是种子阴干3d后测定值。

实际生产中多在四、五年生留种采种，这是因为三年生种子粒小，而且采种量不多，育苗质量太差。六、七年生种子虽好，种粒大，但正值采收加工期，留种以后影响母根生育，减产量比四、五年生高（表 8-26），又因留种后的参根加工产品质量差的缘故。

表 8-26 采种年生、次数与减产率

采种年生	采种次数	采挖年生	减产率（%）
5	1	6	13
6	1	6	19
4，5	2	6	38
4，5，6	3	6	44

为提高四、五年生参籽的质量，近年试行疏花疏果，收到了较好的效果（表 8-27、表 8-28）。综合多种因素水平，以每株保留 30 个果为宜。

表 8-27 疏花疏果对种子千粒重影响（g）

每株保留数	疏蕾	疏花	疏果
10	35.2±0.40	35.2±0.38	34.0±0.40
20	31.7±0.44	31.9±0.27	30.7±0.23
30	29.8±0.47	30.5±0.28	29.1±0.28
50~60（对照）	25.1±0.13	26.3±0.18	26.2±0.30

表 8-28 疏花对四、五年生参籽影响（g,%）

年生	每株留朵数 20	30	50~60（对照）	与对照比	
				增加克数	增重百分比
4	29.0	27.8	24.3	3.5~4.7	14.4~19.3
5	29.8	28.3	24.5	3.8~5.3	15.5~21.6

2. 种子处理

人参种胚发育缓慢，种子后熟期长，给生产带来一定的不便。为加快种胚发育，缩短后熟期，生产上采用种子处理，又称催芽或发籽。

产区一般在 6 月上旬，选择地势高燥、背风向阳、排水良好的场地，铲平表土，清除杂草后踏实作处理场地。在靠近场地的北侧，放置一个木板做成的方框，框高 40cm，宽 90~100cm，长度视种子多少而定，过长时，可截短做成 2 至多个处理床。为了保持床内温湿度变幅小，在框外再套上一个框，内外框间距 15cm，间距内用细沙或土填实（也可用砖砌成类同大小的床框）。框前作晒种场地，在此同时准备好过筛的细腐殖土和细沙（也可只用细沙），并将部分细土细沙按 2:1 混合调湿（手握成团，1m 高自然落地就散，以下类同）备用。取种子经筛选、水选后，用清水浸泡 24h，浸种后捞出稍晾干（以种子和沙土混拌不黏为度），然后向种子中加入 2 倍量（以体积计算）的调好湿度的混合土，混匀后装床。装床前先在床底铺垫 5cm 左右的过筛细沙，铺垫后装种子，厚度 20cm 左右，装后耧平，其上覆 10cm 厚的过筛细沙，床上扣盖铁纱网防鼠害。最后在床上架起一个透光不透雨的棚，棚的四周挖好排水沟，在西、北两侧排水沟外架设一防风障。

处理期间温度控制在 15~20℃，前期 18~20℃，后期为 15~18℃。处理开始后，前期每

15d倒种一次，后期10d左右倒种一次，倒种时，要注意调节水分和晒种。只要水分、温度适宜，种胚就能正常发育，裂口率均在80%以上（表8-29、8-30）。

处理种子的时期要因地、因种子而异。干籽（上年采收的）必须在6月20日前处理完毕，水籽（当年采收并脱去果肉未经晾晒的种子）采收后立即处理，否则胚发育不良，裂口率低（表8-31），会延误当年播期，勉强按期播种，会降低来年出苗率。不论当地有效积温高低，都必须在播前110d（至少100d）处理完毕。

表8-29 含水量与裂口率（%）

沙土含水量（%）	5	10	15	20	22.5	25
裂口率（%）	83.3	85.0	73.3	60	43.3	0

表8-30 温度与裂口率（%）

温度（℃）	<20	20	25	30
裂口率（%）	83.2	80.8	75.6	28.0

表8-31 处理时期与裂口率（%）

处理日期	6月10日	6月20日	6月30日	7月10日	7月30日	8月10日	8月20日	8月30日	9月10日
靖宇参区	97.1	83.0	74.5	50.0	—	62.1	44.2	21.6	—
集安参区	—	—	—	—	96.2	89.5	81.3	64.3	20.8

注：7月10日前处理的是干籽，7月30日后为水籽。

像抚松、靖宇等参区每年种子成熟期为8月上、中旬由于有效积温低，当年水籽采后及时处理，到10月底播种也不足100d，因此，播种时检查裂口率低。近年推广水籽用GA_3液（100mg/L）浸种24h，捞出后照常规方法发籽，70~80d就达到发籽要求标准。

处理后的种子，参区叫裂口籽。1kg干籽出1.6kg裂口籽，1kg水籽可出0.9~1kg裂口籽。

3. 播种时期、方法及播种量

当前生产中使用的种子有干籽、水籽、催芽籽（又叫裂口籽）之分。生产上说的水籽是指7~8月采收果实，脱去果肉，冲洗干净并稍晾干的种子；干籽则是指将水籽自然风干后的种子；催芽籽是指把水籽或干籽经人工催芽，完成形态后熟的种子，也叫处理籽。

（1）播种时期 一般分春、夏（伏）、秋三个时期。春播在4月中、下旬，多数播种冷冻贮存后的催芽籽，播后当年春季就出苗。夏播亦称伏播，采用的是干籽，一般要求在6月下旬前播完。天气暖和，生育期长的地方（播种后高于15℃的天数不少于80d），可延迟到7月中旬或下

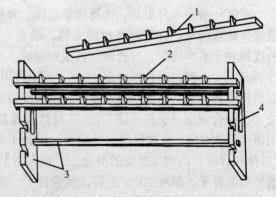

图8-6 人参（西洋参）点播压印器
1. 压条 2. 压齿 3. 压框 4. 扣手
（引自王铁生《中国人参》，2001）

旬，河北、山东、北京等地可于8月上旬播种。秋播多在10月中、下旬进行，播种当年催芽完成形态后熟的种子，播后第二年春季出苗。

（2）播种方法　传统播种都是撒播，目前普及点播。点播的行株距为4cm×4cm，5cm×4cm，5cm×5cm，多为5cm×4cm或5cm×5cm。等距点播的做法是，利用硬杂木按规定的行株距制作出压印器（图8-6），从做好的参床一端，一器挨一器地压印。每穴内放一粒种子，覆土3~5cm。播后用木板轻轻镇压床面，使土壤和种子紧密结合。镇压后床面复落叶或无籽的稻草。树叶上再稍覆土即可越冬。

（3）播种量　播种干籽，每平方米15g左右；播种水籽30g左右；播种催芽籽30g左右。应当指出，培育商品参的质量好坏与参苗（栽子）的大小有密切关系，实践证明，用三年生一等苗作栽子，生长3年后，单根鲜重在63g以上，属一等商品鲜参；用三年生四等苗作栽子，生长3年后，单根鲜重37g左右，属三等商品鲜参。因此，培育大苗是提高产量和品质，增加效益的关键措施。而苗田的播量多少对参苗大小影响很大，如点播育苗，一年生单根鲜重在0.5g以上，高者0.8g左右，根长15cm以上。若撒播不间苗，二年生单根重多在0.7g左右，根长15cm左右。所以，近年播种多普及点播。已经撒播的苗田，多在二年生出苗后间苗，间苗可以提高参苗质量。

（五）移栽

1. 移栽时期

人参有春栽和秋栽之别，春栽4月中下旬，即参根生长层土壤解冻后进行。由于参根4℃开始萌动，萌动后生长较快，出苗后移栽影响成活率，所以，要适时早栽。春风大，土壤易干旱的地方，必须抢墒栽种。秋栽从10月中旬开始，到结冻前为止。一般天暖年份适当晚栽几天，天冷时要提早进行。秋季栽参严防过早开始，过早移栽，栽后易烂芽胞，一般以栽后床土冷凉，渐渐结冻为佳。秋栽过晚，参根易受冻害。

2. 参苗的起收、分级

起苗与栽参不能脱节，要求是边起、边选、边栽，大量移栽时，最好在栽参的头一天起苗。方法是先拆除参棚，拆下的棚料分类堆在作业道上。起参时，先耧除残株落叶，撤去床头、床帮土，然后从床的一端起苗，起苗深度要超过根深，一般刨到床底为宜。刨苗时，勿损伤参根和芽胞，起出的参苗要拣净及时装入垫有布或纸的筐（箱）内。芽胞向内，须根向外，严防风吹日晒。起出的参苗要及时选苗分级。起苗量根据栽植面积和进度而定，参栽不能存放过多或过久，当天栽不完的，暂放在凉爽湿润的室内，上面覆盖湿麻袋，严防参须和芽胞鳞片干枯。

起出的参苗经过挑选分级后栽种。挑选的任务是清除病残弱杂参根，选留的参根按大小分级。分级（又称分等、分路）是将参根按大小分开，国家颁布的种苗标准见表8-32。

表8-32　人参种苗分级规格

年　生	一		二			三			
等　级	一	二	一	二	三	一	二	三	四
根重（≥g）	0.8	0.6	4	3	2	20	13	8	5
根长（≥cm）	15	13	17	15	13	20	20	20	15

目前各参区多用二、三年生苗移栽，栽种时，都选用一、二等苗。

应该说明一点，近年高产区把栽子的等级做了调整，以适应高产种植的需要。其二年生一等栽子根重提高到 10～15g、二等栽子 5～10g、三等栽子 3～5g。

另外，在选苗时，对于体短、脖长、须少、体重小的长脖类型，应单独栽种，因这类参的性状与野生人参最为相近，这样种植对保持人参的种质资源有益。

3. 移栽方法

合理密植是获得优质高产的必要条件之一，生产上移栽密度应根据移栽年限和参苗等级而定。年限长、栽子大的，行株距要大些，反之则小些。试验表明，二年生一等苗，70株左右/m² 为宜，三年生一等苗 50～60 株/m² 为好。一般二年生一等苗相当于三年生的二等苗或三等苗。现将近年各地实行的行株距归纳于表 8-33、表 8-34。

表 8-33 抚松类参区移栽规格

参苗等级	行距（cm）	每行（1m）株数	株数/m²
一	20	8～10	40～50
二	20	10～12	50～60
三	20	12～14	60～70
四	20	14	70

表 8-34 集安类参区移栽规格

等级		一		二		三	
项目		行距（cm）	株数/行	行距（cm）	株数/行	行距（cm）	株数/行
年生	二	15～16	10	13～15	13	13～15	15
	三	17～20	10	15～16	13	15～16	15
	四	20	9～10	17～20	11～12	17～20	13～15
	六、七	21～25	8	18～21	9	18～21	10

注：行长 1m。

栽参分平栽和斜栽两种：平栽是在参床上开一平底沟槽，用压印器划好行距，将参苗逐行平摆于沟槽内部，然后覆土刮平。此种栽法速度快，用工量少，但参床不抗旱，参根主体小，芦大，加工红参、光生晒成品率低。斜栽是在参床上开一斜底沟槽，斜面与床面成 30°角将参栽摆于斜面上，然后覆土，此法抗旱保苗，主根粗大，须根多，加工后成品单株重量大。个别地区把斜栽角度由 30°改为 60°，被人们称为立栽。斜栽又分单行和双行斜栽两种。

单行斜栽的具体栽法：两人一组，各在参床的一边，先将栽参尺（图 8-7）放在床的一端，放后各自用刮土板刮土开沟，沟土散在床头上。靠近尺边垂直开沟，深 6～9cm（高年生 9cm），沟宽 20～25cm，沟底呈 30°角斜面（近尺一侧略高），然后把参苗按规格要求摆好。芽胞靠近垂直的沟壁，成一直线，两边最外侧 1～

图 8-7 栽参尺

2株参根须部略斜向床中，参须要散开，然后用开第二沟的土，把参根全部盖好，床面刮平后，两人同时移动栽参尺，使尺端部与床面尺印衔接。接着再在尺边开第二沟，照上法摆第二行参根，摆好后用开第三沟的土覆第二行参根，覆后刮平。以后均仿照第二行栽法栽种，直至栽到床的另一端，最后把床面耧平或中间略高些。春季栽后床面要用木板稍压实，床边踏实；秋季栽后床面覆一薄层落叶，落叶上盖 10cm 防寒土。

大垄双行斜栽的具体做法：先把床面 8cm 厚的床土耧到参床两帮，然后用开沟器（图 8-8）从床的一端横床开沟。开沟后把口肥施于沟底，口肥上覆 2～3cm 土，然后按参移栽规格，把参苗摆放在沟的两侧，芽胞与沟顶棱线平齐。摆苗后把床帮土覆在其上，厚度 6～7cm，覆土后耧平。其他措施同单行斜栽一样。

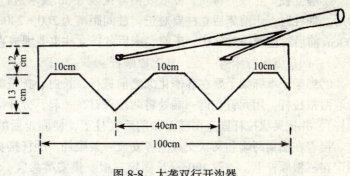

图 8-8　大垄双行开沟器

栽参的覆土厚度：三年生苗，大栽子为 8～9cm，一、二年生小栽子为 6～7cm。应当指出，气候干燥地区、干燥地块或床土过松时，可适当厚覆，相反，低洼地或床土偏黏时，可浅覆。

还要强调一点，摆苗时要再次选苗，去掉受损伤或病残弱苗。晴天要抓紧栽种，阴雨天或床土过湿时不能栽参。

（六）搭棚

人参是阴性植物，生长发育期间既怕烈日直接照射，又需要有一定强度的光照，既需要有适宜的水分，又不能被伏雨淋袭。生产上采用搭棚管理来解决上述矛盾。所以，搭棚是参业生产中的一项重要技术措施。

1. 参棚的种类与规格

参棚的种类很多，分法不同，叫法不一样。按棚畦结构分，有单畦棚、双畦棚、多畦棚；按棚架结构样式分，有平棚、一面坡棚、脊棚、拱形棚、弓形棚等；按搭棚材料分，有板棚、布棚、油苫纸棚、草棚（草帘、苇帘、高帘）、薄膜棚、水泥柱棚、铁架棚、竹棚等；按参棚透光透雨程度分，有全荫棚（又叫不透棚）、单透（透光或透水）棚、双透（透光透雨）棚；此外还有固定棚、可调棚（也叫活动棚）之分。

目前生产中使用的参棚绝大多数都是单畦固定棚；绝大多数是单透光棚；参棚多为脊形、拱形透光棚。参棚规格见表 8-35。

表 8-35　参棚规格（cm）

项　目		播种棚		移栽棚		棚盖宽	脊（拱）高	后檐长
		前立柱	后主柱	前立柱	后立柱			
拱形棚	长白县	65	65	70	70	240	50	20
	集安市	90	90	100	100	180	20～25	20
脊棚	抚松县	80	80	90	90	200	30	25
一面坡棚	抚松县	105	70	115	80	200		30
	集安市	100	80	110	85	180		30
弓形棚	长白县	50～60	50～60	50～60	50～60	240	78.4	
平棚	桓仁	130	95	130	95	200		30

2. 搭棚方法

(1) 拱形透光棚

①埋立柱 立柱的材质、截取规格等按表 8-36 要求进行。埋立柱的时间也是在做床前或栽参后。埋柱时，床前床后立柱要对正，柱间距离为 200~240cm（集安类参区与床宽一样），每隔 200cm 前后对应埋一对立柱，床前、床后各排立柱也要埋成直线。柱顶锯成平顶或凹口（集安类参区），凹口方向与床向一致，其上放顺杆。

②绑架子 绑架子要在春季化冻之前进行。长白、抚松等参区是将横梁钉在前后立柱上。然后取两根拉杆，用元钉在近一端处将两拉杆钉在一起，分开拉杆后，端部成叉状（以便承接拱顶顺杆），并把叉状拉杆固定在横梁和前后立柱上，使固定后的叉状交点到横梁的距离为 45cm 左右。接着在横梁两端和叉状交点上各安放一条顺杆，顺杆接头要接平，最后用元钉或铁线把拱条固定在三根顺杆上，一般 100cm 长固定三根。集安类参区，是先把顺杆分别安放在前排立柱和后排立柱上，然后把横杆（梁）绑在立柱上方的顺杆上，绑后再把一根顺杆固定在横梁中间的上方。

③上棚盖 长白、抚松、靖宇、敦化等参区的帘子宽为 200cm，长 270~300cm，帘子条径 1.5~2cm，帘子条空为 2~4cm，透光率为 40%~50%。出苗前先上薄膜，5 月下旬至 6 月上旬在膜上压一层帘子，6 月下旬至 7 月上旬，在原有膜、帘之上再铺盖一层帘子或用蒿草压盖在其上（又称压花），使棚下透光为 20%~25%。8 月中旬撤去最上层帘子或压花，9 月上旬再撤去膜上的帘子，10 月中旬撤去薄膜（图 8-9a）。集安参区，帘子宽 200cm，长 510cm，帘子条径 1.5~2cm，帘子条空 1.5~3cm，透光率为 35%，安放棚盖时，先把一层帘子横放在架子上（条子方向与畦床方向垂直），帘子上铺放薄膜，膜上压蒿草，也有双层帘夹一层膜的，其上层帘子透光率 40%（图 8-9b）。百平方米拱形透光棚所需材料见表 8-36。

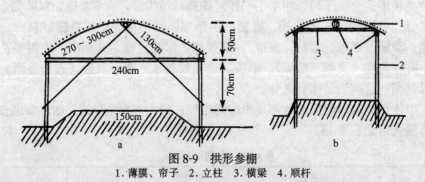

图 8-9 拱形参棚
1. 薄膜、帘子 2. 立柱 3. 横梁 4. 顺杆

(2) 弓形透光棚 为节省木材，提高棚下供光的均匀度，近年参区推广弓形透光棚。搭棚时，将立柱（100cm 长）埋于参床两侧，前后立柱间距为 240cm，左右立柱间距 100cm，床面立柱高度为 50cm。取 400cm 长的竹匹子（宽 6cm，厚 0.7cm）固定在主柱上，使弓顶与床面的距离为 120cm，弓条顶部用木杆或铁线连接牢固。春季化冻前，把薄膜左右匀称地铺于顶部，以后随着温度升高分次把帘子盖在其上，并固定好。

3. 几种参棚的供光分析

(1) 脊形透光棚和拱形透光棚 脊形透光棚、拱形透光棚的前、中、后各床位的受光量与一面坡棚相比，比较均匀，特别是宽苦幅的拱形调光棚，前中后檐各部位受光量一致。夏至时节光照强度在 20klx 左右，秋分时节为 30~35klx。脊形透光棚除在上、下午阳光与棚面近于垂直时，棚内有强光区外，其他时节棚内各部位光强较均匀，其受光量略低于拱形棚。上述四种参棚一日内棚下光照强度变化见第五章的图 5-4。

从图 5-4 看出，拱形棚一日内总有效受光量最多，8~16 时的光照强度均在 20~30klx 间。其次是脊形透光棚，每日 8~16 时受光强度在 20klx 左右。

表 8-36 百平方米拱形透光棚用料表

名 称	规格 (cm)	数 量	说 明
立柱	长 120 (150) $\phi 8$	74 根	硬杂木
横梁	长 240 (180) $\phi 7$~8	37 根	软杂木
拉杆	长 120 (100) 宽 5 厚 3	74 根	软杂木
顺杆	长 400 或 600 (400) 大头 $\phi 10$ 小头 $\phi 4$	54 或 36 (50)	软杂木
拱条	长 270~300 (200) 宽 2.5 厚 0.5	220 根	竹匹子或树条子
帘子	长 270~300 (200) 宽 200 透光率 40%	36 块	竹帘、条帘、苇帘篱轩帘
薄膜	宽 270~300 (200) 14 道，抗老化	7 500 (9 000) m	
铁线	22 号	3kg	
圆钉	7~9	2kg	
圆钉	3	0.3kg	

注：括弧内数字为集安拱棚用料规格及数量。

由于拱形棚前中后檐各床位受光均衡，且又在光饱和点附近或略高于光饱和点，棚内温度又比其他参棚高 1℃ 左右，因此人参的光合效率高，与一面坡全荫棚相比，产量明显提高（表 8-37）。不过脊形棚、拱形棚都有许多横梁挡光，所以，顺床方向上看，挡光部位很多，仍需进一步完善。再者，拱形棚如果苦幅窄时（200cm 左右，床宽 140cm 左右）床前、床后仍有局部受自然直射光直接照射，有时也会出现日烧现象，各地架棚时尚需注意。

表 8-37 拱形透光棚与全荫坡棚产量比较

地 点	拱 形 透 光 棚				全 阴 坡 棚				增产（%）
	总面积 (m^2)	总产 (kg)	单产 (kg/m^2)	千粒重 (g)	总面积 (m^2)	总产 (kg)	单产 (kg/m^2)	千粒重 (g)	
长白县宝泉山参场	2 800	7 550	2.7		2 800	3 640	1.3		107
长白县人参研究所	200	805	4.25		200	295	1.475		188
长白县金华一参场	12 000	45 150	3.75		3 940	6 422.5	1.625		131
参籽产量	3 528	1 984.5	0.14	36	10.312	1 418	0.034	31	311.7

(2) 弓形透光棚 弓形透光棚受光状况与拱形棚相仿，不同之处是棚内每日有效光强增加，不仅床的前中后受光均匀，顺床看床面受光也较其他棚式均匀得多。加之省材料、省人工，所以，近年此类棚普及较快。目前应用较多的是竹弓棚、铁弓棚。

（七）田间管理

1. 枯萎后出苗前管理

(1) 越冬防寒 人参根比较耐寒，冬季气温降到 -30℃ 以下，也不会将参根冻死。但是晚秋和早春，气温在 0℃ 上下剧烈变动，也就是一冻一化时，常使参根出现缓阳冻。受害严重的参根脱水、腐烂死亡，轻者虽能出苗，但生长发育不良，生育期间也会逐渐感病死亡。此种冻害常使人参减产20%左右，严重者造成毁灭性损失。所以，参区把越冬防寒作为一项重要的管理措施。

越冬防寒的办法是往床面床帮覆盖防寒物。覆盖防寒物的时间、厚度要因参床的地势、土壤性质、含水量、参栽大小而异。

据试验报道：地势高的地方冻害轻，低洼地方冻害重；砂质土壤温度变化大，比腐殖土冻害重；参床含水量高，冻害严重（床土含水量28%未受冻害，含水量30%时，冻害率为16.67%，床土含水量66.4%时，受害率100%）；同一参床，大苗（1~3等）冻害轻，小苗（4~5等）受害重；栽参粗糙地块受害重、栽参后床面不及时覆防寒物地块受害重、阳坡受害重。覆盖防寒物的种类有草帘、苇帘、落叶和土。传统栽参都是覆土，所以，此项管理又叫上防寒土或封畦子。现阶段少数地区改覆土为盖帘子、覆落叶。参区认为覆落叶（7~10cm）不仅能防寒，而且还能预防雨水或雪水浸入参床。上防寒土一般厚度为10cm。阳坡、新栽地块、小苗地块、砂性大的地块要先上防寒土。

（2）盖雪和撒雪　许多地方冬季参棚不下帘，因而床面积雪少或不积雪，整个冬春季节床面裸露，常造成春旱。此类参区，冬季积雪后，要把作业道上积雪撮到床面床帮上并盖匀，厚度15cm左右，这样既能防寒，又能减少床内水分损失。

秋末结冻（封冻）前或春季化冻时，降到床面上的积雪必须及时清除，严防雪水浸入参床。人工盖到床面上的雪，春季积雪融化时，也要及时撒出，这对预防菌核等病害有益。

近年产区普及透光棚，架材简陋，有的参棚棚盖平缓，冬季又不下帘，棚上积雪多会把棚架压坏，所以，当棚上积雪近于10cm时，也要及时撒下来，防止压坏参棚。

（3）防止"桃花水"　每年积雪融化时，一旦排水不畅，"桃花水"会浸入参床或没过、冲坏参床。经验证明，受"桃花水"危害的参床，人参病害多，严重时成片死亡。所以，每年积雪融化时，要派专人检查，清除积雪、疏通排水沟，把存水的地方刨开，引出"桃花水"。积雪大的年份，春季"桃花水"猛，更要管理好。

（4）维修参棚　积雪融化到出苗前，是维修参棚的好时机，要把倒塌的、倾斜的、不牢固的参棚修好、修牢，防止生育期间参棚倒塌压坏参苗。另外，还要把漏雨的地方补好；帘子透光不均、串前错后的地方也要校正过来；压条压帘不牢固的要绑好。

（5）下防寒物与搂畦子　下防寒物与搂畦子是同时进行的一项作业，一般4月中、下旬（生育期短的地方5月初），床土化透，越冬芽要萌动时，进行此项管理。撒防寒物过早，人参易受缓阳冻，撒防寒物过晚，人参萌动造成憋芽子，会影响出苗、降低出苗率、保苗率。

下防寒物就是撒去秋季覆在床面上的帘子、落叶或覆土。撒下的帘子要晒干、垛起、苫好备用；覆盖的落叶或草撒下后烧掉或1区制肥料；覆盖的防寒土要覆在床帮上。

搂完防寒物后，接着用木耙子将参根上面的床土搂松（俗称搂畦子），这样可以促进人参早出苗，保证正常生长发育。结合搂畦子可将追施的肥料或防病防虫的农药混入床土中。

下防寒物要先下阳坡，后下阴坡；先下陈栽地块，后下新栽地块，新栽地块要先架棚，后下防寒物；移栽地块要先下防寒物，播种地块后下。

搂畦子的深度以近于参根，但不伤参根和芽胞为度，床帮要深松。松动的土块要压碎，松后搂平床面、床帮；播种地块一般不进行搂畦子管理。

（6）清理水沟、夹防风障和田间消毒　清理排水沟主要是清除落叶覆草等杂物，搂平水沟、作业道。清除的杂物最好是深埋、然后进行田间消毒。田间消毒常用1%的硫酸铜液，对棚盖、立柱、床面、床帮、床头、作业道、排水沟全面喷雾消毒，以药液湿透表土0.4cm为度。春风大的地方，在风口一侧夹好防风障，防止寒风侵袭。春季过于干旱的地方，还要把排水沟填平。

2. 生育期管理

(1) 松土除草　松土作用很多，能使床土疏松，调节水分，提高地温，消灭杂草，清除杂物，促进参根生长。因此，必须适时适度松土。松土同时要拔除杂草，床帮要铲松；作业道、地头、地边的杂草也要铲除。

产区一般松土除草3~4次，展叶末期松头遍土，夏至前后松二遍，以后隔20~30d再松1~2次。播种田只拔草不松土，每年拔草3~4次。

松土时两人一组，床前床后各一人，用手把行间和株间的床土抓松抓细，整平床面，并用锄头铲松床帮。第一次可适当深松，松到参根层为宜，二、三、四遍要浅松，以不伤表层须根为度。松头遍土要与追肥灌水相结合，高年生地块松三遍土时，还要把床帮土往床面上覆，厚度1cm左右。床土湿度大时，可把行间耧成沟，以提高床温和降低床土湿度。苗田只拔草不松土，结合拔草可适当间苗。

近年普及透光棚后，采取床面覆落叶防旱，此类地块只松一遍土，拔3遍草。

(2) 覆盖落叶　床面覆盖落叶是林下栽参、透光棚栽参、透光透雨棚栽参的一项增产措施。它可以缓和土壤水分和温度的剧烈变化，减缓土壤板结速度，抑制床土表面病原菌的传播，减少病害的发生。

床面覆落叶是在第一次松土追肥后进行。将干净的树叶一把一把地送入行间株间，铺均铺平，床帮床头也要覆落叶，厚度5~10cm。用铡碎的稻草覆床面（厚度5~6cm），效果也很好。床面覆落叶后，人参须根多，植株健壮，参根增产10%左右。

(3) 摘蕾疏花　人参是以根入药为主的药用植物，3年以后年年开花结实。由于花果生长消耗大量营养，从而影响参根的产量和品质。前面曾介绍过四、五、六年生人参单独留种或连续留种使参根减产达44%。所以，参业生产中，除留种地块外，都要摘除花蕾（实际是伞形花序）。一般少留一年参籽其根可增重10%~30%，而且参根中的淀粉、脂肪和皂苷含量都略有增加。摘蕾多在5月下旬，人参花柄长到5~6cm时，从花序柄的上1/3处将花序掐掉。摘蕾过早不便作业，过晚序柄变硬，既不便摘除，又失去摘除的意义。摘下的花蕾晒干后，可做参花晶。

疏花是培育大籽的重要措施之一，五年生人参留种时，要把花序上花蕾疏掉1/3或1/2，可使种子千粒重由23g左右提高到30~35g。疏花在6月上旬把花序中间的1/3到1/2摘掉即可。

(4) 扶苗培土　人参是搭棚栽培，参棚遮荫过大，即棚下光照偏弱时（低于光饱和点），人参茎叶受趋光性的影响，向着光照较强的前檐倾斜生长，参棚略窄时，人参常伸出前立柱之外。这部分人参在6月中旬后，易受强光危害或雨淋，所以，6月中旬前要把这部分倾斜生长的人参扶到立柱内，参农称此项管理为扶苗撼参。其做法是结合松土先把每行前数第三株参苗内侧的床土抓松扒开，然后轻轻把参苗向内推，使之向内倾斜（约10°角）。接着用抓开第二苗人参内侧的床土，覆在第三苗人参的外侧，依此再把另两株人参扶正，最后整平床面，铲松床帮。

移栽后的人参，随着年生的增长，植株也渐次长大，移栽时的覆土厚度不能适应生长的要求，有时会被风吹倒或折断，所以，结合第二、三次松土要进行覆土管理。一般覆土是从床帮取土覆在床面上，每次加厚 1cm。大参总覆土厚度达 8～9cm 为宜。近年有的地方供光过强，床土温度高，湿度小，使鲜参根缺水，加工后出现白皮，此类情况除及时灌溉外，加厚覆土层厚度也是有力措施之一。

(5) 防旱排涝　水是人参生长发育不可缺少的重要物质之一，良好的水分供应，配以科学的栽培管理，人参才能健壮生长，获得优质高产。水分过多，人参根病大发生，严重时成片死亡。为防止积水烂参，传统的栽参方法中，多采用高做床、深挖排水沟、架设不透雨棚等措施控制土壤水分。但对于缺水解决得不好，特别是陈栽地块，参棚常年不撤帘，床土接不到雨水，容易出现干旱。参床干旱严重时，人参生长缓慢，鲜参产量低，浆气不足，加工红参黄皮多，因此，防止干旱是不可缺少的管理措施。

防旱措施：土壤墒情较好的地块，可适时早松土、松土后床面覆草或落叶、贴床帮子、填平排水沟，铲松作业道，冬季床面覆雪等。

土壤较干旱的地方，应降低参床高度（深翻地矮作床），春季人工放雨或浇水，适当降低供光强度和气温。人工放雨要掌握好时机，选连阴天、细雨天放雨，雷阵雨、急雨不放，秋季苗田不放雨，放雨时撤膜别撤帘，否则天晴易受强光危害；放雨后要及时打药松土。人工浇水有沟灌、渗灌、浇灌。沟灌分作业道（排水沟）沟灌和行间沟灌，水源充足、地势平坦或参床坡度小可采用作业道沟灌，水源不足、参床坡度大时，多采取行间沟灌；水源充足，地势平坦也可采用渗灌；床面有覆草或落叶的可浇灌。作业道沟灌、渗灌每天不受时间限制，灌至床面出现"麻花脸"即干湿相间存在为止；行间沟灌和浇灌要在上午 9 时前，下午 5 时后进行，力求气温、水温、参体温度、地温一致。行间沟灌是于两行人参间开一条 2～3cm 深的浅沟，于沟内浇水，每次灌水 15～25kg/m^2（干旱较重时增加至 50kg/m^2），这些水分 2～3 次浇入。最后一次浇水时，可在水中加入可湿性杀菌剂（10g/m^2）。浇后覆土，待土壤墒情合适时，进行一次松土。浇灌时，也要少量多次，以接上湿土为度。近年部分参区采用滴灌，喷灌，由于人参是棚下栽培、参床坡度略大、床土比一般耕地疏松等特点，滴灌技术尚未推广开来。又由于参棚不透雨，喷灌不能采用摇臂式的设备，目前应用的都是小型灵便、能移动的定向喷灌设备或手提式喷灌设备，利用高扬程水泵加塑料管和喷嘴进行喷灌的较多。需要喷灌时，启动水泵，操作者平拿塑料管移动喷灌人参。少数场参床内有固定喷雾装置，浇水、打药、根外追肥时，只要把喷雾动力和水源（药液或肥料）与喷雾装置接通，就可在床内进行作业。

(6) 追肥　土壤是植物生长发育所需营养的供给者，为保证植物良好生长发育，获得优质高产，栽培过程中总是要向土壤中增施肥料，追肥是基肥的补充，它是依据药用植物生长发育的需要和土壤的供给能力，合理地补给植物生长发育所欠缺的营养元素种类和数量。一至六年生人参每平方米所需氮、磷、钾归纳如表 8-38。

我国主要参区土壤的供肥能力（不含基肥）是每平方米床土（按 20cm 厚计算）含可给态纯氮为 5.7～7.0g，纯磷 0.10～0.45g，纯钾 14～47g。从上述分析中看出，目前栽参土壤的氮、磷欠缺较多（尤其是磷肥，一年生尚感欠缺），应当注意补给，尤其是四、五、六年生。目前我国推广的测土配方施肥是科学的，应当尽快普及。

产区根侧追肥多在 5 月下旬至 6 月初，结合第一次松土开沟施入。一般参地每平方米施 150g 豆饼粉，或 100g 豆饼粉加 50g 炒熟并粉碎的芝麻或苏子。6 月下旬或 7 月初进行根外追肥，追施人参叶面肥。

表 8-38　一至六年生人参需要氮、磷、钾概算

年　生（年）	纯氮（mg/株）	纯磷（mg/株）	纯钾（mg/株）	备　注
一	4 200	1 450	5 800	以 500 株计算
二	10 920	2 200	13 760	以 400 株计算
三	27 330	5 010	37 890	以 300 株计算
四	14 285	3 710	22 230	以 50 株计算
五	15 110	3 440	28 985	以 50 株计算
六	17 955	3 780	42 745	以 50 株计算

据试验报道，六年生人参追施饼粉 150g/m^2，对密度为 70 株/m^2 的地块，其产量增加 24%～30%，参根总皂苷含量（4.338%～4.844%）比未施肥的（4.08%）提高了 6.33%～18.73%，氨基酸的含量比对照高 41%～90%。

（7）调节棚下光照强度　此项管理过去叫插花、挂花，近年又称压花。插花、挂花是传统棚式栽培时必不可少的管理项目。因为传统参棚多为南北走向，苫幅较窄，且又多为一面坡式参棚。这种参棚确定畦向是以春分时节上午 10 时直射阳光退出床面为标准的。此类参棚在 6 月中旬至 8 月中旬期间，上午 10 时直射光不能退出床面，而此期间 9 时以后的直射光多超过 50klx，会使人参茎叶发生日灼。为防止日灼出现，生产上采取用不易掉叶（干后也不易掉的）的树枝，按照一定的间距插在参床的前床帮上沿处（与立柱接近成一直线）或插在参棚的前檐。插在床面处的叫插花，插在参棚前檐的叫挂花。近年多用柳条编织稀帘，挂在前檐处，成为名符其实的挂花。挂帘可以在每天 8 时半放下，15 时再卷起。阴天不放，雨天为防潲风雨也可放下。目前有些地区参棚苫幅偏窄，床的东西两边参苗仍有日灼发生，每年也应在 6 月中旬至 8 月中旬进行挂帘，特别是苗田。对于拱形棚、弓形棚、脊形棚来讲，为提高棚下光照强度，节省吉帘，许多地方只用一层条帘挡光，到了 7 月上旬后，棚下有时光照过强（特别是 7 月下旬至 8 月上旬）常使人参叶片、果实受强光危害。为防止此种光害，生产上采取在棚顶上稀疏地撒放蒿草提高郁闭度，参区称为压花。

插花、挂花、压花，都必须在直射光照到参体上不发生光害时，及时撤掉。这样可以使参体特别是叶冠层获得更多适宜的光照，增加光合积累。

（8）留种与采种　人参用种子繁殖，其种子寿命短，所以，生产上要年年留种采种。

留种：人参种子的好坏直接影响育苗质量，进而影响作货参的产量和品质。不同年生的人参结实能力和种子质量差别较大。据测定，三年生人参平均每株结籽 12.2 粒，千粒重（阴干 3d 称重，以下同）43.2g；四年生每株平均结籽 27.6 粒，千粒重 45.6g；五、六年生结籽 40.6 粒，其千粒重为 48.3～49.1g；七、八年生以上结 63.8 粒，千粒重 48.5～49.0g，九年生千粒重为 47.9g。综合结籽数量和千粒重，单从育苗角度看，五至九年生留种均可。但是，人参是根入药的药材，留种直接影响参根的产量和品质（表 8-27），所以，留种收根要兼顾，既要留好种，又要减少对参根生长的影响。各地经验认为，在起收加工的前一年留种即二四制、三三制参区在五年留种，三二三制参区在七年留种为宜。在留种年生里选大苗（一、二等苗）地块留种，为培育大籽，还应进行疏蕾或疏果，从每个花序 50～60 个疏为 30 个。各年生疏花对千粒重的影响如表 8-39。对人参进行疏蕾、疏花、疏果都是疏去花序中间的部分，保留花序外围的花或果。

表 8-39 疏花与种子千粒重 (g)

年生 (年)	处理（朵/株）				与对照比较	
	10	20	30	50~60（对照）	增加克数	增重百分比
四	29.2	28.0	27.8	24.3	3.5~4.7	144~19.3
五	30.2	29.8	28.3	24.5	3.8~5.3	15.5~21.6
六	34.0	29.2	30.0	27.0	2.2~7.0	8.1~25.9
七	30.0	29.0	27.0	24.2	2.8~5.8	11.5~24.0
八	29.0	28.3	27.3	25.7	1.6~3.3	6.2~12.8
九	31.8	30.7	28.0	26.3	1.7~6.5	6.5~20.9

目前栽培人参的品种类型混杂，按其形态、根形特征等因素分，有红果种、黄果种；马牙参、长脖参等类型，其中红果种的马牙参占绝大多数。为保证品种纯一，产量高，质量好，留种时应注意选优去劣，即在留种田内去掉混杂品种类型的花序，保留纯正品种的花序，对于田间内出现的优良单株或保留的育种材料，应套袋隔离，单收、单育苗、单移栽。

采种：参果成熟后，易被鸟、鼠盗食或自然脱落，所以应适时采收。参果成熟的特征为果红色或鲜红、发亮，果肉变软。东北参区多在7月下旬至8月上旬采种，疏花疏果的可一次采收，未疏花疏果的应分次采收。

采收的参果用清水冲洗干净后，进行人工搓揉或用电动磨米机搓碾，搓碾后用清水洗除果皮、果肉、果汁，漂出瘪粒，选取饱满种子及时摊在席上阴干，严禁烈日下晒干，烈日下晒种1d，裂口率下降30%，晒种3d，裂口率只有50%左右。冲洗下来的果肉、果汁可提取其活性成分或进行综合利用。

(9) 补苗 移栽人参缺苗的地块要进行补苗。补苗作业是在三、四年生参地，即栽后生长第一年的秋季进行。补苗时，先于缺苗处按原来移栽方向开一斜坑，深度、倾斜角度与原栽相同，然后把经药剂处理大参根（四年生）对齐放好，用细床土覆好压实。补苗要选三年生大参根，补前用500倍代森锌浸蘸参根，浸蘸时芽胞也浸入药液内。当整个参根表面黏上药液后立即拿出，控去多余药液并稍晾干（使整个参根外表形成一药膜）就可移栽。

(10) 病虫鼠害的防治 人参的病虫鼠害对生产危害很大，其中病害最重，通常条件下因病害减产20%左右（重者在50%左右）。到目前为止，报道的人参病虫害约30余种。人参的冻害、根裂、日烧、红皮等是常见的非侵染性病害。危害较重的侵染性病害有：立枯病（*Rhizoctonia solani* Küehn）、猝倒病（*Pythium debaryanum* Hesse）、黑斑病（*Alternaria panax* Whexz）、疫病[*Phytophthora cactorum* (Leb. Et Coh) Schroet]、菌核病（*Sclerotinia libertiana* Fuck）及锈腐病[*Cylindrocarpon panacicola* (Zinss)Zhao et Zhu]和[*C. destructans* (Zinss)Scholten]等。

防治方法：选用无病种子、种苗；要适时移栽，边起边选边栽；加宽荫棚苫幅防止淌风雨和强光危害；控制好棚内光照强度，防止过强过弱；搞好参地水分管理，严防湿度过大、积水或参棚漏雨；及时覆盖和撤出越冬防寒物，防止缓阳冻；搞好田间卫生，及时清除间杂物及植株残体，深埋或烧掉；搞好药剂防治，如药剂浸种、拌种、种苗药剂处理、土壤消毒、生长期喷药、田间消毒等等。生长期喷药可选择的农药有：50%多菌灵600倍液、65%代森锌500~600倍液、75%百菌清500倍液、1:1:120~160的波尔多液、70%代森锰锌1000倍液、70%甲基托布津1000~1200倍液等，于常年发病前15~20d开始喷药，每10d喷一次连喷5~6次。春季田间消毒可使用1%的硫酸铜溶液。

人参的虫害有金针虫（*Pleonomus canaliculatus* Fald. 和 *Agriotes fusicollis* Miwa）、蝼蛄（*Gryllotalpa africana* Palisot et Beauvois 和 *G. unispina* Saure）等，可用毒饵（80%晶体敌百虫与鲜草1:50~100）或药剂浇灌（50%辛硫磷乳油500倍液、80%晶体敌百虫700~1 000倍液）。

（八）品种类型

人参只有一个种，商品中的中国人参、高丽人参、日本参、苏联参的原植物都是 *Panax ginseng* C. A. Mey. 一个种。

目前栽培的人参按茎色、果色分，有紫茎绿叶红果种、紫茎黄叶红果种、青茎黄果种、青茎红果种四个类型。紫茎绿叶红果种，茎紫色，复叶柄下部紫色，果红色，目前国内外栽培的均属此种类型。青茎黄果种，茎及复叶柄均为绿色，果实黄色，数量较少，目前我国已繁育出一定数量。在红果类型中又分出青茎红果和紫茎青叶红果两个品系，前者青茎，茎色与黄果种相同，但果实仍为红色，后者叶片色发黄，茎色果色与紫茎红果相同，此两种类型更少，正在分离繁育之中。

按其参根特点分，有马牙型、长脖形、圆膀圆芦型、竹节芦等类型，有的地方把马牙型又分为大马牙和二马牙两类。据调查，大马牙主根短（平均6.77cm），比二马牙短1.97cm，比长脖短1.64cm，与圆膀圆芦、竹节芦相近，但主根粗大（平均2.19cm），根茎短粗，茎痕大而明显，侧根多而短，肩头平齐；二马牙主根平均根粗1.41cm，主根均长8.94cm，根茎平均长2.06cm，体形美观，须根较大马牙少；长脖参主根长8.41cm，粗度中等，肩部凸起，根茎细长，茎痕小；圆膀圆芦主根长度与大马牙相近（6.41cm），粗度仅次于大马牙，根茎粗度介于马牙和长脖间，长度与二马牙相近或略长，主根上端与芦头呈半圆形；竹节芦主根短而细，主根上端稍尖，根茎比圆膀圆芦稍细，呈竹节状，即节间明显，节部有棱。

上述品种类型中的马牙型和长脖型人参，在形态、解剖及成分上也有差异，如大马牙根的重量、根的体积、根重与体积之比、增重率均大于长脖；大马牙的木栓层、维管束、形成层均比长脖厚，细胞的层数多；大马牙树脂道列数、导管列数是长脖的两倍；大马牙根茎中常见到大量的木质化纤维；大马牙茎秆粗壮，植株高大，茎中维管束数目多，叶卵形，较大，先端渐尖，叶片基角角度大，叶缘锯齿细密均匀，叶肉细胞层数多。而长脖参植株稍矮（约矮1/3），茎秆也细，叶片较大马牙小，先端骤尖，叶片基角角度小，叶片边缘锯齿参差不齐，粗细不均；大马牙叶片上表皮细胞近于等径，角质纹理密，而长脖叶片上表皮细胞轴向稍长，角质纹理稀疏；大马牙开花期、结果期略早于长脖，开花结果数量也多于长脖，大马牙果穗紧凑，果肉厚多汁，种子千粒重大，种壳较厚；大马牙花粉粒多而大，柱头二裂较长，长脖参花粉粒小而少，柱头二裂较短；大马牙总皂苷含量高于长脖。

大马牙、二马牙、圆膀圆芦、长脖、竹节芦各类型的开花结果状况如表8-40。

近年，吉林省人参育种科学工作者已育成了几个品种，其中通过审定的品种有3个，分别是吉参1号，吉林黄果参，宝泉山人参，其中后一个品种目前种推广面积较大。其特征简介如下：

1. 吉参1号

吉参1号是1997年通过吉林省农作物品种审定委员会审定的品种，该品种是从吉林省集安市头道镇参场的人参混杂生产群体中，以单根重、根形为主要指标，经产比、区域试验选育成的综合性状优良，丰产性好的新品种。

吉参1号的主要特点是产量高，优质参(一至三等)比例大。一般平均单产4.0kg/m²，比对照3.38kg/m²增产19.0%；优质参率90.17%，比对照72.5%提高17.67%。六年生单根平均鲜重98.32g，平均主根长10.57cm，平均主根粗3.27cm，主根长粗比3:1左右。根部人参皂苷含量6.094%，总氨基数含量108.44μg/mg，与对照无明显差异。该品种茎高适中，茎秆粗壮，叶片较宽，种子千粒重43.5g，单株种子产量7.29g，均高于对照。该品种适于人参产区栽培应用。

表8-40 不同品种类型人参开花结实状况

	大马牙 $\bar{x}\pm s$	二马牙 $\bar{x}\pm s$	圆膀圆芦 $\bar{x}\pm s$	长脖 $\bar{x}\pm s$	竹节芦 $\bar{x}\pm s$
株均花数（朵）	102±14	88±13	76±13	54±16	35±14
株均结果数（个）	97±14	84±14	73±12	49±12	32±14
结果率（%）	94.6±4.6	95.8±2.6	96.3±2.0	95.3±7.5	91.2±10.2
株均果重（g）	22.5	19.5	16.0	9.0	6.5
株均籽重（g）	8.5	7.5	6.0	3.5	2.5
出籽率（%）	37.8	38.5	37.5	38.9	38.5
株均粒数（粒）	159	144	118	79	52
千粒重（g）	53.3	52.0	51.0	44.3	48.3

2. 吉林黄果参

吉林黄果参是1997年通过吉林省农作物品种审定委员会审定的品种，该品种是利用来源于抚松县一参场的人参自然突变体，采用系统选育方法，经过38年选育出的有效成分含量高的优质人参新品种。该品种遗传性状稳定，其特征为：地上部各年生全生育期全株为绿色，花序分技力强，果实成熟后为黄色。与目前生产用种比较，出籽率高28%，种苗存根数高147%，种苗单产高128%，作货参单产持平，人参皂苷含量高7.38%，高活性分组皂苷高33%，挥发油含量高3倍。该品种适于人参产区栽培应用。

3. 宝泉人参

宝泉人参是2001年通过吉林省农作物品种审定委员会审定的品种，主要特点是高产、优质，且适应栽培区较广。该品种是采用集团选择方法育成的，并经过了在吉林省人参主产区长白县长达20年（1981—2000年）的品比试验及生产示范。该品种单产一般稳定在3.37~4.70kg/m²，在宝泉山参场全场推广后，大面积单产已连续11年稳定在4.0kg/m²以上。优质参率92.07%~93.90%，主根长7.8~14.4cm，单根重79.25~103.90g。总皂苷含量达到4.65%。根部具有主根粗壮、根长适中、芦头短而粗壮、根形美观的特点，适宜在吉林省人参产区栽培。

另外，韩国高丽参和烟草研究所Woo-Saeng Kwon（1998年）等人经过25年的时间，选育出了一个较好的人参品系，命名为KG101。该品系的特点是：绿茎略带紫色，果色橘黄，开花时间比当地品种早3~7d，根茎较长，产量高9%。特别适于加工高丽红参，"天"、"地"字号红参的比例高达22.3%，而当地品种只有9.4%。

（九）建立完善的轮作体系

1. 建立林地—栽参—造林的耕作制度（简称参后还林）

（1）林地—栽参—造林的耕作制度　我国主要参区位于长白山脉，主要利用林地（林间空地、林缘荒地）栽参，栽（或播种）过人参的土地产区称为老参地（俗称乏土、老乏土）。利用老参地栽参，人参病害多，保苗率低，参根多呈烧须状。故传统栽参时，栽后弃耕，任其自然风化演变，这样易造成水土流失。中华人民共和国成立后，一方面组织科技队伍探讨改造老参地问题，一方面提倡参后还林，建立林地—栽参—造林的耕作制度。

老参地不能连栽人参的原因很多，就其主要因素而言，第一是床土中病源增多。以锈腐菌为例，新林土显微镜下每个视野里少见，个别多的 $1\sim2$ 个，而老参地中多在 10 个以上；其他病源也有不同程度的增加。第二个原因是床土理化性状变差，如营养（包括大量元素和微量元素）不足，比例失调；腐殖质含量显著下降；土壤比重、容重增大，孔隙度变小；物理性黏粒（<0.01mm）逐渐增多；土壤吸收性能降低，pH 偏酸等。第三个原因是土壤微生物区系改变。第四是人参分泌物增多。

关于建立林地—栽参—造林的耕作制度问题，从 1960 年开始就要求参后还林，即栽参的同时，在作业道上（或立柱外）种树，栽参 3 年树苗已逐渐长大，这样参后成林快。近年已开始过渡到结合森林采伐种参，即伐树后先种参、参后还林的耕作制度。

(2) 还林方法

①树种的选择　还林要选择优良的树种，一般以当地栽培的良种（包括引进试种成功的树种）为主，如樟子松、红松、落叶松、红皮云杉、水曲柳、黄柏、椴树等。

②还林的时期　各地经验认为栽参后第一年或第二年栽树还林即林参间作为最佳。据吉林省长白县调查，第一，实行林参间作比参后还林（起参后栽树）早成林，如栽参后第一年栽树还林，起参时幼树已高达 $80\sim150$cm，实行林参间作比参后还林提早 $4\sim5$ 年成林；第二，栽参期间把树苗栽于参床床帮上，床土肥沃，地温高，树生长快，不仅成活率高，保苗率也高（均在 90% 以上）；第三，管参同时也管树，不仅树木长势好，而且还节省了劳动力。每年栽树时期以春季为好。

③造林密度与树种搭配　目前栽树多栽在参床两侧立柱旁，行距为 $1.5\sim2.5$m，株距 1m，每 $667m^2$ 为 333 株。两种以上树种搭配种植时针阔混交种植针叶树 6 行，阔叶树 2 行。针叶混交各 4 行。

④栽植要求　第一，选用优质壮苗造林，不用烂皮、烂根、主根折断或受机械损伤的苗木。第二，防止苗木风干失水。第三，采用窄缝栽植法，因为参地整地细致，土壤疏松，栽植时不必挖坑，只要把锹插入定准栽树位置，前后晃动使之形成窄缝，把苗木放入窄缝，使之深浅适中，取出锹，稍向上提一提（防止窝根），踩实即可。

⑤抚育管护　树木栽植后，结合管理人参对树苗进行除草、松土、打药等管理。像椴树、黄柏等幼苗期主干不明显的阔叶树，每年要进行修剪整形。有条件的单位，在头三年应适量施肥，起参后进行一次培土。

2. 建立完善的轮作制

20 世纪 70 年代以来，一直探讨参粮轮作制，目前实施的有人参—大豆（马铃薯）—玉米—人参模式，人参—玉米—人参模式，人参—玉米—西洋参模式，以及人参—西洋参模式。这些成功的经验为人参生产摆脱伐林栽参、破坏生态的种植模式提供了可能，对人参的可持续发展意义重大。

五、收　获

（一）收根

1. 收获年限

参根重量和皂苷含量是随着人参生长年限的增长而增加，就皂苷含量来看，一、二年生参根含量低，三、四年生逐渐增加，五、六年生积累增长速度最快，七年生以后，虽然根体总皂苷含量增多，但积累速度逐渐下降；从参根增重速度看，二年生参根重是一年参根重的5倍以上，三年生是二年生的3~4倍，四年生是三年生的1~1.5倍，五年生与四年生相比，增重1倍左右，六年生与五年生相比，增重只有0.7倍左右，七、八年生参根增重是五年生的0.3倍左右，十年以后增重只有0.1倍左右。综合上述生长积累特点，从生产经营效益角度看，6年收获为宜。日本、朝鲜多为6年起收加工红参，加工生晒参多是4年起收。我国传统经验，无论加工红参还是生晒参都是6年起收，虽然参的质量好，但售价并不高，从生产经营效益看，加工生晒参也应改为4年起收。

近年我国推广科学栽参，改善了人参生长的环境条件，参根生长和物质积累加快。四、五年生参根皂苷含量已相当传统栽法六年生参根含量，并符合国家药典和国家人参质量标准规定，所以，人参的采收年限可定为4~6年生。

2. 收获期

确定人参的收获期要根据每年气候特点、生育状况、鲜参产量、皂苷含量及加工后产品品质等条件来确定。一般以鲜参产量高、有效成分含量多、加工后成品率高、商品质量好为标准。由于我国参区南北纬度宽，海拔高低不一，致使各参区气候不一致，因此，参根收获期也不能统一。如靖宇二参场试验，从9月11日起，每5d收根一次，到10月1日止。结果表明9月16~21日起收为佳，此期加工红参成品率为28%~29.2%，比9月11日高1%~2.2%，比10月1日高4.4%~4.8%。又如辽宁省新宾和桓仁等地试验，在1979—1981三年间，每年都在8月10、15、25日，9月1、5、10、15、25日，10月5、15日起收，比较鲜参产量、折干率、成品参质量，结果证明此地以8月下旬和9月中旬为好，其中9月上旬最佳。此期不仅鲜根重比其他各时期高3.58%以上，而且出货率高1%~2.5%，加工的红参色泽纯正，无抽沟，皂苷含量无显著差异。应当指出，同一产地不同年份收获期可适当提前或延后，一般气候温暖年份，人参枯萎晚，可适当延后起收，相反条件，则可适当提早收获。

3. 收获方法

收获人参时，先拆除参棚，把拆下的棚料分类堆在作业道上，以备再搭棚时使用。参棚拆除后，从参床一端起挖，起挖时不要损伤参根和芽胞，严防刨断参根、参须。要边刨边拣，抖去泥土，装筐运回加工或出售。

（二）收茎叶

人参是根入药，皂苷是其主要活性成分，近年国内外分析，人参地上的茎、叶、花、果实等都含有人参皂苷（表8-41）。除花蕾、果肉外，叶片含量较高。我国从参叶中提取其皂苷，经临床试验证明，疗效显著，卫生部已正式批准入药。

表 8-41　人参地上器官皂苷含量（%）

测定单位	茎秆	叶片	花蕾	果肉	种子	红参
日本难波	—	7.6~12.6	15.0	—	—	3.8~4.9
吉林特产研究所	3.47	10.20	26.40	21.83	2.30	3.2~4.0
靖宇一参场	—	16.30	21.66	6.15		6.27

当年起收加工作货的地块，可在起参前割取；其他地块，以 10 月上旬为宜，即在参叶枯萎但未着霜前采收。

六、加工技术

（一）参根加工技术

1. 加工的目的和意义

（1）纯净药材、防止霉烂变质　人参起收之后，参根上粘附很多泥土和微生物。有些微生物能利用参根中的淀粉、糖类等营养物质进行繁衍生殖，最终使参腐烂解体，通过加工可以洗净泥土，杀死微生物，使药材纯净，防止霉烂变质。

（2）保持或提高药效　参根内含有多种酶类，这些酶类在没有受到破坏之前，都具有活性，条件适宜时，都会使相应的物质水解成另外的成分。为防止因水解降低或失去药效，多通过加工手段，抑制或破坏酶的活性确保药效；另外，有些药用成分在一定加工条件下互相转化生成药效更高的成分。

（3）便于贮藏，保证供应　新鲜参根水分大，易霉烂变质或丧失药效，所以不能久存长期供应。通过加工手段，降低参根中水分含量，使参根不霉烂，药性药效不改变，这样既便于贮存保管，也利于运输，从而保证了长年供给。

2. 加工的种类

人参的加工有精加工和粗加工之分。将鲜参经洗刷等工艺加工成的一般商品称之为粗加工，将粗加工产品再按市场需求再次加工的过程叫精加工。

人参加工的种类，按其加工方法和产品药效可分为三大类，即红参、生晒参和糖参。

生晒类：是鲜参经过洗刷、干燥而成的产品。其商品品种有生晒参（又叫光生晒）、全须生晒、白干参、白直须、白弯须、白混须、皮尾参等。

红参类：将适合加工红参的鲜参经过洗刷、蒸制、干燥而成的产品。商品上的品种有红参、全须红参、红直须、红弯须、红混须等。

糖参类：将鲜参经过洗刷、熏制、炸参、排针、浸糖干燥而成的产品。商品品种有糖棒（糖参）、全须糖参（又叫白人参）掐皮参、糖直须、糖弯须、糖参芦等。

近年商品品种中，还有大力参（又叫烫通）、冻干参（又叫活性参）、鲜参密片等。大力参是将鲜参经洗刷、炸参、干燥而成的产品，其性状近似生晒参；冻干参是将鲜参经洗刷、冷冻干燥而成的产品，性状与生晒相近，两者均属生晒类。鲜参蜜片属糖参类。这些产品目前加工量甚少，多数人参是加工成红参和生晒参。

3. 加工技术

（1）红参类加工工艺流程及各流程的技术要点

工艺流程：选参→下须→洗刷→蒸制→一次晾晒→一次烘干→打潮→剪红须→二次晾晒→二次烘干→分等分级入库。

技术要点：

①选参　商品红参有边条红参、普通红参的分别，根呈圆柱形，主体长（12cm以上），有2~3条支根（又称腿），这2~3条支根粗细要相近，并且与主体相匀称者称为边条参；参根呈圆柱形，主体短，支根多，且与主体不相称者，称为普通参。不论是边条红参还是普通红参，都是以芦、体齐全，体、腿均呈棕红色或淡红棕色，质地坚实，断面角质样，表面有光泽，无黄皮、抽沟、干疤者为一等；以芦、体齐全，虽棕红色或淡红棕色，质地坚实，断面角质样，表面有光泽，但稍有黄皮、抽沟、干疤者为二等；以有黄皮、抽沟、干疤的为三等；完全抽沟、干瘪的是等外品，又称干浆参。加工后的红参还要根据单支重量大小分开，其中单支重量大的价格最高。

经验认为，用个大浆足质实（手捏根体感到坚硬不软）、皮层无干状淀粉、参根无病疤伤残的鲜参，加工出的红参均为一等红参。而浆气稍不足，手捏根体感到稍有发软，或皮层局部有干状淀粉的参根，加工出的红参多为二等红参；如果鲜参根浆气不足，手捏感到根体发软，或参体浆足，恒皮层积累大量干淀粉者，加工后多抽沟、黄皮，只能作为三等商品。

选参就是依据上述商品规定和加工经验，从加工原料参中选择个大、浆足、质实，皮层无干淀粉积累，芦、体齐全的鲜参作加工红参的原料，并按大、中、小分开堆放，以便按大小分别加工。有些参浆足质实，加工后无黄皮、抽沟，但芋、须多、形体美观，可作加工全须红参的原料。

②下须　准备加工红参的鲜参，在洗刷之前，要把体上、腿上的细须根去掉，这样既能保证刷参质量，又可防止这部分细须根在洗刷中被折断。个别加工单位在加工前把粗大的芋和支根一并去掉，试验证明这样做会降低鲜参的成品率，应当改进。下须时，不能生拉硬拽，一般从须根基部3~4mm处掐断为宜。

③洗刷　洗刷主要是洗去粘附在根体上的泥土及病疤残留物等；不论是手工还是机器洗刷，都要将参刷洗干净。洗刷时，先将鲜参用水浸泡20~30min或洗刷前先用水淋湿根体表面，然后用洗参机或高压水泵冲洗干净。未洗净的参根再进行人工洗刷，最后用清洁水冲洗干净进行蒸制。洗刷人参时，要尽可能地避免碰破芽胞、根皮或折断支根与芦头；洗刷前水浸参根的时间不能过久，否则会降低根内水溶性成分的含量。

④蒸制　蒸参是加工红参的重要环节之一。鲜参能否变红，加工红参色泽的好坏、出货率（成品率）的高低都与蒸参技术有直接关系。蒸参工作的技术性较强，必须严格掌握。

目前加工红参有蒸参罐和锅灶两种方法，集体、国有加工厂都采用蒸参罐蒸制，个体参户多采用锅灶蒸制。不论哪种方法，蒸制时的程序是一样的，都必须经过装盘、装锅、蒸参、出锅摆参等步骤。

装盘：将鲜参按大、中、小分别摆放在蒸参盘内。装盘时，要按大小分盘摆装。一般先在盘的一端平着摆放一趟参，平放参的厚度与参根主体长相近。然后将鲜参芦头向下，参须朝上，斜向摆放在那趟平摆参上，以下的参都照此法摆放，直到摆满盘为止。盘上的参摆放要均匀一致，紧实，不能不分头尾乱放。结合摆参要再次选参，把不适合加工红参，或加工后肯定出黄皮的参挑出，改作加工生晒的原料。也可单独摆盘装锅，按另一工艺蒸制。计划收参油时，可取白布，用蒸参水润湿，平铺在参须上方。

装锅：装锅前要先把水加热至沸腾，水近于沸腾后立即装锅。装锅时，要将同等大小参根摆放在蒸参架上，连蒸参架一并推入蒸参罐内，然后关门蒸参。也有的锅内设架，将摆有同等大小参根的参盘装满蒸参架，然后关闭锅门蒸参。没有蒸参架，蒸参盘摞叠蒸参时，参盘间要用垫木隔垫好，这样可以避免蒸熟后底层参盘上的参被压坏。蒸参的锅或罐要严密，最好不漏气。这样既能保证蒸参质量，又能节省能源。

蒸参：采用蒸参罐蒸参，都是用锅炉蒸汽加热，装参关门后的 5~10min，用小汽加热，使罐内人参慢慢均匀受热。10min 后，逐渐给大汽，使罐内温度在 40~60min 内达到 98~104℃（参农称圆汽），然后减小供汽量，使罐内温度恒定在 98~104℃ 间，约 100min。100min 后就停止供汽，使罐内参根利用余热慢慢熟透。停止加热 30min 后，可将罐门开个小缝，开缝 5~10min 后，再开门取出摆参晾晒。

用锅灶蒸参时，关门后用急火加热，使锅内温度在 40~60min 内达到 98~100℃（锅灶四周冒汽又称圆汽），然后改用文火，使锅内温度恒定在 98~100℃ 间，保持恒温时间为 60~100min，100min 后停止加热（即停火）。停火后 30~40min 开盖放汽，放汽后就取出摆参。

不论是哪种方法蒸参，在蒸参过程中，要避免温度忽高忽低，就是说加火、供汽都不能忽大忽小。蒸参时间要严格掌握，蒸大参恒温时间可延长 5~10min，蒸小参恒温时间可缩短 5~10min。近年随着栽培人参技术的改变，人参光合积累增多，有些单位配套技术没跟上，致使参根周皮细胞内积累了干的或半干淀粉，这些干淀粉采用传统工艺蒸制很难蒸熟，必须适当延长蒸制时间。使用微机控制蒸参时，必须把各种规格鲜参蒸制时间程序一并输入，便于因参调取适宜的程序蒸参，这样才能保证蒸制的质量水平。

鲜参质量好，蒸制工艺合理，每 3.3kg 左右的鲜参就能加工出 1kg 红参。如果蒸制工艺不合理，如火大温度高或时间过长，不仅加工出的红参色深，无油性，要降等外，每千克红参要多消耗 0.2~0.3kg 的鲜参。相反，蒸参温度或时间没达到工艺要求条件，鲜参蒸不熟，常出现硬心，干后皮发黄，断面有白心，也影响产品质量和等级。总之，蒸参的温度、时间要服从质量，经验认为，参根根体熟透，但不发软为最好。为保证蒸参质量，要求蒸参前要按大小分别装盘，装锅时，同一锅内参根大小要相近。参须单蒸也可随各类参蒸制。

有些单位蒸参过程中收集参露，收参露是在锅内温度达到 98~104℃，并在此温下持续 30min 后开始，一般每 500kg 鲜参收 10kg 为宜。收参露时，要先适当开大供汽阀门，与此同时相继打开收露阀门，必须使罐内压力恒定在原有状态下。收参露过多或收露时不能保证锅内压力恒定在原有状态下，都会降低加工产品质量。

⑤一次晾晒 蒸好的人参要及时开门出锅，开门出锅不可过急，否则参根骤然遇冷会出现根体破裂，降低产品等级。出锅的参还要及时摆放在烘干盘（帘子）上，摆参前先把参油收集起来，存放在冷凉处备用。摆参时，要轻拿轻放，单层摆放在烘干盘上，也可体压须（即把后排参的主体压在前排参的参须上）摆放。摆参要求，参体、参须要顺直舒展；同一烘干盘上的参必须大小一致；严禁弄断芦头、参体、参须。摆后送晒参场棚下晾晒，使参根慢慢冷却，然后烘干。

⑥第一次烘干 第一次烘干又叫定色，烘的过程就是除去人参根体内水分的过程，也是成分

转化、参体变红的关键环节之一。烘干人参有炭火烘干和锅炉蒸汽管道烘干两种。烘干室要严密，保温性能好，室内洁净，水泥地面，设有烘干架，每层架杆间距40cm，采用锅炉蒸汽管道烘干者，可用管道作架子，规格同上一样。烘干人参时，可按参体大小分别入室干燥，亦可将大小不同规格的人参同时入室，入室时，要把摆有大参的盘子放在温度高的地方，小参放在温度低的地方。开始烘干时，温度控制在70℃左右，大参可升至80℃。当支根中下部呈现近似红参色泽时，将室温降至55~60℃间，支根中下部近于全干就可出室打潮剪须。烘干过程中，要经常检查室温变化和人参烘干状况，并及时将烘烤适宜的参盘串动到温度低的地方，把未烘烤好的参盘移至温度高的地方。

烘干开始要经常排潮（约30min一次），温度升至规定要求后，每2h排潮一次，6~8h后酌情而定。烘干期间要严格掌握室内的温度，并经常检查，严防温度低着色差，温度高或时间过长把参烤焦。

⑦打潮 第一次烘干后的人参，腿的下部和须子等已变红并近于干燥，而主体仅轻度着色，如果不剪去须根继续烘烤，就会使须根干焦。要是不剪掉须根，则主体不能按时变红，容易变酸，降低品质。生产上采取剪下红须分别烘干的方式进一步加工。由于第一次烘干出室时，支须根近于干燥，不仅活动时易折断支须，而且也不易剪断。通过打潮，把支须软化，不仅便于剪须，剪口平齐，而且减少了损失。

一般打潮用喷雾器将热的蒸参水喷洒在参体、参须上，待支须根变软，不易折断时，把烘干盘上的人参收装在木箱中，其上用湿白布或湿麻袋盖好，放在烘干室内闷软支根为止。近年是将喷完蒸参水的参盘，放在打潮间或打潮箱中，通入蒸汽（6~8min），闷至腿部变软为止，取出进行剪须。

⑧剪红须（又叫下须） 剪红须是把参根主体上部的支根和主体下部稍细的支根及粗大支根的细端，还有芋一并剪除的一项作业。剪须必须注意参形美观，又要照顾剪后参根支头的大小。一般稍细的支根，从基部4~5mm处剪下，稍粗大的支根适当长留，留下的支根虽然长短不等，但粗细要匀称适中。芋须从基部5mm处平齐剪下。剪红须不能不管支须粗细，都是一剪子剪掉的作法，也不要为了提高单支重，把须根留得又细又长。剪口要平齐。剪下的红须要按粗细、长短分放，并分别捋直，捆成直径为4~5cm的小把。捆把时，把长的粗细匀称的直须放在外围，余下的直须捋直放在其内，把端对齐，然后用自丈绳沿把端扎紧，扎捆两道绳，捆后把须稍捋在一起并捋直，然后摆放在烘干盘上晾晒并烘干。不能捋起来的毛须均匀地铺在烘干盘上，烘干后制成弯须块或砖出售。

剪完须的参体，仍要按大、中、小分别单层摆在烘干盘上进行二次晾晒和烘干。

⑨第二次晾晒与烘干 为了增加参体的光泽和香气，晾晒过程中，可向参体表面喷雾（适量的参油）。一般晾晒2~6h就可进入烘干室进行二次干燥。烘参盘入室方法同第一次烘干一样。第二次烘干开始时，温度为55℃左右，5~7h后，把温度降至40~50℃间，继续烘干。当参根含水量达到13%左右时，就可出室分等入库。参体过大的参根，第二次烘干开始时，温度可升至65~70℃，待参体着色后（6~7h），降至50℃左右烘干。经12~16h后，进行第三次晾晒与烘干，当含水量达13%左右时，可出室分等入库。

全须红参蒸制后，摆盘晾晒时，要体压须摆放，第一次烘干出室不打潮，不剪须，直接晾晒，然后进行第二次烘干。烘干后打潮、整形、固定在礼品盒盒底上，固定后烘干装盒分等入库。

选参后下须的参须，经洗刷、捋须、捆成直径7~8cm的小捆，然后蒸制，蒸后打开小捆，成行地平铺在烘干盘上，晾晒后入室烘干，烘干后打潮，捆成红直须，不能捆扎直须的作弯须处理。不分弯直的称作红混须，可散装出售，也可压块销售。

(2) 生晒参类加工工艺流程及各流程的技术要点

工艺流程：选参→下须→洗刷→晾晒→烘干→分级入库

技术要点：

①选参　我国加工生晒类人参多从五、六年生以上的参根中，选择芦体齐全、浆足质实或浆气稍差，加工红参易出现黄皮者作为加工原料。不加工糖参的单位把加工红参以外的鲜参都作为加工生晒参的原料。芦、体齐备，浆足质实，无病残及疤痕者为最佳。此类鲜参加工出的生晒参，质坚实，体重，无抽沟，气香味苦。朝鲜、日本加工生晒生都是选用四年生参根，所以，皂苷等活性成分含量低。加工全须生晒的原料，除具备上述条件外，还要补充形体美观，芦、体、须齐全等条件。选作加工生晒的鲜参，也要按大小分别堆放加工。

②下须　加工生晒的鲜参，除了保留芦、体和与主体粗细匀称的支根的中上部外，其他的艼、须全部掐掉。下须也是从须根基部4~5mm处掐断。大支根截断部位要适中，不能留得又细又长。全须生晒只是去掉主体中上部位的细须根和过于粗大的艼。

③洗刷　洗刷要点与红参相同。

④晾晒　洗刷后的鲜参，也要大中小分别摆放在烘干盘上，单层摆放。摆后送晒参场晾晒或入室烘干。

⑤烘干　烘烤生晒参的温度不宜过高，一般45~50℃为宜。烘干开始每15~20min排潮一次，不然湿度过大，干后断面有红圈。当参根达9成干时，就可出室晾晒，然后分等入库。

加工全须生晒的工艺要求与生晒参基本相同。不同之处是，礼品生晒，要经打潮、整形，然后固定在礼品盒盒底上，干后装盒。绑尾生晒要经打潮、绑尾，烘干后入库。绑尾生晒是在打潮后，把参须捋在一起，然后用白线将捋好的根缠好。须少的地方可适当加须，使绑好的参根匀称。缠绕白线要规正，线与线之间的距离要匀称适中，绑后在30℃下烘干。

冻干参是近年研究出的品种，按其加工方式和产品性状属生晒参类。其工艺流程是选参→洗刷→晾晒→冻干。冻干之前工艺要求与生晒参相同。冻干工艺是将洗刷晾晒后，鲜参放入冻干机冷冻室内，使其在-15~-20℃条件下迅速结冻，然后把冻干室减压。在减压过程中，以每小时升温2℃的速度进行干燥。当参根温度升至与极板温度一致时，可在此温下恒定干燥3~5h，然后再按2℃/h升温速度继续升温干燥，一直干到温度为40~50℃时，取出放在80℃下干燥1h，就可分等入库。

(3) 糖参类加工工艺流程及其技术要点

工艺流程：选参→下须→洗刷→晾晒→熏参→炸参→排顺针→浸糖→晾晒烘干→洗糖→干燥。

技术要点：

①选参　凡芦体或芦、体、腿齐备的均可做加工糖参的原料。全须糖参又叫白人参，要求

芦、体、须齐备。

②下须、洗刷　同生晒参。

③炸参　又叫炸水子，将清水煮沸，取适量待炸的人参，装入筛状容器内，放入沸水中炸煮，炸至手捏感到变软，但不破裂或被压扁，用骨针扎刺试验时，初扎感到发硬，稍加力骨针就能穿透时，立即捞出放入冷水中冷却，冷却后捞出晾晒，晒至表面无附水，就进行排针、顺针。全须糖参炸煮时，先炸主根（5~10min），然后将须部放入水中再炸5min，炸至适度捞出冷却、晾晒。炸煮过熟，排针时根体易断，炸煮时间短，排针时滞针。

④排针顺针　排针是把炸好的参根，横放在排针机上，使其根体从头到尾排一遍，然后将根体转动90°角，再从头到尾排遍针。排针要均匀，不能漏排。顺针是从参腿基部入针，顺着参体向芦头方向顺扎，不能透过根体表皮，粗根顺3~5针，细根顺2~3针。第一次顺针在排针后，第一次浸糖前。第二次在浸头遍糖后，晒至不黏手时进行。第三次是在浸二次糖后晒至不黏手时进行。

⑤浸糖　又叫灌糖，浸糖分三次进行，第一次浸糖时，是按1kg参1.3kg糖的比例取糖，其做法是：把所需要的糖按1kg糖0.25kg水的比例加水，并加热使之溶化。然后用慢火熬糖，熬至糖浆拔丝，其丝近于发脆为宜（且忌熬糊）。把熬好的糖浆倒入摆好待浸第一次糖的浸糖缸或罐内，在50~55℃的条件浸泡10~14h。浸后捞出，控净表面附着的糖浆，晒至不黏手时顺针，顺针后摆入浸糖缸内，浸第二次糖。第二次浸糖是按3kg参1kg糖0.2kg水的比例称取糖和水，然后将称取的糖和水加入到第一次浸糖后的糖浆中，慢火熬至第一次熬糖的标准。熬好后倒入待浸第二次糖的缸内，在50~55℃的条件下浸10~14h。浸后捞出并控净附着的糖浆，晒至不黏手再顺针，顺针后摆入缸内，准备浸第三次糖。第三次浸糖是把第二次浸糖后的糖浆熬开，倒入待浸第三次糖的缸内，在50~55℃下浸10~12h。

⑥晾晒与烘干　将浸完三遍糖的人参捞出，控净附着的糖浆，摆在烘干帘上晾晒半天，然后烘干。烘干温度为40℃，3~5d即可干透。烘干糖参温度不宜超过45℃，否则表面色黄或紫红色。

⑦洗糖　糖参干后，表面仍有一层附着的糖，这不仅影响糖参的美观，而且容易吸湿感染细菌、霉菌等生物。所以，干后的糖参，要用沸水把表面附着的糖冲洗干净，冲后再次烘干，就可分等出售。

全须糖参的加工工艺及技术要点基本上与糖参相同，不同之处是第三次浸糖后，晾晒前要整形。整形是按自然形体特点把参的芦、体、须摆布美观大方，然后晾晒成形。自然形体不美观的，可人工塑造出美观大方的体形即赋予美的造形。不美观的部位可用手轻轻改造，必要时用针进行别体整形，使其固定成我们想塑造的形态。整形要细心，不仅造形美观，还不能折断或损伤人参。别体整形的人参，晾晒时要经常活动别体的针，防止干固在参体上，当参体形状固定后即可取下别体时使用的针。整形后晾晒，烘干、洗糖等工艺与糖参一样。

掐皮参与全须糖参相比，腿的中下部及须不用沸水炸，不排针，不浸糖，其体和腿的基部处理与糖参相同。另外，掐皮参的整形是把表皮掐出皱纹来，然后晾晒烘干。

4．影响人参加工产品产量与质量的几个问题

人参的加工是一项季节性强、时间短、环节多、技术要求比较严格的工作。加工时期的早晚、各加工环节技术掌握得是否正确，都直接影响产品的品质和产量。这里将影响产品产量和质量的几个主要问题分述如下。

(1) 加工时期的确定和鲜参的保存　选择适宜的加工期，是提高鲜参产量和折干率的重要环节。加工时期不当，即起收偏早或过晚，不仅鲜参产量低，而且鲜参的折干率也低（表8-42、表8-43）。

表 8-42　收获加工时期和产量比较

（靖宇）

收参日期	收获面积（m^2）	鲜参产量（kg）	红参产量（kg）	干鲜比
9月11日	12	12.63	3.405	1:3.71
9月16日	12	10.25	2.853	1:3.59
9月21日	12	12.75	3.730	1:3.42
9月26日	12	11.65	2.875	1:3.88
10月2日	12	11.55	2.860	1:4.04

表中数字表明，适期采收不仅鲜参产量高，而且加工成品率也高。若提前或迟后起收（差10d），每加工1kg红参就要多消耗90～310g鲜参，依此估计，一个年产5 000kg红参的参场，仅此一项就要多消耗450～1 550kg鲜参。从表8-42和表8-43比较看，地区不同，收获加工时期也不一致。因此各地必须重视这项工作。从东北三省试验报道看，每年9月上、中旬收获为宜，9月下旬或10月上旬就偏晚了。确定收获加工时期，不仅要因地而异，而且还要根据每年气候特点作相应的调整。

表 8-43　收获加工时期和产量比较

（恒仁、新宾）

收参日期	收获面积（m^2）	鲜参产量（kg）	红参产量（kg）	干鲜比
8月10日	5	5.91	1.768	1:3.34
8月15日	5	6.29	1.894	1:3.32
8月25日	5	6.68	1.889	1:3.53

起收的鲜参要及时加工，最好是边起边加工。对于不能及时加工的鲜参，要很好地贮藏和保管。如果贮藏保管不当或时间过长，则鲜参易霉烂或加速跑浆、造成较大的损失。产区所说的跑浆，是指鲜参根中的淀粉等有机物，被酶水解成小分子化合物，乃至变成CO_2和水，最终减少有机物含量的现象而言。据试验报道，鲜参存放12d后加工，每加工1kg红参要多消耗70g鲜参，存放19d后加工，每千克红参就多消耗140g鲜参。照此估计，一个加工5 000kg红参的加工厂，有一半以上鲜参存放半个月后加工完毕，就要多消耗鲜参600kg。

另外，贮藏期间温度高于10℃或低于2℃或时间长，会使参根表皮细胞失水而失去活性，用这样的参根加工红参，不仅折干率低，而且还会出现黄皮，造成降等降质，产值下降。所以，贮藏鲜参要堆小堆，先入库的先加工。尽量减少存放时间。

(2) 正确掌握加工规程　正确掌握加工工艺规程是确保产品产量和品质的关键。从选参来说，把应加工红参的原料，加工成生晒或糖参，就会减少利税产值。如果选参不严，把不宜加工红参的原料加工成红参，势必降低产品的产量和品质。就红参来说，蒸参的温度和时间、烘干的温度和时间是关键环节。如蒸参的温度低或蒸参时间短，加工出的红参不红，呈橘红色，且有生心。若是蒸参的温度过高，或时间偏长，加工出的红参不仅色发黑，无光泽无香气，而且易抽沟，成品率降低1%～2%。就烘干来说，虽然温度高（90℃以上）干得快，但是产品油性小，无光泽，空心多。高温下（50℃以上）烘干生晒和糖参，其产品发黄。糖参的炸制和熬糖是加工的关键，炸参轻时，排顺针滞针，浸糖慢，出产品率低。炸参过火时，根体易断；熬糖必须符合浓度要求，达不到工艺浓度，加工出的糖参少，其产品极易吸湿反潮，发生霉变。

（3）防止红参变酸、根裂、绵软的措施　加工红参时，鲜参不及时加工，存放时伤热，蒸参后、剪红须后或打潮后存放时间过久，第一次烘干中温度太低（40℃以下）都会使红参变酸。其防止措施是，第一，要有计划地组织加工原料和加工进度。第二，蒸参后及时晾晒，打潮后要及时剪须，剪下的红参和参须，也要及时摆盘晾晒烘干。第三，确保烘干中温度。

加工红参常因鲜参浸水时间长，蒸参开始温度升高过快，蒸参过程中突然降压收参露或开门出锅过急等原因，引起参根根裂（俗称打半子或破肚子）。防止方法是，鲜参加工前不能长时间浸在水里，蒸参时温度不能升高太快，收参露时，要保持锅内压力平衡，出锅时先开小缝降温，10min后再开门取参。

加工后的人参出现绵软现象，原因之一是起收期过晚，鲜参糖化，这样的产品易吸湿变软。原因之二是烘干过急，参根未干透，出室时参根干硬，存放几天后反潮变软。防止措施是适时起收加工二烘干中严防过急干燥，必须按烘干工艺要求加工，保证含水量在13%左右。

5．成品参的等级标准

成品参的分等是以参根（又叫支头）大小和好坏为依据。所以，成品参的分等又叫分支头。习惯上是按500g的人参根数分支头，每个支头内的参根，再按好坏分三等。目前实施的标准是国家医药管理总局［79］国药联字第300号和卫生部［79］卫药字1095号文件颁发，经1980年修订后的标准。此标准规定，边条红参分为16支、25支、35支、45支、55支、80支、小货七个级别。普通红参分为20支、32支、48支、64支、80支、小抄六个级别。每个级别内都分一、二、三等。因为我国以前是16两为一市斤（500g），每市斤16支参相当于1两2支参，所以，每市斤16支的又叫一支头参，每市斤20支与16支相近，也算一支头参。同理每市斤32支（含35支）、48支（含45支）、64支、80支的就分别叫二支头、三支头、四支头、五支头，而25支的为一支头半，55支的为四支半。红直须分两等，弯须、混须、干浆参不分等。

全须生晒以每支重量大小分四等，单支重在10g以上的为一等、7.5～10g的为二等、5～7.5g的为三等，小于5g的为四等，生晒参分五等，自干参分三等，自直须、糖参、轻糖参都分两等。具体规格参考国家医药管理总局［79］国药联字第300号和卫生部［79］卫药字1095号文。

从目前国际国内市场形势和发展趋势看，国药联字第300号和卫生部［79］卫药字1095号文件应当立即修订，以适应参业发展和市场的需求。

（二）茎叶加工技术

目前人参茎叶加工主要是从中提取皂苷，其工艺简介如下：

将茎叶冲洗干净后装入浸提罐，加热浸提2次，浸提液合并后过树脂柱，并用清水洗除杂质，洗后再用醇洗脱树脂柱，洗脱液再过树脂柱，除去叶绿素等物，最后回收醇剂，即得人参茎叶皂苷。

第二节 西洋参

一、概述

西洋参为五加科植物,干燥的根入药。生药称西洋参(洋参、花旗参)(Radix panacis quinquefolli)。含皂苷、挥发油、多糖等成分。有滋补强壮、益肺阴、清虚火、养血生津、安神益智等功效。对高血压、冠心病、失血、肺虚久嗽、虚热烦倦、口渴津亏等均有较好的疗效。现代药理试验证明,西洋参对中枢神经系统有镇静和中度兴奋作用,有调节造血系统功能和降低血压的功效,有耐低温、耐高温、耐缺氧、抗疲劳、抗衰老等作用。近年报道还有抗辐射损伤和抑制肿瘤生长等作用,可提高生物机体的免疫能力。

西洋参原产于北美洲,北纬30°～50°,西经67°～125°。包括美国的俄亥俄州、西弗吉尼亚州、密执安州、威斯康星州、明尼苏达州、纽约州、华盛顿州等,加拿大的多伦多、渥太华、蒙特利尔、魁北克省等。西洋参的栽培在美国已有100余年的历史,目前平均单产$1kg/m^2$,合干货$0.25kg/m^2$。1994年调查,世界西洋参年总产量为1 600t干品,其中美国占61%,加拿大占33%,中国占5%。国外所产的西洋参80%出口香港,10%直接销往东南亚,10%国内自销。我国使用西洋参已有200多年的历史,过去一直依靠进口,近几十年中平均每年消费的西洋参量高达600t以上。我国从1934年开始引种西洋参,1975年再次引种,80年代中开始规模化生产,其产区主要分布在吉林、辽宁、黑龙江、北京、陕西、山东、河北等地。1994年我国生产的西洋参产量为80t,近十年来又有较大幅度的提高,现在已初步总结出一套比较成功的引种栽培技术。经分析化验,中国产的西洋参的皂苷、挥发油、氨基酸、多糖等成分的含量都与美国、加拿大的一致或相近;从其外观性状看,国内外经营和消费者认为已无明显的差异,有的还略优于美国和加拿大的产品。

二、植物学特征

西洋参(*Panax quinquefollium* L.)形态与人参极其相似,可参考人参一节。不同之处有:根为纺锤形;越冬芽尖,呈鹰嘴状;叶片较厚,颜色浓绿,叶缘锯齿大而粗糙;种子较大,果皮较薄(图8-10)。花期7月,果熟期9月。

三、生物学特性

(一)生长发育
1. 生长发育周期

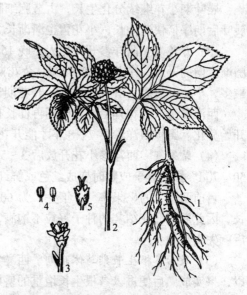

图8-10 西洋参
1. 根 2. 茎 3. 花的全形放大 4. 雄蕊
5. 去花瓣和雄蕊示花柱

西洋参生长发育比人参快，实生苗第二年就能开花结实，以后年年开花结实。一年生苗有一枚由三小叶构成的复叶；二年生苗多数有两枚掌状复叶，有5%～10%的植株能抽薹开花并结实；三年生、四年生植株分别有三、四枚掌状复叶，并大量开花结实；五年生、六年生以上的西洋参，多为五枚或六枚掌状复叶，开花数目增多，果实也大。

2. 年生长发育

西洋参每年从出苗到枯萎可分为出苗、展叶、开花、结果、果后参根生长、枯萎休眠六个时期。全年生育期为120～180d。

(1) 出苗期　东北地区栽培的西洋参苗期比人参晚10～20d。一般地温稳定在10℃以上，日平均气温在12℃以上开始出苗。吉林省、黑龙江省多在5月中旬出苗，辽宁省在5月上旬，北京、陕西（汉中地区）4月中旬就出苗，江西、福建3月中、下旬出苗。

西洋参出苗也是曲茎出土，随着茎的伸长生长，把复叶及花序带出地面。当叶片离开地面后，茎便直立生长，使叶片伸向上方。通常条件下，从芽胞萌动到长出地面需7～10d。气温高，湿度稍高时，出苗快。

(2) 展叶期　西洋参出苗时，叶片呈褶皱状态，当叶片离开地面后，便开始展叶，伴随茎的伸长直立生长，叶片便伸长展开。此时生长速度较快，4～7d就能展平，呈现出有光泽的浓绿色。气温在16～20℃时，展叶较快。展叶期为15～20d。展叶初期花序不生长，越冬芽原基无变化，其根由减重到开始增重，须根萌生并快速生长，增重率在50%左右。

展叶期光照充足（20klx），茎叶生长快，光照超过50klx时，会降低生长速度。展叶期处在强光条件下，西洋参植株矮，叶片小。光强度低于4klx时，叶片大而薄，植株偏高。在弱光棚下显现趋光症状。

展叶期小花继续分化生长，由造胞细胞发育成小孢子母细胞，条件适宜可进入四分体阶段。展叶后期序柄快速伸长，小花蕾也渐渐长大。

(3) 开花期　西洋参开花比人参晚15～30d，花期日平均温度多在20℃以上。小花由花序外围渐次向内开放，序花期20～30d，朵花期3～5d。每天7～16时均可开花，其中11时前后开花最多，小花开放后13h开始散粉。开花期光照过强（>35klx）影响受精和结实。

西洋参进入开花期后，茎叶不再伸长长大，光合效率高，根的生长速度加快。此时芽胞原基开始分化。野生西洋参要7～8年才能开花结实，花果数量较少。

(4) 结果期　西洋参小花开放后3～5d就凋谢，小花凋谢后5～6d，果实明显膨大，结果期50～70d。果实近于成熟时变成红色或鲜红色，成熟后的果实易脱落，要适时采收。

目前西洋参的坐果率（3年生）为60%～70%。由于西洋参的花期偏晚，序花期、果期又长，因此后期开花结实的种子籽粒不饱满，生活力很弱，种子处理时裂口慢或不裂口，自然风干后就失去活力。

(5) 果后参根生长期与休眠期　西洋参8、9月采种，采种后光合积累集中贮存在根内，所以，果实成熟后便进入参根生长增重的盛期。由于西洋参果熟期较人参偏后，因此对西洋参参根增重不利，为提高根的产量，对不留种田要进行摘蕾。

秋季气温降低到10℃以下后，西洋参光合作用近于停止，茎叶便渐次变黄枯萎，然后进入休眠期。进入休眠期的参根，在结冻前最怕一冻一化，结冻前水分过多会造成根裂。

（二）种子的生物学特性

西洋参种子比人参种子大，鲜种千粒重 65g 左右。自然成熟后风干贮存，存放 1 年发芽率降低 30%，存放 2 年时，70% 以上的种失去发芽能力。所以，生产上多是采种后趁鲜进行种子处理，待到第二年秋季播种。

西洋参种子的饱满度很不整齐，如果采种后不经选种和处理就会出现少数种子霉烂或裂口不齐、裂口率低等现象。

自然成熟的西洋参种子，种胚长度为 0.4~0.5mm，与人参一样也具有形态休眠和生理休眠的双重休眠特性。种子处理时，在种胚形态后熟初期采用 15~20℃ 砂藏，含水量为 12%~14% 时，需 80d 才能裂口，此时种子胚长为 2.5mm 左右；裂口后的种子在 12~15℃ 砂藏，含水量为 12% 时，经 40d 胚长即可由 2.5mm 长到 4.0mm 左右。完成形态后熟的种子，在 0~5℃ 条件下，80d 就可通过生理后熟。生理后熟期结束时，胚长一般为 4.0~5.5mm。从不同裂口程度种子播种试验看出，完成种胚形态后熟是进行生理后熟的先决条件，在种子种胚完成形态后熟前，任何低温只能抑制形态后熟，而对生理后熟无效。

近年来，黄耀阁等人对西洋参休眠习性进行了较系统的研究，结果发现果肉、种皮、胚乳中均含有发芽抑制物质，其中以果肉中含量最高，其次是胚乳，种皮中最低。其果实中所含的发芽抑制物质种类及发芽半抑制浓度（IC_{50}）值见表 8-44。

表 8-44　西洋参果实中发芽抑制物质种类及发芽半抑制浓度 [IC_{50}, μl (μg) /L]

种类	三氯乙醛	己酸	辛酸	乙酸	庚酸	壬酸	壬醛	丁酸	异丁酸	二苯胺	邻苯二酚
IC_{50}	577.6	128.4	87.7	10^4	10^4	10^4	10^4	10^4	10^5	74.13	39.81

（三）芽胞的生物学特性

目前尚无有关西洋参芽胞生物学特性研究的报道，但是依据西洋参生长的特点，对照人参生长，多数学者认为，西洋参芽胞原基是在 6~7 月间分化，伴随开花、结果、果后参根生长，分化后的芽胞渐渐长大，到秋末发育成完整的芽胞。

形态健全的西洋参芽胞，也有生理后熟的特性，Stolt 报告，一年生参根在 5℃ 下存放 90d 取出栽植，就可正常萌发；陈震报告，在 3℃ 下存放 30d，萌发率为 84%，存放 60d 其萌发率为 92%，小苗生长势也是存放时间长的为好。芽胞的生理后熟，用 50~200mg/L 的 GA_3 浸 18~20h 即可解除。

（四）根的生长发育

西洋参参根的生长速度较缓慢，一年生根重为 0.4~1g；二年生根重为 3g，大的 10g 以上；三、四年生根重为 25~40g，最大的可达 80g 左右。据中国医学科学院药用植物资源开发研究所报道，二年生参根，展叶期增长率为 54.34%，结果末期增长率为 25.45%。三年生参根，果实成熟末期，其根的增长率为 80.26%，参根增长率最快的时期是果后参根生长期，其增长率为 132.39%。

目前商品中，短支西洋参价格较长支西洋参高 1/3~1 倍。美国、加拿大栽培是直播后 4 年收获，不进行移栽。我国部分地方采用育苗（2 年）移栽方式栽培，栽后其根形与人参相似，因此现在采用直播 4 年采收加工的为多，栽培措施好的，短支参可占 60%。

(五) 皂苷的分布与积累

西洋参所含皂苷种类大多与人参相近，也有 40 余种，特有成分在根中有西洋参皂苷-R_3，-R_4，人参皂苷-RA_0，-F_2，-F_3，绞股蓝皂苷 XI，三七皂苷-Fe，以及拟人参皂苷-F_{11}（P-F_{11}）等。但其皂苷的含量与人参差别较大，见表 8-45。

从表中可以看出，西洋参中总皂苷含量高于人参。其中单体皂苷：西洋参 Rb_1、Re 含量比人参多，但 Rg_1 与 Rg_2 却比人参少。从二醇型与三醇型皂苷的比例上看，人参与西洋参也存在着较明显的差异：西洋参二醇型皂苷所占比例较高，而人参中二醇型皂苷所占比例则较低。从各器官皂苷含量看，茎为 3% 左右；叶 10.74%~11.08%（并有新发现的成分 RT_5 等）；果实含 9.08%；主根含 4.06%~6.36%；根茎含 8.39%~10.75%；须根含量为 8.39%~10.2%。

表 8-45　西洋参与人参根中总皂苷和部分单体皂苷含量比较

(引自李向高，《西洋参的研究》，2001 年)

样品	总皂苷含量（%）	部分单体皂苷含量（%）							
		Ro	Rb_1	Rb_2	Rc	Rd	Re	Rg_1	Rg_2	P-F_{11}
西洋参	6.64	0.07	1.75	0.02	0.02	0.21	1.09	0.28	0.06	0.28
人参	4.00	0.21	0.56	0.21	0.33	0.27	0.41	0.45	0.27	——

就其积累而言，1~6 年生根中皂苷含量是随年生的增长而增加。据报道，一年生为 2.75%~3.89%；二年生为 2.62%~4.76%；三年生为 5.2%~5.36%；四年生为 4.89%~6.36%；五年生含量最高，为 6.5%。每年内，休眠期含量为 6% 左右；展叶期最低，约为 3.2%；果实成熟初期为 6%；果实成熟末期最高含量为 6.2% 左右；地上部枯萎后，含量为 5.9%。有的报道指出，荫棚透光度在 20% 时，参根皂苷含量最高。参土 pH 在 5.5~6.5 时，根中总皂苷含量和 Re 的含量比 pH4.4 时高。土中速效磷含量在 89~232mg/kg 间时，根中总皂苷及单体皂苷 Rb_2、Ra、Rg 含量随磷含量增加而增加。

西洋参根中含淀粉 34.9%~42.8%（直链占 32%~64%），含果胶 2.98%~4.47%，挥发油（已鉴定出 32 种成分）含量为 0.097%。

(六) 生长发育与环境条件的关系

1. 温度

地温稳定在 10℃ 以上开始出苗，地温 15~18 时生长发育良好，茎、叶、根的干重最大。花期日平均气温以 25℃ 左右为宜。在 4klx 光照条件下，其光合作用强度随温度升高（10~30℃）而增强。在透光度 30%（光强 15klx）时，光合作用强度最大值出现在 18℃；当透光度为 15% 时，光合作用最大值出现在 25℃。在 20~30℃ 条件下，二氧化碳补偿点随温度增强而增加。气温低于 8℃ 便停止生长。参根在地温 -10℃ 以上的低温条件下，不受冻害；连续 -12℃ 时，一年生西洋参根出现受害症状；-17℃ 时，主根开始受害。温度在 0℃ 上下交替变化比连续低温更易受害。

种胚形态后熟温度以 10~18℃ 为宜，种胚及越冬芽生理后熟温度以 3~5℃ 为佳。

2. 湿度

在东北栽培人参的土壤上种植西洋参，其土壤含水量：出苗期以 40% 为宜；展叶期是植物体地上部建成期，土壤含水量以45%为好，此时水分过大易感染菌核病；开花期西洋参的蒸腾作用增强，耗水量加大，土壤含水量以50%左右为好；绿果期要求55%，红果期要求50%；果后参根生长期要求40%～45%。第四年采收的西洋参，从绿果期开始，到收获时为止，土壤含水量以55%左右为最好。

在北京郊区的土质、气候条件下，于农田内栽培西洋参，如果已做了改土工作，在土壤相对湿度在75%左右时，西洋参植物体生长发育良好，根重最高。

3. 光

西洋参是阴性植物，怕强光直接照射，人工栽培必须搭棚遮荫。美国、加拿大荫棚有板条棚和尼龙棚两大类，板条棚的空隙占30%，透过光应为30%，但实际测定只有18%。近年都用聚丙烯尼龙棚，网孔比例为28%，实际透过光为26.6%。

我国栽培西洋参的棚式较多，有仿美国、加拿大棚的，也有参照人参栽培棚式的。西洋参参棚透光度受纬度影响较大，低纬度（云南、福建等）透光以15%左右为宜，华北、西北（东部）透光20%为宜，高纬度的东北则以透光20%～30%为好。参棚透光多少还应随季节和海拔而变化，春秋或海拔高时，透光应多些，夏季或低海拔则应透光少些。近年东北研究表明，参棚透过光光强应随季节变化控制在15～25klx，棚下温度应控制在18～25℃间。

西洋参光饱和点在5～15klx范围内。在透光度为5%的条件下，光照强度为10klx，以18～22℃时的光合强度最大[CO_2 4.07～5.29mg/($dm^2 \cdot h$)]。

西洋参光补偿点随温度和透光度变化而变化，范围在170～700lx。

西洋参为C_3植物，$\delta^{13}C$值为-28.680‰～-29.598‰，变异系数为1.34%。在18klx条件下，最适宜的光合作用温度为21℃，真光合速率最大值为CO_2 9.18±0.13 mg/($dm^2 \cdot h$)；展叶期（三年生西洋参）在28klx时，气温24.4℃的真光合速率为CO_2 9.06 mg/($dm^2 \cdot h$)。三至五年生西洋参，常规栽培条件下，真光合速率平均值为CO_2 2～5 mg/($dm^2 \cdot h$)，每天最大值出现在10～14时。

西洋参对塑料薄膜的颜色的要求与人参一样，参见人参一节。

西洋参出苗至展叶时，光照较强会造成植株矮小，叶柄、花柄短，叶片也小，光照过强则易发生日灼。光照弱时，叶片大而薄，植株也高，并趋光生长。

西洋参耐强光性比人参强。

4. 肥

西洋参根、茎、叶中含有19种以上的元素，它们是：C, H, O, N, Ca, K, Mg, Na, Ba, La, Sr, Al, Fe, Mn, B, Zn, Cu, Cr。西洋参各年生吸肥规律如表8-46。

表8-46 一至五年生西洋参需要的氮磷钾等五种元素量（mg/株）

年 生	N	P	K	Ca	Mg
一	5.78	0.733	2.234	2.791	0.862
二	30.82	3.465	11.346	14.758	4.233
三	70.09	10.655	34.477	35.163	8.340
四	191.03	24.421	86.891	77.852	17.304
五	296.73	28.642	118.551	176.955	41.238

从表中看出，一至五年生西洋参所需 N，P，K，Ca，Mg 的量是随着年生的增长而增加，二年生的吸收量约为一年生的 5 倍，三年生是二年生的 2.5 倍左右，四年生是三年生的 2~2.5 倍。各年生吸收 N，P，K 的比例近于 8:1:3，吸收 K，Ca，Mg 的比例近于 3:3.5:1。

在微量元素中，西洋参对 Fe，Mn 的吸收量较多，一至四年中，吸收 Fe、Mn、Zn、B、Cu 的总量分别为 1.732（mg/株，下同）、0.644、0.510、0.355、0.150。

西洋参对 N 的吸收量较多，供给 N 肥以硝态氮和铵态氮等量混合为好。缺少 N 肥时，即叶片元素中 N 含量小于 1.5% 时，叶片褪色，嫩叶变黄，光合作用能力显著下降。

中国医学科学院刘铁城等报道，每平方米农田土施入腐熟厩肥 50kg，一年生根重提高 60%，三年生根重提高 58.11%，皂苷含量提高了 38.64%。

5．其他

西洋参能生长的土壤 pH 范围较宽，在 4.55~7.44 间均可生长。目前国内外栽培选地的 pH 多为 6~6.5。

西洋参对臭氧和二氧化硫比较敏感，Prector 等证明，臭氧为 20mg/kg、二氧化硫为 50mg/kg 时，均可使西洋参叶面出现受害症状。臭氧的受害症状是，叶片上表面叶脉出现断续斑点，多数斑点聚在小叶基部，五小叶受害状相似。二氧化硫的受害状是先从小叶开始，叶片先轻度缺绿，以后边缘产生不整齐的枯斑。西洋参对二氧化硫的敏感程度超过小萝卜（被公认的二氧化硫敏感植物），50mg/kg 二氧化硫，小萝卜叶片不表现受害症状，西洋参却有明显受害症状。

四、栽培技术

（一）选地整地

1．选地

一般东北、华北、西北各省、自治区以无霜期在 120d 以上，年降雨量 700mm 以上，1 月份平均气温不低于 -12℃，7 月份平均温度不超过 25℃ 的地方均可做气候适宜区。长江流域及长江以南各省、自治区，多选海拔 1 500~3 000m 的高山，只要 1 月份平均气温不高于 5℃，7 月份平均气温在 25℃ 以下的地方，都可做栽培西洋参的气候适宜区。

在适宜气候区内，选择平坦的林地或农田土，利用坡地栽培时，坡度不超过 10°，虽然各坡向均可，但以东坡、北坡、南坡为好。

土壤质地以砂壤土、壤土最好，疏松肥沃的农田土也可以，pH6.0 左右为宜。林地栽培的植被，多选阔叶杂木林或针阔混交林，以柳、桦树为主的低湿地块不宜选用。利用农田土栽培西洋参，前作应选禾本科及豆科作物，如玉米、大豆等，苏子地也非常适合作西洋参的前茬。不宜选蔬菜、麻、烟草地。

2．整地

利用林地栽培西洋参的整地与人参相似，也要经割场子→伐树→翻地→碎土→做床等作业。其各环节要求与人参相近，不同之处是，耕翻不要过深，否则条参过长，产品经济效益偏低。农田地栽培也要提前整地，耕翻也不宜过深，结合耕翻施入有机肥。

一般在播种时做床，边做床边播种。做床时，先把土垄倒开，把基肥施于床底，拌均匀后做床播种。林地栽培西洋参在整地时，一般每平方米床土施用 0.2~0.3kg 豆饼、腐熟过圈粪（最好是猪粪、鹿粪）15kg、熟苏子 25g、骨粉 0.5kg。农田栽培西洋参在整地时，应增加施入腐熟的有机肥 20~30t，最好提前 1 年施入，并于种植前对土壤进行 8~10 次耕翻晾晒。对于土壤黏重的农田地，一般还要适当改土，可每平方米掺入 $1m^3$ 风化沙。床宽 1~1.8m 不等，床高 18cm 左右，床向以南北方向为宜。

（二）播种

1. 种子处理

西洋参果实采收后（8 月下旬至 9 月上旬），及时搓去果皮果肉，通过水选选取成熟饱满的种子，然后与两份调好湿度的（手握成团，从 1m 高处自然落地就散）过筛的细沙或细土（也可沙土按 2:1 混合）混拌，混拌后装箱或装床。箱底、箱周围、箱顶要用细沙隔垫覆盖好，避免混拌种子层直接接触箱壁与空气。处理期间的温度条件是，裂口前控制在 16~18℃，裂口后控制在 12℃ 左右。前期每 15d 左右倒种一次，结合倒种调好湿度，倒种后照原操作再装箱或装床，种子裂口后，每 7~10d 倒种一次，处理沙子的湿度可稍低点。处理场所的选择和处理期间的管理参照人参做法。120d 左右检查种胚是否达到形态后熟标准，未达到形态后熟标准继续处理，直到达到标准为止。种胚形态达到后熟标准后，逐渐降温，使之在 0~5℃ 条件下持续放置 60d 以上，然后使之继续降温，降到使处理箱完全结冻时，放入事前准备好的冷藏坑内，盖严保存，待翌春床土化冻后，取出播种。

应当指出，国外种子处理不经选种，或选种不严格，其中小粒种子约占 15%，种子处理基本上都是凭借自然温湿度条件，任其自然发育，所以种子处理的质量高低不齐，裂口率为 40%~85%，胚率达到 70% 以上的裂口种子只有 30%~70%。引进的这样种子，当年 9~10 月播种于田间，在生育期较长的地方（黄河流域及其以南各省、自治区），种胚还可继续发育，到低温来临时，种子裂口率均达 80% 以上，其形态达到后熟标准，经过自然低温后，第二年出苗率在 80%~90% 间。但是，在生育期短的地方，播种后种胚形态发育近于停止，到第二年春季时，只有种胚形态发育达到标准的种子出苗，余下的种子只有等待条件继续完成种胚形态后熟，要到下一年春季出苗。如 1987 年从加拿大进口种子，当时裂口率只有 40% 左右，胚率达 70% 以上的裂口种子只占 30% 左右，在吉林省播种后次年出苗率只有 12% 左右。因此，从保证播种质量角度出发，进口的西洋参种子必须进行挑选，选取胚率在 70% 以上的裂口种子，于当年播种，未达到此标准的种子应当继续人工催芽，待种子达到标准后才可使用。

2. 播种

西洋参多在秋季播种，少数地方采用春播（当年种子处理好的都春播）。春播是在 5cm 土层地温达到 7~8℃ 时开始。北京、山东、陕西多在 3 月，东北三省在 4 月中、下旬。东北三省秋播期为 10 月份，北京、山东、陕西多在 11 月间。

播种西洋参以穴播为宜，穴播的行株距（cm）有 7×7，8×5，10×5，10×7~8 等，穴深 3~4cm，每穴一粒好种子。播后覆土 3~4cm，用种量 10~20g/m^2（裂口籽）。

栽培西洋参多为种子直播，种植 4 年采收加工。但在我国一些用新林土栽培西洋参的地区也有采用育苗移栽方式栽培的，一般是育苗 2 年，移栽后再种植 2 年，然后起收加工。采用此种方式缺点是多用了一茬土地和参棚材料；优点是可在移栽起苗时进行种苗的选择，因此生产出的西洋参商品性状好，支头大、均匀、产量高。

国外采用机械播种，播后覆草。我国目前采用压印器开穴，人工播种，播后覆草。

我国有的学者也探讨了西洋参的无土育苗技术和无性快速繁殖技术。陈震报道了蛭石掺砂（按1:1或1:2）是较好的培养基质物，并认为氮源应以硝态氮和铵态氮等比混合为佳。孙国栋利用西洋参子叶和胚轴，在MS加2,4-D的培养基中诱导出胚状体；阎贤伟在1/2MS（大量元素减半，其他成分量不变）加NAA10mg/L，pH5.5的培养基上，于25~28℃的暗培养条件下，诱导出胚状体，胚状体在除掉NAA的相同培养基上，在25~28℃每天15klx光强照射10h的条件下，培养成苗。

（三）搭棚

西洋参也是棚下栽培的药用植物，美国、加拿大是板条平棚或聚丙烯尼龙网平棚。其中板条平棚条空为30%，透过光量18%左右，相当于自然光强的4%~6%，此种光强与朝鲜、日本栽培人参一样。聚丙烯尼龙网平棚，网孔比例为28%，透光量为26.6%。

我国栽培西洋参所用的荫棚，有的是参照人参搭棚经验进行，有的则是根据种植地的气候、棚架材料资源和吸收国外棚架的优点等设计的。参照人参进行的搭棚，采用的是单透棚，棚式仍以拱形棚、弓形棚为好，其规格、用料及搭架方法在人参一节已作了详细的介绍，这里不再重述。因地制宜并吸收国外经验进行的搭棚，一般都是双透棚，是一种立柱较高的平棚，下面介绍一下这类棚的规格及搭设方法。

我国使用的平棚主要是参考美式高棚进行搭设，这种棚是一种大田块的连结平棚，适合于在土地比较平坦的农田栽培时使用。一般棚高为1.8~2.3m（地面至棚盖间距离），整个田块连结成一个棚，棚的四周围上苇帘。棚内床宽140cm（也有采用150~180cm），床间距离40cm（也有50cm），床高25cm（也有30~35cm）。这种棚利于空气流通，生产成本低于单透棚，同时，棚下可以驾机作业，有利于实现栽培机械化，土地利用率也得到了很大的提高（可达78%）。棚盖在我国是根据具体情况，采用苇帘、竹帘、尼龙网等作盖，透光率控制在20%左右。

架设此种西洋参棚，一般每$667m^2$参地需立柱（长240cm，直径8~10cm）130根，横杆（长360cm，直径8~10cm）52根，顺杆（长370cm，直径6~7cm）104根，或用8号铁线代之（140kg），苇帘（210cm×300cm）140~150片。除用木立柱外，也有用水泥立柱的，一般10cm见方，其他可参照木立柱的作法。

架设时，按360cm的纵横间距（见方）埋立柱，纵横立柱各自埋在一条直线上，柱顶横床方向锯成凹口（水泥立柱是在距顶端10cm处留一个孔，以便捆绑固定棚架），然后安放横杆，并固牢。横杆上按190cm间距固定顺杆，顺杆上安放透光帘，如图8-11。

由于我国部分西洋参种植地夏季气温相对较高，为此，北京怀柔地区与中国医学科学院药用植物资源开发研究所共同创立了以美式高棚为基础的改良式高棚。可降低棚内的空气和土壤温度，对西洋参的产量有提高作用。

其做法是将原来的200cm高的立柱有一半或1/3的立柱高度改为250cm。埋立柱时，按两排200cm，两排250cm相间埋设（1/2立柱250cm）或4排200cm与2排250cm相间埋设（1/3立柱250cm），立柱纵横间距均为360cm，其他规格不变，这样就把原来的等高平棚，改成了高低相间排列的平棚。

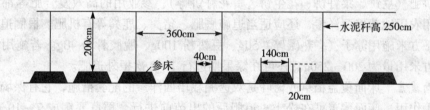

图 8-11 美式高棚

搭设平棚应当注意,由于是连片的大棚,有被风刮倒造成巨大损失的危险性,因此一定要建得牢固,边柱要用粗铁线与地柱严格加固(图 8-12)。

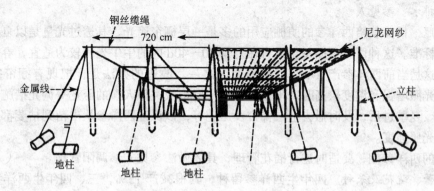

图 8-12 平棚的搭建与加固

(四)田间管理

1. 生育期管理

(1)松土除草　东北参区栽培西洋参,每年都要进行松土管理。松土是在春季结合撒防寒物一起进行,深度以不伤芽胞为度,床帮、床头要适当深松。此次松土有提高地温、促进早出苗(提早 5~10d)的作用。床面不加覆盖物的地方,3~4 年生地块,在生育期间(封行前),还要在行间进行 1~2 次松土。其他西洋参区,多在春季西洋参萌动前,或结合更换床面覆盖物时,进行一次松土。农田栽培西洋参的地区,多采用高棚结合覆盖免耕技术,所以一般不进行松土,可节约劳力三成左右。

西洋参生育期间,要经常进行除草,有草就拔除。

(2)追肥　西洋参播种后一地连续生长四年,单靠施用基肥不能保证使其正常生长发育,必须适时追肥。特别是三年生、四年生地块,一般肥力都不足,如不能及时追施肥料,势必影响产量和品质。

据对西洋参吉林主产区——长白、抚松、靖宇、集安、通化、辉南等西洋参产地的床土供肥能力的比较分析,调查了在 $1m^2$ 参地上的三年生(按 132 株存苗数计量)、四年生(按 122 株存苗数计量)西洋参的需肥状况,结果显示:长白、抚松、靖宇等产地的氮、磷肥都不足,三年生每平方米缺氮(纯 N)2g,缺磷(P_2O_5)1g;四年生缺氮 16g,缺磷 2.6g。集安、通化、辉南等产区三、四年生西洋参地块的氮、磷、钾肥也都不足,其欠缺量都超过长白、抚松、靖宇等产区。利用农田地栽培西洋参,则缺肥量更大。所以,西洋参栽培管理中,特别强调要适时追肥。

苏子、饼肥（豆饼、菜籽饼、花生饼、葵花籽饼等）、参业用的高效复合肥等都是较为理想的肥料。利用农田地栽培西洋参，还应适当追施厩肥、猪粪、鹿粪等有机肥。根侧追肥多结合松土进行，每平方米施用苏子（煮熟碾碎）50g、豆饼粉100g、脱胶骨粉40g。若施用参业高效复合肥，每平方米用量为200～250g。还可在绿果期进行1～2次根外追肥。

(3) 床面覆盖　床面覆盖稻草或树叶是双透棚栽培西洋参的配套措施，它有保墒、护根、预防病害发生等作用。床面覆盖可在松土、追肥后的出苗前进行，稻草要铡成7～10cm小段后撒覆，要求均匀撒覆于床面、床帮、床头上。1～2年生苗田，覆盖厚度为3～4cm，3～4年生厚度为4～7cm。床面覆盖物可因地而异，稻草、麦秸、树叶、锯木屑、树皮锯屑均可。覆盖物必须年年覆年年撤，每次覆盖都要用新草，严禁旧草连用。

(4) 灌排水　参见人参。

(5) 光照　目前栽培西洋参的荫棚应用的多是一层棚帘遮光，其透过光量是以夏季中午参苗不被日灼为标准。这种西洋参棚每年只有在夏季30～40d内的中午光照较为适宜，春秋时节光照强度不足，这是当前西洋参产量不高的重要原因之一。改进的办法是，把现有棚帘空隙加大一倍，待夏季光照增强和温度较高时，采用再覆上一层帘或类似人参的压花等调光措施，使其安全的通过夏季。夏季过后，及时撤去上层稀帘及压花等，以保证西洋参从出苗到枯萎都能接受接近光饱和点的光照强度。

苫幅窄的西洋参棚，要适时进行插花管理，具体做法参见人参调阳管理。

(6) 摘蕾、疏花及采种　四年生西洋参留种，其根减产15%，三、四年生西洋参连续两年留种，减产30%。所以，以收根为目的栽培，要及时摘除花蕾。一般在6月中旬前后，当花序序柄长4～5cm时，应从序柄中间掐断。如能将摘蕾、追肥、灌水有机结合起来，参根可增产50%左右。

对于留种田，则要采用疏花疏果措施。西洋参花期长，果实成熟不集中，采用疏花疏果措施可使开花、结果时间集中，缩短花期，促进果实成熟，提高种子千粒重与整齐度。一般在花序外围小花待要开放时，将花序中间的花蕾（1/3左右）摘除，只留花序外围的30个花蕾；或者在刚进入结果期时，只留果穗外围的30个左右果，其余全部摘除。

西洋参果实自果穗外围向内渐次成熟，成熟后的果实不及时采摘会自然落地，即使采用疏花疏果措施，采种也要分批进行。西洋参果期为40～50d，当果实由绿变红，呈现鲜红色，果肉变软多汁时，就可进行采收。

采收的果实要及时搓去果皮、果肉，并用清水淘洗干净，结合淘洗选取籽粒饱满的种子进行砂藏或直接进行种子处理。

(7) 病虫害防治　参见人参。

2. 休眠期管理

(1) 越冬防寒　我国引种栽培的西洋参，60%分布在东北人参产区，就其生育期间的气候条件来说，适合西洋参的生长发育。可是由于该地区每年在西洋参枯萎后，土壤结冻前，或者在春季西洋参萌动后至出苗期，气温在0℃上下频繁地骤然变化，有时会使西洋参芽胞、根茎遭到损害，给生产造成损失。再者，西洋参宿存在土壤中的根部，在连续-12℃条件下也易受害。所以在西洋参枯萎休眠后，要更加强调进行防寒覆盖，确保安全越冬。

防寒覆盖就是在床面上再覆盖稻草、树叶或防寒土,也有整个地块全面覆草或覆树叶,厚度10~15cm(东北地区多15cm)。防寒覆盖要适时进行并要保证覆盖质量,就实施此项管理的时间而言,覆盖管理必须在出现缓阳冻之前进行完毕,东北参区多在10月上旬,华北地区在10月底至11月初。防寒覆盖可分2次进行,先在上述时间第一次先覆盖7~10cm防寒物,隔10~15d再覆盖一次至要求厚度。风口处、阳坡、砂性大的地块,要适当早覆、多覆。

(2) 盖雪与撤雪　参见人参。

(3) 防止桃花水　参见人参。

(4) 维修参棚　参见人参。

(5) 撤防寒物与田间消毒　参见人参。

五、收获与加工

(一) 收根

美国、加拿大栽培西洋参,是在3~5年期间收获参根,绝大多数栽培者实行4年收根。我国引种初期,是5~7年收根,多数为6年收根,近年则多采用3~4年收根。

每年收根加工时,以秋季收根为好,美国和加拿大的采收期为10月中旬,我国东北引种地区也以10月中旬为最好(表8-47)。

表8-47　不同采收期对西洋参内在质量的影响

(引自李向高《西洋参的研究》,2001)

日　期	地上部状态	折干率（%）	总糖含量（%）	总皂苷含量（%）
8月25日	红果初期	32.71	69.76	6.23
9月5日	红果中期	32.73	68.76	6.62
9月15日	红果末期	32.99	72.22	5.69
9月25日	枯萎初期	37.71	81.82	4.77
10月15日	枯萎期	36.53	76.62	6.13

从表中可以看出,9月下旬起收的西洋参折干率最高,其次是10月中旬,与皂苷含量同时考虑,并结合产区采收经验,西洋参的最佳采收期应在10月上中旬。

当然,各地应依据本地气候特点,摸索出最佳采收期,不可盲目照搬。另外,各年之间,还要注意随气候的差异,作提前或延后起收的调整。

起收西洋参是用镐或三齿子将床头、床帮的土刨起,撤到畦沟处,然后从床的一端将西洋参根刨出,边刨边拣,抖去泥土,运回加工。刨参时,应注意减少损伤,拣要拣净。每天起收量视加工能力和收购者需要而定,一般都是加工多少起收多少,严禁一次起收过多。

(二) 收茎叶

西洋参是根入药,皂苷是主要活性成分,其茎、叶、花、果也都含人参皂苷,而且含量较高,应像人参那样,开发利用。

(三) 西洋参的加工技术

西洋参的加工产品比较单一，只有生晒类。加工的商品主要有原皮西洋参、粉光西洋参、西洋参须、洋参丸等。原皮西洋参、粉光西洋参又有野生与栽培之别。这里仅将西洋参的主要加工品种原皮西洋参和粉光西洋参的加工工艺介绍如下：

1．工艺流程

鲜品西洋参→洗刷→晾晒→烘干→打潮下须→第二次烘干，即为原皮西洋参。鲜品西洋参→洗刷→晾晒→烘干→打潮下须→去皮→第二次烘干，即为粉光西洋参。

2．技术要点

(1) 原皮西洋参

① 洗刷 将鲜品西洋参放入水槽中，浸20～30min，接着送入刷洗机洗刷，或用高压水泵直接冲洗，直到洗净为止。机器洗刷不彻底的西洋参根，用人工再次洗刷，直到洗净为止。用水浸泡西洋参时，浸泡时间不宜过长，否则会降低根内水溶性成分的含量。洗刷时，要把芦碗、病疤和支根分岔处附着物洗净，以确保用药质量。

② 晾晒 洗刷后的西洋参，按大（直径大于2cm）、中（直径为1～2cm）、小（直径小于1cm）分别摆在烘干帘（盘）上，每个帘上只能单层摆放一个规格的西洋参，摆后在日光下晾晒4～6h，然后分别入室烘干。美国是晾晒2～3d后入室烘干。

③ 烘干 晾晒后的西洋参，按大小分别入室或入架，盛有大个西洋参的烘干帘放在温度稍高的地方。烘干室要求保温效果好，设有供热、调温、排潮等设备，室内洁净。

烘干西洋参多采取变温烘干工艺，一次干燥成商品。变温烘干工艺有多种，一是25～27℃→28～30℃→32～35℃→32～30℃；二是20℃→37～43℃→32℃；三是27℃→38℃→47℃；四是15.5～26.6℃→32℃；五是37.7～43.3℃→32℃；六是47→38℃。

第一种变温烘干工艺是西洋参入室后，温度保持在25～27℃，每30min排潮一次，排潮时间20min，室内相对湿度控制在65%以下，持续2～3d。当须根末端已变脆时，温度升至28～30℃，同前一阶段的排潮方法，室内相对湿度控制在60%以下，持续4～6d。当主根变软时，温度升至32～35℃，1h排潮一次，排潮时间20min，室内相对湿度控制在50%以下，持续3～5d。当侧根较坚硬，主根表层稍硬时，温度降至32～30℃，同前一阶段的排潮、控湿方法，将西洋参烘至含水率为13%左右时，即可出室入库。烘干时间因参根大小不同，约20d左右。

第二种变温烘干工艺是西洋参入室后，在20℃条件烘干2～3d，然后温度升至40±3℃条件下烘干8～10d，接着温度降至32℃条件下，将西洋参烘至含水率为13%左右时，出室入库。

其他几种变温工艺的关键是，当根内含水量为35%时将温度调至适中温度，烘干为止。

加热过程中，及时排潮很重要，尤其是开始烘干阶段，排潮不好易出现青支等问题，影响加工质量。干燥室内受热不均时，应经常检查，并串动烘干帘，保证做到室内西洋参参根干燥程度相近。

④ 打潮下须 商品西洋参是无须、无艼有芦或无芦的根体。干燥的自然形体的西洋参，需要经过打潮下须加工成符合商品规格的产品。

打潮是用喷雾器将热水喷洒在干燥后的西洋参根体上，一帘一帘的喷雾，然后摆叠起来并盖、围上薄膜，闷3～4h，待参须软化后取出下须。

取打潮后的根体，把主体和主体下部粗大支根上的须根贴近基部剪掉或掰下。由于商品上以自然根体长小于7cm，无支根或有2~3条支根类型售价偏高或畅销，因此下须时，短于7cm的粗大支根部分不能剪断，应从支根末端把须根剪下。根体长大于7cm的，顺其自然体形，在末端把须根剪下，体或粗大支根上的须要贴近基部剪下。剪截较粗大支根时，粗的要适当长留，细的短留，剪下的直须捋直捆成小把。下须后及时将根体、直须、弯须分别摆放在烘干帘上准备烘干。

⑤第二次干燥 将打潮下须后的根体、直须、弯须等放入烘干室内，在40℃条件下烘干24h，就可出室分级入库。

(2) 粉光西洋参 粉光西洋参的洗刷、晾晒、烘干、打潮下须、第二次烘干各项工艺要求都与原皮西洋参一样，所不同的是打潮下须后的根体不立即摆在烘干帘上干燥，而是将根体与洁净的河沙（用清水反复冲洗至洁净为止）混装在相应的滚筒内，转动滚筒，使细沙与根体表面不停地摩擦，待表皮被擦掉后，筛出细沙，将根体摆放在烘干帘上，在40℃条件下烘干24h，即可出室分级。

3. 西洋参的商品等级

商品西洋参分长支、短支、统货三种规格。根形短粗，体长为2~7cm的为短支；根长大于7cm的为长支；根体长短不一，粗细不等的称为统货。长支、短支还可根据根体大小再分出不同的规格。

第三节 三 七

一、概 述

三七为五加科植物，干燥的根入药，生药称三七（Radix Notoginseng）。人参总皂苷含量比人参西洋参都高，约12%，经薄层鉴定，和人参所含皂苷种类相似，但Rc含量较低，且不含齐墩果酸型人参皂苷Ro。此外，尚含黄酮苷、淀粉、蛋白质、油脂，并有生物碱反应。有止血散瘀、消肿定痛的功效。主产云南、广西，此外，四川、贵州、江西等省也有栽培。畅销全国，并有大量出口。2003年末，云南省一个三七基地已通过了国家GAP认证审查。

二、植物学特征

三七（田七）[*Panax notoginseng*（Burk.）F.H.Chen]形态特征与人参也很相似，可参考人参一节。不同之处有：根状茎（芦头）短，主根倒圆锥形或短圆柱形；掌状复叶的小叶3~7片；种子1~3粒，比人参、西洋参都大（图8-13）。花期7~9月，果期9~11月。

三、生物学特性

(一) 生长发育

三七生长发育又比西洋参快，出苗后第二年就能开花结果，二年以后年年开花结果。

一年生三七有一枚掌状复叶；二年生茎高13～16cm，有2～3枚掌状复叶，掌状复叶由5～7片小叶构成，开始抽薹开花；三、四年生三七一般茎高20～30cm，生有3～5枚掌状复叶，掌状复叶多数由7片小叶构成，少数多达9片小叶；五年以上的三七，复叶数可达6枚。各年生掌状复叶的多少受生长发育条件影响，营养充足，发育条件适宜，掌状复叶数多。

各年生三七，在产区是2～3月出苗，出苗期10～15d。出苗状况与人参、西洋参相似。三七出苗后便进入展叶期，展叶初期茎叶生长较快，通常15～20d株高就能达到正常株高的2/3，其后茎叶生长速度减缓。三七的茎叶是在上年芽胞内分化形成的，随着萌发出苗一次性长出，一旦形成的芽胞或长出的茎叶受损伤，地上就无苗。

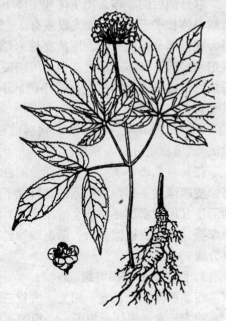

图8-13 三七

出苗、展叶期荫棚透光度以40%～50%为好。光照适宜，茎叶生长健壮，荫棚透光度低于40%时，三七茎细高，叶片大，抗风、抗病力差。每年4月下旬，茎叶生长趋于稳定，花芽开始分化，5月下旬开始现蕾抽薹，从花蕾现出到开花需60～70d，每年7月下旬开始开花，花期60d左右。三七田间开花后15d左右便进入结果期，结果期70d左右，果实11月中、下旬成熟，果实成熟不集中，最后采收的种子可在翌年1月。

三七在花期和结果初期，荫棚透光度以40%左右为好，进入结果中期后，光照又可适当增强，一般荫棚透光度为45%左右。

三七果实成熟后（12月中旬）便进入休眠期，每年12月至翌年1月为休眠期。进入休眠之前，根茎上的越冬芽已发育健全，此时芽胞内也具有翌年即将出土生长的茎叶雏体。

（二）种子和芽胞的休眠

三七的种子和芽胞也具有休眠特性，但后熟期较人参、西洋参短，生产上不需人工处理。在云南、广西产区，11月中、下旬种子自然成熟，采种后脱去果肉及时播于田间，在产区自然条件下经过3个月就完全通过后熟，次年2月就可陆续出苗，采播晚的种子，于4月底出齐苗。三七种子较大，鲜种子千粒重达100～108g，高的可达300g。

（三）根的生长

三七为肉质根，产区把主根短粗、呈圆锥状称为"疙瘩七"；主根较长、呈长圆锥形的，产区称为"萝卜七"。肉质根上为根茎（产区称羊肠头），根茎上有节，多数根茎不分枝，根茎上着生芽胞（越冬芽），通常1个，偶尔也见双芽胞，罕见多芽胞。每年茎枯萎脱落后，在根茎上留有茎痕，由于三七根茎上绝大多数只长一个芽胞，芽胞内只有一个茎，每年只产生一个茎痕，所以，依据茎痕的数目可以推断三七的年龄。

一年生三七2~3月出苗,出苗后胚根不断伸长加粗;5月时,主根上部明显膨大;5~7月继续伸长加粗,此期芽胞已明显可见;到8月时,芽胞已形成,根的生长也近于停止,干物质积累增多,8月底根长10cm左右。二年以后,每年2月出苗,出苗时根部稍减重,进入展叶中期后,根重渐次增加,每年3~7月根伸长加粗较快,进入8月,根中物质积累加快,摘除花蕾的三七根增长更快,5月芽胞就明显可见,到8月底芽胞长成。

一年生三七鲜根重为0.9~3.5g;二年生根重6~15g;三年生根重17~48g;四年生为37~62.0g;五年生根重46~73.5g;六年生根重48~78.5g。从上述各年生参根增重看,二年生增重率最高;其次是三、四年生;五年生和六年生增重率只有10%~30%,所以,我国传统栽培多在四、五年生时收获。四年采收的另一个原因是,三七根茎在1~4年增长速度较慢,五、六年生根茎生长加快,根茎占地下根部比例加大。如三、四年生三七根茎占地下根部重的15.17%~20.37%,而五、六年生三七根茎重占地下根部总重的26.46%~30.1%。因为三七收获后,加工时将根、根茎、须根分开加工成商品,主根(三七头)商品价格高,根茎(剪口)俗称羊肠头、支根、须根商品价格低,五、六年生三七根重增长的1/4~1/3为根茎的增长,其经济效益不高,所以,三七以四年采收为宜。

一年之中,三七根鲜重以9~10月份为最高,从鲜干比看,2~6为6.8:1~4.5:1,7~10月(摘蕾三七)为4.2:1~3.5:1,11月至次年1月为4~4.2:1。所以,7~10月收获最为适宜。

(四)开花结果习性

每年4~5月间,即叶片生长基本稳定后,花芽开始萌动,进入6月后,花序柄渐渐伸长,7月下旬至8月上旬开始开花。一般二年生三七有小花70~100朵,可存果10个左右;三、四年生植株有小花100朵左右,正常情况下存果20~40个。

三七开花是从伞形花序外围渐次向内开放,每天7~18时均可开放,其中7~10时小花开放最多,约占日开花数的56.90%。小花开放后3~4h就有大量花粉散出,朵花期2~3d,序(株)花期20~25d。三七果实在小花凋萎后开始膨大,小花凋萎5d后果实膨大速度加快,20d后,膨大速度显著减慢,果期70~80d。三七果实初期为绿色,近成熟时变为紫红色,成熟时变为红色或鲜红色。果实成熟后会自然脱落,故生产管理时,要随熟随采。

应当指出,三七的结果率、坐果率较低,特别是花序外围小花结果率、坐果率低,尤其是坐果率(表8-48)。花序中部小花结果率、坐果率稍高,所以,三七疏蕾、疏花是去掉花序外围小花,保留花序中部小花,这点不同于人参、西洋参。另据报道,内层小花花粉生活力比外层高,二年生高17.14%,三年生高18.54%,三年生内层小花花粉生活力比二年生内层高21.69%。此外,从比较不同条件下的小花花粉生活力中看出,干旱、瘠薄条件下,花粉生活力低。外围结果率低可能与雌蕊发育不正常、花粉生活力低有关。

表8-48 三七开花结果调查

年生	开花株数	结果株数	结果率(%)	每株开花朵数	每株结果数	坐果率(%)	调查株数
二	100	41	41	82.21	5.61	6.82	100
三	100	89	89	130.21	16.51	12.68	100

(五) 三七有效成分的种类与积累

三七中含人参皂苷、三七素、挥发油、植物甾醇化合物、氨基酸、无机元素、糖类化合物等多种活性成分。

皂苷是人参属植物的重要活性成分之一，三七中皂苷含量比人参、西洋参都高，其成株花蕾为23.27%、根茎19.95%、根11.5%～14.9%、叶13.1%、茎6.4%。皂苷含量也随生长年限的增加而增加，2～5年生三七根中皂苷含量分别为8%，9%～10%，11%，14%～15%。

三七素是一种特殊氨基酸，具有止血活性，在根中含量为0.67%～1.12%。但同一年生，不同等级、同一部位的三七素及其他氨基酸含量差异不大。

(六) 生长发育与环境条件的关系

1. 主产区气候概况

云南、广西产区三七分布的海拔高度为500～1 500m，年平均气温15.4～19.5℃，1月份平均气温为8.3～10.9℃，7月份平均气温为21.2～25.5℃，绝对最低气温-2.3℃，绝对最高气温37℃。年降雨量931～1 326mm，且多集中在6～9月，年平均空气相对湿度在70%～83%，年日照总时数为1 799.5～1 911.1h。土壤为红壤，pH6～7。

2. 三七生长发育与温、光、水的关系

三七喜温暖湿润的气候条件，严寒、酷热、多湿对其生长发育不利，甚至死亡。三七不耐低温，所以，自然分布比人参、西洋参纬度偏低。将三七引种到东北人参产区，生育期间叶片狭窄，植株矮小，多数植株花芽不分化，分化了的小花也不能正常开放，按栽培人参防寒措施防寒仍被冻死。三七生育期间，特别是夏季，持续高温(33℃以上)超过3～4d，就会出现萎蔫症状。

三七是阴性植物，怕强光直射，目前有关三七的需光特性尚不清楚，生产上是根据经验进行遮荫栽培的。

三七的根入土不深，约有半数的须根分布在5～10cm的土层中，所以耐高温和抗旱能力较弱，人工栽培时必须注意保持土壤湿度。在产区的土壤条件下，含水量以30%左右为宜。

三七一般要在同一地块上生长多年，因此应保证肥分供应，除移栽前施足基肥外，每年生育期间还要分次追肥，这是获得优质高产的重要措施之一。将过磷酸钙、钙镁磷肥、骨粉、油粕各40kg/667m^{2}混合施用，效果较好。今后应研究探讨三七各年生、各时期所需氮、磷、钾、钙、铁等营养元素的数量、比例、供给形态等特性，以便为今后测土配方施肥打下基础。

四、栽培技术

(一) 选地整地

1. 选地

栽培三七选用壤土、砂壤土为宜，要求土壤疏松，排水良好，富含腐殖质，土壤pH6～7。利用农田栽培三七，选地的土质等要求与上相同。此外，前作物以玉米、豆科作物为好，忌用蔬菜、荞麦、茄科植物等，注意三七不能连作。选用生荒地、撂荒地育苗最为理想。其山地的坡向以南坡、东南坡最好，坡度应在15°之内。气候干旱地区要栽培三七，选地还应靠近水源。

2. 整地

栽培三七用地要在栽、播前4~5个月进行整地。通常荒地在6~7月间，熟地在8月进行翻地，翻地深度一般不低于15cm。结合翻地施入基肥，施用量为腐熟厩肥1 500~2 500kg/667m^2，并掺入40~100kg石灰粉。从翻地到播种或移栽间，还要耕翻2~3次，以加速有机质的腐熟分解。结合耕翻，特别是最后一次耕翻，要拣出树根、杂草和石块等杂物。并在播（栽）前做好畦。畦高20cm，宽50cm或100~120cm，畦间距离45~60cm，畦长因地形而异，一般6m或10~12m。有些地方做床后用木板把床面压实，然后在床面铺15cm厚的蒿草并焚烧，以增加床上的速效性养分和进行床面消毒。

（二）播种移栽

栽培三七是实行育苗移栽方式，育苗1年，移栽后生长3年收获加工。

1. 播种

果实11月中旬开始采收，采收后的果实也要搓掉果肉、果皮，用清水淘洗干净并选取沉入水底的饱满种子，用300倍的65%代森锌等杀菌剂浸种2h，捞出再拌骨粉或钙镁磷肥后即可播种。因为在云南、广西产区播种至出苗（11月中旬至次年2月中、下旬）期间的自然条件正好适合三七种子自然后熟，后熟时间也够，所以不需专门人工催芽。包括1月上旬采收的最后一批种子，采后及时播种，当年4月底也能完成后熟，播种后也可很快出苗。

三七播种多采用穴播或条播，穴播的行株距（cm）为6×5或6×6；条播是按6cm的行距开沟，沟深2~3cm，在沟内按5~6cm株距撒种，覆土2~3cm。许多单位是做床后压印、播种，然后覆2~3cm的土肥（腐熟厩肥与床土等体积混合）。不能及时播种的，要将种子与3倍量的细湿砂混拌均匀，在冷凉处暂存。播种后的床面要覆盖一层稻草或不带种子的其他蒿草（厚3~5cm）。每667m^{2}苗田用种7万~12万粒，折合红子（果）10~11kg。

2. 移栽

三七育苗一年后移栽，一般在12月至次年1月移栽，要求边起苗、边选苗、边移栽。起苗前1~2d先向床面淋水，使表土湿透。起根时，严防损伤根条（产区把根称为子条）和芽胞。选苗时要剔除病、伤、弱苗，并将好苗分级栽培。三七苗是按根的大小和重量分三级，根条长度相近，千株重量2kg以上的为一级；1.5~2kg的为二级；1.5kg以下的为三级。近年，随着三七栽培技术水平的提高，崔秀明等人（1998年）提出，三七种苗应按如下方式分级：每千株重量在3kg以上的为一级；2~3kg的为二级；1~2kg的为三级；1kg以下的为四级，这一级别的种苗很小，生产上不宜使用。

移栽的行距：一、二级苗为18cm；三级苗为15cm。株距：一级苗为18cm；二、三级苗为15cm。产区多是按规定的行距开3~5cm的浅沟，然后将根平放在沟内，芽胞要同一方向。摆后覆土，并覆草（厚5cm）。种苗在栽前要进行消毒，多用300倍65%代森锌浸蘸三七根部（使整个三七根外有一层药膜），浸蘸后立即捞出晾干并及时栽种。

（三）搭棚

三七也是必须搭棚栽培的药用植物，采用双透棚（透光、透雨）。搭棚最好在做畦前进行，按200~250cm的间距挖坑埋立柱，埋深30~40cm，立柱高出地面160~170cm，前后左右立柱都要对直成行。立柱上锯出凹口，以便安放横杆，横杆上按18~20cm间距放上顺杆，并用藤条或铁线固牢，顺杆上铺草，边铺草边用压条将草固定好。铺草时的密度以符合透光要求为标准。

(四) 田间管理

1. 除草培土

三七是浅根性药用植物,大部根系集中在表层15cm层中,所以,不宜中耕松土。除草工作随时进行,有草就拔,要趁早趁小,否则拔大草会带出三七根或松动三七根影响生长发育和产量。除草时发现三七根外露时,要及时用细土覆好,并把床面草再铺均匀。

2. 灌排水

三七不耐高温和干旱,所以,高温或干旱季节要勤灌水,始终保持床面湿润。三七不仅怕旱,也怕湿度过大,故灌水量不能大,要少浇、勤浇、浇匀。既不能泼水也不能漫灌,产区常说的淋水就是此种意义。雨季来临时,要疏通好排水沟,严防田间积水,并要注意降低田间的空气湿度。

3. 追肥

栽培三七每年都要进行多次追肥,目前的经验做法是:出苗展叶初期于床面上撒施草木灰2~3次,每667m^2每次用量为50~100kg,展叶后期,即4~5月间,每月追施一次有机肥加熏土,每667m^2用量为1 000kg,6~7月每月再追施一次,此时每667m^2追肥量为2 000kg,留种田还要追过磷酸钙15kg/667m^2。生育期间追肥是把肥料均匀撒于床面上,然后拨动床面上覆草使肥料落到床土上,拨动后的覆草仍要均匀盖严床面。每年12月清园后,床面上再均匀撒层混合肥,为来年萌发生长提供充足营养,又有保护三七安全过冬的作用。

4. 调节园内透光度

三七在不同的生长发育时期要求的光照强度不一样,一年生小苗,特别是出苗期不耐强光,三、四年生抗强光能力增强。另外三七要求的光照强度也随季节而变化。园内供光好坏直接关系到三七的生长发育和产量,必须及时精心调节。一般早春气温低,园内透光度可调节在60%左右,使刚出土的新苗有较充足的阳光,长得粗壮,为以后健壮生长打下良好基础;4月份透光度调节到50%左右;5~9月正值高温时期,园内透光调节在30%~40%;10月后园内透光度以50%左右为宜;到了12月园内透光度可增加到70%,但有霜雪的地方只能增至60%左右。

调节棚的透光度是一项工作量大、技术要求严格的管理工作,园内透光度调节是否适宜,不仅直接影响三七的生长发育和产量,而且还与病害的发生、危害程度有关,必须认真管好,必须纠正一年一个棚、春夏秋冬都一样的粗放栽培管理方法。

5. 摘蕾与留种

三七留种多选择三年生健壮植株,二年生苗种子小,质量差,四年生留种影响根的加工质量。不留种的田块,要于6月间,当花序柄长2cm左右时,将整个花序摘除。测试结果表明,摘蕾可使产量提高20%左右,高者达30%,优质商品率提高21.8%~47.8%,即20~80头的三七所占比例增大。

6. 冬季清园

入冬后气温下降,危害三七的病菌和害虫,落到或躲进三七园的枯枝落叶、杂草和土壤里度过冬天,成为下一年三七病虫害发生的病菌和害虫的主要来源。因此,每年12月份,植株叶片逐渐变黄,出现枯萎时,就要将地上茎叶剪除,园内外杂草除净,并打扫干净,集中到园外深埋或烧毁,露出的三七根要培好土。清园后再用杀虫、杀菌剂进行全面消毒,一般用2~3波美度的石硫合剂喷洒三七园,消毒后床面再增加覆草。

此外,荫棚的立柱、横梁、竹条等不牢固的也要及时更换修理,以防造成倒塌。

7. 病虫害防治

三七的病虫害很多，危害较重，常见的主要病害有三七锈病，俗称黄腻病（*Uredo panacii* Syd）、三七白粉病，俗称灰斑病（*Oidium* sp.）、三七黑斑病（*Alternaria panax* Whetz）、三七根腐病（*Fusarium scirpi* Lamb）、三七疫病［*Phytophthora cactorum*（Leb & Cohu）Schrost］、三七炭疽病［*Colletotrlchum gloeosporioides* Penz. C. *dematium*（Pers ex Fr.）Grove］等；常见的害虫有短须螨、介壳虫、菜蚜、蛞蝓等。

防治措施：选用无病虫害的种子种苗；搞好三七园的田间卫生，并坚持每年田间消毒；适当提高棚内的光照强度，改善通风状况；加强田间管理；及时进行药物防治，可用65%的代森锌500~600倍液，或者1 000倍的50%甲基托布津，或者500倍的25%多菌灵、0.1~0.2波美度的石硫合剂等。

五、采收与加工

（一）采收

4年生的三七就可采收加工。

产地每年采收三七有两个时期，多在8月，少数在11~12月。一般在留种田，要到12月采种后起收。8月采收加工的产品质量好，称为春三七（简称春七），11~12月新中后起收加工的三七，质稍轻，不饱满，有抽沟，质量不如8月采收的好，称为冬七。从本质上看，春七、冬七不是以时期分类，而是以商品质量好坏为标准。有些产区为提高三七产量和品质，于7月摘除花蕾，使光合积累物质贮存于根内，到9~10月采收加工，产量高，品质好，也称春七。

采收多选择晴天进行，将根全部挖出，抖净泥土，运回加工。起收时，要尽量减少损伤。

（二）加工技术

三七的加工分洗泥、修剪、晒揉、抛光四个工序。

1. 洗泥

田间采回的三七总是带有一定的泥土，为保证药材质量，在加工前必须进行洗泥。一般做法是，先剪去根茎上的茎叶，然后将整个根体(主根、根茎、侧根须根)放入竹篓内，置流水处或装满水的大水槽内洗去泥土。在洗泥过程中，要边洗边将根体上的须根摘下。洗泥既要保质，又要保证效率。注意三七在水中浸洗时间不能超过5min，否则，加工后的产品断面起白粉，并影响内在质量。

2. 修剪

洗净的三七根及时摘除细须根，然后按个头分大、中、小三级分别摊在晒席（竹席）或水泥晒场上日晒。晒3~4d后，即手捏变软时，进行修剪。修剪主要是剪下根茎和支根，剪下的根茎、支根以及剪后的三七根要分别晒干，干后的三七根称为"七头"、"头子"；剪下的根茎干后称"剪口"或"羊肠头"；剪下的须根干后称为"筋条"；剪下的须干后称"三七须"。

三七的修剪要掌握好修剪的时期，一般以根体手捏变软为好，手捏发硬时，剪口干后留有白斑，修剪过晚，根体失水过多，剪后剪口不能收缩变小，剪口过大影响商品外观美。

3. 晒揉

修剪后的三七根要在晒场上继续晒干，在晒干过程中，要边晒边揉，最好是日晒夜烘，3~4d揉擦一次。揉擦时，先将三七根装入干净的麻袋中，每次每袋3kg左右，装后将麻袋放在木板或地面上，用手掌按在袋上往返推动,使袋内三七相互碰撞摩擦,除去根体外面的粗皮,使根内水分不断外渗。揉擦后继续日晒,晒1~2d,再揉擦,反复4~5次,直至三七根质地坚实干透为止。目前产区许多国营三七场改手工晒揉为动力机械搓揉,搓揉效果也很好,动力机械搓揉还能缩短加工时间,值得推广。

加工量大的三七场,多采取日晒夜烘的办法干燥,边晒边烘边搓揉。采用此法加工速度快,不误加工时机,加工产品质量好。烘干室的设立与人参干燥室相近,请参照人参加工一节。烘干三七时,要按大小分别入室或入架,入室时,室温为45℃左右,烘干2h后降为30℃左右,不要超过40℃。烘干过程中,必须勤检查,勤串动烘干帘,保证干燥均匀一致。

4. 抛光

当晒揉的三七到七成干时,还要装入麻袋中(每袋3kg左右)并放进松叶或龙须草等,使其往返串动,当根体表面光洁时,将根倒出,在日光下晒2h左右即可分级入库。一般修剪后的三七根约占总重量的65%。

(三) 商品规格

商品三七分头数(修剪后的三七根)、筋条(粗大的支根)、须根(细的支根和须根)、剪口(三七根茎)等。

头数三七按其质量的好坏分春三七(简称春七)、冬三七(简称冬七)两种。商品规格规定,产品充分干燥(又称足干),个体完整,质地坚实,断面黑绿色或黄绿色,中间无裂隙者为春七;凡产品充分干燥;质稍轻,不够饱满,有拉槽即表面有明显的凹入沟纹或较大的凹面(又称抽沟),断面黑绿色或黄绿色者为冬七。产区7~8月(在开花前)采收加工的产品和经过摘蕾于9~10月采收加工的产品,质量好,都符合春七的质量标准;每年11~12月采收收种后的三七根,加工后的产品质轻,抽沟多,称为冬七。

春七、冬七又按单根重(支头或头数)的大小分11个规格。40头/kg以内的为20头级;41~60个/kg的为30头;61~80个/kg为40头;81~120个/kg为60头;121~160个/kg为80头;161~240个/kg为120头;241~320个/kg为160头;321~400个/kg为200头;401~500个/kg的为大二外;501~600个/kg为小二外;601~900个/kg为无数头。各规格内的头数大小要均匀一致,不能以小充大。

筋条是901~1 200个/kg的小三七根或粗大支根(大头直径在0.7cm以上,小头直径在0.45cm以上)。须根分为两个规格,不符合筋条标准的粗的须根为一级,细须根为二级。

第四节 黄 连

一、概 述

黄连原植物为毛茛科黄连属的黄连、三角叶黄连和云南黄连,以干燥的根状茎入药,商品上分别称味连、雅连和云连,生药统称黄连(Rhizoma Coptidis)。含小檗碱、黄连碱、药根碱及黄柏酮等,具有消炎、清热燥湿、泻火解毒的功效,主治热盛心烦、吐血、急性肠胃炎、细菌性痢疾、急性结膜炎、痈疽疔疮、湿热黄疸、口舌生疮、发热等症。以味连种植面积最大,质量好,主产于四川的东部和湖北的西部,陕西、湖南、贵州和甘肃也有栽培。雅连种植面积较小,主产于四川的中南部。云连以野生和半人工栽培为主,主产于云南的西北部和西藏昌都地区的南部。

二、植物学特征

1. 黄连(*Coptis chinensis* Franch.)

为多年生常绿草本植物,高20~50cm。根状茎黄色,长柱状,常分枝,形如鸡爪,节多而密,着生多数须根。叶均基生;叶片坚纸质,三角卵形,长8~12cm,宽2.5~10cm,3全裂,中央裂片具细柄,柄长5~12cm,裂片卵状菱形,羽状深裂,边缘有锐锯齿;侧生裂片无柄,不等的二深裂。花葶1~4条,高12~25cm,顶生聚伞花序有3~8花;苞片披针形,羽状深裂;花小,萼片5枚,黄绿色,狭卵形,长9~12mm,宽2~3mm;花瓣小,线状披针形,长5~7mm,中央有蜜槽;雄蕊多数,长3~6mm;心皮8~12,有柄。果长6~8mm,有细柄。花期2~3月,果期3~5月(图8-14)。

2. 三角叶黄连(*Coptis deltoidea* C.Y.Cheng et Hsiao)

与前种近似,主要特征为根状茎不分枝或少分枝;叶片三角形,中央裂片三角状卵形,叶的全裂片上的羽状深裂片彼此邻接或近邻接;雄蕊短,长为花瓣长度的1/2左右。具匍匐茎,长10~30cm,从根茎节侧向抽出,每株2~20枝(图8-15)。

图8-14 黄 连

图8-15 三角叶黄连

3. 云南黄连(*Coptis teeta* Wall.)

与前两种近似,根状茎分枝较少,节间短,药材常为单枝;叶的全裂片的羽状深裂裂片间的距离稍大,即羽状裂片稀疏;花瓣椭圆形。

三、生物学特性

(一)生长发育

1. 味连

种子具有休眠习性,播种后第二年出苗,实生苗在人工栽培条件下,一般四年开始开花结实，任其自然生长，通常在10～12年开始衰老，表现为根茎须根脱落，质地松脆，颜色由鲜黄变淡黄，野生味连则在25～30年时才能出现这种现象。

味连幼苗生长缓慢，从出苗到长出1～2片真叶时，需30～60d，生长一年后多数有3～4片真叶，株高3cm左右，生育良好的有4～5片真叶，株高近6cm，产区称"一年青秧子"。二年生黄连，多为4～5片叶以上，叶片较大，株高6cm左右，三至四年生味连叶片数目进一步增多，叶片面积增大，光合产物积累能力增强。味连的叶芽一般在头年8～10月形成，从第二年抽薹开始萌生新叶，老叶逐渐枯萎，到5月新旧叶片更新完毕。

黄连除花薹外无直立茎秆，只有丛生分枝的地下根茎，有节结，节间较短。一年生黄连根茎尚未膨大，二年生后根茎开始膨大。1～2年生根茎生长缓慢，少见分枝，3年生后根茎基部产生侧芽并萌发形成分枝，随着生长年限的增加分枝逐渐增多，至6～7年收获龄时少则10余个多则20～30个。分枝的多少和长短与栽培条件有关，覆土培土过深则分枝形成细长的"过桥秆"，影响其产量和质量。每年3～7月地上部生长发育较旺盛，地下根茎生长相对缓慢，8月后地上部生长减缓，根茎生长速度加快。

味连的根系为须根系，每年随着根茎的生长而从其结节处长出，数目较多，但伸长范围有限，多在20cm半径内，密集于0～10cm土层内。

味连的花芽一般在头年8～10月分化形成，第二年1～2月抽薹，2～3月开花，4～5月为果期。味连为风媒花，花小，花粉量大，传播距离在24m以上，当柱头授精后60～80d果实发育成熟。黄连实生苗四年开花结实所结的种子数量少且不饱满，发芽率最低，苗最弱，产区称为"抱孙子"。五年生所结种子青嫩，不充实饱满的也较多，发芽率较低，产区称为"试花种子"。六年生所结的种子，籽粒饱满成熟较一致，发芽率高，产区称为"红山种子"。七年生所结种子与六年相近，但数量少，产区称为"老红山种子"。留种以六年生为佳，其次为七年生，种子千粒重为1.1～1.4g。由于黄连开花结实期较长，种子成熟不一致，成熟后的果实易开裂，种子落地，因此生产上应分期分批采种。自然成熟的黄连种子具有休眠特性，其休眠原因是种子具有胚形态后熟和生理后熟的特性。在产区自然成熟种子播于田间，历时9个月之久，才能完成后熟而萌发出苗。据报道，赤霉素处理后可缩短后熟期。

2. 雅连

目前人工栽培的雅连品种多数开花而不结实，一般用匍匐茎（横走茎）作生产繁殖材料。产区多在8月栽种，将匍匐茎插入土中，从其节上或损伤处萌发须根。雅连一年生小苗（俗称一年春）生长缓慢，当年只长2～3枚叶、少数须根和一枚紫色芽胞，便进入冬季。二年生连苗（二年春）可长3～5枚叶片，叶片较一年生大，大多数不抽匍匐茎和花葶。三年生连苗（三年春）生长加快，叶片数成倍增加，并开始抽生匍匐茎和花葶。四年生连苗（四年春）生长速度开始减缓，正常植株有叶片10～18枚，大量抽生匍匐茎。五年生（五年春）长势明显衰退，叶片苍老，叶片数、匍匐茎数减少，有的开始枯萎。每年2～3月上中旬开花并萌发新叶。

雅连的匍匐茎是从根茎的节上抽生，一年只长一节，先端有叶和芽，触地即能生根，次年又会在此节上抽生新的匍匐茎，如此不断延伸。一般三年生黄连每公顷产60万～90万枚匍匐茎，四年生产90万～180万枚，一株多达10～20枚。匍匐茎的抽生会消耗大量养分，影响根茎发育，因此生产上要及时扯除匍匐茎。匍匐茎一般在3月长出，生产繁殖用匍匐茎以四年生为好，健壮、生根快、成活率高，其次是5~6年生的匍匐茎，再次为3年生的匍匐茎。为使根茎生长好，生产管理必须年年适当覆土。覆土过厚根茎节间加长而细（当地称过桥或跳杆），覆土薄或不覆土根茎短小。

雅连根茎的生长与味连不同，扦插入土的匍匐茎从其节上或损伤处萌发须根后，上部分逐渐膨大充实，转化成根茎，下部分养分消耗尽后腐烂。由于冬季培土，将叶柄和芽胞埋入土中，春季抽生花葶时，花葶基部近土处新形成的茎节上另生新叶，并形成一新的结节，使根茎不断增长。如果培土过厚，新老结节之间的距离长，形成细长的节间，俗称过桥。匍匐茎不扯除就培土，埋入土中的部分亦可能转化为根茎的一部分，使根茎形成分枝。雅连根茎生长是1~2年慢，3年加快，4年最快，5年减缓，6年衰退，所以雅连4~5年收获。

（二）有效成分含量的变化与积累动态

黄连植物体内含有多种有效成分，主要为小檗碱、黄连碱、药根碱等，其含量因植物种类、器官、产地以及生长年限而异。味连根茎小檗碱含量一般为3.5%~5.5%，茎叶为0.4%~1.5%，以老叶含量最高，可达2.5%~2.8%，须根为0.8%~2.5%。在一年中，根茎和叶的小檗碱含量以花果期较低，其后逐渐增加，9~10月较高；根茎产量也以花果期较低，10~12月较高（表8-49）。味连根茎小檗碱的含量及重量也随着移栽年限的增加而提高（表8-50）。

表8-49 五年生味连一年中根茎重量及小檗碱含量变化

（参考冉懋雄《黄连 天冬》，2002年，下表出处同）

日期	5月3日	6月3日	7月2日	8月3日	9月3日	10月3日	12月3日
单株根茎重（g）	3.14	3.55	3.83	3.56	4.84	6.28	5.41
小檗碱含量（%）	4.14	4.27	4.21	6.10	5.76	6.20	5.50

表8-50 不同移栽年限味连根茎重量及小檗碱含量变化

栽培年限	第2年	第3年	第4年	第5年
单株根茎重（g）	1.42	2.43	4.09	7.00
小檗碱含量（%）	3.78	4.19	5.02	6.86

（三）与环境条件的关系

黄连喜冷凉、湿润、荫蔽的环境，忌高温、干旱及强光。

1. 温度

黄连在气温8~34℃之间都能生长，以15~25℃之间生长迅速，低于6℃或高于35℃时发育缓慢，超过38℃时植株受高温伤害迅速死亡，-8℃时，植株不会受冻害。在高温的7~8月白天植株多呈休眠或半休眠状态，夜晚气温下降，恢复正常生长。味连产区一般年平均气温为10℃左右，月平均最高气温不超过23℃，最低气温为-1~-2℃，绝对最低气温为-8℃以上，通常10月中旬初霜，4月下旬终霜，霜期长达180d以上。

2. 水分

黄连喜欢湿润环境，既不耐旱也不耐涝，雨水充沛、空气湿度大、土壤经常保持湿润有利于黄连植株的发育。川鄂主产区年降雨量多在1 300~1 700mm以上，空气相对湿度70%~90%，土壤含水量经常保持在30%以上。黄连又怕低洼积水，土壤通气不良，根系发育不良甚至导致植株死亡。

3. 光照

黄连是喜阴植物，怕强光，喜弱光和散射光，在强光直射下易萎蔫，叶片枯焦，发生灼伤，尤其是苗期。但过于荫蔽，植株光合能力差，叶片柔弱，抗逆力差，根茎不充实，产量和品质均低。在生产上多采用搭棚遮荫或林下栽培，透光度为40%左右。透光度随着株龄的增长而增强，到收获当年可揭去全部遮荫物，促进光合作用，促使根茎发育更加充实。

4. 地势

栽培味连多选择海拔1 200~1 800m的山区栽培，雅连多栽培在1 500~2 200m山区。近年有些地区在合理调节温湿度和光照条件下，在低海拔地区栽培味连获得成功，从而扩大了黄连的栽培区域。海拔过高，生长季节短，生长发育缓慢，延长了生长年限，而且冬季严寒易受冻害；海拔过低，虽生长快，但是发育差，病害严重，根茎细小，不充实，并可能因夏季高温而死亡。

5. 土壤

黄连对土壤选择较严格，以土层深厚、肥沃疏松，排水、透气良好，尤其是表层腐殖质含量高的土壤较好。质地以壤土为佳，砂壤土次之，粗砂土和黏重的土壤都不适宜栽连。土壤酸碱度以微酸性至中性为宜。黄连对肥料反应敏感，氮肥对催苗作用很大，并可增加生物碱含量，磷、钾肥对根茎的充实有很好的作用，故应三者配合使用。

四、栽培技术

（一）味连

1. 选地

根据其生物学特性，味连应选择海拔高度适宜的林地或林间空地且土层深厚、肥沃疏松、排水良好、表层腐殖质含量高、下层保水保肥能力强的壤土或砂壤土种植，坡度以15度以内为宜，地势以"早阳山"或"晚阳山"较好。

2. 整地搭棚

（1）清理场地（砍山）　在上年9~11月将地面树丛砍除，割净杂草，收集枯枝落叶晾干作熏土材料。对于木下栽连，应将林地枯枝、茅草砍掉，灌木、矮小乔木留下，并在离地2m高的地方修去下部小树枝，荫蔽度保持在70%~80%左右。

（2）熏土　清理场地后，将表层7~10cm腐殖土全部翻起，晒干后熏土，熏土时不能将有机质烧成灰（当地俗称焦泥灰）。

（3）搭棚　一般熏土后搭棚，也有的地方搭棚后熏土。棚高170cm左右，搭棚时按200cm间距顺山成行埋立柱，行内立柱间距离为230cm，立柱埋牢后先放顺杆，再放横杆，绑牢。然后上帘或盖草，使棚下保持适宜透光度。

近年各地采用简易棚遮荫。简易棚多为单畦棚（即一棚一畦），高80~90cm，多在整地后搭棚。

（4）整地做畦　熏土后翻地，耕深约20cm，拣净树根、石块和杂草，然后耙细整平，以立柱为中心顺坡做畦，畦宽140~170cm，沟宽20~30cm，沟深约15cm，畦面呈龟背形。结合做畦，每公顷施 60~75t 腐熟厩肥。做畦后将棚外熏土整细，铺于畦上（称为面泥），厚 10cm 左右。

3. 育苗移栽

味连采用种子繁殖，实行育苗移栽；雅连采用根茎繁殖直接扦插。

(1) 采种及种子贮藏　最好采集六年生的"红山种子"做种，种子质量好，产量也最高，其次才选七年生的"老红山种子"，再次是五年生的"试花种子"。种子成熟时（5月上旬）即果实变黄并出现裂痕时，应及时采收。采收过早，种子还是淡绿色，未成熟；采收过迟，种子变褐色，果皮开裂，种子容易脱落。分期分批采收。采时轻轻摘下花薹，置室内通风处摊放 2~3d，待蓇葖果开裂后搓抖脱粒，收取种子，多贮藏到秋季播种。

种子的贮藏：黄连种子容易丧失发芽能力，贮藏多在室外树下稍湿润的地方挖穴，将种子拌和 1~2 倍潮湿（含水量 25%~30%）的细腐殖土，放入穴中。或者采取湿沙层积法贮藏，每层铺放种子厚约 1cm，共 3~4 层，最后盖一层 3~4cm 厚的腐殖土。远途运输的种子，也需与湿润的腐殖土或湿润的细沙拌和。

(2) 播种育苗　味连用种子繁殖，一般育苗两年，第三年移栽大田，栽后 5 年收获。秋播一般为 10~11 月播种，撒播，播种量 37~45kg/hm^2，因种子细小，需拌 15~30 倍的细土，尽量播匀。播后用细碎的牛粪土或细腐殖土盖种，厚约 0.5~1.0cm，并用木板稍加镇压，然后在畦面上盖一层茅草。待要出苗时，除去盖草，以利种子发芽出土。3~4 月份，当幼苗长出 1~2 片真叶时间苗，株距约 1cm。间苗后每公顷施稀粪水 15t 或尿素 3kg 加水 15t。6~7 月如苗根不稳，可在畦面上撒一层腐殖土，厚约 1cm。8~9 月再追肥一次，每公顷用饼肥 750kg、干牛粪 2 250kg 混匀后撒施。第二年春再施稀薄粪水或尿素一次。苗床期间要经常除草，做到畦内无杂草，以免影响幼苗生长发育。苗床管理还要注意水分和光照调节，保持床土湿润和适宜的透光度。

(3) 移栽　味连产区称二年生小苗为"当年秧子"，栽后成活率高，品质好；称一年生苗为"一年青秧子"，一般苗小而细，不宜栽种；四年生苗称为"节巴秧子"，多数已长出根茎，栽后易成活，但萌发慢，产量低，品质差，也不适宜采种。

味连一年中有三个移栽期，最早是 2~3 月，此时新叶还未发出，称为"栽老叶"，多用四年生苗，只适于气候温和的低山区；第二个移栽时期为 5~6 月，此时新叶已长成，称为"栽登叶"，一般栽三年生连苗，容易成活，生长亦好，是最适宜栽植期；第三个移栽期为 9~10 月，栽后不久就进入霜期，易遭冻害，成活率低，因此也只适于气候温和的低山区。

栽秧时，选择 4~5 片真叶，高 9~12cm 的粗壮幼苗，连根拔起 100 株一捆，剪去过长的须根。留根长约 3cm，洗净泥土，装入竹篮内，用栽秧刀开穴，行株距 10cm，深 6cm，将根立直放入，覆土稍加压实。每公顷栽 80 万~90 万株。

近年味连也有采用分根繁殖的，每株根茎常有 10 个左右分枝，将其分离下来即可栽植。据报道，用根茎繁殖栽连法可缩短黄连栽培年限 2 年左右，而且成苗率高，根茎产量也高，值得示范推广。

4. 田间管理

(1) 补苗　黄连栽种后要及时查苗补苗，5~6 月栽的秋季补苗，9 月移栽的翌春补苗。

(2) 中耕除草　黄连生长慢，杂草多，应及时防除。尤其是栽后 1~2 年的连地，做到有草即除、除早、除小、除尽。后两年封行后杂草不易滋生，除草次数可适当减少。如土壤板结，除草时结合中耕，保持土壤疏松。除草和中耕均应小心，勿伤连苗。

(3) 追肥培土　黄连喜肥，除施足底肥外，每年都要追肥，前期以施氮肥为主，以利提苗，后期以磷、钾肥为主，并结合农家肥，以促进根茎生长。黄连根茎每年有向上生长特点，为保证根茎膨大部位的适宜深度，必须年年培土，覆土厚 1~1.5cm，不能太厚，以免根茎细长，影响品质。

黄连栽后 2~3d 施一次稀薄猪粪水和油饼水称为"刀口肥"，栽种当年 9~10 月以及以后每年的 3~4 月和 9~10 月各施一次肥。春季多施速效肥，每公顷用粪水 15t 或油饼 750~1 500kg 加水 15t，也可用尿素 10kg 和过磷酸钙 20kg 与细土或细堆肥拌匀撒施，施后用竹把把附在叶片上的肥料扫落。秋季以施厩肥为主，适当配合油饼、钙、镁、磷肥等，让其充分腐熟，撒于畦面，每次施 30~45t/hm^2。施肥量应逐年增加。

(4) 调节荫蔽度　在黄连生长发育期间要经常检查荫棚，保证其完好和适宜的透光度。随着连苗的生长，需要的光照逐步增多，透光度应逐渐增大。移栽当年荫蔽度以 70%~80% 较好，以后逐年减少，第四年降到 40%~50%，到第五年种子采收后拆除棚上的遮盖物，称为亮棚，使黄连得到充分的光照，抑制地上部的生长，使养分向根茎转移，以利提高产量。

(5) 摘除花薹　除留种地外，当花薹抽出后应及时摘除，以减少养分消耗，促进根茎的生长。有报道采用植物生长调节剂也可抑制抽薹，促进根茎生长，提高根茎产量和小檗碱含量，做法是在开花期喷施 300~450mg/L 的多效唑。

(6) 病虫害防治　黄连病害较多，危害较重、较常见的有白粉病（*Erysiphe* sp.，俗称冬瓜粉）、炭疽病（*Colletotrichum* sp.）、白绢病（*Sclerotium rolfsii* Sacc.）。防治方法：除了农业防治外，还可用 1:1:160 倍波尔多液或 80% 可湿性代森锌 500~600 倍液，或 50% 退菌特 500~1 000 倍液，每隔 7~10d 喷一次，连喷 3~4 次。

黄连虫害较少，如遇蛞蝓为害叶片及叶柄时可在清晨撒石灰粉防治。

（二）雅连

(1) 选地整地　参照味连。

(2) 搭荫棚　参照味连。

(3) 栽秧

①秧子的选择　雅连一般采用匍匐茎无性繁殖，秧子从大田中拔取。秧子的好坏对植株的成活、发育有很大的影响。一般宜选择三年生植株生长健壮无病，匍匐茎的芽胞肥大饱满、呈笔尖形、紫红色、茎秆粗壮、质地坚实而重的为好。

②拔秧　拔秧时站在畦沟内用一手按住母株，一手捏住匍匐茎基部，用力将其从母株上分离下来即可。扯下的秧苗每 40~50 根整齐地扎成一把。拔秧时无论好的、差的都要拔净，好的供秧苗用，差的可加工作药。不能只扯好的，将差的留在母株上，也不能因为不扩大生产或秧子用不完就不拔除匍匐茎。否则匍匐茎会继续生长，触地生根，消耗养分，使母株根茎不能发育肥大，形成的多是小连和扦子（比小连还小），品质产量都低。因此，雅连扯秧子的目的不单纯是解决种苗问题，而是提高产量、品质的一项重要田间管理措施。

③秧子的贮存与运输　拔下的秧苗应马上运到大田栽植，不能马上运走或者不能及时栽植

的，宜放在屋内阴湿处，注意不要受风吹、雨淋、日晒，也不要洒水。远途运输要注意避免日晒，最好是早、晚气温较低时运送，以免秧子发热，影响植株成活。

雅连的秧子必须换地种植，才能保持品种的优良特性和减少病害。产区习惯将高山秧子运到低山种植，或者将低山秧子运到高山种植，一般将海拔 2 000m 以上称高山，1 600～1 800m 称低山。

④栽秧期 雅连栽秧时期以 8 月上旬"立秋"前后为宜，8 月下旬栽种，成活率低。一般高山气候冷凉，栽秧期应较矮山早些。

⑤栽秧方法 一手抓秧苗，一手用铁制的黄连叉子按株行距 10～12cm 在畦上钻孔，然后用叉子叉住匍匐茎中部弯曲插入孔内，深 10～15cm，只留叶片露出土面，芽胞尖与土面相平，抽出叉子，用土封口。插秧时应注意不能擦伤芽胞。一般每公顷栽秧子 75 万～90 万株。

(4) 田间管理

①中耕除草 一般中耕除草 2～3 次，第一次在春季上棚后进行，第二次在夏季进行，第三次在冬季初下棚前进行。中耕除草应特别细致，使用特制黄连钩松土，连同杂草根刨起，要求草净、土松。松土时，应注意不要刨伤芽胞。损伤芽胞会促使多萌发匍匐茎，致使匍匐茎茎秆纤细，不能作种苗。

②培土 产区俗称"上土"。栽秧后次年春季培土一次，称为上春土。做法是：用两齿钉耙（俗称黄连抓子）挖起床沟内的泥土，覆盖于植株行间，只能盖住老叶和老芽胞，不能盖住嫩叶、嫩芽，以免影响发育。以后各年不再上春土，只上冬土。上冬土的方法与上春土略有不同，是将挖出的泥土碎细后，均匀覆盖于床上，并且完全盖住植株，特别是要盖住芽胞，培土厚度 3cm。上土在一定程度上起着追肥和促进根茎增长的作用，还能保护植株越冬，防止结冻拔起植株和冻坏芽胞。因此，上土是雅连产区提高黄连产量、品质的重要措施之一。

③下棚与上棚 雅连在冬季需将整个棚盖物（包括顺竿、横竿、遮盖物）拆下压盖在畦上（俗称"放架"或"下架"），一般上冬土后进行，起到保护植株越冬的作用，而且下棚后棚盖物不会被雪压坏。下棚要依次进行，边撤边盖在身后的畦上，不能乱丢，以免增加上棚时的困难。春季解冻后再将棚盖物重新搭上（俗称"上架"）。

④追肥 过去雅连栽培无追肥习惯，这是产量低的重要原因之一。大量的肥料试验证明追肥可以显著提高雅连的产量。由于地处高山，有机肥料缺乏，所以多施饼肥、过磷酸钙、尿素等。施用时应特别注意浓度与施用方法，以免发生伤害。可在除草后结合培土进行。

⑤按秧子 土壤冻结膨胀时，往往将连秧拔起，特别是新栽的秧子扎根不稳最易被拔起。在上棚时进行检查，发现拔起的秧苗应及时重新栽入土中，以免秧苗死亡，形成缺苗、断条，降低产量。

以上管理工作的具体时间安排，应根据海拔高度来安排先后顺序，低山区上棚、上春土及第一次松土除草要先进行，高山可稍后进行。

⑥病虫害防治 参照味连。

(三) 其他栽培技术

由于传统的伐木搭棚遮荫栽连法要消耗大量木材，一般种 1hm² 黄连需 3hm² 林木，与国家退耕还林改善生态环境政策不符。现大力提倡林下栽连法，既有利于保护森林，维护生态平衡，综合效益也高。林下栽连应选荫蔽度较大的林地，以常绿树和落叶树混交的阔叶小乔木林为宜。整地时，要将0~20cm土层的树根刨净并清除，然后做畦栽培。黄连生长发育期间要进行1~2次树旁断根，防止树根伸入床内影响黄连生长；通过疏剪过密树枝（人工林还可以通过间伐）来调节荫蔽度，使林间透光率控制在30%~50%。现有的地方采取人工造林荫蔽栽连，如人造黄柏、松杉树、白麻桑、红麻桑林等。

味连产区采用熟地栽培已有一定规模，熟地栽培多与玉米等作物间套作或搭简易矮棚荫蔽。在湖北利川县和重庆大柱县的做法是：选肥沃、疏松的砂壤土，整地施足基肥，做宽1.5~1.7m高畦，春季于畦两边按株距30cm左右各播种一行高秆早熟玉米，最好采用育苗定向栽培，使叶片伸向畦内，7月玉米封畦即可栽连。10月玉米收后，于畦间架设支柱和顺梁，高约70cm，然后折弯玉米秆倒向梁上，稀的地方加盖树枝，成为冬春荫棚。以后每年如此，但随着年限增长，适当放宽玉米株距增加透光度。此外还有与黄柏、党参间套作的。

在主产区，有用水泥柱或石柱代替木桩、铁丝代替横顺竿搭荫棚的做法，既节省木材，还可延长使用年限。但应注意克服连作障碍，可采用熏土、从附近林间铲腐殖土（客土）、休闲种绿肥、合理使用农药等措施。

（四）黄连品种类型

药材黄连的原植物，除黄连、三角叶黄连、云南黄连外，尚有短萼黄连（土黄连）（*Coptis chinensis* Franch. var. *brevisepala* W. T. Wang et Hsiao）。与黄连形态相似，主要特征为根状茎少分枝。花萼较短，萼片长6mm左右，比花瓣长1/5~1/3。生于山地阴凉处，福建、浙江、安徽、广东、广西有分布，自产自销。峨眉野连（凤尾连）[*Coptis omeiensis* (Chen) C. Y. Cheng]多年生常绿草本植物。株高15~20cm，根状茎黄色，弯曲，不分枝或少分枝。叶基生4~11枚叶片，披针形或窄卵形，三全裂，中央裂片三角披针形，长为宽的2倍或更多。花萼黄绿色，线形，长7.5~10mm，先端渐尖。花瓣9~12枚，窄线形，长为花萼的1/2或稍短，中央有蜜槽。雄蕊多数，长约4mm，心皮9~14枚。蓇葖果约8mm。种子长圆形，黄褐色。分布在四川和云南，主要为野生，近年开始引种栽培。

黄连的栽培品种是在长期的自然和人工选择下形成的，味连的栽培品种类型较少，主要有纸花叶黄连和肉质叶黄连，雅连栽培品种类型较多，主要有刺盖连、杂白子、花叶子、草连等。

纸花叶黄连：为晚熟优质高产品种，主根茎长10.5cm左右。

肉质叶黄连：叶肉质而嫩软，为早中熟高产品种，主根茎长9.5cm左右。

刺盖连：是目前普遍栽培的主要品种。刺盖连植株大，老叶叶缘锯齿刺手，故名"刺盖连"。芽苞大，呈深紫红色，故又名"大红袍"。根茎粗壮，产量高，有跳秆。栽培适宜海拔高度2 000m左右的地区。

杂白子：植株高大，叶面较平，老叶不刺手。根茎常弯曲，有跳秆，秧子（匍匐茎）较少。果实内有成熟的种子，能用种子繁殖。对气候、海拔、光照强度的适应范围较广，适宜栽培于海拔高度1 700~2 500m地区。抗病力也较强。

花叶子：叶片较小，小裂片显著狭窄，故名花叶子。根茎无跳秆，常有2~3个分蘖，匍匐茎（秧子）少，每株仅6~7根秧子。果实内无种子，仍靠匍匐茎繁殖。

草连：植物形态与峨眉野连非常相似，主要区别是根茎多分枝，具匍匐茎；芽苞较大，紫绿色，叶片卵状披针形，两侧裂片较长，萼片边缘淡紫红色，用匍匐茎繁殖，宜春季栽种。海拔较低的山区，如 1 000m 上下都可栽培，收获年限短，一般三年就可以收获，根茎品质较差，组织较松泡。

五、采收与加工

（一）采收

味连 6~7 年收获，雅连 4~5 年采收加工（高山区 5 年收获，低山区 4 年收获。）每年收获适宜期为 11~12 月。收获过早，根茎含水分多，不充实，折干率低；收获过迟，植株易抽薹，根茎中空，产量低品质差。采挖时选晴天，先拆除围篱、棚架，堆于地边，从下往上用黄连钩依次将黄连全株挖起，抖去泥土，剪下须根和叶片，分别运回加工。

（二）加工

鲜连不用水洗，应直接炕干或晒 1~2d 后低温（40℃）烘干。干到易折断时，趁热放到容器里撞击去泥沙、须根和残余叶柄，即得干燥根茎。一般每公顷产干货 1 125~1 875kg，丰产田可达 3 000kg，雅连产量低于味连。须根、叶片经干燥除去泥沙、杂质，亦可药用，残留叶柄及细渣筛净后可作兽药。

味连产品以干货聚集成簇，分枝多弯曲，形如鸡爪或单支，肥壮坚实、间有过桥，长不超过 2cm。表面黄褐色，簇面无毛须。断面金黄色或黄色。味极苦，无碎节、残茎、焦枯、杂质、霉变为佳。

雅连的干货则以单枝，呈圆柱形，略弯曲，条肥壮，过桥少，长不得超过 2.5cm。质坚硬。表面黄褐色，断面金黄色。味极苦，无碎节、毛须、焦枯、杂质、霉变为佳。

第五节 白 芷

一、概 述

白芷原植物为伞形科白芷和杭白芷，以干燥根入药，生药称白芷（Radix Angelicae Dahuicae）。根含挥发油（0.24%）、白当归素、白当归脑、氧化前胡素、欧芹属素乙、异欧芹属素乙、珊瑚菜素等。白芷性温，味辛，有祛风解表、散寒消肿排脓、止痛之功效。

白芷在全国各地都有栽培，在流通领域里，习惯把河北产的称为祁白芷；河南的称为禹白芷；浙江的称杭白芷；四川的称川白芷。

二、植物学特征

1. 白芷 [*Angelica dahurica* (Fish. ex Hoffm.) Benth. et Hook.]

二年生草本植物，株高 2.0~2.5m。根粗大，直生，近圆锥形，有分枝，外皮黄褐色。茎粗壮，圆柱形，中空，常带紫色，有纵沟纹，近花序处有短柔毛。茎下部叶大，有长柄；基部叶鞘紫色；茎上部叶小，无柄，基部显著膨大成囊状鞘；叶片为二至三回，三出羽状全裂，最终裂片卵形至长卵形，边缘有不规则锯齿。复伞形花序，总花梗长10～30cm，伞幅18～70 cm不等，无总苞或有1～2片，膨大呈鞘状，小总苞片14～16，狭披针形；小花白色，无萼齿，花瓣5枚，先端内凹，雄蕊5枚，花丝长；子房下位，2室，花柱2枚，很短；双悬果扁平，椭圆形，分果具5棱，侧棱翅状，无毛或有极少毛（图8-16）。

2. 杭白芷 [*A. dahurica* (Fish. ex Hoffm.) Benth. et Hook. f. var. *formosana* (Boiss.) Shan et Yuan]

白芷的变种，形态与白芷相似，但植株相对较矮（1.0～2.0m），主根上部略呈四棱形，复伞花序密生短柔毛，伞幅10～27，小花黄绿色，花瓣5枚，顶端反曲（图8-17）。

图8-16 白 芷

图8-17 杭白芷

三、生物学特性

（一）生长发育

白芷为二年生草本植物（原来认为是多年生植物不够准确，编者注）。新种子的发芽率在70%以上，种子寿命为一年，超过一年后的种子发芽率很低或不发芽。

白芷播种后，地温稳定在10℃以上时，15d左右萌发出土。刚出土的白芷小苗只有两片细长的子叶，半月后陆续长出根出叶。白芷播种当年不抽薹，秋季其肉质根根头直径2cm左右，尚未达到优质药材的要求。秋末，随着气温下降，地上叶片渐次枯萎，宿根休眠越冬。

第二年春，越冬后的宿根萌芽出土，先长出根出叶，5月开始茎的生长抽薹。抽薹后生长迅速，1个月便可现蕾开花，进入花期后，植株边开花边长大。白芷主茎顶端花序先开，然后自上而下的一级分枝顶端花序开放，最后是二级分枝顶端花序开放。7月种子陆续成熟，种子成熟后易被风吹落。

产区经验认为,主茎顶端花序所结种子播种后,长出的植株易出现类似当归的"早期抽薹"现象,而二级分枝所结种子的饱满度则相对较差。因此,生产上多留一级分枝所结的种子作播种材料。

生产上,白芷播种多在秋季白露前后,播后10~15d出苗,并相继长出根出叶,11月后进入休眠期。次年2月或3月后恢复快速生长,7~9月可收获根部入药。留种田不起收,11月后又进入休眠期,第三年3~4月抽茎现蕾,5~6月开花,6~7月果实陆续成熟。

(二) 对环境条件的要求

白芷喜温暖、湿润、阳光充足的环境。

1. 温度

生长的适宜温度为15~28℃,最适温度24~28℃,超过30℃植株生长受阻,在炎热的夏季枯苗。白芷幼苗耐寒力较强,能忍耐-6~-7℃低温,但在北方严寒条件下可以宿根越冬。种子在恒温下发芽率极低,在变温条件下发芽较好,以10~30℃变温为佳。

2. 水分

以较湿润的环境为宜。多分布在年降雨量1 000mm左右或有灌溉条件地区,干旱影响其正常生长发育,根易木质化或难于伸长形成分叉;土壤过于潮湿或积水,通气不良,容易出现烂根。

3. 光照

白芷是喜光植物,宜选择向阳地块栽培,过于荫蔽的环境,植株纤细,生长发育差,产量、质量均不高。

4. 土壤

白芷主根粗壮,入土深,以土层深厚,疏松肥沃的土壤最适宜。四川道地产区的土壤为冲积土土类石灰性新积土亚类灰棕土属的砂土和油砂土,质地较轻,结构良好,既通气又能保水保肥,土壤养分含量较高。过于黏重或排水不良的低洼积水地块,以及土层浅薄、石砾过多的土壤均不适宜种植。

四、栽培技术

(一) 选地与整地

白芷对前作要求不严,与其他作物轮作为好。最好选地势平坦,阳光充足,耕层深厚,疏松肥沃,排水良好的砂质壤土栽种。

(二) 整地

由于白芷系深根植物,为了得到粗长主根以供药用,故整地应较深,草根石块都要除尽,以免将来主根短,支根和分叉多,影响产量与质量。

四川栽培白芷一般在秋季玉米收获之后,选晴天整地,先犁3~5次,并用长锄深挖25cm左右,然后耙细整平,一般不做畦。结合耕翻施入底肥,可每667m^2随施堆肥及草木灰5 000kg左右。做畦时,先要深耕33 cm,然后按畦宽1.3m,高17~20cm做畦,畦沟宽27~33cm。

在浙江整地，一般深耕 40cm，做成宽 1.7~2m，高 13~17cm 的高畦，畦沟宽 50cm。结合整地每 667m² 施用农家肥 1 000kg 作底肥。

在河南及安国均用平畦。以腐熟厩肥 5 000kg/667m² 作为基肥，每隔 0.9~1m 造一小畦埂，以便浇水。

据四川经验，基肥不宜含氮过多，否则当年生长过于茂盛，在第二年抽薹开花多，影响产量。

（三）播种

白芷以种子繁殖为主，其折断根节，亦可萌发成为新株，但在生产上一般并不采用。

(1) 种子选择　白芷应当选用当年所收的种子，隔年陈种，发芽率不高，甚至不发芽，不可采用。先期抽薹的种子，播种后早期抽薹率高，影响根的产量和质量，也不宜选用。

(2) 播种期　白芷的播种期，各地均在秋季白露前后。在安国有时亦在清明左右进行春播，但春播者产量低，质量差，一般都不采用。秋播不能过早或过迟，最早不能早于处暑，不然，在当年冬季生长迅速，则将有多数植株在第二年提早开花，其根木质化，不能再作药用；反之，最迟不能超过秋分，否则以后雨量渐少，而气温转低，白芷播后不易发芽，影响生长，严重降低产量。

(3) 播种方法　在四川是多用穴播，行距 30cm，穴距 17~20cm，用锄挖成浅穴，穴底要平；然后用堆肥或焦泥灰及充分腐熟厩肥拌好种子，每穴播种子 20 粒左右。此外亦有采用条播的，按行距 33cm，用锄开浅沟，深约 7cm，沟底要平；然后将拌好的种子撒于其上，然后覆土。不论穴播与条播，如天气干旱，则在播后，应镇压一遍，使种子与土壤密接，可促使种子早日发芽；同时还可防止种子被风吹跑。每 667m² 用种子 400~500g。

在河南及安国多用条播，其做法是先在畦中划 10~13mm 深的浅沟，沟距 20~23cm；然后把种子均匀撒在沟内，播后用长柄铁锄推一遍，或用平耙轻轻耧一遍，然后覆土；注意覆土不能过厚，以能将种子盖住即可。播后即应浇水，以促使种子发芽。每 667m² 用种子量为 750~1 000g。

在浙江则多用撒播，是将畦做好后把种子均匀撒于畦面，然后上盖一层薄土及稻草，每 667m² 约需种子 1~1.25kg。

播种后，若条件适合，一般在播种后 15~20d 即可发芽。如天气干旱，亦有迟 1 个月左右者，故在天旱时，应注意及时浇水，以免影响发芽。由于白芷的播种期要求严格，根据四川经验，如若一时土地来不及整理，则可将种子和泥沙混堆在一起，待准备好后再播，可以减轻不能及时播种的影响。种子用温水泡 24h 后再播，可提前 2~3d 发芽。

在南方地区为了充分利用土地，在栽种白芷（杭白芷）时，多在播种前至翌春植株开始生长前间作较矮小的蔬菜作物，如菠菜、蒜苗、莴苣、萝卜等。间种作物应在 4 月初以前收获，以免影响白芷幼苗的生长发育。

（四）田间管理

1. 间苗除草

在四川，当苗长到 3cm 左右高时，进行第一次间苗，每穴留苗 5~8 株，使幼苗通风透光生长健壮。间苗同时用进行第一次除草，并对表土 1 cm 进行松土工作，不能过深，否则将来主根分叉多。第二次间苗在苗高7~10cm时，每穴只留苗3~5株；同时又进行第二次除草。在第二年雨水时（2月下旬）定苗，每穴留苗2~3株，同时进行除草。注意在第二次间苗和早春定苗时，将生长特别旺盛，茎现青白色的幼苗拔掉，以减少将来抽薹白芷的发生。同时也应将生长过弱的苗拔除，以免强弱不均，也影响产量。

在浙江由于是撒播，第一次除草较晚，是在苗高3~7cm时进行。第二次则在第二年清明，苗高10cm时进行。这次可以揭去稻草，结合除草，并进行匀苗，以行株距各保持13~17cm为度。第三次除草在苗高27cm左右进行。

在河南，当苗高3cm左右时开始间苗，并结合除草，一般经过3次间苗，即行定苗，以每隔13~17cm有苗1株即可；并同样有"剔除过大苗及过小苗，留匀苗"的经验。在安国地区，当苗高7~10cm时，进行第一次除草和松土，将土表耧松即可。第二次在第二年春季苗高7~10cm时，随除草松土进行间苗，保持5~7cm的株距即可。松土亦以愈浅愈好。

2. 追肥

一般追肥4次，前三次结合间苗定苗进行，第四次在封行前植株开始旺长时进行，常结合培土。追肥以稀薄农家肥料为主，为了防止白芷提早抽薹开花，在追肥时应注意前期宜少、宜淡，年后逐步增多加浓，第四次应补充适量磷钾肥，以促进根部的生长发育，一般每公顷用量为过磷酸钙300~400kg、氯化钾75kg。

3. 灌溉排水

在白芷生长发育期间，尤其是前期，遇干旱应注意浇水，保持土壤湿润；在多雨地区和多雨季节，应注意排水防涝，特别是注意防止地内积水，以免影响根的生长和引起根部发生病害。

4. 摘薹

白芷抽薹开花会消耗大量养分，引起根部重量下降，质地松泡，所结种子也不能做种，因此早抽花薹必须及时拔除。

5. 病虫害防治

白芷最主要的病害是斑枯病（*Septoria dcarnessii* Ell. et. Ev.），又名白斑病，主要危害叶片，典型症状是灰白色病斑。防治方法是选健壮株留种，白芷收获后清除病残组织集中销毁，发病初期，摘除病叶，并喷施1:1:100的波尔多液或65%代森锌可湿性粉剂400~500倍液1~2次。

白芷的主要虫害是黄凤蝶，以幼虫咬食叶片。防治方法是人工捕杀或用90%晶体敌百虫800倍液喷雾，幼虫三龄后可用青虫菌300~500倍液进行生物防治。

6. 选留良种

白芷的留种方法有两种，一是原地留苗，二是选苗培育。

（1）原地留苗法　即在第二年秋季采收白芷的同时，在地边留出一些不挖，以后加以中耕除草等管理，到第三年5月以后，即可抽薹开花，结出种子。但这种方法在浙江不适用。

（2）选苗培育法　即在第二年秋季采收白芷的同时，选出主根粗如大拇指，无分叉，无病害的白芷，作为培育种子之用。过大则不经济，过小开花能力弱。

在选出之后，即将其另行栽培，不可拖延。如若过迟，则在来年将有大多数不能抽薹开花。栽时，首先选择肥沃深厚土地，进行翻土整地，再行开穴，可不做畦，但应将排水沟开好。其行株距为67cm，穴深20cm，穴距23cm，然后将其栽入。注意根不可弯曲，要压紧土壤，以残留叶柄能露出地面为度。然后再施沤好的稀薄农家肥,不久即可萌发新叶。在当年的11月及第二年2月及4月,应各进行中耕除草施肥1次,在11月及翌年2月应多施。如施肥过少或不及时,植株生长不良,会对抽薹开花和结实产生不利影响。5月抽薹开花,6月中下旬种子陆续成熟。采种时,应以种子变成黄绿色时为宜,应分批采收,最后在大批成熟时一次割回,切不能任其枯黄再采,否则,种子容易被风吹落,遭受损失。

在采种时,应连花序一齐剪下或割下,不要茎秆,摊放于阴凉通风而干燥之处,经常翻动。最后将种子抖下,或搓下,筛去枝梗,以麻袋包装存放干燥而通风之处,防止日晒、雨淋和烟熏。采用这种方式培育所得的种子,其发芽率高。一般10~15株所收的种子可播667m²。

在留种田中,都是主茎先行开花结实的,四川及河南认为这种种子,将来也会提前开花,故在其开花时,即应及早摘除。

(五)品种类型

目前主产区选育出了两种类型:紫茎白芷与青茎白芷。

(1)紫茎白芷 又叫紫茎种。植株较高,根部肥大,根的顶端较小。叶柄基部带紫色。需肥量较小,产量较高。为主栽品种。

(2)青茎白芷 又叫青茎种。植株较矮,根的顶端较大,不易干燥。叶柄基部为青色,叶较分散。容易倒伏,枯苗较早。需肥量较大,产量较低。

五、采收与加工

(一)收获

秋播白芷一般在第二年7月中下旬至8月上旬,叶片变黄时收获。收获过早,根尚未充实,产量和质量不高;收获过迟,则萌发新叶,根部木质化,也影响产量和品质。

收挖应选择晴天进行,先用镰刀割去茎叶,深挖出全根,抖掉泥土,运回加工干燥。

(二)加工

收回的白芷要及时晒干。白芷在干燥过程中容易发生根腐病,尤其是遇阴雨干燥不及时,生产上常采用硫磺熏,方法是按大、中、小分级堆放于烘炕上,大的放中间,小的放四周,鲜根放底层,已晒软的放上层,用草席或麻袋盖严,每1 000kg鲜白芷用硫磺10kg左右。熏时要不断加入硫磺,不能熄火断烟,一般小根熏一昼夜,大根熏3d即可。用硫磺熏防根腐病效果好,也有一定增白作用,过去四川产区广泛采用。但有报道指出,硫熏对质量有一定影响,会降低香豆素含量。另外,国外对我国中药材加工中用硫磺熏有异议,因此最好采取日晒干燥。

第六节 当 归

一、概 述

当归为伞形科当归属植物,以干燥的根入药,生药称当归(Radix Angelicae Sinensis),含挥发油(主要成分为藁本内酯,约占47%;正丁烯基酞内酯,约占11.3%)、多种氨基酸、胆碱等多种成分。有补血、活血、调经止痛、润燥滑肠、破瘀生新的功效。当归商品主要是来自人工栽培，已有一千多年的栽培历史。主产于甘肃山区，其次是云南，销往全国各地并大量出口，四川、陕西、湖北等地也有栽培。

二、植物学特征

当归（秦归、云归）[*Angelica sinensis* (Oliv.) Diels]，二年生草本，高 40~100cm，有香气。主根粗短，肥大肉质，下面分为多数粗长支根，外皮黄棕色。茎直立，带紫色，表面有纵沟。基生叶及茎下部叶三角状楔形，长 8~18cm，2~3 回三出式羽状全裂，最终裂片卵形或卵状披针形，长 1~3cm，宽 5~15mm，3 浅裂，有尖齿，叶脉及边缘有白色细毛；叶柄长 3~15cm，基部扩大呈鞘状抱茎；茎上部叶简化成羽状分裂。复伞形花序，无总苞或有 2 片，伞幅 9~14cm；小总苞片 2~4，条形；每伞梗上有花 12~40 枚，密生细柔毛；花白色，萼片 5；花瓣 5，微 2 裂，向内凹卷；雄蕊 5，花丝内曲；子房下位，2 室。双悬果椭圆形，白色，长 4~6mm，宽 3~4mm，侧棱具翅，翅边缘淡紫色（图 8-18）。花期 6~7 月份，果期 8 月份。

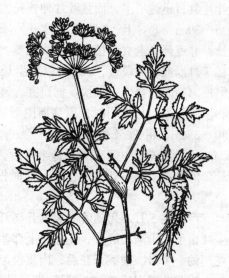

图 8-18 当 归

三、生物学特性

（一）生长发育

当归为二年生植物，第一年为营养生长阶段，形成肉质根后休眠，第二年抽薹开花，花后的当归根部木质化，不能入药。但是，由于适合当归生长发育的地方，多数生长期较短，当年播种当年采收入药，其根体小，产量低，商品性状差，经济效益低下。为此，产区通过改春播生产为夏季育苗，控制当归第一年的营养生长，使之在第二年不开花，继续进行营养生长，秋末采收加工。这样生产出的当归由于营养生长期加长，根体变大，商品性和经济效益大大提高。由于这一改变，使当归完成个体发育的时间延长为 3 年。

（1）第一年　当归种子较小，千粒重 1.2~2.2g，种子寿命较短，贮存 1 年发芽率只有 15%，因此每年要用新产种子播种。当归播种后，在 6℃条件下就能萌发，其出苗速度随温度增高而加快，日平均温度 10~12℃时，播后 5~6d 发芽，15~20d 出苗；日平均气温 20~24℃时，播后 4d 就发芽，7~15d 就出苗。

当主根伸长至 3~4cm 时，开始形成一级侧根，与此同时，胚轴伸长，使弯曲的子叶带着果皮顶破表土，伸出地面。待子叶把胚乳完全耗尽时，果皮脱落，两片长披针形的子叶展开，形成幼苗，这一阶段约需 10d。当子叶长至约 2cm 时，开始出现第一片单叶，侧根横向伸展，其幅度为 3~4cm，随后，第二片初生叶出现，形态逐渐过渡到三出羽状复叶。这时，在第一级侧根上出现第二级侧根,长度为2~3cm。当归幼苗生长缓慢,由萌发到形成第二片初生叶需要30~40d,株高仅有3~5cm。

育苗当年植株枯萎前一般可长出3~5片真叶,根出叶生长的同时,根部不断伸长并开始增粗,地上枯萎后幼根休眠,此时平均株高7~10cm,根粗0.2cm,单根平均鲜重0.3g左右。

(2) 第二年 第二年4月上旬移栽后的归根,在气温5~8℃时开始发芽,9~10℃时出苗,称为返青,此期需15d左右。

返青后的当归,随着气温升高,生长逐渐加快,平均气温高于14℃后生长最快。此时不仅叶片数目迅速增多,而且叶片伸长长大,面积迅速扩大。7月份叶丛继续扩大并封行,伸展幅度25~30cm。8月上、中旬,温度开始降低,叶片伸展达最大值。当气温低于8℃时,叶片停止生长,并逐渐衰老直到植株第二次枯萎。返青时肉质根又长出新的须、支根。肉质根的生长与膨大在7月以前较为缓慢,7月份以后生长加快,直径迅速增粗,并肉质化,气温降低后生长减慢,但根内物质积累速度加快。据研究,气温16~18℃时肉质根生长很快,8~13℃时利于幼根膨大和物质积累。与此同时,顶芽周围形成数个侧芽。地上枯萎后,肉质根第二次休眠,此时根长30~35cm,粗3~4cm。

(3) 第三年 第三年返青半月后,生长点开始茎节和花序的分化,分化30d后开始缓慢伸长,但外观上见不到茎的出现,此时根不再伸长膨大,质地尚未木质化,只是贮藏物质被大量消耗。

产区在5月下旬随着气温的升高开始抽薹现蕾,茎叶生长较迅速,随着茎叶的迅速生长,茎生叶由下而上渐次展开,花序由上部茎生叶叶鞘中现出,植株最高达1.5m。6月上旬开始开花,花期约一个月。抽薹开花后,肉质根渐渐木质化并空心。

当归花凋谢后7~10d后,即可见果实的生长,果实逐渐灌浆膨大,当种子内乳白色粉浆变硬后,复伞形花序开始弯曲,果实即成熟。

(二) 生长发育与环境条件的关系

当归性喜冷凉的气候,耐寒冷,怕酷热、高温。在产区多栽培于海拔在1 500~3 000m之间的高寒山区。海拔低的地区栽培,不易越夏,气温高,易死亡。

当归种子在温度为6℃左右就能萌发,10~20℃之间其萌发速度随温度升高而加快,20℃时种胚吸水速度、发芽速度最快,大于20℃萌发速度减缓,大于35℃就失去发芽力。当归根在5~8℃时开始萌动,9~10℃出苗,日平均温度达14℃生长最快。当归最适春化温度为0~5℃,种子在0~5℃条件下贮存,3年后发芽率仍有60%左右。

当归在幼苗期、肉质根膨大前期要求较湿润的土壤环境,肉质根膨大后,特别是物质积累时期怕积水,若土壤含水量超过40%,肉质根易腐烂。生长期相对湿度以60%为宜。

当归幼苗怕烈日直接照射,产区6月中旬播种,苗期正值7~8月强光期,强光直射后,小苗易枯萎死亡,不枯萎死亡者,叶片苍老发黄,生长缓慢。所以,人工育苗要搭棚控光。在产区当小苗长出3~5片真叶后,就不怕强光直射,光照充足,生长良好。但在海拔较低的地方,由于气温高光照过强也会引起死亡。

当归对土壤的要求不十分严格,适应范围较广。但是以土层深厚肥沃,富含有机质,微酸性或中性的砂壤土、腐殖土为宜。

（三）当归"早期抽薹"及其防止

虽然产区改当归春播为夏季育苗，控制当归第一年的营养生长，使之在第二年不开花，继续进行营养生长，秋末采收加工。但是，在这种栽培条件下，仍有许多当归在第二年抽薹开花结实，人们把此种现象称为"早期抽薹"。

当归的"早期抽薹"是制约中药材生产的重要障碍。研究表明，当归早期抽薹率的高低与苗栽重量和大小成正相关，而与含氮量成负相关；苗越大，苗龄越长，越具备春化的条件，越易提早抽薹。

当归以干燥的肉质根入药，开花结实后根木质化，失去药用价值。目前生产中，早期抽薹植株占10%～30%，高者达50%～70%，严重影响药材产量，仍是当前生产亟待解决的问题。影响早期抽薹的主要因素有：

1. 种子的遗传特性

当归开花早晚受外界环境和栽培措施的影响，但最根本的是取决于其遗传特性。在相同条件下，先期开花的植株不是具有早熟特性，就是具有易通过春化或光照阶段的特性。用这样的种子育苗，其后代也容易早期抽薹开花。据试验，用"火药籽"（指二年开花所结的种子）育苗抽薹多。

当归种子抽薹率也与种子成熟度有关，成熟度越高，抽薹率也随之提高。在当归种子青熟、适度成熟、老熟三个时期采种，测定其总含糖量和总含氮量，比较抽薹率，结果嫩种子总含糖量低，含氮量高，抽薹率低；随着种子成熟度的提高，种子的总含糖量增加，总含氮量减少，而抽薹率逐渐提高。所以应在种子适度成熟时即种子为粉白色时采收为宜。

2. 苗栽质量与早期抽薹率

苗栽质量直接影响着抽薹率的高低。苗栽质量主要指根重和苗龄。一般大苗抽薹率高，据报道，用3年生开花结实种子育苗，根苗重大于0.68g，就有早期抽薹的，单根重大于2.0g的，100%的早期抽薹。根重也与种子的质量有关，特别是用二年生开花结实的种子育苗，其单根重0.4g就能早期抽薹，大于1.5g的根100%抽薹。

苗龄对抽薹的影响也很大，根重相同时，苗龄大的早期抽薹率高。如用3年生采收的种子育苗，苗龄大于150d的100%早期抽薹，苗龄小于70d就没有早期抽薹现象。用2年生采收的种子育苗，苗龄标准还要低。

苗龄小、单根重小，虽然没有早期抽薹现象，但是，由于根苗太小，起苗、贮苗、移栽的利用率、存留数、成活率均低，已成活的苗不仅少，而且长势弱、产量低，商品性状和经济效益也低。因此，必须在保证种苗具有一定长势大小的前提下，缩短苗龄期，降低早期抽薹率，才能获得较好的效益。

3. 贮藏温度与早期抽薹率

采用育苗移栽方式生产当归，都是将苗起出，扎捆窖藏保存。一般认为种苗留在地内，在田间越冬（俗称水秧子），早期抽薹率很低高。而窖藏温度对早期抽薹影响很大，窖藏在1～3℃条件下抽薹率最高。这是因为1～3℃正是当归春化阶段的最适温度（当归春化阶段最适温度为0～5℃），在长达4个月的时间内，当归已完全通过春化阶段，而移栽后正值长日照条件下，所以当归顺利抽薹开花。而在-10～-13℃条件下贮存，虽然也是4个月，但因苗栽是在休眠状态下渡过的，没有通过春化阶段春季移栽后，田间虽有一段自然低温，但不能满足通过春化的要求，所以长日照也不起作用,故没有抽薹开花。传统栽培时,限于条件、技术等原因窖藏温度控制不妥,是早期抽薹率高的一个原因。

4. 起苗的早晚与抽薹的关系

起苗早晚对抽薹也有影响,提早于9月下旬起收的比10月上旬起收的栽子抽薹率高。其原因与苗栽中的C/N比有关,如甘肃产区9月下旬起收的苗栽总含糖量为5.24%,总含氮量为1.97%,抽薹率是84%,而10月2日起收的总含糖量是3.16%,总含氮量是2.06%,抽薹率是44%。

5. 植物生长调节剂对当归"早期抽薹"的影响

试验发现,在增叶期(根出叶不断增加)和盛叶期(根出叶不再增加)叶面喷洒不同浓度的B_9、PP_{333}及CCC后,当归早期抽薹都受到抑制。平均抽薹率仅为2.8%~6.2%,而对照平均22.4%~25.6%。喷洒生长抑制剂后,还使植株基节缩短,植株矮化,茎节粗度增加,尤以170mg/L PP_{333}的效果最为明显,见表8-51。

表8-51 几种植物生长抑制剂对当归生长的影响
(甘肃农业大学,1999)

处理		喷洒时期	株高(cm)	茎粗(cm)	基节长(cm)	抽薹率(%)	根头体积(cm³/个)	单株根重(g)
对照	清水	增叶期	52.8	9.3	24.8	20.4	65.1	218.2
PP_{333} (mg/L)	30	增叶期	48.0	12.5	20.5	3.0	92.5	205.3
	100		38.2	13.1	19.3	2.8	117.1	218.5
	170		36.2	12.3	10.5	2.7	81.3	253.6
	100	盛叶期	53.1	11.4	24.0	15.5	78.9	294.4
	170		47.5	11.8	24.7	12.4	66.6	285.4
CCC (%)	0.2	增叶期	42.0	11.5	22.8	7.5	148.5	261.1
	0.4		41.5	14.8	21.5	3.2	117.3	239.1
	0.1	盛叶期	52.2	11.4	25.5	15.3	81.9	277.2
	0.2		52.0	10.4	23.5	20.2	76.5	287.1
	0.4		54.5	8.7	22.1	19.1	68.2	231.0
B_9 (%)	0.25	增叶期	40.5	10.7	22.5	3.1	99.7	247.6
	0.40		32.5	11.9	21.0	0	85.3	256.3
	0.25	盛叶期	44.7	12.5	24.2	15.5	72.7	309.1
	0.40		41.3	10.4	23.5	21.3	70.9	228.0
MH (mg/L)	1 700	增叶期	38.3	13.7	22.0	1.5	95.3	258.2
		盛叶期	45.0	11.1	23.5	21.3	70.9	228.0
0.25% B_9 + 100mg/L PP_{333}		增叶期	37.5	12.7	18.3	2.8	108.4	250.8
		盛叶期	46.3	10.6	22.9	20.4	80.4	233.3
0.25% B_9 + 0.2% CCC		增叶期	35.3	11.8	20.3	6.2	98.7	222.7
		盛叶期	48.2	10.2	23.5	23.5	84.3	225.4

四、栽培技术

(一)选地整地

宜选背阴坡生荒地或熟地种植,要求土质疏松、结构良好,以壤土或砂壤土为佳。生荒地育苗，一般在4~5月进行开荒，将草皮翻开晒干，然后堆成堆，点火烧制熏肥，同时进行深翻。翻后打碎土块，清除杂物后即可做畦，并将烧制的熏肥撒于畦面，混均待播种。若为熟地育苗，在初春解冻后，要进行多次深翻，施入基肥。基肥以腐熟厩肥和熏肥最好，每公顷施30t，均匀撒于地面，再浅翻耙糖一次，使土肥混合均匀，以备做畦。

当归育苗都采用高畦，以利排水。将沟中土均匀地翻到两边的畦面上，然后打碎散开耙平，畦高25cm，宽1.2m，畦间距离30cm，畦长不等，畦的方向与坡向一致。

当归根系较大，入土较深，喜肥，怕积水，忌连作，所以移栽地应选土层深厚、疏松肥沃、腐殖质含量高、排水良好的荒地或休闲地为好。选好的地块，栽前要深翻25cm，结合深翻施入基肥，每公顷施厩肥90~120t、油渣1 500kg。还可施适量的过磷酸钙或其他复合肥。翻后耙细，做成高畦（顺坡）或高垄，畦宽1.5~2.0m，高30cm，畦间距离30~40cm，垄宽40~50cm，高25cm左右。

露地直播时，其整地要求与移栽地相同或再精细些。

（二）播种移栽

1. 播种育苗

（1）选用良种　为提高苗栽质量降低早期抽薹率，必须在3年生采种田中，选采根体大，生长健壮，花期偏晚，种子成熟度适中、均一的种子作播种材料。不用2年生植株采收的种子进行育苗。

在田间多数种子适度成熟时，主茎顶端和上部分枝顶端的花序（或称头穗种子）早已进入完熟时期，又因这些种子在植株上具有生长优势，种子大，籽粒充实饱满（千粒重：主茎顶端2.2~2.5g，上部分枝顶端1.8~1.9g，一般种子1.5~1.8g），在采收种子中所占比重较大，所以，育出的苗早期抽薹率仍很高。为解决上述问题，生产上必须在现蕾后，头穗花序开放前，及时摘除头穗花序，促其各分枝较为均一发育，从而使适度采收的种子真正符合生产要求标准。

（2）播种时期　为了获得较多的质量较好的根苗，苗田的播期必须适宜。播期早，苗龄长，抽薹率高，播期晚，苗栽小虽然不抽薹，但成活率低。只有适期播种，苗龄、根重较为适宜，早期抽薹率低（表8-52）。产区经验认为苗龄控制在110d以内，单根重控制在0.4g左右为宜。由于各地自然条件的不同，播期也有差异，目前甘肃产区多在6月上、中旬，云南是6月中、下旬。露地直播的在8月中旬前后。

表8-52　播期对抽薹率的影响

播种日期 (月/日)	大苗		中等苗		小苗	
	鲜重 (g/株)	抽薹率 (%)	鲜重 (g/株)	抽薹率 (%)	鲜重 (g/株)	抽薹率 (%)
6月1日	1.28	69.0	0.63	23.8	0.33	0
6月11日	1.26	40.5	0.61	11.5	0.35	0
6月21日	1.24	28.0	0.74	8.7	0.39	11.4

（3）播量与播法　苗栽的抽薹率与密度、播法、播种质量也有关。条播法与撒播相比，条播边行效应多，抽薹率高于撒播；撒播者，播种均匀的最好，即撒播均匀者抽薹率低于撒播不均匀者。因此，当归播种以均匀撒播为最好。播种量，甘肃75kg/hm^2，云南为112.5~150kg/hm^2（注：云南用的是二年生种子）。播种前3~4d先将种子用室温水浸24h，然后保湿催芽，待种子露白时，均匀撒于床上，覆土0.5cm，覆土后床面盖草（5cm厚）保湿。

(4) 苗期管理 播种后的苗床必须保持湿润，以利种子萌发出苗。当种子待要出苗时，挑松盖草，并搭好控光棚架。当小苗出土时，将盖草大部撤出，搭在棚架上遮荫，透光度控制在25%～33%之间。棚架高60～70cm，产区也有用100～140cm的长树枝，人字形插于床两侧进行插枝控光，不仅省工，而且效果较好。幼苗生育期间，及时拔除杂草，并进行适当的间苗，保持株距1cm左右为宜。当归苗期一般不追肥，追肥会提高早期抽薹率。

(5) 起苗与贮藏 当归苗不在田间越冬，产区多在气温降到5℃左右，地上叶片已枯萎时起苗。起苗时严禁损伤芽和根体，要抖去泥土，摘去残留叶片，保留1cm的叶柄。去除病、残、烂苗后，按大、中、小分开，每100株捆成一把，在荫凉通风、干燥处的细碎干土上（土层5cm厚），将苗子一把靠一把（头部外露）的斜向摆好，使其自然散失水分。大约1周左右，残留叶柄萎缩，根体开始变软（含水量为60%～65%）时为止，放入贮藏室贮存，切忌晾晒时间过长，使苗栽失水过多。贮存方法主要有以下两种：

① 室内埋苗 产区多在海拔高的地区，选一通风荫凉的房间。先在地面上铺上一层厚7cm的生干土，然后把晾好的苗在地面平摆一层，最好是须根朝里，头朝外。摆好后，覆一层厚约3cm的细干土，填满空隙，然后在其上再摆苗覆土，如此摆苗5～7层，最后在顶部和周围覆细生干土约20cm，这样就形成了一个高约80cm的梯形土堆。采用此法贮苗，由于贮苗湿度随自然湿度变化，贮苗越冬期间易满足适宜春化的温度，因此容易提高贮苗的早期抽薹率，只适用于低龄小苗，对高龄苗需增设降温设备，使结冻前的温度控制在0℃以下。

② 冷冻贮苗 这是根据当归的阶段发育特性提出的一项贮苗新技术，是人工控制当归抽薹的好措施。冷冻贮苗可采用在现有苗室内安装冷冻设备的方法，也可在条件许可下，建一个冷藏库。冷冻的适宜温度为-10℃左右，起苗后，经过晾苗装入冷藏筐内，筐底先垫上7～10cm厚的生干土，将苗平摆一层。苗间用干土填满，苗上有厚1～2cm的干土。然后再依此摆至近于满筐，筐周围用干土隔开，厚5～10cm，避免苗直接接触筐壁，筐上盖5～10cm厚的干土，最后直接放入-10℃冷藏室贮存，至移栽前2～3d取出放置自然条件下。有的地方在筐周围不用隔土而直接装筐，这样的苗筐必须经过预冷处理，逐步降温（2℃，-2℃和-6℃），方能进入冷藏室贮存。采用此法冷藏，取出时也应逐步升温解冻。

2. 移栽

(1) 选苗 移栽前要精细选苗，除去烂苗、病苗、过大或过小苗、叉苗、断苗和已萌芽的苗。选根条顺、叉根少、完好无损和无病的苗子以备栽种。

选出的苗子按大小分四个等级：苗径在0.5cm以上的为一级苗，0.3～0.5cm为二级苗，0.2～0.3cm为三级苗，0.2cm以下的为四级苗，其中0.2～0.3cm的为优质苗，栽后抽薹率低，产量高，而一、二级苗虽出苗保苗好，但抽薹率高，四级苗虽不抽薹或抽薹率很低，但出苗保苗差、产量低，多不选用。

(2) 栽植 当归皆为春栽。栽苗时期要以当地气温和土壤墒情而定。一般多在4月上旬，栽苗不宜过迟，否则种苗已萌动，容易伤芽，降低成活率。栽培有穴栽、沟栽两种。

穴栽：在整好的畦面上，按株行距30cm×40cm交错开穴，穴深10～15cm，每穴大、中、小各一株分放于穴内，然后填土压实，根头上覆土厚2～3cm。

沟栽：在整好的畦面上，横向开沟，沟距40cm、沟深15cm，按3～5cm的株距大中小相间摆于沟内。根头低于畦面2cm，盖土2~3cm。

当归在移栽的同时，应在地头或畦边栽植一些备用苗，以备缺苗补栽。

（三）田间管理

1. 定苗、补苗

在苗高10cm时，即可定苗。穴栽的每穴留1~2株，株距5cm左右，沟栽的按株距10cm定苗。如有缺苗，可用备用苗带土移栽补齐。

2. 除草松土

出苗初期，当归幼苗生长缓慢，而杂草生长相对较快，要及时除草。第一次除草，应在苗高5cm左右时进行，到封垄时应除草3~4次。结合除草进行松土，以防土壤板结，改善土壤状况，促进根系发育。

3. 追肥

当归移栽后整个生长期内需肥量较多，除施足底肥外，还应及时追肥。追肥应以油渣、厩肥等为主，同时配以适量速效化肥。追肥分两次进行，第一次在5月下旬，以油渣和熏肥为主。若为熏肥，应配合适量氮肥以促进地上叶片充分发育，提高光合效率。第二次在7月中下旬，以厩肥为主，配合适量磷钾肥，以促进根系发育，获得高产。甘肃农业大学（1998）研究得出：最佳的当归施肥方案是每公顷施纯氮150kg左右，施纯磷100~150kg，N:P以1:0.7~1时增产效果最为明显。

4. 灌排水

当归苗期需要湿润条件，降雨不足时，应及时适量灌水。灌水可增产一倍以上。雨季应挖好排水沟，注意排水，以防烂根。

5. 及时拔薹

具有早期抽薹能力的植株，生活力强，生长快，对水肥的消耗较大，对正常植株有较大影响，应及时拔除。药农经验认为植株高大，呈暗褐色的将来一定抽薹，应及时拔除，植株蓝绿色，生长矮小的一般不抽薹。

6. 病虫害防治

当归的主要病害有麻口病（*Ditylenchus destructor*）、褐斑病（*Septoria* sp.）、白粉病（*Erysiphe* sp.）、菌核病（*Sclerotinia* sp.）、根腐病（*Fusarium* sp.）等。防治方法：不连作，与小麦、蚕豆等禾谷类实行轮作；做高垄或高畦，防止田间积水；严格选种选苗；药剂保护，一般在常年发病前半个月开始喷药，以后每10d左右一次，连续3~4次。常用的药剂有500~600倍的65%代森锌、1 000倍的50%的甲基托布津或1:1:120~160倍的波尔多液。根病可用200倍65%代森锌浇灌病区。

当归的主要虫害是地老虎、蛴螬、金针虫等。可参考其他章节的方法防除。

五、采收与加工

（一）采收

移栽的当年（秋季直播在第二年）10月，当植株枯萎时即可采挖，如采挖过早，根部不充实，产量低，质量差；过迟，土壤冻结，根易断。在收获前，先割去地上叶片，让太阳曝晒3～5d。割叶时要留下叶柄3～5cm，以利采挖时识别。挖起全根，抖净泥土，运回加工。

（二）加工

1. 晾晒

当归运回后，不能堆置，应放高燥通风处晾晒几日，直至侧根失水变软，残留叶柄干缩为止。

2. 扎捆

晾晒好的当归，将其侧根用手捋顺，切除残留叶柄，除去残留泥土，扎成小捆，大的2～3支，小的4～6支，每把鲜重约0.5kg。扎把时，用藤条或树皮从头至尾缠绕数圈，使其成一圆锥体，即可上棚熏烤。

3. 熏干

当归干燥主要采用烟火熏烤，在设有多层棚架的烤房内进行。熏烤前，先把扎好的根把在烤筐内下部平放一层，中部立放一层（头向下），上部再平放3～4层，使其总厚度不超过50cm，然后将此筐摆于烤架上。也可按上述要求直接摆于烤架上。

当归上棚后，即可开始熏烤。加火口位于烤房外的一侧，通过斜形暗火道通入烤房内，按烤房大小在其内均匀设置3～5个出火口，以利加火时，烟火及时进入并均匀布满室内。当归熏烤以暗火为好，忌用明火。生火用的木材不要太干，半干半湿利于形成大量浓烟，这既起到上色作用，还有利于成分转化，减少成分损失。当归熏烤要用慢火徐徐加热，使室内温度控制在60～70℃。温度过高，则会大量散失油分，降低质量。在熏烤期间，要定期停火降温，使其回潮，还要上下翻堆，使其干燥一致。同时要定期排潮，使湿气及时排出，这有利于缩短干燥过程，提高加工质量。当归熏烤，一般需10～15d，待根把内外干燥一致，用手折断时清脆有声，外为赤红色，断面呈乳白色时为好。若断面呈赤褐色，即为火力太大，熏烤过度。

为了保证加工质量，要经常检查室内温度，以防过高或过低，适宜的温度范围为30～70℃。因当归加工是在冬季，此时室外较为寒冷，应特别注意由于停火过度和通气不良而形成冷棚，使室内温度急剧下降，水汽因受寒而凝固，结果会导致当归严重损失，因此应及时加火升温。

当归的折干率因栽培方法和产地不同而异，一般鲜干比为3:1。

第七节 乌 头

一、概 述

乌头为毛茛科植物，块根入药。栽培乌头的子块根经加工后的产品，生药称附子（Radix Aconiti Lateralis Preparata）；母块根则被称为川乌，炮制后的生药称为制川乌（Radix Aconiti Preparata）。野生乌头的干燥块根则被称为草乌，此外有以北乌头（*Aconitum kusnezoffii* Reichb.）为代表的近20种乌头属植物的块根亦作草乌入药，均为野生品，炮制后的生药称制草乌（Radix Aconiti kusnezoffii Preparata）。乌头生品含毒性很强的双酯类生物碱，如：乌头碱、中乌头碱和次乌头碱，经炮制加工，可将其水解成毒性很小的胺醇类碱，如乌头胺、中乌头胺和次乌头胺等。此外，在附子中尚分离出微量的，具有强心作用的生物碱。附子性大热，有毒，有回阳救逆、温中止痛、散寒燥湿的功效；乌头大热、大毒，有祛风湿、麻醉止痛的作用。栽培品主产于四川和陕西，以四川江油县栽培历史最悠久，已有400多年的历史。目前全国其他省、自治区也有引种栽培。

二、植物学特征

乌头（*Aconitum carmichaeli* Debx.），多年生草本，高60～120cm。块根通常两个连生，纺锤形至倒圆锥形，外皮黑褐色；栽培品的侧根（子块根）甚肥大，直径达5cm。茎直立。叶互生，有柄；叶片五角形，长6～11cm，宽9～15cm，3全裂，中央裂片宽菱形或菱形，急尖，近羽状分裂，小裂片三角形，侧生裂片斜扇形，不等2深裂。总状花序狭长，密生反曲的白色的短柔毛；小苞片狭条形；萼片5，花瓣状，蓝紫色，外面有短柔毛，上萼片高盔状，高2～2.6cm，侧萼片近圆形，长1.5～2cm；花瓣2，有长爪，距内曲或拳卷，长1～2.5mm，雄蕊多数；心皮3～5，被细柔毛，蓇葖果长1.5～1.8cm，喙长约4mm；种子长约3mm，沿腹面生膜质翅（图8-19）。花期7～8月份，果期9～10月份。

图8-19 乌头

三、生物学特性

（一）生长发育

乌头从种子播种第一年只进行营养生长，以地下块根宿存越冬。第二年，当地温稳定在9℃以上时开始出苗，先生出5～7片基生叶；气温稳定在10℃以上时开始抽茎；13℃以上抽茎加快；气温在18～20℃时，顶生总状花序开始现出绿色花蕾，并逐渐长大。日平均气温17.5℃左右时，开始开花，小花自花序下部或中部先开放。12月枯萎休眠。

乌头地下块根的头部可以形成子根，通常情况下，块根脱落痕的对面及两侧形成的子根较大，其余部位形成的子根较小，另外地下茎节上的叶腋处也可形成块根，但很小。在产区，3月中旬前后地下块头根芽头部开始形成子根，到3月下旬至4月初，母块根可侧生子根1～3个，地下茎叶腋处可生小块根1～5个，这些子根（含叶腋处块根）直径0.5～1.5cm，大小不等。5月下旬以后，仍产生新子根，原子根生长速度加快，干物质日增重为0.197g/株，每株块根干物质重为10.20g。当地温为27℃左右时，块根生长速度最快，干物质日增重0.65g/株，每株块根子物质重达20g左右。7月中旬，子根发育渐趋停顿，不再膨大。从子根萌发到长成附子，一般需100～120d。

(二) 生长发育与环境条件的关系

乌头适应性强，在年降雨量为 850～1 450mm，年平均气温 13.7～16.3℃，年日照900～1 500h的平原或山区均可栽培。

乌头喜凉爽的环境条件，怕高温，有一定的耐寒性。据报道，乌头在地温 9℃ 以上时萌发出苗，气温 13～14℃ 时生长最快，地温 27℃ 左右时块根生长最快。宿存块根在 -10℃ 以下能安全越冬。

湿润的环境利于乌头的生长，干旱时块根的生长发育缓慢，湿度过大或积水易引起烂根或诱发病害。特别是高温多湿环境，烂根和病害严重。

乌头生长要求充足的光照，产区多选向阳地块栽培，阳光充足，病害少、产量高。但高温强光条件不利于植株的生长。

乌头对土壤适应能力较强，野生乌头在许多种土类上都有生长分布。人工栽培宜选择土层深厚，疏松肥沃的壤土或砂壤土，以 pH 中性为好。

在产区平原地带（平坝）温度较高，湿度适宜条件下，乌头子根生长快而大，但因病害较重，用此类子根作播种材料，病害重、保苗率低，严重影响附子产量和品质。所以产区多在凉爽的山区繁殖播种材料。山区生产乌头病害较轻，海拔 660m 以上乌头块根白绢病发病率不超过3.7%。在平原地区，如果能有效地控制病害的发生，也可就地育苗就地移栽。

四、栽培技术

(一) 选地与整地

产区栽培乌头，是在凉爽山区建种根田，在平地建商品田，以保证种根无病，商品高产。由于生产目的不同，选地与整地也有区别。

1. 种根田

应选择凉爽山地的阳坡，前 4 年内没种过附子的地块，前作不是附子白绢病的寄主植物（如茄科植物）为宜。地块选定后进行翻耕，翻后做 1m 宽的高畦。结合做畦施基肥，每 667m² 面积施入熏肥或厩肥 2 000kg，过磷酸钙 20kg。

2. 商品田

应选择气候温和湿润的平地，要求土层深厚，土质疏松肥沃。产区多与水田实行 3 年轮作，或旱田 6 年轮作。前作以水稻、玉米为佳。前作收获后进行耕翻，深度 20cm 左右。栽种前耙细整平，做畦，畦宽 70～80cm，畦间距 25cm 左右。床边踏实，结合做畦把基肥施入表层，每 667m² 施腐熟厩肥 4 000kg，油饼 50～100kg，过磷酸钙 50kg。

(二) 播种

1. 种根田

产区多在 11 月上、中旬栽种。块根起收后剔除病残块根，然后将种根按大中小分三级，一级每 100 个块根重 2kg，二级 0.75～1.75 kg，三级 0.25～0.5 kg。一、三级块根作新种根田的播种材料，二级块根作商品田的播种材料。分级后的块根，先放在背风阴凉的地方摊开（厚约6cm）晾 7～15d，使皮层水分稍干一些就可栽种。

栽种时，一级种根按行株距17cm开穴，穴深14cm左右，相邻两行对空开穴。每穴栽1个块根，667m² 栽12 760个。三级种根按行株距13cm开穴、穴深7～8cm，相邻两行对空开穴，每穴栽1个，667m² 栽20 000个。也可按23cm×17cm行株距开穴，每穴栽2个一级块根或按27cm×27cm行株距开穴，每穴栽5～8个三级块根。栽种时在行间多栽10%～15%的种根，以备补苗用。

2. 商品田

产区用二级种根作播种材料。12月上、中旬栽种，此时栽种先生根、后出苗，幼苗生长发育健壮整齐，块根生长较快，个大产量高，迟后栽种，则先出苗后长根，幼苗发育差，块根生长慢、产量低。

栽种时先用耙子将畦面搂平，然后用木制压印器（又叫印耙子）开穴。压印器齿的行株距均为17cm，齿长5cm，宽厚各3cm，畦宽70～80cm的压印两行，畦宽100cm的压印三行。开穴后将选好的块根栽于穴中，每穴大的块根栽1个，小的栽2个。栽种时，使块根立放于穴中，芽子向上，深度以块根脱落痕与穴面齐平为宜。块根脱落痕一侧朝向畦中心，产区俗称"背靠背"，这样便于以后修根，因为脱落痕一侧不会形成子根。每隔7～10株，还应在穴外多栽1～2个块根，供补苗用。

块根栽完后，立即将畦沟土覆于床面块根上，芽上土厚约5cm。

栽乌头必须合理密植，以提高土地利用率，增加产量。据江油产区试验，过去均是在宽70cm的畦上每穴种单株，每畦两行（行距近25cm），产量低。近年来在合理密植方面取得了显著成效，如江油药材场，河西乡等都在大力推广每穴双株每畦两行和一畦栽三行的高产经验。据四川省江油产区试验，由每穴单株改为双株，每667m² 栽种根个数由10 000提高到17 000个，平均667m² 产量提高33.6%。

（三）田间管理

1. 清沟补苗及除草

每年出苗前结合清沟用耙子将畦面土块打碎搂平，大的土块应在畦沟打碎，再覆回床面（产区称耙厢）。清沟时应将沟底铲平，防止灌溉或雨后田间积水，出水口应低于进水口。

2月中下旬幼苗出齐后，如发现有缺苗或病株应及时带土补栽，补苗宜早不宜迟。

生育期间应及时拔除杂草。

2. 追肥

一般追肥3次，三级苗可多施1～2次。第一次在补苗后10d左右进行，每隔两株刨穴1个，每667m² 施入腐熟堆肥或厩肥1 500～2 000kg及腐熟菜饼50～100kg于穴内，然后，再施沤好的稀薄猪粪水1 500～2 000kg及含氮化肥5～7.5kg，施后覆土。第二次在第一次修根后，仍在畦边每隔2株附子挖一穴，位置与第一次追肥的穴错开，每667m² 施腐熟堆肥或厩肥1 000～1 500kg，腐熟菜饼50kg，沤好的人畜粪水2 500kg。第三次在第二次修根后，施肥方法和位置与第一次相同，肥料用量与第二次相同。每次施后，都要覆土盖穴，并将沟内土培到畦面，使成龟背形以防畦面积水。

3. 修根

一般修根两次，第一次在3月下旬至4月上旬，苗高15cm左右进行；第二次在第一次修根后一个月左右,约在5月初进行。

第一次修根时,母块根已侧生小附子1~3个,茎干基部也萌生有小附子1~5个,直径0.5~1.5cm,大小不等。先去掉脚叶,只留植株地上部叶片,去叶时要横摘,不要顺茎秆向下扯,否则伤口大,易损伤植株。然后把植株附近的泥土扒开,现出块根,刮去茎基叶腋处的小块根,母块根上的小附子只留大的2~3个。留附子的位置应在种根两侧及与脱落痕对应一侧,这样才便于第二次修根。应选留较粗大的圆锥状附子。修完一株接着修第二株,第二株扒出的泥土就覆盖到上一株上,如此循环下去。如果扒开泥土发现植株还未萌生小附子,应立即将土覆盖还原,以后再修根。

第二次修根的操作方法与第一次修根一样,这时留的附子直径已达1.5~2.0cm,但是茎基叶腋处及母块根上仍然会萌生新的小附子。因此第二次修根主要是去掉新生的小附子,以保证留的2~3个附子发育肥大。传统作法在第二次修根时将留附子的须根、支根用附子刀削光,只保留下部较粗大的支根。近年来通过试验证明这种修根方法不仅费工多,而且对植株损伤大,影响生长发育,产量低。现在修根多不采用附子刀,只用手去掉新生的小附子,留附子的须根,支根全部保留,这样省工,产量高,也不影响产品的品质规格。

修根是一项精细费工的田间作业,要求操作细致。刨土时切忌刨得过深使植株倒伏,影响植株发育,甚至引起死亡。每次修根后,畦面应保持弓背形,以利于排水。

4. 打尖摘芽

于第一次修根后的7~8d摘芽打尖,一般打尖要进行3~5次。用铁签或竹签轻轻切去嫩尖,以抑制植株徒长消耗养分,使养分集中于根部,促使附子迅速生长膨大。一般每株留叶8片,叶小而密的可留8~9片。打尖时,注意勿伤及其他叶子。打尖后,叶腋最易生长腋芽,每周都必须摘芽1~2次,立夏后腋芽生长最甚,此时更应注意摘芽。

5. 灌溉与排水

在幼苗出土后,土壤干燥应及时灌水,以防春旱,一般每半月灌一次,以灌半沟水为宜。以后气温增高,土壤易干燥,应及时适量灌水。6月上旬以后,进入雨季应停止灌溉。大雨后要及时排出田中积水,以免造成附子在高温多湿的环境下发生块根腐烂。

6. 间作

产区习惯于在附子田里间种其他作物,附子栽后在未出苗之前可在畦边适当撒播菠菜,菠菜收后还可栽莴苣(笋)或白菜,一般每隔5穴附子间种1株,不能过密。春季在附子畦边的阳面还可间种玉米,每隔5~6穴附子种1穴玉米,出苗后每穴留苗2~3株,施肥2次,每次每667m² 施沤好的人畜粪尿1 000~1 500kg,每667m² 可收玉米150~300kg。

7. 病虫害防治

附子的主要病害有附子白绢病(*Sclerotium rolfsii* Sacc)、叶斑病(*Septoria aconiti* Bacc)、霜霉病(*Peronospora aconite* Yu)、根腐病[*Fusarium solani* (Mart) App. et Wr]、白粉病(*Erysiphe ranuculi* Grev)、萎蔫病[*Fusarium eguiseti* (Corda) Sacc],花叶病,根结线虫病(*Meloidogyne hapla* Chitwood)。防治方法:实行轮作、选择无病种栽,控制好田间密度和湿度;药剂防治,对白绢病、根腐病多结合修根在根际洒施65%代森锌粉剂10~15g/m²,拌细土施在根周围。对叶斑病、霜霉病、白粉病应在常年发病期前三周开始喷药预防,常用药剂有70%甲基托布津 1 000~1 200 倍液，65% 代森锌 500 倍液，庆丰霉素 60~80 单位等，每隔 7~10d 喷一次，一般喷 4~5 次。

为害附子的虫害主要有叶蝉、蛀心虫、蚜虫等，应在发生初期喷施 40% 乐果乳油 1 000~1 500 倍液或 90% 敌百虫 1 000 倍液。

（四）品种类型

四川南川药物种植研究所报道，在产区混合群体中，选出以下栽培种。

1. 川药 1 号（南瓜叶乌头）

叶大，近圆形，与南瓜的叶子相似，块根较大，圆锥形，成品率高，耐肥、晚熟、高产，但抗病力较差，在综合防治白绢病的条件下，产量较稳定。其单株乌头产附子平均 6.5 个，平均 667m^2 产 42 000 个，附子平均 667m^2 产量达 490.8kg。在推广示范中，川药 1 号比当地混合群体增产 23.6%~55.2%，为目前产区推广品种。

2. 川药 6 号（莓叶子）

茎粗壮，节较密，基生叶蓝绿色，茎生叶大，深绿色，薄革质，三全裂，全裂片的间隙大，末回裂片条状披针形，块根纺锤形。其单株乌头产附子 6.3 个，平均 667m^2 产 51 850 个，附子平均 667m^2 产 456.6kg，较川药 1 号乌头抗病，产量较高而稳定。

3. 川药 5 号（油叶子又名艾叶乌头）

叶厚，坚纸质，叶面黄绿色，无光泽，叶脉显露而粗糙，叶三深裂，基部截形或楔形，深裂片再深裂，末回裂片披针状椭圆形。其单株乌头产附子仅 3.2 个，平均 667m^2 产 27 700 个，附子平均 667m^2 产 368.3kg，产量虽低，但较抗病。

五、采收与加工

（一）采收

附子栽种当季即可收获。一般 6 月下旬至 7 月上旬为收获适期，如延迟到 7 月下旬以后，正值高温多雨季节，病害易蔓延，块根腐烂严重。采收时，先摘去叶片，然后挖出全株，将附子、母根及茎秆分开，抖去附子上的泥土，去掉须根，即成为泥附子。母根抖去泥土、晒干，即成为川乌。一般每 667m^2 可产泥附子 250~400kg，高产的每 667m^2 可产泥附子 1 099kg。

（二）加工

附子含有多种乌头碱，有剧毒，不能直接服用，必须经过加工炮制后方可入药。一般在采收后 24h 内，放入胆水（制食盐的副产品，主要成分为氯化镁）内浸渍，以防腐烂，并消除毒性。然后经浸泡、切片、煮蒸等加工过程，制成各种不同规格的附子产品。如白附片、黑顺片、熟片、黄片、附瓣、盐附子等产品。现将主要产品的加工流程介绍如下：

1. 白附片

又称白片或天雄片，是用较大或中等大的泥附子作原料。加工工艺流程为：洗泥→泡胆→煮附子→剥皮→切片→蒸片→晒片等。

（1）洗泥　将泥附子上的泥土冲洗干净，并去掉须根。

（2）泡胆　每 100kg 附子，用胆巴 45kg，加清水 25kg，盛入缸内。然后将洗好的泥附子放入，浸泡5d以上，在浸泡过程中每天要将附子上下翻动一次。浸至附子外皮色泽黄亮，体呈松软状即可。若浸泡时间稍长则附子表皮变硬，附子露出水面时，必须及时增加胆水（浸泡过附子的胆水最好）。泡后的附子称胆附子。

（3）煮附子　先将浸泡过附子的胆水在锅内煮沸，再将胆附子倒入锅内，以水淹过胆附子为度，中途上下翻动一次，煮至无生心为止，大约15min左右。然后捞起放入盛有清水和浸泡过附子的胆水各半的缸中，再浸泡1d，称为冰附子。冰过附子的水可再与清水混合，又可冰下次的附子。

（4）剥皮　将冰附子从缸内捞起，剥去外层黑褐色的根皮，用清水和已漂过附片的水各半的混合水浸泡一夜，中途应搅动一次。

（5）切片　将浸泡后的附子从缸内捞起，顺切成厚2～3mm的薄片，再倒入清水缸内浸泡48h，换水一次再浸泡12h，即可蒸片。若天气不好不能蒸片时，就不换水，延长浸漂时间。

（6）蒸片　将浸泡好的附片捞出，放入蒸笼内，圆汽后（蒸汽上顶后）蒸1h即可。

（7）晒片　将已蒸好的附片倒在晒席上，利用日光进行曝晒。晒时要使附片铺放均匀，不能有重叠。晒至附片表面水分散失，片张卷角时，即可收起在密闭条件下用硫磺熏，至附片发白为度，然后再倒在晒席上晒至全干，即成为色泽白亮的成品——白附片。一般鲜干比为3.7∶1。

2. 黑顺片

又称顺片、黑片、顺黑片。是用小泥附子为原料加工而成。其加工工艺有：洗泥→泡胆→煮附子→切片→蒸片→干燥等步骤。

（1）洗泥、泡胆、煮附子　操作与白附片相同。

（2）切片　加工黑顺片不经剥皮工艺，直接取冰附子，用刀顺切成4～5mm的薄片，切好的薄片放入清水中浸20d，然后浸在0.5%的红糖汁中（用油炒制的糖汁）浸染至茶色。一般浸一夜即可，冬天加工要适当延长浸泡时间。浸染后的附片按白附片加工方法进行蒸片，蒸11～12h，待附片上有油面即可取出烘干。蒸制过程中温度要均衡，不能忽高忽低，这样才能保证蒸出的附片有光泽，有油面，质量好。

（3）烘干　蒸好的附片放在篱子上，用木炭火烘烤。烤时要不断翻动附片，防止将附片烤焦或起泡。烘至半干时，将附片按大小分别摆好；烤至八成干时，晴天就用太阳晒干，雨天将附片折叠放在炕上，用低温围闭烘烤至全干，即成黑顺片。一般鲜干比为3.4∶1。

3. 盐附子

是用大泥附子为原料加工而成，是将大附子浸泡在胆巴、食盐水溶液中，经过浸、澄、晒、热浸等过程，使附子被盐浸透至表面有盐结晶为止，其工艺流程为：泡胆→捞水→晒水→烧水等。

（1）泡胆　将泥附子去掉须根，洗净，按附子10∶胆巴4∶清水3∶食盐3的比例配制，浸泡附子3昼夜。

（2）捞水　又叫吊水、澄水。将已泡胆的附子捞起，装入竹筐内，将水控（吊）干，再倒入原缸内浸泡。如此每天一次，连续3d，每次必须搅拌缸内的盐胆水后再倒入附子。

（3）晒水　分晒短水、晒半水、晒长水三步。

晒短水：捞水后的附子再浸入浸液中，每天要将附子从缸内捞起，铺在竹簟上在日光下曝晒，晒至表皮稍干后又倒回原缸内浸泡。每天一次，连续3d。

晒半水：晒短水后的附子再浸泡，每天将附子捞起，放在竹簟上晒干所含水分，一般在日光下曝晒4h左右，每天一次，连续3d。缸内的水淹没附子为宜，不够时须加胆水。

晒长水：将晒过半水的附子从浸泡缸中捞起，放在竹簟上进行日光曝晒，傍晚趁附子尚热时倒回缸内，使其易于吸收盐分。8~10d后晒至附子表面出现食盐结晶为止。

(4) 热浸（烧水）　将晒过长水的附子捞起后，把缸内盐水倒入锅内，并再加入20kg胆巴煮沸。将捞出的附子倒回缸内，并在附子上面撒一层食盐，然后将煮沸的盐胆水倒入缸内浸泡两昼夜，捞起控干水分，即为盐附子，出货率为120%。

(三) 产品质量

泥附子以每千克80支以内，无直径不足2.5cm的小药等，无空心腐烂，无泥块杂质为合格，以个大饱满者为佳。

白附片以去净外皮，片厚0.2~0.3cm（纵切），薄片白色半透明，片张大小均匀，味淡，无盐软片、霉变者为佳。

黑顺片以片厚0.2~0.3cm（顺切），薄厚均匀，边片黑褐色，片面暗黄色，油面光滑，味淡，无盐软片、霉变者为佳。

盐附子以圆锥形，上部肥满有芽痕，下部有支根痕，表面黄褐色或黑褐色，附有结晶盐粒，体质沉重，断面黄褐色，味咸而麻、刺舌，无直径不足2.5cm的小药，无空心、腐烂为佳。

第八节　龙　胆

一、概　述

龙胆为龙胆科植物，原植物有龙胆、三花龙胆和条叶龙胆，以干燥根及根状茎入药，生药称龙胆（Radix Gentianae）。含龙胆苦苷2%~4.5%、龙胆碱约0.15%、龙胆糖约4%。有清热燥湿、泻肝胆实火的作用。主产东北和内蒙古，品质优良，销往全国，并有出口。

二、植物学特征

1. 龙胆（*Gentiana scabra* Bunge）（粗糙龙胆）

多年生草本，高30~60cm。根状茎短，周围簇生多数土黄色或黄白色、细长、圆柱状、稍肉质的根，长20cm以上。茎直立，常带紫褐色，单一或2~3条，近四棱形，有糙毛。叶对生，卵形或卵状披针形，长3~7cm，宽2~2.5cm，先端尖或渐尖，基部圆形或宽楔形，全缘，边缘粗糙，上面暗绿色，有时带紫色，主脉3~5条；无柄。花簇生茎端或叶腋，无柄；苞片披针形，与花萼近等长；花萼钟状，长2.5~3cm，裂片条状披针形，与萼筒近等长；花冠筒状钟形，蓝紫色，长4~5cm，裂片5，三角状卵形，顶端尖，裂片间有褶，先端短三角形；雄蕊5，着生于花冠筒中部稍下处，花丝基部有宽翅；子房上位，花柱短，柱头2裂。蒴果短圆形，有柄；种子多数，条形，边缘有翅（图8-20）。花期9~10月，果期10月。

2. 三花龙胆（*G. triflora* Pall.）

主要特征为叶片条状披针形或披针形，宽约2cm，边缘及叶脉光滑；花簇生茎端或叶腋，通常3～5朵，长3.5～4cm，有短梗，花萼裂片较萼筒稍长；花冠鲜蓝色，裂片卵圆形，先端钝（图8-21）。花期8～9月，果期9～10月。

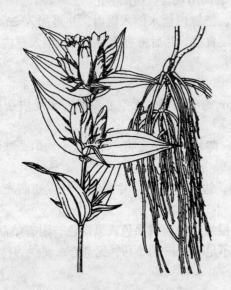

图8-20 龙胆

图8-21 三花龙胆

3. 条叶龙胆（东北龙胆）（*G. manshurica* Kitag.）

主要特征为叶条形或条状披针形，宽4～14mm，边缘反卷，不粗糙，有1～3脉；花1～2朵顶生，有短梗，花冠长约5cm，裂片三角卵形，先端急尖（图8-22）。

三、生物学特性

（一）生长发育

龙胆（泛指上述三种）为多年生宿根性草本植物。种子在适宜条件下，播后4d左右开始萌动，伸出胚根，6～10d子叶出土。由于龙胆种子小，苗也小，所以苗期生长较缓慢，据调查出苗20d的龙胆幼苗，只有2片子叶和一对真叶，子叶大小为3mm×2.5mm，真叶大小为3.5mm×2mm；55d的小苗最多只有3对真叶和1对子叶，第一对真叶最大，其大小为12mm×6mm。主根生有侧根，到10月

图8-22 条叶龙胆

枯萎时，一般长有3～6对真叶，根长10～20mm，根上端粗为1～3mm，冬芽很小。冬眠后，4月开始萌动，5月返青出苗，第二年小苗生长较快，5月20日可见到6对小叶，苗高6mm左右，此时生有不定根，不定根根长为2～4mm，6月20日长出8～11对真叶，不定根大小已与主根相

似。7月间不定根大小已超过主根，8月20日，有叶11~16对，大叶片为80mm×8.0mm，此后茎叶近于停止生长状态。此时不定根长约300mm，粗为3mm上下。枯萎时，最长不定根达600mm。第3年后，每年都是4月萌动，5月出苗，6月茎叶快速生长，7月中旬开始现蕾，8~9月为花期，果期9月，10月枯萎冬眠。

一般每株根茎顶端有芽1~4个，芽的基部生有副芽。根茎节上生有不定根，野生龙胆根茎每节有1~3条不定根，人工栽培后，其数目因品种而异，条叶龙胆5条，粗糙龙胆10条。不定根的大小因根龄而异，一年生的不定根简称一龄根，粗1.35mm，二龄根粗2.05~2.42mm，三龄2.35~2.66mm，四龄2.75~3.23mm，六龄3.03~3.50mm。据测定，四年生粗糙龙胆实生苗，平均单株鲜根重33.7g，条叶龙胆单株平均鲜根重为10.3g。

(二) 种子的生物学特性

龙胆种子为黄褐色，条形，细小，长1.6~2.3mm，宽0.4mm左右，千粒重3mg。种皮膜质，向两端延伸成翅状，胚乳椭圆形，位于种子中央。胚条状，位于胚乳中心，与长轴平行，胚率70%。

三种龙胆种子从颜色上来区别，条叶龙胆为黄褐色，龙胆为浅黄褐色，三花龙胆为深黄褐色。从形状上看，龙胆为长卵形（长1.7~2.1mm，宽0.4~0.6mm），翅明显较种子宽；三花龙胆为披针形（长1.6~2.5mm，宽0.4~0.5mm），翅略宽于种子；条叶龙胆为狭披针形（长1.9~2.1mm，宽约0.4mm），翅与种子宽度略相等。

龙胆种子在15~30℃条件下均可发芽，以25~28℃发芽最快，4d左右即可萌发。

种子萌发要求较高的湿度，土壤含水量在30%以上，空气湿度在60%~70%，温度不低于25℃时，萌发很快。

龙胆是光萌发种子，无光照条件种子不易萌发。其光萌发特性可用硝酸盐来解除，用5% KNO_3 水溶液于室温下浸种3h后，在完全黑暗条件下种子可以正常萌发，发芽率为82%（光照下发芽率为90%）。

龙胆种子整齐度和净度不高，自然成熟种子有20%左右不饱满，且多混有茎叶、花被碎片和果皮等杂物，播种前应注意清选或加大播量。

龙胆种子寿命较短，在自然条件（室外）下贮存5个月，发芽率下降一半，贮存一年则完全不能发芽。在室内高温干燥条件下贮存5个月后，发芽率几乎为0，低温（0~5℃）、湿沙埋藏对延长种子寿命有利。

(三) 开花结果习性

龙胆种子播种后第二年开始开花结实，以后年年开花结实。每株有花1~8朵。高年生植株一般达10余朵，最多可达30余朵。二年生苗开花稍晚，一般8月下旬为初花期，9月下旬为终花期，三年生以上植株初花期为8月上、中旬，终花期9月中旬，花期约为30d。朵花期4~5d，龙胆小花白天开放，夜间闭合，阴雨天不开放。龙胆果实在闭合的花冠中发育，花后22d左右果实成熟。龙胆果实成熟后会自然开裂，种子伴随果实开裂散出，每个果实内有种子2 000~4 000粒，重5~10mg。

(四) 有效成分积累

龙胆的主要有效成分是龙胆苦苷，条叶龙胆全株各部位均含有龙胆苦苷。据报道，其各部位含量顺序为：冬芽（12.64%）＞根（9.32%）＞根茎（8.23%）＞茎（1.26%）＞叶（0.23%）＞花（0.08%）。虽然地上部分茎叶中有效成分含量较低，但重量约占全株的36%，而且可以年年收获，因此可作为提取龙胆苦苷的原料，加以综合利用。

据测定，1~3年生地下部龙胆苦苷含量无明显差异，第4年含量则开始下降。每年内不同生育时期龙胆苦苷含量也不同，萌发期含量为8.74%，叶片展开后为8.56%，花蕾期含量最高为9.74%，花果期含量为9.43%，枯萎期含量为7.64%。就其产量而论，枯萎期最高，全根有效成分总量适中，因此龙胆适宜的采收期定为枯萎后至萌发前。比较条叶龙胆种子直播、茎扦插繁殖和根茎繁殖后代植株龙胆苦苷的含量，以种子直播后代含量为高。

四、栽培技术

（一）选地与整地

龙胆种子细小，又是光萌发种子，直播于田间出苗率低，也不便于生产管理，因此生产上多采用育苗移栽方式。

育苗地多选择地势平坦，背风向阳，气候温暖湿润的地块，土质以富含腐殖质的壤土或砂质壤土为好。移栽地块多选平岗地，山脚下平地或缓坡地，也可利用老参地种植龙胆。育苗地必须精耕细作，通常深翻20cm，施足基肥（10kg/m² 有机肥、0.01kg/m² 磷酸二氢铵），耙细、整平、做床。育苗床可用木板做成长方形的床框，长200~300cm，宽40~50cm，镶于土床，上沿高出地面5cm左右，或在床四周做起高于床面6~7cm的土埂。

移栽地块要深翻20cm，清除杂物，施入足量有机肥、耙细、整平，最后做成宽100~130cm的床待移栽。

（二）播种

1. 育苗

（1）种子育苗　种子育苗多4月中旬到6月上旬播种，经验认为适时早播是培育大苗的重要措施，苗大根粗，越冬芽也粗壮。

东北地区多在4月下旬至5月中旬播种。播种前用40目、60目分样筛进行种子清选。取60目筛中的种子播种，先把播种床浇透水，待水渗下后，立即播种。选择无风天气，将经清选的种子轻轻放入40目筛内，边敲打边移动，使种子均匀撒落在床面上。播后用细筛覆盖极薄一层细土，以盖上种子为度。床上盖薄膜保湿透光，使其萌发出苗，一般用种量为3g/m²。

产区也有采用液态播种，首先将种子浸湿放于保湿的育苗盘中，在26~28℃条件下催芽，待70%种子萌动时，混入冷却的2%淀粉煮沸液中，搅拌均匀，用喷壶按播种量大小，将种子喷撒在苗床上。

近年应用塑料大棚育苗，温、湿度易于控制，为龙胆幼苗提供最佳环境。可在4月20日至5月10日播种，用树条、竹帘、有色棚膜等遮荫。龙胆幼苗在棚内生长60d左右，生有2~3对真叶，此时可放风并提高光照，8月移入田间。

龙胆苗期管理要抓好保湿防旱、控光。关键是在床上覆薄膜，并用花帘挡光，定期浇水或采用润水方法保湿。苗床内应经常拔草，保持床内无杂草，使幼苗健壮成长。

（2）扦插育苗　于6月间取二年生以上的龙胆枝条，每三节为一插穗，于下端节下处切断，并摘除该节的叶片，立即浸入 GA、BA、NAA 各 1mg/L 等量混合液中，浸下端 2~3cm，经 48h 后，取出扦插在用灭菌床土制备的插床上，2~3cm 深，插后浇水，保持土壤湿润，土温 18~28℃，约三周可生根。试验表明：激素处理扦插繁殖以条叶龙胆为最好，龙胆次之。条叶龙胆经复合激素溶液浸泡 48h 的生根率达 80%，7月 28 日定植于大地，其根的越冬率可达 100%。另有报道，在 7 月间，截取条叶龙胆枝梢 5~6 节，不经激素处理扦插，只要保证高温高湿，亦可成活，形成越冬根与越冬芽。

2. 移栽

龙胆当年秋或第二年春即可移栽，通常在秋季挖根移栽。按 20cm 行距开沟，沟深 15cm 左右，然后把苗按 10~15cm 株距摆入沟内，越冬芽向上，覆土 3cm 左右。

也可把采收的根茎分成若干段，按 40cm×20cm 行株距埋入床内，使之萌发长成新个体。根茎分段时，通常每段 5 节，节上有 2~3 个芽和少量（3~5 条）须根。

近年有部分地方采用露地直播，效果也很好。露地直播要求整好地，浇好底水播种，薄膜覆盖床面，出苗后去掉薄膜，注意保湿防旱、控光管理。

（三）田间管理

1. 除草

每年进行除草 3~4 次。

2. 浇水追肥

每年春季干旱，应及时浇水防旱。3~4 年生龙胆可在生育期间进行适量追肥，一般每平方米施饼肥 100~150g，磷酸二氢铵 50g，农家肥 3kg。

3. 疏花与摘蕾

为提高种子充实饱满度应将花数较多的植株摘除部分小花，使营养集中供应少数果实，提高种子饱满度。非采种田龙胆在现蕾后应将花蕾全部摘除。

4. 收种

龙胆果实成熟后易开裂造成种子损失，所以要适时采收。采收时连同茎秆割回，晒干脱粒。脱粒后的种子拌湿沙装入塑料袋中，在 0~5℃ 下贮存为好。

5. 病害防治

主要病害有斑枯病（*Srptoria gentianae* Thue.）。防治措施：入冬前搞好清园，烧掉病株残体；春季出苗后床面覆盖树叶或碎草；生育期喷施无毒高脂膜 200 倍液，或波尔多液（1:1:160），也可喷施 70% 的甲基托布津 1 000 倍液。

五、采收与加工

龙胆定植后 2~3 年即可采收，在枯萎至萌动前采收。一般采用刨翻或挖取方式起收。

挖出的根部，先去掉茎叶，洗净泥土，阴干或弱光下晒干，晒至七、八成干时，将根捋直，捆成小把，再晒干入库。一般 3.5~4.5kg 鲜根可出 1kg 干根。

第九节 黄 芪

一、概 述

黄芪原植物为豆科蒙古黄芪和膜荚黄芪，干燥的根入药，生药称黄芪（Radix Astragali）。含香豆精、黄酮类化合物、皂苷、胆碱、甜菜碱、多种氨基酸等。有补气固表、托疮生肌、利水等功效。主产于山西、黑龙江和内蒙古，其次是吉林、甘肃、河北和辽宁等地。以栽培的蒙古黄芪质量最好，销往全国，并大量出口。

二、植物学特征

1. 蒙古黄芪（*Astragalus mongholicus* Bunge）

多年生草本。主根粗长，顺直。茎直立，高 40~100cm，上部分枝，有棱，具毛。奇数羽状复叶，小叶 25~37，宽椭圆形或圆形，长 5~10mm，宽 3~5mm，两端近圆形，上面无毛，下面被柔毛；托叶披针形。总状花序腋生，常比叶长，花多数，排列稀疏；花萼钟状，密被短柔毛，萼齿 5；花冠黄色至淡黄色，长 18~20mm，旗瓣长圆状倒卵形，翼瓣及龙骨瓣均有长爪；雄蕊 10，二体；子房光滑无毛。荚果膜质，膨胀，半卵圆形，先端有短喙，基部有长子房柄，均无毛（图 8-23）。花期 6~7 月，果期 7~9 月。

2. 膜荚黄芪 [*A. menbranaceus* (Fisch.) Bunge]

图 8-23 蒙古黄芪

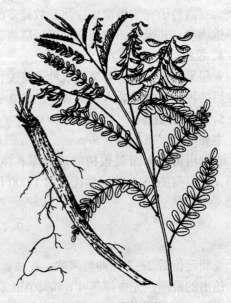

图 8-24 膜荚黄芪

多年生草本。主根深长,顺直,粗壮或有少数分枝。茎挺直,高 50～150cm,上部分枝,具细棱,有毛。奇数羽状复叶,小叶 13～31,椭圆形至长圆形或椭圆状卵形至长圆状卵形,长 7～30mm,宽 3～12mm,先端钝、圆或微凹,有时具小尖刺,基部圆形,上面近无毛,下面伏生白色柔毛;托叶卵形至披针状条形,长 5～15mm。总状花序腋生,通常有花 10～20 余朵;花萼钟状,被黑色或白色短毛,萼齿 5;花冠黄色至淡黄色,或有时稍带淡紫色;子房有柄,被柔毛。荚果膜质,膨胀,半卵圆形,被黑色或黑白相间的短伏毛(图 8-24)。花期 6～8 月份,果期 7～9 月份。

三、生物学特性

(一) 生长发育

黄芪是多年生宿根草本植物,从种子播种到新种子形成需要 1～2 年,2 年以后年年开花结实。其生育期可分为幼苗(返青)、现蕾开花、结果、枯萎休眠四个时期。

幼苗生长期:从子叶(或冬芽)出土到花形成前为止。黄芪种子吸水膨胀后,一般在地温 5～8℃就能发芽,以 25℃发芽最快,仅需 3～4d。土壤水分以 18%～24% 对出苗最有利。生产上多在春季地温 5～8℃时播种,播后仅需 12～15d 就可出苗。也可在伏天地温达 20～25℃时播种。播后仅需 5～8d 就可出苗。

当幼苗出土后,小苗五出复叶出现前,根系发育还不十分完善,吸收能力差,入土较浅最怕干旱,尤其旱风、高温和强光。小苗五出复叶出现以后,根瘤形成、吸收显著增多,根系的水分、养分供应能力增强、叶面积扩大,光合作用增强,幼苗生长速度显著加快,在生育期短的地方,一般春播当年不开花,均为幼苗生长期。

宿存的黄芪根每年地温 5～8℃开始萌芽,10℃以上陆续出土返青。返青后迅速生长,约 30d 即可长到接近正常株高,其后生长速度又减缓下来。

一年生黄芪仅有一个茎,随着生长年限增加,茎数相应增加,多达 15～20 个(一般 5～10 个),生长多年的黄芪多呈丛生状态。黄芪茎较粗壮,具棱槽,多分枝,常为绿色,也有粉红色、浅粉红色或紫红色,有密毛,疏毛或无毛。茎色和茸毛的多少作为黄芪栽培品种分类的依据之一。

现蕾开花期:从花蕾由叶腋现出到果实出现前谓之本期。二年生以上植株一般 6 月初在叶腋中出现花蕾,先是中部枝条叶腋现蕾以后陆续向上,蕾期 20～30d,先期花蕾于 7 月初开放,花期为 20～25d。开花期若遇干旱,会影响授粉结实。在生育期长的地方,春播黄芪于 8 月下旬现蕾开花。

结果期:从小花凋谢至果实成熟谓之结果期。二年生以上的黄芪每年 7 月中进入结果期,果期约 30d,一年生黄芪 9 月为果期。果期如遇高温干旱,种皮不透性增多即硬实率增加,使种子生产性能降低。黄芪根在开花结果前、生长速度最快,此时地上部分光合产物主要输送到根部积累,以后由于开花结果消耗养分,根部生长变缓。

枯萎休眠期:地上部枯萎至第二年返青前为本期。秋季气温降低、光合作用显著减弱后,叶片开始变黄,地上部枯萎,此时地下部越冬芽已形成。黄芪抗寒力很强,不加任何覆盖即可越冬。

(二) 黄芪根的特性

黄芪根对土壤水分要求比较严格。黄芪幼根主要功能是吸收水分和养分供地上部分和其本身生长发育。由于自身生长旺盛，一、二年生幼根在土壤水分多时仍能良好生长。随着黄芪的生长，老根的贮藏功能增强，须根着生位置下移，主根变得肥大，不耐高温和积水。如果水分过多，则易发生烂根。所以栽培黄芪应选择渗水性能好的地块，以保证根部的正常生长。

黄芪根的生长对土壤有很强的适应能力。据调查黄芪生长的土类很多，在不同的土壤质地、颜色及土层厚度上黄芪的产量和质量有很大差异。从土壤质地来看，过黏则根生长慢、主根短、支根多，呈鸡爪形；过砂则根组织木质化程度大、粉质少。从土壤颜色来看，生于黑钙土上根皮呈白色。生于砂质或冲积土中，根色微黄或淡褐色，此色最佳。再从土层厚度来看，土层很薄的主根很短，分枝多，也呈鸡爪形，商品形状差；深厚冲积土主根垂直生长，长达1.6~2.0m，须根少，即为商品中的鞭杆芪，其品质最好，产量最高。黄芪生长的土壤pH为7~8。以上表明，要获得优质高产黄芪，以砂壤土、冲积土为佳。

（三）黄芪种子特性

黄芪种子有硬实现象，即有相当一部分种子种皮失去了透性，在适宜的萌发条件下，也不能吸胀萌发。据吉林、黑龙江两省7个县的种子调查均有不同程度的硬实发生（表8-53）。

表8-53 黄芪种子硬实率调查

产地	供试数量	膨胀粒数	硬实粒数	硬实率（%）
安图	200	65	135	67.5
汪清	200	76	124	62.0
延吉	200	22	178	89.0
九台	200	104	96	48.0
宁安	200	33	167	83.5
鸡西	200	111	89	44.5
双山	200	33	167	83.5

从表看出黄芪种子的硬实是普遍存在的，其硬实率因各地区气候土壤条件不同而不同。一般硬实率在40%~80%。

黄芪种皮的栅栏细胞层较厚，栅栏细胞内含有果胶物质。由于果胶物质在高温干旱条件下迅速脱水成不可逆性，失去了吸水膨胀的能力，使种皮硬化。又因黄芪种子小，种脐小且结构紧密，阻碍种子吸水。这双重因子的作用是黄芪种子成为硬实的根本原因。

黄芪种子的硬实还与成熟度有关，随着种子成熟度提高硬实率增加。

四、栽培技术

（一）选地整地

黄芪应选择土层深厚肥沃，排水保水良好的砂质土壤或冲积土。本着黄芪向山区发展不与粮争地的方针，也可在山区选择土质肥沃疏松的撂荒地，坡地坡度应小于15度。土壤瘠薄、低洼黏重或山阳坡跑风地均不宜栽培。

黄芪是深根性药用植物，所以必须深翻。翻地时期因地而异，翻地深度可根据土层厚度来决定，一般不能浅于30cm。试验证明合理深翻对其根的生长是有益的（表8-54）。翻后起垄或做畦，待播种。

表 8-54 深翻对黄芪一年生根的影响

处理	主根			
	长（cm）	粗（cm）	分枝	鲜重（g）
45cm深	80	1.6	无	6.8
15cm深	41	1.0	有	3.8

（二）播种

目前生产上有种子直播和育苗移栽两种方式，以种子直播为主。

1. 种子直播

播前处理，黄芪种子有硬实现象，一般播种前选择饱满无虫蛀的种子，与粗砂等体积混合，用碾子碾至划破种皮不损伤种仁为止。也可用碾米机碾破种皮，不损伤种仁为度。

黄芪春季、伏天或近冬均可播种，一般在 3~4 月地温稳定在 5~8℃ 时即可播种。春播应注意适期早播抢墒播种，这对黄芪出苗保苗有重要意义，播后 15d 左右即可出苗。

在春旱较重的地方多采用伏播，在 6~7 月雨季到来时播种。这时土壤水分充足，气温高，播后 7d 左右即可出苗。土壤湿度大，也利于保苗。

近冬播种是当地地温稳定在 0~5℃ 时即可播种。近冬播种应注意适期晚播，以保证种子播后不萌发，以休眠状态越冬。若播种较早种子萌动易被冻死。近冬播种可以充分利用早春的水分，提早出苗躲过春旱。近冬播种应适当加大播量，以防因气温回升使部分种子萌动发芽，降低出苗率，造成缺苗。

目前播种黄芪主要采用穴播、条播等方法，其中穴播方法较好。穴播多按 20~25cm 穴距开穴，每穴下种 3~10 粒，覆土 1.5cm，踩平，播量 1kg/667m^2。条播是按 20~30cm 行距开沟并踩底格子，将种子播于沟内，覆土 1.5~2.0cm，然后用木磙子压一遍，播量 1.5kg/667m^2。

目前许多地区结合造林实行林芪间作、林芪同管、林药双收，这种经验值得推广。

2. 育苗移栽

由于黄芪入土较深，起收费工。近年部分地区采用育苗移栽方式栽培黄芪，育苗 1 年，起收后平栽，栽后 1~2 年采收。

(1) 育苗　选土壤肥沃、排灌方便、疏松的砂壤地，要求土层厚度 40cm 以上。如土壤板结，须施足有机肥并深翻。可采用撒播或条播，条播行距 15~20cm，用种量 2kg/667m^2。

(2) 移栽　移栽时间可在秋末初春进行，要求边起边栽，起苗时要深挖保证根长不小于 40cm 为宜，严防损伤根皮或折断芪根，将细小、自然分岔苗淘汰。移栽时按行距 40~50cm 开沟，沟深 10~15cm，将根顺防于沟内，株距 15~20cm 摆后覆土、浇水。待土壤墒情适宜时浅锄一次，以防板结。

（三）田间管理

加强田间管理，为黄芪生长发育创造良好条件，对于提高黄芪生长速度，缩短栽培年限保证药材质量具有重要意义。

1. 松土除草

黄芪苗出齐后即可进行第一次松土除草。这是苗小根浅，应以浅除为主。切勿过深，特别是整地质量差的地块，除草过深土壤透风干旱，常造成小苗死亡。以后视杂草滋生情况再除 1~2

2. 间苗定苗

黄芪小苗对不良环境抵抗力弱，不宜过早间苗，一般在苗高 6~10cm，五出复叶出现后进行疏苗，当苗高 15~20cm 时，条播按 21~33cm 株距进行定苗，穴播每穴留 1~2 株。

3. 追肥

近年部分地方试验，在定苗后可追施氮肥和磷肥（每 667m² 施硫酸铵 5~10kg，过磷酸钙 5kg），可加速幼苗生长提高产量。有的于花后追施过磷酸钙 5kg/667m²，对于提高结实率和种子饱满度有良好效果。

4. 排灌水

黄芪在出苗和返青期需水较多，有条件地区可在播种后或返青前进行灌水，三年以上黄芪抗旱性强，但不耐涝，所以雨季要注意排水，以防烂根。

5. 选留良种

选留良种是获得优质高产的种质基础。

应从生产田中选留主根粗长、分枝性能弱的、粉性好的植株留种。

黄芪种子成熟时荚果下垂，果皮变白，果内种子呈绿褐色即可采收，因黄芪为腋生的总状花序，开花不齐，种熟也不一致，应适时分期采收。如采收过晚，不仅硬实率高，而且荚果容易开裂造成不应有的损失，在人力不足时也可在 50% 种子适宜时割取果实。割后晾干脱粒。

6. 病虫害防治

黄芪的主要病虫害有根腐病 [*Fusarium solani* (Mart.) App.]，白粉病（*Erysiphe pisi* DC.），锈病 [*Uromyces punctatus* (Schw.) Curt.] 等。

防治方法：合理密植；注意田间排水；发病前可用 50% 多菌灵（可湿性粉剂）或 70% 甲基托布津 1 000~1 500 倍液灌根或喷洒；可喷 70% 代森锰锌可湿性粉剂 600~800 倍液防治锈病。

虫害有食心虫（*Etiella zincknella* Treitschke）、黄芪种子小蜂（*Bruchophagus* sp.）和蚜虫等，可用 1 000~1 500 倍 40% 乐果乳油防除。

五、采收与加工

栽培黄芪一般 3~4 年收获，年头过久内部易成黑心甚至成为朽根，不能药用。一般春秋均可采收，春季从解冻后到出苗前，秋季枯萎后采收，以秋季采收质量较好。据调查，不同时期采收其根质量和产量是不同的（表 8-55），适期采收，根的干品率高，根部坚实、粉质适中，品质好，产量高。

表 8-55 不同采收期与根产量、品质的关系

时期（月）	生育期	根的鲜干比例
8	花期	7:1
9	果期	5~6:1
10	苗近枯	3~4:1
11	苗全枯	2~3:1

采用挖掘方式将根从土中挖出,将采收的黄芪去净泥土、趁鲜将芦头切去,去掉须根。置烈日下曝晒或烘干,至半干时,将根理直、捆成把,再晒或烘至全干。

加工后的黄芪干根商品要求:干品。呈圆柱形的单条,斩疙瘩头或喇叭头,顶端间有空心。表面灰白色或淡褐色。质硬而韧。断面外层白色,中间淡黄色或黄色,有粉性。味甜、有生豆气。无虫蛀、霉变。

达到上述合格品要求的黄芪依根的大小分成4个等级。特等:根长≥70cm,上中部直径≥2cm,末端直径≥0.6cm,无须根、老皮;一等:根长≥50cm,上中部直径≥1.5cm,末端直径≥0.5cm,无须根、老皮;三等:根长≥40cm,上中部直径≥1cm,末端直径≥0.4cm,无须根、间有老皮;三等:根不分长短,上中部直径≥0.7cm,末端直径≥0.3cm,无须根、间有破短节子。对于修下的侧根,可斩为平头,根据条的粗细,归入相应的等级内。

第十节 甘 草

一、概 述

甘草原植物有甘草、胀果甘草、光果甘草等,以干燥根及根状茎入药,生药称甘草(Radix Glycyrrhizae)。含三萜类皂苷、黄酮类化合物等。味甘、性平,有补脾益气、祛痰止咳、清热解毒、缓急定痛、调和众药药性、解百药毒的作用。主产于西北和华北,近年东北地区发展也较快。甘草按产地、外观和加工方法的不同,有西草、东草之分。以内蒙古伊盟、巴盟,甘肃河西走廊以及宁夏所产的品质最佳。近年,新疆产量最大,内蒙古和宁夏次之。

甘草不但具有医药价值,其甘草甜素也是食品中的一种无热量的优良甜味剂,而且有良好的防沙固沙作用。多年来,由于无计划盲目采挖,不仅破坏了天然甘草资源,而且使西北沙化加重。为此,国务院于2000年发布了《关于禁止采集和销售发菜,制止滥挖甘草的麻黄有关问题的通知》,明令禁止对甘草的掠夺性采挖。因此,必须进行甘草人工栽培,才能更好地保护野生甘草资源。

二、植物学特征

1. 甘草(甜草、甜根草)(*Glycyrrhiza uralensis* Fisch.)

多年生草本,株高30~100cm。根及根状茎粗壮,无髓,呈圆柱形,长100~200cm,皮红褐色或暗褐色,横断面黄色,有甜味。茎直立,基部木质化,被白色短毛和刺毛状腺体。单数羽状复叶,互生;小叶7~17片,宽卵形、卵形或卵状椭圆,长2~5cm,宽1~3cm,先端急尖或钝,基部圆形,两面有短毛和腺体。总状花序腋生,花密集;花萼钟状,长约6mm,被短毛和刺毛状腺体;花冠蝶形,蓝紫色或紫红色,长1~2.5cm,旗瓣大,短状椭圆形,基部有短爪,翼瓣和龙骨瓣均有长爪;二体雄蕊。荚果条状长圆形,弯曲成镰状或环形,密生棕色刺毛状腺体;荚果内种子2~8粒,扁圆形或肾形(图8-25)。花期6~8月,果期7~9月。本种是各地主栽种。

2. 光果甘草(*G. glabra* L.)

主要特征为花较小,长8~12mm;荚果表面近光滑或被短毛,但无刺状的腺毛;种子3~4

粒。主要分布于新疆。

3. 胀果甘草（*G. inflata* Batal.）

主要特征为小叶较少，通常3～5片；荚果短直而肿胀，光滑无毛或偶被短腺状糙毛。分布于新疆及甘肃的西北部。

三、生物学特性

（一）生长发育

甘草播种后，胚根发育成主根，一年生实生苗一般主根长25～80cm，粗0.2～0.6cm，单株根重2～12g，春播者7月以后开始生根茎；二年生主根长50～110cm，粗0.5～1.0cm，原根茎伸长加粗，并生出新根茎；三年生主根长为50～120cm，粗1.2cm，根茎较发达；四年生主根长70～140cm，粗1～2cm，根茎较粗大。三年后开始开花结果，每年春季5月出苗，花期6～8月，果期7～9月，10月枯萎。1～4年生甘草根中甘草酸的含量随年生的增长而增加。据报道，一年生含量为5.49%，二年生为6.76%，三年生为9.48%，四年生为10.52%。每年之内以秋季含量最高。

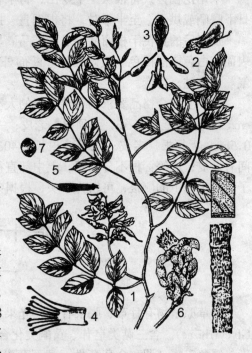

图8-25 甘 草
1. 花枝 2. 花 3. 花瓣展开 4. 雄蕊
5. 雌蕊 6. 果序 7. 种子 8. 根

（二）甘草的繁殖与种子硬实问题

甘草种子和根茎都可作播种材料。甘草根茎发达，横走于地下，根茎节上的腋芽萌芽长出地面后，发育成新的植株。植株地下部分可生出新根，新根可不断伸长加粗，发育成新的粗大根系。如此生长下去，在一个有限的地段之内，就形成了同一根源的株丛。生产上可利用根茎（直径1cm左右最好）剪段（10～20cm一段）进行繁殖，早春、晚秋均可，成活率高达100%。根茎繁殖者成本低，所繁殖的苗耐旱力比实生苗强，但繁殖系数小。

种子繁殖是生产中常用的方法，多用上年秋季收的种子作播种材料，春夏秋均可播种，以春季抢墒播种最好。甘草种子萌发的三基点温度分别是6℃，25～30℃，45℃。甘草种子具有硬实现象，通常硬实率在70%～90%之间，如不经处理，播后很难达到苗匀、苗齐。多数人认为甘草种子的硬实与其他豆科种子的硬实相似，也是因种皮致密，蛋白质脱水变性引起的。因此，生产上采用种子繁殖时，播种前必须进行处理。据黑龙江省祖国医药研究所报道，通过沸水浸种、浓硫酸浸种、碎玻璃研磨、碾米机碾磨等方法处理，均可收到不同程度的效果，其中以碾米机碾磨效果最好，其次是浓硫酸浸种（表8-56）。

表8-56 甘草种子不同处理方法的发芽率比较

处理方法	浓硫酸浸2h	碎玻璃研磨5min	沸水浸2s	碾米机碾一遍	对照
发芽率%（15d）	94.0	63.0	23.0	97.0	18.0
发芽势%（5d）	90.0	19.0	20.0	91.0	14.0

(三) 与环境条件的关系

甘草广泛分布于我国北方温带干旱和半干旱地区，位于北纬 37°~47°，东经 73°~125°，年均温 3~10℃，海拔高度 250~1 400m。

甘草喜生长在日照长、降水量少、阳光充足、半干燥的沙丘或草甸。对土质要求不严，无论是砂壤、轻壤、重壤以及黏土都能生长。在适宜条件下多长成繁盛的群丛，有的植丛被沙丘淹埋后还可继续生长。伴生植物有金狗尾草、米口袋、草木樨、黄蒿、山野豌豆、大蓟、土黄芪、委陵菜等。生长地的土壤 pH 7.2~8.5，很少生长在酸性土壤中。甘草虽较耐盐碱，但播种时应选土壤盐分低于 0.05% 为宜。甘草根系发达，主根粗壮，常可深达地下 3.5m。

四、栽培技术

(一) 选地与整地

在我国西北部广大地区，适宜甘草生长的地方很多，但水是限制甘草繁衍的主导因子。播种地要求地势平坦，土层深厚，地下水位低，不受风沙危害，且杂草少，并有灌溉条件的砂质壤土。此类地块栽培的甘草条顺长、粉质多、纤维少、甜味浓。土层薄、土壤紧实、地下水位高、碱土地不宜选用，否则甘草主根短且分枝多、根茎横生于地表、细而弱，产品体轻粉少、甜味不浓。

由于栽培甘草的地方多干旱，目前多实行平作，极少做高床。一般土层深厚的砂质壤土，只要耕翻 30cm 左右即可。整地最好是秋翻，春翻必须保墒，否则影响出苗和保苗。

(二) 播种

甘草的种子和根茎都可作播种材料。

采用根茎繁殖时，多在早春化冻后播种。具体时间因地而异，但不论如何不能迟于 4 月下旬，否则播后不保墒，影响成活率。繁殖用根茎多选直径 1cm 左右的幼年根茎，切成 10~17cm 长的小段，每段至少要有 1~2 个腋芽。播种时开沟 5cm 左右，将根茎顺放于沟内，段间距离 7~10cm，播后将沟覆平镇压即可。

种子繁殖可在春、夏、秋三季播种。在春季墒情好的地方，多采用春播，不应迟于 4 月中旬。在春季干旱地区，可实行夏播，多在即将进入雨季之时播种，这样利于出苗和保苗。夏播应注意适当提早播种，夏季的炎热对保苗率有影响。近年，有许多地方是在秋冬之际播种，播后种子不萌动土壤就结冻，第二年春季土温适宜时就萌动出土。由于春季不动土，土壤墒情好，甘草出苗保苗率较高。

利用种子作播种材料，不论什么时期播种，播前都必须进行种子处理。目前种子处理的最好方法是用电动磨米机碾磨。碾磨时，以划破种皮（其划破深度以接近子叶为宜），但又不损伤子叶，种子不碎为最好。磨后发芽率可由 18% 提高到 97%。

播种多采取条播，行距 30~50cm，沟深 3~5cm，播种后踩底格子，覆土 3cm，每 667m^2 播种量 2.5~3kg。

甘草为深根性植物，为方便采收，一些地区也有采用育苗移栽的方式，一般是育苗一年后移栽，做法可参考黄芪一节。

(三) 田间管理

1. 间苗与施肥

栽培甘草多在干旱地带，春季墒情不好，影响出苗和保苗。为保证全苗，播种量多偏高。因此，出苗后要视苗情进行间苗，第一年保持株距9~15cm。可通过两次间苗完成，第一次在3片真叶时进行，以疏散开小苗为好；第二次在5片真叶时，株距定在15cm左右。第二年则保持30cm，使植株间有足够空间，也可抑制地下茎的蔓延，促使主根生长。

当年生甘草如苗生长旺盛可不追肥，第二年生长季节追施氮肥一次，以后几年再不追肥。

2. 中耕除草

一年生小苗间苗时，应同时进行除草。进入雨季之前铲趟一次，秋后再趟一次，此次要注意向根部培土，保证甘草安全越冬。第二年从返青到入伏，进行1~2次中耕即可。第三年返青后视生长情况，可进行1次或不进行中耕。

3. 灌溉与排水

播种后的第一年是田间管理的最重要时期，苗期如遇干旱，应及时进行喷灌。灌水时，严禁大水漫灌，否则会引起烂根死苗。栽培甘草地块渗水性能差时，进入雨季要搞好田间排水，严防田间积水，否则会烂根死亡。

4. 病虫害防治

病害主要有白粉病和锈病，白粉病还可用1 000倍的70%甲基托布津预防，锈病可在5月初喷0.3波美度石硫合剂预防，视病情用药1~3次。

虫害主要有红蜘蛛、食心虫、跗粗角萤叶甲、叶甲、宁夏胭珠蚧等，可用40%乐果乳油1 500~2 000倍液或者50%辛硫磷乳油1 000~2 000倍液喷雾防治。

5. 采种

甘草主要靠种子繁殖，进行人工栽培时必须年年采种。为保证种子成熟度一致，可在开花结实时，摘除靠近分枝梢部的花或果，这样可以获得大而饱满的种子。采种应在荚果内种子由青刚变褐时最好，这样的种子硬实率低，种子处理简便，出苗率高。

五、采收与加工

(一) 采收

传统认为栽培甘草需5~10年才能入药，栽培好的4~5年即可采收。近年，一些在气候条件较好的地区种植的甘草，经化验分析，采收时间还可提前。每年采收以秋季茎叶枯萎后为最好。此时收获的甘草根，质坚体重、粉性大、甜味浓，根或根茎中贮藏的营养物质最为丰富，药用有效成分也比较高。秋季采挖不完的，亦可在翌春发芽前或刚露苗时采挖，但春季采挖者，质松粉性小，甜味不浓。根据实地采挖的结果看，1年生的根最粗可达1.5cm，4年生时最粗可达4.7cm，但大部分在2~4cm之间。采挖前可割除茎秆，先挖松根头周围，深度30cm左右，以松动根际土壤为宜，然后用手拔出。现也有采用专用机械进行采收的，是一种经过改装的高柱犁，配以大马力的拖拉机进行犁挖。采用这种机械虽只能收获40~50cm长的根，但剩余的未采挖出的量一般不超过总产量的10%，而且大大减轻了采收的劳动强度，因此值得采用。

(二) 加工

商品甘草分西草、东草、毛草。

西草和东草的界限并不是绝对的。一般是把内蒙古西部及陕西、甘肃、青海、新疆等地所产的，皮细、色红、粉足的优质草称为西草，其中不符合标准的可列为东草。而产于内蒙古东部及东北、河北、山西等地的甘草叫东草，其特点是不斩头尾，如皮色好，能斩去头尾，也可列入西草。所以，以上两类甘草，主要是以品质区分，不受地区的限制。此外，凡其根顶端直径在5mm以下的，根条弯曲多岔的小根，商品上统称毛草。各类甘草加工方法如下：

1. 西草

将挖取的甘草根去掉泥土（严禁用水洗），趁鲜用利刀将支根从靠近主根部位削下，然后用锏刀把甘草根的根头（即根上方的疙瘩）贴根锏下，并把根条按直径大小分成一、二等。干货粗头直径在1.5cm以上者为一等，粗头直径在0.5~1.4cm的为二等，粗头直径小于0.5cm的放入毛草之中。加工一、二等的甘草，其根条长不能短于17cm，长者可达117cm。修剪切段后的甘草，分等晾晒，阳光充足的天气晒干最好。晾晒甘草要注意防雨，否则受潮生霉。如遇阴雨天，应将甘草根按井字形堆放法堆放在干燥的地方，地面上要用厚枕木垫起，保持通风透气，并要经常翻动检查，使其均匀干燥。当甘草根晒至半干后，捆成直径10cm左右的小捆，继续晒至全干为止。内蒙古气候干燥，所以加工时，习惯修整切段后就捆成捆，然后晒干，晾晒时，只晒头不晒身，这样干燥的产品断面黄亮、皮色不变。

2. 东草

东草加工干燥方法基本同上，所不同是东草加工过程中不锏根头。加工东草或西草时，弯曲的根条可用刀将弯曲的部位砍几个小口，然后慢慢顺直晾晒或捆捆。

加工后的西草质量要求是：干货，呈圆柱形，表面红棕色、棕黄色或灰棕色，皮细紧、有纵纹，斩去头尾、切口整齐，质坚实，断面黄白色，粉性足，味甜，长25~50cm，无须根、杂质、虫蛀、霉变者为合格。其中顶端直径2.5~4cm，黑心草不超过总重量的5%的为西草大草统货；顶端直径1.5cm以上，间有黑心者为西草条草一等；顶端直径1cm以上，间有黑心者为条草二等；顶端直径0.7cm以上为条草三等。

东草质量要求是：干货，呈圆柱形，表面紫红色或灰褐色，皮粗糙，不斩头尾，质松体轻，断面黄白色，有粉性，味甜，无杂质、虫蛀、霉变者为合格。

第十一节 山 药

一、概 述

山药也称薯蓣，以干燥块根入药，生药称山药（Rhizoma Dioscoreae）。含淀粉、黏液汁、胆碱、糖蛋白、氨基酸、多酚氧化酶、维生素C、多种微量元素及3,4-二羟基苯乙胺等。山药有效成分尚未确定，可以所含的薯蓣皂苷元为指标性成分衡量其质量优劣。山药有补脾胃、益肺肾等功效；主治脾胃虚弱、腹泻、食少倦怠、肺虚咳嗽、糖尿病、小便频数、肾虚遗精等症。山药由于营养丰富，或药、菜兼用，是食品工业的重要原料。山药原产于我国及印度、缅甸一带，日本等国亦有分布。我国栽培山药的时间较长。目前全国大部分地区有栽培,主产河南、山西、河北、陕西等省,山东、江苏、浙江、湖南、广西等省、自治区亦有栽培。

二、植物学特征

山药（Dioscorea opposita Thunb.）为薯蓣科多年生缠绕草本。块根肉质肥厚,略呈圆柱形,垂直生长,长可达1m,直径2~7cm,外皮灰褐色,生有须根。茎细长,蔓性,通常带紫色,有棱,光滑无毛。叶对生或三叶轮生,叶腋间常生珠芽（名零余子）；叶片形状多变化,三角状卵形至三角状广卵形,长3.5~7cm,宽2~4.5cm,通常耳状3裂,中央裂片先端渐尖,两侧裂片呈圆耳状,基部戟状心形,两面均光滑无毛；叶脉7~9条基出；叶柄细长,长1.5~3.5cm。花单性,雌雄异株；花极小,黄绿色,穗状花序；雄花序直立,2至数个聚生于叶腋,花轴多数成曲折状；花小,近于无柄,苞片三角状卵形；花被6,椭圆形,先端钝；雄蕊6,花丝很短；雌花序下垂,每花的基部各有2枚大小不等的苞片,苞片广卵形,先端长渐尖,花被6；子房下位,长椭圆形,3室,柱头3裂。蒴果有3翅,果翅长与宽相近。种子扁卵圆形,有阔翅（图8-26）。花期7~8月。果期9~10月。

图8-26 山 药

三、生物学特性

（一）生长发育

生育期分为发芽期、发棵期、块根生长盛期、块根生长后期和休眠期。

1. 发芽期

从山药栽子的休眠芽萌发到出苗为发芽期,约35d；而山药根段从不定芽开始形成,萌发到出苗则要50d。在抽生芽条的同时,芽基部也向下发块根。同时,芽基内部从各个分散着的维管束外围细胞产生根原基,继而根原基穿出表皮,成为主要的吸收根系。

2. 发棵期或块根生长初期

从出苗到显蕾,并开始生气生块根零余子为止,约经60d。同时,芽基部的主要吸收根系继续向土壤深处伸展；块根不断向下伸长变粗,发生不定根。此期生长以茎叶为主,零余子也伴随生长。

3. 块根生长盛期

从显蕾到茎叶生长基本稳定,约经60d。此期茎叶及块根的生长皆旺盛,块根的生长量大于茎叶的生长量,重量增加迅速。此期零余子的大小也基本形成。

4. 块根生长后期

茎叶不再生长，地下块根体积虽不再增大，但重量仍再增长，零余子内部的营养物质得到进一步充实。

5. 休眠期

霜后茎叶渐枯，零余子由下而上渐渐脱落，地下块根和零余子都进入休眠状态，此时收获产量最高，营养物质最丰富，品质最佳。

（二）生长发育与环境条件的关系

山药适应性强，垂直分布于海拔 70～1 600m 的丘陵或高山。在我国南起广西，北到吉林，东起山东，西至云南均有野生分布或栽培。

1. 温度

在影响山药生长发育的环境条件中，以温度最敏感。了解每一个时期山药对温度的要求，及其与生长发育的关系，是安排生产季节，获得高产的重要依据。

山药性喜温暖气候，地下块根 15℃左右开始发芽，20℃左右开始生长，25～28℃生长最适宜。28℃以上时虽发芽很快，新芽迅速产生及生长，但芽细长而瘦弱，20℃以下生长缓慢。块根耐寒，0℃不致受冻，-15℃左右条件下也能越冬。茎叶生长最适温度 25～28℃。

2. 光照

山药对光照强度要求不严格。即使在弱光条件下，其生长发育也能正常进行，但不利于块根的形成及营养物质的积累，所以高架栽培比矮架增产明显。山东农业大学 1995 年采用高架与甘蓝间作，产量达 5 350kg/667 m^2。山药还可以同其他蔬菜及粮食作物间作套种，但必须掌握一条原则，在山药生长前期，在散射光条件下，山药可正常生长，但是在块根形成盛期，其他高秆作物必须能成熟收获。在一定的范围内，日照时间缩短，花期提早。短日照对地下块根的形成和肥大有利，叶腋间零余子也在短日照条件下出现。

3. 水分

山药耐旱，对水分要求不是很严格。不同生育时期对水分的要求不同。在发芽期土壤应保持湿润，以保证出苗。出苗后，块根生长前期对水分需求不多，水分大不利于根系深入土层和形成块根；但在块根生长盛期不能缺水。

4. 土壤

由于山药为深根性植物，要求土壤深厚，排水良好、疏松肥沃的砂质壤土。砂质壤土栽培山药，地下块根形好，表皮光滑，根痕浅而小，商品质优；黏土也可栽培生长，块根的生长虽然较短，但组织紧密，品质良好，惟块根须根较多，根痕深而大，易发生扁头、叉根的现象。该种土壤种植山药，应深挖种植沟，多施有机肥，并宜作成高畦。不宜在过分黏重的土壤中栽培。土壤酸碱度以中性为最好，pH6.5～7.5 的土壤均可种植，过碱土壤上山药块根不能充分向下生长，过酸土壤上则易生支根。

四、栽培技术

（一）选地整地

山药地下块根发达，土地养分消耗大。在选地时宜以土壤肥沃的农田土或菜园土为佳，注地、黏泥土、碱地均不宜栽种。

秋季整地时应施大量厩肥 5 000~7 000kg/667 m²，深翻 50~60cm，经过冬季风化，杀死地下害虫。临种前再耙犁，浅耕 15~20cm，整平做畦（垄），宽 130cm。

产区采用机械挖深沟、或打洞栽培山药，增产效果显著。

亦可选择土层深在 1m 以下的中性或微酸性土壤。在播种前对土壤进行深翻，然后垄畦开沟，沟距 60cm 以上，施足底肥，用 2 500~5 000kg/667 m² 圈肥，拌和 50~100kg/667 m² 磷肥（或 300kg/667 m² 油饼）施于沟中，覆土 10~20cm 后待用。此时沟深应在 15cm 左右。

（二）繁殖方法

目前的繁殖方法有 3 种。一是采用龙头（块根上端有芽的部位，即芦头）繁殖；二是采用零余子（即山药豆）繁殖；三是采用山药块根憋芽繁殖，主要为前两种。龙头繁殖是无性繁殖，收益快，但易引起品种退化，品质较差，产量下降，故不能连续使用。用零余子繁殖出来的龙头（又称"栽子"）种植，繁殖速度较慢，但山药产量比用龙头作种增产 12.48%，大栽子较小栽子作种的山药产量增产 68%，故最理想的繁殖方法应为：用零余子培育一年获得栽子，用大个的栽子作生产上的繁殖材料。但栽子作种的，第 1~2 年产量最高，以后逐年降低，故生产上亦只能连续使用 4~5 年。

1. 龙头栽种（顶芽繁殖）

龙头即块根上端有芽的部位，此部位肉质粗硬，也称山药尾子。龙头虽然品质不好，但属于块根的芽头部位，具休眠芽，有顶端生长优势，生产上常将此段切下作繁殖用。龙头一般平均重 60~80g，一般带肉质块根越多，长出的山药越壮，产量也越高。用龙头繁殖的优点是可直播，发芽快，苗壮，产量高；缺点是繁殖系数小，种 1 个山药龙头收 1 个龙头，面积不能扩大。如连续种植多年，产量逐年下降，因此，用 1~2 年后应进行更新。

在收获山药时，选择茎根短、粗细适中、无分歧和病虫害的山药，将上端芽头部位切下，长 17~20cm 作种（即龙头）。龙头收后到第二年栽种相隔约半年，故必须妥为储藏，以免腐烂。南方在龙头收后，放室内通风处晾 6~7d，北方可在室外晾 4~5d，使表面水分蒸发，断面愈合，然后放入地窖内（北方）或在干燥的屋角（南方），一层龙头一层稍湿润的河沙，约 2~3 层，上盖草防冻保湿。贮藏期间常检查，及时调节湿度，直至栽种时取出栽种。

3~4 月，将选好的"山药栽子"在阳光下晒 5d 左右，断面干裂，皮发灰色，能划出绿痕为好，然后用 40% 多菌灵 300 倍液浸种 15min，晾干后放入棚内催芽。待 90% 以上萌芽时即可播种。播种时，要求地温稳定在 10℃ 以上。1.3m 宽的畦内可栽 4 行，靠畦边 2 行距畦边缘 15cm，行距 33cm，株距 10~15cm。栽植时，开 5~6cm 深沟，将龙头平放在沟内，覆土 3~5cm 并踩实，30d 后出苗。

2. 零余子栽种

山药叶腋中侧芽长成的零余子数量很多，可供繁殖。零余子繁殖法虽也属无性繁殖，但零余子属气生薯块，具有种子繁殖相似的特性，既能提高山药的生命力，防止退化，也能大幅度地提高繁殖系数。由于用零余子繁殖，花工少，占地少，所以是山药生产上不可缺少的繁殖方法，其缺点是生长速度慢。一般在第 1 年 9~10 月间零余子成熟后，不等自然脱落即采收，与沙土混合堆储于温暖处过冬，第 2 年春季播种。一般采用沟播，行距 6cm，株距 3cm，开 4~5cm 深沟，将零余子播入沟内，覆土2~3cm，浇水。18~20℃气温条件下，30d左右出苗，后经间苗，株距扩大到13~16cm。在江苏，用零余子播种的山药当年能长到长13~16cm，重200~250g的小块根。储藏过冬，到来年用整块根作种，秋季即可收获充分长大的块根。

3. 山药块根繁殖

将山药块根切成4~5cm长的段，切口涂上草木灰，晾3~5h，伤口愈合后，促其长不定芽，按栽龙头方法进行种植。

(三) 田间管理

1. 中耕培土

苗高5~10cm时，应结合锄草浅松土、培土1次。苗上架后，只拔草。

2. 搭架

山药茎为缠绕性，苗高30cm左右用细竹或枝干搭架。在植株旁插好树枝或其他秸秆，一畦插两行，每4根（在上端）捆在一起，顶部横放一根，使其连接起来。

3. 施肥

山药喜肥，施用有机肥时必须充分腐熟。基肥可按每667 m^2施入有机肥5 000kg，加磷酸二铵50kg，尿素30kg，硫酸钾20kg。将其2/3均匀撒于垄间，并深翻30cm，其余1/3撒于畦面。出苗后，将土肥掺匀的细土覆于山药垄的两边。发棵期视苗情可再施1次提苗肥，可施尿素15kg。6月份块根膨大期，再追1次肥，8月上旬根据长势结合病虫害防治用1%的尿素加0.3%磷酸二氢钾进行叶面施肥，10d喷1次，共3~4次，追肥不能过晚，以免秋后茎叶徒长，影响根茎增大。

4. 浇水

山药叶面角质层较厚，根系深，所以比较耐旱，一般不浇水。如过于干旱，仅能浇小水，严防大水使沟塌陷，每次浇水渗入土中的深度不应超过块根下扎的深度。立秋后为使山药长粗，可浇一次透水。山药怕涝，夏季多雨季节，应及时排水，切勿积水。

5. 植株调整

一条栽子只出一个苗，如有数苗，应于其蔓长7~8cm时，选留一条健壮的蔓，将其余的去除，零余子自然生成的苗，若不利用，应及早拔除。有的品种侧枝发生过多，为避免消耗养分，有利通风透光，摘去基部侧蔓，保留上部侧蔓。7月以后零余子大量形成，竞争养分过多，影响地下块根生长，可摘去一部分。

(四) 病虫害防治

山药成株期地上部病害有炭疽病（*Colletotrichum gloeosporioides*）、红斑病（*Pratylenchus dioscoreae*）、褐斑病（*Cylindrosporium dioscoreae*）、斑点病（薯蓣叶点霉，*Phyllosticta dioscoreae*）及灰斑病（*Cervispora ubi*）等。地下部有根腐线虫引起的红斑病。防治方法：清洁田园，收获后收集病残落叶销毁；合理轮作；根头及零余子用1∶1∶150波尔多液浸渍10~15min消毒；发现病叶及时摘除；喷洒1∶1∶150波尔多液或50%多菌灵500倍液或50%代森锰锌600倍液等药剂防治。尤应加强苗期的防治，及早支架，以利通风降湿。

山药的虫害较严重，主要是地下害虫，如金针虫。可采用综合防治措施预防。深翻土地，把越冬的成、幼虫翻至土表冻死；用充分腐熟的有机肥；用90%敌百虫0.15kg加水30份，拌炒香的谷物、麦麸或豆饼（棉子饼），于傍晚施田间诱杀害虫。

（五）品种类型介绍

山药栽培类型较多，药用山药品种主要有太谷山药、铁棍山药等。

1. 铁棍山药

该品种植株生长势较弱，茎蔓右旋，细长，具棱，光滑无毛，通常为绿色或绿色略带紫条纹。叶片浅绿色，较薄，戟形，先端尖锐。叶腋间着生零余子，球形，体小，量少，深褐色。块根圆柱状，尖端多呈杵状，长 30~40cm，直径 2~3cm，表皮黄褐色，毛孔稀疏、浅，须根较细。断面极白，致密，无黏液丝，维管束不明显。铁棍山药产量较低，为 700~1 000kg/667 m² 左右，折干率高，达 35%~40%。龙头细长。

2. 太谷山药

原为山西省太古县地方品种，以后引种到河南、山东等地。该品种植株生长势强，茎蔓右旋，细长，紫色或紫红色。叶片深绿色，叶厚，卵状三角形至宽卵形或戟形。叶腋间着生零余子，体大，量多，形状不规则，褐色。块根圆柱形，较粗，长 60~70cm，直径 5~6cm，表皮褐色，较厚；毛孔密、深；须根较粗；断面色白，较细腻，维管束多且明显；黏液质多；质脆易断。产量高，鲜山药产量 2 500kg/667 m²，但折干率较低，约为 20% 左右。龙头粗壮。

五、采收与加工

（一）采收

采收于当年 9、10 月地上部分枯死时进行。过早不仅产量低，而且含水量多，易折断。菜用山药收获期长，从 10 月上旬到翌年 4 月中旬山药萌芽前均可收获，一般 667 m² 可产鲜山药 2 000~3 000kg，山药收获多在冬闲时间，一般先从山药沟的一端挖一段空壕，根据山药块根垂直向地下生长的习性，用窄锹沿着块根先取出前部和两侧的土，直挖到块根最下端，然后用铲切断块根背后侧根，小心取出，尽量保持块根完整。年前收获，块根应多带泥土，可在室内或贮藏沟沙藏，将块根垛好，撒上沙土，盖上草毡。以后随上市随晾干去掉泥土，保持山药外表新鲜。如年后收获，冬季可在大田山药垄上覆 20~25cm 土，以防受冻。逐行挖根，去掉泥土运回。

（二）加工

山药收获后稍微晾干，用竹刀刮去外皮，装入竹筐，每筐 50kg。放在熏箱内，用硫磺熏 24h（每 100kg 鲜山药约用 0.5kg 硫磺），使体色洁白，干燥快，空心少。将熏后的山药放在竹帘上，早晒晚收，使其干透。也可烘干，但应注意严防温度过高烤焦，或使内部变红、空心等。一般每 667 m² 可产干山药 300~500kg。鲜干比（铁棍山药）3.5:1。

毛山药：是加工时不搓圆去皮山药，多为小货或次货制成，外形不一，多为扁圆形、略弯曲的柱状体，灰白色或黄白色，有明显的纵皱及栓皮未除尽的痕迹，或有小疙瘩，两头不齐。质脆易断，断面白色，粉质，显颗粒性。

光山药：光山药则为加工修整搓过的成品，长圆柱形，长 10~20cm，直径 3~4cm，洁白光滑，粗细均匀。质坚硬，不易折断，断面白色，粉质。微臭，味淡微酸，嚼之发黏。选择支头较粗而均匀的毛山药,用清水浸至柔软,晾至八成干,削去疙瘩,然后用木板搓圆匀挺直,将两头切齐,晒干即可。晒时如日光强烈,则应覆以布单,防止山药被晒崩裂。

在加工时切下断头长寸许的则称为断山或寸山,碎断次货称料山,边片则叫山药片。

河南另有所谓"牛筋山药"是经水泡或生于湿地而生虫的山药,亦将外皮除去,色棕黄色或带红色,质坚硬,不易折断或打碎,外形似牛筋,故名。质劣,不宜入药。

山药以去净外皮,条粗,质坚实,粉性足,内白色者为佳。

第十二节 大 黄

一、概 述

大黄为蓼科植物,原植物有掌叶大黄、唐古特大黄和药用大黄,以干燥根及根状茎入药,生药称大黄(Radix et Rhizoma Rhei)。含蒽醌类衍生物,包括大黄酚、大黄酸、大黄素等。性味苦寒,有泻实热、破积滞、行淤血的作用。掌叶大黄和唐古特大黄主产甘肃、青海、西藏和四川;药用大黄产于四川、贵州、云南、湖北和陕西,销全国并出口。

二、植物学特征

1. 掌叶大黄(*Rheum palmatum* L.)

多年生草本,高1~2m。根及根状茎粗壮肉质。茎直立,中空,绿色,有不甚明显的纵纹,无毛。单叶互生;叶柄粗壮,与叶片近等长;叶片宽卵形或圆形,长宽近相等,约为35cm,掌状5~7深裂,先端尖,边缘有大的尖裂齿,上面疏生乳头状小突起和白色短刺毛,下面有白色柔毛和黑色腺点;茎生叶较小,有短柄;托叶鞘筒状,绿色,有纵纹,密生白色短柔毛。花序大圆锥状,顶生;花梗细长,中下部有关节;花被片6,长约1.5mm,排列成2轮;雄蕊9;花柱3。瘦果矩卵圆形,有3棱,沿棱生翅,翅边缘半透明,顶端稍凹陷或圆形,基部近心形,暗褐色(图8-27)。花期6~7月,果期7~8月。

2. 唐古特大黄(鸡爪大黄)(*Rheum tanguticum* Maxim. et Regel)

图8-27 掌叶大黄

与掌叶大黄近似,但本种的叶裂极深,裂片常再二回深裂,裂片窄长;花序分枝紧密,向上直立,紧贴于茎(图8-28)。

3. 药用大黄(*Rheum officinale* Baill.)

与前两种的主要差别是基生叶为5浅裂,边缘有粗锯齿;托叶鞘膜质,比较透明;花淡黄绿色,翅果边缘不透明(图8-29)。

图 8-28 唐古特大黄

图 8-29 药用大黄

三、生物学特性

(一) 生长发育

大黄以种子繁殖为主,也可以用根茎上的子芽繁殖。

大黄种子寿命 3～4 年,种子吸水达到自身重的 100%～120% 时,在 15～22℃ 条件下 48h 发芽,一周左右出苗。其胚根可发育成粗大的肉质根。一年生小苗叶片小而少,只有几枚根出叶,春播叶数多,秋播的只有 2～3 片小叶。二年后叶片数目增多,较大,最大叶长、宽可达 35cm。抽薹后每年都有根出叶和茎生叶生出,一般根出叶大,茎生叶较小,越往上越小。春播大黄第二年就能开花,夏、秋播大黄要到第三年才能开花结实,以后年年开花结实。

二年生以上的大黄,每年地温稳定在 2℃ 以上时开始萌动,稳定在 5～6℃ 以上便返青出苗。4～5 月间,茎叶生长迅速,伴随茎的生长,于 5 月下旬或 6 月初现蕾,6～7 月为花期,7～8 月为果期,8 月底再次抽生根出叶,同时根的生长膨大加快。10 月地上枯萎,进入休眠期。整个生育期为 130～150d。

(二) 生长发育与环境条件的关系

大黄野生于我国西北或西南海拔 2 000m 左右的高山区,家栽在 1 400m 以上的地区。大黄喜冷凉的气候条件,耐寒、怕炎热。湿度适宜时,种子在 2℃ 条件下就能发芽,15～22℃ 发芽最快,35℃ 则抑制发芽。宿存根茎上的芽,在 2℃ 下开始萌动,8℃ 以上出苗较快,植株生长的最适温度为 15～25℃。昼夜温差大时,肉质根生长快。

大黄叶子大而多,蒸腾较快,所以需要湿润的土壤条件。土壤干旱生育不良,叶片小而黄,褶皱展不开,茎矮枝短。雨水多,气候潮湿,大黄易感病或烂根。

大黄植株较大，入土较深，适宜生长在土层深厚、有机质较多、排水良好的砂壤土或壤土中。土壤 pH 为中性或微碱性。

四、栽培技术

(一) 选地整地

栽培大黄宜选择气候冷凉、雨量较少的环境条件，以地下水位低，排水良好、土层深厚、疏松、肥沃的砂壤土为最好。

选好地后要适时深翻，深度 25cm。结合翻地施足基肥，每公顷施 45～60t 厩肥，为降低土壤酸度，一些地方还加入 1 000～3 000kg 石灰。翻后耙细整平，做高畦或平栽。一般产区直播地、子芽栽植地或育苗后移栽地块多不做畦。种子育苗地，要做成 120cm 宽的高畦。

(二) 播种

以种子繁殖为主，子芽繁殖为辅。种子繁殖又有直播和育苗移栽两种形式。

1. 种子直播

在种植面积大或春季雨水较多的地方，多采用此法，便于机械播种。露地直播分早春播和初秋播两个时期。

条直播是按 100cm 距离开沟，沟深 3cm，沟内撒播种子，覆土 3cm。每公顷播量 22.5～30kg。穴直播是按 100cm×65cm 的穴距开穴，穴深 3～4cm，每穴播种 6～10 粒，播后覆 3cm 细土，每公顷用种量为 7.5～15kg。

2. 育苗移栽

大黄育苗有春播和秋播两个播期，春播育苗的多在 3 月播种，当年秋 (9～10 月) 或第二年春 (3～4 月) 移栽。秋播育苗的多在 7 月下旬至 8 月上旬，第二年秋移栽。

苗床播种多条播或撒播。条播是畦面上按 20～25cm 行距开沟，沟宽 10cm，深 2～3cm，种子均匀撒于沟内，覆土 1cm，每公顷用种量 40kg 左右。撒播是先将床面细土搂下 1～2cm 厚，堆于床边，然后均匀撒种，播后覆土 1cm，每公顷用种量 50～70kg。种子质量好可酌减。播后床面盖草保湿，土壤干旱时，播前应灌水，待土壤湿度适宜时再播种。

播种后一般 10d 左右出苗，待要出苗时，要撤去盖草。出苗后注意间苗、除草、灌水和追肥。间苗时，条播者株距保持 3～4cm，撒播者行株距为 5～10cm。苗期一般追肥 2～3 次。待要入冬时，床面最好盖厚 3cm 的草或落叶，防止冬旱。春季出苗前及时撤除覆盖物。

移栽时，按 65～70cm×50cm 行株距开穴，穴径 30cm，深 20cm，穴内拌施 1～2kg 土杂肥，每穴栽一株。栽苗时，芽头要低于地面 10cm，覆土 6cm，使覆土后低于地面 3～4cm，便于以后灌水追肥。

3. 子芽栽种

在收获大黄时，选择个大健壮、无病虫害的大黄根，从其根茎上割取健壮的子芽或割下健壮的根茎，分成若干块，每块上应有 3～4 个芽眼，拌草木灰后栽种。栽种时行株距、施肥、覆土同育苗移栽一样，摆栽时芽向上。

4. 间种

春季直播的地块，在播种当年和第二年，应在行间种两行大豆等作物；秋季直播的地块，可下两年间种作物。育苗移栽和栽子芽的地块，栽种当年可于行间间种矮棵作物。

(三) 田间管理

1. 间苗

秋季直播的应于第二年春出苗后间苗，秋季定苗。春季直播的于8月前后间苗，第二年春定苗。间苗株距25cm，定苗株距50cm。定苗时间出的苗可作补苗用或另选地移栽。

2. 中耕除草

春季直播或移栽的地块，当年6月、8月、9~10月各中耕除草一次，第二年春、秋各一次，第三年春一次。秋季直播或移栽的地块，当年内不进行中耕，第二年4月、6月、9~10月各中耕除草一次，第三年春、秋各一次，第四年春一次。

3. 追肥

大黄是喜肥的药用植物，需磷、钾较多，生产上多结合中耕除草追肥。第一次在6月初，每公顷施硫酸铵120~150kg、过磷酸钙150kg、氯化钾75~105kg。第二次在8月下旬，施菜籽饼750~1 200kg/hm^2，或沤好的稀薄人粪尿15~22.5t。第一、二年秋季可施过磷酸钙150kg，或磷矿粉300~375kg。

4. 培土

大黄根茎肥大，又不断向上生长，为防止根头外露，要结合中耕向根部培土，最好是先施肥，然后中耕培土，效果最好。

5. 摘薹与留种

大黄栽培的第三、四年夏秋间抽薹开花结实，耗掉大量营养，影响地下器官膨大，因此要把不留种的花薹摘除。一般在花薹抽出50cm左右时，用刀从近基部割下。

大黄易杂交变异，在留种田中，要注意保护，防止杂交。一般留种是在三年生田块中选种性优良，无病虫危害的植株，成熟后单割单脱粒。优良品系的扩繁应采用子芽繁殖。

6. 病虫害防治

大黄常见的病害有轮纹病（*Ascohyta rhamni* = *Phyllosticta rhamni*)、炭疽病（*Collectotichum* sp.）、霜霉病（*Peronospora rumicis*）、根腐病（*Fusarium* sp.）。

防治方法是：清理好田园，田间植株残体等杂物要清干净，深埋或烧掉；清园后用1%的硫酸铜液消毒；药剂防治，在常年发病时期前半个月开始喷药，每10d左右一次，连喷3~4次。使用的药剂有1:1:100~120倍的波尔多液，300倍的40%疫霜灵，400~500倍的25%瑞毒霉，500~600倍的65%的代森锌。根腐病发病后，用200倍的代森锌或800倍的50%甲基托布津浇灌病区。

大黄的虫害有蚜虫、金花虫、甘蓝夜蛾。在发生初期用1 500倍的40%乐果、800倍的90%敌百虫防治。

五、采收与加工

(一) 采收

采收大黄应在3~4年生采收，即栽后的2~3年采收。4年以后采收，根部易出现腐烂现象或萌发出许多侧芽，不仅加工时费工，而且影响商品质量。每年在 9～10 月地上植株枯萎时采收。试验表明，种子成熟期根中蒽苷含量及药理作用均较高，而种子成熟后，蒽苷含量显著下降。起收时，先割去地上部分，挖开根体四周的泥土，将完整的根体取出，抖净泥土，再用刀削去地上部的残余部分，运回加工。

（二）加工

甘肃、青海等产区，将挖回的大黄根不经水洗，先用刀削去支须根，并将外皮削去，使水分外泄。根体个大的，纵向切成两半，圆形个小的修成蛋形，修后用羊毛绳串起来，悬挂在屋檐下或搭木棚吊起，使之慢慢阴干。阴干过程中，不能受冻，否则根体变糠。一般 5 个月就干透入药，也有许多地方在室内熏干。其做法是：在室内搭高 150～200cm 的熏架，架用木条或竹条编成花孔状，其上放置大黄根体，厚度 60～70cm，根体放好后，在架下慢慢燃烧木材，使其烟从架棚中穿过，必须设专人看管，烟火昼夜不间断，又不要过大。熏干过程中，要经常上下翻动，熏至大黄外皮无树脂状物，并干透为止。一般 2～3 个月就能干透入药。

出口的大黄，应将已干透的产品放入"槽笼"内，加入石子来回撞击，使之相互摩擦，撞去刀削的棱角。

有的根体根茎部位较大，干燥后，根茎中心收缩较多，外观下凹，故名"蹄黄"。

削下的大黄侧根，水洗后刮去粗皮，干燥后也可入药。

第十三节 天 麻

一、概 述

天麻为兰科植物。干燥的块茎入药。生药称天麻（Rhizoma Gastrodiae）。含香荚兰醇、香荚兰醛、维生素、苷类、结晶性中性物及微量生物碱、黏液质等。有益气、养肝、镇惊、息风、止痉等功效，常用于头痛眩晕、肢体麻木等症。主产于四川、云南、湖北、陕西、贵州等地，东北及华北部分地区也有少量生产。原为野生，近年各地人工栽培已获成功。

二、植物学特征

天麻（*Gastodia elata* Blume）多年生异养草本，无绿叶，茎高 50～150cm。地下块茎横生，长圆形或椭圆形，肉质肥厚，具节，节上轮生膜质鳞片。茎单一，直立，圆柱形，黄褐色。叶退化成鳞片状，淡黄褐色，膜质，长 1～2cm，基部成鞘状抱茎。总状花序顶生，长 5～30cm；苞片膜质，披针形，长约 1cm；花黄赤色，萼片与花瓣合生成壶状，口部歪斜，基部膨大；子房倒卵形，子房柄扭转。蒴果长圆形至长倒卵形，有短柄；种子多而细小，粉尘状。花期 5～7 月，果期 6～8 月（图 8-30）。

图 8-30 天 麻

三、生物学特性

(一) 生长发育

天麻是高度退化的植物，无根也无绿叶，一生中除了箭麻抽茎、开花、结实的60~70d在地表上生长发育外，其余全部生长发育都是在地表以下进行的。

从种子萌发到新种子形成一般需要3~4年的时间。自然成熟的种子在适宜条件下，胚渐渐膨大呈椭圆形并突破种皮，发育成原球茎（又叫原生球茎体），随后，原球茎上长出细长的营养繁殖茎（又叫初生球茎足），原球茎与营养繁殖茎只有被蜜环菌侵入后才能继续发育。发育时，其上可长出许多小块茎，在生育期间块茎渐渐长大，当地温低于10℃时便停止生长进入冬眠，人们把此时的块茎称为米麻或麻米。冬眠后，米麻顶芽和靠近顶芽的腋芽萌发，生长发育成新的块茎，多数为白麻，少数为箭麻；腋芽形成的块茎多为米麻。伴随新块茎形成，原米麻解体。秋后新块茎（箭麻、白麻、米麻）进入冬眠。第三年时，箭麻顶芽抽茎出土（抽薹），然后开花结实，其腋芽发育成米麻或小白麻；大小不等的白麻的顶芽发育成箭麻和大白麻，腋芽生成米麻或小白麻；米麻发育成箭麻、白麻。伴随新块茎形成，原来的箭麻、白麻、米麻解体（图8-31）。

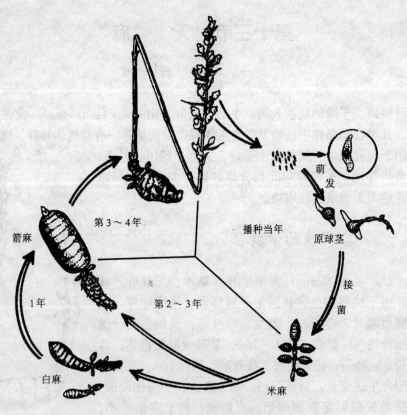

图8-31 天麻生长发育示意图

(二)天麻是异养型的药用植物

在漫长的生物进化过程中,天麻形成完全依赖于侵入体内的蜜环菌菌丝提供营养,没有活的蜜环菌菌丝天麻无法生存,所以天麻是异养型的药用植物。1911—1915年日本的草野俊助曾对天麻与蜜环菌的关系做过研究,把二者关系称为共生关系。20世纪70年代前很少有人发表新的论点。1973年周铉提出天麻是食菌植物,其研究报道指出,蜜环菌以菌丝和根状菌索腐生在枯木或寄生在树根上。当菌索的幼嫩部分靠生到天麻块茎上,与块茎皮层接触时,蜜环菌菌索顶端与天麻接触处便分泌水解酶类,使局部软化,侵入到皮层的最内一层。然后菌索先端的一侧或两侧裂开,大量菌丝侵入延伸到最内1~2层皮层细胞的垂周壁,沿淀粉层外围蔓延,此时被侵染细胞受到破坏。在菌丝向外围细胞延伸同时,未被侵染的皮层细胞在菌丝的刺激下,迅速液泡化,胞内贮藏的淀粉粒消解,细胞器消失核也变大,并位于中部,此后入侵到液泡内的菌丝,被浓密的细胞质包裹在细胞中央。天麻细胞分泌分解酶类使菌丝从分隔处断裂,成为一节节的单独菌丝并扭曲变粗,最后失去完整外形,细胞质消失。经电子显微镜定位,天麻皮层细胞的液泡膜内外可观察到酸性酶的少量沉淀物,而大量的呈结晶状态的活性产物则分布在液泡与菌丝之间。在十余层至三十余层片层状结构的周围(这些片层状结构是天麻质膜增生后衍变形成的),入侵在片状结构酶活性部位的菌丝细胞壁也被消化。被消化的蜜环菌细胞物,通过纹孔进入相邻的内部大型细胞内被天麻代谢所利用,成为天麻生长发育的营养成分。

周铉等认为蜜环菌对天麻的侵入,只能在新块茎生长停止后(即枯萎后),不能在新块茎生长停止之前。

随着天麻新块茎的生长发育,即新块茎的不断长大或箭麻抽茎开花、结实,原块茎(母麻)逐渐衰老,失去了同化蜜环菌的能力,蜜环菌大量繁殖,进入块茎内层组织吸取营养。原块茎组织几乎被菌丝腐生,当营养枯竭时,菌丝又形成新的菌索。最后原块茎腐烂中空。

综上所述,天麻靠消化侵入皮层的蜜环菌才能生存,即蜜环菌是天麻赖以生存的最主要的营养来源,所以天麻离不开蜜环菌。正如产区药农所说,有天麻的地方必有蜜环菌,有蜜环菌的地方不一定有天麻。

因为天麻依赖于蜜环菌,所以天麻与蜜环菌结合早晚、蜜环菌的营养和生长条件的好与坏,直接关系到天麻生长好坏与大小。一般麻菌早期结合,蜜环菌营养好,生长条件适宜,天麻生长的块茎大,否则就小;如果天麻生长中期气温高、湿度小,蜜环菌生长不良,则天麻块茎呈细腰状态。

有些大白麻、灭箭箭麻没接上蜜环菌,其上新块茎也可以利用原块茎营养生长,但新块茎细长瘦小发育不良,且易感病死亡。未感病的天麻下一年再接不上蜜环菌,天麻就全部死亡。

(三)天麻块茎的更新

春季气温稳定到12℃以上时,冬眠后的天麻块茎,其顶芽和靠近顶芽的腋芽具有生长优势,其新块茎长得大而快。当气温稳定在18~23℃间,湿度适宜,蜜环菌生长旺盛,天麻新块茎迅速伸长加粗,顶芽形成的新块茎大于原块茎。如果冬眠后的天麻没有接上蜜环菌或蜜环菌菌丝生长不好,则新块茎细长瘦小,小于原块茎。一般情况下白麻(大、中、小白麻)顶芽均有发育成箭麻的能力,腋芽多发育成米麻或小白麻。米麻顶芽长成白麻,腋芽形成米麻,而冬眠后的箭麻,其顶芽抽薹开花,部分腋芽发育成米麻或小白麻。当新块茎形成后原块茎腐烂中空,天麻块茎的这种一年一更新的特点，群众称为天麻的换头。

生产上常把冬眠后待要萌发生长的块茎称为母麻，母麻上长出的块茎凡长度在2cm以内，重量小于2.5g称为米麻（或称麻米）。块茎体长为2～7cm，重2.5～30g的顶芽粗壮钝尖，鳞片灰褐色或褐色，顶芽内无穗的原始体称为白麻。生产上又将白麻按大中小分为三级，将鲜重为20～30g的称为大白麻，鲜重为10～20g的称为中白麻，鲜重为2.5～10g的称为小白麻。白麻和米麻都是营养期的块茎。人们把块茎长为6～15cm，重量在30g以上的块茎，顶芽粗大锐尖，鳞片呈褐色或深褐色（也称红褐色），芽内有穗的原始体的块茎称为箭麻，箭麻是生殖生长阶段的块茎。

天麻块茎增重率以米麻和小白麻为最高，一般增重在5倍以上，中白麻增重率为2～3倍，大白麻为1～1.5倍，箭麻小于1倍。

（四）开花习性

箭麻一般于地温上升到12℃以上时便抽薹出土。抽薹后生长较快，在18～22℃条件下湿度适宜，日生长长度为9.5～12cm。地温19℃左右时开始开花，从抽薹到开花需21～30d，从开花到果实全部成熟需27～35d。花期地温低于20℃或高于25℃时，则果实发育不良。

天麻朵花期3～6d，同一花序上常有数朵花同时开放，单株花序开放的天数为7～15d。开花期的长短与空气相对湿度和温度有密切的关系，如空气湿度减少，开花持续时间就缩短，一般为20～25d。在一天之内，以上午7～9时和下午15～17时开花数较多，夜间几乎不开花。

（五）蜜环菌的习性

要种好天麻，必须了解蜜环菌的习性，给两者创造都适合生长的环境是获得种植成功和优质高产的关键。蜜环菌［*Armillariella mellea* (VaIl. ex Fr.) Karst.］属担子菌纲（Basidiomycetae），伞菌目（Hymenomycetes），白蘑科（Tricholomataceae）。

蜜环菌生长发育分菌丝体和子实体两个阶段，菌丝体阶段是以菌丝和菌索两种形态存在，菌丝白色或粉红色，常腐生或寄生在待要腐朽的枯木上或活树根上。菌束多由无数条菌丝网结而成，外面被有棕褐色的有一定韧性的鞘后，称为菌索，菌索衰老前生活力强，衰老后菌索呈黑褐色或黑色。

子实体呈伞状，高5～10cm，蜜黄色，中部色泽较深。盖表具有黑褐色的鳞纹，以辐射状向四周散开，中部较密，四周逐渐减稀。菌柄圆柱状，基部稍膨大，有时略弯曲，柄上有环（即菌环），白色。柄长4～8cm，粗0.5～1cm，外围为纤维质，老熟时中空。菌柄基部有时具有纤细鳞片。菌裙明显延伸，呈辐射状，较整齐，白色，老熟时变暗。孢子无色透明，圆形或椭圆形，$8\times4\mu m\sim6\mu m$。孢子印白色。

蜜环菌以腐生为主，兼性寄生。可以生活在待要腐烂的枯木上，树桩和有机质丰富的土壤中，也能寄生在活树根上。其菌丝体能分解纤维素、半纤维素和木质素，并能把它们转化为自身需要的营养。不能利用CO_2和碳酸盐等。生长中需要补给麦麸等氮源，此外还需一定的无机盐类（磷、钙、镁等）和少量维生素等。

蜜环菌能发光，菌丝及菌索幼嫩尖端在暗处可发出荧光。一般来说，温度越高，接触空气面积越大，所发的光越强。在基物含水40%～70%时，其发光温度为12～28℃，25℃时发光最强，低于10℃或高于28℃不发光。

菌丝体在6～10℃时便开始生长，6～25℃间随温度升高生长加快，最适温度为18～25℃，超过28℃时生长受到抑制，当温度超过30℃时生长停止，菌丝体老化，低于6℃时则休眠。

蜜环菌菌丝体较天麻更能忍耐较大的湿度。多生活在含水量40%～70%间的基物中，如含水量低于30%时，蜜环菌生长不良，湿度大于70%时，也影响透气，不利于蜜环菌的生长。

蜜环菌是一种好气性真菌，在透气良好的条件下，生长旺盛。pH在4.5～6.0之间均能生长，以pH 5.5～6.0最好。

（六）与环境条件的关系

1. 温度

温度是影响天麻生长发育的主要因子，当栽麻层温度升至12～13℃以上时，天麻顶芽开始萌动生长。天麻、蜜环菌生长以18～23℃最为适宜，当温度达到28℃以上时，蜜环菌菌丝体的生长受到抑制，但天麻耐高温能力比蜜环菌强，32～34℃持续10d对天麻影响不大。当土壤温度在-3～-5℃时，天麻能安全越冬，长时间低于-5℃时，则易发生冻害。在北方高寒山区冬季，因积雪覆盖，天麻也能安全越冬。

2. 湿度

天麻生长发育不同阶段，对湿度要求也不同，秋季刚栽上的麻，即越冬休眠期的天麻，水分不要太大，培养料或土壤含水量以30%～40%为宜。天麻生长期间培养料或土壤水分要大些，一般以40%～60%为好，含水量在70%以上对天麻和蜜环菌生长都不利。天麻自然分布产区降雨量多在1 700mm左右，空气的相对湿度在70%～80%。

3. 土壤

天麻最适宜生长在土壤pH为5.5～6.0，含氮量高于0.2%，含磷量为0.25%，疏松的、含有机质丰富的腐殖土中。野生天麻多生长在半阴半阳的易排水的坡地上。

4. 植被

主要的伴生植物有乔木类的青冈（*Quercus* sp.）、竹类、板栗（*Castanea mollissima*）、桦（*Betula* sp.）、色木（*Acer mono*）、柞树（*Quercus mongolica*）等。灌木层有野樱桃（*Prunus* sp.）、榛（*Corylus* sp.）等。草本层多为林下常见草本植物，此外还有苔藓类、蕨类等。上述各类伴生植物除草本植物外，多数为蜜环菌寄生或腐生的对象，可保证天麻营养的来源。

四、栽培技术

（一）选地整地

选择排水良好的砂质壤土或富含有机质的腐殖土。稀疏杂木或竹林，烧山后的二荒地、坡地、平地均可。对整地要求不严，一般砍掉地上过密杂林、竹子，便可直接挖穴（窝）栽种。

（二）栽麻

天麻用种子和块茎都能繁殖。当前生产上以块茎繁殖为主，种子繁殖为辅，不论哪种繁殖方法都要首先培养菌材，然后栽天麻或播种。

1. 培养菌材

天麻的生长主要靠活的蜜环菌提供营养。蜜环菌又必须有腐生基物，为保证蜜环菌在天麻整个生育期有充足的养分提供。生产上用营养丰富的木段作基物使蜜环菌腐生在其上，然后栽麻，这种有蜜环菌腐生的木段被称为菌材。栽培天麻必须首先培养蜜环菌菌材，培养菌材是人工栽培天麻的重要环节。

培养接种用的菌材在温室内除夏季高温外一年四季均可培养。在室外培养应于 5~8 月份即地温 20℃ 左右时进行，此时蜜环菌长快，可以相对缩短培育时间，保持菌材有充足的养分。不论室内室外，培养作传菌用的菌材必须在栽麻坑培菌前培养好。栽麻坑或播种坑的培菌一般在栽麻前 30~40d 间进行。

(1) 菌种的分离培养　如果有可靠的蜜环菌二级菌种提供者，这一步工作可不必进行。开展这一工作的第一步是纯菌种的分离（一级菌种的制备），是取蜜环菌菌索、子实体或带有蜜环菌的天麻或新鲜的菌材，在无菌条件下，进行常规消毒，冲洗，然后分离接种在固体培养基上，在 20~25℃ 条件下暗培养，7d 后即得纯菌种。

培养基配方为：新鲜的马铃薯 200g，葡萄糖 20g，蛋白胨 5~8g，磷酸二氢钾 1.5g，硫酸镁 1.5g，琼脂 18~20g，清水 1 000ml，pH5.5~6。

培养二级菌种培养料配方：78% 的阔叶木屑、20% 的麦麸、1% 的蔗糖、1% 硫酸钙或 70% 阔叶木屑、约 20% 玉米芯粉、10% 麦麸、0.01% 磷酸氢二钾或磷酸二氢钾。培养方法是：先将培养料混匀，调好湿度（含水 50%~60%）后装瓶，装至瓶口肩部。装后在瓶中间扎一个直径 1cm 的深到培养料一半的小孔，扎孔后盖好盖，高压灭菌（121℃，1h），也可用民间蒸锅灭菌（100℃，4h）。灭菌后冷却，在无菌环境下接种，接菌后在 20~24℃ 以下培养 30d 左右，当菌丝长满瓶并有棕红色菌索出现时，就可做菌种培养菌材。

(2) 菌材木料及培养料的准备　一般阔叶树的木材均可作培养菌材的材料，常用的有青冈、柞树、板栗、桦树、野樱桃、水冬瓜（*Alnus sibirica*）、牛奶子（*Elaegnus unbellata*）、花楸树（*Sorbus pohushanensis*）、裂叶榆（*Ulmus laciniata*）、灯台子（*Cornus controversa*）、栓皮栎（*Quercus variabilis*）等。桦木菌材寿命短，后期营养不良，而柞木发菌慢，但长势好，而且耐腐烂，故以柞木、桦木结合为宜。在木材缺乏地区，可用玉米轴和粗棉花秆等作菌材材料。

菌枝材：为充分利用木材，许多单位将树木枝丫也截成小段利用，称为菌枝材。有的将砍下的木块用来培菌，菌枝材和碎块作传菌用材最好。一般选 2~3cm 粗的柞树枝或桦木枝，用砍刀截成长 8~15cm 的小木段，然后培养，使之接上蜜环菌。

菌棒材：选粗 5~15cm 树干或树枝桠截成长 20~70cm 的木段，然后在菌棒上砍 2~3 行的鱼鳞口，深度达木质部，以利蜜环菌侵入生长。

培养料：生产上将用于培养的基质如半腐熟落叶锯木屑加砂、腐殖土等称为培养料，多用半腐熟落叶或锯木屑加沙作培养料。培养料应当疏松，透气良好，易于渗水和保温为好。

半腐熟落叶培养料是使用落叶和沙子按 3~5:1 混合。此类培养料疏松、体轻，并含有多量腐殖质，有利于蜜环菌的生长。一般秋末收集阔叶树的落叶，堆放于湿润处或挖浅坑堆放，至翌年春即可将堆放的树叶打碎，过粗筛后使用。

四川、云南、陕西、吉林等一些栽培地区，还应用辅助培养料，其量是按每 100 根菌材用 2.5~5kg 细米糠或 10% 马铃薯水 150~250kg。

(3) 菌材的培养　接菌前要将菌枝、菌棒浸在 0.25%~1% 的硝酸铵水溶液中，待菌材浸湿后（24～30h），控去附水即可培养。目前各产区培养菌材方式主要有地下式、半地下式、地上堆培式三种。

地下式培养菌材法：也叫窝培、窖培。在已选好的场地上铲除杂草，清除石块树根等杂物，挖沟深20～30cm，宽100cm，长依地形或需要而定（10m以内为宜）。先将沟底整平后，铺5～10cm培养料，然后在其上铺一层新鲜的待培养蜜环菌的木段，木段间用培养料填好，在填培养料同时加入蜜环菌二级菌种。一般用6～10瓶可培育15～30kg菌枝，或培育50～100kg的菌棒材，以此类推，堆放4～5层。也有的是将待培菌的木料与已有菌的菌材间隔摆放，最上层盖腐殖土10～18cm，再用枯枝落叶封盖好。在18～24℃，基物含水量为50%的条件下2个月左右即可培好菌。

半地下培养菌材法：此方式适于气温较低、地下水位较高、湿度较大的地区。菌坑的深度为15～20cm，宽100cm，长100cm或依地形和需要而定，培菌方法同上。

地上堆培法：适于气温较低，地下水位较高，湿度较大的地区。在适宜培菌的地面上，先铺5～10cm培养料，然后按地下式做法铺菌材、培养料，堆5层后用培养料盖好，其上覆10cm落叶，保温、保湿即可。

2. 栽麻与播种

天麻生产上以营养繁殖为主，种子繁殖为辅。

（1）营养繁殖　也叫块茎繁殖，这种繁殖法是以天麻块茎作为播种材料，使其直接产生新个体。

露地栽麻在春、夏、秋三季均可栽培。能露地越冬的地方，以秋栽为最好，春栽次之，夏栽产量最低（表8-57）。

表8-57　不同栽植时期天麻增重情况统计表

不同栽期		调查块茎数	栽前重（g）	栽后重（g）	增重率（%）
秋栽	1组	15	216	527	143
	2组	15	167	532	318
春栽	1组	15	333	656.3	97.08
	2组	15	333	591.2	77.53
夏栽	1组	15	144.8	260	80.6
	2组	15	124.8	475.1	28.05

不能露地越冬的地方，可在4～5月栽种。

种栽选择：一般来说，不论是箭麻、白麻、米麻均可作播种材料，但从收获块茎入药角度讲，白麻好于米麻，米麻好于箭麻。生产上多选择中、小白麻作种（重量2.5～20g），因中、小白麻生长速度快，繁殖力强，是最好的播种材料。30g以下的箭麻也可作种用，但应灭箭（削去顶芽）。不论什么麻种都应选择个体发育完整，色泽正常无破损和无病害者为最佳。

栽麻方法：以固定菌材栽麻法（又叫固定菌床栽麻法）最好。其做法是栽麻前先在选好的场地上按计划培菌，培菌后栽麻。栽麻时，在已培养好菌材的坑内（又称培菌坑）掀起或取出上层菌材，把麻种栽入下层菌材间（图8-32），然后盖好菌材。这样坑中下层菌材没有动，菌索受破坏不重，接触天麻快，便于蜜环菌和天麻早期结合，为天麻提供营养，加快其生长。下层菌材间空隙小时，可间隔取出一个菌材，然后将麻种放在空隙大的一侧。大白麻间距为10～12cm，中白麻间距为 7~9cm, 小白麻 4~6cm, 米麻撒播, 一定要将麻种靠放在菌材菌索较密集的地方。麻间用培养料填平, 然后将上层菌材放回, 这是单层栽麻。如果放回上层菌材时, 再照上法在第二层菌材空内摆麻种, 麻种间用培养料填平后, 上面再放一层菌材就成为了双层栽麻, 依此类推可有三层、四层等栽麻方法。无论栽几层, 最后都要在最上面覆土 10~15cm, 土上盖落叶, 坑周挖好排水沟。单层栽麻用种量: 麻米或小白麻为 100~150g/m^2, 中白麻 200~250g/m^2, 大白麻为 300~400g/m^2。双层栽麻是米麻、小白麻 200~250g/m^2, 中白麻 300~400g/m^2, 大白麻 400~500g/m^2。

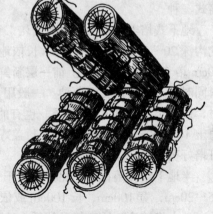

图 8-32 菌床栽麻示意图

活动菌材伴栽法是在选好的地段上, 挖栽麻坑, 坑深要因地而宜, 一般为 15~25cm, 宽 50~60cm, 长度 1~5m。用腐殖土垫入坑底, 然后铺 5cm 培养料, 其上平摆培养好的菌棒 4~6 条, 棒间距 3~5cm, 然后将麻种贴靠在菌材菌索上。摆后用培养料填平, 上面再放一层菌材。菌材间用培养料填平, 上面覆 10~15cm 落叶。也可进行双层或多层栽麻。活动菌材栽麻法是菌材、天麻同时放入, 菌材上蜜环菌损伤较大, 因此天麻产量较低 (表 8-58)。

表 8-58 不同栽麻方法对天麻产量的影响

处理		调查的块茎数	栽前重 (g)	栽后重 (g)	增重率 (%)	平均增重率 (%)
固定菌材	1组	5	36.4	241.7	546.1	477.6
	2组	5	37.2	182.6	391.1	
移动菌材	1组	5	29.1	24.50	-15.8	80.9
	2组	5	35.6	98.7	177.6	

另外, 栽麻的层数对产量也有一定的影响, 以二层栽麻产量最高 (表 8-59)。

表 8-59 不同栽麻层数对天麻增重的影响

处理		栽种量 (g)	收获量 (g)	增重率 (%)	1~2组平均增重率 (%)
双层	1组	215.1	1 500	597.35	619.8
	2组	242.5	1 800	642.26	
三层	1组	346.5	31 500	809.09	543.72
	2组	365.8	1 350	278.36	
四层	1组	422.3	2 400	468.31	490.15
	2组	409.3	2 500	512	

(2) 种子繁殖 为防止长期块茎繁殖产生退化或种块茎不足时, 可采用种子繁殖。天麻种子繁殖系数大, 据调查一株箭麻可着生 20~50 个果, 一个果可产生 4 万~6 万粒种子, 这样一株箭麻可产种子 80 万~300 万。即使天麻种子利用率按 1% 计算, 每个果也可产生 400~600 个米麻, 一株则可产生 8 000~30 000 个米麻。

建种子园: 种子园应建在背风向阳、排水良好的地方。选地后, 挖深 20cm, 宽 60cm, 长

100cm畦沟，在畦沟内按一定方向摆好菌材，然后摆入箭麻，20cm一个并用培养料填平空隙，栽后表面撒些阔叶树树叶即可。

种子园管理：应选发育完好，无破损的，个体大（50~100g）的箭麻作为种栽。春、秋两季均可栽种。一般室内栽植为11月至次年4月上旬；室外在3月上旬至5月上旬。生产上一般多春栽。在抽薹前搭荫棚，防止强光直接照射损伤花薹。同时每一花茎一侧插支柱，以防倒伏，并设防风障。

授粉：天麻自花授粉结实率低，人工授粉可提高结实率。人工授粉应在天麻开花当天进行，每天上午8~10时，将着生在合芯柱顶端的药帽轻轻挑出来，再将药帽内的花粉块挑起，把它轻轻地放在同一朵或另一朵花内，最好进行异花授粉，放入已分泌出淡黄色胶质黏液的雌蕊柱头上。授粉后2~3周，种子即可成熟，将果实尚未开裂的成熟种子采收，立即播种。

种子繁殖：采用固定菌床播种，每年3月份开始做床、培菌，6月下旬播种。播种时揭开上层菌材，在下层菌材空隙间摆放一层干的阔叶树树叶，叶上均匀撒播天麻种子，撒种后在其上再摆放一层树叶，再撒种，如此摆叶撒种直至把菌材空填平。然后将上层菌材放回，上层菌材空隙也照此法播种。播种后其上再放置些菌枝材或菌棒材，空隙填满培养料，最后上面盖层培养料和树叶。

（三）田间管理

1. 浇水拔草

栽麻后要注意经常浇水，保持床内菌材、培养料湿度适宜（含水量50%~60%），使空气相对湿度控制在70%~80%间。床面有草就拔，床间杂草可以铲除。

2. 调节床（坑）内温度

为调节好床内温度，在生育期短的地方，常采用扣塑料棚或覆地膜，提高床（坑）内温度，使之恒定在18~25℃之间。在夏季或高温时期，许多单位搭棚遮荫，通过调节荫棚的透光度，使床内温度控制在25℃以下，保证蜜环菌和天麻尽可能在最适宜的温度下生长发育。

3. 排水

进入雨季前要挖好排水沟，严防雨水浸入床（坑）内。

4. 病虫害防治

天麻块茎有腐烂病（病源尚不清）。抽箭后则易受蚜虫危害。防治方法：选择无病块茎作种栽；加强床内水分、温度管理；蚜虫可用1 000倍乐果防治。

（四）品种类型

目前我国栽培的天麻有一个种，即天麻（*Gastrodia elata* Blume），三个变型，即绿天麻（*G. elata* Bl.f. *viridia*）、乌天麻（*G. elata* Bl.f. *glauca*）、黄天麻（*G. elata* Bl.f. *flavida*）。

绿天麻的花及花葶淡蓝绿色，植株高1~1.5m。成体块茎长椭圆形，节较短而密，鳞片发达，含水量70%左右，是我国西南、东北地区驯化栽培的珍稀品种，单个块茎最大者达700g。我国西南、东北各省、自治区有野生分布，日本、朝鲜也有分布。

乌天麻的花蓝绿色，花葶灰棕色，带白色纵条纹，植株高1.5m左右，个别高达2m以上。成体块茎椭圆形、卵圆形或卵状长椭圆形，节较密，含水量常在70%以内，有的仅为60%。大块茎长达15cm左右，粗为5~6cm，最大块茎重800g左右。是我国东北、西北、西南各省、自治区驯化后的主栽品种。

黄天麻，花淡黄绿色，花葶淡黄色，植株高 1.2m 左右，成体块茎卵状长椭圆形，含水量为 80% 左右，是我国西南地区驯化后的一个栽培品种，最大块茎重为 500g。

五、天麻的采收、贮藏与加工

（一）天麻的采收

天麻应在休眠期采收，即秋季 10～11 月或春季 3～4 月采收。生长期或春季萌动抽箭时采收，块茎质地不实，加工后多空心质泡。

采收时要先撤去盖土，接着取出菌材，然后取天麻，将商品麻、米麻分开盛装，箭麻、大白麻及时加工，中、小白麻和米麻作播种材料。

一等天麻：鲜麻重 150g 以上，长度 8cm 以上，直径 4～7cm，每千克 2～6 个。

二等天麻：鲜麻重 70～150g，长度为 6～8cm，直径 3～4cm，每千克 7～14 个。

三等天麻：鲜麻重 70g 以下，麻长为 6cm 以下，直径为 2cm 以下，每千克数 15 个以上。

（二）种麻的贮藏

保存麻种可在 3℃ 的窖内或室内，用洁净湿润的细沙或锯木加砂（2∶1）与天麻分层堆放，使天麻块茎互不接触为宜。贮藏期间经常检查，以防霉烂和鼠害。

种麻贮藏关键在于调节其温湿度，减少种麻失水是取得贮藏成功的关键条件之一。采用层积法在 1～3℃ 低温贮藏 6 个月其萌发率为 90%。贮藏期覆盖物含水量要适宜，含水量低，种麻失水，含水量高会造成烂麻，贮藏中覆盖物含水量以 20%～24% 为适宜。

贮存麻种期间严防煤油、油脂类物质以及动物尿便液等渗入覆盖物中，否则会大量腐烂。

（三）天麻的加工

天麻采收后应及时加工，不宜久放，久存块茎呼吸消耗养分，易霉烂。加工后块茎质地松泡，商品等级低下。

天麻加工工艺为洗泥、刮鳞、蒸（煮）、烘干整形等。

1. 洗刷、刮鳞

采收后的天麻用高压水泵冲洗，洗刷至表面无泥土污物，然后装入洁净稻谷壳的袋内往复串动，使之擦去外表鳞片，亦可用竹片刮去鳞片。

也有用炒炙法去鳞片的，即将洗净的天麻块茎，放在炒热的沙中（沙子与天麻比为 5∶1），用急火炒炙，不断翻动，使块茎鳞片在短期内被炒焦后取出放入冷水中浸泡并趁热刮去鳞片，冲洗后晾干附水。

2. 蒸、煮

将洗后天麻按大小分级蒸制或煮制，蒸制法较好。

（1）蒸麻　蒸制天麻是将洗后刮完鳞片的天麻分级放入锅内蒸制，大天麻圆气后蒸 20min 左右，中天麻蒸 15min 左右，小天麻圆气后蒸 12min 左右，蒸至块茎无生心为度。

（2）煮麻　煮天麻多用较稀的小米米汤煮熟天麻。大天麻（100～150g）煮 25min 左右，中等天麻煮 15～20min，小白麻（80g）煮 15min 左右，不断搅拌至无生心就可捞出。

明矾水煮麻方法:用1%明矾水煮沸加工称为明矾水煮麻法。即将洗净刮鳞的天麻按大小分别放在1%明矾水中煮熟,熟透而不过即可捞出。

3. 烘干整形

将蒸煮好的天麻放在烘干室内烘干,入室温度为70~80℃,待烘2~3h后再降至50~60℃,烘到7成干时,用木板压扁,最后烘至全干为止。

天麻加工折干率一般为25%。

加工后的天麻,以个大肥厚,完整饱满,色黄白,明亮,质坚实,无空心、虫蛀、霉变者为佳品。

第十四节 地 黄

一、概 述

地黄为玄参科植物,干燥的块茎入药,生药称地黄(Rhizoma Rehmanniae)。含环烯醚萜苷类物质,如梓醇,鲜品中含量达0.11%,并含地黄素、维生素、多种糖类和多种氨基酸等。鲜地黄有清热、生津、凉血的功效;生地有滋阴清热、凉血止血的功能;熟地则有滋阴补血的作用。主要为栽培,我国大部分地区都有生产,但以河南的温县、博爱、武陟、孟县等地产量最大,质量最好,销全国,并有大量出口。

二、植物学特征

地黄(Rehmannia glutinosa Libosch.)为多年生草本,高10~35cm,全株密被灰白色长柔毛和腺毛。根纤细根茎肥厚肉质,呈块状。叶多基生,莲座状,柄长1~2cm;叶片倒卵状披针形至长椭圆形,长3~10cm,宽1.5~4cm,先端钝,基部渐狭成柄,叶面皱缩,边缘有不整齐钝齿;无茎生叶或有1~2枚,甚小。总状花序单生或2~3枝;花萼钟状,长约1.5cm,先端5裂,裂片三角形;花冠筒稍弯曲,长3~4cm,外面暗紫色,内面杂以黄色,有明显紫纹,先端5裂,略呈二唇状,上唇2裂片反折,下唇3裂片直伸;雄蕊4,二强;子房上位,卵形,2室,花后渐变一室,花柱单一,柱头膨大。蒴果卵形,外面有宿存花萼包裹;种子多数(图8-33)。花期4~5月,果期5~6月。

图8-33 地 黄

三、生物学特性

(一) 生长发育

地黄实生苗第二年开花结实,以后年年开花结实。地黄种子很小,千粒重约0.15g。地黄种子为光萌发种子,在黑暗条件下，温度在22℃或30℃，即使湿度适宜，1个月也不萌发。在弱光、35℃条件下18d可发芽。种子在室内散射光条件下只要温度适宜都能发芽。播于田间在25~28℃条件下，播后7~15d即可出苗，8℃以下种子不萌发。根茎播于田间，在湿度适宜，温度大于20℃时10d即可出苗。日平均温度在20℃以上时发芽快，出苗齐，日平均温度在11~13℃时出苗需30~45d，日平均温度在8℃以下时，根茎不萌发。夏季高温，老叶枯死较快，新叶生长缓慢。花果期较长，7~10月为根茎迅速生长期，10~11月地上枯萎，全生育期140~180d。

地黄根茎繁殖能力强，其根茎分段或纵切均可形成新个体，根茎部位不同形成新个体的早晚和个体发育状况也不一样，产量也有很大的差异。根茎顶端较细的部位芽眼多，营养少，出苗虽多，但前期生长较慢，根茎小，产量低；根茎上部粗度为1.5~3cm部位芽眼较多，营养也丰富，新苗生长较快，发育良好，能长成大根茎，是良好的繁殖材料；根茎中部及中下部（即根茎膨大部分）营养丰富，出苗较快，幼苗健壮，根茎产量较高，但用其作种栽，经济效益不如上段好；根茎尾部芽眼少，营养虽丰富但出苗慢，成苗率低。

（二）开花习性

地黄在早春出苗后即出现花蕾，四川省盛花期为4~5月，东北为5~6月。每朵花冠从出现至开放需6~7d，花冠平均每天生长3~5mm，花冠开放后，雄蕊长的一对花药先开裂，花粉先散出，短的一对花药后开裂，朵花期为3~4d。开花一个月后果实成熟，每株收3~7个果实。每个果实中含种子22~450粒。

（三）与环境条件的关系

地黄对气候适应性较强，在阳光充足，年平均气温15℃，极端最高温度38℃，极端最低温度-7℃，无霜期150d左右的地区均可栽培。

潮湿的气候和排水不良的环境，都不利于地黄的生长发育，并引起病害。过分干燥，也不利于地黄的生长发育，幼苗期叶片增大速度快，水分蒸腾作用较强，以湿润的土壤条件为佳。生长后期土壤含水量要低，当地黄根茎接近成熟时，最忌积水，以免引起根茎腐烂。

地黄喜肥，喜生于土壤疏松、肥沃、排水良好的条件，砂质壤土、冲积土、油砂土最适宜，产量高，质量好。土壤过黏、过硬、瘠薄，则根茎皮粗、根茎扁圆形或畸形较多。

四、栽培技术

（一）选地、整地

1. 选地

选土壤疏松肥沃排水良好，向阳的中性和微酸性壤土或砂壤土为好。地黄不宜连作，连作植株生长不好，病害多。河南产地认为地黄应经5~6年轮作后，才能再行种植。前作以蔬菜、小麦、玉米、谷子、甘薯、山药为好。花生、豆类、芝麻、棉花等不宜作地黄的前作或邻作，否则，易发生红蜘蛛或感染线虫病。

2. 深耕与施肥

产区于秋季深耕30cm，结合深耕施入腐熟的有机肥料4 000kg/667m^2，翌年3月下旬施饼肥约150kg/667m^2。灌水后（视土壤水分含量酌情灌水）浅耕（约15cm），并耙细整平做畦，畦宽

120cm，畦高 15cm，畦间距 30cm。在降水少的地区多做平畦，以利灌水。东北习惯垄作，垄宽 60cm。

（二）播种

地黄生产是用根茎作繁殖材料，种子繁殖常用于提纯复壮或杂交育种。

播种地黄多在地温稳定在 10~12℃ 以上时开始，广西为 2 月上旬至 3 月中旬，河南 4 月上旬，北京 4 月中旬，辽宁 4 月下旬，河南麦茬地黄是在 5 月下旬至 6 月上旬。播种时，在畦上按 40cm 行距，25~30cm 株距开穴，穴深 3~5cm，每穴放一段根茎，覆土 3~5cm。垄作时，垄距为 60cm，每垄种双行，株距 30cm 左右。一般要求保苗 6 000~10 000 株/667m^2，相当于种栽 30~45kg。

地黄种栽质量好坏对出苗、保苗及产量影响很大，各地经验认为，种栽直径 1.5~3cm，粗细较均匀的为好。为培育好种栽，河南产区是在春地黄长到 7 月下旬时，按种栽需要量刨出一部分新根茎，重新分段选地栽种。由于生长期短，到枯萎时根茎粗度多为 2cm 左右。翌春栽种地黄时，刨出根茎，分成 3~4cm 长的小段（每段有 3 个芽眼），拌上草木灰或置阴凉处晾晒 1d。

东北地区多在秋季收获时选择优良单株，掰取直径为 2cm 左右的根茎，稍晾后拌砂窖藏（0℃ 左右）越冬。窖藏时注意控制好温度和湿度，严防温度高或湿度大，造成烂种栽。

近年许多地方采取覆膜栽培，由于地温高，出苗快，延长了生育期（2~3 周），可提高地黄产量 20% 以上。

采用种子作播种材料时，一般在地温稳定在 10℃ 以上开始播种，按 15cm 行距开沟，沟深 1~2cm，覆土 0.5cm 左右为宜。采用种子繁殖时，要注意抢墒保湿管理。一般是当年春播，翌春起出作生产田种栽。

在河南产区，许多地方播种地黄后，于畦（埂）旁间种豌豆、矮生四季豆、早春矮生蔬菜等。间种植物以矮生、生育期短为佳，间种也不宜过密。

（三）田间管理

1. 间苗补苗

在苗高 3~4cm 即长出 2~3 片叶子时，要及时间苗。由于根茎有 3 个芽眼，可长出 2~3 个幼苗，间苗时从中留优去劣，每穴留 1~2 棵苗，如发现缺苗时可进行补栽。补苗最好选阴天进行，移苗时要尽量多带原土，补苗后要及时浇水，以利幼苗成活。

2. 中耕除草

出苗后到封垄前应经常松土除草，幼苗期浅松土两次。第一次结合间苗除草进行浅中耕，不要松动根茎处，第二次在苗高 6~9cm 时可稍深些。地黄茎叶封行（垄）后，只拔草不中耕。

3. 摘花蕾、打底叶

为减少开花结实消耗养分，促进根茎生长，当地黄抽茎时，应结合除草将花薹摘除。8 月份当底叶变黄时也要及时摘除黄叶。

4. 排、灌水

地黄生长发育前期，生长发育较快，需水较多，但后期根茎大，水分不宜过多，忌积水。在生产中视土壤含水量适时适量灌水，雨季注意排水。

5. 追肥

在产区药农采用"少量多次"的追肥方法。齐苗后到封垄前追肥 1~2 次，前期以氮肥为主，保证旺盛生长，一般每 667m² 施入农家肥料 1 500～2 000kg，或硫酸铵 7～10kg。生育后期根茎生长较快，适当增加磷、钾肥，生产上多在植株具 4～5 片叶时追施农家肥料 1 000kg 或硫酸铵 10～15kg，饼肥 75～100kg。

6. 病虫害防治

地黄常见病害有斑枯病（*Septoria digitalis* Pass.）、斑点病（*Phyllosticta digitalis* Ball.）、枯萎病（*Fusarium* sp.）、轮纹病（*Ascochyta molleriana* Wint.）、花叶病（*Tobacco mosaic* Virus）等。

防治方法：选用健康无病种栽；加强田间管理，适当增施钾肥，提高抗病力；与禾本科植物实行轮作；于常年发病前 15～20d 开始喷药保护，连喷 3～4 次。常用的药剂有 65% 的代森锌 500～600 倍液、800～1 000 倍的 50% 的多菌灵、1∶1∶140 的波尔多液。地下病害用 800 倍的 50% 的甲基托布津（可湿性粉剂）浇注。

地黄常见的虫害有红蜘蛛、蛴螬等。可用 80% 敌百虫 800～1 000 倍液喷杀，或用 40% 乐果乳剂 1 000～1 500 倍液防除。

（四）地黄品种类型

目前在地黄产区已选育出了一些优良品种，主要品种有金状元、小黑英、邢疙瘩、北京 1 号、北京 2 号、85-5、钻地龙、红薯王等。

金状元：株形大，生长期长，喜肥，在肥料充足时能高产，可作早地黄栽培。目前该品种在各地栽培较为广泛。

小黑英：株形矮小，生育期较短，根茎开始膨大较早，对环境和肥料要求不严，适应性强，产量稍低，但稳定，适于密植，可作晚地黄栽培。栽培也较广泛。

邢疙瘩：株形大，生育期长，抗逆性较差，需肥多，产量和折干率低，宜在疏松肥沃的砂质壤土上作早地黄栽培。本品种分布不广。

北京 1 号和北京 2 号：均为杂交品种。株形较小，但整齐，适合密植，适应性强，在一般土质上都能得到较高的产量（每 667m² 可产干品，北京 1 号 500～800kg；北京 2 号 500～900kg）。

85-5：杂交品种。该品种株形大，出苗早、生长健壮、耐病、耐寒、生长期长，每 667m² 可产鲜地黄 4 000～5 000kg（折干品 1 000kg 以上），适宜壤土和砂壤土种植。

五、采收与加工

（一）采收

根茎繁殖的当年秋季，当地黄叶子逐渐枯黄停止生长后，即可采收。采收期因地区、品种、栽植期不同而异。浙江春地黄 7 月下旬起收，夏地黄在 12 月收获。一般栽培地黄在 10 月上旬至 11 月上旬收获。收获时先割去地上植株，在畦的一端采收，注意减少根茎的损伤。每 667m² 可收鲜地黄 1 000～1 500kg，高产可达 2 000～2 500kg。

（二）加工

(1) 生地黄　生地黄加工方法有烘干和晒干两种。

晒干：是根茎去泥土后，直接在太阳下晾晒，晒一段时间后堆闷几天，然后再晒，一直晒到质地柔软、干燥为止。由于秋冬阳光弱，干燥慢，不仅费工，而且产品油性小。

烘干：将地黄按大、中、小分等，分别装入烘干槽中（宽80～90cm，高60～70cm），上面盖上席或麻袋等物，开始烘干温度为55℃，2d后升至60℃，后期再降到50℃。在烘干过程中，边烘边翻动，当烘到根茎质地柔软无硬芯时，取出堆堆，"堆闷"（又称发汗）至根体发软变潮时，再烘干，直至全干，一般4～5d就能烘干。烘干时，注意温度不要超过70℃。当80%地黄根体全部变软，外表皮呈灰褐色或棕灰色，内部呈黑褐色时，就停止加工。通常4kg鲜地黄加工成1kg干地黄。生地以干货，个大柔实，皮灰黑或棕灰色，断面油润，乌黑为好。商品规格规定，无芦头、老母、生心、杂质、虫蛀、霉变、焦枯的生地为佳品，并按大小分五等。

（2）熟地　取干生地洗净泥土，并用黄酒浸拌（每10kg生地用3kg黄酒），将浸拌好的生地置于蒸锅内，加热蒸制，蒸至地黄内外黑润，无生芯，有特殊的焦香气味时，停止加热，取出置于竹席或帘子上晒干，即为熟地。

第十五节　党　参

一、概　述

党参原植物为桔梗科植物党参、素花党参和川党参，以干燥的根入药，生药称党参（Radix Codonopsis Pilosulae）。具有补气养血、和脾胃、生津清肺等功效。主治气短无力、津伤口渴、脾胃虚弱、食欲不振、大便清稀、肺虚咳喘、热症后的虚弱、气虚脱肛等气虚之症。

我国是世界党参的主产区和分布中心，全世界党参植物40余种，我国就有39种之多。党参原产山西省长治市（古称上党郡，后又改名潞洲）。目前我国北方各省及大多数地区均有栽培，主产于山西、陕西、甘肃、四川等省及东北各地。党参的产品在流通领域分西党、东党、潞党、条党、白党等。西党系甘肃、青海、陕西及四川西北部主产，习称纹党、晶党，其原植物为素花党参。东党主产东北各省，原植物为党参。潞党系山西、内蒙古、河北、河南等省（自治区）栽培的产品；条党系川、鄂、陕三省接壤处主产，其原植物均为川党参。

党参为常用大宗药材，全国年用量约7 000t，出口达2 200～2 800t。

二、植物学特征

党参［Codonopsis pilosula (Franch.) Nannf.］为多年生草质藤本。根呈长圆柱形，稍弯曲，表面黄灰色至灰棕色，根头部有多数疣状突起的茎痕与芽，内有菊花心。茎缠绕长1～2m，断面有白色乳汁，长而多分枝，下部有短糙毛，上部光滑。叶对生或互生，有柄，叶片卵形或广卵形，全缘。花单生于叶腋或顶端，花冠广钟形，淡黄绿色，具淡紫色斑点，先端

图8-34　党　参

5裂，裂片三角形，雄蕊五枚，花丝中部以下稍大，子房常为半下位，3室。蒴果圆锥形。种子小，褐色有光泽（图8-34）。花期8~10月，果期9~10月。

素花党参 [C. pilosula Nannf. var. modesta (Nannf.) L.T.Shen] 与党参的区别为：叶片长成时近于光滑无毛，花萼裂片较小。

川党参（C. tangshen Oliv.）的茎叶近无毛，或仅叶片上部边缘疏生长柔毛，茎下部叶基部楔形或圆钝，稀心脏形；花萼仅贴生于子房最下部，子房下位。

三、生物学特性

（一）生长发育

党参种子在温度10℃左右即可萌发，18~20℃最适宜，种子寿命一般不超过1年。无论春播或近冬播，产区党参一般在3~4月出苗，至6月中旬苗可长到10~15cm高。6月中旬至10月中旬，为党参苗的营养快速生长期，苗高可达60~100cm。高海拔、高纬度地区1年生党参苗不开花，10月中下旬上部枯萎，进入休眠期。两年或两年以上植株，一般3月中旬出苗，7~8月开花，9~10月为果期，10月下旬至11月初进入休眠状态。党参的根在第一年主要以营养生长为主，长达15~30cm，粗2~3mm，第二年至第七年，根以加粗生长为主，8~9年以后进入衰老期，开始木质化，质量变差。

（二）生长发育与环境条件的关系

1. 气候

党参喜温和凉爽气候，根部在土壤中能露地越冬，一般在海拔800m以上的山区生长良好，1 300~2 100m之间最适宜。炎热往往会导致病害发生，引起地上部分枯萎。幼苗喜潮湿，土壤缺水会引起幼苗死亡，但高温潮湿则易引起。党参对光照的要求较为严格，幼苗喜荫蔽，大苗或成株喜光，在半阴半阳处均生长不良。党参生长的地区冬季最低气温在-15℃以内，无霜期180d左右，夏季最高气温在30℃以下。野生党参多生长在海拔1 500~3 000m的山地、林地及灌木丛中。

2. 土壤

党参是深根性植物，主根长而肥大，适宜在深厚、肥沃和排水良好的腐殖质土和砂质壤土中栽培，pH 6.5~7.5，黏性过大或容易积水的地方不宜栽培。忌盐碱，不宜连作。

四、栽培技术

（一）选地与整地

1. 选地

宜选土层深厚肥沃、土质疏松、排水良好的砂质壤土。黏土、岗地、涝洼地或排水不良的地块均不适宜种植。育苗地应选择土壤较湿润和有灌溉条件的地方。移栽地和直播地应选择排水条件好和较干燥的地方种植，以免根病蔓延，造成减产。忌连作，一般与大田作物进行轮作。

2. 整地与施肥

育苗地畦作为好，畦宽 1m，畦长依地势而定，畦高 15~20cm，畦间距离 20~30cm。移栽地垄作为好，垄宽 50~60cm。播种或移栽前结合深耕将基肥翻入土中，一般育苗地和直播地施厩肥和堆肥 22.5~37.5t/hm²，移栽地施厩肥或堆肥 45~60t/hm²，过磷酸钙 450~750kg/hm²。移栽地应在秋季进行深耕后种植，次年春季及时镇压保墒。

（二）播种

党参靠种子繁殖，生产上采用种子直播和育苗移栽两种方式。

1. 种子直播法

种子直播在春、夏、秋均可。多数地区采用春播，西北地区常有秋播（又称近冬播种），秋播以播后种子不能萌发为宜。种子直播多用条播，行距 33cm 左右，沟宽 15cm，沟深 15cm，撒种后覆土镇压即可。每 667m² 用种 1.2kg。

2. 育苗移栽

在畦面上按 15cm 沟距开沟，沟深 3cm，条播，覆土 1~2cm，每 667m² 用种 2~2.5kg，播后床面覆草保湿。有些地方为保证苗齐、苗全，播种前把种子用 40~50℃ 温水浸 5min，捞出后在 15~20℃ 条件下催芽，约 4~5d 后种皮开裂就可播种。

当有 5% 种子出苗后，应逐渐撤除覆草。在高温干旱的地区，撤草后应搭简易遮光棚。苗高 5~7cm 时间苗薅草，株距 3cm。

党参育苗 1~2 年后移栽，移栽多在 10 月中旬或 3 月中旬至 4 月初进行。畦作时，可在整地后按行距 25~30cm 开 15~20cm 深的沟，按株距 6~10cm 将苗斜放在沟内，盖土 5cm 压紧并适量灌水。垄作时，可在已做好的垄上开 15~20cm 深的沟，株距约 10cm，覆土后及时耙平保墒。

（三）田间管理

1. 松土与除草

党参播种后，若发现土壤板结，可用树条轻轻打碎表层，使幼苗顺利出土。出苗后，封垄前必须注意勤除草松土，松土宜浅，以防损伤参根，封垄后不再松土。

2. 灌溉与排水

移栽后也要注意及时灌水防旱，成活后可少浇或不灌水，以控制上部徒长。雨季须注意排水，防止烂根。

3. 合理追肥

藤蔓高 30cm 前，要施一次肥，可施沤好的人畜粪尿每公顷 15~22.5t，施后培土。在 6 月下旬或 7 月上旬开花前应进行追肥，每公顷施尿素 90~150kg、过磷酸钙 225~300kg，可施于根部 10cm 处后培土。追肥能使茎叶生长繁茂，促进开花结实，提高种子和根的产量。

4. 摘花

党参开花多，对非留种田需及时将花摘掉，以防止消耗养分，促进根部生长。

5. 搭架扶蔓

党参是攀缘性植物，搭架有利于生长发育和防止果实霉烂。在株高约 30cm 时即需搭架，用树枝或秸秆均可，架高应在 1.5m 左右。也可与其他高秆作物进行间作，使其缠绕他物生长。

6. 选留良种

党参种子寿命不足1年，生产上必须年年选留良种。一般在2~3年生地块留种，当果实变白色，种子刚呈褐色时，采收果实。待果实干燥开裂时，脱粒、过筛，选留充实饱满者作种用。党参种子贮存时严防烟熏和受潮。2~3年生的党参每$667m^2$可产种子10kg左右。

7. 病虫害防治

党参常见病害有锈病、根腐病。除常规的农业防治外，锈病可用97%敌锈钠200~400倍液或25%粉锈宁可湿性粉剂1 000~1 500倍液喷雾防治，7~10d喷1次，连续2~5次。根腐病可用50%的退菌特600~800倍液，或50%多菌灵500~1 000倍液，或50%甲基托布津800倍液浇灌。

虫害有蚜虫、红蜘蛛等，可喷40%乐果2 000倍液，或50%的马拉硫磷1 500~2 000倍液防治。对地下害虫可用毒饵诱杀，将麦麸50kg炒香后晾干，掺入2.5%的敌百虫粉1~1.5kg或50%辛硫磷乳油0.3~0.5kg，兑15kg的水，搅拌后即可使用，每次每$667m^2$使用毒饵3~4kg，于傍晚将毒饵撒到田间。

五、采收与产地加工

(一) 采收

直播党参以4~5年收获为宜，育苗移栽3~4年收获为宜，多数地区采用育苗1年，移栽后种植2年采收。在秋季，当地上部分枯萎时挖起，挖时除去藤蔓，小心挖起根部，切勿损伤，以免影响质量。

(二) 产地加工

挖出的党参根，洗去泥土，按粗细大小分别晾晒至半干发软时，再用手或木板搓揉，使皮部与木质部贴紧，饱满柔软，然后再晒再搓，反复3~4次，晒至全干，折干率为50%。因为党参含有挥发性油类物质，切勿置于烈日下曝晒。也可在60℃条件下烘干。一般每公顷可产干党参3 750~6 000kg，高产时可达7 500kg。

党参以根条粗大、皮肉紧、质柔润、无农药残留、无污染、无超标重金属、味甜者为佳。

第十六节 丹　参

一、概　述

丹参为唇形科植物，以干燥根入药，生药称丹参 (Radix Salvia miltiorrhizae)。含丹参酮Ⅰ、丹参酮Ⅱ$_A$、丹参酮Ⅱ$_B$、异丹参酮Ⅰ、异丹参酮Ⅱ$_A$、隐丹参酮、异隐丹参酮、丹参新酮、丹参醇Ⅰ、丹参醇Ⅱ及原儿茶醛等药用成分。丹参性寒味苦，有活血祛瘀、消肿止痛、养血安神、凉血消痈等功效。用于冠心病、月经不调、产后瘀阻、胸腹或肢体瘀血疼痛、痈肿疮毒、心烦失眠等。丹参主产四川、陕西、甘肃、河北、山东、江苏等省，我国大部分省、自治区也有分布和栽培。2003年末，陕西一个丹参基地已通过了国家GAP认证检查。

二、植物学特征

丹参，俗称血参、赤参、紫丹参（Salvia miltiorrhiza Bunge），多年生草本植物，高 30～100cm，全株密被柔毛。根细长圆柱形，外皮朱红色。茎直立，方形，表面有浅槽。奇数羽状复叶，对生，有柄；小叶 3～5（7）片，顶端小叶最大，小叶柄亦最长，侧生小叶具柄或无柄；小叶片卵形、广披针形，长 2～7.5cm，宽 0.8～5cm，先端急尖或渐尖，基部斜圆形、阔楔形或近心形，边缘具圆锯齿，叶两面被白柔毛。总状花序，顶生或腋生，长 10～20cm；小花轮生，每轮有花 3～10 朵，小苞片披针形，长约 4mm；花萼带紫色，长钟状，长 1～1.3cm，先端二唇裂，上唇阔三角形，先端急尖，下唇三角形，先端二齿裂，萼筒喉部密被白色长毛；花冠蓝紫色，二唇形，长 2.5cm，上唇略呈镰刀状，下唇较短，圆形，先端 3 裂，中央裂片较长且大，先端又作二浅裂；发育雄蕊 2，着生于下唇的中下部，退化雄蕊 2；子房上位，4 深裂，花柱伸出花冠外，柱头 2 裂。小坚果 4，椭圆形，黑色，长 3mm（图 8-35）。花期 6～9 月，果期 7～10 月。

图 8-35 丹 参

三、生物学特性

（一）生长发育

丹参种子小，寿命 1 年。种子春播当年抽茎生长，多数不开花；二年生以后年年开花结实，种子千粒重 1.4～1.7g。一年生实生苗的根细小，产量低，故实生苗第二年起收加工。

育苗移栽的第一个快速增长时期出现在返青后 30～70d。从返青到现蕾开花约需 60d 左右，这时种子开始形成。种子成熟后，植株生长从生殖生长再次向营养生长过渡，叶片和茎秆中的营养物质集中向根系转移，因此出现第二个生长高峰。7～10 月是根部增长的最快时期。丹参根的分生能力较强，不带芽头的丹参根分段后埋入土中，均能上端长芽，下面生根，发育成新的个体，采用此法繁殖，当年参根即能收获入药。丹参宿根苗在 11 月地上部分开始枯萎，次年 3 月开始萌发返青。人工栽培（分根繁殖）长江流域在 2～3 月播种，4～5 月开始萌发出土；黄河流域在 3～4 月播种，5 月出苗，两地均在 6 月开始抽茎开花，7～8 月为盛花期，7～10 月为果期，也是根部增长最快的时期。

据报道，隐丹参酮集中分布在根的表皮，含量比皮层高 10 倍左右，比中柱高 40 倍以上。细根隐丹参酮的含量比粗根高，因为细根的表皮占根的比例较粗根大，建议生产上栽培应以一年生为主，并适当密植。

（二）与环境条件的关系

1. 气候条件

丹参对气候条件的适应性较强，但以温暖湿润向阳的环境最适宜。丹参种子在20℃左右开始发芽，种根一般在土温15℃以上开始萌芽，植株生长发育的适宜气温大约为20~26℃，气温低，幼苗出土和植株生长发育缓慢。丹参茎叶不耐严寒，一般在气温降至10℃以下时地上部开始枯萎；茎叶只能经受短期-5℃左右的低温，地下部耐寒性较强，可在更低的气温下安全越冬。

丹参怕水涝和积水，在地势低洼、排水不良的情况下易发生黄叶烂根。但过于干燥的环境也不利于丹参的生长发育，影响其发芽出苗、幼苗的生长发育、根的发育膨大。一般以相对湿度80%左右的地区生长较好。

丹参为喜阳植物，在向阳的环境下生长发育较好，在荫蔽的环境下栽培，植株生长发育缓慢，甚至不能生长。

2. 土壤条件

丹参以土层深厚，质地疏松的砂质壤土生长最好，既能通气透水，又能保水保肥，宜耕性好。

丹参需肥较多，一般以中上等肥沃的土壤为适宜。土壤瘠薄，肥力过低，植物生长缓慢，产量低；土壤过分肥沃，特别是氮素过多，容易出现茎叶徒长，不利于根系的发育和药用成分的积累。

四、栽培技术

(一) 选地与整地

丹参适宜选择地势向阳、土层深厚、疏松肥沃、排水良好的砂质壤土进行合理轮作。前作收获后每公顷施腐熟农家肥（堆肥或厩肥）22 500~30 000kg、磷肥750kg作基肥，深翻入土中，然后整细整平，并做成宽70~150cm的高畦，北方可做平畦。

(二) 栽种方法

可采用分根、分株、扦插或种子繁殖，以分根或种子繁殖为主。

1. 种子繁殖

一般采用育苗移栽方法。

(1) 留种 留种田的植株于第二年5月开始开花，一直延续到10月份。6月以后种子陆续成熟，可分期分批剪下花序，或视花序上有2/3的萼片转黄未干枯时，将整个花序剪下，晒干脱粒。

(2) 育苗移栽 种子最好随采随播，播种量22.5kg/hm^{2}左右，种子拌细沙撒播均匀，盖少量细沙土（以盖住种子为度），然后盖草或塑料薄膜，保持土壤湿润，出苗后逐渐揭去盖草，苗高6cm左右时间苗，10月下旬至封冻前移栽，行株距25~40cm×20~30cm。北方有的地区于2~3月采用阳畦育苗，5~6月移栽。

2. 分根繁殖

为生产上广泛采用的繁殖方法。

(1) 备种 一般选直径1cm左右，色红、无病虫害的一年生侧根作种，最好用上、中段，细根萌芽能力差。留种地当年不挖，到翌年2~3月间随挖随栽（华北地区可在3~4月），也可在 11 月收挖时选取好种根（可将上、中段作种，尾段入药），埋于湿润土壤或沙土中，翌年早春取出栽种。

(2) 根段直播　按行株距 25~40cm×20~30cm 开穴，穴深 5~7cm，穴内施入充分腐熟的猪粪尿，每公顷 22 500~30 000kg，然后将种根条掰成约 5cm 左右的节段，直立放入穴内，边掰边栽，上下端切勿颠倒，最后覆土约 3~5cm 左右，稍压实。还可盖地膜以提高地温，改善土壤环境，促进丹参的生长发育，从而提高产量。

(3) 育苗移栽　苗床地施入足够腐熟农家有机肥，确保其疏松透气。育苗时间早于大田直播，育苗方法是将根条折成 5cm 左右的小段，按行株距 2~3cm×3cm 直插入苗床内，覆土以不露根条为度，浇足定根水，插好竹弓后盖膜。出苗后注意膜内温湿度的控制，当幼苗长至 3cm 左右高时，逐渐揭膜炼苗，然后移栽。育苗移栽既可以提高成苗保苗率，也有利于培育壮苗。一般育苗 15m^2 可移栽 667 m^2 本田。

3. 分株繁殖

也称芦头繁殖，在丹参收获时，选取健壮植株，剪下粗根作药用，将细小根连芦头带心叶作种苗，视大小分割栽种，随挖随栽。

(三) 田间管理

1. 查苗补缺

苗期要进行查苗补苗，苗过密要间苗。

2. 中耕除草

用分根法栽种的，常因盖土太厚，妨碍出苗，因此在 3、4 月份幼苗开始出土时，要进行查苗，查看有无因表土板结或盖土过厚不出苗的，一旦发现可将穴土掀开。一般中耕除草 3 次，第一次在返青时或栽种出苗后苗高约 6cm 时进行；第二次在 6 月份；第三次在 7~8 月份进行。

3. 追肥

一般追肥 3 次，第一次在全苗后施提苗肥，每公顷施水肥 15t，钾肥 150kg；第二次 5~6 月植株进入旺长期后施长苗肥，每公顷施水肥 15t，饼肥 750kg；第三次在 7~8 月施长根肥，每公顷施水肥 15t，过磷酸钙 3t、钾肥 150kg。追肥常结合中耕进行。

4. 排灌

丹参怕水涝，在多雨地区和多雨季节要注意清沟排水，防止土壤积水烂根。丹参苗期不耐旱，遇干旱应即时浇水抗旱。

5. 摘蕾

除留种地外，丹参花期应分期分批打去花苔，去除花序，使养分集中供应根部的生长发育。

6. 病虫害防治

丹参的主要病害是根腐病 [*Fusarium equiseti* (Corda) Sacc.]、根结线虫病 (*Meloidogyne incoginta* Chitwood)、叶斑病 (*Pseudomonas* sp.)、菌核病 [*Sclerotinia gladioli* (Massey) Drayton]。防治方法：合理轮作，加强田间管理等；药剂防治，可用 50% 多菌灵 1 000 倍液或 50% 甲基托布津 800~1 000 倍液，浇灌根部或叶面喷施。

主要虫害有银纹夜蛾和地老虎，可用 90% 敌百虫 800~1 000 倍液，或 40% 乐果乳油 1 000 倍液浇灌。另外，根结线虫对丹参的品质也有较大的影响，注意与禾本科作物进行轮作。

(四) 品种类型

四川省中江县栽培的丹参主要是中江大叶型丹参（*Salvia miltiorrhiza* Bunge cv. Sativa）和中江小叶型丹参（*S. miltiorrhiza* Bunge cv. Foliola），另外还有中江野丹参（*S. miltiorrhiza* Bunge cv. Silvestris）。大叶型丹参根条较短而粗，植株较矮，叶片大而较少，花序1~3枝，为当前主栽品种，产量高，但生产上退化较严重，要注意提纯复壮；小叶型丹参根较细长而多，主根不明显，植株较高，叶多而小，花序多见3~7枝，目前栽培面积较小。

五、采收与加工

无性繁殖春种的于当年10~11月份地上部枯萎或翌年春萌发前挖收，因丹参根入土深，质脆易断，应选晴天土壤半干旱半湿润时小心将根全部挖起，先放在地里晒去部分水分，使根软化，不易碰断，再抖去泥砂，剪去芦头，运回加工。

北方是直接晾晒，晾晒过程中不断抖去泥土，搓下细根，直至晒干为止。南方有些产区在加工过程中有堆起"发汗"的习惯。据分析，采用堆起"发汗"的加工方法会使隐丹参酮含量降低，因此不宜采用。丹参鲜品产量一般在900~1 200kg/667m^2，鲜干比为3.1~4.1:1。

产品以无芦头、须根、泥沙杂质、霉变，无不足7cm长的碎节为合格；以根条粗壮、外皮紫红色、光洁者为佳。

第十七节 太子参

一、概述

太子参又名孩儿参、童参、异叶假繁缕等，为石竹科孩儿参属植物，以干燥块根入药，生药称太子参（Radix Pseudostellariae）。含皂苷类、淀粉及果糖等成分。味甘、苦，性平。有益气、健脾生津功效；用于脾虚体倦、食欲不振、自汗、心悸口干等症。野生太子参主要分布在江苏、河南、湖北、陕西、安徽、河北、四川、山东等省。栽培品主产华东地区各省。人工栽培已有近100年的历史。近年来，贵州太子参生产发展较快，已成为重要产区。

二、植物学特征

太子参［*Pseudostellaria heterophylla* (Miq.) Pax et Hoffm.］多年生草本，高15~20cm，块根长纺锤形。茎下部紫色，近四方形，上部近圆形，绿色，有2列细毛，节略膨大。叶对生，略带肉质，下部叶匙形或倒披针形，先端尖，基部渐狭，上部叶卵状披针形至长卵形，茎端的叶常4枚相集较大，成十字形排列，边缘略呈波状。花腋生，二型：闭锁花生茎下部叶腋，小形，花梗细，被柔毛；萼

图8-36 太子参

片4；无花瓣。普通花1~3朵顶生，白色；花梗长1~2（4）cm，紫色；萼片5，披针形，背面有毛；花瓣5，倒卵形，顶端2齿裂；雄蕊10，花药紫色；雄蕊1，花柱3，柱头头状。蒴果近球形，熟时5瓣裂。种子扁圆形，有疣状突起。花期4~5月。果期5~6月（图8-36）。江苏、安徽、福建、山东、贵州等省均有栽培。

三、生物学特性

（一）生长发育

生产上，太子参主要用块根进行营养繁殖，全生育期为4个月左右。

1. 种子、块根特性

太子参种子成熟后易脱落，人工不易采收。太子参种子需满足一定低温条件才能萌发，属低温打破休眠的类型，在-5~5℃温度下贮存150d后种子发芽率为65.8%。种子发芽后长出幼苗，其根头上芽基部与地下茎的茎节处产生不定根，形成小块根。种子根（胚根）在生长发育过程中，除了吸收土壤养分、水分，稍有膨大外，自身随着植株当年生育周期的结束而解体，直至腐烂为止。因此，太子参块根是由不定根发育长大形成。

太子参块根具有低温条件下发芽生长的特性。太子参栽种后34d，旬平均气温14.5℃、土温10℃时，顶芽开始发芽，并长出须状细根（支根）。随着气温和土温的下降，发芽能力显著增加，细根数量增多。

太子参具有"茎节生根"而膨大形成块根的特性。从籽苗或种参长出的地下茎节上产生不定根形成子参，在子参根头的新芽基部又能长成新的子参，相继延续长出多级新根。

2. 茎叶生长特性

太子参春季出苗早，在华东地区1月下旬至2月上旬即可出苗，植株生长逐步加快，并进入现蕾、开花、结果等过程。在此过程中，地上部形成分枝，叶面积增大，到6月上中旬茎叶生长量达高峰，以后由于气温过高，超过30℃，茎叶停止生长而逐渐枯萎。

3. 块根特性

太子参发根早，在幼苗未出土即开始。植株在生育早期，主要增加根数和根的长度，根粗增长不大，绝大部分根呈纤维状。生育中期块根不仅增加长度，也相应增加根粗和根数。4月中旬块根已呈纺锤形，5月中旬后植株进入生育后期，新生块根主要增加根粗根重，直至植株枯萎为止。

太子参块根的增长和地上部植株生长程度的关系密切。当地上部干重增加时，地下根的膨大发育与干重也相应增加。在生育早、中期，气候温暖，旬平均温度在10~20℃、空气相对湿度较高时，地上植株生长繁茂，光合效率高，干重逐步增长，此时块根形成快，但粗度增加不大。到后期，气温上升，植株缓慢生长，光合物质迅速转入块根，促进块根肥大。

4. 休眠特性

夏至以后，地上茎叶枯黄，新生块根彼此分开，块根顶端混合芽已分化完成，进入休眠越夏阶段。在荫蔽、湿润条件下，休眠期推迟。因此，夏季高温、干燥是造成太子参休眠的主要原因，也是影响产量的主要因素。生产中也发现，虽然江苏、安徽南部为太子参的主产区，但产量往往低于北部地区。贵州省引种成功的主要原因，就是该地区夏季温度较低，太子参休眠迟，生长期较长，光合积累多的缘故。

(二) 生长发育与环境条件的关系

太子参在自然条件下，多半野生于阴湿山坡的岩石隙缝和枯枝落叶层中，喜疏松肥沃、排水良好的砂质壤土。适宜温暖湿润的气候，在旬平均10~20℃气温下生长旺盛，怕炎夏高温和强光曝晒。气温超过30℃时植株生长停止。6月下旬（夏至）植株开始枯萎，进入休眠越夏。太子参耐寒，块根在北京 -17℃气温下可安全越冬。喜湿怕涝，积水容易感染病害而烂根。

四、栽培技术

(一) 选地整地

应选丘陵坡地与地势较高的平地，或新垦过两年的土地。要求土质疏松、肥沃、排水良好。排水不良的低洼积水地、盐碱地、沙土、重黏土都不宜选用。如在坚实、贫瘠的土壤上生长，则参根细小，分叉多而畸形，产量低。太子参忌重茬，前作物以甘薯、蔬菜等为好。太子参主产区采用参稻二熟耕作制，减轻了太子参病害的发生，取得了较好效益。坡地以选向北、向东最适宜。

在早秋作物收获后，将土地翻耕，按肥源情况，施足基肥。然后再行耕耙，耙细耙匀，做成1.3m宽，15~20cm高的畦，畦长按地形定，沟宽50cm，沟深30cm，畦面保持弓背形。

(二) 繁殖方法

可分为块根繁殖、种子繁殖。生产中以块根繁殖为主。

1. 块根繁殖

一般在10月上旬（寒露）至地面封冻之前均可栽种。但以10月下旬前为宜，过迟则种参因气温逐渐降低而开始萌芽，栽种时易碰伤芽头，影响出苗，另外，因气温过低而土地封冻，操作不便。

一般在留种地内边起收，边选种，将芽头完整、参体肥大、整齐无伤、无病虫为害的块根作种用。选后需要集中管理存放，以利栽种。

太子参地下茎节数的多少不受栽种深度的影响，但节间长短却因深、浅不同而差异较大。浅栽的（不足6cm）地下茎部短而节密，并近于地面，新参的生长都集中在表土层内，块根体形小而相互交织，不符合产品要求。过于深栽的（沟深超过9cm），节间距离太大，块根虽大，但发根少，产量低，也不利于采收。因此，掌握适宜的深度是栽种中的重要一环，一般控制在7~8cm间为宜。

平栽：在畦面上开设直行条沟（在畦面上操作），沟距13~17cm，沟深7~10cm。开沟后将腐熟的基肥撒入沟内，稍加些土覆盖。然后将种参平放摆入条沟中，株距5~7cm，种参间头尾相接。用种量30~40kg/667m²。

竖栽：在畦面上开设直行条沟，沟距13~17cm，沟深13cm，将种参斜排于沟的外侧边，株距5~7cm，种参芽头朝上，离畦面7cm，要求芽头位置一致，习称"上齐下不齐"。然后再在第二沟内摆种，依此类推。用种量40~50kg/667m²。

2. 种子繁殖

在种参缺乏或病毒严重的地区多用种子繁殖。太子参的蒴果易开裂，种子不易收集，因此往往利用自然散落的种子，原地育苗。在原栽培地收获参后，用耙楼平，施上一次肥，种一茬萝卜、白菜，收获后再耙平，第二年春即可发芽出苗，长出3～4片叶子时即可移栽或到秋季作种之用。种子繁殖，当年仅形成一个圆锥根。

(三) 田间管理

太子参生育期短，植株矮小，光合面积有限。因此，加强田间管理，是提高产量的重要保证。

1. 除草

幼苗出土时，生长缓慢，越冬杂草繁生，可用小锄浅锄1次，其余时间都宜手拔。5月上旬后，植株早已封行，除了拔除大草外，可停止除草，以免影响生长。

2. 培土

早春刚出苗时，边整理畦沟，边将畦边的土撒至畦面，或用客土培土。培土厚度1cm左右，有利发根和根的生长。

3. 排灌

太子参怕涝，一旦积水，易发生腐烂死亡，雨季清好畦沟，必须排水畅通。在干旱少雨季节，应注意灌溉。畦面踏踩后易造成局部短期积水，使参根腐烂死亡，降低产量。留种田越夏期间也是如此，应防止踩踏。

4. 施肥

太子参生长期短，枝叶柔嫩，须施足基肥，以满足植株生育需要。一般用厩肥、堆肥、草木灰、禽粪等，要求发酵腐熟后方能使用。

施肥方法：对于土壤瘠薄的地块，在耕翻前应施入基肥，或将基肥直接施于条栽的沟内，使肥料集中，以提高肥效。但应注意肥料与种参不能直接接触，否则易使种参霉烂。

5. 种栽田及其越夏管理

为保证太子参种参的供应，要建立种栽田。选择优良的种栽在较好的地块上进行种栽的生产，为保证其夏季有适宜的生长环境，产区多采用套种春黄豆的方法。是在5月上旬（立夏），在太子参田内套种早熟黄豆，株距33cm，行距40cm。待太子参植株枯黄倒苗时，黄豆已萌芽生长，利用它的枝叶茂盛作荫蔽，利于越夏。

但是，田间建立种栽田也有不利的方面，如夏季多雨会造成田间积水，地下害虫危害易于发生等，常造成不必要的损失。因此，有的产区采用室内沙藏法保存太子参种根，在此期间应经常检查沙土的湿度，防止过干过湿，并防止鼠害。

6. 病虫害防治

太子参常见病害有叶斑病（*Septoria* sp.）、根腐病（*Fusarium* sp.）、太子参花叶病毒（Taizishen Mosaic Virus）等。其中，太子参花叶病毒是影响太子参生产的主要病害。

防治方法：选无病株留种；轮作；防止田间积水，在春夏季多雨期间，用1∶1∶100的波尔多液，每隔10d喷射1次或用65%代森锌可湿性粉剂500～600倍液喷雾防治。根腐病发病期用50%多菌灵或50%甲基托布津1 000倍液浇灌病穴；重视传播病毒蚜虫的防治。

太子参常见虫害有蛴螬、地老虎、蝼蛄、金针虫等，防治参考其他药材。

(四) 品种类型介绍

福建太子参主产区柘荣县选出了柳选大根、柳选小根2个农家品种。柳选大根较柳选小根迟倒苗10～20d，产量高10%～20%。

太子参产区也普遍认识到花叶病毒是引起品种退化、产量下降的主要原因，并采取了相应措施进行复壮，如种子育苗、野生太子参作种以及脱毒苗生产等，其中种子育苗措施采用较广泛，而脱毒苗生产由于成本上的原因，未能得到广泛应用。山东产区报道，已选出抗病毒品种是采集野生太子参与家种太子参杂交而成。

五、采收与加工

(一) 采收

用块根繁殖的太子参在每年的6月下旬（夏至）前后，植株枯萎倒苗时即可收获。起收要及时，如若延迟收获，常因雨水过多而造成腐烂。收获时宜选晴天，细心挖起，深度一般13cm，不宜过深，要拣净。一般每667m²可产干货50～75kg，高产者达150kg。

(二) 加工

太子参产品有2种，烫参和生晒参。

1. 烫参

将收挖的鲜参，放在通风室内摊开晾1～2d，使根部稍失水发软，再用清水洗净，装入淘米筐内，稍经沥水后即可放入100℃开水锅中，浸烫1～3min后捞出，摊放在水泥晒场或芦席上曝晒，晒至含水量到14%为止。但应注意浸烫时间不宜过长，否则会发黄变质，浸烫的检验是以指甲顺利捏入参身内为标准。干燥后的参根装入箩筐，轻轻振摇，去除须根即成商品。此法加工的参，习称烫参。烫参面光色泽好，呈淡黄色，质地较柔软。

2. 生晒参

将鲜参用水洗净，薄摊于晒场或晾芦席上，在日光下曝晒至含水量到14%为止，这称生晒参。成品光泽较烫参差，质稍硬，但气味较烫参浓厚。加工折干率30%左右。

第十八节 柴 胡

一、概 述

柴胡原植物为伞形科柴胡、狭叶柴胡或同属数种植物，以干燥根入药，生药称柴胡（Radix Bupleuri），有解表和里、疏肝、升阳的功效。柴胡根中含有柴胡皂苷、挥发油、黄酮、多元醇、植物甾醇、香豆素等成分。柴胡药材按性状不同，又有北柴胡（原植物为柴胡）和南柴胡（原植物为狭叶柴胡）之分。北柴胡又名硬柴胡，主产于东北、西北、河北、河南等省，此外内蒙古、山东亦产。南柴胡又名软柴胡、红柴胡、香柴胡，主产于湖北、江苏、四川，此外安徽、黑龙江、吉林等地亦产。各种柴胡均以野生为主，人工栽培占的比例不大。

二、植物学特征

1. 柴胡（*Bupleurum chinense* DC.）

为多年生草本，高 40~90cm。根直生，分歧或不分歧。茎直立，丛生，上部多分枝，并略作"之"字形弯曲。单叶互生，广线状披针形，长 3~9cm，宽 0.6~1.3cm，先端渐尖，最终呈短芒状，全缘，下面淡绿色，有平行脉 7~9 条。复伞形花序腋生兼顶生；伞梗 4~10，长 1~4 cm，不等长；总苞片缺，或有 1~2 片；小伞梗 5~10，长 2 mm；小总苞片 5；花小，黄色，直径 1.5mm 左右；萼齿不明显；花瓣 5，先端向内曲折成 2 齿状；雄蕊 5，花药卵形；雌蕊 1，子房下位，光滑无毛，花柱 2，极短。双悬果长圆状椭圆形，左右扁平，长 3mm 左右，分果有 5 条明显主棱，棱槽中通常有油管 3 个接合面有油管 4 个（图 8-37）。花期 8~9 月，果期 9~10 月。

2. 狭叶柴胡（*B. scorzonerifolium* Willd.）

与前者的主要区别在于，主根较为发达，常不分歧，根皮红褐色；根生叶及茎下部叶有长柄；叶长而窄；伞梗较多，伞梗 3~15，小伞梗 10~20 个；成熟果实的棱槽中油管不明显，幼果横切面常见每个棱槽有油管 3 个（图 8-38）。花期 7~9 月，果期 8~10 月。

此外，同属多种植物也可作柴胡入药，一般多为自产自用，进入流通领域时多作为北柴胡。其中包括膜缘柴胡（*B. marginatum* Wall. ex DC.），又名竹叶柴胡，主产于湖北、四川等省；黑柴胡（*B. smithii* Wolff.），主产于山西、陕西、青海等省；小叶黑柴胡（*B. smithii* Wolff. var. *parvifolium* Sham. et Y. Li.），主产地与黑柴胡同；秦岭柴胡（*B. longicaule* Wall. ex DC. var. *parvifolium* Sham. et Y. Li.）主产于陕西、山西、宁夏等地。

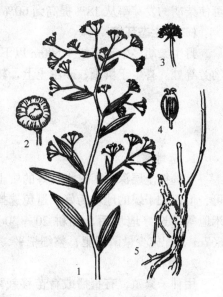

图 8-37 北柴胡
1. 花枝 2. 花 3. 小伞形花序 4. 果实 5. 根

图 8-38 狭叶柴胡
1. 根 2. 花枝 3. 小伞形花序 4. 花 5. 果实

三、生物学特性

（一）生长发育

柴胡从播种到出苗一般需要 30d 左右，出苗后进入营养生长期，此期持续时间较长，达 30~60d。柴胡在营养生长期，叶片数目和大小增长迅速，但根增长缓慢。到抽茎孕蕾期，叶片数目增加较慢，但大小增长迅速,根随即进入稳步快速增长期。开花结果至枯萎之前,地上部分生长量极小,但根生长最快。

柴胡种子较小,千粒重1.3g,种子寿命为1年。柴胡种子一般发芽率较低,有人认为是胚未发育成熟。生产上为提高其发芽率常采用层积处理,或在播种前用100mg/L的GA_3浸种24h,可使柴胡的发芽率从18%提高到60%以上。种子适宜的萌发温度为15~25℃。

(二)生态环境

野生柴胡多生于海拔1 500m以下的山区、丘陵等较干燥的荒坡、林缘、林中隙地、草丛及沟旁等处。喜生于壤土、砂壤土上,较耐寒耐旱,忌高温积水。

四、栽培技术

1. 选地整地

宜选择土层深厚,排水良好的壤土、砂质壤土或偏砂性的轻黏土种植。坡地、平地、荒地均可,但以较干燥的地块为好,避免选择低湿地。忌连作。农田地种植前茬可选择甘薯、小麦、玉米地等。选好地块后,翻耕20~30cm深,整地前施入充分腐熟的农家肥3 000~5 000kg/$667m^2$,配施少量磷钾肥,整细耙平,做成宽1.2~1.5cm的畦。

2. 播种

用种子繁殖,有直播或育苗移栽两种方法,大面积生产多采用直播。春播、伏播、秋播均可,在春季干旱地区以伏播或秋播为宜。采用春播要在播种前,先浸种24h,然后在15~25℃条件下催芽处理至种子露白后再播,对保证出苗率有利。播种可用散播和条播,以条播为好。条播时,先按10~20cm的行距开沟,沟深1cm左右,将种子均匀撒入沟内,覆土后稍镇压并浇水,播种量0.5~1.5kg/$667m^2$,播后注意盖草保湿。

由于柴胡多种植在较干旱地区,为提高出苗率,可采用育苗移栽的方式。在相对较优越的条件下培育柴胡苗,当苗高10cm时挖带土坨的秧苗,定植到大田中,定植后及时浇水。

3. 田间管理

(1)间苗、除草和松土 出苗后要经常松土除草,但应注意勿伤茎秆。当苗高3~6cm时进行间苗,待苗高10cm时,结合松土锄草,按5~10cm株距定苗。一年生柴胡苗茎秆比较细弱,在雨季到来之前应培土,以防止倒伏。

(2)灌排水与施肥 出苗前应保持畦面湿润,干旱季节和雨季应分别做好防旱和防涝工作。苗高30cm时,可酌情每$667cm^2$追施过磷酸钙10kg,硫酸铵7.5kg。

(3)平茬 由于柴胡属无限花序,8月以后开花所结的种子往往不够饱满,可在这时进行平茬处理——将花序顶端割除。这不但可以提高所留种子的质量,又对柴胡根增重有利。据吉林省柴胡无公害规范化生产示范基地的研究发现,完全不留花序可使柴胡根增产159.86%,平茬可增产33.22%。

(4)病虫害防治 危害柴胡的主要病害有:柴胡斑枯病(*Septoria dearnessii*)、锈病(*Puccinia* spp.)、根腐病(*Fusarium* spp.)等。防治方法:选地时要避免选低洼湿地;合理密植,避免群体过密造成田间空气温、湿度过高;春秋注意清理田间卫生;发现病株及时清理拔除销毁；药剂防治时，对锈病可用25%粉锈宁可湿性粉剂1 000～1 500倍液喷防，对斑枯病可用50%代森锰锌600倍液或70%甲基托布津800～1 000倍液喷防。

虫害主要有黄凤蝶和赤条蝽象等，可用80%晶体敌百虫800倍液或青虫菌（每克含孢子100亿）或40%乐果乳油1 000～1 500倍液防治。

(5) 收种 一年生植株虽能开花结籽，但量少质差，故多以二年生植株留种。对留种田应加强肥水管理，当植株开始枯黄，有70%～80%种子成熟时即可收割（也可把植株顶花序及其以下4～5个节的一次分枝的顶花序种子成熟作为判断收种的标志），晾干后抖出种子，筛选后置通风干燥处收藏。采种后的植株根部仍可入药，但质量有所下降。

五、采收与加工

1. 采收

柴胡播种后生长1～2年均可采挖。日本学者曾作过1、2年生柴胡根有效成分的比较研究，结果发现，一年生根中柴胡总皂苷含量较高，为1.57%±0.25%，二年生为1.19%±0.16%。单从有效成分上看，以采收1年生柴胡为好，但考虑到2年生根产量可达1年生的2倍以上，因此应以采收2年生柴胡为宜。

每年在秋季植株开始枯萎时或春季新梢未长出前采收均可。

2. 加工

采挖后除去残茎，抖去泥土，晒干即可，也可切段后晒干。折干率为3.7:1左右，一般一年生植株每667cm^2产干根为40～90kg，二年生植株产干根80～150kg。

3. 商品要求

北柴胡根不分等级，产品标准：干品。呈圆锥形，上粗下细，顺直或弯曲，多分枝。头部膨大，呈疙瘩状，残茎不超过1cm。表面灰褐色或土棕色，有纵纹。质硬而韧。断面黄白色，显纤维性。微有香气，味微苦辛。无须毛、杂质、虫蛀、霉变。

南柴胡根也不分等级，产品标准：干品。类圆锥形，少有分枝，略弯曲。头部膨大，有残留苗茎。表面土棕色或红褐色，有纵纹。质较软。断面淡棕色。微有香气，味微苦辛。大小不分。残留苗茎不超过1.5cm。无须根、杂质、虫蛀、霉变。

第十九节 川 芎

一、概 述

川芎为伞形科植物，以干燥根茎入药，生药称川芎（Rhizoma Chuanxiong）。含阿魏酸、川芎嗪、4-羟基-3-丁基内酯、大黄酚、瑟丹酸、川芎内酯等有效成分。川芎味辛，性温。有活血行气、散风止痛的功效。治月经不调、经闭腹痛、胸胁胀痛、感冒风寒、头晕头痛、风湿痹痛及冠心病心绞痛等症。川芎是四川省地道药材，主产于都江堰和崇州市等，已有四百多年的栽培历史。全国许多省、市、自治区也有种植。

二、植物学特征

川芎（*Ligusticum chuanxiong* Hort.）为多年生草本植物，株高30~70cm。根茎呈不规则的拳形团块，常有明显的轮状结节，外皮黄褐色，切面黄白色，表面密生细须根。茎直立，圆柱形；中空，表面有纵向沟纹，上部分枝，中部和基部的节膨大如盘状，基部节上常有气生根。叶互生，叶柄基部扩大成鞘状抱茎；2~3回奇数羽状复叶，小3~5对，边缘不整齐羽状全裂或深裂，裂片细小，两面无毛，仅脉上有短柔毛。复伞形花序顶生，伞梗和苞片有短柔毛；花小，白色，萼齿5；花瓣5，椭圆形，顶端短尖突起、向内弯；雄蕊5；子房下位，花柱2，柱头头状；双悬果卵形，有窄翅（图8-39）。花期6~7月，果期7~8月。

图8-39 川芎

三、生物学特性

（一）生长发育

由于川芎很少开花结实，主要以地上茎的节盘（俗称川芎"苓子"）进行扦插繁殖。在主产地四川都江堰市，川芎的生长期为280~290d，以"薅冬药"为界（1月上、中旬中耕培土时，扯除植株地上部分，称"薅冬药"），可将生长发育过程分为前期和后期。

1. 前期

8月中旬栽种后，茎节上的腋芽随即萌动，两天后可长出数条纤细白色的不定根，4~5d后抽出1~2枚幼叶。栽后一个月新的根茎形成，原栽茎节全部或大部分烂掉。地上部分开始生长较慢，新叶发出后，生长速度逐渐加快。9月中旬至11月中旬地上部旺盛生长，12月中旬地上部干物质积累量达最大，以后随茎叶枯萎和干物质转移、转化，干物质有所减少。根茎的生长晚于茎叶生长，在10月中旬后开始加快，直至"薅冬药"时达最大。

2. 后期

"薅冬药"1~2周后开始萌生新叶，2月中旬后开始大量抽茎，此后茎叶生长随气温增高而日益迅速，3月下旬茎叶数基本稳定。在整个后期，地上部干物质一直在增长，3月中旬至5月上旬是干物质积累速度最快时期，近收获时渐缓。

根茎中干物质在"薅冬药"后一个月略微增加，随后因抽茎和长叶消耗了贮存的养分而不断下降，3月末至4月初达最低，此后根茎迅速生长充实，物质积累日益加快，直至收获。因此根茎干物质积累主要是"薅冬药"前大约两个月（积累约占40%）和收获前大约一个半月（积累约占50%）两个时期。

（二）对环境条件的要求

川芎喜气候温和、日照充足、雨量充沛的环境。在四川多栽于海拔 500~1 000m 的平坝或丘陵地区。主产区都江堰市主要栽培于海拔 700m 左右地区，年平均气温 15.2℃，绝对最高气温 33℃，绝对最低气温 -2.6℃，无霜期 265~305d，年平均降雨量约为 1 200mm，相对湿度 80% 左右。

培育苓子（种茎）应在稍冷凉的气候条件为宜，主产区多在海拔 1 000~1 200m 山区进行。低海拔坝区日照过强，气温过高，容易发生病虫害，培育的苓子质量差。

川芎适宜土层深厚、疏松肥沃、排水良好、有机质含量丰富、中性或微酸性的砂质壤土。过砂的土壤不保水保肥，过于黏重的土壤通透性差，排水不良，都不宜栽种。

四、栽培技术

川芎以地上茎的节盘进行无性繁殖，整个生产过程可分为两个环节：培育苓子（繁殖用茎节）和商品药材生产（大田栽种）。

（一）培育苓子

1. 选地整地

最好选荒地，也可以用休闲 2~3 年的熟土，土质可以稍黏。先除净杂草，就地烧灰作基肥，深耕 25cm 左右，整细整平，依据地势和排水条件，做成宽 1.6m 的畦。

2. 繁殖苓子

于 12 月底至翌年 1~2 月上旬，从坝区挖取部分川芎根茎（称为"抚芎"），除去须根泥土，运往山区。栽种期不应迟于 2 月上旬。栽时在畦上开穴，株行距 24~27cm×24~27cm，穴深 6~7cm，穴内先施腐熟堆厩肥。每穴栽抚芎一个，小抚芎可栽两个，芽向上按紧栽稳，盖土填平。

3. 苓种管理

（1）间苗　3 月上旬出苗，约一周出齐，每株有地上茎 10~20 根，3 月底至 4 月初苗高 10~13cm 时间苗。先扒开穴土，露出根茎顶端，选留粗细均匀，生长良好的地上茎 8~12 根，其余的从基部割除。

（2）中耕除草　间苗和 4 月下旬各中耕除草一次。中耕不宜过深，以免伤根。

（3）施肥　一般施肥 2 次，结合中耕除草进行。每次用腐熟饼肥浇穴。

4. 苓种的收获与贮藏

7 月中、下旬当茎节显著膨大，略带紫褐色时为收获适期，选阴天或晴天露水干后收获。收时挖起全株，去除病、虫株，选留健壮植株，去掉叶子，割下根茎（干后供药用，称"山川芎"），将茎秆（称苓秆）捆成小束，运至阴凉的山洞或室内贮藏。先铺一层茅草，再将苓秆逐层放上，上面用茅草或棕垫盖好。每周上下翻动一次，如堆内或贮存处温度升到 30℃ 以上，应立即翻堆检查降温，防止腐烂。

8 月上旬取出苓秆，割成长 3~4cm、中间有一节盘的短节，即成繁殖用的"苓子"。每 100kg "抚芎"可产"苓子" 200~250kg。依据苓秆粗细和着生部位不同，通常把苓子分为正山系、大山系、细山系和土苓子等。其中以正山系（苓秆中部苓子）和大山系（苓秆中下部苓子）较好，栽后发苗多，长势旺，产量高；细山系（苓秆上部苓子）较纤细，节盘不突出，栽后发苗少，最好不用；土苓子为茎秆近地面茎节，栽后出苗慢，不能作抚芎培育苓子（图8-40）。

冷凉地区栽培川芎可就地培育苓子，方法同上。有的产区在大田选育苓子，即收获川芎时选取健壮茎秆作苓子，一定要用正山系作种。采用此法繁殖苓子，收获期适当推迟至6月底至7月上中旬，以缩短苓秆贮藏期。

（二）大田栽种

1. 选地整地

川芎不宜连作，主产区多选早稻作前作。若用早稻作前作，须提前排水。前作收后进行深耕、细整，开沟作畦，畦宽1.6m左右，沟宽约30cm，畦面略呈龟背形。用腐熟堆厩肥作底肥，肥源充足的最好先施，结合整地翻入土中，肥料少的可施于畦面，并混入土中。

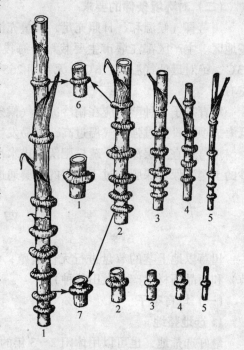

图8-40 川芎苓子
1. 大当当 2. 大山系 3. 正山系 4. 细山系
5. 纤子 6. 软尖子 7. 土苓子
（引自《四川中药材栽培技术》，1988年）

2. 栽种

8月上、中旬为栽种适期，最迟不超过8月下旬。如栽种过迟，当年生长期短，冬前积累的干物质少，不利高产。选健壮饱满、无病虫、芽健全、大小一致的苓子作种。先横畦开浅沟，行距约33cm，沟深2～3cm，按株距20cm左右栽种（每行栽8个苓子），畦两边的行间各加栽两个苓子，每隔6～10行又加种一行，以备补苗。栽时苓子平放沟内，芽向上按入土中，然后用筛细的堆肥或土杂肥盖住苓子，最后在畦面上铺一层稻桩或稻草，以免阳光直射或雨水冲刷。

近年有用中稻作前作，川芎须采取育苗移栽。8月上旬把苓子密植于事先备好的苗床，任其生根出苗，待中稻收割后带土移栽于本田。

3. 田间管理

（1）中耕除草与补苗 栽后半月左右，幼苗出齐，揭去盖草，随即中耕除草一次；20d进行第二次；再过20d进行第三次。前两次中耕除草结合查苗补缺，将预备于行间的幼苗带土移栽于缺苗处。中耕时只能浅松表土，以免伤根。1月中、下旬地上部分枯黄时，先扯去地上枯黄部分，再中耕除草，并将行间泥土壅在行上，保护根茎越冬。

（2）施肥 一般是结合中耕除草进行追肥，以沤好的人畜粪水和腐熟饼肥为主，可适量加入速效氮磷钾肥；第三次施水肥后，还要用土粪、草木灰、腐熟饼肥等拌匀后施于植株基部，然后覆土。第三次施肥不宜过迟，须在10月中旬前施下，否则气温降低，肥料施用效果不明显。第二年返青后再增施一次沤好的稀薄人粪尿，这次施肥，应根据植株生长情况，酌情施用，尤其是氮肥不能过量，否则易引起茎叶徒长。

(3) 灌排水　干旱时可引水入畦沟灌溉，保持表土湿润。阴雨天要注意清沟排水降湿。

(4) 病虫害防治　川芎的主要病害有根腐病（*Fusarium* sp.）（俗称"水冬瓜"，导致根茎腐烂，地上部枯萎）、白粉病（*Erysiphe polygoni* DC.）（主要危害叶片和茎秆）。防治方法是：①与禾本科作物合理轮作；②严格挑选健壮苓秆，剔除已经染病者；收获后清理田间，将残株病叶集中烧毁；③用50%多菌灵可湿性粉剂500倍液浸种20min；④田间发现根腐病株立即拔除，集中烧毁；⑤白粉病在常年发病前15d可喷施石硫合剂或50%甲基托布津1 000倍液或25%粉锈灵1 000倍液防治，每10d喷1次，连喷3~4次。

川芎的主要虫害是川芎茎节蛾（*Epinotia leucantha* Meyrick.），以幼虫为害茎秆。防治方法：育苓阶段可用80%敌百虫100~150倍液喷雾；平坝（原）地区栽种前严格选择苓子；并可用5:5:100的烟筋、枫杨叶（麻柳叶）、水（预先共泡数日）浸提液浸苓子12~24h。

五、采收与加工

(一) 采收

栽后第二年5月下旬至6月上旬收获。收获过早根茎不够充实，产量低；收获过迟则气温增高，雨水多，易染病。收获时选晴天进行，挖出全株，抖掉泥土，除去茎叶，将根茎在田间稍晒后运回。

(二) 加工

根茎运回后应及时干燥，一般用柴火烘炕。炕时火力不宜过大，以免表面炕焦；每天翻炕一次，使受热均匀。2~3d后，根茎逐渐干燥变硬，散发出浓郁香气，即取出放入特制的竹制撞篼，来回抖撞，除尽泥土和须根，选出全干的即为成品。续炕时下层放鲜根茎，上层放半干的，逐日翻炕，直至全部炕干。折干率为30%~35%，每公顷可产干根1 500~2 250kg，高产的可达3 750kg。

(三) 产品质量

以无杂质、枯焦、虫蛀、霉变为合格。以个大、饱满、坚实、断面黄白、油性足、香气浓者为佳。

第二十节　延胡索

一、概　述

延胡索（元胡）为罂粟科植物，干燥块茎入药，生药称延胡索（Rhizoma Corydalis），含d-紫堇碱、dl-四氢巴马亭、dl-四氢黄连碱、1-四氢黄连碱、黄连碱、1-四氢非洲防己碱、β-高白屈菜碱、α-别隐品碱、紫堇鳞茎碱、延胡索胺碱、去氢延胡索胺碱、去氢紫堇碱、非洲防己碱、d-海罂粟碱以及延胡索辛素、壬素、癸素、子素、丑素等。元胡味辛、苦，性温。有行气活血、散瘀止痛之功效。用于心腹腰膝诸痛、跌打损伤、月经不调、冠心病等症。延胡索是常用中药材，为"浙八味"之一，栽培历史悠久。主要分布于浙江、江苏、湖北、河南、山东、安徽、陕西等省。主产浙江省的东阳、磐安、永康、缙云等县，江苏南通、海门、如东等地，此外，陕西生产发展也较快，已成为重要产区。

二、植物学特征

延胡索（*Corydalis yanhusuo* W.T. Wang）为多年生草本，高10~20cm。块茎球形。地上茎短，纤细，稍带肉质，在基部之上生1鳞片。叶有基生叶和茎生叶之分，茎生叶为互生，基生叶和茎生叶同形，有柄，2回3出复叶，第二回往往分裂不完全而成深裂状，小叶片长椭圆形、长卵圆形或线形，长约2cm，先端钝或锐尖，全缘。总状花序，顶生或对叶生；苞片阔披针形；花红紫色，横着于纤细的小花梗上，小花梗长约6mm；花萼早落；花瓣4，外轮2片稍大，边缘粉红色，中央青紫色，上部1片，尾部延伸成长距，距长约占全长的一半，内轮2片比外轮2片狭小，上端青紫色，愈合，下部粉红色；雄蕊6，花丝连合成两束，每束具3花药；子房扁柱形，花柱细短，柱头2，似小蝴蝶状。果为蒴果。花期4月，果期5~6月（图8-41）。

图 8-41 延胡索
1. 植株 2. 花 3. 花冠的后瓣和内瓣
4. 花冠的前瓣 5. 内瓣展开示二体雄蕊
与雌蕊 6. 蒴果 7. 种子

三、生物学特性

（一）生长发育规律

延胡索为越冬植物，一般于9月下旬至10月上、中旬播种，到翌年5月植株枯萎进入夏季休眠。

1. 实生苗的生长发育

采集延胡索种子后，沙藏贮存至6月中旬播于苗圃，至翌年2月出苗，子叶1片。黑色、发亮的大粒种子出苗率为45%，黑色小粒种子出苗极少，并生长缓慢，后死亡，褐色种子不能出苗。出苗10d左右，有极细小的块茎形成，块茎下长有须根，分布于10cm以上的土表层内。4月下旬，地上部分枯死时，块茎呈球形，乳白色，直径为3mm左右。5~9月，呈休眠状态。10月初有新的须根生出，10月中下旬，芽萌动。11月中旬，块茎顶部有1~2条明显、较长的地下茎，沿地表伸展。播后第三年2月，地下茎长出地面；3月，地下块茎重量有所增加；4月下旬地上部开始枯萎时小叶数3~6片，块茎大小及重量比上一年明显增加。第三年生长的块茎是从第三年块茎中心部长出，3年生块茎可作种栽。

2. 地下茎生长

块茎一般有2个芽（多则3~5个），在9月下旬至10月上、中旬萌芽，同时也长出新根。萌芽最适地温（5cm）在18~20℃。在11月上旬芽突破鳞状苞片，基本是横向生长。一般情况下，1个种块茎只萌发1~2个芽，大的块茎才有3~4个芽萌发。12月上旬形成地下茎第一个茎节，此后，地下茎生长加快，相继形成第2个节和第3个节，并在茎节上长出分枝，直至2月上旬基本形成整个地下茎。地下茎的长度视栽种深度、土壤质地、块茎大小而异。一般每个地下茎长5~12cm。整个地下茎生长期约100d左右。

3. 地上部生长

延胡索芽鞘内长出第1或2片叶时就可出苗。日平均气温达4~5℃，持续3~5d即可出苗，7~9℃为出苗适温。一般1月下旬至2月上旬为出苗期。出苗时，叶呈"拳状"，随后逐渐伸展成掌状，初时叶色呈淡紫红色，后变成绿色或深绿色。叶片的生长，以3月下旬至4月初最快，到4月下旬至5月初完全枯死。整个地上部生长约90d左右。生产上，采取措施使延胡索出苗早、倒苗迟，可以相对延长地上茎叶的生长期，达到增产目的，如春季采用地膜覆盖、夏季采用套作、行间盖草或沟内灌水降低地温等。

4. 块茎生长

延胡索块茎形成有2个部位。一是种块茎内重新形成的块茎，俗称"母元胡"；二是地下茎节处膨大形成的块茎，俗称"子元胡"，其内部结构与茎相似，皮层细胞较少，韧皮部不发达，形成层呈凸凹状，无次生木质部，髓发达，占块茎的大部分。由于形成块茎的部位不同，形成的时期也不同。"母元胡"于2月底前已全部形成，然后"子元胡"才开始逐节形成，全部形成需要约50d，一般每条地下茎可形成2~3个子元胡。3月中旬至4月上旬为块茎膨大期，而4月上、中旬为块茎增长最快时期，整个块茎生长期70~80d。

5. 开花结实习性

延胡索实生苗4年生开花结实，以后年年开花结实。花期在江浙一带为3月下旬到4月下旬，东北地区为5月。浙江延胡索开花少，自花授粉不结实。

6. 生物碱积累

延胡索生物碱含量在不同生育期，不同部位差别较大，如4月中旬测定花含总碱为1.1%，母元胡0.64%，子元胡0.51%，地上茎叶0.02%，表明花中生物碱含量最高，块茎次之，地上茎叶最少。

（二）对环境条件的要求

延胡索适宜生长在气候温和地区，能耐寒。浙江主产区年平均气温在17~17.5℃，1月平均气温在3~3.5℃，4月平均气温在16~18℃，而整个地上部生长期平均气温在11~12.5℃，日夜温差大，有利于物质的积累和转化。当日平均气温在20℃时，叶尖出现焦点；22℃时，中午叶片出现卷缩状，傍晚后才恢复正常；24℃时，叶片发生青枯，以致死亡。特别是生长后期，突然出现高温天气，容易造成延胡索倒苗、减产，由于这一习性，延胡索在北方地区引种产量较高。

延胡索喜湿润环境，怕积水、怕干旱。产区年降雨量在1 350~1 500mm，而1~4月降雨量在300~400mm，有利其生长。3月下旬至4月中旬，降雨量大，下雨日多，多雾多湿，则易发病。如遇干旱则影响块茎的膨大，容易造成减产。所以，在多雨季节要开沟排水，降低田间湿度；在干旱严重时，灌"跑马水"抗旱，但要防止田间长时间积水。

延胡索根系生长较浅，又集中分布在表土 5~20cm 内，故要求表土层土壤质地疏松，利于根系和块茎的生长。过黏过砂的土壤上均生长不良，同时，土壤黏重也不利于药材采收。土壤 pH 中性为好。

四、栽培技术

（一）选地整地

产区多在丘陵、山谷的水田和坡地上种植。宜选阳光充足，地势高燥且排水好，表土层疏松而富含腐殖质的砂质壤土和冲击土为好。黏性重和砂质重的土地不宜栽培。忌连作，一般隔3~4年再种。

延胡索为须根系植物，须根纤细，集中分布于 2~20cm 的表土中。土质疏松，根系发达，利于吸收营养，故对整地十分重视。前作以玉米、水稻、芋头、豆类等作物为好。前作收获后，及时翻耕土地，深 20~25cm，精耕细作，使表土充分疏松细碎，达到上松下紧，利于采收。做畦分窄畦和宽畦。窄畦宽 50~60cm，沟宽 40~50cm，窄畦虽有利于排水，但对土地利用率不高，影响产量的提高；宽畦，畦宽 100~120cm，沟宽 40cm，畦面做成龟背形，挖好排水系统。

（二）繁殖方法

目前生产上采用块茎繁殖。种子亦可繁殖，但须培育3年后才能提供种用块茎。

1. 种茎选择

选3年生以上的无病虫害、完整无伤、直径 1.2~1.6cm、上有凹芽眼、外皮黄白色的扁平块茎作种茎。过大成本高，过小生长差。

2. 栽种时间

延胡索主产区一般9月中旬至10月均可栽种，但以9月下旬至10月中旬为栽种适期。随着温度下降，延胡索种茎会萌芽生根，播种时应在萌芽生根前进行，若推迟至11月中旬下种，将明显影响产量。早种早发根，利于地下茎生长。药农经验"早种胜施一次肥"，充分说明延胡索栽种宜早不宜迟。随着农业生产复种指数的提高，浙江普遍实行三熟制，给延胡索早栽种带来一定的困难。因此，合理安排前作，使延胡索适时栽种是一项十分重要的工作。前作搭配有下列几种：绿肥→早稻→杂交水稻→延胡索；大麦→早稻→杂交玉米→延胡索；小麦→豆类→玉米→延胡索。江苏产区的种植制度为，玉米→元胡→水稻，或大豆→元胡→水稻。

3. 种植方法

种植的密度和深度影响延胡索块茎形成子元胡的数量和大小。目前均采用条播，便于操作和管理。条播即按行距 18~22cm，用开沟器开成播种沟，深 6~7cm。种植前，先在播种沟内施肥，一般每 667m² 施过磷酸钙 40~50kg，或复合肥 50kg。然后按株距 8~10cm，在播沟内交互排栽2行，芽向上，做到边种边覆土。种完后，每 667m² 盖焦泥灰 2 500~3 000kg、菜饼肥 50~100kg、或混合肥 100kg，再盖腐熟厩肥 1 500~2 000kg，最后覆土 6~8cm。另外，产区有用熏土盖种茎的习惯，可减少病害发生，提高土壤肥力。

（三）田间管理

1. 施肥

延胡索整个生长发育过程中合理施肥十分重要,要采用氮、磷、钾均衡施肥,麻显清等(1991)认为最佳施肥配方是 $N:P_2O_5:K_2O=1:1.05:0.91$。由于延胡索生长期短,在施足基肥的前提下,要重施冬肥,轻施苗肥。冬肥在12月上、中旬施入,结合中耕除草,每 $667m^2$ 施入优质厩肥 1 500~2 000kg,氯化钾 20~40kg 或草木灰 100~150 kg,有条件地区,在畦面再盖栏草肥 1 000kg。盖栏肥既能保持土壤疏松,又能抑制杂草生长。苗肥由基肥和冬肥的施肥量来决定。若基肥、冬肥足,苗肥一般不施;若基肥、冬肥不足,应在2月上旬适当追施苗肥,催苗生长。可每 $667m^2$ 施腐熟厩肥 1 000kg 或 1%硫酸铵液 2 000kg。此外,可在3月下旬起在叶面喷 2%的磷酸二氢钾 2~3 次。

2. 松土除草

一般 3~4 次。12月上、中旬施肥时,浅锄 1 次;立春后出苗,不宜松土,以防伤及地下根茎,影响产量。要勤拔草,见草就拔,畦沟杂草也应铲除,保持田间无杂草。近年来,延胡索种后采用除草剂除草,用工少,成本低,效果好。其方法是:待延胡索种植完毕后,可用可湿性绿麦隆粉剂 $250g/667m^2$,加水 75kg 或拌细土 25kg,将药剂喷洒或撒于畦面,然后再撒上一层细土即可。

3. 排水灌水

栽种后遇天气干旱,要及时灌水,促进早发根。在苗期,南方雨水多、湿度大,要做好排水工作,做到沟平不留水,减少病害发生。北方冬季冻前要灌 1 次防冻水。

4. 植物生长调节剂的应用

据马全民、卢立兴等报道,在延胡索生长期喷施植宝素(一种含有植物生长调节剂的高效液体肥料)3 次能促进植株生长,增加株高、单株分枝数、单株干物重和叶绿素含量及叶面积,同时增强植株生理机能,减轻病害,促进干物质向根运输,从而使元胡产量、折干率、一级品量显著提高,增产幅度最高可达 15.55%,而且不降低生物碱含量。生产上应用以稀释 4 000~6 000 倍液较适宜。

陈玉华进行的多种激素处理试验显示了激素的明显增产效果,增产幅度达 10.34%~25.43%;多数处理的生物碱含量都有提高,幅度在 33.83%~39.11%之间(表 8-60)。

表 8-60 不同生长调节剂对延胡索产量、质量的影响

处理	药液浓度	块茎鲜重 (g)	块茎数 (个)	单产 (kg/ 667 m²)	生物碱含量 (%)
赤霉素	50mg/kg	6.92	9.1	145.56	1.213
丰收素	5 000 倍	5.24	7.1	128.00	0.996
植物生长健生素	500 倍	5.32	8.2	112.00	0.955
叶面宝	100mg/kg	4.63	7.0	110.89	0.850
增产宝	500 倍	5.59	9.5	130.67	1.771
多效唑	200mg/kg	6.78	9.9	134.67	1.167
清水对照	—	4.95	7.4	116.00	0.972

5. 病虫害防治

生产上延胡索病害危害严重,主要有霜霉病(*Peronospora corydalis* de Bary)、菌核病[*Sclerotinia sclerotiorum* (Lib.) de Bary]、锈病(*Puccinia brandegei* Peck)。多在 3~4 月发生,

田间湿度大时病害严重,常造成毁灭性的为害。防治方法:避免连茬,实行3~5年的轮作。选择排水良好的砂壤土稻麦田或山地,并应注意播种不宜过密。霜霉病药剂防治可用波尔多液、代森锌等,每隔5~7d喷1次。链霉素对霜霉病菌也有抑制作用,可以单用或与代森锌混用。或喷40%霜疫灵200~300倍液或50%瑞毒霉500倍液防治,一般每隔10~15d喷1次,共喷2~3次。锈病发病初期用0.2波美度石硫合剂加0.2%的洗衣粉作黏合剂,或用25%粉锈宁可湿性粉剂1 000倍液喷雾。发现菌核病时,应将病株及时铲除,并撒上石灰粉,也可用1∶3石灰水或草木灰撒施防治。

延胡索地下害虫主要有地老虎、蝼蛄、种蝇等,一般为害较轻。

(四) 品种介绍

目前大面积生产都采用延胡索($2n = 32$)这一种,生产上又可分为大叶延胡索和小叶延胡索两种类型,大叶型延胡索的分枝数、叶裂片数略低于小叶型延胡索。而单株叶干重、叶面积、叶绿素总含量、块茎数以及总干物质均优于小叶型,同时大叶型延胡索花数比小叶型少。大叶延胡索利于密植,提高产量,而小叶延胡索块茎大,产量虽不及大叶延胡索种,但利于采收(表8-61)。

表 8-61 延胡索大、小叶类型的主要性状特征比较

(张渝华等,1996)

类 型	茎具叶数(片)	叶片形态 轮廓	长(cm)	宽(cm)	花序数(个)	花序具花数(朵)	花果期
大叶型	3~4	披针形、卵形或卵状椭圆形	1.8~5.3	0.8~2.2	0稀1~2	1~3(~5)	3月中旬至4月上旬
小叶型	2~3	狭披针形	1.3~3.9	0.3~1	1~4(~8)	4~11	3月初至3月下旬

各种延胡索都是虫媒异花授粉植物,自花授粉不结实。浙江延胡索品种内异花授粉也不结实,但与其他延胡索杂交能结实。中国医学科学院药用植物研究所以浙江产延胡索与野生齿瓣延胡索(*C. remota* Fisch. ex Maxim.)为亲本进行杂交,然后利用无性繁殖加以固定其杂交优势,从而选育出综合齿瓣延胡索、浙江延胡索优良性状的延胡索新品系。该品系延胡索兼具齿瓣延胡索块茎大、生长旺盛和浙江延胡索有效成分含量高、繁殖系数大的特点,在很大程度上改变了正品浙江延胡索块茎小、易染病的不良特性。

据报道该杂交新品系1年生实生苗块茎大小如绿豆粒,平均粒重0.1g;2年生块茎平均粒重3.35g,大小如黄豆粒;第3、4年一个块茎可长多个块茎。新品系延胡索通过田间试验与浙江延胡索比较生长期要长5d左右,出苗也要早。在染色体方面,新品系延胡索染色体$2n = 24$,是齿瓣延胡索($2n = 16$)与浙江延胡索($2n = 32$)的平均数。在开花结实方面,新品系延胡索开花多,但不结实。新品系延胡索产量比浙江延胡索增产效果最高达50%~62%。据有效成分分析,虽总生物碱比浙江延胡索要低一些,但镇痛作用最强的延胡索乙素高于浙江延胡索。同时药理试验也证明新品系延胡索与浙江延胡索无明显差异。

五、采收与加工

(一) 留种

植株枯死前选择生长健壮,无病虫害的地块作留种地。采收后,挑选当年新生的块茎作种。

以无破伤，直径在 1.2~1.6cm 的中号块茎为好。选好的块茎，在室内摊放 2~3d 就可进行室内沙藏。

（二）采收

延胡索 3 年生以上块茎移栽种植，生长一年就可收获，一般是在 5 月上中旬延胡索地上茎叶完全枯萎时挖取，选晴天土壤稍干时进行，块茎和土壤容易分离，操作方便，省工又易收干净。一般每 667m^2 可产鲜货 300~400kg，高产的可达 500kg。

（三）加工

留种用块茎选好后，其余的分级过筛；分成大、小 2 档，分别装入筐内撞去表皮，洗净泥土，除去老皮和杂草，沥干待煮。待锅水烧至 80~90℃时，将洗净的块茎倒入锅中，煮时上下翻动，使其受热均匀。一般大块茎煮 4~6min，小块茎煮 3~4min。用小刀把块茎纵切开，如切面黄白两色，表示块茎还没有煮过心，若块茎切面色泽完全一致，成黄色，即可捞出，送晒场堆晒。晒时要勤翻动，晒 3~4d 后，在室内堆放 2~3d，使内部水分外渗，促进干燥。如此反复堆晒 2~3 次，即可干燥。一般折干率为 3:1。产品以身干、无杂质、虫蛀、霉变为合格；以个大、饱满、质坚、断面黄亮者为佳。

第二十一节 贝 母

一、概 述

贝母为百合科贝母属植物，原植物有多种，以干燥的鳞茎供药用。按产地和原植物的不同生药划分为浙贝、川贝、平贝和伊贝四类，均有有清热润肺、化痰止咳、开郁散结的功效。

（一）浙贝（Bulbus Fritillariae thunbergii）

原植物为浙贝母，主含甾醇类生物碱：贝母碱、去氢贝母碱，以及微量的贝母新碱、贝母芬碱、贝母定碱、贝母替碱。主产于浙江宁波、杭州等地，江苏也有栽培。销全国并出口。

（二）川贝（Bulbus Fritillariae cirrhosae）

原植物主要种有暗紫贝母、川贝母（卷叶贝母）、甘肃贝母和梭砂贝母。由不同川贝中分离出川贝碱、西贝碱、炉贝碱、白炉贝碱、青贝碱和松贝碱等。有清热润肺，化痰止咳的功效。因产量和质量差别，川贝商品又分成松贝、青贝、炉贝等。松贝又名松潘贝，原植物为暗紫贝母和川贝母，主产于四川松潘地区，品质最优；青贝原植物为暗紫贝母和川贝母，主产于青海、四川、云南等地，品质亦优；炉贝原植物为梭砂贝母，产于青海玉树，四川甘孜、德格等地的，色白、质实、粒匀，称白炉贝；产于西藏昌都、四川巴塘和云南西部者，多色黄，粒大，质松，称黄炉贝，因具虎皮黄色，又称虎皮贝。甘肃贝母亦称岷贝，主产于甘肃南部，青海东部和南部，以及四川西部。

（三）平贝（Bulbus Fritillariae ussuriensis）

原植物为平贝母。鳞茎含生物碱，为无色细针晶，称为贝母素甲。主产于东北三省，吉林、黑龙江省山区栽培面积较大。

（四）伊贝（Bulbus Fritillariae pallidiflorae）

原植物为伊贝母和新疆贝母，鳞茎含西贝母素。伊犁贝母主产新疆西北部的伊宁、绥定、霍城一带；新疆贝母主产天山地区。

二、植物学特征

1. 浙贝母（*Fritillaria thunbergii* Miq.）

多年生草本，高30～80cm，全株光滑无毛。鳞茎扁球形，通常由2～3片白色肥厚的鳞叶对合而成，直径2～6cm，有2个心芽。茎单一，直立，绿色或稍带紫色。叶下部的对生，中部的轮生，上部的互生，均无柄。条形至披针形，长6～17cm，宽0.5～2.5cm，先端卷须状。花单生于茎顶或上部叶腋，每株有1～6朵，花钟状，下垂；花被6片，2轮排列，淡黄绿色，有时稍带淡紫色；雄蕊6，花药基部着生，外向；雌蕊1，子房3室，每室有多数胚珠，柱头3歧。蒴果卵圆形，直径2.5cm，具6条较宽的纵翅。种子多数，扁平，边缘有翅，千粒重3g（图8-42）。花期3～4月，果期4～5月。

2. 暗紫贝母（*Fritillaria unibracteata* Hisao et Hisa）

形态特征与浙贝母相似，不同之处有：植株较矮，高15～30cm；鳞茎圆锥性，直径0.6～1.2cm；叶片较小，长3.6～6.5cm，宽0.3～0.7mm，先端急尖，不卷曲；花单生于茎顶，深紫色，有黄褐色方格状斑纹（图8-43）。花期6月，果期8月。

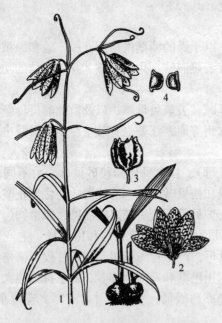

图8-42 浙贝母
1.植株 2.花展开后示花被、雄蕊和雌蕊 3.果实 4.种子

图8-43 暗紫贝母

3. 川贝母（*Fritillaria cirrhosa* D.Don）

植株高 15~50cm；鳞茎圆锥形，直径 1~1.5cm；叶先端不卷曲，或稍卷曲。花单生茎顶，紫红色至黄绿色，有浅绿色的小方格斑纹（图 8-44）。花期 5~6 月，果期 7~8 月。

4. 甘肃贝母（*Fritillaria przewalskii* Maxim. ex Batal）

植株高 20~40cm；鳞茎圆锥形，直径 0.6~1.3cm；茎最下部的 2 片叶对生，向上渐为互生，先端不卷曲；花单生茎顶，浅黄色，有黑紫色斑点。花期 6~7 月，果期 8 月。

5. 梭砂贝母（*Fritillaria delavay* Frranch）

植株高 20~35cm；鳞茎长卵圆形，直径 1~2cm；叶互生，先端不卷曲；花单生茎顶，浅黄色，具红褐色斑点或方格状斑纹。花期 6 月，果期 7~8 月。

6. 平贝母（*Fritillaria ussuriensis* Maxim.）

植株高 40~60cm；鳞茎扁圆形，直径 1~1.5cm；下部叶轮生或互生，中上部的叶常兼有互生，先端卷须状；花单生于茎顶或上部叶腋，每株有 1~3 朵，紫色，具黄色格状斑纹（图 8-45）。花期 4~5 月，果期 5~6 月。

7. 伊犁贝母（伊贝母）（*Fritillaria pallidiflora* Schrenk）

植株高 20~60cm；鳞茎扁球形，直径 1.5~6.5cm，外皮较厚；叶通常互生，有时近对生或近轮生，叶较宽，为卵状长圆形至披针形，长 5~12cm，宽 1~3cm，先端不卷曲（图 8-46）。花期 4~5 月，果期 6 月。

图 8-44 川贝母

图 8-45 平贝母

图 8-46 伊犁贝母

8. 新疆贝母（*Fritillaria walujewii* Rgl.）

植株高 20~40cm；鳞茎宽卵形，直径 1~1.5cm；叶短而宽，长 5~10cm，宽 2~9cm。花

期4~5月,果期6~7月。

此外,贝母属植物的鳞茎作贝母入药的还有:

东贝母(*F. thunbergii* Mig.var. *chekiangensis* Hisao et K.C. Hisa)

太白贝母(*F. taipaiensis* P.Y.Li)

湖北贝母(*F. hupehensis* Hisao et K, C, Hsia)

砂贝母(滩贝母)[*F. karelinii* (Fisch.) Baker]

乌恰贝母(*F. ferganensis* A.Los.)

栽培的品种,目前仅浙贝报道选育了堇贝1~4号,其中堇贝4号植株较矮,双茎率高,产量高,但鳞茎小。

三、生物学特性

(一)生长发育

贝母生长发育较为缓慢,种子播种到新种子形成需5~6年的时间,用鳞茎繁殖也需3~5年才能开花结实。

贝母种子成熟(浙贝5月,伊贝、平贝6月,川贝7~8月)后播种,播后1~2个月开始发芽,首先生出胚根,胚根生长较快。胚根生长时,胚芽渐渐分化长大,胚芽发育成越冬芽后进入冬眠期。一年生实生苗均为1片披针形小叶,但浙贝、伊贝的叶片比平贝、川贝宽大。二年生小苗(平贝、川贝2~3年生)多数也为1片披针形小叶,但叶片较大,少数(川贝较多)为2片披针形小叶,俗称"鸡舌头"、"双飘带"。3~4年生(平贝、川贝4~5年生)小苗开始抽茎,茎上有叶4~12片,无花,俗称"四平头"、"树枝儿"。5~6年生鳞茎较大。图8-47以平贝母为例显示了贝母的生长发育过程。

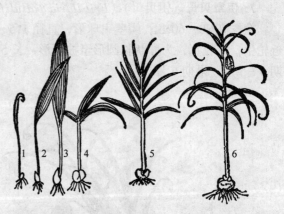

图8-47 平贝母各生长发育阶段形态
1.一年生实生苗(俗称"线形叶") 2~4.二、三年生苗(俗称"鸡舌头") 5.四、五年生植株(俗称"四平头")
6.五、六年生植株(俗称"灯笼秆")

每年贝母春季(浙贝1~2月,川贝、平贝3~4月,伊贝4月)出苗后,茎叶伸长并现蕾(浙贝2~3月,川贝、平贝、伊贝4月),花期(浙贝4~5月,平贝、伊贝5~6月,川贝5~7月)后便枯萎进入夏眠期,全生育期为60~120d(平贝60d,浙贝、伊贝100d,川贝120d)。夏眠后期根、芽分化,8~9月后须根生长,越冬芽逐渐长大,10~12月为冬眠期。

(二)种胚后熟和上胚轴的休眠

贝母的种子具有形态后熟和生理后熟的特性,在13~14℃条件下需50~60d才能萌发生根。胚根生出后,胚芽渐渐分化并长大,胚芽长到一定长度就停止生长,待胚轴经过生理低温后才能萌发。据报道,浙贝母种子在8~10℃条件下60d可完成生理后熟,伊贝则在5~15℃条件下需要 90d 左右。贝母种子很薄而近扁平半圆形，千粒重浙贝 3g，平贝、川贝 5g，伊贝 6~7g，自然条件下存放 1 年，活力显著降低。

（三）鳞茎和芽的更新

贝母鳞茎的生长不是鳞片数目增多或鳞片加厚而是年年更新，即老鳞茎腐烂，重新形成一个或而个新鳞茎。新鳞茎是由更新芽芽鞘内部 2~5 个鳞片基部膨大而成的。夏眠后，根、芽生长的后期，芽鞘基部开始膨大，形成鳞片。冬眠后伴随茎叶生长，新鳞茎逐渐长大，开花后鳞茎生长最快，到枯萎时，新鳞茎停止生长。新鳞茎的大小与老鳞茎的大小和环境条件有密切关系。在疏松肥沃的土壤和凉爽湿润的条件下，鳞茎生长的大；在贫瘠的板结土壤或干旱、高温条件下，鳞茎长的小。通常条件下，一个浙贝鳞茎更新后形成两个新鳞茎；60% 的伊贝母鳞茎，一个更新生成 2 个；平贝、川贝一个老鳞茎更新为 1 个新鳞茎。平贝在鳞茎更新过程中，老鳞茎片上形成许多小鳞茎，待老鳞茎腐烂后，小鳞茎脱离母体便形成了新的独立的小鳞茎，产区把此类鳞茎成为子贝。

贝母的芽也是年年更新，每年芽的更新都是在新鳞茎进入夏眠后开始。贝母枯萎后，鳞茎中心的生长点在适宜的条件下分化出 3~7 枚鳞片原基和茎、叶、花原基，夏眠后，分化的鳞片原基渐渐长大形成芽鞘，与此同时，分化的茎、叶、花原基在芽鞘内渐渐长大，最后发育成茎、叶、花的雏体——越冬芽。越冬芽形成后，在秋季进入生理后熟阶段，接着进入冬眠，翌春萌发出土，长成茎、叶、花。

（四）贝母的夏眠与冬眠

贝母生长发育需要凉爽湿润的环境条件，生育期间遇到高温（30℃ 以上）其生长受到抑制，便枯萎进入夏眠。温度高不仅抑制生长也抑制分化。由于我国多数贝母产区夏季温度较高，不利于贝母的分化与生长，所以栽培贝母夏季要适当遮荫。夏眠后的贝母在 22℃ 气温条件下就开始生根，鳞茎上的芽也渐渐长大。当芽长到一定程度时，由于生理低温没有得到满足，便再次停止生长，随后进入冬眠。

（五）贝母的营养繁殖

贝母可以进行种子有性繁殖和营养繁殖，其营养繁殖能力较强。如贝母的鳞茎分瓣或鳞片纵切若干块，在适宜的条件下都可以形成新个体。由于种子繁殖和鳞茎分瓣或鳞片切条繁殖形成的新个体较小，作货年限较长，生产上多采用整鳞茎栽种。平贝、川贝 1 个种鳞茎栽种后可形成 1 个新的鳞茎，1 个浙贝或伊贝种鳞茎栽种后，可形成 2 个新鳞茎（浙贝双鳞茎率在 90% 以上，伊贝为 70% 左右）。川贝中有的有珠芽，珠芽可以繁殖成新个体。平贝母的营养生殖能力最强，除了整个鳞茎，鳞茎分瓣，鳞片纵切能够形成新个体外，鳞片上还可形成许多小的鳞茎，产区俗称子贝。一般三年生贝母鳞茎就能产生子贝，一个直径为 1cm 以上的鳞茎每年可形成 20~50 个子贝，子贝的生长发育与种子相似。

四、栽培技术

（一）平贝母

1. 选地、整地

选地是平贝母生产的关键环节之一，因为平贝母一经播种就要连续生长多年，长的可达数十年。如果选地不当,贝母生长不良,会给后代的生产造成损失。

栽培平贝母最好选用疏松、肥沃,富含有机质,排水良好并靠近水源的壤土、砂壤土,土壤微酸为宜。前作以大豆、玉米或肥沃蔬菜地为好,忌用烟草、麻、茄子、大蒜、甘蓝及有小根蒜生长的地块。新开垦的林地或山脚下排水良好的冲积土,其坡度不要超过10°,并在4~6月间能保持土壤湿润、气候凉爽的条件为宜。应当注意,有的地区虽然土质良好,但由于春季气温高,气候干旱,引种的平贝母提前枯萎休眠,鳞茎小,产量低。

产区栽培贝母重视栽前改土,一般在栽种前2~3年就在作物田内增施有机肥,提高土壤肥力,待土壤发暄时再收获前作,并进行施肥后栽种。

栽培贝母的地方,在早春化冻后耕翻。耕翻15cm左右,耕后耙细整平,待播种时边做床边播种。一般床宽120cm,床间距30~50cm,畦高20cm左右,长度依地形而定。平贝母是喜肥的药用植物,施足底粪是增产的关键。据报道,施肥比不施肥增产50%左右。施肥以腐熟的鹿粪、羊粪、马粪、猪粪为最好。其次是绿肥、堆肥等,切勿施生肥和粪块。施肥量为10~15kg/m²,其中还要添加硝酸铵和过磷酸钙各50g,可以提高贝母生物碱的含量10%。

2. 播种

平贝母以鳞茎繁殖为主,种子繁殖只用于种栽缺乏时或育种时采用。

产区6月上旬至下旬栽种鳞茎,最晚不能晚于7月末。栽种时先将鳞茎按大、中、小分级,一级为大鳞茎,直径大于0.8cm;二级为中鳞茎,直径在0.4~0.8cm;三级为小鳞茎,直径小于0.4cm。不论何级别,用作种栽的平贝母鳞茎都要求来源于无发病区或地块,鳞茎本身完整、饱满、无损伤、无病虫疤痕。栽种前最好进行消毒,一般100kg种栽用50%的多菌灵可湿性粉剂100g,兑水3kg,拌种栽。

栽种一般采用横畦条播,大、中鳞茎行距10~15cm,株距3~5cm,覆土3~4cm。小鳞茎可宽幅条播,幅宽10cm,幅间距8~10cm,株距1~1.5cm;也可全畦撒播,株距1~1.5cm,覆土2cm。常用栽种量,每667m²用大鳞茎300~400kg,中鳞茎200~300kg,小鳞茎120~150kg。栽种时,先把划定好的畦床内的表土起出5~6cm,放于作业道上,使畦面形成一浅的平底槽。接着在床内施入3cm厚充分腐熟的农家肥料作底肥,在底肥上面覆盖2~3cm厚的细土,然后条播或撒播,并按要求覆土。播后床面搂平,中间略高些,避免积水。最后在床面上盖一层2~3cm厚的腐熟有机肥或粉碎的草炭、落叶,产区称作"盖头粪"。

3. 田间管理

(1) 除草松土　每年要在出苗前要清理田园,搂出杂物,生长期间见草就拔,休眠期间结合管理间套种作物,清除杂草。注意除草不宜过深,否则损伤地下鳞茎。

(2) 灌溉与排水　出苗后可采用沟灌或喷灌,春灌1~2次。夏眠枯萎后进入雨季时,要清理好排水沟,严防田间积水。

(3) 追肥　以速效性肥料为宜,生育期内进行1~2次,第一次在出苗后茎叶伸展时每667m²追施硫酸铵或硝酸铵10~15kg;第二次在摘蕾后或开花前追施硝酸铵10kg和过磷酸钙5~7.5kg或磷酸二氢钾5kg。每年秋季清园后床面要施2~3cm厚的盖头粪。

(4) 留种、摘蕾　对留种田,应选健壮植株或具有某种特性的植株留种,在留种株旁插棍,使卷须叶攀棍生长以防倒伏。留种植株每株留1~2个果,当果实由绿变黄或植株枯萎时,连茎秆收回阴干后搓出褐色成熟种子。非留种田，应进行摘蕾工作，摘蕾应及早进行，一般在苗高20cm左右即可摘蕾，以晴天摘蕾为好。

(5) 种植遮荫植物　对当年不起收的地块，可按大田播种期或稍推迟一些时间种植遮荫作物。一般是每床上按床的走向种 2~3 列大豆，穴播，行距 25~30cm；玉米按株距 30~40cm 种在床边或作业道上。对当年起收的地块春季只种玉米，待平贝母收获后可在床面上种晚菜豆等。

(6) 病虫害防治　主要病虫害有锈病（*Vromyces ussuriensis* Maxim.）、菌核病［*Stromatinia rupurum*（Bull.）Boud.］、黑斑病［*Alternaria alternata*（Friss.）Keissler.］。虫害主要有金针虫、蛴螬、蝼蛄等。应采取预防为主，综合防治策略（Integrated Pest Management, IPM）。

病害防治：建立无病留种田；外地引种时做好检疫工作，种植后还要经常检查；严格按生产技术要求操作，加强田间管理；对零星发病地块应立即剔除病株后换新土，对重病地块则应与大田作物进行轮作几年后再使用；对菌核病，一旦发病可用 50% 多菌灵或 50% 甲基托布津 800~1 000 倍液灌根防治；对锈病，可选用 25% 的粉锈宁粉剂 300~500 倍液，或 70% 甲基托布津可湿性粉剂 800 倍液喷雾防治，每 7~10d 一次，连续 2~3 次。

虫害防治：对金针虫可采用毒饵诱杀（80% 敌百虫粉剂 1kg，麦麸或其他饵料 50kg，加入适量水，黄昏或雨后撒于被害田间）、毒土闷杀（将 80% 敌百虫粉剂拌入土内或粪内，用量为 1.5~2kg/667m²，兑细土或粪肥 20~30kg，拌匀，做床时撒在底肥层）、农艺措施防治（栽种前多次翻耕土壤，以利机械杀灭和天敌取食）、人工捕杀（可使用半熟土豆埋于床边等处，每隔 2~3d 取出检查一次）。对蛴螬，除上面的方法可参考外，还要特别注意不能使用生粪。对蝼蛄还可用毒粪诱杀（生马粪、鹿粪等粪肥，每 30~40kg 掺 80% 敌百虫粉剂 0.5kg，在作业道上堆成小堆，并用草覆盖）、灯光诱杀、农药防治（对虫口率较高地块，栽种后可用 50% 辛硫磷 1 000 倍液或 80% 敌百虫粉剂 800~1 000 倍液，畦面喷洒或浇灌）。

(二) 川贝

川贝栽培历史较短，面积较小。栽培技术可参考平贝母，特殊之处有：

1. 采种与播种

川贝用种子繁殖。采种时严格掌握种子成熟度，以贝母蒴果（药农称八挂捶）饱满鼓胀完全变成黄色为好，一般分批采种，采后立即播种。

播种方法可分为条播、穴播、撒播。条播是按 10cm 行距宽幅条播（9cm），深沟为 1.5~2cm；穴播株距为 18cm×27cm；撒播株距为 3cm。播种量是按每 667m² 用合格种果 15 000 个计算。播种时要将种子与适量沙土拌和均匀，覆土厚度 1~1.5cm。

播种后畦表面盖草，以遮荫保水，防止杂草种子侵入，以利种子发芽出苗。

2. 田间管理

四川产区早春气温回升后，撤去地面覆盖物，搭矮式双透棚（透光透雨）遮荫栽培。一、二年生荫蔽度为 50%，第三年荫蔽度调整为 30% 左右，第四年裸露栽培。

(三) 浙贝

1. 选地整地

栽培浙贝多选择海拔稍高的山地。按常规耕翻整地，结合耕翻施入基肥，每 667m² 施用厩肥 3 000~5 000kg。耕翻后做畦，畦宽 150~200cm，高 15cm，畦面多呈龟背形，畦间距 30cm，黏性稍大的地块畦宽150cm为宜，沟要加深，以利排水。

2. 播种

浙贝生产上都用鳞茎繁殖。浙贝繁殖系数较低，鳞茎增值倍数通常为1.6～1.8，即每667m²种子地收获后全部留种，最多只能扩大1 200m²。

为确保种用鳞茎的质量，产区单独建立种用鳞茎繁殖田，简称种子田。种子田的鳞茎按大小、每千克的个数分为5级（产地称"号"）。鳞茎直径在5cm以上，30个/kg以内的为1号贝母；鳞茎直径为4～5cm，31～40个的为2号；直径为3～4cm，41～60个的为3号；直径为2～3cm，61～80个的为4号；80个以上的为5号。一般2号鳞茎作种子田的播种材料，余者均为商品田的播种材料。如用种子繁殖，栽培4～5年才能达到种用鳞茎标准。

种用鳞茎分级时，同样必须严格掌握质量标准，除去残病和腐烂鳞茎。

栽种浙贝多在旬平均气温低于25℃时开始，也就是在贝母鳞茎待生根时栽种。产区多在9月中旬至10月上旬，先栽种子田，后栽商品田。栽种不能过晚，11月后栽种，多因根系生长差，植株矮小，叶片少，发育不良，减产达10%左右。

浙贝母种植密度因鳞茎大小而异，一般1号贝母（药农俗称土贝母）株距为20cm，行距23cm，每667m²保苗株数为13 000～14 000株，用种栽450～500kg。2号鳞茎株距为15～17cm，行距为18cm，每667m²保苗株数为20 000株，用种栽350～450kg。3号鳞茎株距为14～17cm，行距18cm，每667m²保苗株数为20 000株，用种栽250～300kg。最后剩下的鳞茎应开沟条播，但要均匀，使种栽间有一定的距离，这样有利于生长，提高产量。

栽种时在畦床上，按规定行距开沟，按要求株距在沟内摆放鳞茎（芽向上），然后覆土。1～2号鳞茎覆土厚度为6～7cm，3号以下的鳞茎覆土5cm左右；留种田覆土较厚，为9cm左右，加厚覆土利于鳞片紧密抱合和度过夏眠。

浙贝从下种到出苗要经过3～4个月的时间。为了充分利用土地，可以在留种地上套种一季浅根蔬菜（如萝卜）。一般留种地下种后立即播种。

3. 田间管理

(1) 除草　重点放在浙贝出苗前和植株生长的前期，一般中耕除草大都与施肥相结合进行。在施肥前先中耕除草，使土壤疏松，容易吸收肥料，增加保水、保肥能力。套种蔬菜收获后，要将菜根除净。一般栽种后至冬肥前要除草3次，植株旁的草最好拔除，以免弄伤根部。植株长大后仍需人工拔草，拔草时勿损伤贝母茎叶，否则会影响鳞茎生长。

(2) 摘蕾　为培育大鳞茎，减少贝母开花结实时消耗营养，产区多在3月中下旬摘蕾，即植株有1～2朵花蕾现出时进行。摘蕾过早会影响抽梢，减少光合作用面积；过迟，花蕾消耗养分多，影响贝母鳞茎的发育。

(3) 追肥　浙江产区一般每年追肥三次。第一次在12月下旬，这时尚未出苗，称为"冬肥"，也叫"苗前肥"。第二次在立春后，苗已基本出齐时，称为"苗肥"。第三次在3月下旬，摘花以后，称为"花肥"。

施冬肥是浙贝几次施肥（包括基肥、种肥）中最重要、用量最大的一次。浙贝地上部分的生长期只有3个月左右，需肥期较集中，单是出苗后追肥不能满足其需要。冬肥应以迟效性肥料为主，一般用圈肥、垃圾、油饼等，并适当配合施一些速效性肥料，如沤好的稀薄人粪尿等。施肥时先在畦上顺开或横开浅沟,深沟 3cm,不可过深(以免损伤芽头),沟距 18~21cm。一般每 667m²,施入沤好的稀薄人粪尿 750~1 500kg,再施入打碎的油饼 75~100kg,覆土盖住肥料。最后在畦面上铺撒一层圈肥等 1 500~2 500kg。

苗肥以速效氮肥为主,一般每 667m² 施入沤好的稀薄人粪尿 1 500~2 500kg 或硫酸铵 10~15kg,可以一次施,也可以分两次施。每次施肥时都要均匀,以免影响生长。

花肥要施速效肥,肥料种类和数量与苗肥基本相同。施花肥要看植株生长状况,不可乱施,种植密度大、生长茂盛的种子地,就不宜多施或不施花肥,因氮肥过多会引起灰霉菌发生,造成迅速枯死而减产,老产区的经验是"清明后不再追肥"。

(4) 灌排水 浙贝需水不多,但又不能缺水,所以生育期间要勤灌水,防止出现干旱,浇水时严防田间积水。不起收的地块在进入雨季前,要疏通好畦沟,防止雨季田间积水。

(5) 套种遮荫植物 一般套种遮荫作物以大豆、棉花、甘薯为好。有些产区把清理床沟的土覆在床面上,既增加床面覆土厚度,降低地温,也可使其安全越夏。

(6) 病虫害防治 常见病害有灰霉病[*Botrytis elliptuca* (Berk) Gke.]、干腐病[*Fusarium avenceun* (Fr.) Sacc.]、软腐病[*Erwinia carotovora* (Jones) Holland.]。防治方法:参见平贝母,对灰霉病还可在发病前喷洒 1:1:100 倍液的波尔多液或 75% 的百菌清 700 倍液防治。

虫害有豆芫菁(*Epicauta gorhami* Marseu.)、葱螨(*Rhizoglyphuse echinopus* Keavn.)、蛴螬、蝼蛄、金针虫等。防治方法除参考平贝母外,还可用 1 000 倍 40% 乐果乳油喷防。

(四) 伊贝

伊贝原为野生种,生长在高寒山区,海拔在 1 000~1 800m 的山地、草原、灌溉林下、林间空地。新中国成立后开始人工栽培。

1. 选地整地

选地参照平贝、川贝。整地时,结合翻地每 667m² 施腐熟有机肥 4 000~5 000kg,有条件的地方每 667m² 再施 40~50kg 腐熟的饼肥,整平后做成 1.2m 宽的畦。

2. 播种

伊贝母用种子和鳞茎都能繁殖,生产上两种方式都采用。

(1) 种子 伊贝母种子 6 月上中旬成熟,当蒴果由绿色变为棕黄色时,割下果枝,晒干脱粒备用。伊贝多于 8~9 月播种,播后种子在田间发育到结冻前完成形态后熟。种子繁殖生产方式有两种——直播和育苗移栽方式。

直播是在 120cm 的畦床上,顺床开沟,宽幅条播,每床 3 行,播幅宽 12cm 左右,覆土 0.5cm,每 667m² 用种量 4~5kg,播后床面盖草。

育苗移栽多采用撒播,覆土厚 0.5cm,每 667m² 用种量 15kg,播后床面盖草保湿。萌发时及时撤除覆草,有的地方 4 月以后,搭棚遮荫,棚的高矮不限(一般高 0.9~1.2m),透光度 40%~50%。注意苗期拔草和追肥。2~3 年后移栽。

(2) 播种 鳞茎多在 8~9 月。在做好的畦床上按 20cm 行距开沟,沟深为种茎高的 1 倍,大鳞茎株距 8~9cm,中鳞茎 5~6cm,小鳞茎 3~4cm。每 667m² 大鳞茎用量为 250kg 左右,其他的酌减,覆土 6~7cm。

五、采收与加工

(一) 采收

1. 平贝母的采收

用鳞茎繁殖,一般栽种 2~3 年后即可采收加工。每年 5 月下旬至 6 月下旬为采收期,以 6 月上中旬采收最为适宜,采收的鲜重、折干率和生物碱含量都较高。

由于平贝母鳞茎能形成大量子贝,生长 2~3 年后,田间的子贝数量就会接近播种量,因此平贝母的起收还兼有栽种任务。做法是:在起收时,只将适合加工作货的鳞茎拣出,同时把过密子贝均匀铺开,就可完成下一个生产周期的栽种工作,但盖头粪一定要施足。当然也可把所有的鳞茎起出,然后按正常的种植方式栽种。一般 667m² 可产鲜货 500kg。

2. 川贝的采收

川贝用种子繁殖,种植 3~4 年后就可采收,每年 7~8 月间收获。选晴天挖出,用筛子筛出泥土,及时运回干燥。在挖掘过程中避免损伤。

3. 浙贝的采收

浙贝鳞茎栽后 8 个月就收获,一般在 5 月上、中旬,即地上部分枯萎时采收。收获过早,地上部分还未完全枯萎,产量低、品质差。收获过迟,鳞茎皮厚,加工费工,折干率低。收获时,选晴天从畦一端顺次采挖,切勿损伤鳞茎。一般产量为鲜品 600~900kg/667m²,折干货 200~300kg,高产田干货可超过 500kg/667m²。

4. 伊贝采收

种子繁殖 4~5 年收获,鳞茎繁殖栽后 2~3 年收获。6 月茎叶枯萎后收获。

(二) 加工

1. 平贝的加工

平贝母收获后,可按大小分级直接烘干或晒干。

烘干:在密闭的土炕上,筛上一层草木灰(亦可用熟石灰),将贝母大小分级铺好,其上再筛上一层草木灰,随即开始加火升温,使炕温达 40℃ 左右,经过一昼夜,即可全部干透,筛去草木灰(或石灰)再行日晒驱除潮气,即得干货。烘干温度不可过高,否则烘焦鳞茎,降低品质。

晒干:选晴天将平贝薄薄地铺放在席子上(亦可拌撒熟石灰),直到晒干为止,需 3~4d。

最后将干货装于麻袋内,拖住四角,来回串动撞去须根和鳞片上附着的泥土和石灰,再扬出杂质,即得色泽乳白的成品。

2. 川贝和伊贝的加工

将运回的鲜贝母薄摊于木板上或者竹帘上,在日光下曝晒。曝晒时不要翻动,争取 1d 晒至半干,次日再晒使其变为乳白色为好。晒前不能水洗,不用手直接翻动,已经曝晒过,但还未干的鳞茎不能堆存,否则泛油发黄,品质变劣。晒后搓去泥沙,即为成品。如遇雨天,可将挖起的鳞茎窖藏于水分较少的沙土内,待天晴时抓紧时间晒干。也可采用烘干的方法,烘时温度控制在 50℃ 以内。

3. 浙贝的加工

浙贝加工工艺流程包括洗泥、分瓣挖心、去皮、干燥几个步骤。

洗泥：将待加工的鳞茎放入水中，迅速洗去泥土。

分瓣挖心：加工浙贝时，把大鳞茎鳞片逐瓣掰下，加工后称元宝贝，分瓣后的心芽整个加工，加工后称贝芯，此工作称为分瓣挖心。小鳞茎不分瓣，也不去心芽，是整个鳞茎加工，加工后称为珠贝。一般在浙贝出成品中，珠贝占10%~15%，贝芯占5%~10%，绝大多数为元宝贝。初加工品要分别放置，以便分别去皮、干燥。

去皮：将鳞茎、鳞片或心芽分别装入皮器具中、使之转动，让贝母相互冲撞摩擦10~25min，使表皮擦脱，当液浆渗出时，向桶内加贝壳粉或熟石灰（每100kg贝母加3~5kg）再转动15min，使贝母表面粘满石灰，倒入竹箩内放置一夜，然后晒干或烘干。

干燥：去皮后贝母在阳光下曝晒连续3~4d后于室内堆放1~3d，最后再晒1~2d即可。遇阴雨不能晒干时可烘干，入室时烘干温度65℃左右为宜，当达7~8成干时，温度降为50℃左右，烘干为止。烘干后，把贝壳粉或石灰等杂质扬去即可。其商品质量要求如下：

元宝贝：为鳞茎外层的单瓣鳞片，呈半圆形，干燥、完整、不重叠。不带贝芯，表面白色或黄白色、质坚实，断面粉白色。味甘微苦、无僵个、杂质、虫蛀、霉变为佳品。

珠贝：为完整鳞茎、呈扁圆形，表面白色或黄白色，质坚实。断面粉白色，味甘微苦。大小不分、间有松块、僵个、次贝、无杂质为佳。

第九章 花类药材

在众多的药用植物中,花类药材占的比例较小,目前市场流通的这类药材有30余种。本章介绍的3种花类药材也是从地道性、生产量、栽培范围、栽培技术的代表性和有特殊性来考虑选择的。其中红花是一年生草本;而菊花是多年生草本;金银花则是灌木。

花类药材收获的是植物体的繁殖器官,其生产管理有一定的相似之处,如在营养生长期,氮肥也不宜施入过多,以免茎叶徒长,影响从营养生长向生殖生长的转换。其次,花对生长条件要求较高,要有适宜的温、湿度及光照条件,才能保证花的产量和质量。此外,药用植物开花持续时间较短,及时采收才能保证药材的质量。常用的花类药材有:

代代花,夏枯球,金银花,蒲黄,槐米,玉米须,菊花,野菊花,金银花,公丁香,旋复花,西红花,辛夷花,红花,合欢花,槐花,鸡冠花,冬花,玫瑰花等。

第二十二节 西 红 花

一、概 述

西红花原植物为鸢尾科植物番红花,干燥柱头入药,生药称西红花(Stigma croci),含藏红花素约2%,藏红花二甲酯、藏红花苦素2%,挥发油0.4%～1.3%及丰富的维生素B_2。有活血化瘀、散郁开结的作用,常用治产后淤血腹痛和跌打肿痛。近年的研究发现,藏红花酸、藏红花醛、藏红花素和藏红花苦素等具有较强的抗癌活性。番红花原产于西班牙、希腊等地,近年我国上海、江苏、浙江、北京等地有引种栽培。2003年末,上海崇明西红花基地已通过国家GAP认证审查。

二、植物学特征

番红花(*Crocus sativus* L.)为多年生草本;无地上茎;地下球茎扁圆,外被褐色的膜质鳞叶。叶基生,9～15片,无柄,狭长条形,长15～25cm,宽3～4mm;叶丛基部由4～5片膜质鞘状叶包围。花1～2朵顶生或腋生,直径2.5～3.0cm;花被6,淡紫色,倒卵圆形,筒部长4～6cm,细管状;雄蕊3,

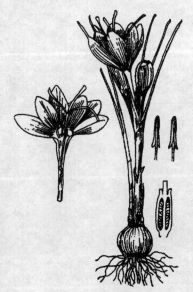

图9-1 番红花

花药大，基部箭形；子房下位，心皮3，花柱细长，黄色，顶端3深裂，深红色，柱头略膨大，有一呈漏斗状的开口。蒴果长约3cm，宽1.5cm，有3钝棱；种子多数，圆球形，种皮革质。花期10～11月（图9-1）。

三、生物学特性

（一）生长发育

番红花每年秋季栽种，春末枯萎休眠，全生育期180～210d。用球茎栽于田间后，10d左右开始生根，幼根都是从球茎基部几个节上发出，并相继伸长。栽种20d后，开始出苗。出苗时，球茎顶部的顶芽和靠近顶芽的1～2个较大的腋芽芽鞘先出土，接着叶片从芽鞘中伸出。此时其他腋芽芽鞘相继出土并抽生叶片，腋芽中的叶片伸出芽鞘的时间较为集中，伸出后渐渐长大。与此同时，地下根系逐步形成，此时根长15cm左右，粗约0.1cm，一个球茎有须根30～80条。球茎上的主芽和腋芽出土后，其基部茎节开始膨大，形成新的球茎。这时原来的球茎因营养物质的消耗和转移，重量迅速下降，质地松软。出苗20d左右，上部开始现蕾开花，花期20d，花后叶片生长速度加快，新球茎继续长大，次年2～4月为球茎迅速膨大期，物质积累转化也较快，4月中旬地上部枯萎，球茎进入夏眠期。

（二）球茎的生长与更新

番红花的球茎上有多条棕色环节，节上有芽，最上端的为顶芽，其余为腋芽，多数。每年栽种后，母球茎上的顶芽和腋芽可利用母球茎的营养萌动出苗，出苗后的顶芽和腋芽随着叶片的伸长、长大，其基部渐渐膨大形成新的子球茎。每年2～4月子球茎生长迅速，5月地上枯萎后，子球茎大小定型，完成了其球茎的更新。由于新球茎多数无根，靠母球茎供给水分和养分，所以顶芽和靠近顶芽的1～2个较大的腋芽具有生长优势，形成的新球茎较大，而靠近茎盘处的腋芽生长势较弱，形成的新球茎也小。母球茎在新球茎的形成过程中，渐渐萎缩，当新球茎地上部分接近枯萎时，母球茎干瘪死亡，此时土壤湿度大，母球茎就腐烂解体。在自然条件下，母球茎腋芽多的形成新球茎个数多，虽然新球茎总重量大，但单个新球茎重量小，栽种后开花比例小，开花数目少。母球茎同等大小，腋芽多的单个新球茎重量小，腋芽少的单个球茎重量大。所以，生产上采取疏腋芽的措施来提高新球茎的重量。从繁殖角度看，母球茎大的，繁殖系数也高，见表9-1。

表9-1 母球茎大小与子球茎增殖关系

球茎重(g) \ 子球数 百分比(%)	1	2	3	4	5	6	7	8	9	平均
<2	94.3	3.8	1.9							1.1
2～3	50.0	19.4	13.9	11.1	2.8	2.8				2.1
4～6	68.1	19.2	12.8							1.5
6～8	45.1	38.0	11.3	1.4	4.2					1.8
8～10	25.0	44.4	16.7	11.1	2.8					2.2
10～12	8.3	45.8	33.3	12.5						2.5
12～14	7.7	15.4	46.2	7.7						3.0
30±2	0	1.4	0	9.5	15.1	16.4	24.7	15.7	17.8	6.7

(三) 花芽的形成与开花习性

许多报道指出，小于5g重的球茎，由于营养体小，不能进入生殖生长。当球茎重量大于5~6g，其顶芽可能有混合芽，但花芽的分化晚于叶芽。一般6~8月花芽开始分化，到9月，10g和15g的球茎中，第一朵和第二朵花的雌蕊已形成。球茎上花芽形成的多少与营养体大小有关（表9-2）。从叶片多少看，球茎叶片数多的开花比例大，单个球茎开花朵数也多，叶片数不足8个的基本不开花，具有11片叶子的球茎90%都能开花。

番红花从现蕾到开花需1~3d，花期20d以上，株花期3~10d，朵花期3d。小花每天上午8~9时开放，开放后1~2.5h花被片全部展开，夜间合拢（一般下午4时前后合拢），开花后48h花粉散出，开花后36h采摘，其鲜柱头产量最高、质量最好。虽然36h采摘的柱头折干率不及花后56h的高，但干品总产量及柱头质量均以花后36h采摘者为最高最好。在高温干旱条件下（特别是室内），番红花的花先于叶片抽出，温度偏低时（特别是露地栽培）叶先于花抽出芽鞘。

表9-2 番红花球茎大小与开花能力、花柱产量的关系

（参考丁赢《射干 番红花》，2001年）

球茎重 (g)	观察球茎数 (颗)	颗留芽数 (个)	开花比率 (%)	总开花数 (朵)	平均每球开花朵数（朵）	单朵花花柱重 (mg)	每球花柱产量 (mg)
<5	20	1	0	0	0	0	0
5~10	20	1	5	1	0.05	3.4	0.17
11~15	20	1	95	30	1.5	4.0	6.0
16~20	20	1	100	60	3.0	5.6	16.8
21~25	20	2	100	100	5.0	5.8	29.0
26~30	20	2	100	105	5.25	6.3	31.0
31~35	20	2	100	110	5.5	6.5	35.75
36~40	20	3	100	142	7.1	6.7	47.6
41~45	20	3	100	149	7.45	7.1	53.0

(四) 番红花与环境条件的关系

番红花植株生长期间的温度变化范围为2~9℃，其中冬前11~12月的温度为5~12℃，翌年新球茎生长期间（2~4月）温度为5~14℃。一般番红花能耐-7~-8℃的低温，寒冷的年份，温度低于-10℃，植株生长不良，新球茎变小。在生长后期，平均气温稳定在20℃以上，当气温高于25℃后，番红花生长显著减缓，并提早进入休眠期。

番红花的花芽分化和开花过程对温度较为敏感，研究证明，花芽分化的适宜温度为24~28℃，开花期间的最适温度为15℃左右。

番红花的生长需要充足的阳光，在长日照和适宜的温度条件，能促进新球茎的形成。

番红花喜稍湿润的气候条件，怕积水，在疏松肥沃的土壤条件下，球茎产量高，土壤过于黏重或阴湿，生长发育不良，子球茎少，而且也小。土壤pH以6.5~7.5为宜。

番红花在室内开花阶段，需要较高的空气湿度，一般相对湿度保持在80%为宜，湿度太低则开花数减少；相反，如湿度超过90%则会使球茎生根，不利于收花后移入田间。

四、栽培技术

番红花引入我国后，根据我国的气候特点，目前成型的栽培技术是采用跨年度栽培方式，可分为两个阶段。第一阶段为露地越冬繁殖球茎阶段，是在11月中、下旬把在室内开花结束后的球茎种植到大田，让其在土壤中完成生根、长叶、子球茎形成、膨大过程，翌年5月中、下旬收获球茎，此阶段约180d。第二阶段是生殖生长阶段，是将收获的球茎放于室内，在适当的条件下贮存，让其完成叶芽、花芽的分化，以及完成开花前所需的内在生理变化过程。到9月上旬花芽开始露出，10月底始花并可开始采收花柱，11月中、下旬结束，此阶段也有约180d。因此，栽培技术的内容主要是指第一阶段。

(一) 选地整地

应选择疏松、肥沃、排水良好的壤土、砂壤土；前作以玉米、大豆为宜，也可套种在桑园内。番红花忌连作，一般采用与其他作物实行4~5年轮作的方式。

前作收获后，施入基肥，每667m^2腐熟堆肥5 000kg、过磷酸钙50kg、饼肥200kg，然后耕翻、耙细、整平做畦，畦宽130cm，畦间距离30~40cm，高15~30cm。

(二) 栽种

番红花在长江中下游地区多在11月中旬栽种，北京地区在10月底。如采用田间收花的栽培方式，则是在8月下旬至10月中旬栽种。

番红花的球茎上着生许多芽，每个芽都可能形成一个新的子球茎。为了保证新球茎重量不降低，栽种前要进行除腋芽工作。采用的原则是，留大去小、留壮去弱。一般球茎重15~20g以下的留1个芽，25~35g的留2个芽，40g以上的留3个芽。

栽种前的另一项工作是药剂消毒，以防病虫危害。可用25%的多菌灵500倍液与40%乐果乳油1 500倍液混合，浸种球茎20min后，立即栽种。

从前面表9-2可以看出，小球茎（<5~6g）不开花，大于15g的球茎100%开花。所以，播种番红花应选择球茎大的作播种材料，大球茎开花多，总产量也高。一般生产上是把小于8g的球茎单独栽培或者淘汰，如果栽培则要待其重量大于8g后，再作为播种材料。大于8g的球茎按大小分类栽种，通常8~25g的为一类，25g以上的为一类。

播种番红花的密度因球茎大小而异，球茎小于8~10g的，行株距为8cm×8cm；11~25g的行株距为10cm×10cm，大于25g的为12cm×12cm。播种密度与新球茎产量及大于8g球茎所占比例密切相关，以8~15g球茎为例，行株距12cm×9cm时，其花和新球茎的产量均比行株距为18cm×9cm或18cm×12cm的高（表9-3）。

表9-3 种植密度与产量关系

行株距 (cm×cm)	100m^2用 种球数	开花总数	新球茎重 (g)	>8g球茎		<8g球茎	
				重量 (g)	比率 (%)	重量 (g)	比率 (%)
18×12	463	294	7 715	4 165	53.99	3 550	46.01
18×9	617	387	11 200	6 750	60.27	4 450	39.73
12×9	926	581	24 400	16 300	66.80	8 100	33.20

播种时，覆土厚度对花和新球茎的产量也有影响，经验认为覆土厚度为球茎高度的3倍为宜。过深或过浅均对单球茎重量的增加不利，如有研究发现，8~15g的球茎，覆土3cm（过浅）时，新球茎数量多，但单个球茎小（仅7.7g/球茎），能开花球茎比例小（31.5%）；覆土过深（10cm）时，球茎较少，单个球茎稍大，但是，能开花球茎比例也不高（只有38.5%）；覆土5~6cm时，虽然新球茎个数少，但单球茎重量较高（9.1g），能开花植株的比例由31.5%提高到45.7%。球茎重大于25g的播后覆土7cm为宜。

球茎用量：大于25g球茎，1 300~1 500kg/667m^2；20g左右的，1 000~1 300kg/667m^2；15g左右的，1 000kg/667m^2；10g以下的球茎，1 000kg/667m^{2}以下。

（三）田间管理

1. 除草松土

番红花播种后，春季应及时除草，并同时进行松土工作。运用除草地膜是近年来的一项除草有效措施。一般是在12月施苗肥后，或第二年2月中旬施过返青肥后，覆盖以杜耳为主要成分的除草地膜，除草效果可达90%以上，且可节省用工3~5个/667m^2，并有明显的防冻和土壤增温保墒作用。

2. 疏腋芽

虽然在球茎栽种时已剔除了多余侧芽，但也会有剔除不彻底的，因此在田间还要进行疏腋芽的工作。对田间收花的种植方式则必须进行这一管理，应注意适时早疏，并从腋芽基部除掉，一般整个田间可分2~3次疏完。

3. 追肥

栽培番红花除施足基肥外，还应追肥2~3次。第一次在12月，追腐熟的厩肥4 000kg/667m^2，均匀铺于畦面即可。第二次在2月，追施厩肥1 500kg或一定量速效性混合肥料。第三次在3月，可每隔10d喷0.2%的磷酸二氢钾1次，连喷2~3次。叶面肥中加少量硼砂（按0.1%的浓度）效果更好。

4. 灌排水

秋栽后，如遇干旱应浇水保持土壤湿度，浇水后，待墒情适宜时，还应松一遍土。每年3~4月江浙一带常有春雨，应挖好排水沟，防止田间积水，否则烂球死亡，或出现提早枯萎。

5. 病虫害防治

常见的有腐烂病（*Erwinia* sp.）、枯萎病［*Fusarium oxysporum* Schl.var.*redolens*（Wr.）Gordon］。防治措施：严格选择种球，剔除带病球茎；栽种前，进行种球消毒；生育期间发病后，用1 000倍50%退菌特或800倍液50%的托布津浇灌病株或病区。

6. 种球的收获与贮藏

4月底至5月上旬，番红花叶片完全枯萎后，选晴天起收。收获时从畦的一端挖掘，逐行连土翻起，拣起球茎，去掉泥土和干瘪的母球茎，装入筐内运回，摊放在室内阴凉处，一周后分级贮藏。分大、中、小三级，结合分级挑出有病的、机械损伤的种球。

分级后的种球装入篮（竹箩）内，吊在阴凉通风处贮藏（避免阳光直接照射）。也可以采用沙藏方法保存，即在库房内选择较干燥阴凉的地方，先在地上铺约3cm厚的半干燥的细沙，其上放一层厚6~9cm的球茎，球茎上再覆沙，沙上铺放球茎，依次层放，直至50cm高为止，最后堆上再盖6cm厚干沙就可以了。一般堆放时,堆宽60~100cm,高50cm,长视种球数量而定。贮藏期要有专人管理,定时检查,沙子偏湿要及时更换。注意防止鼠害。

五、采收与加工

对于室内采收方式,是在每年的8月底把能开花的球茎摆于专用的木盘等容器内,木盘的规格一般为长90cm,宽60cm,高5~6cm。然后将其摆放在室内分层架子上,一般在9月份番红花种球开始萌芽,10月中旬开始抽薹开花,持续到11月中旬结束。以上午9~11时采收为宜。花朵在开的第一天将花摘下,剥开花瓣,取下柱头,采晚了易粘上花粉,影响质量。

对于田间采收,是在番红花进入花期后,每天中午或下午采花一次,采花应在花药成熟前进行,否则花药开裂,花粉贴附在柱头上,影响商品质量。采花时,将整个花朵连同花冠筒部一起摘下,运回室内加工。

采收的番红花,要及时轻轻地剥开花瓣,取其三裂柱头,薄薄地摊在白纸上晒干,或置于45℃左右烘箱内,烘3~5h,然后取出晒至合乎商品要求为止。产品应装入瓶内或盒子中遮光密闭贮藏。

第二十三节 红 花

一、概 述

红花为菊科植物,干燥花冠入药,生药称红花(Flos Carthami)。主含二氢黄酮衍生物:红花苷,红花醌苷及新红花苷。有活血通经、去瘀止痛的作用。除药用外,红花也是一种很好的油料作物,种子中的不饱和脂肪亚油酸的含量高达73%~85%,对心血管疾病等有很好的预防作用。红花还含有大量天然红色素和黄色素,是提取染料、食用色素和化妆品配色的重要原料。目前,国外种植红花主要作为油料作物和提取色素;国内主要是药用,部分油药兼用。全国各地都有栽培,主要集中在新疆,其次是四川、云南、河南、河北、山东、浙江、江苏等省。

二、植物学特征

红花(红蓝花)(*Carthamus tinctorius* L.)为一年生草本植物,高50~100cm。茎直立,上部分枝。叶互生,无柄;长椭圆形或卵状披针形,长4~12cm,宽1~3cm,顶端尖,基部楔形或圆形,微抱茎,边缘羽状齿裂,齿端有针刺或无刺,两面均无毛;上部叶渐小,成苞片状,围绕着头状花序。头状花序直径2~4cm,有柄,再排列成伞房状;总苞近球形,总苞片多层,外层叶状,卵状披针

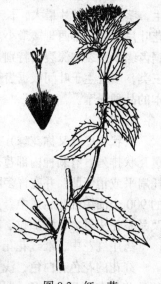

图9-2 红 花

形，绿色，边缘具针刺或无刺，先端有长尖或圆形；花管状，橘黄色，5裂；花丝中部有毛，花药聚合，基部箭头形。瘦果椭圆形或倒卵形，长约5mm，基部稍歪斜，有4棱，无冠毛（图9-2）。花期7~8月，果期8~9月。

三、生物学特性

(一) 器官的特征特性

1. 根

种子萌发伸出胚根，胚根生长较快，渐次生长发育为直根系。营养生长期，特别是茎节生长期，根系生长较快，花期根系生长近于停止状态。红花根系发达，主根入土深达213cm，侧根伸展出60~90cm远。

2. 茎和分枝

茎直立，有分枝，茎高因品种和来源地区不同差异较大，其变化范围25~160cm。据报道，印度、巴基斯坦的品系较矮，伊朗、阿富汗栽培的品系较高；我国新疆栽培的红花较高（165cm），福建霞浦红花较矮（65cm），墨西哥矮株高只有45cm左右。

分枝的多少与花头数目成正相关，分枝的多少、分枝的角度（分枝与主茎之间的夹角）是确定栽培技术的依据之一。据一项研究发现，在1953个品系中，有1790个品系的分枝是从基部开始一直到茎顶均有分枝；有70个品系是从植株上半部开始分枝。其分枝角度是：1788个品系的角度均在20°~60°，有120个品系为15°~20°，大于60°角的仅有33个品系。我国栽培的红花中，杜红花、草红花是从基部至顶部均有分枝，淮红花、新疆有刺和无刺红花是茎中上部分枝。红花分枝还可有多级，通常为2~3级分枝，少数可见到4级分枝。

3. 叶

红花有基生叶和茎生叶之分，叶片质地较硬，多数品种近于无柄，少数有柄。茎生叶抱茎互生，茎中部的叶片最大，长9~25cm，宽3~8cm。品种不同，叶片大小也有区别，其中新疆红花叶片最大，墨西哥矮最小。叶片形状有卵圆形、长卵圆形、披针形与条形4种；叶缘有全缘、锯齿缘、浅裂和深裂（特别是基生叶）4种；又有有刺、少刺、无刺之别，刺还可分长、中、短三类，多着生于叶间或锯齿缘顶端。总苞苞片长0.6~2.5cm，其中埃及、约旦的品种最宽，日本的品种最窄。

4. 花

头状花序（又称花球）最外2~3列苞片成叶状（圆形、椭圆形、披针形），内部苞片窄小，覆瓦状排列。有刺种内部苞片伸长，尖端成刺状（多为长刺）；无刺种苞片短小，先端圆，花序托扁平或稍下凹，并有许多刚毛。每个头状花序有小花15~175朵不等。据Ashri报道，在调查的900个油用红花品系中，主茎顶端花头直径较大，通常直径1.9~4.1cm。伊朗、伊拉克、埃及品系花头较大，孟加拉、埃塞俄比亚品种的花头较小。

药用红花中，淮红花花头直径较大，新疆红花（有刺、无刺种）花头直径较小。

红花的花色有白色、浅黄色、黄色、橙色、红色乃至深红色。因品种不同而异，少数红花品种的花色在初开、盛开、凋零各个阶段能够不断变化。

药用红花初开均为黄色，随着开放时间的延长，逐渐的变为橘红色、红色、深红色。在高温高湿的条件下，红花的颜色变化速度较快。有的油用红花，花色变化与花用红花相近。白色花和部分黄色花品种，自开放到凋谢，颜色不变。

5. 种子

红花的种子（植物学上称为瘦果）多呈白色，也有灰色、黑褐色及带紫色纵向条纹者。形状为倒卵圆形。有的外形上具四条显著棱脊，使种子断面成菱形。种子的大小因品种而异。千粒重 24.7~75.5g。多数品种无冠毛。寿命 2~3 年。

（二）生长发育

1. 出苗期

红花种子在 4℃ 条件下就能萌发，25~30℃ 下萌发最快，在 5℃、9℃、15℃、30℃ 不同温度条件下，发芽所需时间分别为 16.2d、8.7d、3.7d 和 1d。播种在地温 10~12℃ 田中，6~7d 就能出苗。刚出土的小苗只有两枚绿色的小叶，半个月后才能长出第一片真叶。此期小苗能耐 -4℃ 或更低的温度。

2. 营养生长期

营养生长期又分为莲座叶丛期（简称莲座期）和茎节伸长期两个阶段。

通常把从第一片真叶长出到基部茎节伸长作为莲座期；从基部茎节明显伸长到花蕾显露作为茎节伸长期。

莲座期： 红花为长日照植物，幼苗得不到长日照条件，茎节就不能明显伸长，而长出的叶片集中成簇，形似莲座状。通常莲座期长，幼苗生长好，以后产量高。春播红花此期 15~60d，秋播红花多在此期越冬，一般为 80~140d。

莲座期的长短与品种、日照长短和温度条件有关。一般温度低，日照时间短的地区，红花莲座期长，反之则短。红花在莲座期生长较慢，能耐低温，在 -4~-6℃ 条件下可安全越冬。

茎节伸长期： 红花进入茎节伸长期后，生长速度加快，在 30~50d 内植株由 10cm 左右速度长到正常高度（150cm），叶片数目也由 15 片左右增至最高水平。红花进入茎节伸长期后，不耐低温，0℃ 条件下就会出现冻害。此期所需肥水较多，应加强肥水管理。

3. 现蕾开花期

当二级分枝开始形成时，主茎顶端和上部一级分枝便开始现蕾，在平均气温 21~24℃ 时，田间现蕾期约一个月。花蕾在初期生长较慢，后期膨大较快，当花蕾直径大于 2cm 后，苞片逐渐开裂，渐次露出小花。头状花序小花由外向内渐次开放，朵花期 2~3d，序花期 7d 左右，株花期约 20d。管状小花多在晚上伸长长大，到次日早 6 时充分长大并开放。小花开放时，柱头穿过联合成管状的花药并同时授粉。Claassen 报道，红花异交率为 13.3%~28.8%，平均为 18.6%。一株红花中，主茎顶端的花蕾最先形成并先开放，然后是近于主茎顶部的一级分枝开放，即分枝上花蕾是由上而下渐次开放。三级乃至四级分枝上的花蕾开花较晚，生产上为使花果期集中一致，通常采用密植方法，适当抑制分枝级数和数量。

4. 果实成熟期

小花开放后 5~6d，果实便明显膨大，初期灰白色，以后渐渐变白。头状花序内的果实是由内向外渐次膨大，花后 20d 种仁充实饱满，此时种子含油量最高，发芽率接近于成熟的种子，其后发育是果皮的生长完成。果实成熟期的早晚、长短与品种、播期和密度等条件有关，早熟品种播期早的，播后在气温高、日照时数长的开花早，密植田块的花期较稀植者短。通常情况下，果实成熟期约30d。

春播红花全生育期100~130d，秋播红花为180~250d。

(三) 与环境条件的关系

1. 水分

红花根系较发达，抗旱能力较强，但怕涝，尤其是在高温季节，即使短暂积水，也会使红花死亡。开花期遇雨，花粉发育不良，果实成熟阶段，若遇连续阴雨，会使种子发芽，影响种子和油的产量，发芽率也低。

红花虽然耐旱，但在干旱的环境中，进行适量的灌溉，也是获得高产的措施之一。

2. 温度

红花对温度的适应范围较宽，在4~35℃的范围内均能萌发和生长。种子发芽的最适温度为25~30℃，植株生长的最适温度为20~25℃，多数品种莲座期能耐-4℃低温。但在茎节伸长期怕低温，0℃条件就会出现冻害。孕蕾开花期遇10℃左右低温，花器官发育不良，严重时，头状花序不能正常开放，开放的小花也不能结实。

3. 光照

红花为长日照植物，日照长短不仅影响莲座期的长短，更重要的是影响其开花结实。一般在短日照条件下，莲座期较长，开花较晚，个别品种甚至不能开花。在生长期，特别是在抽茎到成熟阶段，在充足的光照条件下，红花发育良好，籽粒充实饱满。

4. 肥

红花在不同肥力的土壤上均能生长，栽培在瘠薄土壤上，仍能获得一定的产量。但在一般肥力条件下栽培红花，施肥仍是提高产的重要措施之一（表9-4）。另有报道指出，将N、P、K混合施用，特别是N、P混合（N与P_2O_5按1:2~3混合）增产效果较为理想。

表9-4　氮肥用量对红花生育、产量及品质的影响

$667m^2$施N量(kg)	株高(cm)	花头数(个/株)	种子数(粒/头)	千粒重(g)	种子产量(kg)	含油率(%)	产油量($kg/667m^2$)	蛋白质量(%)
0	59.6	10	30.0	38.4	132.6	32.4	42.9	16.5
5	204.9	11.2	31.7	40.0	168.9	33.0	56.1	16.7
10	108.3	13.4	28.4	41.4	175.4	32.9	57.0	16.9
20	111.0	13.2	29.0	42.3	172.7	33.2	56.8	18.0
30	111.8	12.6	28.7	40.3	171.4	31.4	52.5	18.3

5. 土壤

红花虽然能生长在各个土壤类型上，但是仍以土层深厚、排渗水良好、肥沃的中性壤土为最好。红花是一种比较耐盐碱的植物，研究证明，红花的耐盐碱的能力比油菜强，与大麦相似。

四、栽培技术

(一) 选地整地

一般农田地均可栽培红花，但以地势高燥、肥力中等、排水良好的壤土和砂壤土为最好。地

下水位高、土壤黏重的地区,不宜栽培红花。

红花病虫害严重,生产上多与禾本科、豆科或蔬菜实行2~3年的轮作。在北方,红花的前作有玉米、小麦、地黄、马铃薯和蔬菜等;黄河以南的前作是玉米、水稻、小麦、棉花等。前作收获后,要及时翻耕,每667m²施基肥2 000~3 000kg。整平耙细,按当地习惯做畦或起垄,畦宽80~150cm,畦高15~25cm,雨水多的地区四周挖好排水沟,以利排水。垄作时垄宽50~60cm。

(二)播种

1. 播期

红花是一种对播期很敏感的植物,一般提早播种的红花,生长发育良好、生育期长、产品的产量高、品质优(表9-5)。

表9-5 播期对红花生育产量及品质的影响

播期	株高 (cm)	千粒重 (kg)	种壳占百分比 (%)	种子产量 (kg/667m²)	蛋白质含量 (%)	含油率 (%)	产油量 (kg/667m²)	碘值
1月6日	81.3	42.1	41.3	140.8	24.8	33.6	47.6	14.4
2月3日	78.7	42.8	41.1	122.2	25.1	34.4	42.5	14.3
3月27日	85.4	40.0	40.4	100.6	25.4	35.6	35.8	14.2
4月23日	43.2	38.2	36.0	88.2	25.9	36.1	32.4	14.2

我国长江流域及其以南各省,播种红花多在秋季。但不宜过早,易使红花提早进入茎节伸长,这样寒冷冬季来临时会出现冻害,致使因大量缺苗而减产。同样,也不宜过晚,否则幼苗很小,越冬保苗率也会降低。一般以冬前小苗有6~7片真叶为宜。

综上所述,春播红花应适时早播,而秋播红花以适时晚播为宜。我国新疆地区较为干旱,春播墒情不好,当地改为临冬播种,即在土壤即将结冻时播种(播后种子不萌动),翌春温湿度适宜时,种子就萌芽出苗,实际也是一种适时早播的好方法。

2. 播法与播量

红花有条播和穴播,花用红花多穴播。条播时按30~50cm行距开沟播种(机播行距为30cm),每667m²播种量,机播为3~4kg,人工为2~2.5kg。穴播时按45cm×5cm~10cm,50cm×5cm或60cm×5cm开穴播种每667m²用种量1.5~2kg,播后覆土3~5cm。一般每667m²有苗2万~3万株为宜,以3万株为最佳。

有些地区红花病害严重,播前还进行温汤浸种或药剂拌种。拌种多用种子重量的0.2%~0.4%的65%代森锌或25%粉锈宁。温汤浸种是将种子放在10~12℃水中浸12h左右,捞出后放入48℃的水中浸2min,然后捞入53~54℃水中浸烫10min,再后转入凉水中冷却,冷却后捞出晾干附水就可拌种。

(三)田间管理

1. 间苗定苗

春播红花苗高10cm时开始间苗,高20cm时进行定苗。秋播红花,一般入冬前间苗,翌春定苗。间苗定苗要保证合理密植、择优汰劣。

2. 中耕除草与培土

春播红花一般进行三次中耕除草,第一次在幼苗期,第二次在茎节伸长初期,第三次在植株封垄前完成。秋播红花则应适当增加中耕除草次数。成株红花,花头位于枝顶,重量较大,易于伏倒,除草后要及时进行中耕培土。

3. 追肥

在红花待要现蕾时进行,每 $667m^2$ 用过磷酸钙 10kg,尿素 4kg。现蕾后根外追肥,$667m^2$ 用尿素 0.5kg 加过磷酸钙 1kg,兑水 1 500 kg 喷施,4~5d 喷 1 次,连续 2~3 次。

4. 灌水、排水

我国红花多在干旱地区或干旱季节栽培,在出苗前至现蕾开花期注意适当浇水,要少量多次,严禁漫灌。雨季来临时,要疏通好排水沟,保证田间不积水。

5. 病虫害防治

红花病害种类较多,我国有锈病 [*Puccinia carthami* (Hutz.) Corda.]、炭疽病 [*Gloeosporium carthami* (Fukui) Hori et Hemmi]、褐斑病 [*Puccinia carthami* (Hutz.) Corda.]、花腐病 (*Botrytis cinerea*)、轮纹病 (*Ascochyta* sp.) 等十余种,其中锈病、炭疽、褐斑危害较重。国外报道黄萎病 (*Verticillium albo-atrum*)、枯萎病 [*Fusarium oxysporium* (Schl.) Snyder et Hansen] 较重。

防治方法 选用抗病品种,如有刺红花比无刺红花抗病;选地势高燥、排水良好的地块;轮作;发病前喷药保护,可选药剂有 1:1:100 倍的波尔多液、1 000 倍的 50% 甲基托布津、500~600 倍的 65% 代森锌,应轮换使用,7~10d 喷 1 次,连续 3~4 次。

虫害有红花长须蚜 (*Macrosihum gobonis* Matsumura)、菊蚜 (*Pyrethromyzus sanborni* Gilletti)、红花实蝇 (*Acanthiophilus hetinthi*) 等十余种,可用 1 500 倍的 40% 乐果乳油防治。

(四) 品种类型

红花属 (*Carthamus*) 约有 25 种,目前,红花属中仅有红花一种在世界各地栽培。红花在世界各地栽培广泛,品种类型众多,按其应用目的可分为两大类——花用红花、油用红花。

1. 花用红花

以花入药或作染料,我国栽培红花以采花入药为主,其中有些是油药兼用型品种,现将主要品种介绍如下:

(1) 杜红花 是江苏、浙江一带栽培的品种。株高 80~120cm;分枝 27~30 个;花球 30~120 个;花瓣长;叶片狭小,缺刻深,刺多硬而尖锐;子叶顶端稍尖。秋播,生育期 220d。

(2) 草红花 主要在四川、新疆一带栽培。株高 100~130cm;分枝 30~50 个;花瓣长;种子大;叶缘多刺;缺刻有深有浅;子叶较宽。春播或秋播,生育期 130~150d。

(3) 淮红花 主要栽培在河南一带。株高 80~120cm;分枝 6~10 个;花球 7~13 个;花瓣短;花头大;叶片缺刻浅;刺少不尖锐;子叶顶端圆形。春播或秋播,生育期 130~210d。

(4) 新疆无刺红花 主要栽培在新疆。植物茎光滑;叶缘无刺;分枝 4~6 个;种子千粒重 26g,含油率高达 30%;$667m^2$ 产种子 75kg。春季或临冬播种,生育期 131d。

(5) 新疆有刺红花 主要新疆一带栽培。全株叶缘有刺;分枝 5~8 个;种子千粒重 30g,含油率 24%;$667m^2$ 产种子 60kg。春季或临冬播种,生育期 128d。

(6) 大红袍 为河南省延津县品种。株高约 88cm;无刺;第一个花球直径为 2.21cm;花鲜红色。

(7) UC-26 北京植物园于 1978 年从美国引进。该品种分枝和与主茎形成的角度很小,只有 15°~20°,因而可以密植;单位面积花球数较多,花的产量较高。植株高约 110cm;无刺;花球较大;花球第一个平均直径为 2.26cm;每花球小花数也较多,因而产量较高。

近年,四川省中药研究所收集四川产区的红花品种类型,通过系统选育培育出川红 1 号花用品种,每 100m² 产干花 2.6kg。

花用红花中,大红袍、川红 1 号、新疆无刺红花、UC-26 为优良品种。

2. 油用红花

以收种子榨油为主的类型,也是国外应用最多的种类。目前在印度、墨西哥、美国种植最多。油用红花品种相当多,其特点是含油率高。

(1) 李德 (Leed) 从 U-1421×吉拉 (Gila) 后代选育而成,1977 年从美国引进。株高 110cm;花桔色;千粒重 40g,壳的百分率 39.13%,含油率 35.79%。该品种产量比犹特、吉拉、夫里奥等品种高 7.0%~24.5%,抗锈病、根腐病能力较强。

(2) 犹特 (Ute) 1977 年从美国引进。株高 93cm,分枝多,花球和种子较小,花初开黄色,后来变为橙色,千粒重 31.5g,壳的百分率 37.7%,含油率 35.8%。我国一些省区栽培后,产量较高,适合有灌溉条件地区栽培。对锈病、根腐病抵抗力较强。

(3) UC-1 株高 110cm 左右;为早熟有刺种;花黄色;千粒重 45g,壳的百分率 38.2%,含油率 36.72%。其红花油的油酸、亚油酸比例与一般红花截然不同,一般红花亚油酸含量为 78.1%、油酸 13.5%、硬脂酸 1.8%、软脂酸 6.6%,而 UC-1 分别为 15.2%、78.3%、1.2%、5.3%,这与橄榄油相似。该品种对水涝有一定抗性,可望成为我国的一种重要食用油油料作物。

(4) 墨西哥矮 (Mexican dwarf) 是墨西哥推广品种,1978 年引入我国。株高 45~50cm;花初开黄色,凋零时橘红色;是无刺种;花球小;种子大,千粒重 69g,含油率低 (26.31%);对日照长短反应不敏感,每天日照 9.5~15h 条件对其开花、结实影响不大;全生育期 110d。在我国南方特别是三熟地区,可作为一茬轮作作物。

(5) AC-1 株高 100cm 左右;有刺种;花初开黄色,后变橘红色;壳的百分率低 (33.6%),含油率高达 42.05%;产量高。适合我国西北地区栽培。

此外,世界各国还有许多优良品种,如吉拉、夫里奥、油酸李德、达特等。

五、采收与加工

(一) 采收

1. 收花

采花期的早晚,对药材的产量和品质影响较大。采收偏早时,花冠黄色或浅橘红色时,花冠尚未长开,质地轻泡,不仅鲜花产量低,花的折干率也低,干后花为黄色。采收偏晚(红色或深红色),花冠变软,产量低,干后花成暗红色,油性甚小。只有头状花序中 2/3 小花成橘红色、花冠基部成红色时,采收的鲜花产量高,质量好,干花呈鲜红色,有韧性、油性大。一般头状花序开放3~4d就可达到上述适宜标准,应立即采收。每天花冠露水干后即可采摘。初开期两天采收一次,盛花期每天采收一次。采花时应向上提拉,摘取花冠,不要侧向提拉花冠,否则花头撕裂,影响种子产量。由于雨季空气湿度大,花冠色泽变化速度较快,连雨天采花时,以花冠中2/3小花呈橘红色,花冠基部刚变红为宜,雨停后即可采收。

2. 收种

留种的药用红花,待采花后三周左右,种子含水量降为10%左右时,即可割取优良植株(花头大、花冠长、色泽好、苞片无刺、抗性强等),晾干脱粒作种。其余部分待种子含水量降至8%时,就可收割脱粒。油用红花也是此时收割。

(二) 加工

1. 花

采收的红花要及时摊在凉席上(2~3cm厚)晾干或烘干。晾花时严禁在强光下日晒,否则有效成分易转化,降低药效。烘干时,温度为40~45℃。干燥的花具特异香气,味微苦,以花长、色鲜红、质地柔软者为佳。

2. 种子

收割后稍晾晒就脱粒,经清选晾晒后入库。

第二十四节 菊 花

一、概 述

菊花为菊科植物,干燥头状花序入药,生药称菊花(Flos chrysan-themi)。花和茎含挥发油、腺嘌呤、胆碱、水苏碱等。花又含菊甙、氨茶酸、黄酮类及微量维生素B_1。挥发油主要含龙脑、樟脑、菊油环酮等。菊花性凉,味甘、苦。具有散风清热、平肝明目的作用。主治感冒风热,头痛,目赤,咽喉肿痛,头眩,耳鸣,疔疮肿毒。菊花在全国各地均有栽培,药材按产地和加工方法不同,有亳菊、滁菊、贡菊和杭菊等。亳菊主产于安徽亳州市;滁菊主产于安徽滁州市;贡菊主产于安徽歙县,也称徽菊,浙江德清也产,另称德菊;杭菊主产于浙江,有杭白菊和杭黄菊之分。此外还有产自四川的川菊和产自河南的怀菊等。其中,以杭白菊、贡菊栽培面积大。菊花出口主要远销港澳、东南亚各国,被誉为药用和饮料的佳品。

二、植物学特征

菊花(*Chrysanthemun morifolium* Ramat)[*Dendranthema morifolium* (Ramat.) Tzvel.]为多年生草本,高50~150cm。茎直立,具纵沟棱,下部木质,上部多分枝,密被白

图9-3 菊 花

色短柔毛。叶互生；有柄；叶片卵形、长圆形至披针形，长 3.5~15cm，宽 2~8cm，羽状深裂或浅裂，边缘有锯齿或缺刻，基部宽楔形至心形，上面绿色，下面浅绿色，两面均有白色短毛。头状花序大小不等，直径 2.5~5cm（观赏的品种直径可达 15~20cm），单生于茎顶或枝端，常排列成伞房状花序；总苞片外层呈条形，绿色，有白色绒毛，边缘膜质，内层长圆形，有宽阔的膜质边缘；舌状花白色、黄色，管状花黄色。瘦果柱状，无冠毛，通常不发育（图 9-3）。花期 9~11 月。

三、生物学特性

（一）生长发育

菊花在每年春季气温稳定在 10℃ 以上时，宿根隐芽开始萌发，在 25℃ 范围内，随温度的升高，生长速度加快，生长最适温度为 20~25℃。在日照短于 13.5h，夜间温度降至 15℃，昼夜温差大于 10℃ 时，开始从营养生长转入生殖生长，即花芽开始分化。当日照短于 12.5h，夜间温度降到 10℃ 左右，花蕾开始形成，此时，茎、叶、花进入旺盛生长时期。9~10 月进入花期，花期 40~50d，朵花期 5~7d，花后种子成熟期 60~80d，2~3 月份种子成熟。

种子无胚乳，寿命不长，通常 2~3 月采种后，3~5 月进行播种，其发芽率较高。自然条件下存放半年就会丧失发芽力。

菊花营养繁殖能力较强，通常越冬后的菊花，根际周围发出许多蘖芽，形成丛生小苗，分割后，形成独立个体；茎、叶再生能力强，扦插均可形成独立个体；菊花的茎压条或嫁接，也能形成新的个体。

（二）开花习性

头状花序由 300~600 朵小花组成，一朵菊花实际上是由许多无柄的小花聚宿而成的花序，花序被总苞包围，这些小花就着生在托盘上。边缘小花舌状，雌性，中央的盘花管状，两性。从外到内逐层开放，每隔 1~2d 开放一圈，头状花序花期为 15~20d，由于管状小花开放时雄蕊先熟，故不能自花授粉，杂交时也不能去雄。小花开放后 15h 左右，雄蕊花粉最盛，花粉生命力 1~2d，雄蕊散粉 2~3d 后，雌蕊开始展羽，一般上午 9 时开始展羽，展羽后 2~3d 凋萎。

（三）与环境条件的关系

1. 温度

菊花喜温暖，又耐寒冷。在 0~10℃ 下能生长，并且忍受霜冻。最适生长温度为 20~25℃。如四川药菊产地——中江的年平均气温为 17℃ 左右。但在幼苗生育期间，分枝至孕蕾期要求较高的气温条件。花芽分化的低温界限在 15℃ 以上，温度升高也不会使花芽分化受到抑制。若气温过低，植株发育不良，影响开花。地下宿根能忍受 -17℃ 的低温，但低于 -23℃ 时，根也受冻害。虽然花期能忍耐 -4℃ 的低温，经受微霜，而不致受害，但在生产中发现，菊花在花期如遇霜冻，花序颜色变红，影响产品质量，同时，也影响未开放的花序正常生长，影响产量。

2. 水分

菊花稍能耐旱、怕涝。在苗期至孕蕾前，是植株发育最旺盛时期，适宜较湿润的条件，若遇到干旱，发育慢，分枝少。花期则以较干燥的条件为好，如雨水过多，花序就因灌水而腐烂，造成减产。而长江流域夏季土壤水分过多或积水，是引起烂根的主要原因，田间淹水超过2d，即可造成菊花大部分烂根死亡。

3. 光照

菊花短日喜光植物，从花芽分化到花蕾生长直至开花都必须在短日照条件下进行。四川菊花产地每年日照总数1 210~1 230h，一般自然光照降至13.5h以下，昼/夜温度为25℃/15℃左右时，花芽才能分化。人工遮光减少日照时数后，可以提早开花。在荫蔽条件下，植株生长发育差，分枝及花朵减少。

4. 土壤

菊花对土壤要求不严格，旱地和稻田均可栽培。但宜种于阳光充足、排水良好、肥沃的砂质土壤，pH在6~8范围内。菊花较为耐盐，土壤盐分含量在0.15%以下能正常生长。过黏的土壤或碱性土中生长发育差，重茬发病重。低洼积水地不宜栽培。

四、栽培技术

(一) 选地与整地

对土壤要求不严，一般排水良好的农田均可栽培。以肥沃疏松、排水良好的壤土、砂质壤土、黏壤土为好。连作病害较重，生产上多与其他作物轮作，前者以小麦、水稻、油菜、蚕豆等作物为好。

前作收获后，土壤要耕翻1次，耕翻深度20~25cm，结合耕翻，施入基肥，施厩肥或堆肥每667m² 2 000~2 500kg。有条件的地区，栽培前再锄一遍，破碎土块，整平耙细。南方栽培要做高畦，北方要做平畦。畦宽1.2~1.5m，畦间距30cm左右，沟深20cm。

江苏、安徽产区，菊花前作一般是小麦或油菜，前作收获后，为抢农时，多采用旋耕，整畦后即可移栽。也有采用免耕的，但第一次中耕除草工作量大。

(二) 繁殖方法

在生产中，菊花繁殖方法主要有分根（也叫分株）繁殖、扦插繁殖。

1. 分根繁殖

分株繁殖根系不太发达，易早衰，进入花期时，叶片大半枯萎，对开花有一定影响，花少而小，还易引起品种退化。此种繁殖方法多用于远距离引种。育苗田与生产田的比例为1:10~20。

分根繁殖有2种做法。一种是在菊花收获后，将选好的菊花留种田的种根上用肥料盖好，以保暖过冬，利于壮苗。到翌年4月下旬至5月上旬之间，发出新芽时，便可进行分株移栽。分株时，将菊花全棵挖出，轻轻振落泥土，将菊花苗分开。每株苗应带有白根，将过长的根以及苗的顶端切掉，根保留6~7cm长，地上部保留15cm长左右。按穴距40cm×30cm挖穴，每穴栽1~2株。

另一种是菊花收获后，挖出部分根，放在一处或放在沟内摆开，上盖细土6cm，以保护过冬。翌春4月上旬后取出，按行株距40cm×30cm栽种。

2. 扦插繁殖

扦插繁殖的根系发达，生命力强，生长期长，进入花期后，叶片枯萎较少，开花大而多。扦插时间根据品种特性和各地的气候条件而定。当留种田菊花苗高20cm以上时即可进行扦插。华东地区一般在4月上旬左右进行。

菊花收获后,选择植株健壮、发育良好、无病虫害的田块,作为留种田,用肥土覆盖上面,以防冻害。第2年,从越冬宿根发出的新苗中剪取粗壮、无病虫害的枝条作为插条,插条长10～15cm,随剪随扦插。苗床地应平坦,适温15～18℃,土壤不宜过干或过湿。扦插时,先将插条下端5～7cm内的叶子全部摘去,上部叶子保留,将插条插入土中2/3,行株距为10cm×5cm。每天浇水1次,保持土壤湿润,有条件的采用遮荫措施。约20d生根。

当苗龄40d左右,应移栽到大田。产区多在5月下旬至6月上旬移栽。亳菊于5月下旬至7月下旬移栽。采用两次扦插时,于7月上、中旬移栽最适宜,但移栽过晚对菊花的产量影响很大,因生育期太短,寒潮南下较早的年份,采收时往往花蕾尚未开放。

移栽前一天,要先将苗床浇透水。由于大田栽培时,带土移栽困难较大,目前,许多产区采用将扦插苗基部蘸泥浆,进行移栽,效果较好。栽植时按30cm×30cm穴距开穴,穴深10～17cm,每穴1株,栽后覆土浇水。

(三) 田间管理

1. 中耕除草

缓苗后,植株生长缓慢,要及时中耕除草,不宜浇水。头一次深松,使表土干松,地下稍湿润,使根向下扎,并控制水肥,使地上部分生长缓慢,俗称"蹲苗",否则,生长过于茂盛,伏天通风透光不良,易发生叶枯病。入伏后,根部已发达,宜浅锄,以免伤根,一般清除杂草即可。菊花封行后停止中耕。

2. 排水灌水

菊花喜湿润、怕涝,春季要少浇水,防止幼苗徒长。6月下旬以后天旱,要浇水,特别在孕蕾期(9月下旬)前后,要保持土壤湿润,菊花浇水一般采用沟灌,防止田间长时间积水。追肥以后也要及时浇水。夏季大雨连绵季节,要注意排水,防止烂根。

3. 打顶

菊花打顶是促进增产的一项重要管理措施。打顶可以抑制植株徒长,使主茎粗壮,减少倒伏;打顶还可以增加分枝,从而增加花蕾数目,提高花的产量。在菊花生长期中,一般要打顶3次,宜在晴天进行。第1次在移栽前或移栽时进行;第2次于7月上、中旬,植株抽出3～4个30cm左右长的新枝时,打去分枝顶梢;第3次在8月上旬进行。打顶不宜过迟,否则影响菊花产量。

4. 追肥

菊花根系发达,需肥量大,产区一般追肥3次。栽植时施入农家肥1 500～2 000kg/667m^2、复合肥50kg/667m^{2}作基肥;第2次打顶时,施硫酸铵10kg/667m^2,结合培土,第3次追肥在花蕾形成时,施入硫酸铵或尿素10kg/667m^2,促使结大花蕾,多开大花,提高产量和品质。施肥时不要将肥撒在植株茎叶上,以免灼伤。

5. 培土

可结合中耕除草进行培土,有保持土壤水分,增加抗旱能力。

(四) 病虫害防治

菊花主要病害有斑枯病（叶枯病、黑斑病、褐斑病）(*Septoria chrysanthemella* Sacc.)、枯萎病 (*Fusarium oxysporum* Schlecht. f.sp. *chrysanthemi* Snyd & Hans)、白绢病 (*Sclerotium rolfsii*、有性态为 *Athelia rolfsii*)、霜霉病 (*Peronospora danica*)、白粉病 (*Erysiphe cichoracearum* DC.)、花腐病 (*Mycosphaerella liqulicola* Baker.，其无性态 *Ascochyta chrysanthemi*)、锈病 (*Puccinia horiana*)、菊花叶枯线虫 (*Aphelenchoides ritzemabosi*) 等 10 余种病害。

防治方法：选择无病植株留种；轮作，前茬以禾本科作物为好；及时清除并集中烧毁病残体，在最后一次采摘菊花之后割去植株地上部分，彻底清除并集中烧毁地面病残体、落叶，减少越冬菌源及翌年田间病害初侵染源；合理密植，确保株间通风透光。植株发病前喷 1:1:100 波尔多液、50%多菌灵 1 000 倍液、40%甲基托布津 800 倍液等防治。

虫害主要有菊天牛 (*Phytoecia rufiventris* Gautier)、菊蚜 (*Pyrethromyzus sanborni* Gilletti)、棉蚜 (*Aphis gossypii* Gautier) 等。

防治方法：清理田园，减少越冬虫源，加强田间管理。使用腐熟的肥料，不选用有害虫危害的枝条或种根育苗移栽。药剂喷杀，可喷 40%乐果乳油 1 000 倍液，每 7~10d 喷 1 次，连喷 2 次即可。

（五）品种介绍

菊花因产地和品种不同，其商品名称也有所不同。调查发现，怀菊花、杭菊花等在花序大小、形态上均有变异发生，分为小白菊、大白菊、小黄菊等栽培类型。

五、采收与加工

（一）留种

菊花靠宿根繁殖，必须留好种根，选无病虫危害或危害轻的田块。当菊花收完后，及时割除地上部分，清除杂草即在根部覆杂肥，培土防冻促使翌年春季发苗多而粗壮。如需调入种苗，应在菊花采收后调入老根。种根运到后立即栽种，翌春可发出新苗，继续繁殖。

（二）采收

由于产地及品种不同，花蕾形成及开花各有先后，采收时期略有差异，但不论什么地区、什么品种，依其商品规格，均应分期采收。采花应在花瓣平直、花心散开 1/3、花色洁白时进行。不要采露水花，以防腐烂。一般可分 3 次采收，安徽地区 10 月下旬起采收，浙江地区在 11 月上旬采摘，约占产量 50%，二花需隔 5d 后采摘，约占产量 30%，三花在第 2 次采收后 7d 采摘，约占产量 20%。在采收中，如果天气变化很大，有早霜时，应争取多采收二花，少采三花，这样可以减少损失、提高品质。采花时随即进行分级，实行边采边分级，鲜花不堆放，应置通风处摊开，并及时加工。

（三）加工

商品菊花有亳菊、滁菊、杭菊、怀菊、黄菊之分。不同商品规格，其加工工艺有差异，现分述如下：

1. 杭菊、黄菊的加工

（1）工艺流程　鲜花→选花晾晒→蒸花→晒干

(2) 技术要点

选花晾晒：选花时要剔除烂花，摊在帘子上，晾晒半天至一天，这样可以减少花中水分，蒸花时容易蒸透，蒸后易于晒干。

蒸花：将鲜花松散地摆在蒸笼里，厚度3~4朵花，不要过厚，以免影响花色，为了美观，上、下层菊花摆放时，花心向外。将蒸锅水烧开，然后将蒸笼置锅上蒸4~5min，以舌状花瓣平伏，呈饼状即可。蒸的时间过长，花熟过头，就成"湿腐状"，不易晒干，而且花色发黄；时间过短，则出现"生花"，刚出笼时花瓣不贴伏，颜色灰白，晾晒时成红褐色，影响质量。蒸花时锅内要及时添水，并要常换水，保持清洁。蒸锅水不要过多或过少。水过少，蒸汽不足，蒸花时间长，花色差；水过多，沸水易溅着花，成"汤花"，质量不好，要保持火力均匀，使笼内温度恒定。

晒干：将蒸好的花置晒具上晾晒2~3d后，花6~7d干时，轻轻翻动一次，再晒2~3d，晒至全干。此时花心完全发硬。花未晒干时，切忌手捏、叠压和卷拢，以防影响花展平，影响质量。花要在清洁的场地上晾晒，以保持清洁卫生。

2. 亳菊、滁菊的加工

(1) 工艺流程　鲜花→选花→阴干或晾晒→熏花→晒花

(2) 技术要点　选花同前所述，亳菊应阴干。将花摊在帘子上置通风干燥的空房中阴干，也可将菊花枝一把一把捆好，倒挂在屋檐及廊下通风处阴干，干透即可。滁菊应摊晾，将鲜花薄薄地摊在花帘上晾干。

传统的加工方法是花干燥后用硫磺熏花，既防虫蛀，又能使花色鲜白。熏花时间的长短及硫磺用量多少与熏房的大小、花的多少及花色的深浅程度等因素有关，应灵活运用。熏花时，硫磺用量：以花15kg/硫磺1kg为宜，亳菊连熏24~36h。熏蒸亳菊时，一般熏6h，再闷1~2h。

将熏白的花薄薄地摊在晒具上晾晒，并应每天轻轻翻动1~2次。亳菊1~2d就可晒干，滁菊6~7d可晒干。

干燥头状花序，外层为舌状花，呈扁平花瓣状，中心由多数管状花聚合而成，基部有总苞，系由3~4层苞片组成。气清香、味淡微苦、花朵完整、颜色鲜艳、无杂质者为佳。

3. 贡菊

将采回的菊花，置烘房内烘焙干燥。以木炭或无烟煤在无烟的状态下进行，烘房内温度控制在45~50℃之间，烘至9成干时，温度降至30~40℃，当花色呈象牙白时，从烘房移出，再阴干至全干。

4. 怀菊

将采回的菊花置搭好的架子上经1~2个月阴干下架，下架时轻拿轻放，防止散花。将收起的菊花，用清水喷洒均匀，每100kg用水3~4kg，使花湿润，用硫磺2kg熏8h左右，花色洁白即可。

近年来，各菊花产区除采用传统加工技术外，还采用了烘房、干燥机械加工菊花，取得较好效果，避免了采收季节阴雨天气对菊花加工的影响，产品质量好。也有采用微波干燥技术，虽然加工的产品质量好，但设备投入大、耗电量高。

菊花以朵大，花洁白或鲜黄，花瓣肥厚或瓣多而紧密，气清香为优。

第二十五节 金银花

一、概　述

金银花原植物为忍冬科植物忍冬,以未开放的花蕾及藤入药,花蕾生药称金银花(双花)(Flos lonicerae),藤生药称忍冬藤(Caulis lonicerae)。金银花和藤叶中抗菌有效成分以氯原酸和异氯原酸为主,药理试验表明对多种细菌有抑制作用。金银花具有清热解毒、散风消肿的功能;忍冬藤,具有清热解毒、通经活络等功效。全国大部分地区均产,栽培历史已200年以上,其中以河南省密县的"密银花"和山东省平邑、费县的"东银花"最著名。同属植物红腺忍冬(*Lonicera hypogluca*)、山银花(*Lonicera confusa*)、毛花柱忍冬(*Lonicera dasystyla*)的花蕾在2000年药典也收载入药。

二、植物学特征

忍冬(*Lonicera japonica* Thunb.)为多年生半常绿缠绕灌木,高达9m,茎中空,幼枝密生短柔毛。叶对生;叶柄长4～10mm,密被短柔毛;叶片卵圆形,或长卵形,长2.5～8cm,宽1～5.5cm,先端短尖,罕见钝圆,基部圆形或近于心形,全缘,两面和边缘均被短柔毛。花成对腋生;花梗密被短柔毛;苞片2枚,叶状,广卵形,长约1mm;花萼短小,5裂,裂片三角形,先端急尖;合瓣花冠左右对称,长达5cm,唇形,上唇4浅裂,花冠筒细长,均与唇部等长,外面被短柔毛,花初开时为白色,2～3d后其一变金黄色;雄蕊5,着生在花冠管口附近;子房下位,花柱细长,和雄蕊皆伸出花冠外。浆果球形,直径约6mm,熟时黑色(图9-4)。花期5～7月,果期7～10月。

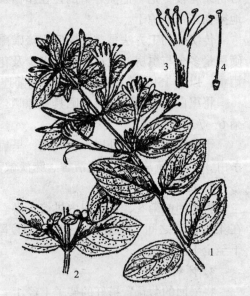

图9-4 忍冬
1.花枝 2.果枝 3.花冠纵剖面 4.雄蕊

三、生物学特性

(一) 生长发育

忍冬根系发达,生根力强。插枝和下垂触地枝,也很易生根。10年生植株,根冠直径可达300～500cm,根深150～200cm,主要根系分布在10～50cm的表土层。根以4月上旬至8月下旬生长最快。

忍冬枝条萌芽力、成枝力强,春季芽萌发数最多。5年生花墩一般有200个枝条,在修剪中应多疏少截,防止冠内郁闭。1、2年生枝条扦插成活率高、发育快,一般3年以上开花。3年生以上枝条扦插成活率低，发育缓慢，一般 2~3 年就可开花。忍冬盛花期为 5~20 年，老花墩寿命大约可达 30 年，管理好的忍冬寿命可达 40 年。

在自然条件下，忍冬常攀附于其他植物或物体上，人工栽培时多通过修剪使其直立生长成为墩状，具有每年数次开花的习性。但只有当年新生枝条才能分化花芽，属于多级枝先后多次分化花芽的类型。

忍冬的生长发育可分为以下 3 个阶段。

萌动展叶期：山东产区 3 月萌动，4 月展叶萌发新枝。

孕蕾开花期：5 月初现蕾，15d 后开花，始花后 4~6d 是盛花期，花的数量占总量 2/3。5 月下旬采头茬花，此茬花产量占全年 90% 左右；以后隔月采 1 茬花，1 年采 3~4 茬花，头茬花后所采的花均称为二茬花，二茬花仅占总量 10%。花多在下午 4~5 时开放。

生长停滞期：11 月上中旬，霜降后，部分叶片枯落进入越冬阶段。

(二) 生长发育与环境条件的关系

忍冬是生长适应性较强的植物，农谚说："涝死庄稼旱死草，冻死石榴晒伤瓜，不会影响金银花"。这非常形象的说明了金银花顽强的生命力。忍冬分布广，北起辽宁，南至广东，东从山东半岛，西到青藏高原均有分布。

1. 温度

喜温暖湿润的气候，夏季 20~30℃ 时新梢生长最快。耐寒，在山东产区，只要背风向阳，枝叶隆冬不凋，晚秋萌发的芽可抗寒越冬，来年继续生长。

2. 水分

忍冬耐旱、耐涝。喜湿润，但土壤湿度过大，会影响生长、叶易发黄脱落。

3. 光照

忍冬喜光，光照不足会影响植株的光合作用，枝嫩细长，叶小，缠绕性更强，花蕾分化减少。因此不宜和林木间作。花多着生于新生枝条上，且枝叶茂盛，易造成郁闭，栽培上必须通过整形修剪等管理才能获得高产。

4. 土壤

对土壤要求不严，但以土质疏松、肥沃、排水良好的砂质壤土为好。能耐盐碱，适宜偏碱性土壤。

四、栽培技术

(一) 选地整地

1. 育苗地的选择

选择地势平坦，便于排灌，耕作层深厚，较肥沃的砂壤土或壤土，pH 稍低于 7.5 为好。深翻后，做成宽 1m 的平畦。

2. 栽培田的选择

可利用荒山、路边等进行栽培，以地势平坦、土层深厚、肥沃、排水良好的砂壤土为好。深翻土地，施足基肥。然后做成高畦。

(二) 繁殖方法

以扦插繁殖为主，种子繁殖和分根、压条繁殖不普遍。扦插繁殖又分大田直接扦插和扦插育苗2种方式。

1. 扦插时期

一般在雨季进行，春、夏、秋均可。春季宜在新芽萌发前，秋季于9月初至10月中旬。长江以南宜在夏季6~7月高温多湿的梅雨季节进行。

2. 插条的选择与处理

选择生长健壮、无病虫危害的1~2年生枝条截成30cm左右，摘去下部叶子作插条，每根至少具3个节位，上部留2~4片叶，将下端近节处削成平滑斜面，每50根扎成1小捆，用500mg/L IBA溶液快速浸蘸下斜面5~10s，稍晾干后立即进行扦插。

3. 扦插方法

大田直接扦插繁殖，是在整好的土地上，按行株距165cm×150cm挖穴，穴径和深度40cm，挖松底土，施入腐熟厩肥或堆肥5kg，每穴插入3~5根，入土深度为插条的1/3~1/2，地上露出7~10cm左右，栽后填土压实，浇1次透水，保持土壤湿润，15d左右即可生根发芽。

扦插育苗是在插床上按行距15~20cm，株距3~5cm，将插条1/3~1/2斜插入土壤中，浇1次水。若早春低温时则要搭棚保温保湿。生根发芽后，随即拆棚，进行苗期管理。春插的于当年冬季或第2年春季出土定植；夏、秋扦插的于翌年春季移栽。移栽时可按大田直接扦插法进行，也可按行株距120cm×120cm挖穴，穴深和穴径均为30cm，每穴3株呈品字形栽种。成活后，通过整形修剪，培育成直立单株的矮小灌木。

(三) 田间管理

1. 中耕除草

每年中耕除草3~4次，第一次在春季萌发出新芽时；第二次在6月；第三次在7~8月；第四次在秋末冬初进行，结合中耕除草进行根际培土，以利越冬。中耕时，在植株根际周围宜浅，远处可稍深，避免伤根，否则影响植株根系的生长。

2. 追肥

每年早春萌芽和第一批花蕾收获后，开环沟施厩肥、化肥等。在入冬前最后一次除草后，施腐熟的有机肥或堆肥（饼肥）于花墩基部，然后培土。产区试验，对三年生以上的花墩，于"清明"前后每墩追施尿素100g，"立夏"前后每墩追施磷酸二铵50g，产量可提高50%~60%，增产效果显著。

忍冬的萌芽力和成枝力强，枝叶生长量大，营养生长往往过于旺盛，第一茬花期，大于60cm的长花枝占到总枝量的50%左右，即使到了第3茬花期，长枝的比例仍然占到20%左右。这些长枝节间较长，容易缠绕，造成枝叶发育不良，给花蕾采摘带来困难。为解决这一问题，徐迎春等（2002年）采用较低浓度多效唑（PP_{333}）处理，发现可以有效控制忍冬的枝条旺长，减少长花枝的比例，缩短长枝的节间长度，并有增产和提高花蕾绿原酸含量的效果。

3. 整形修剪

忍冬是一种喜光的多年生植物，生长旺盛期，只有加强管理，使枝条疏密合理，才能达到高产、稳产的目的。

(1) 墩形　产区认为忍冬丰产墩形主要有自然圆头形、伞形 2 种。但这两种墩形及留枝数量仅是一个理想的丰产结构，在实际修剪中可灵活掌握，不能生搬硬套。

自然圆头形：主干 1 个，高 20cm 左右，一级骨干枝 2~3 个，二级骨干枝 7~11 个，三级骨干枝 18~25 个，开花母枝 80~100 个。枝条自然、均匀地分布在主干上，无一定格局，以通风透光为原则，墩高 1~1.2m，冠径 0.8~1m。优点是，空间利用率高，通风透光，病虫害少，丰产性能好，适于密植。缺点是整形难，开花晚。

伞形：主干 3 个，高 15~20cm，一级骨干枝 6~7 个，二级骨干枝 12~15 个，三级骨干枝 20~30 个，开花母枝 80~120 个。枝条上下、左右均匀排列，以充分利用光能为原则，墩高 0.8~1m，冠径 1.2~1.4m，上小下大像一把伞。优点是成形早，收效快。缺点是花秧易着地，常有捂秧现象。

(2) 修剪时期与方法　分两个时期进行，一是休眠期的修剪，从 12 月至翌年 3 月均可进行；二是生长期修剪，5 月至 8 月中旬均可进行。

1~5 年生幼龄墩的修剪主要是以整形为主，开花为辅。重点培养好一、二、三级骨干枝，培育成牢固的骨干架，为以后丰产打下基础。第一年冬季，根据选好的墩形，选出健壮的枝条，自然圆头形留 1 个，伞形留 3 个，每个枝留 3~5 节剪去上部，其他枝条全部剪去。在以后的管理中，经常注意把根部生出的枝条及时去掉，以防分蘖过多，影响主干的生长。第二年冬季，此期修剪的任务主要是培养一级骨干枝。自然圆头形在主干枝上选留 2~3 个，伞形选留 6~7 个新枝作一级骨干枝，每个枝条留 3~5 节剪去上部。选留标准是枝条基部直径 0.5cm 以上，角度 30°~40°，分布均匀，错落着生，其他枝条一律去掉。第三年冬季，主要任务是选留二级骨干枝，更好地利用空间。金银花枝条基部的芽饱满，抽生的枝条健壮，可利用其调整更换二级骨干枝的角度，延伸方向。自然圆头形留 7~11 个，伞形选留 12~15 个，留 3~5 节剪去梢上部，作为二级骨干枝，方法、标准同上，其余全部去掉。第四年冬季，一是选留三级骨干枝，二是利用新生枝条调整二级骨干枝。自然圆头形留 18~25 个，伞状形留 20~30 个，作为三级骨干枝。方法、标准同前。第五年冬季，骨干架已基本形成，修剪的目的是提高花蕾产量。一是选留足够的开花母枝，二是利用新生枝条调整骨干枝的角度、方向，分清有效枝和无效枝，去弱留强。选留的开花母枝 2~3 个，每个三级骨干枝最多留 4~5 个，全墩留 80~120 个，母枝间距离 8~10cm，不能过密，对开花母枝仍留 2~5 节剪去上部，其他全部疏除。

成龄墩的修剪方法：5 年以后，忍冬进入开花盛期，整形已基本完成，转向丰产稳产阶段。这时的修剪主要选留健壮的开花母枝。来源 80% 是一次枝，20% 是二次枝，开花母枝需年年更新，越健壮越好。其次是调整更新二、三级骨干枝，去弱留强，复壮墩势。修剪步骤：先下后上，先里后外，先大枝后小枝，先疏枝后短截。疏除交叉枝、下垂枝、枯弱枝、病虫枝及全部无效枝。留下的开花母枝短截，旺者轻截留 4~5 节，中者重截留 2~3 节。枝枝都截，分布均匀，布局合理，枝间距仍保持 8~10cm 之间。土地肥沃、水肥条件好的可轻截，反之重截。一般墩势健壮的可留 80~100 个开花母枝，每枝可产干花约 0.5kg，每 $667m^2$ 产量达 110~150kg。

20 年以后的忍冬，修剪除留下足够的开花母枝外，主要是进行骨干枝更新复壮，多生新枝，保持产量。方法是疏截并重，抑前促后。

生长期修剪的方法：由于金银花自然更新能力很强，新生分枝多，已结过花的枝条当年虽能继续生长，但不再开花，只有在原开花母枝上萌发的新梢，才能再开花结果，因此生长期修剪是在每次采花后进行，剪去枝条顶端，使侧芽很快萌发成新的枝条，促进形成多茬花，提高产量。第一次剪春梢在5月下旬（头茬花后）；第二次剪夏梢在7月中旬（二茬花后）；第三次剪秋梢在8月中旬（三茬花后）。要求疏去全部无效枝，壮枝留4～5节，中等枝留2～3节短截，枝间距仍保持8～10cm。

山东平邑县试验，经1次冬剪和3次生长期剪枝后，平均每墩鲜花总产969.25g，不剪的平均每墩鲜花总产684.58g，增产41.58%。

4. 越冬保护

在北方寒冷地区种植金银花，要保护老枝条越冬。老枝条若被冻死，次年重新发枝，开花少，产量低。

5. 排水灌溉

花期若遇干旱或雨水过多时，均会造成大量落花、沤花、幼花破裂等现象。因此，要及时做好灌溉和排涝工作。

6. 病虫害防治

忍冬主要病害为褐斑病（*Cercospora rhamni* Fuck.）。防治方法：清除病枝落叶，减少病枝来源；加强栽培管理，增施有机肥，增强抗病力；用30%井冈霉素50mg/L或1:1.5:200的波尔多液在发病初期喷雾，隔7～10d喷1次，连续2～3次。

主要虫害有咖啡虎天牛（*Xylotrechus grayii* White）、中华忍冬圆尾蚜（*Amphicercidus sinilonicericola* Zhang）、胡萝卜微管蚜（*Semiaphis heraclei* Taka-hashi）、豹纹木蠹蛾（*Zeuzera* sp.）金银花尺蠖（*Heterolocha jinyinhuaphaga* Chu）等。防治方法：用80%晶体敌百虫1 000倍液或40%乐果乳油1 000～1 500倍液喷雾。

（四）品种类型介绍

目前，山东省平邑县栽培的忍冬基本上有2个主要的农家品种，即大毛花和鸡爪花。在山东金银花产区栽培，产量高、质量好。

1. 大毛花

该品种生长旺盛，墩型大而松散，发枝壮旺，枝条较长，容易相互缠绕，枝条顶端不着生花蕾，茎节长4～10cm，叶片肥大，椭圆形，先端钝圆，具长柔毛。开花期较晚，花蕾肥大，花蕾平均长4.3cm，千蕾鲜重120g。根系发达，抗干旱，耐瘠薄，适于山地栽培。

2. 鸡爪花

包括大鸡爪花、小鸡爪花。

大鸡爪花：墩型紧凑，发枝多，枝条粗短直立，节间长2.5～7cm，叶较小，长椭圆形，先端稍尖，柔毛稀短，花蕾较短小，平均长4.1cm，千蕾鲜重107g，现蕾早，花蕾簇生于花枝顶端，呈鸡爪状。该品种喜肥水，丰产性较好，适于平地密植栽培。

小鸡爪花：枝条细弱成簇，叶片密而小，长势弱，墩形小，开花早，花较小，花蕾细小弯曲，花枝丛生于母枝上端，便于采集，节间短，拖秧少，适合密植。

此外，河南新密市忍冬栽培品种分小白花与毛花2个品种，小白花含水分少、品质好。

五、采收与加工

(一) 采收

适时采摘是提高金银花产量和质量的重要环节。一般于栽后第3年开花。金银花开放时间较集中,必须抓紧时机采摘,一般于5月中下旬采摘第1次花,6月中下旬采摘第2次花。采收时期必须在花蕾尚未开放之前。当花蕾由绿变白,上部膨大呈白色,下部为绿色时,采摘的花蕾称"二白针",花蕾完全变白色时采摘的花蕾称"大白针"。采得过早,花蕾青绿色、嫩小,产量低;过晚,容易形成开放花,降低质量。以清晨至上午9时所采摘的花蕾质量最好。

(二) 加工

目前产区干燥金银花的方法有晾晒法和自然循环烘干法。

(1) 晾晒 将鲜花薄摊于晒席上,不要任意翻动,否则会变黑或烂花。最好当天晾干,花白,色泽好。

(2) 烘干 遇阴天要及时烘干,初烘时温度不宜过高,一般30~35℃,烘2h后温度可提高到40℃左右,注意排潮,经5~10h后室内保持45~50℃,烘10h后鲜花水分大部分排出,再把温度升至55℃,使花迅速干燥。一般烘12~20h可全部烘干,烘干过程中不能用手或其他东西翻动,否则易变黑,未干时不能停烘,停烘易发热变质。

山东平邑县试验,烘干一等花率高达95%以上,晒盘晾晒的一等花只有23%。认为烘干加工是金银花生产中提高产品质量的一项有效措施。经晾晒或烘干的金银花置阴凉干燥处保存,防潮防蛀。

忍冬藤的收获加工,是结合冬秋修剪,将带叶嫩枝扎成捆,晒干即可。

第十章 果实种子类药材

在众多的药用植物中，除地下根及根茎类药材外，果实种子类药材也很多，目前市场流通的这类药材有百种以上。本章介绍的6种果实种子类药材是从地道性、生产量、栽培范围、栽培技术的代表性和有特殊特点来考虑选择的。

果实种子类药材收获的也是植物体的贮藏器官，其生产管理也很相似。在营养生长期，N肥施入量不宜过多，以免地上茎叶徒长，影响药用植物的结实能力；适当增施P、K肥，对提高结实率和坐果率有利；采收要及时，以防落粒。常见的果实种子类药材有：

王不留行，腹毛，木瓜，胡椒，丝瓜络，橘络，枣仁，连翘，陈皮，韭菜籽，沙苑子，莲子肉，石榴皮，香圆，甜瓜子，草果，砂仁，葶苈子，诃子，蔓荆子，枳壳，枳实，白果，路路通，莱服子，冬瓜籽，苏子，覆盆子，青皮，白扁豆，栀子，五味子，麦芽，佛手，地肤籽，大乌豆，桑葚籽，金樱籽，薏米，苍耳籽，鸭蛋子，车前籽，芡石米，巴豆，吴茱萸，栝楼皮，枸杞，栝楼仁，山楂，柏子仁，芦巴子，皂角，马兜铃，苦杏仁，莲须，桃仁，大力子，芥子，荜拨，小茴香，大茴香，冬瓜皮，白蔻，草蔻，乌梅，黑芝麻，白花菜籽，川楝籽，胡椒，补骨脂（黑故子），决明籽，苦丁香，蛇床子，玉果，锦灯笼，二丑，元肉，硬蒺藜，益智仁，火麻仁，芽皂，槟榔，橘核，西青果，川椒，使君子，菟丝子，柿蒂，胖大海，郁李仁，山萸肉，女贞子，冬葵子，充蔚子，荔枝核，青葙子等。

第二十六节 薏苡

一、概述

薏苡为禾本科植物，干燥的成熟种仁入药，生药称薏仁、苡仁（Semen Coicis）。含碳水化合物、蛋白质、脂肪油及钙、磷、铁等；脂肪油的主要成分为薏苡仁醋、薏苡内醋等。有健脾利湿、清热排脓的功效。均为栽培，主产于福建、江苏、河北、辽宁，其次为四川、江西、湖南、湖北、广东、广西、贵州、云南、浙江、陕西等省（自治区）。

二、植物学特征

薏苡（Coix lachryma - jobi L.）一年生草本植物，高1~2.5m。秆直立，丛生，多分枝，基部节上生根。叶互生，二列排列，叶片长披针形，长20~40cm，宽1.5~3cm，先端渐尖，中脉明显，边缘粗糙。总状花序成束腋生，小穗单性；雄小穗覆瓦状排列于总状花序上部，自球形或卵形的总苞中抽出,常2~3枚生于各节,1无柄,其余1~2有柄;雌小穗位于总状花的基部,包藏于总苞内,2~3枚生于一节,只1枚发育结实。果实成熟时总苞坚硬而光滑,内含1颖果(图10-1)。花期7~9月,果期8~10月。除本种外,有一变种植物川谷〔*Coix lachryma-jobi* L. var. *ma-yuen* (Roman.) Staf〕亦同等入药。

三、生物学特性

(一) 生长发育

1. 种子的萌发

薏苡种粒较大,胚乳多(千粒重70~100g),具较坚硬的外壳。种子萌发需较湿润的条件。在4~6℃时开始吸水膨胀,35℃吸水最快。当种子吸水达自身干重的50%~70%时即开始萌发,胚根首先伸出种壳。发芽的最低温度为9~10℃,最适温度为25~30℃,最高温度为35~40℃。

图10-1 薏苡

2. 根系的生长

薏苡根系属须根系,由初生根(胚根、种子根)和次生根(节根、不定根)所组成。初生根4条,在种子萌发时,首先自种脐孔伸出一条胚根,随后伸出另三条种根(图10-2)。初生根陆续生出许多侧根,形成密集的初生根系。

第一层次生根是在薏苡鞘叶伸出时,由其基部的节上产生的(称鞘叶节根)。鞘叶节根多为8条,垂直向下延伸,以后随着茎节的形成与茎的增粗,节根不断发生。节根由下而上出现,在茎节上呈现一层层的次生根层。地上部的根系,初期在空气中生长而后入土,入土角度陡,形如支柱,故又称支持根。

3. 茎的生长

种子萌发后,芽鞘自种壳顶部的孔口伸出。薏苡中茎与芽鞘对光线很敏感,在暗处发芽时,二者同时进行不正常伸长;在亮处因受光线强烈抑制而不伸长。播种时,盖土越深,中茎越长,所消耗的养分就越多,出苗也就越瘦弱,故播种时应适当浅覆土。

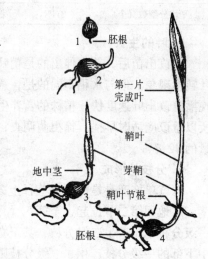

图10-2 薏苡种子的萌发过程

薏苡茎的伸长,8叶前生长缓慢。8.5叶前后,即第9片叶出现时,主茎生长点开始幼穗分化,茎的生长速度转快,而进入拔节期。由于节间伸长,节部明显外露,此时在基部可见到1~2个明显的外露节。12片叶左右,植株进入穗分化盛期,可见到4个左右的外露节。14叶期分枝开始抽出时,可见到6~7个外露节。一般生产上,可根据外露节的数目,判断叶龄和幼穗分化进度，以便掌握田间管理的时机。

4. 分蘖的发生

薏苡在 4 片真叶展开后开始进入分蘖期。一般早播，出苗后 30～40d 即进入分蘖期，35～45d 为分蘖盛期，此时植株一般具 6～8 片真叶。9～10 叶后，小穗开始分化，这时分蘖速度减慢直至停止，10 叶期以后形成的分蘖为无效分蘖。晚播则由于苗期气温高，出叶快，分蘖速率也加快，分蘖的时间也相应缩短。

薏苡的分蘖多少可通过栽培方法来控制。据调查，4月份播种的薏苡平均可产生 8 个左右的分蘖；5月中上旬播种则可产生 7.5 个分蘖；5月末播种产生 6 个；6月上旬播种产生 5 个分蘖（表10-1）。种植密度不同，分蘖数目也不一样，行株距 60cm×40cm 时，分蘖数 10～15 个；30cm×20cm 时为 5～10 个；15cm×10cm 时为 3 个分蘖。此外，肥水管理好的分蘖就多，肥水不足，尤其是在分蘖期缺乏磷和氮，则分蘖少或不分蘖。

薏苡的分蘖多少对薏苡产量影响较大，生产中高产的地块，分蘖穗在总穗数中所占的比例较高，反之则低。如贵州银屏地区的调查发现，当地产量 35kg/667m² 的地块，植株基本无分蘖；产量 95kg 的地块，主茎上的穗与分蘖穗的比例为 1:0.81；产量 200kg 的为 1:1.62～2。湖南和江苏的资料表明，产量 300～400kg 的地块，这一比例可达 1:6～8.1。

表 10-1 不同播种期分蘖数比较

播种期	月	4			5			6
	日	10	20	30	10	20	30	10
平均分蘖数（个）		8.1	8.6	7.8	7.6	7.5	5.9	5.1

5. 叶的生长

薏苡出苗后，首先伸出的是鞘叶，从鞘叶伸出的才是第一片真叶。与水稻类似，薏苡也有出叶转换现象。但与水稻不同的是，薏苡出叶是前期慢而后期快，与水稻的出叶情况正相反。由于晚播薏苡出叶速度快，植株的营养生长期缩短，加以高温易造成叶片早衰，对产量的形成不利，所以薏苡应适时早播。徐祖荫调查，平金地区春播薏苡产量平均可达 180kg，夏播则只达春播产量的 42.7%。

6. 分枝的形成

薏苡单株产量是由各个茎秆上分枝数和每个分枝上的结实小穗数及小穗重构成的。薏苡的茎，从地面第二节位起，至第八（乃至第十）节位止，其上的腋芽均可自下而上依次长成分枝。一级分枝也可产生二级分枝，甚至有三级分枝产生。下部分枝较长，叶数也较多；二级分枝多由中下部的一级分枝产生，三级分枝则主要由中部的二级分枝产生。小穗着生在茎及各级分枝的叶腋处，一般基部 3～4 个较大分枝上着生的小穗较多，越往上部，小穗数越少，顶部叶腋只有 5～7 个小穗。

7. 幼穗的分化

穗分化的顺序在同一株中，主茎先分化，分蘖后分化；在同一茎上，先顶芽，后腋芽，自上而下地进行穗分化；在同一叶位的分枝和小穗则是由下而上进行分化。通常主茎顶芽在 8 叶期开始幼穗分化，分蘖的顶芽晚 3～4d 分化，下部腋芽多在 14 叶期开始幼穗分化。整个幼穗分化期可持续 40d（日均温 26.9℃）左右。全株的穗分化盛期出现在 12 叶期，因此，穗肥的施用，一般应掌握在主茎 11~12 叶期时施入为宜。

在主茎顶芽将进行穗分化时，全株各节的腋芽仍处于分枝分化阶段；雌雄蕊分化时（叶龄约在 9.5 叶），植株的生长比前后期均显著减慢，叶色常由绿转黄，田间出现"落黄"现象，表明植株的生长中心已开始向生殖生长迅速过渡；花粉母细胞形成时，其他部位的幼穗分化非常迅速，平均每天每茎中就可有 10 个以上的芽进入穗分化阶段。

8. 抽穗开花

薏苡幼穗分化完成后即进入抽穗开花阶段，每一小穗从分枝的叶鞘中露出，到全部抽出约经历 3~5d 时间。同一分枝内，一般有小穗 3~5 个，着生在下面的小穗先抽出，穗轴较上面的都长，前后两小穗相继抽出的间隔一般为 3~4d。单株整个抽穗时间可持续 30~40d，抽穗开始后的第 15d 左右为抽穗盛期。

薏苡雄小穗位于雌小穗之上，雄穗开花先于雌穗 3~4d。雄小穗从抽出到开花，需 7~11d，每一雄穗的花期可持续 3~7d。抽穗后的 19~27d 为扬花盛期。扬花时整个小穗或小分枝倒垂。夏季晴天一般 9~10 点前后开颖，掉出花药，而后花药两侧的圆形裂孔处散出花粉，12 点左右结束。散粉时遇雾、露、阵雨等会推迟扬花，一般多风、晴天、阵雨天气对扬花授粉有利，长期阴雨则不利。

9. 灌浆结实

一般情况下授粉后 2d 左右，雌蕊柱头即萎蔫，5d 后子房迅速膨大，13d 后胚已形成，胚乳开始充实，此时长、宽已达成熟籽粒的一半左右。20d 后颖壳由绿变黄，籽粒充实完毕。30d 后种子颖壳变褐色，籽粒成熟，水分减少。在灌浆结实期间，茎下部的弱生枝条及二级分蘖上的部分小穗仍处在穗分化阶段，这些花序为无效花序，已不能正常抽穗、结实。

（二）生育阶段的划分

薏苡的一生可划分为前期（包括苗期、分蘖期）、中期（拔节期、孕穗期）、后期（抽穗扬花期、灌浆成熟期）三大时期和六个生育期。前期为薏苡的营养生长期；中期为营养生长阶段向生殖生长阶段转化；后期为生殖生长期。

六个生育期划分是：从出苗到 4 叶期为苗期；4.1 叶后分蘖发生，到 10 叶期分蘖结束从主茎近地面处出现 1~2 个外露节即 9 叶期起，到 14 叶分枝开始抽出止为拔节期；从 14 叶到开始抽穗时止为孕穗期，抽穗始至果实开始膨大止为抽穗开花期；从果实开始膨大到 80% 籽粒变褐（或变黑）时为灌浆成熟期。

（三）生长发育对环境条件的要求

薏苡在生育期间，以日均温不超过 26℃ 为宜，尤其是抽穗、灌浆期，气温在 25℃ 左右利于抽穗扬花、籽粒的灌浆成熟。在上述气温条件下，功能叶功能期长，利于物质积累，提高产量。

过去人们一直把薏苡视为旱生作物，丁家宜等经多年的研究，论证了它的湿生习性，认为薏苡是与水稻相似的沼泽作物，干旱条件不利于生长，尤其在孕穗到灌浆阶段，水分不足可使产量大幅度降低。

光照是薏苡植株健壮生长的重要条件之一，充足的阳光均有利于各生育期的生长。生产上可以通过调整播种密度，来满足薏苡植株对光照的要求。生产上一般控制每 667m^2 苗数 1 万~2 万株，分蘖后植株总数达5万~6万株，以此来满足其对光的要求。

薏苡喜肥，分蘖期、幼穗分化期和抽穗开花期是薏苡需肥关键期。分蘖开始产生时，充足的氮、磷肥，对其分蘖的产生和健壮生长极为有利，为保持田间的有效密度、夺取稳产高产打下基础。幼穗分化盛期，植株已基本定型，这时适量施肥对促进穗的分化、增加粒数、提高产量有利。抽穗开花期追施磷、钾肥对授粉后的果实灌浆、营养物质的积累，增加粒重甚为有利。

四、栽培技术

（一）选地与整地

薏苡的适应性较强，对土壤要求不严格。传统选地，以向阳、肥沃的壤土或黏壤土为宜。发现薏苡的湿生习性后，选地趋于选择稍低洼不积水平坦的土地。薏苡黑穗病较重，因此不宜连作。前茬以豆科、十字花科及根茎类作物为宜，以豆茬最好。

前作收获后应及时进行耕翻，耕深20~25cm，结合耕翻施入基肥，以有机肥为主，根据土壤肥力情况决定施肥种类和施肥量。翻耕后，整平耙细，做畦或做垄，畦宽1.5~2m，并挖20~30cm深的灌水沟。东北地区多用垄作，垄宽50~60cm。

（二）播种

薏苡用种子繁殖，由于其黑穗病较重，所以播前要进行种子处理。将种子经60℃温水浸泡10~15min，捞出后包好沉压在预先配制的1%~2%的生石灰水中，浸泡48h（不要损坏水面上的薄膜），也可用1:1:100倍的波尔多液浸泡24~48h。消毒后，用清水漂洗，选下沉的种子播种。此外也可在播种前用药剂拌种，用50%多菌灵、80%粉锈宁、50%甲基托布津等农药，按种子重量的0.4%~0.5%进行拌种。

播种时间与品种、气候等有关，黄河流域及其以南地区，早熟种3月上中旬播种，中熟种3月下旬到4月上旬播种，晚熟种4月下旬到5月上旬播种。东北则由于生育期短，因此只种早熟或中熟品种，多在4月中下旬播种。

薏苡生产多采取种子直播方法，少数用育苗移栽。直播多用条播、穴播。条播：早熟种按行距30~40cm开沟，中晚熟种按行距40~50cm开沟，沟深均为3~7cm。播时，将种子均匀撒于沟内，然后覆土至畦平，667m² 播种量为3~4kg。穴播：早熟种按株行距20cm×30cm开穴，中熟种按20cm×40cm开穴，晚熟种按20cm×50cm开穴，穴底要平，土要细，穴深3~7cm，每穴播种4~5粒，667m² 播种量为2.5~3.5kg。

在复种生育期稍感不足时，可采用育苗移栽的方法。一般在定植前50d左右育苗，当苗高15cm左右，苗龄30~40d时即可移栽定植。按穴播法的株行距每穴栽苗2~3株，栽后施适量的农家肥，保持土壤湿润，促进成活和生长。

（三）田间管理

1. 间苗定苗

幼苗长出2~3片真叶时，结合除草拔除密生苗、病弱苗，使条播苗株距保持在5~7cm。当苗具5~6片真叶时定苗，保持株距10~15cm。定苗后使田间密度保持在每667m² 有1.5万~2万株，这样可控制分蘖的数量，保持田间植株数的恒定，减少无效分蘖的发生。

2. 中耕除草

薏苡全生育期间，中耕除草 2~3 次。第一次在苗高 7cm 左右时进行，并同时进行间苗工作；第二次在苗高 15~20cm 时，结合定苗一起进行；第三次在苗高 30cm 左右时结合施肥进行，此次中耕应注意培土，以防止薏苡倒伏。

3. 排灌水

薏苡湿生栽培能获得较高产量，因此为保证薏苡生长发育有充足的水分条件，推荐的做法是：①湿润促苗：播种后保持土壤湿润，利于出苗，使苗齐、苗壮，使分蘖能力增强。但在田间总茎数达到预期数目时，应排水干田，尤其在大雨后应及时排水，控制无效分蘖的发生。②有水孕穗：进入孕穗阶段，应逐步提高田间湿度，增大灌水量直至田间有浅水层（2cm 左右）。③足水抽穗：抽穗期，气温高，植株茎叶大，是需水量最多的时期。此时应勤灌、灌足，最好使田间保持 3~6cm 深的水层。④灌浆结实期要以湿为主，干湿结合。前半月湿润可保持植株生长势，防止早衰，而且可增加粒重，减少自然落粒；后半月则应放水干田，以利收获。在薏苡的整个生育期里，抽穗期水分充足与否对产量影响最大，抽穗期干旱会导致产量大幅度下降，其他时期干旱则相对较小。

4. 施肥

薏苡整个生育期进行 2~3 次追肥。第一次在分蘖初期进行，可 $667m^2$ 施硫酸铵 5~10kg；第二次追肥多结合第三次中耕除草进行，可 $667m^2$ 施硫酸铵或氯化铵 10~15kg。有报道，第二次追肥的增产效果较为明显，每千克氯化铵可使薏苡产量增加 24~30kg，而苗期及灌浆成熟期则分别只能增产 6~8kg。第三次追肥在抽穗后进行，可 $667m^2$ 施速效性肥料 5~10kg，对粒重增加有利。此次追肥，若能结合根外追肥，每隔 10d 喷施磷钾肥（浓度为 1%~2%），连续 3 次，粒重增加更为明显。

5. 病虫害防治

薏苡病害有黑穗病(黑粉病)(*Ustilago coicis* Bref.)、腥黑穗病［*Tilleytia okudairae* (Miyabe) Ling］和叶斑病［*Mycosphaerella tassiana* (de Not.) Johans.］等。

防治方法：除种子消毒处理外，还要注意实行轮作，发现病株及时拔除烧毁，以及建立无病留种田等。叶斑可用 400~500 倍液的 50% 的多菌灵喷防，10d 一次，连喷 2~3 次。

薏苡的虫害有黏虫（*Leucania separate* Wallker）和玉米螟［*Ostrinia palustralis* (Hubner)］等。防治方法：用糖醋液（糖 3 份、醋 4 份、白酒 1 份、水 2 份拌匀而成）诱集捕杀成虫；虫口密度较小的地块，可在清晨人工捕杀；在幼虫低龄阶段喷药，用 80% 敌百虫 1 000 倍液喷防。

（四）薏苡的品种类型

薏苡适应性强，全国大多数省（自治区）均有栽培，其地方品种较多。多数地方是根据薏苡生育期的长短将其分成早熟、中熟和晚熟种。

早熟种：又称矮秆种，生育期 110~120d，株高 0.8~1.0m，分蘖强，分枝多，茎粗 0.5~0.7cm，果壳呈黑褐色，质坚硬。植株的耐寒、耐旱、抗倒伏能力强。一般每 $667m^2$ 产 100~150kg，高的可达 200kg，出米率为 55.4%~60.0%。

中熟种：又分白壳、黑壳两种，黑壳较白壳种稍早熟。生育期 150~160d 左右，株高 1.4~1.7m，分蘖能力较强，茎粗 1.0~1.2cm，抗风、抗旱能力较弱。一般每 $667m^2$ 产 150~200kg，高的可达350kg，出米率为64.0%～66.0%。

晚熟种：又称高秆种，主要栽培于福建等省。生育期210～230d，株高1.8～2.5m，茎粗1.2～1.4cm，分蘖强，但耐寒、耐旱、抗风能力差。种子大而圆，一般每667m²产150～200kg，高的可达400kg，出米率为64.5%～73.0%。

根据植株高矮及果实的颜色，贵州某些地区又将薏苡分成白壳高秆、白壳矮秆、黑壳高秆、黑壳矮秆等品种。生育期均为175d左右，高秆种株高1.7m左右，矮秆种株高1.3m左右，茎粗均为0.8cm以上。其中黑壳种抗虫害能力较强，但产量较低；白壳种（尤其是白壳矮秆种）壳薄，易加工脱壳，出米率高，产量也较高，是比较优良的品种。

此外，辽宁在20世纪70年代育成的5号薏苡是生产中比较优良的品种，但没有推广开。它具有结实密、仁大壳薄、产量高等优点。其种壳厚度是普通薏苡的2/3，而且质地脆，用手即可捻碎，出米率很高。

五、采收与加工

成熟薏苡种子果柄易折断而造成落粒，所以生产上必须适时采收。采收期的选择，因品种、播期、当地气候条件不同而不同。生产上，一般在植株下部叶片转黄，有80%果实成熟变色时开始采收。采收过早，青秕粒多，种子不饱满，影响药材的产量和品质；采收过晚，落粒增多，会造成丰产不丰收。

选晴天收割，收后在田间或场院放置3～4d，用打谷机脱粒。脱粒后的种子晒干风选后，用碾米机碾去外壳和种皮，筛净即可入药。

苡仁不分等级，以干燥、无壳、色白、无杂质、无破碎粒、无虫蛀霉变者为佳。

第二十七节 罗汉果

一、概　述

罗汉果为葫芦科植物，干燥果实入药，生药称罗汉果（Fructus Momordicae）。含罗汉果苷（其苷元属三萜类）、果糖及多种氨基酸。有清热润肺、滑肠通便的作用。主产于广西的永福、临桂等地，销欧美、日本及东南亚各国。

二、植物学特征

罗汉果（光果木鳖）（*Momordica grosvenori* Swingle）为多年生攀援藤本，长达5m。茎暗紫色，有纵棱，被白色和红色腺毛；卷须2歧分叉。叶互生；叶柄长4～7cm，稍扭曲；叶片卵形或心状卵形，长10～20cm，宽10～15cm，先端急尖或渐尖，基部宽心形或耳状心形，全缘，两面被短柔毛，下面常混生黑色毛。雌雄异株；雄花序总状，腋生，被白色柔毛和红色腺毛；花柄长3cm，有时有细小苞片；花萼漏斗状，上部5裂，被灰黄色柔毛，先端有尾尖；花冠黄白色，

5全裂，先端渐尖，外被黑柔毛；雄蕊3，被白色腺毛；雌花单生或成短总状；子房下位，花柱3，柱头2分叉，有3个黄色的退化雄蕊。果实圆球形，长圆形或倒卵形，被黄色茸毛；种子淡黄色，扁平。边缘有不规则圆齿状缺刻（图10-3）。花期6~8月，果期6~8月。

图10-3 罗汉果

三、生物学特性

（一）生长发育

罗汉果是多年生草质藤本植物，实生苗、压蔓苗2~3年开花结实，嫁接苗当年开花结实。管理良好、发育正常的罗汉果结果年龄超过20年。

根据罗汉果年生长发育特点，每年从出苗到枯萎可分为幼苗、抽蔓现蕾、开花结实三个生育期。幼苗期是指罗汉果萌发出苗到主蔓上架之前的时期；抽蔓现蕾期是主蔓上架后侧蔓形成到花蕾开放前的时期；开花结实期是指开花到果实完熟的时期。

1. 幼苗期

罗汉果种子的种壳半木质化，透水性较差，种子萌发较慢，出苗也不整齐。产区一般在春季气温稳定在20℃以上时播种，30~40d即可出苗。种子发芽的适宜温度是25~28℃，在此温度条件下保持适宜湿度，种子20d左右发芽；若能将种壳剥去，在同样的温、湿度条件下，5~7d即可发芽，且出苗整齐。

实生苗长出4~6片真叶后，下胚轴即开始膨大，上胚轴也随之增粗，形成梨形、椭圆形、圆形或圆柱形的地下块茎。一般实生苗第一年只进行营养生长，当年秋季块茎长达4~6cm，直径3~6cm，具4~6条粗壮的根。

每年春，罗汉果地下块茎的越冬芽，在气温15℃以上时开始萌动。每个块茎一般可有3~5个越冬芽（多者10个），能抽生出3~5条或更多的地上茎。为了集中营养，生产上只选留一条健壮地上茎作主蔓，其余的剪除。主蔓在气温25~28℃时生长迅速，每昼夜可伸长3.3~10.3cm。自然条件下，主蔓年生长长度可达4~7m。

2. 抽蔓现蕾期

当主蔓生长到60~70cm长时，其茎节叶腋处开始抽生侧枝，并形成卷须，攀缘在支架上。一般主蔓90cm以下部位形成的侧蔓结果很少，应当去除。罗汉果主蔓上棚后，其中上部茎节的腋芽生长发育成一级侧蔓，一级侧蔓腋芽又可发育成二级侧蔓，随后再形成三级，甚至四级侧蔓。罗汉果的藤蔓有很强的生根能力，空压条繁殖容易成苗。

3. 开花结实期

伴随着藤蔓的生长，花蕾渐渐长大，6月初开始开花，到10月份开花结束。花在授粉后1~3d凋萎，子房开始膨大，进入结果期。在6~10月间，罗汉果的藤蔓生长、花蕾发育，开花结实并行，养分消耗大，因此，应注意适时灌水施肥，夺取高产。

在地上部分生长同时，地下块茎也逐渐膨大，根系也随之扩大。罗汉果的根系较发达，有明显的主根和侧根。实生苗根系入土较深，一般为70～85cm，水平分布在120～150cm范围内；压蔓繁殖苗的根系入土较浅，一般为30～40cm，水平分布范围为130～200cm。罗汉果根系的强弱、深浅对结果多少，植株抗旱力的强弱，寿命的长短均有较大影响。

在秋季气温降到10℃以下时，地上部分开始枯萎倒苗，地下根系及块茎的生长也停止，并逐渐进入休眠状态。全生育期为240～260d。

(二) 开花结果习性

罗汉果为雌雄异株植物，当侧蔓形成后，气温达25～30℃的6～10月份，在其各级侧蔓上相继开始连续或间歇性地现蕾、开花。7月份为盛花期，花期持续105～125d，在7～8月气温较高月份，花多在早上6～7时开始开放，7～8时半开放最多，占每天开花数的70.0%～73.3%。在气温略低的6月和9月，开花时间略延后。花期遇低温、阴雨或多雾气候，开花起始时间可推迟到9～10时。

罗汉果小花寿命较短，早上开的花在当天下午几乎全部萎缩，第二天脱落。夏季高温、干旱的晴天闭花快，低温、阴雨天闭花慢。

罗汉果雄花的花药开裂时间与开花时间大体一致或稍迟，花药开裂后，花粉在夏季高温干燥时撒落快，故人工授粉时采集雄花以在早上5～7时为宜。

罗汉果的花粉在自然条件下存放48h，全部丧失生活力，在干燥中低温保存30d，萌发率可维持在34.6%左右。

罗汉果雄株虽不结实，但具有不断开花的习性，生产上为节约用地，采取每百株雌株配置3～5株健壮雄株的办法，采用人工授粉来满足雌株开花结实对花粉的需要。

罗汉果的1～3级侧蔓都能发育成结果蔓，二、三级侧蔓结果能力较强，据调查，二、三级侧蔓发育成结果蔓的比例较大，二、三级侧蔓的坐果率也高（表10-2）。

表10-2　拉江果不同结果侧蔓结果与坐果能力

侧蔓	调查蔓数（条）	结果蔓数（条）	结果蔓百分率（%）	坐果率（%）
一级	166	9	5.4	5.4
二级	166	42	25.3	15
三级	166	115	69.3	13.82

应当指出，侧蔓上各节位着生花果的能力和坐果能力也有差别。通常一级侧蔓果实主要着生于11～15节，二级侧蔓果实集中于1～20节，三级侧蔓在1～30节较多（表10-3）。

罗汉果授粉后第三天子房开始膨大，15d内为幼果迅速生长期，21d以后体积的增长进入缓慢期，1个月左右果形稳定，种子逐渐饱满和硬化，当果面转黄，果柄枯干，标志着果实进入成熟期，一般从谢花至果实成熟需60～75d。由于罗汉果开花时间不一致，果熟时间可从8月延续到10月，因此，生产上要分批采果。

罗汉果进入结果年龄的迟早，因品种、栽培技术、生态环境不同而异。青皮果定植后2～3年开始结果，3～6年为结果盛期，一般单株产果30～50个，高产单株可达120～180个。长滩果与拉江果栽后3～4年结果，拉江果如在适宜的环境和科学栽培管理的条件下，有部分植株2年生开始结果，盛果期长达8～10年，15年以后植株衰老，管理良好可延长结果年限。

表 10-3　拉江果各种结果蔓花蕾、果实着生节位比较

节位	一级侧蔓			二级侧蔓			三级侧蔓		
	花蕾数（朵）	着果数（个）	着果率（%）	花蕾数（朵）	着果数（个）	着果率（%）	花蕾数（朵）	着果数（个）	着果率（%）
1~5	0	0	0	25	5	20.0	86	18	20.9
6~10	0	0	0	51	12	23.5	256	49	19.1
11~15	7	2	28.6	75	9	12.0	250	32	12.8
16~20	24	0	0	47	13	27.7	210	20	9.5
21~25	3	0	0	38	4	10.5	165	18	10.9
26~30	0	0	0	25	1	4.0	95	10	10.5
31~35	0	0	0	21	3	14.3	52	7	13.5
36~40	0	0	0	20	1	5.0	35	5	14.3
41~45	0	0	0	5	0	0	24	2	8.3
46~50	0	0	0	7	0	0	14	3	21.4
51~55	0	0	0	3	0	0	0	0	0
56~60	0	0	0	2	0	0	0	0	0

（三）营养物质的积累动态

新鲜果实干物质含量的高低是判断罗汉果果实品质的一项重要指标。罗汉果开花授粉后30d内，果实含水量较高，干物质含量较低；伴随果实的发育，含水量下降，干物质渐次增加，授粉后60d干物质含量达17.59%；果实近于完熟时，干物质含量达26.78%（表10-4）。从表中看出，总糖、还原糖、非还原糖、可溶性固形物含量随着果实的发育不断增加，但维生素C的含量与上述物质不同，它是随着成熟度的提高而减少。

表 10-4　果实生长发育期间部分内含物含量变化

果实发育天数（d）	含水量（%）	干物质含量（%）	总糖（%）	还原糖（%）	非还原糖（%）	可溶性固形物（%）	维生素C（mg/100g鲜果）
1	—	—	1.088 6	1.067 8	0.020 8	—	—
10	90.62	9.38	2.391 3	2.382 8	0.036 6	3.00	629.48
20	90.29	9.71	2.575 4	2.532 6	0.040 6	4.00	522.72
30	89.37	10.63	2.951 3	2.817 9	0.075 4	4.80	418.00
40	87.57	12.43	3.382 8	3.281 9	0.100 9	5.10	408.32
50	85.59	14.41	4.666 7	4.180 7	0.466 0	7.00	404.41
60	82.41	17.59	5.530 9	4.242 4	1.288 5	11.30	401.28
70	73.22	26.78	8.269 8	6.321 0	1.949 3	14.00	394.24

从上述物质积累变化中看出，采收罗汉果应以充分成熟，即果皮变黄，果柄干枯时采摘最佳，产量高，甜味浓。

（四）生长发育与环境条件的关系

我国的罗汉果主要分布在北纬19°25′~29°25′，东经109°32′~115°39′，包括广东、广西、湖南、江西等省（自治区）的山区。

罗汉果喜温暖、昼夜温差大的气候，不耐高温、怕霜冻。其生长的最适温度为20~30℃，气温低于13℃会导致新梢梢端枯死（产区称"黑头"）。秋季气温降到10℃时，植株开始枯萎倒苗。5℃以下需覆盖防寒。

罗汉果喜多雾、湿润环境，但忌积水，积水会导致块茎及根系腐烂，连阴雨气候也对开花授

粉不利。常年生长适宜的相对湿度为80%以上，土壤含水量20%~35%为宜。

罗汉果是喜光植物，但幼苗期怕强光直射。

种植罗汉果以土层深厚肥沃，富含腐殖质，排水良好的微酸性黄壤土或黄红壤土为好。砂土或排水不良的黏土，植株发育不良，且易感染根结线虫病。

四、栽培技术

(一) 选地与整地

选择适宜的生态环境建立罗汉果园，是获得优质高产的经济有效的技术措施之一。宜选土层深厚肥沃、腐殖质丰富、排水良好的阔叶杂木林地。产区多在海拔300~500m的山区种植，以背风向阳的面坡或东南坡的山岗或山麓为宜。果园四周应保留生长良好的竹林或阔叶次生林，同时背后应有更高的山林遮挡。

林地选好后，于当年7~8月砍树，并将地面上的灌木、杂草割除，然后清除树根、草根并烧毁，接着深翻土地，深25~30cm，使其曝晒越冬。翌春2~3月耙细后，按等高线开130~200cm宽的等高畦，同时安排好排水沟的位置，待播种定植。

(二) 育苗移栽

罗汉果的繁殖方法有种子繁殖、压蔓繁殖和嫁接繁殖。

种子繁殖方法简便、繁殖系数高，育成的苗适应性较强。但是，种子苗雄株比例大（达70%左右），早期也不易识别性别，目前生产上采用不多。

压蔓繁殖是罗汉果生产上常用的繁殖方法，具有保持母本优良性状、成活率高、便于计划繁殖等特点。但是，长期的营养繁殖，会使罗汉果的种性退化或感病严重，致使品质和产量下降。

嫁接繁殖能保持母本优良性状，有计划地改造果园雌雄株比例，并能提早结果。而且还可通过对抗逆性强的砧木选择，提高优良品种的适应性，达到扩大优良品种的种植面积和改造低产园的目的。另外也可提供优良雄株的花粉，是罗汉果良种化生产的重要手段之一。因此，这种繁殖是一种很有发展前途的方法。

1. 育苗

(1) 种子育苗

种子选择与处理：选择生长健壮、品质优良、丰产的单株作为采种母株。当果实充分成熟时，将果实采下，选无病虫害的果实留种。秋播均可。秋播可将种子从果实中取出，用清水洗净，即可播种。如采用春播，可将采回的果实，置室内通风处晾干后，用麻袋装好，置于通风干燥处贮存，这样贮藏和种子寿命可达一年。也可将种子从果实中取出，用清水洗净，晾干，然后与清洁河沙混拌均匀，置阴凉处保湿贮存。

播种：生产上多用春播。气温20℃以上时即可播种，可点播或条播。条播按行距20~25cm开沟播种，沟深1~2cm；点播按株行距10cm×20cm开穴，穴深1~2cm。播后用细土覆盖，再用稻草覆盖畦面，以保持土壤湿润。有条件的地方，可将种子去壳，然后用600倍液70%甲基托布津消毒10min，水洗后在25~28℃条件下催芽，种仁萌动时再播种，这样可使种子提早发芽，而且苗齐、苗壮。

苗期管理：主要有搭棚遮荫，少量勤施氮肥，注意地下害虫的防治等工作。

(2) 压蔓育苗

产区多在9月中下旬进行压蔓（此时气温多为25~28℃）。选用棚上下垂的徒长蔓，以先端圆形、粗壮的最好，可就地压蔓或空中压蔓。

就地压蔓：是在蔓条下垂处的畦上挖一小坑，坑径15~18cm，深12~15cm，然后将选好的藤蔓平放于坑内，也可使2~3个藤蔓同埋于一个坑内，藤蔓间间隔2~3cm为宜。摆放藤蔓后用湿润细土覆盖并压实。干旱时节注意浇水保湿，压后不久，藤蔓就膨大形成块茎，11月与母体分离，在排水良好、温暖的地方培土越冬。

空压：是培育壮苗及无病苗的简便方法。空压成活率高，尤其适用于根结线虫发病严重的地区。以青苔作基质，放在长24cm，宽20cm的塑料薄膜上，再把藤蔓先端3~5节放在青苔中间，然后将薄膜卷成长圆筒形，两端用麻绳扎紧，放在畦上或可依附的地方。一般压蔓4~5d藤蔓即开始转白增粗，7~10d节上露出白色根点，13~15d不定根长达3~5cm，40d后块茎粗达1.3~1.6cm以上。11月上旬（立冬前后）将块茎从基部下一节处剪断，贮藏越冬，第二年即可定植。

(3) 嫁接繁殖

砧木与接穗的选择：供嫁接用的砧木，宜选择适应性强的植株，如青皮果、红毛果和茶山果。接穗宜选择优质高产、无病虫害的母株的营养蔓，在上午8~10时剪下，只留芽眼饱满的藤蔓中部8~10节，每10条为一扎（捆），用湿润青苔覆盖或将接穗插入盛有清水的瓶中备用。接穗应现采现用，隔天使用成活率低。

嫁接方法：有镶接、嵌合接、劈接和腹接等方法，镶接成活率最高，可达68%~80%，最高可达94%。镶接是采用单芽接穗，削穗方法：以藤蔓节上的芽为中心，在距芽上、下各1.5cm处截断，并将芽的两侧用刀片从皮层向髓部斜向削去，使之削成楔状，然后从芽的两侧削面处向两端中心处斜向削去，也削成楔状。剖砧：选主蔓基部弯曲程度与接穗相似的节，以节为中心，用刀片自上而下纵切一刀，切口与接穗等长，其深度视接穗而定，以接穗镶入并与砧木皮层能对准为宜。然后拉开切口，镶接穗，并对准皮层（使皮层吻合），绑扎牢固（图10-4）即可。

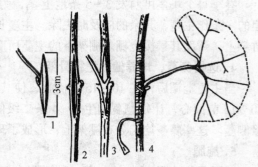

图10-4 镶接法示意图
1. 削穗 2. 剖砧 3. 插穗 4. 绑扎

2. 移栽（定植）

产区在4月上旬前后，温度稳定在15℃以上时，选择暖和的晴天种植块茎。一年生块茎要选择肥大健壮的（茎粗1.3~1.5cm以上），顶芽与基节完整，块茎皮色新鲜幼嫩，无损伤和病虫害的，二年生以上的块茎应选择颈部完好无损伤，并带有2~3条10cm长的侧根。

山地定植可按1.7~2.0m×1.7m的行株距开穴，穴径30cm，穴深6~10cm。栽前穴内施基肥与土拌匀，栽时将块茎平放，顶芽朝上，基部位于坡上一侧稍低，覆土3~6cm，要使顶芽露出。如遇大雨将覆土冲走时，应及时覆土，以免块茎受旱。平地定植不挖穴，是按1.7~2m×

1.7m行株距,直接畦面做一略高于畦面,直径为50cm的小土堆,然后在土堆上挖坑种植,方法同上。注意,100株雌株需配置3~5株雄株。

(三)田间管理

1. 搭棚(架)

罗汉果生长期间需攀援在棚架上才能正常开花结实。棚架在下种后、块茎出苗前要搭好。棚高1.65~1.80m以便于田间管理为原则。雄株的棚架可稍低,便于采花粉。棚架的大小视种植而定。棚架材料可就地取材,最好用杉木作桩,竹竿作梁,在棚上再铺一些小竹子或树枝。搭好的棚架一般可连续使用多年。旧棚应及时修复扩大,以保证藤蔓有充分生长的面积,能多结果,结大果。

2. 撤除防寒物

春季气温在15℃以上时应及时撤除防寒土并使块茎上面的1/3~1/2部位露出土面(产区称此项工作为开蔸),可促进越冬块茎适时萌发,抽生健壮主蔓,争取主蔓早上棚,早开花早结果。开蔸时间的选择需根据果园的立地条件即海拔高度、坡向和晚霜情况而定。一般果园气温回升快、稳定早,可早进行;中高山地区、晚霜频繁宜晚开蔸。开蔸过早,气温不稳定,抽生出的新梢易受寒害;开蔸过晚,主蔓抽生晚,开花结果时间延后,降低产量。

开蔸时要注意勿伤块茎颈部越冬芽。雨水多的地区,开蔸时,块茎露出地面部分要少,以1/3为宜。

3. 除萌定苗,培养健壮主蔓

春季每个块茎可萌发3~5条地上茎,为了集中养分,当地上茎长到15cm以上时,只留最粗的一条作主蔓,其余应及时去除。主蔓长至30cm以上时,用稻草或麻绳将其绑在株旁的小竹竿上,帮助其攀援上棚。棚架下的主蔓所萌发的叶芽应及时抹除,有利于主蔓健壮生长。

4. 选留侧蔓,培养健壮植株骨架

当主蔓上棚后,在10~15节摘心,使其长出6~8条一级侧蔓,向两侧伸展;一级侧蔓也在10~15节摘心,让每侧蔓抽生3~4条二级侧蔓级侧蔓仍如法摘心,并让每侧蔓生长2~3条三级侧蔓。这些藤蔓均匀分布棚架上,形成了理想的单主蔓多侧蔓的自然扇形骨架。

5. 施肥

一般每年追肥5~6次。第一次追肥在开蔸时,在离块茎基部40~50cm处开半圆形的施肥沟、深15~20cm,施腐熟圈粪2~2.5kg/株,拌过碳酸钙100~150g。第二次追肥在4月下旬至5月上旬,主蔓长30~40cm时进行,每株可施沤熟人粪尿0.7kg,加水1.0~1.5kg;第三次追肥在主蔓上棚后,用沤熟人粪尿1.0kg,加水一倍;第四次追肥在7月初进入盛花期进行,以沤熟人粪尿、饼肥为主,辅加磷钾肥;第五、六次追肥在8月,这两次追肥量同第一次一样。这几次追肥的作用不同,第一、二次追肥利于主蔓的健壮;第三次追肥利于侧蔓的形成和花蕾的呈现;第四次追肥在花期,可提高坐果率;第五、六次追肥的是大批果实迅速发育阶段,追肥可加速果实的生长发育和和营养物质的积累,对果实产量和品质的提高非常有利。不过每次追肥都要根据根系的生长情况适当调节用量,并逐渐远离块茎开沟施入。

对于主要以繁育新植株、扩大栽培面积的母株,一般不分时期采取多施、勤施的办法,促进植株的营养生长。每次每株可施腐熟圈粪1kg,沤熟人粪尿2kg左右。

6. 人工授粉

在清晨5~7时，采摘含苞待放的雄花，放置阴凉处备用。待雌花开放时用竹签刮取花粉，轻轻地抹到雌花的柱头上，一朵雄花可授粉10~12朵雌花。另外，也可用毛笔蘸取花粉给雌花传粉，操作也很简便。授粉时间与坐果率的关系密切，晴天上午7~10时授粉坐果率较高，可达73.3%；下午2时半到17时授粉坐果率较低，仅达35.7%~41.3%。

如果雌雄花花期不遇或雄株不足，可采取如下措施：第一，配置早、中晚开花的雄株，保证雌株整个花期都有足够的雄花授粉；第二，部分雄株留长蔓过冬，可提早开花；第三，雄株不足时，可利用健壮的雌株块茎抽出的藤蔓作砧木，于早春嫁接雄株接穗，加强管理，当年即可开花提供花粉。

7. 防寒越冬

罗汉果以地下块茎越冬。在冷凉地区，如不采取防寒措施，常引起块茎冻伤、腐烂。防寒方法是在立冬前后，将主蔓在离地面30cm处剪断，轻轻压至地面，连同块茎一起培土防寒。培土厚15~20cm，再在上面盖一层稻草。这样，当气温降到-6℃左右时，块茎也不会受冻害。

8. 病虫害防治

病害主要有根结线虫病 [*Meloidogyne jacaica* (Trenb) Chitwood] 和疱叶丛枝病 (*Mycoplasmalike organisms* Mlos.)。

防治方法：建立无病苗园；采用空压育苗；选生荒地建园，并提前一年翻晒土地；高温多雨季节及时排水；开兜亮薯抑制线虫病的发生；块茎定植前进行消毒处理；早春开兜时，检查块茎及根系，对发病块茎应及时采取措施，并对病穴进行封闭消毒。

虫害主要有白蚁、黄守瓜虫、红蜘蛛和罗汉果实蝇，可按常规方法防治。

（四）罗汉果的主要品种类型

罗汉果品种类型很多。在生产上主要栽培品种根据果形和果面所被柔毛不同分为长果形与圆果形两类。凡果实椭圆、卵状椭圆、梨形、长圆柱形均属长果类；凡果实圆形、扁圆形、梨状圆形均属圆果类。

主要品种性状如下：

（1）长滩果　产于广西永福县长滩而得名，植株长势中等，花期稍晚。果实椭圆形或卵状椭圆形，果面被稀柔毛，具脉纹9~11条，鲜果重44.1~91.4g，最大果重112g。一般成年植株单产30~40个果实。果实内含物丰富，是目前栽培品种中，品质最佳的一种。但要求的生态条件较高，栽培管理严格。

（2）拉江果　又名拉江子，是从长滩果中选育而来的品种，植株适应性较强。果实椭圆形或梨形，果面被锈色毛。鲜果重52.2~97.6g，品质好，是山区、丘陵地带栽培的优良品种。

（3）冬瓜汉　植株健壮。果实长圆柱形，两端平截，果面被短柔毛，具六棱。鲜果重71.6~85.0g，果大而整齐，优质高产，适宜山区栽培。

（4）青皮果　植株健壮，果圆形较大，果柄短粗，子房、幼果密被白柔毛。鲜果重59.4~97.7g。结果早，产量高，适应性强，品质中等，是目前产区的主栽品种，产量约占总产的75%。

（5）茶山果　果实小，圆形，子房、幼果时密被红腺毛，鲜果重37~62g，果味清甜，品质中等，适应性强，产量高。多作培育抗逆性强的品种的原始材料。

（6）红毛果 植株生长健壮，适应性强，果实较小，梨状短圆形，子房、幼果、嫩蔓密被红腺毛。味甜，产量高，是杂交育种的好材料。

五、采收与加工

（一）采收

罗汉果要分批采果。一般8～10月，见果柄枯黄，果皮青硬即可采收。不可偏早，否则果实内含物不充实，糖分少，加工出的果实外观质量差，多为响果（果囊与果壳脱离）和苦果（糖分少）。采收时可用剪刀将果实剪下，要把花柱与果柄剪平，以免互相刺伤果皮，造成空洞。

（二）加工

刚收的果实水汽大，应排放在楼板或竹垫上，不可铺入过厚。每隔2～3d应翻动一次，待果皮转黄时（7～15d）即可干燥。

罗汉果的干燥多用烘烤的方法，烤果的温度是加工罗汉果质量好坏的关键。一般烤果的温度要求两头低，中间高，即第1～2d温度控制在35～40℃，第3～4d火力要大，温度逐步升高，从45℃到60℃左右，第5～6d以后，温度控制在50℃以下。前期果实水分多，逐步升温，让水分慢慢蒸发，否则，水汽大果实爆裂会形成爆果。中期，果实快干透，适当降温可减少响果、焦果。烤果过程中，每天早晚都应上下翻果一次，使受热均匀，尤其在后期，更要勤翻动，以免烤焦。一般7～8d即可干透。

烘干的罗汉果刷去果皮绒毛，即为正品，凡品种纯正、果形端正而大、干爽、黄褐色、摇不响、壳不破、果不焦、味甜不苦的为上等。

第二十八节 砂 仁

一、概 述

砂仁为姜科植物阳春砂仁和缩砂蜜的成熟干燥的果实入药，生药称砂仁（Fructus Amomi）。含挥发油，其主要成分为右旋樟脑、龙脑、乙酸龙脑酯、茅樟醇、橙花椒醇等。有行气宽中、健身消食、理气安胎的功效。常用于治疗脘腹胀痛，食欲不振，呕吐，胎动不安等。阳春砂仁主产于广东的阳春、阳江、罗定、信宜、茂名、恩平、徐闻，广西的东兴、龙津、宁明、龙州，福建和云南的南部等地，均为栽培。销往全国并有出口。缩砂蜜主产于云南南部的临沧、文山、景洪等地，栽培或野生。销往全国。

二、植物学特征

1. 阳春砂仁（砂仁，春砂仁）（*Amomum villosum* Lour）

多年生草本，高 1～2m。根状茎柱形，横走。茎直立。叶互生，二列排列；叶片披针形或矩圆状披针形，长可达 50cm，先端渐尖呈尾状，基部渐狭，无柄；叶梢开放，有凹陷的开放格状网纹；叶舌短小，长 2～5mm，边缘有疏短毛，淡棕色。穗状花序球形，花葶从根状茎上生出，长 4～6cm，被鳞叶；花萼管状，长约 1.6cm，先端 3 裂，白色；花冠管细长，长约 1.8cm，裂片卵状矩圆形，长约 1.6cm，亦为白色；唇瓣圆匙形，紫红色，宽约 1.6cm，顶端突出，2 裂反卷，具黄色的小尖头，中脉凸起；雄蕊 1，药隔附属物 3 裂；子房下位，球形，有细毛。蒴果椭圆形、球形或扁圆形，熟时鲜红色，果皮具软刺；种子多角形，黑褐色（图 10-5）。花期 4～6 月，果期 6～9 月。

2. 缩砂蜜（绿壳砂仁、缩砂）［*A. villosum* Lour. var. *xanthioides* (Wall. ex Bak.) T.L.Wu］

与阳春砂仁形态极为相似，但本变种根茎先端的芽、叶舌多绿色，果实成熟时亦为绿色。

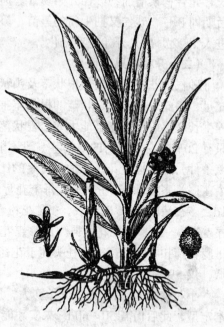

图 10-5　阳春砂仁

三、生物学特性

（一）生长发育

砂仁是多年生常绿草本植物。种子春播后 20d 即可出苗，当年可长 10 片叶左右，苗高达 30～40cm。伴随茎叶的生长，茎基生出 1～2 条根状茎（俗称匍匐茎、横走茎）。冬季全株生长缓慢。春季随气温升高，植株生长加快，根状茎先端膨大，芽向上生长形成笋苗。膨大处（产地称头状茎）基部着生支持根，支持根产生后，笋苗生长加快。伴随笋苗的生长，头状茎产生 2～4 条根状茎，继续横向生长，秋季又膨大形成新的笋苗和根状茎，此时形成的根状茎，下一年又可继续形成笋苗和新根状茎。砂仁按此方式不断繁衍生长，迅速形成群体。一个地上植株从笋苗到枯苗死亡约历时 160～240d。一个地下根状茎不断抽笋、生出新根状茎，历时 560～750d 后死亡。砂仁根系较浅，但数量较多，根状茎每节上都可产生不定根。

由于砂仁根状茎自身发育不同步，加上田间营养条件和管理水平的影响，田间各根状茎的生长发育进度也有差异，所以，田间抽笋有先有后，甚至年内各个时期都有笋苗出现。这样，砂仁田里就呈现出笋苗、幼苗、壮苗、老苗、枯苗同时并存的局面。年年笋苗不断抽生长大，发育成壮苗，而壮苗渐渐长为老苗，老苗衰退成枯苗，直到死亡，这就是砂仁的自然更替。调节田间各类苗保持适宜的比例是保证砂仁年年高产稳产的重要环节。通常条件下，砂仁一年抽笋两次，春季为 2～4 月，秋季为 8～10 月。

砂仁实生苗 3 年开花结实，分株苗 2 年就可开花结实。每年冬春季节，特别是 1～2 月，砂仁进行花芽分化，2 月下旬开始抽生笋苗，2～4 月是笋苗、幼苗旺盛生长期，伴随笋苗幼苗生长,光合积累增加,砂仁开始现蕾。通常3月中旬现蕾,4~6月开花,6~9月为结果期,结果后期即8月,砂仁又抽生新的笋苗,笋苗、幼苗再次进入旺盛生长阶段。11月后生长渐次减缓,进入1~2月后又开始花芽分化。

(二) 开花结果习性

砂仁的花芽只着生在根状茎及头状茎上;以根状茎为主。由于老苗、壮苗光合能力强,营养充足,因此着生老苗、壮苗的根状茎抽生花序的比例较高,约占总开花数的70%以上;幼苗营养生长旺盛、枯苗光合能力差,根状茎营养不足,因此着生幼苗、枯苗的根状茎抽生花序的比例只有20%左右。笋苗的根状茎一般不能抽生花序,只有受到某种刺激后(机械损伤、虫害及逆境条件)才能抽生花序,抽生花序的比例通常低于10%。通常两苗间每条根状茎上可抽生1~2个花序,多者可达3~4个。每个花序上有小花7~13朵,小花自下而上开放。一般朵花期为1d,多在清晨5~6时开放,9时花粉囊开始开裂,散出花粉。平均每天每个花序开花2~3朵,序花期4~5d。砂仁花是典型的虫媒花,蜜腺位于大小唇瓣分叉处,剥开可见蜜盘,雌蕊柱头,雄蕊花药扣在大唇瓣上,柱头高于花药。在没有授粉昆虫和人工授粉的情况下,砂仁的结实率低,仅5%~8%。

小花授粉3d后,子房开始膨大,形成幼果。幼果前期生长迅速,授粉50d左右果实大小基本定型,此后仍需50~60d,果实才能完全成熟。在果实成熟过程中,果实的颜色变化为:绿白色→鲜红色→紫红色→紫色,完全成熟时为深紫色。

砂仁落果现象较重,一般落果率在30%左右。落果多发生在幼果期,果径在0.3~1.0cm时落果最重,其中又以着生笋苗、幼苗、枯苗根状茎抽生的花序落果较多。割苗定苗不当部位的根状茎上抽生的花序落果最多。

虽然笋苗、幼苗的结果能力较差,但它们对于种群更新和下一年的开花结果起着重要作用,因此不能忽视笋苗、幼苗的管理。但笋苗、幼苗过多,营养生长和生殖生长失去平衡,会减少开花结实数量。

(三) 生长发育与环境条件的关系

1. 温度

砂仁属亚热带植物,喜高温。当气温稳定在15℃以上时开始缓慢生长,花期气温在22~25℃以上时,才有利于授粉结实,气温低于20℃时,授粉结实率明显降低,17℃以下花蕾不能开放或开花也不散粉。气温低,传粉昆虫少,也间接影响传粉和结实。冬季能耐受短期1~3℃低温,怕霜冻。

2. 湿度

砂仁为喜湿怕旱的中生植物,生长发育要求空气相对湿度在75%以上,开花结果期要求在90%以上。云南西双版纳产区调查,花芽分化期土壤含水量为15%~20%,孕蕾期至开花结果期为22%~27%,植株生长期25%较为适宜。花期水分不足,花序易枯萎,大唇瓣易被小花瓣勾住而不能展开,此种条件下人工授粉也不能结实。多雨、土壤湿度过大则会造成根茎腐烂,或加重落花落果。

3. 光照

砂仁为半阴性植物,需栽培在荫蔽环境中。一年生实生苗以荫蔽度为70%左右为宜,成株砂仁荫蔽度以 50%～60% 为宜。

四、栽培技术

（一）选地与整地

1. 育苗地

砂仁育苗地宜选背风、排灌方便、土壤肥沃的阴坡。播前翻耕，细致整地，做成高 15cm、宽 100cm 左右的畦。结合整地施入过碳酸钙与牛栏粪混合沤制的腐熟肥料 2 500kg/667m^2。

2. 定植地

宜选避风、空气湿度大、排灌方便、土壤疏松肥沃，长有荫蔽林木的低山缓坡或山间平地（海拔 500m 以下）。土质以中性或微酸性的壤土、砂壤土为宜。定植前，清除地内杂草灌木，砍去过多的荫蔽树，深翻 25～30cm，并把树根、石块等清除，挖好环山排水沟。如人力充足，可筑梯田，以利水土保持。

（二）育苗移栽

砂仁可用种子繁殖和分株繁殖。利用种子繁殖，采用育苗移栽方式进行生产。由于砂仁根茎多，抽笋能力强，割取带根茎的幼苗（分株繁殖）定植即可成活，扩繁能力 1:10。因此这两种繁殖方式在生产上均被广泛采用。

1. 种子育苗

选种及种子处理：8～9月种子成熟后，选个大、无病虫害、成熟饱满的果实，剥去果皮取其种子。也可将果实放入竹篓内，置于 30～35℃ 的室内沤 3～4d，洗出种子。将新种子与 3～4 倍（体积）的河沙混合搓揉，待种子外层胶质除净后，筛去河沙，取洁净种子播种。不能及时播种的，应在通风处阴干，并与 3 倍的草木灰混匀，置坛罐内暂存。

播种时间和方法：多数栽培砂仁的地方都是秋季播种，即在果实收获后，及时播种。秋播种子发芽快，出苗整齐，播后 20d 出苗率可达 60%～70%。因特殊原因春播的，多在 3 月上、中旬播完。

砂仁多采用开沟点播，其做法是先按 13～17cm 行距开沟，在沟内按 5～7cm 株距点播，覆土 1cm 左右，播后床面盖草保湿。每 667m^2 播种湿籽 2.5～3kg，相当于鲜果 4～5kg。

苗期管理：待小苗快出土时，及时撤去盖草，并搭好荫棚，荫棚郁闭度控制在 70%～80%。当小苗长出 7～8 片真叶时，郁闭度控制在 60% 左右。越冬前床上施有机肥，利于保护小苗安全渡过低温期。在寒潮到来前，可在风口一侧设防风障，或在床面的棚上覆塑料薄膜保温。

为了加快幼苗的生长，当苗具 2 片真叶时进行第一次追肥，幼苗具 5 和 10 片真叶时，分别进行第二、三次追肥。以后视苗情，每隔 20～30d 追肥一次，入冬后追最后一次肥。追肥多以氮肥为主，常用的有尿素、沤熟的人粪尿等。

2. 移栽

当苗高 30cm 以上时，就可以移栽定植。春秋移栽均可，但春季移栽为最好，选阴雨天，将苗起出，注意勿弄伤苗及根茎，每株苗带 1～2 条根茎，除上部 2～3 片叶不剪外，其余叶片应剪去 2/3，以减少蒸发，利于成活。定植时，按 100cm×100cm 株行距挖穴，穴深 15cm，穴径 30～

35cm，每穴施农家混合肥（厩肥、堆肥和熏肥混合）5～10kg，与土拌匀后栽苗。每穴栽苗1株，栽时使其根茎自然舒展开。覆土以盖过头状茎为度，将土稍压紧，及时浇水保湿。

分株苗要带1～2条根茎，直接从母体上割下栽植，定植方法与上述相同。

（三）田间管理

1. 中耕除草

定植后第一年，植株分布稀疏，杂草易滋生，应进行2～3次中耕除草，将地内杂草除净，并铲松土壤，但要注意勿伤根茎。砂仁进入开花结果阶段，植株生长茂盛，不再进行中耕，有草及时拔除。

2. 割苗定苗

为了控制群体数目，维持田间植株的合理密度，使营养生长与生殖生长基本平衡，应进行割苗定苗工作。割苗定苗工作一般在2月和8～9月进行，割去枯、弱、病、残苗和过密的笋苗，使田间苗数控制在30 000株/667m^2左右。

3. 追肥培土

追肥是砂仁丰产的重要措施之一。砂仁定植，除施磷、钾肥外，应适当多施氮肥，每年追肥3～4次。进入开花结果的植株，追肥以有机肥为主，速效肥为辅。2月份主要追施磷、钾肥和适量氮肥（堆肥或熏肥）1 500～2 000kg，碳酸铵5kg。对冬季较冷地区，立冬前后还应追施热性肥料1 000kg，以利防寒保暖。为提高砂仁坐果率，在开花盛期和幼果期还可根外追肥，如0.5%磷酸二氢钾、0.5%尿素等溶液喷洒叶片，对减少落花落果，提高产量有益。

由于砂仁根状茎在地表蔓延，纵横交错，常年的雨水冲刷，常造成根状茎裸露，影响生根、抽笋和抽生花序。生产上，在收果后常结合秋季施肥用客土进行培土，一般每667m^2培客土1 500～2 000kg，培土以掩埋根状茎2/3为度。

4. 调整荫蔽度

随着砂仁的生长，荫蔽树也在生长，致使砂仁生境荫蔽度逐渐增大，光照不足，光合能力下降，生长减慢，开花结果能力降低。所以要及时疏去过密的树枝树叶，使荫蔽度趋于合理。

5. 灌溉排水

花果期遇干旱，会造成干花、落果、降低产量，生育期间缺水会影响植株生长发育，因此干旱时应及时灌溉。雨季要及时排除积水，以免烂花、烂果、烂根茎。

6. 授粉

砂仁自然结实率很低，在缺乏昆虫传粉的情况下，采用人工辅助授粉，是砂仁增产的又一项重要措施。人工授粉是在砂仁花期每天6时半至16时进行，方法有推拉法和抹粉法两种：①推拉法：是用中指和拇指夹住大唇瓣和雄蕊，进行反复推拉，使花粉进入柱头孔；②抹粉法：用一小竹片将雄蕊挑起，用食指或拇指将雄蕊上的花粉抹柱头上，再往下斜擦，使大量花粉进到柱头孔上。推拉法操作简单，可双手同时操作，效率高。抹粉法节省花粉，一个雄蕊的花粉可为几个雌蕊传粉。

彩带蜂、青条花蜂、排蜂等昆虫是砂仁最好的传粉媒介，在自然条件下，此类昆虫多的地段自然结实率一般可达30%～40%，高的可达60%～80%。为提高砂仁的授粉率，近年许多产区采用人工饲养放蜂技术或有意识地保护授粉昆虫，提高坐果率。据广东产区调查，授粉效果较好的昆虫有彩带蜂，其次是芦蜂、红腹蜂及切叶蜂等。广西产区的青条蜂授粉效果较好。而云南产区调查发现，当地排蜂授粉效果最好，其次是彩带蜂，再次是中蜂。

7. 病虫害防治

砂仁病害有炭疽病包括幼苗炭疽病（*Colletotrichum zingideris*）、成株炭疽病（*Colletotrichum gloeosporioides*）、纹枯病（*Rhizoctonia* sp.）、叶斑病（*Gonatapyricularia amomi*）及果腐病等。

防治方法：选择适宜砂仁生长的生态环境，并注意挖好排水沟，保证土壤湿润而不积水；加强田间管理，合理施肥并及时调整荫蔽度；防止病菌传播，及时将田间病、老、枯残植株、病叶等清除，集中埋掉或烧毁；药剂防治，可根据病情，用70%甲基托布津800～1 000倍液喷防2～3次，叶斑病也可用75%百菌清可湿粉剂700倍液，及时喷防。

虫害主要有幼笋钻心虫，可用40%乐果乳油1 000倍液或90%敌百虫800倍液喷雾。

五、采收与加工

（一）采收

在8月中、下旬，当砂仁果实由鲜红转为紫红色，种子呈黑褐色而坚实，有强烈香辣味时，便可带果序采收，一般每667m^{2}产鲜果100kg。

（二）加工

采收后的果实及时干燥，以免腐烂。果实干燥多用炉灰焙干，焙干温度40℃左右。要经常翻动使果实干燥均匀，焙至6～7成干时，可将果壳剥去，然后在35℃温度下焙至全干即可入药。

药材商品中带果皮的砂仁被称为壳砂；剥去果皮，种子团晒干后即为砂仁；剥下的果皮干燥后也可入药，功用与砂仁相同。砂仁药材均以个大、坚实、饱满、气味浓厚、无杂质、虫蛀霉变者为佳。

第二十九节 山茱萸

一、概　述

山茱萸为山茱萸科植物，干燥成熟的果肉入药，生药称山茱萸（Fructus Corni）。含山茱萸苷、皂苷、鞣质、维生素、没食子酸、苹果酸及酒石酸等。有补益肝肾、益精止汗的作用。主产于浙江、河南和安徽，陕西、山西、四川也有栽培和野生。2003年末，河南省一个基地已通过国家GAP认证审查。

二、植物学特征

山茱萸（*Cornus officinalis* Sieb. et Zucc）为落叶灌木或小乔木，高约4m。树皮淡褐色，枝

皮灰棕色，小枝无毛。单叶对生，柄短；叶片卵形至椭圆形，长5~12cm，宽3~4.5cm，先端渐尖，基部楔形或圆形，全缘，上面近光滑，下面白色伏毛较密，侧脉6~8对，脉腋有黄褐色毛丛。伞形花序先叶开放，多为腋生，基部具4个小苞片，卵形，褐色；花黄色；花萼4裂，裂片宽三角形；花瓣4，卵形，长约3mm；雄蕊4，与花瓣互生；花盘环状，肉质；子房下位，2室，花柱1。核果椭圆形，熟时红色（图10-6）。花期2~4月，果期4~10月。

图10-6 山茱萸

三、生物学特性

（一）生长发育

山茱萸实生苗6年开始开花结实，20年左右进入盛果期，树形稳定，50年后树势衰弱，结果能力下降。山茱萸树寿命较长，一般可生长百年以上。

山茱萸每年花先叶开放，2月初花芽萌动膨大，从萌动到开花约需20d。初花期在3月初，此时日均气温高于5℃，花期25~30d。4月上旬果实明显膨大，4月下旬到5月中旬果实迅速生长。5月下旬果核硬化，8月中下旬开始部分变色，10月上旬大部果实成熟，晚熟类型可延至11月上中旬，果实成熟期为170d。

3月下旬至4月上旬开始展叶抽梢，4月中下旬至5月上旬叶片、新梢迅速生长，7月中下旬部分枝梢延续生长出现秋梢。每年4月中下旬到5月中旬，既是叶片、新梢、果实旺盛生长时期，又是下一年花芽分化的关键时期，到6月中旬，下一年花芽已形成。因此，加强田间管理，适时追肥，是提高产量和平衡大小年的重要措施之一。

（二）种子休眠特性

山茱萸种子具有休眠特性，自然成熟的种子采后播于田间，需6~18个月才能出苗。据陈瑛报道，自然成熟的种子胚已分化出胚根、胚芽和子叶，胚长度达种子的1/2~2/3，但生理上尚未成熟。另有报道，种皮坚硬木质化，内含树脂类物质，障碍透水、透气，属综合休眠类型。

（三）开花结果习性

山茱萸每年5月间花芽开始分化，6月下旬就可见到分化花芽。分化后的花芽需经生理低温后才能开放。一般从花芽分化开始至花粉形成，约需130d，至开花需350d左右。

山茱萸有三种结果枝：短果枝（＜10cm），中果枝（10~30cm），长果枝（＞30cm）。据调查，不同树龄的三种结果枝中，均以短果枝结果为主，占总结果枝的90%~97%（表10-5）。而且短果枝的坐果率明显高于中果枝（表10-6）。

山茱萸的枝多数当年不抽生二次枝，少数生长旺盛的枝能抽生二次枝，并在二次枝上形成花芽。生长枝在第二年顶芽萌发后，顶芽下各节的腋芽均能抽生中、短枝条。这些中短枝条的顶芽一般都能形成芽，于次年开花结果。未形成花芽的中、短枝条，第三年又继续抽枝，形成花芽，于第四年开花结实。

表10-5 不同树龄各类结果枝的比例

树龄	结果枝类型		
	长果枝（%）	中果枝（%）	短果枝（%）
8年生	2.1	7.5	90.4
40～50年生	1.2	2.2	96.6
100～200年生	0.8	1.9	97.3

表10-6 山茱萸短果枝、中果枝坐果率比较

结果枝类型	结果枝数（条）	结果数（个）	平均每果枝结果数（个）
短果枝	220	641	2.9
中果枝	21	110	5.2

山茱萸的花芽属混合芽，花谢后，花序轴上可发1～2片叶，花序顶端在结果后略膨大，果树栽培学称为果台。果台腋芽具有早熟性，部分腋芽当年即可萌发抽生出果台副梢（又称果台枝）。果台副梢多为2个（少数1个），一般发育为短枝，少数形成中、长枝。果台副梢的顶芽可分化为花芽或叶芽，有的一个为花芽，另一个为叶芽（图10-7）。果台副梢能否形成花芽与施肥有关，施肥对花芽的形成有促进作用（表10-7）。

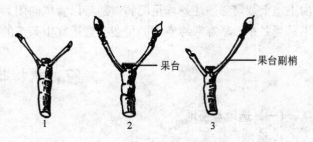

图10-7 山茱萸果台副梢
1. 抽生2个叶芽 2. 抽生2个花芽 3. 抽生1叶芽1花芽

表10-7 施肥对果台副梢形成花芽的影响

处理	结果枝总数（个）	抽生的果台枝		果台枝总数（个）
		具花芽		
		数量（个）	所占百分数（%）	
施肥	490	526	73.3	718
对照	385	161	25.7	626

据安徽产区调查，具有花芽的果台副梢在山茱萸总结果枝中占有很大比例，占50%以上（表10-8）。因此，如何促进果台副梢连年均衡生长，对克服山茱萸结果大小年，保证稳产具有重要的作用。此外，由于果台副梢位于果柄两侧，采收果实时，很容易被损伤，从而影响到次年开花结果数目，生产上须特别注意。

表10-8 果台副梢结果在山茱萸结果枝中的比例

产地	结果枝总数（个）	中长果枝%	短果枝%	具花芽果台枝%
石台	794	7.6	26.1	66.3
歙县	580	5.2	41.3	53.5

山茱萸各种类型的结果枝结果后，均能抽生果台副梢。果台副梢当年或第二年形成花芽，开花结果后又可形成果台副梢。这样数年后就形成了鸡爪状的结果枝群。结果枝群是山茱萸重要的

结果部位,能连续结果 7~8 年,甚至 10 年以上。结果枝群的寿命和结果能力与其在树冠内所处的位置及栽培管理水平,尤其是修剪技术有直接关系。因此栽培时要注意结果枝群的培养,特别是外围生长枝的疏剪,以保证树冠内通风透光良好,这是延长结果年龄的重要措施之一。

(四)生长发育与环境条件的关系

山茱萸分布在亚热带及温带地区。在海拔 200~1 400m 的山坡上均能生长,以 600~1 200m 分布最多。光照充足、温暖湿润环境利于其生长。在气温 7~40℃条件均可生长,适宜生长温度为 15~25℃。花期怕低温,适宜温度为 20~25℃。其花梗、花蕾需经 -7~3℃ 低温 60~75d 才能现蕾开花。

山茱萸由于根系比较发达、支根粗壮,因此抗旱能力较强。加之其叶片表皮较厚,被有蜡质、有光泽,更增强了其抗旱能力。

山茱萸喜肥,种植在肥沃、湿润的土壤或砂壤土中产量高,土壤 pH6.5~7.5 为宜。在瘠薄的土地上栽培必须注意施足肥料。地势以背风向阳为佳,既有充足光照,又有暖湿气流吹拂,且不易受冬季、早春寒冷空气的侵袭,最适宜山茱萸的生长。

四、栽培技术

(一)选地与整地

1. 选地

宜选土层深厚肥沃、排水良好的微酸性或中性壤土的山坡地。

2. 整地

育苗地一般翻耕深度为 25cm 左右,耕后耙细,播前做成 1.3cm 宽的畦,并挖好排水沟。定植园一般翻耕深度 20~30cm,整平耙细后,按 3~4m 株行距挖穴(窝),穴径 50cm 左右。每穴施有机肥 5kg,与土混匀待定植。

(二)育苗移栽

山茱萸可用种子繁殖,也可进行扦插、压条、分株繁殖,生产上以种子繁殖为主,扦插繁殖为辅。

1. 育苗

(1) 种子育苗 秋季果实成熟时,从结果多、产量高的植株上采摘皮厚粒大、充实饱满、无病虫害的果实作种,除去果皮,水洗后用湿沙层积处理。选向阳、排灌方便的场地作处理场,视种子多少挖一个相应规格的长方形土坑,深 25cm,坑底捣实整平,铺 5~7cm 厚湿沙,然后将待处理种子与 3 倍量湿沙混匀,放入坑内。也可将种子与 2 倍量的鲜马粪或牛粪混匀,装入坑内,其上覆盖 10cm 厚湿沙,经常保温保湿。冬季再盖草并覆土 30cm 左右,防止受冻。翌春当种子有 30%~40% 萌芽时,即可取出播种育苗。

每年 3~4 月播种育苗,在床面上按 30cm 行距开沟条播,沟深 3~5cm,撒种后覆土至沟平,播后床面盖草保湿。当种子将要出土时,撤去覆草,并注意拔除杂草。苗高 15cm 以上时定苗,按 10~15cm 株距定苗,定苗后可追肥,炎热夏季应注意防止强光曝晒。冬季床面上要盖草,或其他防寒物保湿、保温。第二、第三年都要及时进行除草、追肥管理。一般育苗 2~3 年移栽。

(2) 扦插育苗　陕西报道，扦插育苗以5月间进行为最好，此期扦插成活率高。从优良母株上剪取二年生枝条，分别剪成15~20cm长的插条，插条上部保留2~4片叶，其余叶片、叶柄全剪掉。插床用腐殖土和细沙按等比混合，宽100cm，高25~30cm。扦插时按20cm行距开沟，沟深14~16cm，在沟内按8~10cm株距扦插，边插边覆土。插后浇透水，扣上农用薄膜，保持温度26~30℃，相对湿度60%~80%，透光度25%~30%。6月中旬撤去农用薄膜，荫棚透光度为10%，经90~100d即能成活。育苗2~3年即可移栽。

2. 移栽

当苗高50~100cm时，即可起苗移栽，春秋季移栽均可。通常3~4m行株距开穴，施肥后与土混匀，按常规方法栽苗，栽后浇水保湿。

(三) 田间管理

1. 中耕除草

山茱萸行株距较大，幼苗生长缓慢。为充分发挥地力，各地多于行间间种许多矮棵作物，山茱萸田间的中耕除草，多结合管理间种作物同时进行，每年3~4次。以后随着树冠扩大中耕除草次数减少。成年园每年春或秋进行一次中耕除草。

2. 施肥

幼树定植后，一般结合中耕除草采取根侧开环形沟施肥，可促进幼树早开花结实。成龄树一般在幼果期，追施速效肥1~2次，每株可用尿素0.3~0.5kg或粪水10~40kg。如有条件，在花期及幼果期，根处喷施0.5%的尿素或1%~2%的过碳酸钙及0.1%~0.2%的硼酸，可提高坐果率。10~11月采果后，落叶前，每株施入农家肥25kg或混合肥料（按每株用绿肥或圈肥10~30kg、油饼及磷肥各0.5~1.5kg，混匀腐熟后施用）。

3. 灌溉排水

开花前、幼果期及采果后应及时灌水。地势平坦地块、雨季应注意排水。

4. 培土

山茱萸根常由于山坡地的水土流失，造成根体裸露，因此常需进行培土工作。一般1~4年生定植树，每年培土一次，4年以后两年培土一次。

5. 整形修剪

一般定植当年或次年，干高80cm左右时定干。定干后，有目的地保留主枝，使其均衡分布。当主枝长到50cm以上时，可摘心。这样在肥水管理较好情况下，3年初步形成树形，4年即可初次挂果。山茱萸的整形，生产上一般有三种方式。

(1) 自然开心形　没有中央主干，只有3~4个强壮主枝，主枝着生角度一般为40°~60°。主枝上的副主枝数应视树形大小和主枝间距离而定，各枝条应均衡地分布于主枝的外侧。这样的树形，树冠比较开张，树膛内通风透光良好，并可充分利用立地空间，结果面积较大、产量较高。

(2) 自然圆头形　一般在主干上有主枝4个以上，着生部位均衡，条主枝长势相近，适当抑制中央主干的生长，形成半圆头形树冠。一般主枝间保持20~30cm距离，各向一方发展，相互间不重叠。主枝只留顶部侧枝，使其斜向向外生长。这样的树形，外层结果面积较大。但是，如果修剪，管理不当，树冠内比较荫蔽，结果偏少。

(3) 主干疏层形 有明显的中央主干作领导枝,在领导枝四周留 2~3 个分布相称、长势较均衡的枝条作第一层主枝。随着植株的生长,在适宜高度接着培养出第二、第三层主枝,注意主枝的生长不应超过领导枝。这样的树形,树体高大,在主枝角度搭配合理的情况下,树膛内通风透光条件较好,能较充分地利用空间和光照,结果部位多,单株产量高。此树形最适合坡地及房前屋后栽培时采用。

这三种整形方式均可使幼树增产。但在缓解其结果大小年方面,自然开心形最好,其次是主干疏层形。

树冠定形后,每年的修剪以疏除过密枝、徒长枝、枯梢、病枝等为主,不断调配好结果枝群、其他结果枝与营养枝的分布与比例,尽可能防止结果枝群、结果枝过早外移,保持树冠的均衡和优势,保证稳产高产。

老龄树或管理不良的树,会出现焦顶、干枝、结果少、果皮薄等树势衰退现象。复壮更新的办法是,在收果后冬季,砍去树冠上方枯枝及部分焦顶枝,但不要一次将树冠砍光,选留 1/4~1/3 生长梢好的营养枝。管理不好的园地,还要清除地面杂草、杂树,改善植地条件,清理好排水沟,大量施入有机肥料。这样才能使树势恢复,结果增多。

6. 病虫害防治

山茱萸主要病害为灰色膏药病(*Septobasidium bogoriense* Pat.)。

防治方法:用刀割去菌丝膜,然后在病部涂波美 5 度的石硫合剂;用石硫合剂(冬季用波美 8 度,夏季用波美 4 度)喷雾,消灭病源及传染媒介;发病初期,用 1:1:100 的波尔多液喷洒,每 10d 一次,连喷多次。

虫害主要为木橑尺蠖(*Culcula panterinaria* Bremer et Grey.)

防治方法:早春在植株周围 1m 范围内挖土灭蛹;7 月初幼虫盛发期,对一二龄幼虫及时喷 90% 的敌百虫 800 倍液防治。

此外,果实转红时,鸟兽很喜啄食,应设专人看管。

五、采收与加工

秋季霜降后,当果实外表鲜红时即可采收。采收时防止伤枝,禁忌折枝采果,亦不能用手捋,以免损伤花芽和果台副梢,影响下年产量。

采回的果实除去果柄及夹带的少量枝叶,即可加工,常见的加工方法有两种:

1. 水煮法

将鲜山茱萸果实放入沸水中煮 5~10min,煮至手能捏出种子为度。然后将果实捞出,放入冷水中稍冷却,趁热将果核捏出,然后将果皮晒干或用低温烘干。此加工方法的优点是,加工耗时较少,缺点是加工的萸肉色泽较差,损耗也大,因此实际中采用较少。

2. 烘干法

将鲜果放入竹笼内,用文火烘至果实膨胀;待温度上升到 30~40℃时,保持 10~20min,即取出果摊开稍晾后,挤出果核,干燥。此方法的缺点是耗时较多,但加工出的萸肉色泽鲜红、损失少、质量好。折干率为 8:1。

近年采用脱皮机去果核,用脱皮机脱皮的果实不能用充分成熟的。水煎或火烘的时间应适当缩短。

产品不分等级,干品呈不规则的片状或囊状,外观皱缩,色鲜红、紫红至暗红色,味酸涩。产品以光泽油润,果核不超过3%,无杂质、无虫蛀、霉变者为佳。

第三十节 枸 杞

一、概 述

枸杞为茄科植物,宁夏枸杞和枸杞的干燥成熟果实入药,生药称枸杞子(Fructus Lycii)。含甜菜碱、酸浆红素、抗坏血酸,多种维生素、氨基酸及钙、磷、铁等。有补肾益精、养肝明目的作用。主产宁夏回族自治区的称宁夏枸杞;产河北、天津等地的称津枸杞。枸杞根皮干燥后入药,生药称地骨皮(Cortex Lycii),含甜菜碱和皂苷,有清热、凉血、降压的功效。

二、植物学特征

1. 宁夏枸杞(中宁枸杞、山枸杞)(*Lycium barbarum* L.)

落叶灌木,高达2.5m。分枝较密,多呈灰白色或灰黄色,有棘刺。叶互生或簇生于短枝上,叶片长椭圆状披针形或卵状矩圆形,长2~3cm,基部楔形并下延成柄,全缘。花腋生,常1~2或多达6朵(在短枝上)同叶簇生,花梗长5~15mm;花萼钟状,长4~5mm,通常2中裂,稀3~5裂;花冠漏斗状,粉红色或紫红色,5裂,裂片无缘毛;雄蕊5,花丝基部密生绒毛。浆果宽椭圆形,长10~20mm,径5~10mm,红色;种子多数,肾形,棕黄色。花期5~10月,果期6~11月(图10-8)。

2. 枸杞(*Lycium chinense* Mill.)

株型较小;枝条细长,常弯曲下垂;花冠筒短于或等于上部裂片,裂片有缘毛;果实较小。花期6~9月,果期8~11月。

图10-8 宁夏枸杞

三、生物学特性

(一)生长发育

枸杞种子小,千粒重0.83~1.0g,种子寿命长,在常规保存条件下,保存4年时发芽率仍在90%以上。种子发芽的最适温度为20~25℃,在此种条件下7d就能发芽。

枸杞根系较发达,其根系沿耕层横向伸展较快,纵向伸展较慢。每年3月中、下旬根系开始活动，3月底新生吸收根生长，4月上、中旬出现第一次生长高峰，5月后生长减缓，7月下旬至8月中旬，根系出现第二次生长高峰，9月生长再次减缓，到10月底或11月初，根系停止生长。

枸杞的枝条和叶，也有两次生长习性。每年4月上旬，休眠芽萌动放叶，4月中、下旬春梢开始生长，到6月中旬春梢生长停止。7月下旬至8月上旬，春叶脱落，8月上旬枝条再次放叶并抽生秋梢，9月中旬秋梢停止生长，10月下旬再次落叶进入冬眠。

伴随根、茎、叶的两次生长、开花结果也有两次高峰，春季现蕾开花期是4月下旬至6月下旬，果期是5月上旬至7月底，秋季现蕾开花多集中在9月上、中旬，果期在9月中旬至11月上旬。

枸杞树干基部的萌蘖能较强，任其自然生长，则多形成多干丛生的灌木状，人工修剪后呈单干果树状。一株枸杞正常生长发育，其寿命可超过百年，1~5年为幼龄期，株体随树龄增加而长大，树干增粗，树体长高，树冠扩大，此期根颈处平均年增长量达0.7cm；6~10年树体进一步扩大，树冠充实，根颈平均年增长量为0.4cm；11~25年树体增长明显减缓，树冠幅度与枝干基本稳定，根颈年增长量为0.1cm；26~35年与11~25年相似，只是根颈年增长量为0.15cm；树龄进入36~55年后，树体长势衰弱，树冠出现脱顶，严重的树干出现心腐；56年后进入衰亡期、生长势显著衰退，树冠枝干减少树形变态，树干、主根都会出现心腐。

枸杞的品种类型不同，其枝条性状差异较大，通常按枝条分为硬条型（白条枸杞等）、软条型（尖头黄叶枸杞）和半软条型（麻叶枸杞等）。软条型、半软条型品种，其枝条常常下垂，整形定干较费工。

（二）开花结果习性

实生苗当年就能开花结实，以后随着树龄的增长，开花结果能力渐次提高，36年后开花结果能力又渐渐降低，结果年龄约30年。一般把1~5年称为初果期，管理良好的杞园，4~5年生树木可产干果50~75kg/667m^2。6~35年为盛果期，其中6~10年的树木，每667m^{2}产干果100kg左右；11~25年树木，产量稳定在120~150kg；26~35年树木，产量100kg左右；36~55年的树木，由于长势衰弱，产量显著下降，管理好的杞园，50年树木产量为15~30kg；55年以后，基本没有经济价值。

多数产区一年有两次开花结果习性，宁夏产区将6~8月成熟的果称为夏果，9~10月成熟的果称为秋果。一般夏果产量高，质量好；秋果气候条件差，产量低，品质也不及夏果。津枸杞产区，如河北的静海、大城、青县等地，则有春、夏、秋果之分，由于夏季雨量多，夏果落果烂果现象严重，生产上通过管理措施保春果和秋果。

1~5年生的枝条都能结果，一年生枝条上，花单生于叶腋，2~5年生枝条，花簇生于叶腋中。通常情况下，以2~4年生的结果枝着花的数量最多。小花多在白天开放，单花从开放到凋谢约需4d。开放的多少与气温有关，气温在18℃以上时，上午开花多，气温低于18℃，中午开花较多。

授粉后4d左右，子房开始迅速膨大，在果实成熟期间，红果类型品种的果色变化较大，颜色变化的顺序是：绿白色→绿色→淡黄绿色→黄绿色→橘黄色→橘红色，成熟时则变成鲜红色，单个果实的发育需30d左右。枸杞的落果率较高，一般可达30%左右，尤其幼果期落果最多，因此在结果期应加强保果管理。

枸杞的结果枝有三种。一种是两年生以上的结果枝，产区称"老眼枝"，这种枝开花结果早，开花能力强,坐果率高,果熟早(多为春果或夏果),是枸杞的主要结果枝。第二种是当年春季抽生的结果枝,产地称"七寸枝",这种枝条开花结果时间稍晚,边抽生、边孕蕾、开花、结实,花果期较长,结实能力也较强,但坐果率较低。两种结果枝开花结实特点见图10-9。第三种是当年秋季抽生的结果枝,当年也开花结实,但产量较低。虽然秋果枝与前两种结果枝相比,结果所占比重不大,但它可以在第二年转变为老眼枝,增加结果枝的数目,对产量的稳定和增加有较大作用,所以生产上要保持一定数量的秋果枝。

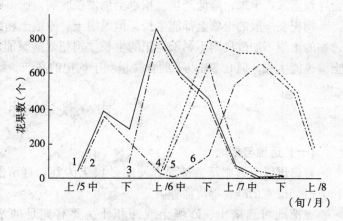

图10-9 枸杞开花期和果实成熟期曲线图
1. 整个开花期 2. 老眼枝开花期 3. 七寸枝开花期
4. 整个果熟期 5. 老眼枝果熟期 6. 七寸枝果熟期

开花、结果时间随树龄不同而异,一般五年生以内的幼树,花果期稍晚,随着树龄的增加,花果期逐渐提前,产量也逐步提高(图10-10)。

(三)生长发育与环境条件的关系

枸杞具有较强的适应性,对温度、光照、土壤等条件的要求不太严格。

从主要分布区的气温看,一般年平均在5.6~12.6℃的地方均可栽培。当气温稳定在7℃左右时,种子即可萌发,幼苗可抵抗短期-2~-3℃低温。春季根系在8~14℃生长迅速,夏季根系在20~23℃生长迅速。气温达6℃以上时,春芽开始萌动;茎叶生长的适宜温度是16~18℃;气温21~24℃时,利于秋季芽的萌发和茎叶的生长;开花期温度以16~23℃较好,结果期以20~25℃为宜。

枸杞喜光,光照充分,则植株发育良好,结果多,产量高。

枸杞喜湿润条件,怕积水。产区认为,生长季节土壤含水量保持在20%~25%为宜。果期怕干旱,缺水

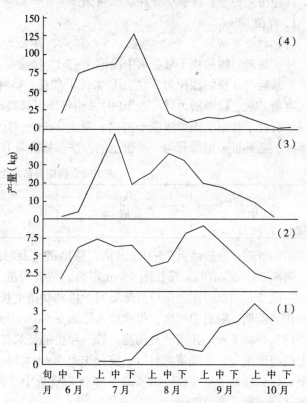

图10-10 幼龄枸杞果实成熟期的变化曲线图
曲线(1),示二年生枸杞果实成熟期主要集中在后期
曲线(2)、(3),示三、四年生枸杞果实成熟期向前推移
曲线(4),示五年生枸纪果实成熟期主要集中在前期

会导致落果、干果，降低产量。积水会诱发根腐病，所以雨季应及时排涝。

枸杞在一般的土壤上都能生长，但以壤土、砂壤土和冲积土上枸杞产量高、质量好；过砂或过黏的土壤不加改良则不利于枸杞的生长。枸杞耐盐碱能力强，即使含盐量达 $0.5\%\sim1.0\%$ 的土壤也能生长，但 0.2% 以下的含盐量利于枸杞的高产。

四、栽培技术

（一）选地与整地

育苗田以土壤肥沃、排灌方便的砂壤土为宜。育苗前，施足基肥，翻地 $25\sim30cm$，做成 $1.0\sim1.5m$ 宽的畦，等待播种。

定植地可选壤土、砂壤土或冲积土，要有充足的水源，以便灌溉。土壤含盐量应低于 0.2%。定植地多进行秋耕，翌春耙平后，按 $170\sim230cm$ 距离挖穴，穴径 $40\sim50cm$，深 $40cm$，备好基肥，等待定植。

（二）育苗移栽

枸杞可用种子、扦插、分株、压条繁殖，生产以种子和扦插育苗为主。

1. 育苗

（1）种子育苗

种子处理：播前将干果在水中浸泡 $1\sim2d$，搓除果皮和果肉，在清水中漂洗出种子，捞出稍晾干，然后与 3 份细沙拌匀，在 $20℃$ 条件下催芽，待种子有 30% 露白时，再行播种。

育苗方法：以春播为好（表10-9），当年即可移栽定植。多用条播，按行距 $30\sim40cm$ 开沟，将催芽后种子拌细土或细沙撒于沟内，覆土 $1cm$ 左右，播后稍镇压并覆草保墒。在西北干旱多风地区，播种可采用深开沟，浅覆土的方法。播种量 $0.5kg/667m^2$。

表10-9 播期与苗木生育调查

播　期	苗高（cm）	根颈粗（cm）	苗木成熟度
5月中旬	67	0.50	基本木化
7月上旬	28	0.45	苗顶5～10cm未木化

苗期管理：一般播后 $7\sim10d$ 出苗，待出苗时及时撤除覆草。当苗高 $3\sim6cm$ 时，可进行间苗；苗高 $20\sim30cm$ 时，按株距 $15cm$ 定苗。结合间苗、定苗，进行除草松土，以后及时拔除杂草。一般 7 月份以前注意保持苗床湿润，以利幼苗生长，8 月份以后要降低土壤湿度，以利幼苗木质化。苗期一般追肥两次，每次施入尿素 $5\sim10kg/667m^2$，视苗情配合适量磷、钾肥。

（2）扦插育苗　在树液流动前，选一年生的徒长枝或七寸枝，截成 $15\sim20cm$ 长的插条，插条上端剪成平口，下端削成斜口，按行株距 $30cm\times15cm$ 斜插于苗床中，保持土壤湿润。插条成活率：徒长枝高于七寸枝，粗枝高于细枝，枝条中下部高于上部，一般成活率可达 80% 以上。苗期管理同种子育苗。

2. 移栽

枸杞移栽（定植）有两种方式，一种是按穴距 $230cm$ 挖大穴，每穴 3 株，穴内株间距 $35cm$，呈三角形；另一种是按 $170cm$ 距离挖穴，每穴种 1 株。第一种定植方式适用于风沙大的地区，当植株生长比较强壮后,还要挖出 1~2 株移走;第二种定植方法造用于风沙小的地区,单株定植,利于枝条的伸展,生长发育良好。

枸杞移栽春、秋季均可,春季在 3 月下旬至 4 月上旬,秋季 10 月中下旬。定植不宜过深,定植时应开大穴而浅平,把根系横盘于穴内,覆土 10~15cm,然后踏实灌水。

(三) 田间管理

1. 翻晒园地、中耕除草

翻晒园地,一年一次,春或秋季进行。春季多在 3 月下旬到 4 月上旬进行(俗称"挖春园"),挖春园不宜过深,一般 12~15cm。挖春园的主要目的是保墒,促进春季根系延伸和芽的萌发。秋季翻晒园地在 10 月上中旬进行(俗称"挖秋园"),此次挖园可适当深挖,为 20cm 左右。挖秋园除具有增加土壤蓄水能力外,还可有效地改善土壤理化性能,并能消灭部分有害病原菌和虫卵。

一般幼龄枸杞,树冠未定形,杂草易滋生,中耕除草要勤;树冠定形后,中耕除草次数可酌减。中耕除草一般每年进行 3~4 次,多在 5~8 月间进行。由于枸杞的萌蘖能力强,结合中耕除草,应将无用的萌蘖及蘖芽去除,以保证母株良好发育。

2. 施肥

追肥分生长期追肥和休眠期追肥。休眠期追肥以有机肥为主,3~4 年生一般单株追施圈肥等 10kg 左右,5~6 年生增加到 15~20kg,7 年生以上 25kg 左右。可在 10 月中旬到 11 月中旬施入,可用对称开沟或开环状沟施肥,也可在行间靠近树冠边缘顺行开沟施肥,施肥深度 20~25cm 为宜。生育期追肥多用速效性肥料,常用硝酸铵、硫酸铵、尿素、过磷酸钙等。一般每年追肥 2~3 次,2~4 年生于 6~8 月追肥,5 年生以后于 5~7 月。2 年生每次每株用肥量 25g,3~4 年生 50g,五年生以后 50~100g。可直接撒施在树盘范围内,施后浅锄灌水。许多单位或地区在花果期,为提高坐果率还进行根外追肥,用硫酸钾、磷酸二氢钾等叶面喷施。

3. 灌溉排水

2~3 年生的幼龄枸杞应适当少灌,以利于根系向土壤深层延伸,为成龄枸杞根深叶茂打下基础。一般每年灌水 5~6 次,多在 5~9 月及 11 月每月灌水一次。4 年生以后,在 6~8 月每月还要增加一次灌水,使每年灌水次数达到 7~8 次。一般幼果期,需水较多,此期不可缺水。在雨水较大的年份,可酌情减少灌水,并在积水时注意排水。

4. 整形修剪

定植后的枸杞在大量结果前,必须加以人工整形修剪,才能培养成树形好、结果多的丰产树。幼龄枸杞的整形需要 5~6 年时间,分三个阶段。

剪枝定干:定植当年春季,在幼树高 50~60cm 处剪顶定干,剪口下选留 3~5 个长 10~20cm 的强壮侧枝,侧枝应均衡分布,作树冠的骨干枝。

培养基层:定植后第二、三、四年,分别在上年的每个骨干枝上选留 3~4 个枝条,于 30cm 处剪口,以延长骨干枝。经过 3 年培养,树冠不断增高、扩大、充实,第四年树高可达 120cm,冠幅 120~150cm。

放顶成型:第五、六年以主干为中心,选留徒长枝,继续充实树冠,使树体高 160cm 左右,上层冠幅约 150cm,下层冠幅约 200cm,枝干分布均匀,受光良好,呈半圆形。对多年未整形的幼树，要因树制宜，疏掉过密枝条，逐步用新代旧。

成龄树则主要进行修剪，维持原有树形。修剪以果枝更新为主，随时剪去枯老枝、病枝、过密枝及刺。注意剪顶、截底、清膛、修围，去旧留新，去高补空，保持原有树形，保证高产稳定。修剪多在每年春、夏、秋季进行。春季在植株萌芽后，新梢生长前进行，剪除枯枝、交叉枝和根部萌蘖枝；夏季在5~8月，植株生长期进行，剪除无用的徒长枝、过密枝、纤弱枝，并适当剪去老的结果枝，以利培育新的结果枝；秋季适当剪短秋果枝，剪除刺枝。对老果枝修剪，应视新果枝的多少而定，如新果枝多，老果枝可多剪。

5．病虫害防治

枸杞病害有炭疽病（黑果病）[*Glomerella cingulata* (stonem) Spauld et Sch.]、灰斑病（*Cercospora lycii* Ell. et Halst.）和根腐病（*Fusarium* sp.）等。

防病措施：实施检疫，严禁使用有病种苗；秋后清洁田园，及时剪去病枝、病叶及病果，减少越冬菌源；加强肥水管理，提高植株的抗病能力，减轻病害发生；药剂防治可在发病前20d用65%代森锌400倍液，每隔7~10d喷一次，连续2~3次；雨季前，喷洒1:1:120的波尔多液，每隔7~10d一次，连续3~4次。

虫害有负泥虫（*Lema decempunctata* Scopoli）、实蝇[*Neoceratitia asiatica* (Becker)]、蚜虫等。

防治方法：忌与茄科作物间、套作；随时摘除虫果，集中烧埋；7~8月用40%乐果乳剂1 500倍液或80%敌百虫1 000倍液喷雾，每7~10d一次，连续3次。

（四）枸杞的品种类型

现今入药枸杞的原植物除已介绍的两种外尚有甘肃产的"甘州子"，原植物为土库曼枸杞（*L. turcomanicum* Turcz.）和西北枸杞（*L. potaninii* Pojark.）的果实；以及新疆产的"古城子"，为毛蕊枸杞（*L. dasystemum* Pojark.）的果实，当地都作枸杞子使用。

宁夏枸杞的品种，根据树形、枝形、叶形、果形，以及枝、叶、果的颜色等，可分成3个枝型、3个果类、12个栽培品种。从枝型上看，硬条型枝短而挺直，斜伸或平展；软条型枝长而软，几乎直接下垂；半软条型的枝条硬度介于二者之间。从果型看，长果的果长与果径比值为2~2.5；短果类的这一比值为1.5~2；圆果类为1~1.5。

对这些品种植物形态特征及果实经济性状[产量、千粒果重、鲜干比、优质果率（一、二等果比率）和营养成分含量]分析，全面衡量，麻叶枸杞、大麻叶枸杞是宁夏枸杞中较优良的品种。这两个品种枝干针刺少，结果能力强、产量高、千粒果重大、优质果多，果实中各种营养成分含量较高（表10-10）。

表10-10 不同品种枸杞果实营养成分含量（%）

品种名称	水分	灰分	蛋白质	粗脂肪	还原糖	总糖量
白条	11.25	5.34	15.39	10.59	12.75	24.24
尖头黄叶	12.22	4.46	13.64	9.23	17.99	42.82
麻叶	11.35	6.62	20.79	9.99	21.50	24.20
大麻叶	11.84	4.84	9.31	7.93	24.65	36.56
圆果	12.16	4.06	17.48	5.41	21.51	30.38
黄果	10.81	4.86	12.29	9.36	27.86	52.28

近年来，人们从大麻叶枸杞中又选育出宁杞1号和宁杞2号两个优良品种，这两个品种除具有其母系的优良性状外，还具有较强的抗病虫害能力，并可增产10%～15%。

五、采收与加工

(一) 采收

1. 果实

当枸杞果实变红，果蒂松软时即可采摘。采果宜在每天早晨露水干后进行。采果时要注意轻摘、轻拿、轻放，否则果汁流出晒干后果实会变成黑色（俗称"油籽"），降低药材品质。留种用果实，应选宁杞1、2号或麻叶、大麻叶枸杞品种。

2. 根皮

以野生枸杞为主，春季采收为宜，此时浆气足，皮黄而厚易剥落，质量最好。一般都是直接将根从地内挖出，然后剥皮。

(二) 加工

1. 果实

采下的鲜果及时放在干燥盘上，先在阴凉处放置2d，然后放在较弱日光下晾晒，10d左右即可晒干。注意不能在烈日下曝晒或用手翻动，以免果实起泡变黑。

也可采用烘干法。烘干分三个阶段，首先在40～45℃条件下烘烤24～36h，使果皮略皱；然后在45～50℃条件下烘36～48h，至果实全部收缩起皱；最后在50～55℃烘24h即可干透。

干好的果实除净果柄、杂质即可入药。

产品规格：以果实干燥，含水量10%～12%，果皮柔软滋润，多糖质，色红一致，个大肉厚，无油果、杂质、虫蛀、霉变者为优。

2. 根皮

将挖出的根，洗净泥土，然后用刀切成6～10cm长的段，剥下根皮。也可用木棒敲打树根，使根皮与木质部分离，然后去掉木心。根皮晒干后即可入药。

第十一章 皮类药材

药用植物中,以皮类入药的种类较少,目前市场流通的这类药材有20余种。其有共性的方面主要有,采收多在春季,当树液开始流动时易于剥皮;对于一些生育时间长的树木,则应研究其活树剥皮技术,以保证其可持续利用。本章介绍的2种皮类药材,杜仲是落叶乔木,肉桂则是常绿乔木,种植面积较大,产品也较为名贵。常见的皮类药材有:

丹皮,白鲜皮,厚朴,丹皮,桂皮,五加皮,秦皮,杜仲,姜朴,桑白皮,合欢皮,地骨皮,陈皮,黄柏,肉桂等。

第三十一节 杜 仲

一、概 述

杜仲为杜仲科植物,以干燥的树皮入药,生药称杜仲(Cortes Eucommiae)。含杜仲胶、杜仲醇、绿原酸、生物碱等。味甘、微辛,性温,有补肝肾、壮筋骨、安胎、降血压等功效。主产于四川、陕西、湖北、贵州、湖南、云南等省。此外,甘肃、江西、浙江、广东、广西、河南等省、自治区亦有栽培。近年来,叶、枝等也被橡胶工业、保健食品工业所看好。

二、植物学特征

杜仲(*Eucommia ulmoides* Oliv.):为多年生落叶乔木,树高10~20m。树干通直,枝条斜向上伸。全株含橡胶,折断后有银白色胶丝。树皮灰色;小枝淡褐色至黄褐色,无毛,有小而明显的皮孔。根为浅黄色,直根系且非常发达。单叶,互生,卵状椭圆形或长圆状卵形,长6~15cm,宽3~7cm,先端锐尖基部宽楔形或圆形,边缘有锯齿,表面无毛,背面脉上有长柔毛;叶柄长1~2cm。雌雄异株,无花被;花常先于叶开放,着生于小枝基部,有短梗;雄花有雄蕊4~10枚,常为8枚,花药条形,花丝极短;雌花子房狭长,顶端有2叉状花柱,1室,有胚珠2枚。果实为具翅的小坚果,扁平,长3~4cm,宽约1cm,先端有凹口(图11-1)。花期3~4月,果期9~10月。

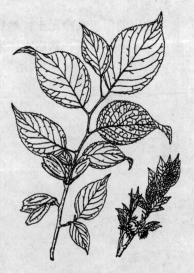

图11-1 杜 仲

三、生物学特性

(一) 生长发育

杜仲种子较大，千粒重 80g 左右，种子寿命 0.5~1 年。杜仲种子果皮含有胶质，阻碍吸水，沙藏处理后的种子在地温 9℃ 时开始萌动，在 15±2℃ 条件下发芽最快，2~3 周可出苗。温度上升到 32℃ 以上发芽缓慢，甚至停止。实生苗 8~10 年开花结实，以后年年开花结实。幼龄期结实少，易落花落果。15 年以上的雌株作采种树较好，种子籽粒饱满。

产区杜仲成株，每年 3 月萌动，4 月出叶同时现蕾开花，10 月果实成熟，10 月后开始落叶休眠，11 月进入休眠期，年生育期 160~170d。

杜仲再生能力较强，其根砍伤后，便可萌发新根蘖，茎枝扦插、压条都可很容易形成新个体。在不损伤木质部的前提下，环剥茎皮，3 年便可恢复正常生长。

(二) 与环境条件的关系

杜仲的适应性很强，可生长于海拔 200~2 500m 的平原或高山，性喜温暖湿润、阳光充足的环境，在荫蔽环境中树势较弱，甚至死亡。

杜仲在气温稳定在 10℃ 以上时发芽，11~17℃ 发芽较快，25℃ 左右为最适生长温度。成株可耐 -21℃ 低温（国外报道能耐 -40℃ 低温）。一般认为，1 月最低温不低于 -19℃；7 月最高温不高于 43℃ 的广大地区都能种植杜仲。

杜仲喜湿润气候，年降雨量 600mm，相对湿度 70% 以上的地区适合种植。杜仲对土壤的适应性较强，pH5.5~8.5 的土壤，土壤含盐量甚至高达 1.62% 的条件下都能成活。但仍以土层深厚、肥沃、疏松、排水良好的砂壤土最适合杜仲生长。

四、栽培技术

(一) 选地整地

育苗地以选择地势向阳、土质疏松肥沃、排灌方便、富含腐殖质的壤土或沙壤土为宜，pH5.5~8.5。播种前深耕细耙，结合深耕施足基肥，然后做成高 15cm 左右、宽 100~130cm 的苗床，以待播种。

移栽地对选地整地要求不严，只要是阳光充足、不过于瘠薄、黏重和低洼积水、土壤含盐量低于 0.4% 的土地均可种植。

(二) 育苗

杜仲以种子繁殖为主，枝条扦插、压条繁殖为辅，采用育苗移栽的方式进行大面积栽培。杜仲的无性繁殖主要是用于繁殖优良雌株，以建立优良品种采种田。

1. 种子育苗

(1) 采种 选用 15 年以上，生长在较优越环境中的健壮杜仲树作为采种母株，采收当年成熟饱满的种子育苗。以果皮呈淡褐色或黄褐色、有光泽、种仁乳白色、富含油脂者为佳。凡果皮暗褐色、无光泽、籽粒不丰满、种仁褐色或暗灰色者，均无发芽力。采回的种子除杂后，置于阴凉通风处晾干，种子不宜堆放过厚，切勿用塑料制品或不透气的容器装存，注意防潮防霉，亦不能在烈日下曝晒。另外注意，一年以上的陈种子不能作播种材料。

(2) 种子处理　杜仲种皮含有胶质，妨碍种子吸水，自然成熟的种子秋季直接播于田间，任其自然慢慢腐烂吸水，翌春可正常发芽出苗。如果秋冬采种，不能及时播种，春播前不经种子处理，播后发芽率低。所以，播种前要进行种子处理，种子处理一般有温汤浸种法、层积处理法和赤霉素处理。其中最简单的为温汤处理法，其方法是：即将种子放入60℃的热水中浸烫，边浸烫边搅拌，当水温降至20℃时，使其在20℃下浸泡2~3d，浸泡期间每天早晚都要换一次温水，当种子膨胀、果皮软化后捞出，拌以草木灰或细干土，即可播种。湿砂层积法处理种子是先将种子用冷水浸泡2~3d，捞出稍晾干后，混拌2~3倍量湿沙，放入木箱等容器中，保持湿润，经15~20d，待大多数种子露白时，即可取出播种。

(3) 播种　因各地地理位置、气候条件不同，播种期也不一致。秦岭、黄河以北和高寒山区，适宜春播；长江以南，适宜冬播。冬播在11~12月，即随采种随播种，春播南方在2~3月，北方在4月。当地温稳定在10℃以上时播种。杜仲幼苗怕高温，地温达32℃时，幼苗出土后容易死亡，所以，在南方高温地区，春播应适当提前。

播种多采用条播，在畦面按20~25cm的行距开沟，沟深3~4cm，按6~10cm播幅撒种，播后覆盖细土2~3cm，用种量60~75kg/hm²。播种后应浇透水，床面用稻草覆盖。

(4) 苗田管理　杜仲种子出苗较慢，用温水浸泡处理的种子，播种后一个月左右出苗；湿沙层积处理的种子，播后半个月左右出苗。播种后出苗前要保持土壤湿润，出苗时逐渐撤去覆盖的稻草。刚出土的幼苗怕烈日、干旱，仍需适当遮荫并及时灌溉，干旱时须在上午10时前或下午4时后浇水，浇水次数视旱情而定。

幼苗长出3~5片真叶时进行间苗，将弱苗、病苗全部拔除，保持株距5~8cm，每公顷留苗45万~60万株。如果种苗缺乏，可将间出的幼苗扩圃移栽，随间随栽，阴天进行。

幼苗进入生长期，除进行松土除草外，特别要注意立枯病的防治。为使幼苗生长迅速、健壮，苗期应追肥三次。第一次在苗高6~7cm时进行，以后每月追肥一次。每次每公顷施稀释水肥37.5t，或尿素75kg，加过磷酸钙75~120kg。肥料必须施在行间，不可直接施在幼苗上，以免产生肥害。每次施肥，结合进行松土除草。秋季不再追肥，以免幼苗顶部徒长，未木质化即进入冬季，造成干尖。第二年春季，苗高60~70cm以上即可移栽定植。

2. 扦插育苗

于早春芽未萌发前，选取1年生枝条中段，截成15cm的插条，每条应具3个节，雌雄株分开扦插。将插条下端在500mg/L IAA溶液或500mg/L NAA溶液中快速浸蘸一下，按行株距20cm×10cm斜插入插床，上面搭拱形塑膜矮棚，再在棚上盖草帘遮荫。控制适宜的棚内温湿度，约经1个月即可生根发新芽。发芽后撤掉塑料棚，加强松土、除草、灌水、追肥等苗期管理，移栽到苗圃，培育1~2年，当苗高1m左右便可于早春定植。

根插于早春苗木定植时，结合修剪苗根选取径粗1~2cm的根，截成10~15cm根段进行扦插。在插床上按行株距30cm×20cm将根段细的一端斜插入插床，粗的一端微露地表，在断面下方可萌发新梢。与枝插法同样管理，当苗高1m左右进行定植。

3. 分株繁殖

于早春未萌芽时，将植株根际的表土扒开，露出侧根，分段砍伤根皮，覆盖细肥土，可萌发数株根蘖苗。培育一年后，与母体分离，带根挖取，进行定植。

（三）移栽

1. 移栽时间

杜仲苗从秋季落叶时起至次年春季新叶萌发前均可进行移栽，移栽时间宜早不宜迟，务必赶在发芽前移栽完毕。如在发芽后移栽，因地上茎叶失水严重，往往成活率低，我国南方习惯于秋季移栽造林，而北方习惯于春栽。但由于北方干旱严重，气温回升快，不利于幼苗生长，如果采取高培土的方法，解决冻害现象，秋季成活率高于春栽。

2. 整地

大面积种植杜仲，最好在栽植前全面深翻，然后备好肥料，挖坑栽种。坑径、坑深70cm左右。行株距根据造林目的及林地条件而定，以剥皮为主的乔木林应为2.5~3m挖穴，以采叶为主应为1.5~2m。

3. 起苗选苗

产区多顺畦起挖幼苗，做到不损伤幼苗的根、皮和芽，严禁用手拔苗。一般在起苗前浇1次水，使土壤变的疏松便于起苗。起苗后选出高在60cm以上无病伤苗及时栽植，苗高不足60cm的小苗要留在苗床中继续培育。要边起苗边移栽，当天定植不完的幼苗，假植在苗床中，以防幼苗脱水。要特别注意保护幼苗顶芽，顶芽损伤苗移栽后，主干不能正常发育，影响树皮的产量、质量和树木成材。

4. 定植

定植时，先在坑内施入基肥，然后垫入部分表土，将杜仲苗放入坑内扶正，使根部舒展，分次填土并稍踏实。栽后浇透定根水，待水渗入后，再盖少许松土，使根基培土略高于地面。

（四）幼林抚育

移栽后要及时查苗补栽。补栽工作要在两年之内完成。按原种植密度用同龄树苗进行补栽，使幼树生长高度接近，便于管理。

杜仲移栽后4~5年内，树冠小，行间空隙较大，可间种豆类作物、薯类、蔬菜等矮秆、浅根作物，这可充分利用地力和光能，增加收益，以短养长。但不宜间作高秆或藤蔓作物。5年后幼树长高，行间逐渐郁闭，可酌情间种耐阴药材。

定植后4~5年内，结合管理间种作物，应及时进行3~4次中耕除草。每年春夏两季结合中耕除草进行追肥，每公顷用厩肥15~22.5t，过磷酸钙75~120kg。

幼树抗旱能力差，在生长旺盛的季节要保持土壤湿润，遇干旱，要适当灌水，以利生长。

杜仲的萌蘖能力较强，要十分重视修枝整形，保证主干生长高大健壮，这是提高杜仲树皮产量和质量、使树木成材的重要措施。

主干发育正常的杜仲树，要适当疏剪侧枝，使其通风透光，分布均匀。修剪工作多在休眠期进行。侧枝保留多少，要根据生长年限和主干高度而定。应逐年向上修剪，一般成树在5m以下不保留侧枝，并随时打去树身上的新枝，使主干高大，树木成材，杜仲皮质量好。

如果是以收获杜仲皮为目的，平茬（生产上常叫做"换身"）是必要的。它是利用杜仲萌芽能力强的特点，将幼树从贴地处（一般离地2~4cm）截断的一种修剪技术。生产上对主干低矮的幼树，也采取"换身"，从基部培育一棵新芽，使养分集中到一个新株上。"换身"时间要正确掌握，过早，气温低，锯口不易愈合；过迟，杜仲树液已开始流动，锯口容易造成浆液流失，影响新株生长。对平茬"换身"后的幼树要加强管理，注意灌水、施肥和修枝整形。

如果以采叶为主要目的，一般在定植后3年，在离地面50~100cm处截干培育成灌木状树形，以后每过3年截干1次。

修剪工作一般在休眠期进行，北方在11月下旬，南方从入冬一直到3~4月份。

(五) 病虫害防治

危害杜仲的病害主要发生在苗期，有猝倒病（*Rhizoctonia solani*）、根腐病（*Fusarium* sp.）等；成株时有叶枯病（*Septoria* sp.）发生，但危害不大。防治方法：选排水良好的砂壤土作苗床；高床育苗；药剂防治。可在育苗地整地时每公顷喷洒40%甲醛溶液45~60kg，进行土壤消毒预防；也可在发病初期用50%甲基托布津1 000倍液或65%的代森锌500~600倍液喷雾防治。拔除感染根腐病的植株并用50%甲基托布津1 000倍液浇灌根部。成年树发生叶枯病时，可用1:1:100的波尔多液，隔7~10d喷1次，连续2~3次。

虫害有地老虎、刺蛾、象鼻虫、蚜虫等。防治方法：发生期用90%敌百虫800倍液或青虫菌粉500倍液喷雾。

(六) 杜仲的品种介绍

目前，我国杜仲资源主要有光皮杜仲和糙皮杜仲两大类，其中光皮杜仲生长速度快，树皮较厚且质量较好。根据杜仲树皮的特征分为4个变种，即深纵裂型、浅纵裂型、龟裂型和光皮型；以叶形、叶色可分为长叶杜仲、小叶杜仲、大叶杜仲和紫红叶杜仲；按枝条变异划分为短枝杜仲、龙拐杜仲；从果实上分为大果型和小果型。此外，河南洛阳林业科学研究所通过人工选育，选出了华种1~5号等优良新品种，这5个品种具有生长迅速、遗传增益明显、有效成分含量高、抗逆性强的特点，与普通杜仲相比，产叶量提高42.6%~62.7%，产皮量提高151.8%~214.7%，且树皮、树叶的有效成分也明显高于普通杜仲。

五、采收与加工

(一) 皮的采收

定植10~15年的杜仲树，其皮可采收入药。剥皮方法有两类，一是砍树剥皮，二是活树剥皮。

1. 砍树剥皮

又叫全部剥皮法，是传统的剥皮方法。每年春季4~5月间树汁液开始流动时进行，此时树皮易于剥下。剥皮时，于齐地面处绕树干锯一环状切口，按商品规格向上1m再锯第二道切口，在两切口之间纵割一刀后环剥树皮。然后将树砍倒，如法剥取树干和树枝上的皮，不合长度的作碎皮供药用。砍伐后在树桩上能很快萌发新梢，选留1~2个新萌条，生长7~8年后就可达采收要求，又可砍树剥皮。

2. 活树剥皮法

传统的砍树剥皮使杜仲资源日益减少。为了缩短树皮生长利用周期，保护和增加药材资源，应推广活树剥皮法。但要注意的是，这种新方法技术性很强，掌握不好容易导致植株罹病或死亡。这种剥皮方法又分为环剥和轮剥两种。

(1) 环剥再生法　先在杜仲树干分枝处的下面和树干基部离地面20cm处分别环割一刀，然后在两环割处之间纵向割一刀，剥下树皮。环割、纵割时，要准确入刀，深度以不伤木质部为宜。剥皮后，树皮暂不取下，待新皮开始生长时取皮加工。

(2) 轮换剥离再生法　又称侧剥再生法。它是将枝干分枝处以下的干部纵向分成两部分，先割取1/2，待新皮长好后，可再剥另1/2的皮。因此每次横向不是环割，只是横割到要剥离的部位，其他操作与环剥类似。因为这种剥皮方法每次都有一半的树皮仍保留着正常的生理功能，对杜仲的生长影响相对较小，而且，操作中如刀法不好，也不易出现太大的问题，因此这是杜仲的一种最好和最稳妥的剥皮方法。

(3) 活树剥皮的注意事项　①剥皮时间以春夏4~6月，气温较高，空气湿度较大时最为理想。②剥皮入刀手法要准，动作要快。既要把树皮割下，又不要伤及形成层和木质部。不能让工具等碰伤木质部表面幼嫩部分，也不能用手触摸。新鲜幼嫩部分稍受损伤，就会影响新皮的生长。③采用环剥的杜仲树，宜选用树干挺直，生长势较强，生长旺盛的植株，便于操作，易于新皮的生长。剥皮前3~4d适度浇水，以增加树汁，使树皮易于剥取，剥后成活率高。④避免雨天剥皮，否则不能形成新皮，最好选阴天进行。⑤避免烈日曝晒。剥皮后，应将原皮轻轻复原盖上，并用麻线松松捆扎好，隔一段时间再将树皮取下加工。也可以用塑料布遮盖，防止水分过量蒸发或淋雨，注意在24h内避免日光直射，不要喷洒化学药物。一般在剥皮后4~5d观察，若表面呈淡黄绿色，表明已开始形成再生新皮；若呈现黑色，则预示不能形成新皮，树木将死亡。杜仲新皮长出后，大部分植株生长正常，极少数有叶片颜色变深，凸凹不平的现象，第二年可恢复正常。

(二) 皮的加工

剥下的树皮用沸水烫后展平，将皮的内面相对，层层重叠压紧，加盖木板，上面压石头、铁器等重物，使其平整，并在四周围草，使其"发汗"，经7d后，内皮呈暗紫色时可取出晒干，将表面粗皮剥去，修切整齐即可。

15年以上杜仲，每公顷可产干货2 250~3 000kg，折干率50%左右。杜仲皮以皮厚、块大、去净粗皮、断面丝多、内表面暗紫色者为佳。

(三) 叶的采收

一般定植3~4年的杜仲树即可开始采收树叶。采收时间因不同的用途而略有不同。药用可在10~11月份落叶前进行，采后晾干或晒干即可。用于提取杜仲胶，一般在11月份落叶之后收集。一般每公顷可产干叶1 200~1 500kg，折干率30%左右。

第三十二节　肉　桂

一、概　述

肉桂为樟科植物，干燥的树皮入药，生药称肉桂（Cortex Cinnamomi）。含挥发油（桂皮油）1%~2%、鞣质、黏液、树脂等。油的主要成分为桂皮醛，占75%~90%，并含少量乙酸桂皮酯、乙酸苯丙酯等。有温中补阳、散寒止痛的作用。主产于广西、广东，其次是云南、福建。

二、植物学特征

肉桂（*Cinnamomum cassia* Presl）是常绿乔木，高10～15m。树皮灰褐色，有细皱纹及小裂纹，皮孔椭圆形，内皮红棕色，具芳香，味甜辛；枝多有四棱，被褐色茸毛。叶互生或近对生，革质，矩圆形至近披针形，长8～20cm，宽4～5.5cm，全缘，近于基生三出脉，上面绿色有光泽，下面灰绿色，微被柔毛；叶柄长1.5～2cm。圆锥花序腋生或近顶生，花小，绿白色；花被片6，与花被管部等长约2mm；能孕雄蕊9，花药4室，第3轮雄蕊花药外向瓣裂，有退化雄蕊3枚；子房上位，一室，一胚珠。果实椭圆形，长约10mm，径约9mm，黑紫色；花被片脱落，边缘截形或略有齿裂；果托浅杯状（图11-2）。花期5～7月，果熟期翌年2～3月。

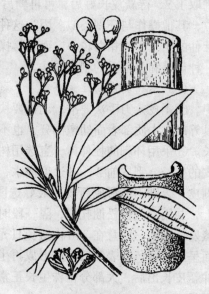

图11-2 肉桂

三、生物学特性

（一）生长发育

肉桂为多年生常绿乔木。种子寿命较短，采收后应及时趁鲜（不能干燥）播种，不能及时播种的应用湿沙保存，但保存时间不宜超过20d，否则会影响田间出苗能力。播种在20～30℃条件下，1个月就可萌发。

实生苗6～8年开花结实。成株肉桂每年4月抽生新芽并现蕾，4～6月青枝生长较快，5～7月为花期，8～10月秋枝生长，果期是从开花当年的7月至次年的2～3月。

（二）对环境条件的要求

肉桂喜温暖湿润的气候，目前我国种植的肉桂多在北纬18°～22°间，年平均温度为22～25℃，降雨量1 200～2 000mm。0～5℃低温不见冻害，能耐-2℃低温。肉桂幼苗喜阴，怕烈日直接照射，幼树常野生于疏林中；超过2m高的幼树就能耐受强光，成龄肉桂树在阳光充足条件下生长，桂皮油充足，质量好。

肉桂在黄壤、黄红壤、砂壤土上均可生长，生境土壤pH 4.5～5.5。在肥沃、湿润酸性土壤上生长良好，在壤土上生长的桂皮质软，有油分，在沙砾土生长的桂皮质硬。

四、栽培技术

（一）选地整地

育苗地多择荫蔽度为50%～60%的林间平地或缓坡地，土层深厚、肥沃、酸性的壤土，土地湿润，排水良好或靠近水源的为宜。

施足基肥（有机肥 2 000kg/667m²），耕翻 25cm，耙细整平后做畦，畦宽 120cm，高 20cm，畦间距离 30cm。

定植地块，尽可能利用荒山坡地，产区多选山的东坡或东南坡，清种肉桂地坡度不宜太大，间生于灌木林中的肉桂，其坡度可大些。梯田地定植肉桂时，应先翻耕 20cm 深，然后按一定的行株距开穴，穴径 70cm，穴深 50cm，每穴施入 10kg 有机肥，与土混匀后待栽。

（二）育苗

1．种子育苗

应从高年生的成龄树（10~15 年以上）采种，当果实变紫黑色，果肉变软时采收，除去果皮，洗净果肉，及时播种。如不能及时播种，可将种子和湿沙按 1:3~4 的比例混均匀，放入木箱内，置于室外阳光下，要求在 20d 内就取出播种。

播种时，在床上横床开沟，行距 15cm 左右，沟深 2cm，在沟内撒种，株距 4cm，然后覆土、盖草、浇水。播种量 25~30kg/667m²。

出苗后将盖草拨向行间，注意保湿和控光，苗田无荫蔽树木的应搭棚，使棚的透光率为 40%~50%。苗高 6cm 时进行分苗，分苗时，按 20cm×15cm 行株距分植在其他苗床上，一般 1 块播种床可扩栽 5 倍面积的分苗床，1 块密度为 1 万株/m² 的分苗床可供 80~100 倍面积桂林园用苗。育苗地切忌强光直接照射，否则幼苗生长缓慢，叶发黄，叶斑病多。分苗后 20d 追肥，每 667m² 施 3kg 尿素，以后每月施一次，半年后 2~3 月施一次，并在行间或株间撒一层熏土或堆肥，注意及时松土除草，适当修去下部侧枝及叶片，利于通风防病，提高耐旱和耐光能力。

2．扦插育苗

每年 3~4 月，新梢尚未长出时，结合修枝整形，剪取组织充实、无病虫害的青褐色枝条（粗 0.3~0.5cm 为好）作插条。扦插前，将枝条剪成长 15cm 左右的插条，每段 2~3 个节，插条上端在节上 2cm 处剪断（平口），下端在节下 0.5cm 斜剪，剪口要平滑，皮层与木质部不要松动脱出，剪口不能干燥，剪后用湿布保湿，或即时扦插，剪口干燥影响生根。扦插时，按 15cm×5~6cm 行株距斜向插入插床内，插条 1/3 插入床内，插条上剪口与床面贴近或平贴，插后压实床土并整平，然后浇透水。以后经常保湿遮荫，最好是罩上农用薄膜，保湿保温。40~50d 就能生根。当插条生根较多时，按种子分苗做法栽于苗床内，或栽于竹制的营养箩内，营养箩内的泥土要压实，浇透水，成排放置在荫蔽处，经常施肥、淋水、拔草、防病防虫。

3．压条育苗

于 3~4 月新梢未长出时，在待要剪除的枝条基部，离树干 15cm 处，用芽接刀环状剥皮（长 1.5~4cm），切口要整齐干净，不要过深伤及木质部，也不能弄裂皮层或使皮层与木质部松动，并要用刀轻轻刮去环剥部分的残留皮层。环剥后，立即用湿椰糠或湿苔藓敷于切口处，使之贴紧无空隙，再用塑料薄膜包好，并将底部扎紧，上端稍留点孔隙，以便浇水保湿。一般 30~40d 可生出新根，待新根长满包扎物时，贴枝基部锯下，除去薄膜，栽于苗床或营养箩内。苗床管理参照扦插育苗。

（三）移栽

一般苗高 50~100cm 时定植。定植时期因地区而异，海南为秋植，广西、云南为 6~7 月，定植后地温高，湿润时，成活率高。行株距有 2m×2m，2m×3m，3m×3m 不等。一般山区高差大可密些，平原应稀些。易受风害地方也应密些，多数地方行距 2~3m，株距 2m。密植时，树干生长挺直，便于采收。

起苗前应浇水，剪去幼树下部侧枝、叶片，上部枝条上的叶剪去 2/3。带土移栽，桂苗放入穴内要左右对正，然后用土填满空隙，踏实，浇透水。

(四) 间种

定植后的幼龄桂树，需要阴凉的环境，在缺少荫蔽的情况下，应于行间种植高秆杂粮、绿肥或灌木类药用植物，如芝麻、黄麻、山毛豆、木薯、山栀子、催土萝芙木等。当桂树成林后，可间种益智、魔芋、千年健等。

(五) 田间管理

1. 中耕除草

幼树定植后，每年要进行 3~4 次中耕除草，多结合追肥进行。中耕时注意不要碰伤干部茎皮，促成大量萌生枝，影响植株健壮生长。

2. 追肥灌水

肉桂定植后的 2~3 个月内，必须定期淋水，保持湿润环境，促其早日成活。以后浇水多与施肥结合进行。每年追肥三次，第一次是促芽催花肥，即在 2~3 月抽芽现蕾前施入，追施稀粪水（1:8）或 0.1%~0.2% 的硫酸铵水溶液，最好每株再施 5kg 的有机肥。第二次在 7~8 月即青果期，每株追 5~10kg 有机肥和 50~100g 的过磷酸钙。第三次追肥是在 11~12 月，每株施有机肥 10~15kg，磷矿粉 300g。有机肥与磷矿粉应沤制后使用。

3. 修剪

每年修剪 1~2 次，把靠近地面的侧枝剪掉，使树干挺直生长。采果后的成龄树，要剪去过密枝，同时要去掉病枝、弱枝。

4. 病虫害防治

肉桂有炭疽病（*Colletotrichum gloeosporuoides* Penz.），可用 500 倍液的 65% 的代森锌或 1:1:100 的波尔多液喷雾防治，每 7~10d 一次，连喷 3 次。

虫害有红蜘蛛、潜叶甲、天牛等，可用 0.2~0.3 波美度石硫合剂，或 1 500 倍的 40% 的乐果，或者 800 倍的 90% 敌百虫防除。

五、采收与加工

1. 桂皮

肉桂生长 10 年后，其皮就可采收加工。每年内以 7~8 月采收的质量最好，2~3 月采收的质量较差。采收时，先在树干距地面 20~25cm 处环割一刀，然后在其上每间隔 30~40cm 环割一刀，在两环割刀口间再纵割一刀，然后沿纵割处慢慢掀动，使皮层与木质部分离干净，并成完整的皮层。主干剥完后，砍倒树体，割取侧枝的皮（桂通）和细枝，晒干就可入药。

2. 桂枝

桂树砍倒后，上部不能剥皮的细枝，可剪成 35cm 长的枝段，枝条直径 0.5cm 左右，晒干后即为桂枝入药。桂枝也可结合修剪采收。

3. 采收后桂林园的管理

肉桂成树采收后 2~3 个月，在树桩基部萌芽长出新枝，从中选留 1 个挺直粗壮的新枝，将其余的枝条贴基剪除，然后追肥、种植荫蔽植物，使小苗尽快生长。以后按定植后常规管理，10 年后再次收获。

第十二章 全草类药材

药用植物中,以全草或茎叶类入药的种类不多,目前市场流通的这类药材有 50 余种。本章介绍的 3 种全草类药材,细辛是阴生植物,栽培上有特殊性;薄荷在我国种植面积很大,在生产上有一定的代表性;鱼腥草则是菜药兼用植物,近年发展很快。对于这类药材,可适当多施一些 N 肥,以增加其生物量。常见的全草类药材有:

泽兰,大芸(肉苁蓉),荆芥,老观草,半边莲,淫羊藿,辽细辛,藿香,龙葵,透骨草,穿心莲,舌草,浮萍草,卷柏,翻白草,佩兰,茵陈,竹叶,瞿麦,石韦,仙鹤草,薄荷,石斛,鱼腥草,旱莲草,金钱草,刘寄奴,徐长卿,麻黄,青蒿,绞股蓝,马齿苋,白花蛇舌草,灯芯草,紫花地丁,苦地丁,蒲公英,香菇,瓦松,益母草,锁阳,萹蓄,半枝莲,伸筋草,败酱草等。

第三十三节 细 辛

一、概 述

细辛为马兜铃科植物,东北细辛、汉城细辛或华细辛的干燥全草入药,生药称细辛(Herba Asari)。含挥发油,其主要成分为甲基丁香酚、优香芹酮、蒎烯、龙脑、异茴香醚酮、左旋细辛素等。有祛风散寒、通窍止痛、温肺化痰的作用。常用治风寒感冒、鼻塞头痛、牙痛、痰饮咳喘、风寒湿痹、口舌生疮等症。东北细辛和汉城细辛合称辽细辛或北细辛,主产于东北三省的东部山区,销全国并有出口。华细辛主产陕西中南部、四川东部和湖北西部山区以及江西,浙江,安徽等省,多为自产自销。

二、植物学特征

1. 东北细辛(北细辛,辽细辛)(*Asarum heterotropoides* Fr. Schmidt var. *mandshuricum* Kitag.)

多年生草本。根状茎横走,茎粗约 3mm,下面着生黄白色须根,有辛香。叶通常 1~2 枚,基生,叶柄长 5~18cm,常无毛;叶片卵状心形或近肾形,长 4~9cm,宽 5~12cm,先端圆钝或短尖基部心形或深心形,两侧圆耳状,全缘,两面疏生短柔毛或近无毛。花单生,从两叶间抽出,花梗长 2~5cm;花被筒部壶形,紫褐色,顶端 3 裂,裂片向外反卷,宽卵形,长 7~9mm,宽 10mm;雄蕊 12,花药与花丝近等长;子房半下位,近球形,花柱 6,顶端 2 裂。蒴果浆果状,半球形,长约 10mm,直径 12mm。种子多数,种皮坚硬,被黑色肉质的附属物。花期

5月，果期6月（图12-1）。

2. 汉城细辛（*Asarum sieboldii* Miq. var. *seoulense* Nakai）

与东北细辛相近，其不同之点是叶片均为卵状心形，先端急尖，叶柄基部有糙毛；花被筒缢缩成圆形，裂片三角状，不向外翻卷，斜向上伸展。

3. 华细辛（*Asarum sieboldii* Miq）

根状茎较长，节间密。叶片卵状心形，先端渐尖，花被筒裂片与汉城细辛相似。花丝略长于花药，其他性状与东北细辛相近（图12-2）。

三、生物学特性

（一）生长发育

细辛为多年生须根性草本药用植物。通常从播种到新种子形成需6～7年时间，以后年年开花结实。

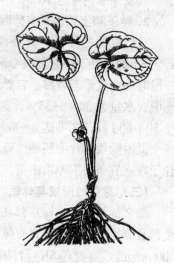

图12-1 东北细辛

细辛在6～7月播种后，当年并不出苗（上胚轴休眠），只长胚根。8月中旬胚根长出，10月下旬（越冬前）胚根长约8mm，其上生有1～3条支根，以此在土壤中越冬。第二年春天出苗，只生两片子叶，直到秋季枯萎休眠。第3～4年早春出苗后，可长出1片真叶，其叶片随着年生的增加而增大，第5、6年以后可长出2片真叶，并能开花结实。

细辛每年4月下旬出苗，出苗后展叶，伴随展叶现蕾开花。花期为5月中、下旬，果期5月下旬至6月中旬，6～9月上、中旬为果后生长期，9月下旬地上部枯萎，随之进入休眠。一年中细辛早春花叶开放，5月地上部分基本长成，不再生长，也不抽出新叶，7月芽胞分化，到秋季形成完整的越冬芽，来年再重新生长发育。

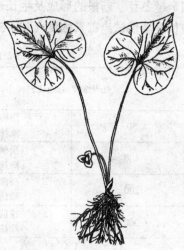

图12-2 华细辛

据产区调查，林间栽培细辛从增重方面看，一年生全株干重为0.011g，二年生为0.013g，三年生干重为0.02g，十年生为0.10g，说明细辛生长非常缓慢。

（二）种子生物学特性

1. 细辛种子寿命短

细辛鲜种子千粒重为17g左右，自然成熟的种子（发芽率99%），在室温干燥条件下存放20d后发芽率为81%，40d降为29%，60d则只有2%。可见细辛种子采收后在室内干贮，发芽率随贮藏期延长而逐渐降低，贮藏期超过60d，就会完全丧失生活力，因此采种后应立即播种。因某种原因不能及时播种者，可拌湿沙（1:3～5）贮存，湿沙保存30～60d后发芽率仍在90%以上，采用此法也可长途运输。另据报道，将种子放在4℃、密闭、干燥条件下贮存260d的种

2. 种子和上胚轴具有休眠特性

自然成熟的种子，其胚尚未完全成熟，解剖观察胚长为 37.5～55.5μm，胚率为 1%～1.5%，种胚处于胚原基或心形胚初级阶段。所以播种后，在适宜条件下也不能萌发，需要经过一段时间完成形态后熟。自然成熟种子播种后在 19℃条件下，30d 就能裂口，在地温 20～24℃，土壤含水量为 30%～35%，通气良好时 46～57d 就能完成后熟露出胚根。胚根伸长突破种皮后，经 50～60d 其长度可达 6～8cm，并具有 2～3 条支根。已生根的种子当年并不出土生长，还需要一个低温阶段解除上胚轴休眠，一般在 0～5℃条件下，约 50d 即可完成上胚轴休眠阶段，此时种子在适宜条件下即可出苗。

（三）芽胞的形成与休眠

细辛的越冬芽，每年都在 7 月分化完毕，8～9 月长大，到枯萎时芽胞内具有翌年地上的各个器官雏形。细辛芽胞具有休眠特性，冬季休眠的芽胞给予适宜的生长条件也不能出土，用 50～300mg/ml GA_3 处理 8h 可打破休眠（表 12-1）。越冬芽经赤霉素处理后 2～3d 开始萌动，7～8d 幼苗出土，10～15d 展叶，13～29d 陆续开花，而对照仍处于休眠状态。此外，赤霉素处理后对细辛越冬芽、新根的形成及生长也有一定的促进作用，赤霉素处理形成越冬芽和新根的数量及根的长度随供试赤霉素浓度（50～300mg/ml 范围内）的提高而增加。

表 12-1　不同浓度赤霉素对细辛生长发育的影响

处理浓度（mg/L）		处理至各生育时期所需天数（平均）		
		出苗	展叶	开花
50	浸渍	7.3	15.0	17.4
	涂抹	13.1	15.0	29.0
100	浸渍	7.5	12.0	19.5
	涂抹	10.0	14.5	25.0
200	浸渍	7.3	12.0	13.0
	涂抹	11.0	15.5	22.0
300	浸渍	7.2	11.0	17.0
	涂抹	10.0	14.0	20.0
CK		未解除休眠		

细辛的根茎分割后栽植，可独立成活，发育成新的个体，细辛根茎顶部的节间很短，将其截成 1cm 长的小段栽植后，就可形成独立个体。根茎分割的成活率与根茎上中下的部位，分段的长短，顶芽的有无，潜伏芽的大小及栽植时期有密切关系。一般根茎上有越冬芽的、潜伏芽大的、根茎上段或者根茎中段的成活率高，秋栽的成活率比夏栽的高。

（四）细辛的开花习性

野生株，每株只有 1～3 朵花，果实数量也少。人工栽培 5～6 年株，每株开花几十朵，结果数量也多。花期在 5 月，果实一般在 6 月中、下旬成熟。果熟后破裂，种子自然落地。因此，必须及时分批采收并及时播种。细辛出苗后 7～16d 进入花期，花期约为 15d，细辛开花集中在 11 时至 17 时，可占日开花数的 70%～80%。细辛开花适宜温度为 20～25℃，温度低于 6℃ 或高于 28℃ 均不能开花。细辛开花所需空气相对湿度为 70% 左右。

(五) 生长发育与环境条件的关系

1. 温度

细辛种子在 20~24℃条件下，湿度适宜，46~57d 完全形态成熟，在 17~21℃萌发生根，生根后的细辛种子在 4℃条件下放置 50d 后给予适宜条件即可萌发。田间细辛在地温 8℃开始萌动，10~12℃时出苗，17℃开始开花，休眠期能耐 -40℃严寒。

2. 水和土壤

细辛为须根系的药用植物，种子萌发时土壤含水量在 30%~40% 为宜，生育期间怕积水，小苗怕干旱，出苗前后遇干旱，不仅出苗率低，而且保苗率也低。由于土质不同其含水量也不同，含沙量大的土壤，含水量可低些，腐殖土含水量可大些。

细辛喜生于土壤肥沃的环境中，栽培在肥沃地块中，细辛芽胞大，生育健壮，每株叶片数目多，适当增施磷肥，不仅植株健壮而且种子千粒重也能提高 15%~20%。增施氮肥后，叶色浓绿，生育期延长，种子千粒重可提高 10% 左右。

3. 光照

细辛是阴性药用植物，多生长荒山灌木草丛中或疏林下，6 月中旬前不怕自然强光的照射，6 月下旬到 9 月中旬适宜透光率为 40%~50%，如低于 30%，植株生长缓慢。烈日长时间的直接照射，易灼伤叶片，造成全株死亡。根据产地观察，生育期间在适宜的光照范围内，光越充足，植株生长越繁茂，开花株数所占百分比越高，种子千粒重也大，芽胞数目多，植株增重快。据透光率比较试验发现，当透光率分别为 80%~90%、50% 和 10%~20% 时，细辛开花所占比例分别为 49%，79%，8%，以 50% 为最好。同样，单株根茎上芽胞数也以透光率为 50% 时最多（2~3 个），其余均为 1~2 个。

(六) 有效成分积累动态

细辛含挥发油，其中含油量约占 3%；华细辛低于 2.75%。据分析测试，挥发油含有 70 余种成分。挥发油在花期含量最高，但此期折干率较低。过去多在花期采挖（便于识别的缘故），从保护资源角度来看，此时收获对资源的破坏性较大，主要是直接影响后代的繁殖，因此应调整。

据分析，人工栽培条件下的细辛比野生细辛有效物质含量高，以野生品的相对含量为 100% 计算，人工栽培相对含量为 131.4%。

四、栽培技术

人工栽培细辛是东北林区较为理想的一项副业，细辛栽培方式有林下栽培细辛，人参与细辛轮作，细辛与粮食间作。以林下栽培细辛为宜，既不占良田，又不毁林，省工省料利于树木的生长。林下栽培细辛一般栽培 3 年后即可收获，每平方米可收干货 1.5~2.5kg，如五年收获，最高产可达 6.5kg。

(一) 选地整地

细辛喜温凉、湿润的环境和含腐殖质丰富的排水良好的壤土或砂壤土，所以栽培细辛应选地势平坦的阔叶林的林缘、林间空地、山脚下溪流两岸平地，也可选择撂荒地、种过人参的参床或农田。其地块的土层要深厚，土壤要疏松、肥沃、湿润。山地的坡度应在15°以下，以利水土保持。最好是利用林间的空地，山脚排水良好的林缘或灌木丛生的荒地、平坦的老参地。采取林下育苗时，应选择地势平坦的树木稀疏的阔叶林地。

利用林地、林缘栽培细辛或林下育苗应把畦床上的树木砍掉，床间距适当放宽，床间树木要保留，过密的地方要适当疏整树冠。灌木丛生的荒地，床间的灌木丛也应当全部保留。这样既能节省人工遮荫的人、财、物力，又有利于水土保持。畦床应斜山走向，尽可能避开正南正北走向。选地后耕翻，翻地深度20cm左右，碎土后拣出树根、杂草、石块，然后做床。一般床宽1.2m，床高15~20cm，床面要求平整，床间距50~80cm。

利用林间空地、撂荒地、农田地栽培细辛，多结合耕翻施入基肥，一般每平方米施腐熟的猪粪40kg，过磷酸钙0.25kg。

（二）播种移栽

目前人工栽培有种子直播和育苗移栽两种方式，现分述如下：

1. 种子直播

采用种子繁殖细辛，不仅繁殖系数大，而且节省大量供药用的根茎。在种子来源充足的情况下，采用直接播种是最好的方法。种子直播是将采收的细辛种子，趁鲜直接播种，小苗生长3~4年后，直接收获入药。

（1）采种 细辛果实6月中下旬成熟，要随熟随采。分别品种和性状，单收单放，分别脱粒播种。各地采种多在果实由红紫色变为粉白或青白色时采收，剥开种皮检查，果肉粉质，种子黄褐色，无乳浆。由于细辛果实成熟期不一样，必须分批采收，防止果实成熟破裂，种子自然脱落被蚂蚁搬食。一般阴雨天果实成熟快，要及时采收。采收的果实要在阴凉处放置2~3d，待果皮变软成粉状，即可搓去果皮果肉，用水将种子冲洗出来，控干水在阴凉处晾干附水后趁鲜播种，不能及时播种的种子，必须拌埋在湿润的细粉砂中保存，且不可风干或裸露久放，也不能放在水里保存，否则影响出苗率。一般可采收鲜籽40~100kg/667m^2。

必须注意，采用湿沙保存种子，也必须在8月上旬前播种完毕，否则，细辛种子裂口生根后，再进行播种，既不便播种，又不利于细辛的发育。

（2）播种 细辛种子要趁鲜播种，播期一般是7月上中旬，最迟不宜超过8月上旬。播种方法有撒播、条播两种。

撒播：在床面上挖3~5cm的浅槽，用筛过的细腐质土把槽底铺平，然后播种。播种时，应将种子混拌上5~10倍的细纱或细腐殖土，均匀撒播。要求种子间距离3cm。播后用筛过的细腐殖土覆盖，厚度0.5~1cm，覆土后床面上再覆盖一层落叶或草，以保持土壤水分，防止床面板结和雨水冲刷。翌春出苗前撤去覆盖物，以利出苗，鲜籽用量120~150g/m^2。

条播：在整好的床面上横床开沟，行距10cm，沟宽5~6cm，沟深3~5cm，沟底整平并稍压实，然后在宽沟内播种。种子间距离2cm，覆土0.5~1cm最后覆盖落叶或草保湿，翌春出苗前撤去覆盖物。播量100g/m^{2}左右。

（3）苗田管理

浇水：细辛播种覆土浅，播种当年萌发生根，但不出苗。虽然床面覆盖落叶，有保湿作用，但遇干旱时，床土发干，影响种子和胚根生长，所以要及时浇水，保持床内湿度适宜。

撤出覆盖物：播种后第二年春季，当床土解冻，快要出苗时，撤去覆盖物，使床面通风透光，以防止或减少出苗后立枯病的危害。如果床土湿润，地温低，可适当提早撤出覆盖物，以提高床温，促进早出苗。

除草与灌排水：细辛直播田块多采用散播，不能锄草，所以，每年应视杂草情况及时拔除。细辛幼苗怕旱，如遇干旱，可直接于床面浇灌或床间沟灌。每年雨季要挖好排水沟，防止田间积水。

调节光照：细辛虽是喜阴植物，但生长发育期间仍需要有一定强度的光照，否则生长发育缓慢，产量低，病害也多。由于细辛生长年生不同，抗光力不一样，因此各年生的调光水平也不一样。一般一、二年生抗光力弱，遮荫可稍大些，郁闭度 0.6～0.7 为宜。三、四年生抗光力增强，遮荫适当小些，郁闭度 0.4 为宜。林间或林下栽培的，可适当疏整树冠；利用荒地、参地栽培的，可搭棚遮荫，也可种植玉米、向日葵等作物遮荫，透光度同上。

追肥与覆盖越冬：细辛在肥沃地块上生长发育良好，人工栽培时，除播种前施足基肥外，从生长的第三年开始，每年应追肥一次。一般结合越冬覆盖，在床面追施腐熟的猪粪、鹿粪或林间的腐熟落叶拌过磷酸钙，厚度 1cm 左右。每平方米约施猪、鹿粪 10kg，过磷酸钙 0.2kg。

2．育苗移栽

细辛是多年生植物，生长发育周期长，一般林间播种后 6～8 年才能大量开花结果，为了合理开发细辛生产，多数地方都采用育苗移栽方式，即先播种育苗 3 年，然后移栽，移栽后生长 3～4 年收获加工。

（1）种子育苗　种子育苗的选地、整地、播种、管理等措施与种子直播方法相同，只是播量大，种子间距 1cm，到第三年秋起收移栽。

（2）移栽

选地：细辛栽培田（作货田）选地并不十分严格。由于各地的栽培条件不同，对栽培田的要求也不一致。如林下栽植细辛，选阔叶杂木林，只要土层深厚、肥沃、湿润，无论阳坡，阴坡都可利用，林木疏密均可，林木过密可适当间伐。若利用老参地或撂荒地，则要选择坡度较缓的地块或山的下半坡。

整地做畦：栽细辛的地块要深耕，深度 15～20cm，翻后耙细，拣出树根、杂草、石块等，然后施肥做床。一般施入猪粪、鹿粪或腐熟的枯枝落叶 8～10kg/m²，外加过磷酸钙 0.2kg/m²。顺山斜向做畦，畦宽 120cm，畦高 15～20cm，畦长视地形而定，一般长 100～150m，作业道宽 50～80cm。

移栽方法：细辛移栽方法随种苗来源不同略有区别，大体分种子育苗移栽，根茎先端移栽方法。

种子育苗移栽：每年 10 月份起挖二、三年生的细辛苗，分大中小三类分别栽种。栽植时横床开沟，行距 15cm，沟深 9～10cm，沟内按 8～10cm 株距摆苗，使须根舒展，覆土 3～5cm，春天移栽，应在芽胞未萌动前进行。如果移栽过晚，细辛的出苗和展叶时进行，需要大量的浇水，并需要较长时间缓苗，影响细辛的生长发育。

根茎先端移栽：在种苗不足的情况下，把细辛根茎的先端同须根剪下作播种材料。一般根茎长 2～3cm，其上有须根 10 条左右，芽胞有 1～2 个。栽法同前。

(三) 田间管理

1. 松土除草

移栽地块每年要进行3次松土除草。松土可提高床土温度，还有保湿蓄水的功能，对防止菌核，促进生长发育有益。在行间松土要深些（约3cm），根际要浅些（约2cm）。

2. 施肥灌水

施肥是细辛"速生高产"的重要措施之一，多数地区认为过磷酸钙（0.1kg）最好，追施熏土肥也较好。一般每年2次，第一次在5月上、中旬进行，第二次在7月中、下旬进行，多于行间开沟追施。有的药农秋季在床面追施1~2cm厚的腐熟落叶，既追肥又有覆土保水，保护越冬效果。

每年春季干旱时，应于行间灌水，以接上湿土为宜。

关于调节光照，参见种子直播管理。

3. 病虫害防治

细辛直播田的主要病害是立枯病（*Rhizoctonia solani* Kühn），成株细辛的主要病害是细辛菌核病（*Sclerotia* sp.）。菌核病多因长期不移栽，土壤湿度过大，而发病较多，初期零星发生，严重时成片死亡。此外还有锈病、疫病等。

防治方法：加强田间管理，适当加大通风透光，及时松土，保持土壤通气良好。多施磷钾肥，使植株生长健壮，增加抗病力。一旦发现病株立即拔除烧毁，病区用5%的石灰乳等消毒处理。也可用50%多菌灵500倍液向根际浇灌。严重的病区，可在秋季枯萎或春季萌发前用1%的硫酸铜进行田间消毒。

细辛的害虫有小地老虎（*Agrotis ypsilon* Rottemberg）和细辛凤蝶的幼虫——黑毛虫（*Luchodorfia puziloi* Ersh.）。黑毛虫主要咬食叶片，地老虎咬食芽胞。另外还有蚂蚁搬食种子。主要防治的方法，每667m^{2}用1~1.5kg的2.5%敌百虫粉撒施，也可用1 000倍的80%敌百虫可湿性粉剂喷雾。

4. 覆盖越冬

细辛不论是直播还是育苗移栽，在结冻前，均需用枯枝、落叶或不带草籽的茅草覆盖床面，待来年春季萌动前撤去即可。

五、采收与加工

(一) 采收

种子直播细辛，一般播后3~5年即可收获入药；育苗移栽地块，多在移栽后第三年或第四年收获入药。每年收获时期各地不同。就挥发类成分而言，以花期收获为最好，但此期叶片尚未长开，植株鲜重低，折干率也低，而且影响其后代，所以一些地区已改为8月采收。采收方法是用四齿叉子挖出全草，除净泥土，就地加工。

直播地块可产鲜货1 800~2 000kg/667m^2，移栽地块可产鲜货2 000~2 500 kg/667m^2。

从实际的检测分析看，人工栽培三年生实生苗的叶片和须根的重量与野生五年生细辛相近，所以，目前开始采收实生苗入药。

(二)加工

传统加工方法认为细辛采收后,去净泥土,每株扎一把,在阴凉通风处阴干,在加工期间,不能水洗或日晒。水洗干后叶片发黑,根发白,日晒后叶片发黄,降低气味,影响质量。但经实践证明,这一观点并不正确,故建议将旧法改革。方法是:将采挖的细辛趁鲜用水洗净泥土并去杂,置通风处摊开晾晒干燥,约九成干时,按每把200g扎成小把,再行晾晒干燥即成,加工时间一般为20d。

商品北细辛(家种)为干货。呈顺长卷须状,根茎多节,须根较粗长均匀,须毛少,土黄色或灰褐色。叶片心形,大而厚,黄绿色,叶柄短粗,花蕾较少,暗绿色,有浓香气,味辛辣,无泥土、杂质、霉变为佳。

第三十四节 薄 荷

一、概 述

薄荷为唇形科植物,干燥的地上部分入药,生药称薄荷(Herba Menthae)。含挥发油类物质称为薄荷油,有疏散风热、清利头目的作用。薄荷油是医药、日用化工、食品工业等的原料,国内外市场需求量均较大。中国是世界薄荷生产和出口第一大国,产区主要在江苏、安徽,称为苏薄荷,此外,江西、四川、云南也有栽培,但面积较小。近年来,新疆地区也开始了薄荷的引种试验,生产面积增加较快。由于受国际市场的影响,近年我国薄荷销售不畅,各地种植面积略有减少。

二、植物学特征

薄荷(*Mentha haplocalyx* Briq.)为多年生草本植物,高50~130cm。根状茎细长,白色或浅绿色,横向伸展在土中;地上茎方形,直立,具分枝,被倒生柔毛和腺点。单叶对生,叶柄2~15mm;叶片长卵形至椭圆形披针形,长2~7cm,宽1~3cm,先端锐尖或渐尖,基部楔形,边缘具细锯齿。轮伞花序腋生,球形,有梗或无梗;苞片1至数枚,条状披针形;花萼钟状,5裂,裂片近三角形,具明显的5条纵脉,外被白色柔毛及腺点;花冠二唇形,淡紫色或白色,长3~5mm,上唇1片较大,下唇3裂片较小,花冠外面光滑或上面裂片被毛,内侧喉部被一圈细柔毛;雄蕊4,花药黄色,花丝着生于花冠筒中部,伸出花冠筒外;子房4深裂,花柱伸出花冠筒外,柱头2歧。小坚果长卵球形(图12-3)。花期7~10月,果期8~11月。

图12-3 薄 荷

三、生物学特性

（一）生长发育

由于生产上多采用根茎繁殖，薄荷根系主要是地下根茎上的须根。实生苗能看到生长缓慢的主根和侧根，其垂直分布较浅。

薄荷生长过程中，在田间湿度大的情况下，地上直立茎离地面0～20cm高的节上和节间会生出气生根，气生根长2cm左右，在天气干旱的情况下，气生根会自行枯死，它对薄荷生长发育也不起主要作用。

薄荷须根的产生主要有以下3种方式：一是地下茎播种后，在温度、水分等条件适宜时，其顶端或节上的芽向上长出幼苗，中柱鞘及薄壁组织分裂，向下长出许多须根。二是植株生长到一定时期产生新的地下茎，在地下茎上也产生较多的须根。三是地上直立茎基部入土部分，在适宜的条件下也能长出许多须根。这3种须根均是从茎节上产生的，均为不定根。在一般的栽培条件下，这些须根集中分布在表土层15cm深度内。

薄荷茎主要有3种：地上直立茎、地面匍匐茎和地下根茎。

薄荷直立茎又称主茎，高80～130cm，有30节左右，基部和顶部节间较短，中部节间较长。二刀薄荷（即第1次收获后留下的地下茎又长出的植株），主茎高50～70cm，有20节左右。直立茎表皮颜色因品种而异，有青色与紫色之分。茎表面有茸毛，茸毛多少因品种而异。茎上有少量的油腺细胞，其精油含量少。直立茎的粗细和茎基部长短是衡量苗势和抗倒伏能力的形态指标，与产量密切相关。

当地上直立茎生长20cm左右，7～9节时，茎基部和表土层节上的腋芽萌发，并形成横向匍匐生长的茎，较直立茎细、软、质脆，髓部较充实。匍匐茎沿地面生长，有时其顶端钻入土中，生长一段时间后，顶芽又钻出地面长成新苗，也有的匍匐茎顶芽直接萌发并向上生长。

地下茎呈白色或黄白色，是主要播种材料，产区习称为"种根"。通常地上部生长到一定高度时（8节左右），在土壤浅层的茎基部开始长出地下茎，并逐渐伸长，也可长分枝，形成数目较多的地下茎，集中分布在土壤表层15cm左右内。地下茎上的腋芽，在温湿度适宜时均能萌发。

薄荷的分枝是由叶腋内潜伏芽长出来的。当植株营养满足潜伏芽发育时，潜伏芽萌发并逐渐发育成分枝。可长出3、4级分枝，分枝一般两侧对称。不同的品种分枝能力和节位不同，有的品种分枝着地，有的品种分枝节位较高。密度高的田块的分枝节位较高，单株分枝能力弱；反之，分枝节位低，单株分枝能力强。土壤肥力水平高的分枝多。

薄荷的叶没有托叶，只有叶片和较短的叶柄，上下对生叶片垂直排列。幼苗期生长的叶片为圆形、卵圆形、全缘，中期生长的叶片为椭圆形，后期生长的叶片为长椭圆形，衰老期的叶片为披针形。薄荷收割时有叶片30对左右，薄荷叶片通常前期生长缓慢，中期最快，后期又较慢。中、后期开始落叶，到收割时只有10～15对叶片。所以必须适时采收。"二刀"薄荷一生只有20对左右的叶片，前期生长较快。由于叶片的多少与产油量有关，因此，在生产上如何增加叶片数，减少或延缓叶片的脱落，防止病虫为害，提高叶片质量是薄荷增产的重要措施。

薄荷主茎和分枝生长到一定阶段后，其顶部叶腋间逐一分化出对生的花序，随着顶端的继续生长，自第1对花序依次向上的每一个节位的叶腋间均可产生对生的花序。薄荷主茎的开花规律是自下而上逐渐开放，同一层的花蕾第1d开花较少，第2～4d内开花势最旺。每天开花数量的多少，与当天的气候有关。单株主茎花序的开花时间为60d左右，前30d的开花数占总数的70%～80%，单朵花从开花到花冠脱落约3d。

薄荷是风媒、虫媒异花授粉植物，从现蕾至开花需10～15d，每朵花从开放到种子成熟需20d左右，其结实率的高低因品种和环境条件而异。果实为小坚果，长圆卵形，种子很小，淡褐色，千粒重0.1g左右，种子休眠期较短，但寿命较长。

薄荷的再生能力较强，其地上茎叶收割后，又能抽生新的枝叶，并开花结实。我国多数地区1年收割2次，广东、广西、海南可收割3次。

在江苏、安徽产区，第一次收获的薄荷通常称为"头刀"，第二次收获的称为"二刀"。无论头刀还是二刀薄荷，其生育期都可分为苗期、分枝期、现蕾开花期3个生育时期。

苗期：从出苗到分枝出现称为苗期。头刀薄荷在2月下旬开始陆续出苗，3月为出苗高峰期。头刀薄荷的苗期，由于气温较低，生长速度缓慢，苗期长。而二刀薄荷的苗期，由于气温较高，在水肥条件好的情况下，其生长速度快，苗期较短。

分枝期：薄荷自出现第1对分枝到开始现蕾的阶段为分枝期。薄荷在此期处于生长适宜温度阶段，生长迅速，分枝大量出现，尤其在稀植或打顶的田块，分枝更为明显。二刀薄荷自然萌发出苗，由于密度较大，一般田块中较头刀薄荷密度高4～5倍，故二刀单株分枝显著减少。

现蕾开花期：薄荷每年6月现蕾，7～10月开花。现蕾开花标志植株进入生殖生长阶段，薄荷油、薄荷脑也在这个时期大量积累，是收割取薄荷油、薄荷脑的最佳时期。故头刀薄荷在6月下旬至7月中下旬，二刀薄荷约在10月上中旬。

（二）薄荷油的积累

薄荷油主要贮藏在油腺内，它占植株全部含油量的80%；油腺由油细胞、分泌细胞、柄细胞构成。油腺主要分布在叶、茎和花萼、花梗的表面。由于叶片油腺分布多，故叶片的含油率最高，一般叶片含油量约占植株总含油量的98%以上。叶片的含油率与收获期、叶位、油腺密度有关，一般春、夏生长的头刀薄荷植株油腺密度低，含油率及出薄荷脑量也低，但鲜草产量大，原油总产量高。夏、秋生长的二刀薄荷植株油腺密度大，含油率及出薄荷脑量也高，但鲜草产量较低，原油总产量低。不同叶位含油率不同，一般以顶叶下第5～9对叶出油率、含薄荷脑量较高，上部嫩叶和下部老叶出油率较低。因此，增加成熟健壮叶片数、叶片重量、叶片油细胞密度，是提高原油产量、质量的重要措施。

阎先喜等人（1997）对薄荷盾状腺毛的超微结构研究结果表明：薄荷叶上存在2类腺毛，一类为头状腺毛，由1个基细胞、1个柄细胞和1个头细胞组成；一类为盾状腺毛，由1个基细胞、1个柄细胞或16个头部细胞组成。盾状腺毛是产生和分泌挥发油的腺毛。薄荷腺毛在形态上发育完成后，其头部细胞的超微结构接着发生一系列变化，从而导致分泌活动的开始。

（三）生长发育对环境条件的要求

薄荷对环境条件适应能力较强，在海拔2 100m以下地区均可生长，但以海拔300～1 000m地区最适宜。

1. 温度

薄荷对温度适应能力较强，地下根茎宿存越冬，能耐 -15℃ 低温。春季地温稳定在 2~3℃ 时，薄荷根茎开始萌动，地温稳定在 8℃ 时出苗，早春刚出土的幼苗能耐 -5℃ 的低温。薄荷生长最适宜温度为 25~30℃。气温低于 15℃ 时薄荷生长缓慢，高于 20℃ 时生长加快，在 20~30℃，只要水肥适宜，温度愈高生长愈快。秋季气温降到 4℃ 以下时，地上茎叶就枯萎死亡。生长期间昼夜温差大，有利于薄荷油和薄荷脑的积累。

2. 光照

薄荷为长日照作物，喜光。在整个生长期间，光照强，叶片脱落少，精油含量也愈高。尤其在生长后期，连续晴天、强烈光照，更有利于薄荷高产；薄荷生产后期遇雨水多，光照不足，是造成减产的主要原因。

3. 水分

薄荷喜湿润的环境，不同生育期对水分要求不同。头刀薄荷的苗期、分枝期要求土壤保持一定的湿度。到生长后期，特别是现蕾开花期，对水分的要求则减少，收割时以干旱天气为好。二刀薄荷的苗期由于气温高，蒸发量大，生产上又要促进薄荷快速生长，所以需水量大，伏旱、秋旱是影响二刀薄荷出苗和生长的主要因素。二刀薄荷封行后对水分的要求也逐渐减少，尤其在收割前要求无雨，才有利于高产。

收割期间降雨对薄荷原油产量影响显著，降雨持续天数越多，对薄荷原油产量影响越大，下降幅度一般为 20%~40%，连续大雨之后甚至可达 70% 左右。雨后晴天，原油产量将逐步回升，一般经 3~5d 后可回升到雨前的水平。

4. 土壤

薄荷适应性较强，对土壤的要求不十分严格，除过砂、过黏、酸碱度过重以及低洼排水不良的土壤外，一般土壤均能种植。土壤 pH 6~7.5 为宜。在薄荷栽培中以砂质壤土、冲积土为好。据试验，青椒样薄荷耐盐性最强，能在含盐 0.25% 的土壤上正常生长，"73-8" 薄荷次之，能在含盐 0.17% 左右的土壤上正常生长，苏格兰（80-1）留兰香最不耐盐，只能在含盐 0.15% 以下的土壤上生长。

5. 养分

在氮、磷、钾三要素中，氮素营养对薄荷产量、品质影响最大。适量的氮可使薄荷生长繁茂，收获量增加，出油率正常。氮肥过多，会造成茎叶徒长，节间变长，通风透气不良，植株下部叶片脱落，甚至全株倒伏，出油量减少。缺氮时，叶片小，色变黄，叶脉和茎变紫，地下茎发育不良，产油量低，油中游离薄荷脑含量低，化合脑含量显著降低。钾对薄荷根茎影响最大，钾缺乏时，叶边缘向内卷曲，叶脉呈浅绿色，地下茎短而细弱，但对薄荷油和薄荷脑含量影响不大，因此，培育种根的田块要适当增施钾肥，使根茎粗壮、质量好。

四、栽培技术

（一）选地整地

薄荷对土壤要求不严，生产上以选择土质肥沃，保水、保肥力强的壤土、砂壤土，土壤 pH

6~7为好。土壤过黏、过砂,以及低洼排水不良的土壤不宜种植。薄荷不宜连作,前茬也不宜选留兰香,宜选玉米、大豆等为前茬作物。

薄荷种植地块应在前茬收获后及时翻耕、做畦,一般畦宽为1.2m左右,整成龟背形。

(二) 栽培制度

目前生产上,各地根据当地条件,结合薄荷的生物学特性,建立起了一些栽培制度,包括轮作和套种等栽培方式。

1. 轮作

良好的轮作制度,是夺取薄荷优质高产的重要措施之一。我国南北薄荷产区跨度大,各地耕作制度和气候、水肥条件差异也大,所以薄荷的轮作方式也有多种多样。在黄淮薄荷主产区,薄荷轮作周期一般以3年为多,也有实行2年轮作。薄荷面积在不超过总耕地面积的30%时有利调茬轮作。

(1) 3年5作制 薄荷→小麦→大豆(或夏玉米、夏甘薯)→小麦→大豆,这是黄淮薄荷产区主要轮作方式,夏作大豆,也可以采用夏棉、夏玉米、水稻等作物。

(2) 2年3作制 薄荷→小麦→大豆(夏作物)。

(3) 2年4作制 小麦→夏薄荷→小麦→大豆,这种方式有利高效生产,夏薄荷种植管理好能获得较好收成。目前,在薄荷良种繁育田块和水肥条件好的地方已广为应用。

(4) 3年4作制 薄荷→春甘薯(玉米+棉花)→小麦→大豆(夏玉米、棉花、水稻),这种方式适合于春作面积大的地区。

2. 套种

薄荷套种主要是头刀田,薄荷从秋季栽种到第2年出苗,长达3个多月,出苗到封垄又有40~50d。冬、春期间套种一些作物,可充分利用地力和利用空间资源,增加复种指数,提高经济效益。与头刀薄荷套种的作物主要有:油菜、蚕豆、大麦、豌豆等。二刀薄荷则只有与芝麻套种一种方式。

(1) 薄荷与油菜套种 江苏薄荷产区多采用此种模式,先栽种薄荷,后栽种油菜。薄荷在11月栽种,适当增加栽种根量,一般每667m^2栽种根茎60kg左右。油菜采用育苗移栽方式,选用茎秆粗壮,株形紧凑,抗倒伏,尤其是早熟的高产品种,一般在9月上旬进行育苗,薄荷栽种后,油菜按行距130cm,株距25cm栽入预留行。油菜春季施肥管理要合理,氮肥不要施用过多,否则油菜倒伏,影响产量,并对薄荷造成不利影响。油菜收后要及时清除田间的残茬落叶,同时平整油菜茬,以便于收扫薄荷落叶。油菜收后,要对薄荷加强施肥管理,促苗生长,可每667m^2施磷酸二铵15~20kg,并注意田间水分管理。

(2) 薄荷和榨菜、冬季蔬菜套种 也是先栽种薄荷,后栽种榨菜。榨菜在9月下旬到10月上旬育苗,11月移栽入栽种后的薄荷田内,行距33cm左右,株距21cm。冬季薄荷不出苗,利于榨菜的生长。榨菜能忍耐-10℃左右的严寒而安全越冬,且生育期短,收获时间在4月上旬左右。薄荷初春2月下旬至3月陆续出苗,两者互相影响不大。由于薄荷、榨菜根系均集中土壤表层,抗旱能力差,应注意保持土壤湿润,若遇冬旱应适当浇水。施肥应考虑薄荷对肥分的要求,以免薄荷因氮肥施入过多而徒长。第1次施肥在栽后60~70d进行,每667m^2施尿素5kg左右;第2次施肥在栽后90~100d进行,每667m^2施尿素10kg,以促进菜头迅速膨大。收获前还应注意防治蚜虫。

(3) 薄荷与蚕豆套种　这种套种方式应先播蚕豆后栽薄荷，蚕豆选用早熟、株型紧凑品种。一般在10月中旬播种，要求行距在160cm以上，株距50cm左右。蚕豆播种时，要适当增施磷、钾肥，增强蚕豆的固氮能力，有利于蚕豆高产，也有利于薄荷增产。薄荷套种在蚕豆行间，每行蚕豆间可套4行薄荷。蚕豆生长后期要将蚕豆顶梢松松扎起，减少对薄荷的遮荫。蚕豆地里蜗牛比较多，要及时防治，蚕豆收获后，及时对薄荷田进行管理，靠近蚕豆边的薄荷，要进行摘心、重施肥，并清除田间蚕豆茎叶和平整蚕豆茬，否则，难以扫起薄荷叶或薄荷叶中混有蚕豆残株，影响薄荷原油香气和质量，原油杂色加重。

薄荷不宜与葱、蒜、洋葱一类有气味作物间套种，主要是油中含有异味，影响质量。另外，棉花是高秆作物，枝叶茂盛，影响薄荷生长，也不宜与薄荷套种。

(三) 播种方法

薄荷繁殖方法有根茎繁殖、扦插繁殖、种子繁殖3种。生产上一般只采用根茎繁殖，扦插繁殖多在新产区扩大生产中使用，种子繁殖在育种中使用。

1. 种子繁殖

薄荷生产上以根茎为播种材料，也有秧苗移栽者。种子繁殖在育苗中常用。种子繁殖的做法是，每年3~4月间把种子与少量干土或草木灰掺匀，播到预先准备好的苗床里，覆土1~2cm，上面再覆盖稻草，播后浇水，2~3周出苗。种子繁殖，幼苗生长缓慢，容易发生变异，生产多不采用。

2. 根茎繁殖

播种材料为地下根茎。播种材料的好坏直接影响播种用量和出苗的质量。种茎的来源有：一是通过夏插繁殖的种茎，粗壮发达，白嫩多汁，黄白根、褐色根少，无老根、黑根，质量好。二是薄荷收获后遗留在地下的地下茎，剔除老根、黑根、褐色根，把黄白嫩种根和白根选出来，作播种材料。

种茎用量除受种根质量左右外，还与播种茬口、季节、栽培方式有关。一般连作茬口，播种时要适当减少播种根量。前作为稻茬和棉花茬的，或盐碱土上种植，要适当增加种根用量。一般秋播每$667m^2$用白色根茎50~70kg为宜，种根粗壮的要适当增加数量。夏种薄荷以每$667m^2$播种量150kg为宜。在条件允许的情况下，除过长的种根需剪断外，一般种根以不剪断播种为好。

在生产上，播种应尽量采用条播或开沟撒播。按25~33cm的行距开沟，播种沟深度为5~7cm，天气干旱宜深，黏重、易板结的土壤要浅。为了保证出苗质量，必须做到播种时随开沟、随播种、随覆土。秋种薄荷在播种后，要经过冬季低温和雨雪。管理不当或伤害种根，影响第2年薄荷出苗和全苗。一般可采取镇压防冻，有条件的地方实行冬灌，在寒流来前灌水护苗，但要注意随灌随排。

播种期不适宜，秋季播种薄荷过早或过迟都会因冻害、旱苗或迟发影响产量。夏季播种薄荷会因生育期不够、播种早或提前达到积温而早花，产量降低。所以，薄荷要适期播种，秋季播种比冬季播种好，更比春季播种好。各地播种的具体时间可掌握在冬前不早苗，春季播种不过晚，在不影响苗质的情况下进行。黄淮薄荷产区在10月上中旬到12月中旬播种较合适。春季播种在4月上旬进行，采用地膜覆盖的可提到3月下旬播种。黄淮地区小麦是主要粮食作物，薄荷生产有与小麦争地现象，采用"改秋扩夏"栽培技术，播种时期在6月下旬到7月上旬。

部分产区采用秧苗移栽方式生产。选择品种优良纯一无病虫害的田块作留种田，在秋季收割后，立即中耕除草，铲除薄荷地上横走茎和残茬，待第2年4~5月苗高10~15cm时，选取健苗移栽。按25cm×12~15cm的行距开穴，穴深10cm左右，每穴栽1~2株，覆土后浇水、追肥。江西产区是提早挖出根茎，栽于育苗床内，精细管理，待4月上、中旬苗高10~15cm时起苗移栽。移栽期也以4月上、中旬为好。江苏、浙江、江西等地认为迟于5月移栽，其茎叶产量比4月低10%左右，产油量低30%~40%。

近年长江流域及其以南地区推广一季春薄荷生产模式。为保证完成预订产量，将春薄荷面积扩大1倍或增加4/5。春薄荷收割后，除留种田外均耕翻栽种水稻。这种栽培模式，相对提高了薄荷产量，水稻产量也没变化。

(四) 田间管理

1. 补苗

播种移栽后要及时查苗，断垄长度在50cm以上就要移栽补苗。补苗可以采取育苗移栽方法，也可以采取本块田内的移稠补稀方法。要根据当地自然条件、土壤肥力、播种时期、种植方式、薄荷品种等因素确定合适的种植密度。头刀薄荷密度一般在2万株/667m^2左右，二刀薄荷适宜密度在4万~7万株/667m^2。

2. 去杂去劣

薄荷田间若混有野杂薄荷将严重影响薄荷油的品质和产量，必须除去田间混有的野杂薄荷。

除去野杂薄荷首先要掌握良种薄荷的主要形态特征，然后对照野杂薄荷的形态特征，从植株的株形、叶形、叶片大小、叶色、茎色、气味等加以区别，凡与良种薄荷不同者即为野杂薄荷。去杂宜早不宜迟，若在后期去杂，地下茎难以除净，须在早春植株有8对叶以前进行。

3. 中耕除草

夏秋温度高、雨水多的季节，土壤易板结，杂草容易生长，影响薄荷的产量和质量。田间杂草主要以1年生杂草为主，如狗尾草、马唐、牛筋草、苍耳、小蓟等。

薄荷田中耕除草要早，开春苗齐后到封行前要进行2~3次。封行后要在田间拔除大草。二刀薄荷田间中耕除草困难，应在头刀收后，结合锄残茬，拣拾残留茎茬和杂草植株，清沟理墒，出苗后多次拔草。

目前，薄荷化学除草在生产上广为应用，对雨水充沛、杂草容易生长的地区，化学除草起到了较大作用。根据国内外有关报道的不完全统计，至今在薄荷上作过田间试验或应用的化学除草剂超过50种，目前，各地常用的各种除草剂主要有草不绿、杀草强、苯达松、草不隆、敌草隆、绿麦隆、稳杀得、氟尔灵、盖草能、扑草净、丁草胺、乙草胺等。但要注意，在进行无公害规范化生产中，不能使用除草剂。

薄荷田化学除草一般1年进行3~4次，即2次土壤处理（出苗前和头刀薄荷收获后各进行1次），1~2次茎叶处理。出苗前土壤处理，每667m^2可用氟尔灵125g，或敌草隆100g，加扑草净50g，或稳杀得75g，或绿麦隆200~300g。苗期茎叶处理，在薄荷2叶前每667m^2用稳杀得75g，或杀草丹250g、或敌草隆200~250g，具有良好的防效。单子叶杂草在4~6叶期，667m^2用12.5%盖草能100g，对水60kg；双子叶杂草用40%苯达松150g，对水60kg。头刀薄荷收获后的土壤处理可用敌草隆200~300g,进行土壤封闭杀草。

油菜田套种薄荷,头刀薄荷出苗前,在油菜移栽30d左右,可选用5%精禾草克乳油,10.8%高效盖草能乳油,10%高特克乳油等除草剂进行茎叶处理。以双子叶杂草为主的田块,每667m² 用高特克40ml;以单子叶杂草为主的田块,每667m² 用精禾草克或高效盖草能40~50ml;单双子叶杂草混生的田块,需将两类药剂混用。油菜收割后,待自生油菜苗基本出齐后,每667m² 用25%苯达松水剂250~300ml,加5%精禾草克乳油40~60ml或高效盖草能乳油30~50ml,对水50kg,均匀喷雾进行茎叶处理,可防除单双子叶杂草及自生油菜苗,综合防效在95%以上。

4. 摘心

薄荷在种植密度不足或与其他作物套、间种的情况下,可采用摘心的方法增加分枝及叶片数,弥补群体的不足,增加产量。但是,单种薄荷田密度较高的不宜摘心,因为薄荷不摘心,植株到成熟时的叶片大部分为主茎叶片,主茎叶片较分枝叶片大而肥厚,鲜草出油率高,原油产量高。主茎叶片的成熟期要比分枝早,不摘心的田块要比摘心的田块提早5~7d成熟。头刀薄荷可提早收割,更有利于二刀薄荷早苗、壮苗,为二刀薄荷的丰产丰收打好基础。

5. 追肥

薄荷施肥目的是增加植株的分枝和叶片数,并造成良好的田间环境,减少落叶。所以施肥要了解植株生长特性,确定合理的施肥技术。

薄荷叶片生长特点是施肥的重要依据,收割时植株上部主茎和分枝的叶片小而嫩,油腺细胞形成少,含油少,鲜草含油率低。中部主茎和分枝上的叶片成熟老健,叶片内油腺细胞形成多,含油量高,鲜草出油率就高。下部主茎和分枝上的叶片逐渐衰老变薄,到收割时期大部分脱落或霉烂,含油量下降。施肥要促进中、上部多成叶,并提高叶片质量。薄施肥过早或前期施肥过重,苗期生长旺盛,促使植株下部和中、下部分枝多、长叶片,基部节间长,不仅中、后期有发生倒伏的危险,收割时还增加无效叶片数。如果在肥力中、上等的田块,前期可不施肥;土壤肥力较差的田块,前期可施一定的基肥或少施肥,早期释放的养分,能满足苗期生长的需要,到中、后期施肥,促进中、上部分枝和叶片生长,植株旺而不倒,叶片厚而多,降低落叶率,提高鲜草出油率、原油产量。在施肥技术上,采取"前控后促"的施肥方法,轻施苗肥和分枝肥,重视中后期施肥。

薄荷施肥应注重氮、磷、钾平衡施用,据朱培立等报道,在氮、磷、钾肥料三要素中,钾肥能明显提高薄荷的总叶节数、存叶数以及降低落叶率,施用钾肥与不施用钾肥的相比,每株薄荷总叶节数增加3.6个,存叶数增加3.8对,黄叶数少5.9片,落叶率下降11.2%,每10株薄荷叶重增加22.1g;磷对薄荷的生长比氮、钾要小;在产量方面,钾肥增产最多为28.6%,氮肥增产其次,为9.83%,磷肥的增产效果最小,仅有2.2%。薄荷虽然需钾肥较多,且对钾肥较敏感,在缺钾或钾素相对不足的土壤施用钾肥,均能显著增产,但过量的施用钾肥,虽在一定程度上能增加薄荷原油产量,但效益下降,产量也会有所下降。乐存忠等认为,头刀薄荷生长发育所需土壤速效钾的含量为136.2~197.4mg/kg,尤以159.6mg/kg最佳,低于136.2mg/kg或高于197.4mg/kg都会制约薄荷原油产量、质量的提高。

一般在中等地力基础上,667m² 施过磷酸钙60kg,尿素10~15kg,配合土杂肥2 500kg作基肥施入，苗肥、分枝肥可施尿素 5~10kg。后期"刹车肥"，667m² 施尿素 10~15kg，施用时间以收前 35~40d 为宜。

二刀薄荷生育期短，只有 80~90d。施肥原则与头刀不同，应重施苗肥，在头刀薄荷收割后，每 667m² 施尿素 20kg，促苗发、苗壮。轻施"刹车肥"，提前在9月上旬施用，每 667m² 施尿素 4~5kg。二刀薄荷也有用饼肥做基肥的，饼肥养分全、肥效长，防早衰，但要在头刀薄荷收后把腐熟饼肥与土拌和撒施，并结合刨根平茬施入土中。

薄荷叶面喷施锰、镁、锌、铜等微量元素，对薄荷均有不同程度的增产作用，其中锰、镁参与薄荷的精油生物合成过程，增产幅度较大，喷施锰、锌还能使薄荷提早成熟，增强植株的抗倒能力。微量元素宜在薄荷生长的旺盛期施用，宜在晴天的下午进行喷施，每 667m² 喷液量 100kg，以叶片的正反面喷湿为度。

6. 排水灌溉

薄荷枝大叶多，耗水量多，但是薄荷的地下茎和须根入土较浅，大部分集中在表土层 15cm 范围内，耐旱性和抗涝性较弱。薄荷田间湿度过大过小不但对植株性状有影响，而且也会影响薄荷鲜草产量、原油产量和出油率。薄荷在生长前期干旱要及时灌水，灌水时切勿让水在地里停留时间太长，否则烂根。收割前 20~30d 应停止灌水，防止植株贪青返嫩，影响产量、质量。二刀薄荷前期正值伏旱、早秋旱常发生的季节，灌水尤为重要。薄荷生长后期，要注意排水，降低土壤湿度。

7. 薄荷倒伏、落叶预防

薄荷倒伏、落叶是目前薄荷生产中减产的主要原因之一。薄荷倒伏主要发生在头刀，倒伏使薄荷大量叶片霉烂，降低了鲜草产量，也降低原油品质。有报道认为，薄荷倒伏可造成 10%~60% 的减产，旋光度下降 1°左右，含脑量也要下降 2°~3°，同时，倒伏植株炼油，油色变深，有异味。薄荷倒伏原因主要有以下几方面：施肥不当，前期施用氮素肥料过多，造成植株旺长，茎秆软弱而荷倒伏。密度过小、单株分枝多，单株个体负重过大，形成"头重脚轻"现象，尤其是雨后刮风更易倒伏。过分密植，群体过大通风透光条件差，光照不足，植株个体茎秆发育细弱，支持能力减弱而倒伏。阴雨连绵或灌水过多，地势低洼，排水不良，根系受损或植株根系不发达，扎根不深，抵抗外力差而倒伏。病虫杂草的为害，薄荷黑茎病的严重为害，使茎秆的基部或中部发黑腐烂。杂草造成植株生长不良，影响下部通风透光，使茎秆细弱。茎秆支撑能力变差而发生倒伏。

薄荷叶片脱落是由下而上逐渐脱落的。主茎叶片脱落率在 50% 左右，高于分枝叶片脱落率，下部分枝叶片脱落率又高于上部分枝。造成薄荷叶片脱落的原因主要是，肥、水管理不当，薄荷前、中期生长过旺，到生长后期，群体密度过大，中、下部叶片受光条件差。病虫为害后，叶片生长受到抑制，尤其是蚜虫、锈病为害，会造成大量脱落。紫茎类型品种的落叶多数高于青茎型。

因此，应注意合理施肥，采取"前控后促"的施肥技术，适当控制氮肥，增施磷、钾肥；合理密植，不宜过稀，以防分枝过多，形成"头重脚轻"，过密则通风透光不良，防止茎秆细弱而倒伏。开好排水沟，生长后期，降低田间湿度。重视病虫害的防治。

8. 病虫害防治

薄荷主要病害有薄荷锈病（*Puccinia menthae* Pers.）、薄荷斑枯病（*Septoia menthicola*

Sacc.et Let.)。防治方法：用 400 倍液的 80%萎锈灵或 800~1 000 倍液的 50%甲基托布津或 1：1：140的波尔多液防治，7~10d 喷 1 次，连喷 3 次。

主要虫害有小地老虎（*Agratisy psilon* Rottemberg）、银纹夜蛾（*Plusia agnata* Staudinger）、斜纹夜蛾（*Prdenia litura* Fabricius）。防治方法：用 1 000~1 500 倍的 90%敌百虫或 1 000~1 500 倍液的 40%乐果防治。

（五）品种类型介绍

1. 类型

亚洲薄荷原产我国，在长期的栽培过程中，先后培育出许多优良品种，迄今为止，已培育出 60 多个品种在生产上应用，分布于我国各个产区。薄荷品种主要有紫茎、青茎 2 种类型。

（1）紫茎类型 幼苗期茎为紫色，中后期茎秆中、下部为紫色或淡紫色，上部茎为青色。幼苗期叶为椭圆形，中、后期为长椭圆形。叶脉幼苗期为紫色，中、后期中下部叶片的叶脉呈现明显的紫色，上部叶片的叶脉呈淡绿色。幼苗期叶片为暗绿色或微紫色，叶缘锯齿浅而稀且呈紫色，中、后期叶片为绿色，但苗期叶片呈淡紫色的边缘或略带紫色的大小不均的圆紫环。老时顶端几对叶片尖而小，且叶面朝上翻卷。花冠为淡紫色，雄蕊不露，大部分品种结实率低。

该类型的品种大部分生长势和分枝能力较弱，地下茎及须根入土浅，暴露在地面的匍匐茎较多，抗逆性差，原油产量不稳定，但质量好，原油含薄荷脑量高，一般含薄荷脑 80%~85%，旋光度一般在 -35°以上。

（2）青茎类型 幼苗期茎基部紫色，上部绿色，中后期茎基部淡紫色，中、上部绿色。幼苗期叶为圆形或卵圆形，中、后期为椭圆形，叶脉淡紫色或青白色，略下陷。幼苗期叶片为绿色，中、后期叶片呈深绿色，叶面有光泽，叶背面的颜色较淡，衰老时叶片颜色较深，有光泽，顶端叶片下垂，叶身也翻卷。花冠为白色微蓝，雌雄蕊俱全，大部分品种结实率高。地下茎和须根入土深，暴露在地表的匍匐茎较少，分枝能力和抗逆性强，原油产量较稳定，但质量不如紫茎类型。

2. 国内主要品种

薄荷品种较多，但许多品种存在退化现象。目前江苏、安徽薄荷主产区采用的品种主要为 73-8 薄荷、上海 39、"阜油 1 号"薄荷品系。

（1）409 薄荷 该品种是上海日用化工研究所从紫茎紫脉薄荷的实生苗中选择出优良单株培育而成。根系较深，茎断面方形，基部紫色，中、上部绿色。叶片开花前为长椭圆形，叶缘锯齿浅而稀，叶脉黄绿色，叶面暗绿色带灰，下垂。匍匐茎紫色细而长。花淡紫色，雄蕊不露，能结实。头刀薄荷在 7 月上旬现蕾，7 月中旬开花；二刀薄荷在 10 月初现蕾，10 月中旬开花。"409"薄荷适合密植，667m^2 基本苗以 2 万株为宜，二刀薄荷则以 6 万~8 万株为宜。本品种需肥量大，施肥要适当提早。

该品种薄荷油质量较好，但产量低。原油含薄荷脑量为 80%~85%，旋光度 -37°~-38°，含酯及香味符合我国出口标准。

（2）68-7 薄荷 该品种系上海日用化工研究所从"409×C-119"的杂交后代的单株中，经选择比较而育成。地上茎断面方形，苗期紫色，后期基部紫色，中、上部绿色。苗期叶片椭圆形，后期长椭圆形，叶缘锯齿深而稀，叶脉微陷；匍匐茎紫色，较粗。花器官完整，能结实。头刀薄荷在 7 月中旬现蕾,7 月下旬开花;二刀薄荷成熟较迟,收割时不能开花。栽培密度不宜太大,667m² 基本苗控制在 1 万株左右,二刀薄荷基本苗 5 万株左右。

该品种产量较高,原油含脑量 80%~87%,含酯量较高,旋光度偏低,香味不及"409"薄荷。

(3) 海香 1 号薄荷　该品种是江苏省海门市农业科学研究所用"68-7"和"409"2 个品种嫁接后,将变异接穗进行扦插成活后收获种子,再从实生苗中选优良单株而育成。地上茎断面方形,苗期紫色,中、后期下部紫色,上部为绿色。苗期叶片椭圆形,中、后期长椭圆形,叶缘锯齿深而稀,并有紫色镶边,叶脉略内陷、微紫。匍匐茎长,紫色,不发达;花器官完整,淡紫色,能开花结实。头刀薄荷在 7 月中旬现蕾,7 月下旬开花;二刀薄荷在 10 月中旬现蕾,10 月下旬开花。生产中要合理密植,667m² 基本苗控制在 1.5 万株左右,二刀薄荷为 6 万株左右。

该品种长势旺盛,产量较高,原油含薄荷脑 80%~85%,旋光度 -38°,含酯量在 2.5% 以下,香味好。

(4) 73-8 薄荷　该品种是轻工业部香料工业科学研究所培育的青茎高产品种。幼苗期茎为紫色,中、后期茎基部淡紫色,中、上部茎绿色。幼苗期叶为卵圆形,后期为椭圆形,叶片淡绿色,叶面有光泽,叶缘锯齿浅而密,叶脉为青白色。匍匐茎发达,青色。花冠淡紫色,花器完整,结实率低。密度不宜太大,667m² 基本苗 2 万株,二刀为 6 万株。

该品种生长旺盛,抗逆性强,叶片油腺密度大,原油产量较高,一般头刀 7 月中旬现蕾,7 月下旬开花;二刀 10 月中旬现蕾,10 月下旬开花。一般原油产量头刀为 10kg/667m² 左右,二刀为 2kg/667m² 左右。原油品质较好,香味好,含薄荷脑量 80%~87%,含脂量 1.45%~0.65%,旋光度 -36°~-37°,是目前尚在普遍种植的当家品种之一。

(5) 上海 39 薄荷（也叫亚洲 39）　该品种是轻工业部香料工业科学研究所培育,是继"73-8"薄荷后选育出的又一薄荷新品种。属于紫茎类型,幼苗期茎为紫色,中、后期中、下部茎为紫色,上部绿色;幼苗期叶为椭圆形,中、后期叶为长椭圆形;叶缘锯齿深而稀并有紫色镶边,叶色浓绿,叶脉略内陷并呈现紫色,茎和叶面均有茸毛。匍匐茎发达,青紫色。地下茎粗壮,呈黄白色。花为淡紫色,两性花,结实率低。667m² 基本苗约 1.2 万株,密度不宜过大。据沈海、郝立勤等报道,"上海 39 号"在云南宾川引种获得成功,并且其精油得率比江苏种植的高 1 倍,精油中薄荷脑含量比上海、江苏地区分别高出 2.9% 和 2.72%。

该品种生长旺盛,头刀株高 90~120cm,二刀 70~80cm,分枝多,抗逆性、适应性强,鲜草产量高。头刀鲜草产量可达 2 500kg/667m² 左右,二刀鲜草产量可达 750kg/667m² 左右。鲜草出油率高,头刀鲜草出油率 0.5% 左右,二刀鲜草出油率在 0.6% 以上。原油产量头刀可达 12kg/667m²,二刀可达 3kg/667m² 左右。原油品质好,香气纯正,含薄荷脑量 81%~87%,旋光度 -35°~-38°。

(6) 淮阴 83-1 薄荷　为江苏省淮安市农业科学研究所 1987 年培育的品种。茎断面方形,淡青色,方棱茎四面有一对略平,一对凹陷。茎面有粗短且少的散生白茸毛;地下茎粗壮发达,青白色。匍匐茎长而多,青色。叶主脉略带紫色,侧脉一般 8 对,青色。叶顶圆形,叶缘锯齿细密,密生短白茸毛,叶面有少量的散生白茸毛。花洁白,雄蕊缩于花瓣内,雌蕊突出,开花时伸出花冠,柱头分开,结实率低。该品种适应强,播种期幅度大,从小雪到第 2 年 3 月均可种植。适宜行、株距为 25cm×20cm。播种时每 667m² 撒施 2 000~3 000kg 有机肥,磷肥 15~20kg,尿素 5kg,生育期间追施尿素20kg。二刀薄荷应在头刀薄荷收割后及时追施尿素20kg/$667m^2$和浇水。

该品种农艺性状好，生长健壮，抗倒性、分枝性好，头刀$667m^2$鲜草产量2 200～2 700kg，鲜草出油率0.5%～0.6%，原油产量为13kg/$667m^2$左右。原油质量优，含薄荷脑量80%～88%，旋光度-36°以上，油白色透明，近似无色。

(7) 阜油1号薄荷品系　该品系是安徽省阜阳市农科所1991年用"上海39号"薄荷地下茎，经钴-60射线处理后播种产生变异单株，再进行株系比较鉴定，1994年选育成功。属于青茎类型，苗期茎紫色，中、后期茎基部紫色，中、上部绿色；心叶及心叶下1～2对叶淡黄色，其余叶片均为浓绿色；叶片苗期圆形，后期椭圆形，叶片厚、肥大；叶面皱缩，叶脉凹陷，叶缘锯齿细密而浅。地下茎粗壮发达，青白色，匍匐茎较多，青色。花器完整，淡紫色，结实率低。头刀密度不宜过高，纯作每$667m^2$基本苗1万株左右，行距33cm，株距20～22cm，栽培中应轻施氮肥，重施磷钾肥，增施有机肥。夏播以6月下旬播种为宜（江苏、安徽等地），播种密度应大，每$667m^2$以3万株为宜。

该品系生长健壮，抗倒性、抗逆性强，头刀主茎100～140cm，二刀主茎50～70cm；具有早熟性，比一般品种早开花7～10d。头刀鲜草产量达2 250～2 500kg/$667m^2$，鲜草出油率0.5%左右，二刀鲜草产量500～750kg/$667m^2$，鲜草出油率0.7%～0.8%。原油产量头刀12～13kg/$667m^2$，二刀3～4kg/$667m^2$。夏播鲜草产量1 000kg/$667m^2$，鲜草出油率0.6%～0.7%，原油产量6～7kg/$667m^2$，原油质量好，香味纯正，含薄荷脑量82%～88%，旋光度-36°～-38°。

3. 印度的优良品种

印度栽培薄荷起步虽然较晚，但近年来发展迅速，已成为世界第二大生产、出口国。印度对新品种的选育和推广十分重视，现将该国选育成功的几个优良品种简介如下：

MAS-1：此品种系从泰国引入的薄荷芽插条中选择所得。植株矮壮，叶/茎比高，成熟期比现有栽培品种提早10d。鲜草含油量为0.8%～1.0%，产油量19.3～19.53kg/$667m^2$（对照品种为14.43kg/$667m^2$），含脑量81%（对照品种为68.3%），原油的冰点低，可分离出65%薄荷脑（对照品种为40%～50%）。

Hybrid-77：此品种是从MAS-1与MAS-2的杂交后代中选得的。植株高大，生长旺盛，对叶斑病和锈病的抗性强。产草量52 803kg/$667m^2$，产油量31.23kg/$667m^2$，含脑量81.5%。

EC-41911：从 Mentha arvensis × Mentha piperita 种间杂交后代中选得。植株直立，受雨季、根腐病和蚜虫的影响小。产草量15 803kg/$667m^2$，产油量8.3kg/$667m^2$，含脑量70%。

Shivalik：由S.K.Palta从中国引进，并定名为Shivalik。植株长势旺，叶片大而厚，阔卵形，分枝密集，株高1m，茎粗1cm。年收3次，产油量7～9kg/$667m^2$，含脑量84%，游离脑含量82%。1990年种植面积已占全国薄荷总面积的90%以上。

五、采收与加工

(一) 薄荷留种

薄荷在生产上是以无性繁殖为主，品种退化现象严重。同时，实生苗的混入以及人为造成的品种间的机械混杂，也是引起退化的原因。因此，必须有计划按种植比例建立留种田，通过去杂、去劣、提纯复壮，保持品种特性。

一般选择良种纯度较高的地块作为留种田。在头刀薄荷出苗后的苗期反复进行多次去杂，二刀薄荷也要提早去杂 $1\sim 2$ 次。一般二刀薄荷可产毛种根 $750\sim 1\,250$ kg/667m^2 或纯白根 $300\sim 500$ kg/667m^2。在生产中，留种田与生产田的比例为 $1:5\sim 6$。

为了防止实生苗引起的混杂，采用夏繁育苗措施比较有效。在头刀薄荷收割前，现蕾至始花期，选择良种植株，整棵挖出，地上茎、地下茎均可栽插。繁殖系数可达 30 倍左右。

(二) 采收

影响薄荷产量、出油率和含脑量的因素，除品种优劣和栽培技术以外，收获时期影响较大。

目前，薄荷产区主要产品是薄荷油。植株的含油率受多种因素影响，植株不同部位含油也不一样，了解植株含油率变化规律，有利于采取相应措施，创造最有利形成植株总含油量高的条件，夺取高产。

同一品种不同生育期植株含油量不同，营养生长期和蕾期，由于叶片没有完全成熟，精油转化少，植株原油含量低；始花→盛花期，植株生命力最旺盛，叶片成熟老健，薄荷油、薄荷脑转化率高，植株薄荷油、薄荷脑含量达到高峰，原油产量最高；盛花后，叶片逐渐老化变薄，植株含油量又下降，原油产量也又下降。如海选薄荷原油中左旋薄荷醇是花期（主茎第 1 轮伞花序开花的植株达 50%）高于蕾期（主茎叶腋内出现花蕾的植株达 50%），蕾期又高于营养盛期（分枝盛期到现蕾前）。营养期原油的薄荷酮、柠烯含量明显高于蕾期，更高于花期（表 12-2）。

收获薄荷应在晴天中午进行。据报道，在晴天里，上午 10 点时至下午 3 点时收割出油最多（表 12-3）。雨后转晴收割，由于下雨影响，植株含油量大幅度下降，植株体内含油量有一个回升过程，第 3d 之后，植株含油量接近晴天水平。

表 12-2 不同生育期原油成分的含量（%）

生育期	柠烯	薄荷酮	异薄荷酮	乙酸薄荷酯	新薄荷醇	左旋薄荷醇
营养期	0.54	7.46	1.09	0.24	2.10	85.54
蕾期	0.39	5.74	1.09	0.44	2.30	86.06
花期	0.32	3.37	1.00	0.47	2.42	88.50

表 12-3 薄荷油含量（%）的日变化

测定日期/时间	6时	8时	10时	12时	14时	16时	18时
8月20日至9月4日	2.19	2.22	2.39	2.37	2.72	2.50	2.29
9月7日至9月30日	1.70	1.90	1.98	2.40	1.97	2.07	1.90

薄荷收割后到入锅吊油要经过多个环节，每个环节都会影响出油率，如收后到吊油的时间长短、堆沤、遇雨等。收割量的大小，要以吊油能力来决定，如果收割过多，长时间不能吊油，薄荷在田间曝晒或在家里堆捂都影响出油。经验认为头刀薄荷可以在第一天收割，第二天上午 7 点即可入锅蒸馏，二刀可提前二天收割。薄荷收割后如果遇雨，尽力把收割的薄荷运至灶前待加工吊油。如来不及运回的并已被雨淋要就地摊开放在田里。切不可在田间收堆、捂盖，也不能长期被雨淋。检测油得知，雨水冲淋 1 次，出油量将减少 10% 左右。

收割薄荷后的鲜秸秆切忌打捆成堆，防止薄荷草叶片发热，降低出油率。田间脱落的叶片里含有一定量的原油,要注意扫集。

(三) 薄荷的加工

1. 薄荷油提取

薄荷是以原油销售为主的,因此,薄荷在收割后要经过产地加工,即吊油。目前用于薄荷蒸馏方法有2种类型。即水中蒸馏和水蒸气蒸馏,后者是目前生产上普遍采用的方法。

水中蒸馏:又叫水蒸。蒸馏锅内预先放好清水,约为蒸锅容积的1/2~1/3,然后将蒸馏材料装入蒸馏锅中,蒸馏材料要装均匀,周围压紧,盖好锅盖,先大火使锅内水分沸腾,然后稳火蒸馏,待蒸出的油分已极少,油花以芝麻大小时停止蒸馏。

水蒸气蒸馏:有2种方式,一种是直接水蒸气蒸馏,即应用开口水蒸气管直接喷出水蒸气进行蒸馏。另一种是间接水蒸气蒸馏,即应用水蒸气闷管也就是闭口管,使蒸锅底部的水层加热生成水蒸气后进行蒸馏。后一种方式在民间改进后叫做水上蒸馏,其蒸馏过程大体与水中蒸馏相同,不同之处在于薄荷秸秆不浸在水中,而是在锅内水面上16.5~17.8cm处,放一蒸垫,即有孔隙的筛板,使之与水隔开,利用锅中生成的水蒸气进行蒸馏。这种蒸馏类型优点多,简便、易行,适合于广大农村使用。

薄荷鲜草吊油、半干草吊油、干草吊油在5d内植株含油量无变化,但薄荷草的干湿影响含醇量和旋光度,据报道,半干薄荷草蒸馏的原油含醇量一般比新鲜的薄荷草高1%~2%,旋光度高0.3°~0.7°。认为新鲜薄荷草通过阳光干燥后,薄荷酮转化为薄荷醇。干草贮放5~20d,植株含油量略有下降,20d以后植株含油量基本稳定。

2. 干燥

干燥薄荷主要作为药材。收割后的薄荷运回摊开阴干2d,然后扎成小把,继续阴干或晒干。晒时经常翻动,防止雨淋着露,折干率25%。

薄荷干药材贮藏挥发油也会发生较大变化。据王云萍等报道,薄荷的挥发油含量在贮藏期间变化较大,每经过一个高温季节仓库的自然温度升高,药材中的挥发油就大量自然挥发,因此薄荷药材不宜久存。

干薄荷草以具香气,无脱叶光秆,亮脚不超过30cm,无沤坏、霉变为合格。以叶多,色深绿,气味浓者为佳。

第三十五节 鱼腥草

一、概述

鱼腥草为三白草科植物,干燥全草入药,生药称鱼腥草(Herba Houttuyniae)。全草含挥发油及蕺菜碱、阿福豆甙、金丝桃甙、槲皮甙、芦丁等成分。挥发油含量0.05%左右。鱼腥草性微寒、味辛,具有开胃健脾、清热解毒、祛风、排脓消肿等功效,主治肺热咳嗽、肺痛、疮痈肿毒等症;现代药理实验证明,鱼腥草有抗菌、抗病毒、抗炎镇痛作用及增强肌体免疫功能。鱼腥草又可兼作蔬菜,以嫩茎叶和根茎供食用,每100g鱼腥草干品中,含氮蛋白质约5.3g、脂肪2.4g、碳水化合物67.5g、钙7 530.9mg、磷43.0mg、铁12.6mg,还含大量维生素PP、C、B_2、

E 等以及天门冬氨酸、谷氨酸等多种氨基酸。

鱼腥草原产于亚洲、北美，以尼泊尔为多。常见于田埂、路边、沟傍、河边潮湿之地。原多为野生，现在我国的四川、云南、贵州、湖北、浙江、福建等省已广泛栽培，特别是云南、贵州、四川种植面积较大。2003年末，四川一个基地已通过国家GAP认证审查。

二、植物学特征

鱼腥草（又名蕺菜、蕺儿根、侧耳根、狗贴耳）（*Houttuynia cordata* Thunb.）多年生草本，株高30～80cm，具鱼腥味。茎圆形，下部伏地，节上生根，多为紫红色，地下茎白色，多横向生长，上生不定根，腋芽萌发出土形成地上茎。单叶互生，心脏形或卵形，长3～10cm，宽3～6cm，先端渐尖，全缘，叶深绿色，光滑而平展，叶背紫红色，叶脉呈放射状；叶柄长1～4cm，托叶膜质条形，下部常与叶柄合成鞘状。穗状或总状花序生于茎上端，与叶对生，序梗基部有白色花总苞片4枚；花小密集，淡紫色，两性，无花被，雄蕊3枚，子房1室，侧膜胎座，蒴果卵圆形，顶端开裂，种子多数，卵形（图12-4）。

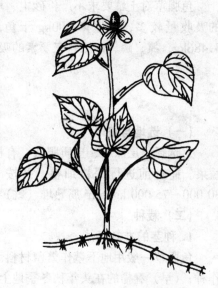

三、生物学特性

（一）生长发育

人工栽培鱼腥草一般在10～3月播种，2～3月出苗，6～8月为旺长期，9月后地上部茎叶生长逐渐减缓，11月后茎叶开始枯黄，花期5～6月，果期10～11月。栽培于黏质壤土上的鱼腥草在进入8月后生长减缓，栽培于砂质壤土上9月份还在旺盛生长。

鱼腥草茎叶甲基正壬酮的含量在4～5月即花期前高，花期后含量较低，并稳定；但甲基正壬酮的田间总产量则以7～8月最高（图12-5），地下茎的含量远远高于地上茎叶。

（二）对环境条件的要求

1. 温度

鱼腥草喜温和的气候条件，地下部在南方地区可正常越冬，一般在12℃以上地下

图12-4 鱼腥草

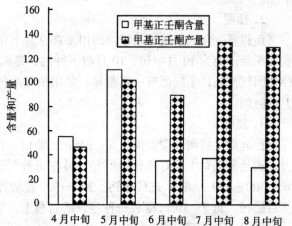

图12-5 鱼腥草甲基正壬酮的含量（$\mu g/g$）和产量（mg/m^2）变化情况

茎上的休眠芽开始萌发，生长前期的适宜温度为 15~25℃，后期是 20~25℃，能耐短时间的 35℃高温。

2. 光照

鱼腥草对光照要求不严格，喜弱光照，比较耐荫。

3. 水分

鱼腥草根系分布浅而不发达，喜潮湿的土壤环境，要求保持田间最大持水量的 80% 左右，空气相对湿度为 50%~80% 都能正常生长。

4. 土壤和养分

鱼腥草对土壤要求不严，砂土、壤土均可种植，最适宜的土壤 pH 为 6.5~7.0。鱼腥草对钾的吸收量较多，每生产 100kg 干鱼腥草全草，约需吸收氮素 1.615kg、P_2O_5 0.712kg、K_2O 3.486kg，氮、磷、钾肥料三要素的吸收比例大约为 2:1:5。

四、栽培技术

（一）选地与整地

宜选择土层深厚、土质肥沃、有机质含量高、保水和透气性好的土壤种植，前作最好是秋冬蔬菜。播种前进行深耕细整，并按 170~200cm 宽做畦。结合整地施入底肥，一般用量为 30 000~75 000 kg/hm² 腐熟堆（厩）肥。

（二）栽种

1. 种茎的准备

鱼腥草一般用地下茎作繁殖材料。秋冬季下种的，在收获时选粗壮肥大、根系发达的地下茎作种；（早）春播的在头年秋冬季地上部枯萎时挖取种茎，埋于地下自然越冬。播种前将种茎从节间处剪成 4~20cm 长的段，种茎数量多的可长一点，反之则短一点，但每段至少保证有 2~3 个芽。

2. 播期

鱼腥草一年四季均可栽培，四川多在 9 月下旬至 12 月下种，四川雅安市进行的分期播种试验表明最适期为 10 月中旬。10 月前下种的，冬前可发芽出苗，但遇霜冻会死去。各地的最适下种期因气候条件不同而有一定差异。菜用鱼腥草种植面积大时，可适当错开下种期，以调节收获上市时间。

3. 栽种

在畦面上横向开沟，沟深 8~10cm，宽 13~15cm，沟间距（行距）20~30cm。为了提高地力，满足鱼腥草生长对养分的需要，可在下种时沟施 750kg/hm² 复合肥或 150~300 kg/hm² 尿素、300~450 kg/hm² 过磷酸钙、200~300 硫酸钾作种肥。底肥需与土壤混合后浇施稀薄肥水，然后播种，每 7~10cm 摆放一种茎，播后覆土。用种量约 2 000~7 500kg/hm²。

（三）田间管理

1. 浇水与排涝

栽后出苗前要保持土壤湿润。出苗后如遇旱也要注意浇水，如果土壤干燥，植株生长缓慢，地下茎纤细、须根多，产量低、质量差。最好采取浸灌，水不上畦面。大雨之后注意清沟排水防涝。

2. 追肥

一般追肥 2~4 次。苗出齐后，适量浇施腐熟人畜清粪尿提苗；4~6 月地上部茎叶旺盛生长期间，再追 2~3 次，以腐熟人畜粪尿为主，适当加入无机氮肥和钾肥。

3. 中耕除草

由于栽培地湿润、肥沃，杂草极易滋生，应及时拔除。大雨、灌水和追肥后土壤易板结，应进行浅中耕松土，中耕结合除草。

4. 摘花与覆盖

作药用收全草者，不必摘花；作菜用，如有开花植株应及时摘除花序，以减少茎叶养分消耗，降低菜用价值。另外，新鲜的嫩芽（茎叶）较受欢迎，价格高，栽种后可用稻草等覆盖，以增加嫩茎产量。

5. 病虫害防治

鱼腥草的主要病害是白绢病（危害地下茎，典型症状是白色绢丝状菌丝，茎逐渐软腐）和紫斑病（危害叶片，典型症状为淡紫色小斑点）。化学防治方法是喷洒 1:1:100 的波尔多液或 15% 三唑酮 1 000 倍液或 70% 代森锰锌可湿性粉剂 300~500 倍液 2~3 次。

（四）品种类型

过去认为三白草科蕺菜属仅蕺菜一种，祝正银等 2001 年在四川省峨眉山发现蕺菜属一新种峨眉蕺菜（*Houttuynia emeiensis* Z. Y. Zhu et S. L. Zhang），在产地俗称白鱼腥草或青侧耳根，也作鱼腥草药菜兼用。

从细胞学角度上说，鱼腥草的类型很多，染色体数从 36~126 不等，共十多种，属典型的多倍体复合体。吴卫等（2002 年）通过 RAPD、ISSR、PCR-RFLP 等分析表明，鱼腥草种质资源在分子水平上存在较大遗传差异，并进一步试验表明，不同居群间产量、质量有差异。由于鱼腥草的居群类型多，其产量、质量变异及其适宜生态条件还有待深入而系统的研究。

从食用角度上说，鱼腥草按主要食用部分不同，可分为食用嫩茎叶和食用浆果两个类型。在我国多栽培食用嫩茎类型的鱼腥草，尼泊尔等国多栽培食用浆果类型的鱼腥草。

五、采收与加工

作药用的茎叶的适宜采收期是在生长旺盛的开花期即 5~6 月份采收，此时挥发油含量较高，但此时产量不高，特别是地下茎（地下茎的有效成分最高）。从全草甲基正壬酮等有效成分总产量看，以 8~9 月采收为宜，此时产量高（特别是地下茎）、质量优。因此，可以在 5~6 月先收一次地上茎叶（但会对后期地下茎产量产生影响），9~10 月再收获全草（包括地下茎）。采收时，先用刀割取地上部茎叶，或将全草连根挖起。

作菜用茎叶的可在 5~9 月分期采收，菜用地下茎的可在 9 月后至第二年 3 月前采收。

药用鱼腥草收割后，应及时晒干或烘干（有研究认为，提取挥发油的最好用鲜草），避免堆沤和雨淋受潮霉变。干草以淡红紫色、茎叶完整、无泥土等杂质者为佳。

主要参考文献

[1] 中华人民共和国药典委员会．中华人民共和国药典（一部）．北京：化学工业出版社，2000
[2] 杨继祥．药用植物栽培学．北京：农业出版社，1993
[3] 江苏新医学院．中药大辞典．上海：上海人民出版社，1999
[4] 任德权，周荣汉．中药材生产质量管理规范（GAP）实施指南．北京：中国农业出版社，2003
[5] 武孔云．中药栽培学．贵阳：贵州科学技术出版社，2001
[6] 中国医学科学院药用植物资源开发研究所等．中国药用植物栽培学．北京：农业出版社，1991
[7] 徐昭玺．中草药种植技术指南．北京：中国农业出版社，2000
[8] 徐良．中药无公害栽培加工与转基因工程学．北京：中国医药科技出版社．2000
[9] 刘合刚．药用植物优质高效栽培技术．北京：中国医药科技出版社．2001
[10] 刘铁城．药用植物栽培与加工．北京：科学普及出版社，1990
[11] 全国中草药汇编编写组．全国中草药汇编．北京：人民卫生出版社，1978
[12] 四川省中医研究院南川药物种植研究所．四川中药材栽培技术．重庆：重庆出版社，1988
[13] 陈震．百种药用植物栽培答疑．北京：中国农业出版社，2003
[14] 孔令武．现代实用中药栽培养殖技术．北京：人民卫生出版社，2000
[15] 陈瑛．实用中药种子技术手册．北京：人民卫生出版社，1999
[16] 中国医学科学院药用植物资源开发研究所．中药志1～5卷．北京：人民卫生出版社，1959—1994
[17] 冉懋雄．现代中药栽培养殖与加工手册．北京：中国中医药出版社，1999
[18] 常自立．木本药用植物栽培与加工．北京：科学出版社，1981
[19] 杨先芬．药用植物施肥技术．北京：金盾出版社，2000
[20] 韩金声．中国药用植物病害．长春：吉林科学技术出版社，1990
[21] 丁万隆等．药用植物病虫害防治彩色图谱．北京：中国农业出版社，2002
[22] 杨守仁等．作栽培学概论．北京：中国农业出版社，1999
[23] 浙江农业大学．蔬菜栽培学总论．第3版．北京：中国农业出版社，2000
[24] 河北农业大学．果树栽培学总论．第2版．北京：中国农业出版社，2000
[25] 邓友平．市场紧缺中药材种植技术．北京：北京农业大学出版社，1994
[26] 张恩和．北方特用经济作物栽培学．北京：中国文化科学出版社，2002
[27] 赵渤．药用植物栽培采收与加工．北京：中国农业出版社，2000
[28] 谢风勋．中草药栽培实用技术．北京：中国农业出版社，2001
[29] 中国药材公司．中国常用中药材．北京：科学出版社，1995
[30] 陈震．西洋参优质高产高效栽培技术．北京：中国农业出版社，1997
[31] 熊宗贵．生物技术制药．北京：高等教育出版社，1999
[32] 曹孜义．实用植物组织培养技术教程．兰州：甘肃科学技术出版社，1996
[33] 高文远．药用植物发酵培养的工业化探讨．中国中药杂志．2003，28（5）：385～390

[34] 李俊明．植物组织培养教程．北京：中国农业大学出版社，2002
[35] 刘涤．植物生物技术在传统药材生产中的应用前景．生物工程进展．1997，17（1）：37～41
[36] 黄璐琦．展望分子生物技术在生药学中的应用．中国中药杂志．1995，20（11）：643～645
[37] 余伯阳．中药与天然生物技术研究进展与展望．中国药科大学学报．2002，33（5）：359～363
[38] 王铁生．中国人参．沈阳：辽宁科学技术出版社，2001
[39] 刘铁城．中国西洋参．北京：人民卫生出版社，1995
[40] 李向高．西洋参的研究．北京：中国科学技术出版社，2001
[41] 崔秀明．三七GAP栽培技术．昆明：云南科学技术出版社，2002
[42] 冉懋雄．黄连 天冬．北京：科学技术文献出版社．2002
[43] 周光来．多效唑在黄连生产上的应用研究．湖北民族学院学报医学版．2002，19（2）：34～36
[44] 黄正方．黄连生物学特性和主要栽培技术．西南农业大学学报．1994，16（3）：299～302
[45] 鲁开功．林下栽培黄连与棚下栽培黄连综合效益比较．时珍国医国药．2001，12（8）：758～759
[46] 彭菲．白芷 独活．北京：中国中医药出版社，2001
[47] 丁德蓉．肥料种类对白芷早期抽薹与产量的影响研究．中国中药杂志．1999，24（1）：23～24
[48] 陈兴福．白芷生态环境与土壤理化特性研究．中草药．1996，27（8）：489～491
[49] 张恩和．氮磷配施对当归产量及品质的影响．耕作与栽培．1997，（2）：22～24
[50] 张恩和．生长抑制剂对当归早期抽薹阻抑效应研究．中国中药杂志，1999，24（1）：18～20
[51] 王文杰．当归栽培．西安：陕西科学技术出版社，1978
[52] 赵亚会．当归柴胡无公害高效栽培与加工．北京：金盾出版社，2003
[53] 方子森．甘肃省药用植物资源分布及库容的调查分析．中国野生植物资源，1999，18（3）：70～71
[54] 杨广民．川乌 草乌 附子．北京：中国中医药出版社，2001
[55] 肖小河．乌头品质生态学研究．中药材．1990，13（11）：3～5
[56] 肖小河．四川乌头和附子气候生态适宜性研究．资源开发与环境保护杂志．1990，6（3）：151～153
[57] 宋庆生．关龙胆质量动态与评价．黑龙江中医研究院，1986
[58] 王良信．黄芪 龙胆 桔梗 苦参．北京：科学技术文献出版社，2002
[59] 丁万隆．甘草 黄芪 麻黄人工栽培技术．北京：中国农业出版社，2002
[60] 周成明．乌拉尔甘草规范化栽培技术与要点（SOP）．中药研究与信息．2003，5（2）：25～28
[61] 薛国菊．中药大黄的资源与开发利用研究．中国野生植物资源，1995，（3）：1～5。
[62] 周铉．天麻形态学．北京：科学出版社，1987
[63] 刘炳仁．天麻栽培技术手册．长春：吉林科技出版社，1984
[64] 丁自勉．地黄．北京：中国中医药出版社，2001
[65] 沈连生．纹党、潞党、西党的植物学及生药学研究．北京中医学院学报，1989，12（4）：38
[66] 韩建萍．施肥对丹参植物生长用有效成分的影响．西北农业学报．2002，11（4）：67～71
[67] 宋经元．丹参．北京：中国中医药出版社，2001
[68] 伍均．中江丹参产区的生态环境与土壤条件．四川农业大学学报．2000，18（4）：348～351
[69] 潘胜利等．中国药用柴胡原色图志，上海：上海科学技术文献出版社，2002
[70] 马全民．植宝素提高元胡生理功能及产量的研究．中药材．1993，16（4）：6
[71] 徐昭玺．杂交元胡新品种选育的研究．中草药．1993，24（11）：593
[72] 胡珂．一年生延胡索块茎的研究．中草药．1996，27（11）：687
[73] 徐昭玺．杂交元胡新品种栽培技术的研究．中草药．1994，25（1）：37
[74] 陈玉华．元胡喷施植物生长调节剂试验研究．中药材．1996，19（7）：325

[75] 张渝华. 延胡索的种内分化与应用研究. 中国中药杂志. 1996，21（9）：530～531
[76] 刘兴权. 平贝母细辛. 北京：金盾出版社，2003 年
[77] 那晓婷，陈桂英，杨鸿雁. 平贝母栽培及加工技术. 中国林副特产研究，2001（2）：33
[78] 肖永梅等. 贝母. 北京：中国中医药出版社，2001
[79] 任跃英等. 平贝母开花习性及花粉生命力研究. 特产研究，1996（1）：30～32
[80] 丁赢. 射干 番红花. 北京：中国中医药出版社，2001
[81] 袁国弼. 红花种质资源及其开发利用. 北京．科学出版社．1989
[82] 郭美丽. 不同产地红花药材的质量评价. 中国中药杂志. 2000．25（8）：469～471
[83] 郭美丽. 地膜覆盖对红花生育的影响及增产机理分析. 中药材. 1993．16（19）：3～5
[84] 李隆云. 药用红花经济施肥量研究. 中国中药杂志. 1995．20（3）：143～145
[85] 刘德军等. 菊花. 北京：中国中医药出版社，2001
[86] 姜会飞等. 金银花. 北京：中国中医药出版社，2001
[87] 《枸杞研究》编写组. 枸杞研究. 宁夏：宁夏人民出版社，1982
[88] 周正. 肉桂引种栽培研究. 中国中药杂志. 1994，19（11）：655～660
[89] 蔡少青. 中药细辛商品药材的基源研究. 中国中药杂志. 1996，21（12）：712～717
[90] 刘振环. 细辛栽培技术要点. 人参研究. 2002．14（4）
[91] 蒋喜武. 细辛栽培技术. 北方园艺. 2000．（3）：50～51
[92] 李楷. 北细辛栽培加工技术. 中草药. 1993．24（11）：596～597
[93] 王冶刚. 细辛菌核疫病发病规律与防治. 中药材. 1993．16（3）：11～12
[94] 臧玉琦. 薄荷高效栽培新技术. 北京：北京出版社，2000
[95] 赵国芳. 提高薄荷原油品质的研究. 植物生理学通讯. 1988（3）：21
[96] 朱培立等. 磷、钾肥对薄荷产量的影响及其残留效应. 江苏农业科学. 2000（1）：48
[97] 郑本欣. 薄荷田化学除草简报. 中药材. 1999，22（1）：5
[98] 安秋荣等. 夏、秋薄荷挥发油成分的对比研究. 河北大学学报. 2000，20（4）：35
[99] 王云萍. 药材薄荷贮藏期间质量变化初步分析. 时珍国医国药. 2000，11（8）：745
[100] 汪茂斌等. 薄荷品种提纯途径及程序. 安徽农业科学. 2000，28（2）：235
[101] 钱爱林等. 油菜套种薄荷田杂草发生特点及化除技术. 农业科技通讯. 1999（8）：29
[102] 黄士诚. 影响与提高薄荷醇含量的诸因素. 香料香精化妆品. 1995（1）：39
[103] 黄士诚. 印度薄荷属植物的选育种成果. 香料香精化妆品. 1995（2）：29
[104] 陈昌华等. "油菜-薄荷-玉米-大白菜（芹菜）"一年多熟种植技术. 上海农业科技. 1994，（2）：21
[105] 朱明华等. 气象因子对薄荷油产量的影响. 中国农业气象. 1995，16（6）：15
[106] 田晓薇. 特种蔬菜栽培与管理技术. 北京：中国劳动社会保障出版社. 2000
[107] 吴卫. 重壤土上鱼腥草干物质积累研究. 中药材. 2002，25（1）：5～8
[108] 吴卫. 鱼腥草氮磷钾营养吸收和累积特性初探. 中国中药杂志. 2001，26（10）：676～678
[109] 刘春香. 鱼腥草的人工栽培技术. 湖北农业科学. 2002，（5）：119～120
[110] 魏新雨. 鱼腥草高产栽培技术. 农村新技术. 2003，（4）：4～6
[111] 陈远学. 雅安严桥鱼腥草种植基地的土宜与肥宜研究. 四川农业大学学报. 2002，20（3）：235～238

图书在版编目（CIP）数据

药用植物栽培学/杨继祥，田义新主编．—2版．—北京：中国农业出版社，2004.7
面向21世纪课程教材
ISBN 7-109-09163-5

Ⅰ．药…　Ⅱ．①杨…②田…　Ⅲ．药用植物－栽培－高等学校－教材　Ⅳ．S567

中国版本图书馆CIP数据核字（2004）第066793号

中国农业出版社出版
（北京市朝阳区农展馆北路2号）
（邮政编码100026）
出版人：傅玉祥
责任编辑　毛志强　范　林

中国农业出版社印刷厂印刷　新华书店北京发行所发行
1993年5月第1版　2004年8月第2版
2004年8月第2版北京第1次印刷

开本：850mm×1168mm 1/16　印张：26.5
字数：628千字
定价：37.00元
（凡本版图书出现印刷、装订错误，请向出版社发行部调换）